Quednau
Geomikrobiologie – Band 2: Anwendungen
De Gruyter Studium

Weitere empfehlenswerte Titel

Geomikrobiologie.
Band 1: Grundlagen
Quednau, 2016
ISBN 978-3-11-042675-5, e-ISBN 978-3-11-042677-9

Trennungsmethoden der Analytischen Chemie
Bock, Nießner, 2014
ISBN 978-3-11-026544-6, e-ISBN 978-3-11-026637-5

Molekülsymmetrie und Spektrometrie
Lorenz, Kuhn, Berger, Christen, 2015
ISBN 978-3-11-036492-7, e-ISBN 978-3-11-036493-4

Nanoparticles
Jelinek, 2015
ISBN 978-3-11-033002-1, e-ISBN 978-3-11-033003-8

Compact NMR
Blümich, Haber-Pohlmeier, Zia, 2014
ISBN 978-3-11-026628-3, e-ISBN 978-3-11-026671-9

Analytik.
Daten, Formeln, Übungsaufgaben
Küster, Thiel, 2016
ISBN 978-3-11-041495-0, e-ISBN 978-3-11-041496-7

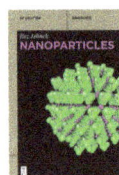

Michael S. Quednau

Geomikrobiologie

Band 2: Anwendungen

DE GRUYTER

Autor
Dr. Michael S. Quednau
Hartmuthstr. 1A
61476 Kronberg i. T.
Deutschland
E-Mail: info@drquednau.eu
URL: www.drquednau.eu

ISBN 978-3-11-042676-2
e-ISBN (PDF) 978-3-11-042287-0
e-ISBN (EPUB) 978-3-11-042291-7

Library of Congress Cataloging-in-Publication Data
A CIP catalog record for this book has been applied for at the Library of Congress.

Bibliografische Information der Deutschen Nationalbibliothek
Die Deutsche Nationalbibliothek verzeichnet diese Publikation in der Deutschen
Nationalbibliografie; detaillierte bibliografische Daten sind im Internet über
http://dnb.dnb.de abrufbar.

© 2017 Walter de Gruyter GmbH, Berlin/Boston
Umschlagabbildung: sergioboccardo/iStock /Getty Images Plus
Satz: PTP-Berlin, Protago-TEX-Production GmbH, Berlin
Druck und Bindung: CPI books GmbH, Leck
♾ Gedruckt auf säurefreiem Papier
Printed in Germany

www.degruyter.com

Vorwort

Die gegenwärtigen Absatzmärkte für metallische Rohstoffe fordern von den in Frage kommenden Produzenten, d.h. speziell auf dem Gebiet des Bergbaus sowie der chemischen und metallverarbeitenden Industrie, zunehmend die Berücksichtigung umweltrelevanter Überlegungen wie z. B. Nachhaltigkeit, Bioökonomie, Ressourceneffizienz etc., mit dem Ergebnis technisch als auch betriebswirtschaftlich signifikanter Konsequenzen für die betroffenen Unternehmen.

Wie bereits die in Band 1 vorgestellten Grundlagen zur biogenen Synthese metallischer Nanopartikel/-cluster Operationen im Sinne einer *Bottom-up*-Technik andeuten, bietet sich eine Vielzahl von technischen Optionen und wirtschaftlichen Perspektiven für metallführende Biomineralisationen an. Der vorliegende Band 2 beschreibt daher die Möglichkeiten und Voraussetzungen einer technischen Verwertung im Sinne einer Vermarktung der, durch biogene Reaktionssequenzen bereitgestellten, metallischen Biosyntheseprodukte. Simultan kann durch sukzessive Überführung in geeignete Wertschöpfungsketten, die Exploitation dieser Erzeugnisse partiell durch ökonomisch adäquate Lösungsansätze auf die o. a. Herausforderungen reagieren.

Für den gezielten Umgang mit Metallen verfügt die Biomasse über ein breit gefächertes Spektrum an Hilfsmitteln. Weiterhin besitzt die mikrobielle Zelle zur Synthese metallischer NP eine Fülle von Kontrollmechanismen. Regulative Eingriffe sind für u. a. die Größe, Kristallographie, Morphologie, Selbstassemblierung, Dichte der Kristallisationskeime etc. detektiert. Die genetische Datenbank gewährleistet die Reproduzierbarkeit und Ansprüche an gleichbleibende Qualitätsmerkmale. Darüber hinaus ist eine Optimierung der Leistung einzelner biogener Prozessschritte oder Modifikation kristallchemischer Eigenschaften durch genetische Eingriffe möglich.

Da die Ausgangsstoffe, die durch Ganzzellverfahren oder Zellextrakten unter Raumbedingungen implementierte Reaktionssequenz, der Energiebedarf, das Produkt und der Abfallstrom nahezu ausnahmslos in der μm/nm-Größenordnung auftreten, ist die Bedeutung von *Bottom-up*-Techniken gegenüber *Top-down*-Verfahren bei der Herstellung von Nanomaterialien angedeutet. In diesem Zusammenhang wird zunehmend die mikrobielle Zelle als natürlich auftretender Bioreaktor oder *Smart Factory* beschrieben.

Im Bereich der Weißen Biotechnologie angesiedelt, erweitert die Angewandte Geomikrobiologie/Geobiotechnologie durch die Herstellung metallhaltiger Fein-/ Spezialchemikalien, wie z. B. Kolloide und Pigmente, erheblich deren Produktportfolio. In Kombination mit den Nachfragen der Hochtechnologiemärkte, ergibt sich eine Vielzahl stetig anwachsender Anforderungen an die hierfür eingesetzten Technologien, die durch die biogene Synthese erwidert werden können. Speziell die mikrobielle Herstellung hybrider Werkstoffe deutet potente Zukunftsperspektiven an.

DOI 10.1515/9783110422870-001

Wirtschaftlich erfolgreich, und mit steigender Tendenz, wird die Technik einer biogenen Produktion von Metallen aus den geeigneten Medien bereits im Großmaßstab auf dem Gebiet des Biomining metallischer Rohstoffe bzw. Biohydrometallurgie eingesetzt, wenn auch mit abweichendem Produktangebot, z. B. Erzkonzentrate aus Au, Co, Cu, Ni, U.

Querschnittsübergreifend offerieren innerhalb der Geowissenschaften die praxisbezogenen Methoden einer Angewandten Geomikrobiologie für Themen, wie z. B. metallogenetische Konzepte, Rekonstruktion von Paläoklimaten, geochemische Stoffkreisläufe etc., unterstützende Hinweise.

Michael S. Quednau
Kronberg i. T. und Berlin, Dezember 2016

Inhalt

1 Qualitätskontrolle und Modellierung

Um die Güte und somit Exploitation von u. a. biogen/mikrobiell synthetisierten metallischen Nanopartikeln/-clustern als verkaufsfähige Wirtschaftsgüter zu bewerten, ist neben einer kundengerechten Marktverfügbarkeit nach dem eigentlichen Produktionsprozess als zentrale Forderung eine Qualitätskontrolle, d. h. Werkstoffprüfung, unabdingbar. Im Sinne einer technischen Anwendung muss daher ihre Position innerhalb bzw. entlang der Produktionskette berücksichtigt werden. Die Qualitätskontrolle, als Teil des Qualitätsmanagements im industriellen Umfeld, bedient sich jener Techniken, die üblicherweise im wissenschaftlich-analytischen Routineprozess zum Einsatz kommen, z. B. Partikelmesstechniken, energiedisperser Röntgenspektroskopie, Röntgendiffraktometrie, Transmissionselektronen- und Rasterkraftmikroskopie. Hilfreiche Techniken für die Auswertung von Analysedaten, aber auch zu dem Entwurf sowie der Durchführung experimenteller Studien sind u. a. statistische Versuchsplanung, *Boole*'sche Algebra, *Bayes*-Theorem sowie *Gauß*-Prozess. Neben der Überprüfung von Güte und Menge der gewünschten Wirtschaftsgüter über eine geeignete Geräteausstattung sind zum anderen die Modellierung und Simulation einer biogenen Synthese im Sinne einer Bottom-up-Strategie über rechnergestützte Verfahren möglich. Durch Modellierung sind u. a. Biomineralisation, Funktionalität regulierbarer Biomoleküle sowie extra-/intrazelluläre Signalverarbeitung erfassbar.

1.1 Datenakquise, -kompilierung und -evaluation

Eine validier- und aussagefähige Datenbasis, sowohl für wissenschaftliche Zielsetzungen als auch auf technische Funktionalität fokussiert, beginnt mit einer geeigneten Datenakquise, erstreckt sich über deren Kompilierung bis hin zu ihrer Evaluation, wobei sich die Gewinnung von Informationen zur Synthese und Charakterisierung von anorganischen Nanokristalliten/-clustern einer Reihe praktischer und theoretischer Vorgehensweisen bedient. Zur Datenakquise steht eine Vielzahl sehr unterschiedlicher und leistungsfähiger Techniken, z. B. TEM, AFM, RDA etc., zur Verfügung. Der theoretische Ansatz bedient sich rechnergestützter Strategien. Für eine sukzessive Datenkompilierung sowie deren Evaluation bieten sich zahlreiche, häufig interdisziplinär vernetzte, Datenbanken sowie eine Fülle von Softwareapplikationen an, Abschn. 1.5.1 (r). Im Zusammenhang mit der biogenen Erzeugung metallischer Phasen erfolgt die Generierung von Daten auf zwei Gebieten. Ob im Labor experimentell ermittelt oder als Qualitätskontrolle beim Produktionsausstoß angedacht, z. B. Größenverteilung, Reinheit, Morphologie etc., unterliegt das durch die Analysen bereitgestellte Datenmaterial einer sukzessiven mathematischen Behandlung.

Mit einer gezielten Datenakquise stehen diskrete Stufen der Prozessoptimierung speziell bezogen auf Enzymdesign sowie Produktionsmenge zur Verfügung. Zu Be-

DOI 10.1515/9783110422870-002

ginn experimenteller Arbeiten sowie hinsichtlich der Überlegungen einer technischen Machbarkeit sind vorausgehende rechnergestützte Modellierungen ein unerlässlicher Prozess. Weiterhin sollte zunächst für alle Formen von Versuchsreihen eine statistische Versuchsplanung (engl. *design of experiments* = DOE) angelegt werden, da sie u. a. wichtige Kenngrößen liefert: Analyse der „Ist-Zustands" – Planung – Auswertung – Darstellung und Prognose – Optimierung – Laufender Prozess. Auf dem Gebiet der Biostatistik liegt eine Fülle von Publikationen mit unterschiedlicher Zielvorgabe und inhaltlichem Angebot vor, z. B. Köhler et al. (2007), Rudolf & Kuhlisch (2008) u. a. Insbesondere auf die Bioinformatik bezogen, erscheinen in kurzen Abständen, Handbücher, z. B. Bioinformatik in theoretischer Biologie (Hogeweg 2011), u. a. Wichtige Zielsetzungen einer Evaluation sind die Auswahl des geeigneten Probenmaterials, die Probenaufbereitung sowie Maßnahmen gegen eine unbeabsichtigte Probenkontamination, die bei Nichtbeachtung zu Beeinträchtigungen im Qualitätsausstoß der gewünschten Produkte, z. B. in Form metallischer NP, führen können.

1.2 Probenaufbereitung und Maßnahmen gegen Probenkontamination

Eine Probenaufbereitung sowie geeignete Maßnahmen gegen mögliche Probenkontamination sind für die verschiedenen Messtechniken, die wiederum als Instrumentarium für die Qualitätskontrolle dienen, unverzichtbar. Auf dem Gebiet der µm- und nm-Skala ist eine speziell konzipierte, insbesondere für die auf den µm- und nm-Bereich zugeschnittene Probenentnahme, d. h. repräsentative Volumeneinheit, erforderlich. Kommt es in dieser Phase zu Fehlern, sind diese durch statistische Maßnahmen nicht nachträglich korrigierbar. Im Zusammenhang mit NP ist betreffs Probeaufbereitung, wie z. B. Filtriereigenschaften, eine Durchmischung etc. von außerordentlicher Wichtigkeit. Erschwerend kommt hinzu, dass bislang wenige Erfahrungen auf dem Gebiet der kombinierten Anwendung von Bio- und Nanotechnologie gesammelt werden konnten. Die Größe und Empfindlichkeit biogen erzeugter Nanomaterialien erfordern besondere Techniken und Strategien. So bestimmt die Partikelgröße die physikalischen Eigenschaften. Für NP ergeben sich gegenüber den *Bulk*-Materialien signifikante Unterschiede. Große Unsicherheiten gehen von der extrem hohen Reaktivität von NP aus. Hier sind unbedingt mögliche toxikologische Aspekte zu beachten, z. B. As, Cd- und Hg-haltige NP, Abschn. 5.6/Bd. 1. Allgemein stellt das räumliche Nebeneinander von Biomolekülen und anorganisch-metallischen Feststoffphasen eine erhebliche Problematik in der Nanoanalytik dar.

(a) Präparationstechniken

Biologisches Probenmaterial muss i. d. R. mittels einer Reihe von Techniken vorbehandelt werden. Zu den Präparationstechniken zählen u. a. Ultradünnschichtverfahren, Einbettung, Dehydratisierung und Färbung (*negative stain*). Hierbei ist zu beachten, dass biologisches Material rasch Veränderungen unterliegen kann. Die Präparate sollten bei Nichtgebrauch gekühlt gelagert werden, d. h. < 0 °C.

Zur Charakterisierung von NP eignet sich der Einsatz der TEM als bildgebendes Verfahren. Speziell für den Einsatz für TEM und AFM darf das zu analysierende Probematerial eine bestimmte Dicke der Präparate nicht überschreiten und biologische Materialien bedingen dedizierte Techniken. Hierfür erfordern die Proben besondere Präparationstechniken, z. B. ultradünne Schliffe von mit entsprechendem Probenmaterial ausgestatteten Kunstharzen, mit oder ohne Färbung, das Auftragen von Fluidphasen auf ein z. B. mit C beschichtetes Cu-Netz u. a. ([1]Gericke & Pinches 2006). Die Gewinnung von metallischen NP geschieht durch Dichtetrennung.

Zwecks mineralogischer Untersuchungen wird zunächst das zuvor im entsprechenden Behälter abgesetzte mineralführende Material durch Zentrifugieren für 10 min bei einer Betriebsgeschwindigkeit von 2300 g behandelt. Im Anschluss ist es dreimal unter anaeroben Bedingungen mit deionisiertem Wasser zu reinigen (Lee et al. 2008). Danach erfolgt eine Trocknung der Minerale unter anaeroben Bedingungen in einer anaeroben Kammer (engl. *glove box*) mit der Zusammensetzung $N_2 : H_2 : CO_2 = 90 : 5 : 5$. Für den messtechnischen Einsatz mit der SEM wird das gereinigte Probenmaterial auf einen Filter aus Zelluloseester, Si-Wafer oder für die Analytik via TEM auf ein Cu-Netz aufgetragen (Lee et al. 2008), Abschn. 1.3.4. Im Anschluss sind über die Kombination von Ultrazentrifugation und magnetischer Separation die Magnetosome abtrennbar (Abschn. 2.3.9). Sowohl die kristalline Phase als auch auf die Oberfläche bezogene, funktionelle Gruppen der Magnetosome lassen sich messtechnisch über RDA (Abschn. 1.3.3) sowie Infrarotspektroskopie (engl. *Fourier transform infrared spectroscopy* = FTIR) erfassen (Yan et al. 2012).

Die Probenaufbereitung für extrahierte Magnetosome gestaltet sich gemäß Alphandery et al. (2009) wie folgt. Zunächst wird eine Suspension von magnetotakten Bakterien benötigt, die ca. $2 \cdot 10^{-5}$ Gew. % an Maghemit (γ-Fe_2O_3) enthält.

Ungefähr 10 μL der Suspension werden auf die Spitze eines TEM-Netzes aufgetragen, das wiederum mit amorphem C in Anwesenheit eines magnetischen Feldes (= 1 T) während der Evaporation des Lösungsmittels beschichtet wird. Zum Zweck einer Messung der magnetischen Eigenschaften einer Anordnung von magnetotakten Bakterien ist das TEM-Netz durch einen Si-Wafer zu ersetzen. Anschließend sind 50 ml der o. a. Lösung auf das Si-Substrat, bei gleichzeitiger Anlegung eines magnetischen Feldes mit der Stärke von 1 T, aufzutragen. Das auf diese Weise erzeugte Präparat steht im Anschluss für Analysen via TEM zur aufzeichnungsfähigen Bildgebung bereit (Alphandery et al. 2009). Häufig folgt die kristallographische Orientierung während der Ablagerung entlang dem magnetischen Feld (Alphandery et al. 2009), Abb. 5.18 (b)/

Bd. 1. Zur Isolierung von S-Layer-Proteinen ist es zunächst wichtig, diese von der Zelloberfläche zu lösen. Insgesamt steht eine Reihe von Vorgehensweisen zur Verfügung (Mulani & Majumder 2013). Aus diesem Anlass sind die Zellen zur Auflösung der H_2-Bindungen mit chaotropischen Reagenzien, z. B. Guanidiniumhydrochlorid ($CH_5N_3 \cdot HCl$) oder Harnstoff (CH_4N_2O), zu behandeln. Oder es sind chelatierende Reagenzien, wie z. B. EDTA, einzusetzen. Mittels Veränderung des pH-Werts sowie durch eine Behandlung mit Lysozym kann die Schicht aus Peptidoglycan abgetrennt werden. Nach einer Behandlung mit LiCl folgt ein Zentrifugieren, z. B. durch Anwendung von hohem Druck etc. (Mulani & Majumder 2013). Erhebliche Probleme können durch biologische sowie chemische Kontaminationen der Kulturen verursacht werden (Bates & Wernerspach 2011, Ryan 2012). Biologische Verunreinigungen sind z. B. durch das Auftreten von *Mycoplasma* charakterisiert (z. B. Drexler & Uphoff 2002). Aber auch chemische Kontaminationen sind in vielfältiger Weise möglich, z. B. Metallionen, Endotoxine, unerwünschte gasförmige Phasen, (Ryan J. 2012). Aufgrund der Reaktivität Fe-haltiger Medien ist eine Kontamination unbedingt zu vermeiden und z. B. Melchior et al. (1996) betonen den Einfluss, der von einer unsachgemäßen Probenbehandlung ausgehen kann.

(b) Toxizität

Hohe Konzentrationen an Sulfiden erweisen sich gegenüber Mikroorganismen als toxisch, da sie Proteine denaturieren und sich an Metalle innerhalb der Enzyme, d. h. Cofaktoren, anbinden. Die Anwesenheit von H_2S verhindert unter Laborbedingungen das Wachstum von Kulturen aus SRB und es kann davon ausgegangen werden, dass generell Konzentrationen an H_2S in geschlossenen Systemen ein Wachstum einschränken. Aus dem o. a. Grund ist auf die Entwicklung von H_2S zu achten bzw. diese zu verhindern. Die Zugabe von z. B. ZnS sowie anderer Sulfide kann durch Unterbindung einer Sulfidbildung Abhilfe verschaffen und so z. B. Kulturen von SRB in ihrem Wachstum unterstützen (Druschel et al. 2002). Aufgrund der Reaktivität repräsentieren Fe-haltige Mineralisationen hochreaktive Medien und es sind daher Kontaminationen aktiver Biomasse zu vermeiden

(c) Daten-Qualität

Zur vollständigen Beschreibung der von Biomolekülen ausgehenden Wechselwirkungen sind Informationen über die Beschaffenheit der Anordnung, Affinitäten, Kinetik und Thermodynamik in Verbindung mit der Bildung der Komplexe erforderlich (Myszka et al. 2003). Zu dem Aufbau-/Anordnungsstadium, der Thermodynamik und kinetischen Analyse einer Enzym-Inhibitor-Wechselwirkung verweisen Myszka et al. (2003) auf die spezielle Studie *ABRF-MIRG'02*. Genutzte analytische Techniken zur Messung von Interaktionen setzen Ultrazentrifugation (engl. *analytical ultracentrifugation* = AUC), isothermale Titrationskalometrie (engl. *isothermal titration calometry* =

ITC) und auf die Oberfläche bezogene Plasmonenresonanz ein (engl. *surface plasmon resonance* = SPR). Zum Zwecke einer Evaluation der o. a. Geräteausstattung wurde ein Netzwerk von geeigneten Forschungseinrichtungen aufgebaut (Myszka et al. 2003).

Im Mittelpunkt stehen Anforderungen an die Qualität der ermittelten Daten. Das gewählte Modellsystem besteht aus einem Paar von Inhibitoren (Bovin-Carboanhydrase II (CA II) und 4-Carboxybenzensulfonamid (CBS). In einem entsprechenden Testprogramm sollten durch verschiedene Beobachter/Bearbeiter einzeln oder in Kombination Messungen zur molekularen Masse, Homogenität, Affinität, Thermodynamik und Kinetik der genannten Inhibitoren sowie zur Bildung der Komplexierungen unter Einsatz der angeführten Messtechniken u. v. a. durchgeführt werden. Die Ergebnisse der Studie liefern Bezugswerte zum Vergleich der Kapazitäten der einzelnen Laboratorien und definieren die Brauchbarkeit der o. a. Messgeräte (Myszka et al. 2003).

Zusammenfassend

sind im Zusammenhang mit der Probenaufbereitung entsprechende Sicherheitsvorkehrungen zu beachten, Abschn. 5.6/Bd. 1. Denn kontaminiertes Material kann in Experimenten unbrauchbare Daten produzieren, zu Verlusten in der Produktion führen und somit als erheblicher Kostenfaktor auftreten. Mittels einfacher regelmäßig durchgeführter Maßnahmen wie z. B. aseptisches Vorgehen, Reinheit des Laboratoriums u. a. ist ein Teil der Risiken reduzierbar. Die Datenakquise erfolgt durch eine geeignete Auswahl an Analysetechniken und die hierzu erforderliche messtechnische Geräteausstattung. Einzeln oder in Kombination sind sie ein unverzichtbarer Teil der Qualitätskontrolle/des -managements (QM).

1.3 Messtechnische Geräteausstattung

Aus Gründen wissenschaftlicher Messungen, aber auch zur Qualitätskontrolle in einem industriellen Fertigungsprozess, ist eine geeignete messtechnische Geräteausstattung unerlässlich. Zur Visualisierung der metallischen Nanocluster, Bestimmung der chemischen Zusammensetzung, kristallographischen Ansprache sowie für Angaben betreffs Morphologie etc. steht eine Vielzahl von messtechnischen Geräten zur Verfügung. Hierzu zählen u. a.:

- Partikelmesstechiken,
- Energiedisperse Röntgenspektroskopie (= EDX),
- Röntgendiffraktometrie (= RDA),
- Transmissionselektronenmikroskopie & Rasterkraftmikroskopie (= TEM & AFM),
- Massenspektrometrie mit induktiv gekoppeltem Plasma (= ICP-MS),
- Atomabsorptionsspektrometrie (= AAS),
- Röntgen-Nahkanten-Absorptions-Spektroskopie (*X-ray absorption near-edge structure spectroscopy* = XANES).

Mittels der geeigneten Messtechnik sind die chemischen und physikalischen Zustandsgrößen numerisch zu bestimmen und für die Auswertung bereitzustellen. Da die o. a. messtechnischen Geräteausstattungen innerhalb der Material- und Biowissenschaft etabliert sind und technische Weiterentwicklungen sowohl Größe/Ausmaße als auch Preis-Leistungs-Verhältnis entschieden verbessert haben, eignen sie sich zu Zwecken einer Qualitätskontrolle für den industriellen Einsatz. Allerdings erfordert ein mechanistisch ausgerichtetes Verständnis betreffs der Wechselwirkungen zwischen einem Mikroorganismus mit einem Mineral bzw. Metall sowie Biotransformation ein geeignetes analytisches Instrumentarium, ausgestattet mit entsprechender chemischer Sensitivität und räumlicher Auflösung (Templeton & Knowles 2009), Abschn. 2.3.3 (e)/Bd. 1.

Einige der Hauptanforderungen an die Analytik bestehen in der Berücksichtigung ihrer Handhabung, ihres technischen Aufbaus und der Integrationsfähigkeit in Produktionsprozesse/-ketten unter industriellen Bedingungen. Zur Charakterisierung von industriell gefertigten NP, z. B. Größe, steht nach aktuellem Stand der Technik bislang keine übergreifende Analyseapparatur zur Verfügung und es ist daher i. d. R. auf eine Kombination von Techniken zurückzugreifen, z. B. AFM mit RDA ([1]Domingos et al. 2009). Zusammenfassend sind mittels TEM und angelehnter Techniken Partikelgröße, Partikelmorphologie, chemische Zusammensetzung, Kristallstruktur, kristallographische Achse sowie Magnetismus messtechnisch erfassbar (Posfai et al. 2013).

Aktuell stehen zur messtechnischen Erfassung von mikrobiellem Wachstum, redoxgesteuerter Transformationen, Zersetzung von Mineralen und Biomineralisationen eine Reihe von synchrotongestützten Röntgentechniken zur Verfügung, wobei sich die Größenskala zwischen dem cm- über μm- bis nm-Bereich bewegt. So eignen sich z. B. zur Beschreibung der sich an der Schnittstelle Mikroorganismus : Mineral entwickelnden, biogeochemisch definierten Dynamik insbesondere Techniken wie Röntgenabsorptionsspektroskopie, Röntgenmikroprobe sowie Röntgenmikroskopie (Templeton & Knowles 2009).

1.3.1 Partikelmesstechniken

Hinsichtlich metallischer NP übernehmen Partikelmesstechniken eine wichtige Rolle bei der Qualitätskontrolle. Das messtechnische Prinzip beruht z. B. auf Lichtstreuung, Aerosol u. a. und erfasst den μm- bis nm-Bereich. Sie detektieren sowohl anorganische Partikel, wie z. B. NP, als auch Mikroorganismen in liquiden und gasförmigen Phasen. Als Normen stehen diverse Regelwerke zur Verfügung, z. B. ISO 4406:1999, SAE AS 4059. Vor Gebrauch der Partikelmesstechnik sowie der eigentlichen Probenbehandlung ist die Berücksichtigung folgender Überlegungen unerlässlich:

- Beschreibung der physikalischen Eigenschaften der Partikel, z. B. Größe, Morphologie,
- Charakterisierung der Ausbildung der äußeren Form, d. h. rund oder unregelmäßig,
- Ansprache zu Schwankungen betreffs der Größe.

Danach folgt die eigentliche Probenaufbereitung, z. B. Dispergierung, Probenahme.

An apparativer Ausstattung stehen z. B. tragbare Partikelzähler, Aerosol-Spektrometer etc. zur Verfügung. Bezogen auf biologische Komponenten führten z. B. Pugh & McCave (2011) vergleichende Messungen zur Partikelgröße von Diatomeen und deren Interferenzen mittels unterschiedlicher Techniken durch. Sie bedienen sich im Zusammenhang mit der Partikelmessung eines Sedigraphs (Setzgeschwindigkeit), eines *Coulter*-Zählers (engl. *electrical resistance pulse counting*) und der Laser-Diffraktion (engl. *Malvern-Laser-Sizer*). Zusammenfassend liefert der *Malvern*-Laser kontinuierlich die größten Durchmesser, gefolgt durch den *Coulter-Zähler*, und am Ende stand die Absetztechnik. Allerdings kann es zu Reaktionen zwischen der externen Projektionsfläche des Partikels und der Diffraktion des Lasers kommen (Pugh & McCave 2011). So können z. B. die Auswirkungen auf die Sinkgeschwindigkeit, verursacht durch sowohl niedrige effektive Dichte als auch unregelmäßige Gestalt der Diatomeen, im Vergleich mit z. B. terrigenen Kornformen, beim Einmessen mit einem Sedigraphen, verhältnismäßig kleinere Durchmesser, d. h. nicht korrekt, anzeigen. Zu Abweichungen kommt es, wenn die Morphologie der Diatomeen rundlich ausgeprägt ist. Dahingegen registriert ein *Coulter*-Zähler das Volumen der Diatomeen und arbeitet unabhängig von der Dichte oder Form eines Partikels.

Insgesamt sind mittels dieser Messtechnik unterschiedliche physikalische Größen ansprechbar, u. a. ist über die Bestimmung des äußeren Durchmessers in Kombination mit dem Volumen die Porosität messbar (Pugh & McCave 2011). Auch Moreau et al. (2007), Williams et al. (2006) u. a. stützen sich u. a. in ihren Untersuchungen auf DLS (= *dynamic light scattering*), Abschn. 2.5.7 (f)/Bd. 1. Über Partikelmesstechniken ist eine Reihe von Produkteigenschaften beschreibbar, wie z. B. Größe, elektrische Eigenschaften etc., und sie sollten zwecks Qualitätskontrolle berücksichtigt werden.

1.3.2 Energiedisperse Röntgenspektroskopie: EDX

Die energiedispersive Röntgenspektroskopie (engl. *energy dispersive X-ray spectroscopy* = EDX) stellt eine zerstörungsfreie Methode zur chemischen Analyse von Materialien dar. Sie misst die elementspezifische Röntgenstrahlung, die durch eine vorausgegangene Bestrahlung der zu untersuchenden Komponente emittiert wird. Häufig geschieht der messtechnische Einsatz in Kombination mit der Rasterelektronenmikroskopie (REM), Transmissionselektronenmikroskopie (TEM), Röntgenfluoreszenzanalyse (RFA) etc., wobei die EDX zur Methodik der Elektronenstrahlmikroanalyse zählt. Im Fall der Synthese von metallischen Nanoclustern kann somit auf eine zerstörungsfreie Analyse zurückgegriffen werden. Mittels der EDX sind unterschiedliche Fragestellungen beantwortbar. So stützen sich, z. B. im Zusammenhang mit Untersuchungen zur Toleranz gegenüber Metallen, Pages et al. (2008) neben der TEM auf eine EDX-Analytik. Sie zeigen extrazelluläre granulare NP aus Se^0 und nanoskalige Kristalle aus elementarem Te^0, Abschn. 2.4.3 (f, h)/Bd. 1. Zur Messung von durch elektrochemisch aktiven Biofilmen synthetisierte Au-NP setzen Khan et al. (2013) neben der TEM sowohl die RDA als auch die EDX ein, Abschn. 2.4.4 (g)/Bd. 1. Im Zusammenhang mit sog. *cell ghosts* bzw. Zellextrakten stützen sich Selenska-Pobell et al. (2011) neben der TEM ergänzend auf die EDX, Abschn. 2.2.1 (b). Durch u. a. EDX beschrieben, zeichnen sich Carboxyl- sowie Phosphorylgruppen (Abschn. 2.3.7/Bd. 1) für die Sequestrierung von Ni^{2+}, Co^{2+}, Cu^{2+} sowie Cd^{2+} durch *Pseudomonas sp.* verantwortlich (Choudhary & Sar 2009). Pages et al. (2008) ermitteln via EDX durch *Stenotrophomonas maltophilia SM777* synthetisierte granulare NP aus Se^0 und nanoskalige Kristalle aus Te^0, Abschn. 2.3.2 (m)/Bd. 1, Abb. 2.32/Bd. 1. Im Rahmen eines *urban mining* ermitteln Macaskie et al. (2007) Au via EDX, Abschn. 2.5.2 (i).

1.3.3 Röntgendiffraktrometrie: RDA

Im Bereich Werkstoffprüfung bzw. Mineralogie hat sich zur kristallographischen und somit mineralogischen Bestimmung der Feststoffphasen die Röntgendiffraktometrieanalyse (RDA) bewährt. Die RDA bedient sich zu Messzwecken der Röntgenstrahlung. Die Röntgenstrahlung, als elektromagnetische Welle, bewegt sich zwischen einer Wellenlänge von 0,005–1,0 nm und somit erfasst die RDA die nm-Dimension. Ihr Prinzip beruht auf der messtechnischen Detektierung von Wechselwirkungen zwischen Röntgenstrahl und den Elektronen der Netzebenen eines Kristalls. Hierbei wird das Phänomen der Beugung analytisch erfasst und verhilft als Ergebnis zur Identifikation der Kristallstrukturklasse eines Festkörpers. Allerdings sieht sich die messtechnische Interpretation von RDA-Daten u. U. mit diversen Einschränkungen konfrontiert. So verfälschen z. B. die Partikelgröße, Störungen im Kristallgitter in Kombination mit der geringeren Anzahl von Einheitszellen einer Gitterebene das Peakmuster. Auch eine nicht vollständige Abtrennung der Mineralphasen von den organischen Komponenten kann als Störgröße wirken ([2]Gilbert & Banfield 2005).

Daher kann es bei Verwendung von Strukturanalysen im Sinne von *Braggs* Gesetzen zu erheblichen Ungenauigkeiten kommen. Eine Abhilfe ist über die Simulation von Diffraktionsmustern möglich. Ebenso bietet ein Verfahren der Paarverteilungsfunktion ergänzende Unterstützung an. Der angesprochene Algorithmus berührt die Ordnung der NP im Nahbereich. Mit der RDA steht – zur Klärung sehr unterschiedlicher Fragestellungen – mit dem Angebot einer verwertbaren Datenakquise und -kompilierung ein effizientes Instrument zur Verfügung. Für Studien zur mikrobiellen Transformationen von Mineralen sowie Metallen betonen Templeton &

Knowles (2009) die Fortschritte in u. a. der RDA. Zur messtechnischen Erfassung magnetischer NP, extrazellulär von *Shewanella sp. HN-41* synthetisiert, greifen z. B. Lee et al. (2008) auf die RDA zurück, Abschn. 5.3.1 (d)/Bd. 1. Zwecks Studien einer Synthese von nanokristallinen Ni- und Co-Sulfiden durch eine gegenüber Metallen tolerante, sulfatreduzierende Kultur setzen Sitte et al. (2013) als Analysetechnik u. a. die RDA ein, Abschn. 5.3.3 (f)/Bd. 1. Zur kristallographischen Ansprache biogen erzeugter metallischer NP, z. B. Ag, Li, Pt, Co, stützen sich Srivastava et al. (2012) auf die RDA, Abschn. 2.4.3 (e)/Bd. 1. Prakash et al. (2010) benutzen zur Analyse von durch Zellwand von *Bacillus megaterium* synthetisierten extrazellulären Cd-NP die RDA, Abschn. 2.4.2 (d)/Bd. 1. Auch die RDA-Aufnahme eines Magnetosoms zählt zu einer etablierten Routine ([2]Li et al. 2009), Abb. 1.1.

Neben der Beschreibung von metallischen Nanopartikeln/-clustern ist eine messtechnische Strukturanalyse von Proteinen seitens der RDA möglich. So berichten z. B. [1]Zhang et al. (2009) über kristallographische Analysen einer Sulfid-Chinon-Oxidoreduktase aus *Acidithiobacillus ferrooxidans*. Zur Charakterisierung hybrider Biokatalysatoren setzen Serefoglou et al. (2008) u. a. auf eine RDA. Aber auch die auf die Oberfläche bezogenen funktionellen Gruppen von Magnetosomen lassen sich messtechnisch über die RDA erfassen (Yan et al. (2012). Eine Konjugation von Enzymen auf paramagnetischen Nanogels, bedeckt mit Carboxylgruppen, erfassen [2]Hong et al. (2007) messtechnisch über die RDA, Abschn. 2.4.4 (e). Über eine Überexprimierung in *E. coli* ist das Enzym aufzureinigen und über entsprechende Techniken (engl. *hanging-drop vapour-diffusion method*) zur Auskristallisation zu bringen. Die nativen Kristalle fallen in die tetragonale Raumgruppe. Zur Beschreibung der Verwitterung von Serpentin in Anwesenheit des Bodenbakteriums *Bacillus mucilaginosus* verwenden Yao et al. (2013) die RDA. Zusammenfassend ist für eine Integration in Prozessabläufe sowie unterschiedlichste Fragestellungen die RDA geeignet.

1.3.4 Transmissionselektronen- und Rasterkraftmikroskopie: TEM, HRTEM, SEM und AFM

Sowohl Transmissionselektronen- als auch Rasterkraftmikroskopie (*eng. transmission electron microscopy* = TEM und *atomic force microscopy* = AFM) repräsentieren eine Art Standard für Messungen auf der nm-Skala. Auf diese Weise bieten sie die Möglichkeit einer topographischen Darstellung einer in das biogene Umfeld eingebundenen Biomineralisation. Die TEM stellt eine technische Modifikation des Elektronenmikroskops dar, wobei die aktuelle Auflösungsgrenze bei ca. 0,05 nm liegt. Eine Abbildung von einem Objekt erfolgt direkt durch Elektronenstrahlung. Die räumliche Ausdehnung der Geräte reduziert sich durch ständige Weiterentwicklung erheblich und nimmt als tragbare Version den Platz eines Tischcomputers ein. Spezielle Verfahren der TEM sind u. a. die *High Resolution Transmission Electron Microscopy* (HRTEM) und die energiegefilterte Transmissionselektronenmikroskopie (EFTEM). Elektronenmikroskopische Untersuchungen an Magnetosomen magnetotakter Bakterien liefern eine Vielzahl von Informationen über ihre chemische Zusammensetzung, zur Struktur sowie deren Synthese als mineralische Feststoffphase (Bazylinski et al. 1994). Zum Studium der Eigenschaften von Biomineralisationen setzen Posfai et al. (2013) die TEM ein.

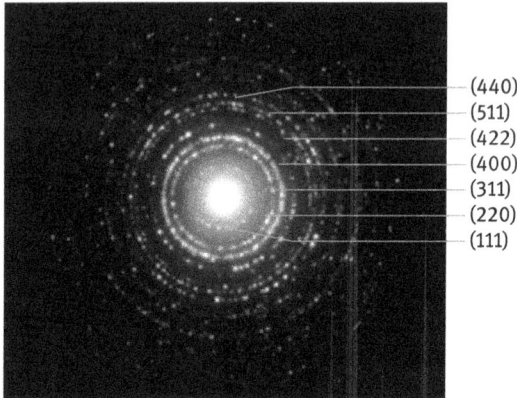

(440)
(511)
(422)
(400)
(311)
(220)
(111)

Abb. 1.1: RDA-Aufnahme eines Magnetosoms ([2]Li et al. 2009).

(a) TEM

Der TEM kommt insbesondere die Visualisierung der metallischen Nanocluster zu. Ergänzend ist die TEM auf ihre Einsatzfähigkeit zur Qualitätskontrolle innerhalb einer angedachten Serienproduktion metallischer Nanocluster via Enzyme zu überprüfen. So lässt sich die Visualisierung von in der 2-D-Ebene hochgeordneten, polysymmetrisch metallischen Nanoclustern, hervorgegangen aus einer durch ein S-Layer-Templat gesteuerten Synthese aus geeigneten Metallsalzen, und deren nachträglicher Bearbeitung mithilfe der TEM durchführen (Mertig et al. 2001). Der experimentelle Aufbau bedient sich, neben der Fähigkeit von S-Layern in vitro auf Grenzflächen, d. h. Substrat, als 2-D-Schicht (LB-Film) mit hochauflösender Geometrie auszukristallisieren, diskreter, reaktiver Proteinkristalle im μm-Bereich als Kristallisationskeim, die an die S-Layer angebunden sind und somit ihrer hoch symmetrischen Raumordnung folgen. Durch die Kombination von EH und SFM lässt sich der Nachweis erbringen, dass die S-Layer auf den angebotenen Substraten alternierende Doppellagen bilden. Hinsichtlich der Mineralisation der Metallpartikel auf den Templaten kommen nach bislang vorliegenden Forschungsergebnissen zwei Bildungswege in Betracht, d. h. (1) ein sitespezifisches Wachstum von Metallclustern durch die chemische Reduktion von Metallsalzkomplexen und (2) ein durch Elektronenstrahl ausgelöstes Wachstum von NP im TEM (Mertig et al. 2001).

Beide sehr unterschiedlichen verfahrenstechnischen Ansätze führen zu einer geordneten Anordnung (engl. *array*) von NP mit einer Dichte von $< 6 \cdot 10^{11}$ cm^{-2}. Die NP-Mineralisation über Bestrahlung durch Elektronen geschieht ausschließlich in den flachliegenden, doppellagigen Proteinschichten, wo sich ausreichende Mengen an Metallkomplexierungen während der Probenvorbehandlung akkumulieren lassen. Mit ultradünnen Filmen aus Co und Ag beschichtete bakterielle S-Layer-Proteine sind mittels einer messtechnischen Kombination von lateral hochauflösender Röntgennahkantenabsorptionsspektroskopie (engl. *near-edge X-ray absorption fine structure spectroscopy* = NEXAFS bzw. *X-ray absorption near-edge structure* = XANES) mit einer Photoemissionselektronenmikroskopie (PEEM) beschrieben (Mertig et al. 2001). Zur Erfassung von Metallpräzipitaten, z. B. Cu, Co u. a., an der Zellumhüllung des metallresistenten *Pseudomonas sp.* setzen Choudhary & Sar (2009) die TEM ein, Abschn. 2.3.7 (h)/Bd. 1. Zur Ansprache von La-Akkumulationen durch extrazelluläre Polysaccharide (EPS) des Mikroorganismenvertreters *Myxococcus xanthus* verwenden Merroun et al. (2003) u. a. die TEM, Abschn. 5.3.4 (a)/Bd. 1, Abb. 5.33 (b)/Bd. 1. Ihnen gelingt mithilfe dieser Technik eine Visualisierung der gefärbten Präparate, d. h. der durch die La besetzten, den Zellkörper umgebenden EPS des o. a. Mikroorganismus, Abschn. 2.3.6 (a). Die präsentierte Technik ist nach Auskunft von Merroun et al. (2003) einfach zu handhaben. Sie verhindert zudem den häufig zu beobachtenden Kollaps der EPS, der sich im Verlauf der zur Fixierung und Dehydration erforderlichen Maßnahmen für Messungen mit der TEM einstellen kann.

Die sonst übliche Vorgehensweise mittels der Präparation via Antikörper entfällt, der mit La präparierte Stamm steht ohne Verzögerungen durch Zellkultivierung oder Isolierung zur Analyse bereit. Granulare NP aus Se^0 und nanoskalige Kristalle aus Te^0 sind in *Stenotrophomonas maltophilia SM777* mittels TEM visualisiert (Pages et al. 2008), Abschn. 2.4.3 (f)/Bd. 1, Abb. 2.32/Bd. 1. Im Rahmen einer biogenen Nanosynthese, d. h. von Möglichkeiten einer effizienten Produktion von biokompatiblen Au-NP, setzen Ghodake et al. (2010) zur messtechnischen Erfassung zur Größe, Morphologie, Löslichkeit, Reinheit, Oberflächenchemie sowie physikalischer Parameter, z. B. Kristallstruktur u. a., die TEM ein. Mittels TEM-Untersuchungen gelang Isambert et al. (2007) die Identifizierung von 17 unterscheidbaren Morphotypen in Süßwasserpopulationen magnetotakter Bakterien. Das morphologische Spektrum reicht von länglich prismatisch über länglich-rundlich, stäbchen-/zähnchenförmig bis hin zu kubooktraedisch. Das magnetische Moment bewegt sich innerhalb einer breiten Spanne, d. h. 0,7–8,4 (Isambert et al. 2007). Es liegen TEM-Aufnahmen eines mittels Peptids synthetisierten Pt-Partikels (url: NSLUA) sowie bionisch synthetisierter Fe_3O_4 (Baumgartner 2013) vor, Abb. 1.2. Im Zusammenhang mit der Sanierung von durch Cr^{6+}- sowie U^{6+}- kontaminierten Grundwässern unterzogen Suvorova et al. (2008) biogene, zuvor durch mikrobielle Reduktion synthetisierte NP aus Uranyl (UO_2^{2+}) und Chromat (CrO_4^{2-}) einer Analyse durch TEM. Mittels der genannten Analytik lässt sich die mikrobielle Reduktion des hochtoxischen und mobilen UO_2^{2+} sowie CrO_4^{2-} in weniger bewegliche Cr^{3+}-Hydroxide/-Oxide/-Phosphate bzw. Uraninit (UO_2) nachverfolgen. Insgesamt und in Verbindung mit der HRTEM über TEM die Parameter Morphologie, Struktur, Größe, chemische Zusammensetzung analysierbar (Suvorova et al. 2008). Zur Bewertung einer biogenen Synthese metallischer NP, z. B. Ag, Pd, Pt,

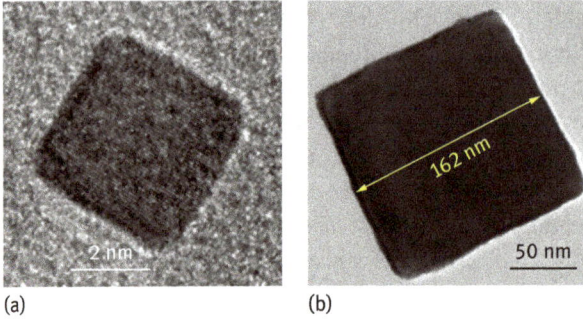

(a) (b)

Abb. 1.2: (a) TEM Aufnahmen eines mittels eines Peptids synthetisierten Pt-Partikels (url: NSLUA) sowie (b) biogen erzeugten Magnetits (Baumgartner 2013).

Co u. a., durch *Pseudomonas aeruginosa SM1* setzen Srivastava et al. (2012) die TEM ein, Abschn. 2.4.3 (e)/Bd. 1. Darüber hinaus zeigen TEM-Analysen aciculare Fe-reiche Partikel und Aggregate, die weder intra- noch extrazellulär auftreten (Peng et al. 2010), Abschn. 2.6.1 (i). Zur Beschreibung des Kristallhabitus und magnetischer Mikrostrukturen von Magnetosomen in MTB kommt eine TEM in Frage (Lins et al. 2006), Abschn. 5.1.1/Bd. 1, Abb. 5.2/Bd. 1. Auf viralen Matrizen entstandene NP unterziehen Goh et al. (2008) der TEM, Abschn. 5.3.3/Bd. 1. Aber auch fossilisierte und durch As-Sb-Sulfide mineralisierte Biomoleküle sind durch TEM-Aufnahmen fassbar. So beschreiben Phoenix et al. (2005) mineralisierte S-Layer im Zusammenhang mit den Aktivitäten heißer Quellen, Abschn. 2.4.2 (b)/Bd. 1. TEM-Aufnahmen von NP, synthetisiert von MTB, offenbaren unterschiedliche Morphologien und in Phasenaufnahmen die von Proteinen oder Lipiden umhüllten Feststoffphasen (Xie et al. 2009), Abb. 1.3.

Für Studien zur Evaluation der Biokompatibilität von Magnetosomen, erzeugt durch *Acidithiobacillus ferrooxidans BY-3*, kommt für die Analyse der Einsatz der TEM in Frage (Yan et al. 2012), Abschn. 5.6 (b)/Bd. 1. Auf TEM-Analysen beruhen Daten

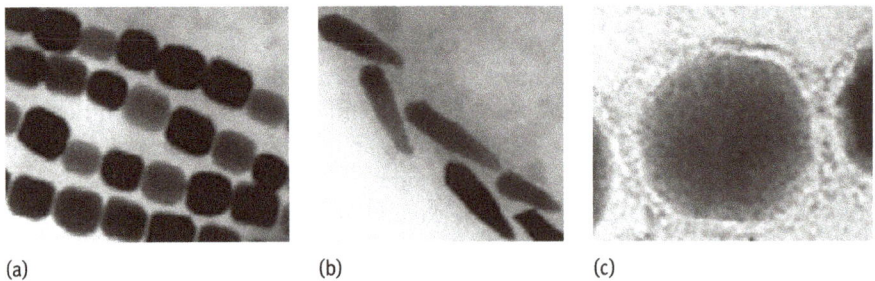

(a) (b) (c)

Abb. 1.3: (a, b) TEM-Aufnahmen von NP mit unterschiedlichen Morphologien, synthetisiert von MTB, (c) zeigen durch Phasenverstärkung die Magnetosom-Matrix, ohne Maßstabsangaben (Xie et al. 2009).

zu den Untersuchungen einer Synthese von nanokristallinen Ni- und Co-Sulfiden durch entsprechende mikrobielle Kulturen (Sitte et al. 2013), Abschn. 5.2.3 (f)/Bd. 1. Im Zusammenhang mit der Bildung von nanoskaligem, ferrimagnetischem Greigit (Fe_3S_4) durch Mikroorganismen ermöglicht die TEM-Analytik Einblicke in den entsprechenden Reaktionsablauf (Pósfai et al. 1998). Um die Auswirkungen gentechnischer Arbeiten auf die Qualität von durch *Magnetospirillum gryphiswaldense* synthetisierten superparamagnetischen Magnetit-magnetosomen zu bewerten, behandeln Ding et al. (2010) das Probenmaterial mit der TEM, Abschn. 5.4.1/Bd. 1. Bei der Entwicklung von bläulich lumineszierenden biogenen Nanokompositen, bestehend aus Si-Ge-Oxid, benutzen [2]Liu et al. (2005) u. a. neben der RDA die TEM, NP aus SiO_2, SiO_2/Fe-Oxid und Au in Mikroorganismen sind mittels TEM messtechnisch erfassbar (Williams et al. 2006), Abschn. 5.6 (b)/Bd. 1. Selenska-Pobell et al. (2011) setzen im Verlauf der Synthese von Au-NP die TEM ein, Abschn. 2.2.1. Auf einem genetisch veränderten TMV sind Au-Pd durch TEM visualisiert ([1]Lim et al. 2010), Abschn. 5.3.3 (a)/Bd. 1. [2]Liu et al. (2005) visualisieren biogen synthetisierte SiO_2-GeO_2-Nanokomposite via TEM, Abschn. 5.3.3 (e)/Bd. 1. Zur Charakterisierung der Metalltoleranz und Biosorptionskapazität des Bakterienstamms *Bacillus sp. CPB4* benutzen [2]Kim et al. (2007) die TEM, Abschn. 2.3.2 (d)/Bd. 1.

(b) HRTEM

Zur kristallographischen Charakterisierung von biogenem Magnetit liegen z. Zt. detaillierte Beschreibungen vor. Speziell die HRTEM liefert aussagefähiges Datenmaterial, Abschn. 5.4.1/Bd. 1. Die genannte Messmethode zählt zu den Röntgenabsorptionsspektroskopie-Techniken und dient dazu, die unbesetzten Elektronen-Zustände zu ermitteln, d. h. Messung der Häufigkeit und räumlichen Position von Atomen oder Molekülen auf Oberflächen. Arbeiten von Benzerara et al. (2004) deuten auf Indizien einer Wechselwirkung zwischen dem o. a. Mikroorganismus und den Kristallen hin. Unter Einsatz einer HRTEM sind die Veränderungen eines Orthopyroxens infolge von Wechselbeziehungen mit Mikroorganismen messtechnisch erfassbar (Benzerara et al. 2004), Abschn. 2.5.1/Bd. 1. Zur Visualisierung von Magnetosomketten mit Kristalliten unterschiedlicher Morphologie aus *Magnetospirillum magnetotacticum* stützen sich Devouard et al. (1998) auf die HRTEM, Abschn. 5.4.1. (k)/Bd. 1. Mittels HRTEM untersuchen [1,2]Li et al. (2009) die Kristallstruktur von durch *Magnetospirillum magneticum AMB-1* synthetisierten Magnetosomen, Abschn. 5.1.1/Bd. 1.

(c) AFM

Mittels der Rasterkraftmikroskopie (*atomic force microscopy* = AFM) lässt sich die Oberflächenchemie ermitteln. Der erzeugte Bildpunkt repräsentiert einen chemischen oder physikalischen Messwert/-größe. AFM eignet sich zur Untersuchung der räumlichen Konfiguration von isolierten Magnetosomen. Schematisch dargestellt ist die

(a) (b)

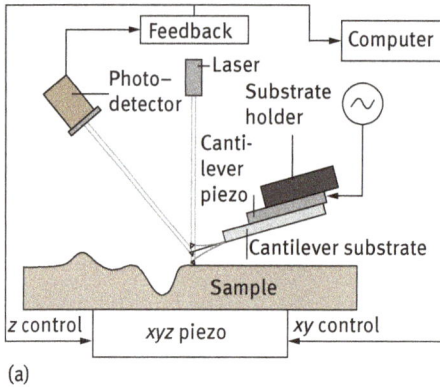

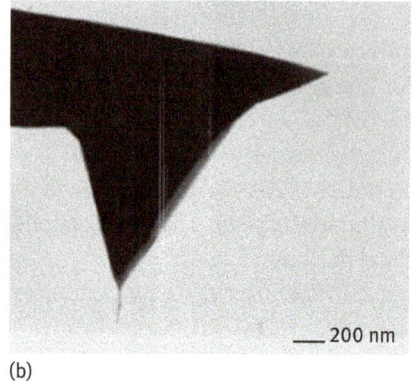

Abb. 1.4: Schematische Darstellung der Funktionsweise eines SFM/AFM, charakteristisch ist ein sog. Cantilever (Bhushan & Marti 2007).

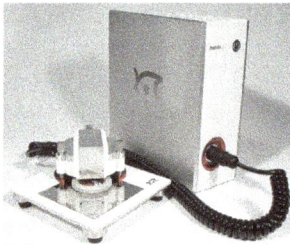

Abb. 1.5: Mobile AFM-Anlage. Sie lässt sich aufgrund ihrer einfachen Handhabung und Größe anlagentechnisch sehr gut in einen Produktionsprozess integrieren.

Funktionsweise eines SFM/AFM im Wesentlichen durch die Anbringung eines sog. *Cantilevers* charakterisiert (Bhushan & Marti 2007), Abb. 1.4. Mobile AFM-Anlagen lassen sich aufgrund ihrer einfachen Handhabung und Größe anlagentechnisch hervorragend in einen industriellen Produktionsprozess integrieren, Abb. 1.5.

Die Visualisierung und Strukturanalyse von bakteriellen magnetischen Magnetosomorganellen mittels AFM beschreiben Yamamoto et al. (2010). Für den Versuch setzten sie *Magnetospirillum magneticum AMB-1* unter nahezu nativen Pufferbedingungen ein. Analysen mittels der AFM zeigen die Umhüllung von Magnetitkristallen mit einer 7 nm dicken Schicht aus organischem Material. Im Experiment verteilten sich Proteine, identifiziert als *MamA*, auf Glimmeroberflächen um die Magnetosome. Ein Immunolabeling mittels der AFM zeigte, dass *MamA* auf der Oberfläche der Magnetosome anzutreffen war. Bei *In-vitro*-Versuchen ließen sich Wechselwirkungen zwischen den *MamA*-Proteinen sowie die Bildung hochmolekularer Massen erkennen. Diese Beobachtungen gestatten gemäß Yamamoto et al. (2010) die Vermutung, dass unter annähernd nativen Umgebungsbedingungen offensichtlich Oligomere aus *MamA* die Magnetosome umhüllen. Zusätzlich sind in entsprechenden Nanopräparaten Beschichtungen der Magnetosome durch diverse heterogene Strukturen, die organische Lagen enthalten, zu erkennen. Somit sind unter Einsatz der AFM die supramolekularen Architekturen bakterieller Organellen, der Magnetosome und der an der Synthese beteiligten Proteine messtechnisch erfassbar (Yamamoto et al. 2010).

Die Oberflächenstruktur und nanomechanischen Eigenschaften des gramnegativen Bakteriums *Shewanella putrefaciens*, *in situ* ermittelt bei zwei pH-Werten durch AFM in wässrigen Lösungen, d. h. 4 und 10, zeichneten Gaboriaud et al. (2005) auf. Die vorgestellten Daten deuten bei Änderungen im pH-Wert auf eine Dynamik, z. B. Kompression der Plasmamembran, in der Feinstruktur der Oberfläche hin, verbunden mit entsprechenden Auswirkungen auf die nanomechanischen Eigenschaften des betreffenden Mikroorganismus. Hildebrand et al. (2008) benutzen zum Verständnis der Genese von Biomineralisationen die AFM.

Generell komplex strukturiert, bestehen bakterielle Zellumhüllungen aus diversen Bestandteilen. In gramnegativen Bakterien weist die Umhüllung zwei zweischichtige Lipidmembranen auf. Es handelt sich zum einen um eine (1) plasmische (engl. *plasmic*) Membran mit der Funktion einer Abgrenzung des Zellinneren vom -äußeren und zum anderen um eine (2) äußere Membran (engl. *outer membrane* = OM). Zwischen den genannten Lagen ist entweder ein dünnes und belastungsfähiges Protein, d. h. Murein, oder eine Lage aus Peptidoglycan in eine konzentrierte, einem Gel ähnlichen Matrix eingebettet, d. h. periplasmatischer Raum (Gaboriaud et al. 2005). Die OM führt zwei Typen von Lipiden, zum einen Lipopolysaccharide (LPS) und zum anderen Phospholipide, sowie zahlreiche charakteristische Proteine. Im Detail sind drei Komponenten aus einem LPS beschrieben: (1) eine Region mit Lipiden, die das LPS an die OM verankern, (2) ein Abschnitt mit distalen, hydrophilen Polysacchariden, die in der Lage sind, in ein extrazelluläres Medium einzudringen, und (3) eine die beiden unter (1) und (2) aufgeführten Komponenten verbindende Region aus Oligosacchariden. Darüber hinaus kann die bakterielle Zelloberfläche mit extrazellulären, polymerischen Substanzen (EPS, Abschn. 2.3.6 (a)) oder anderen externen Strukturen wie Pili, Flagellen u. a. ausgestattet sein. Kommt es zum Kontakt zwischen der äußeren Oberfläche der OM mit dem unmittelbaren extrazellulären Umfeld der bakteriellen Zelle, sind grundlegende Daten zum Verständnis bakterieller Adhäsion, Rekognition (Abschn. 4.4 (b)/Bd. 1) von Oberflächen sowie zur Biomineralisation (Abschn. 2.3.4/ Bd. 1) gewinnbar (Gaboriaud et al. 2005).

Da sich die biologischen Bestandteile der Zelle gegenüber chemischer Behandlung sehr empfindlich verhalten, sollten die Feinstrukturen der Zelloberfläche via EM als Alternative/Substitution zum Gefriertrocknen analysiert werden. Auch reagiert das Zellmaterial hochsensitiv gegenüber der Dehydration. Daher sind für direkte *In-situ*-Beobachtungen mit räumlicher Auflösung Analysen in wässrigen Medien zu bevorzugen, da diese Art der Präparation u. a. eine Beschreibung lokaler Struktureigenschaften an der Schnittstelle Bakterium : Wasser eine vertiefte Einsicht in die physikochemischen Vorgänge bakteriell unterstützter Prozessabläufe innerhalb seines Habitats ermöglicht (Gaboriaud et al. 2005). Mittels AFM lässt sich eine Studie über die biologischen Effekte von La^{3+}-Ionen auf Zellmaterial von *Escherichia coli* durchführen (Peng et al. 2004). Die Analyse offenbart einen substantiellen Wechsel in der Struktur der äußeren Zellmembran, die für die Permeabilität der Zelle verantwortlich ist. Nach Zugabe von La^{3+} kommt es zu erheblichen Schädigungen der äußeren Zellmembran, die sich durch SEM beobachten lassen. Als Folge ist die Zelle einfacher durch Lysozyme angreifbar. Zusätzlich lassen sich in der überstehenden Flüssigkeit (engl. *supernatant*) von den dem La^{3+} ausgesetzten Zellen über Messreihen mit ICP-MS erhebliche Konzentrationen an Ca^{2+} und Mg^{2+} ermitteln. Infolge Ähnlichkeiten in dem Ionenradius und der Ligandenspezifitäten besteht die Möglichkeit einer Verdrängung von Ca^{2+} durch La^{3+}.

Lipopolysaccharide (LPS), als äußere Membran von gramnegativen Bakterien, scheinen sich als Ort der Ablagerung nicht zu eignen, da es innerhalb der LPS, an den entsprechenden Bindestellen, zur Freisetzung von sowohl Ca^{2+} als auch Mg^{2+} kommt (Peng et al. 2004). Zur Charakterisierung von Membranproteinen in struktureller und funktionaler Hinsicht sind Studien unter Zuhilfenahme von Techniken, die diskrete Moleküle erfassen, hilfreich (Müller et al. 2006). Neuere Untersuchungen weisen auf die Möglichkeiten eines AFM hin, über seine Fähigkeit als *lab on a tip* zu agieren und unterschiedliche Parameter jener speziellen Form von Membranproteinen einzumessen. Diese Form eines multifunktionalen Tools lässt sich anwenden, um die oligomeren Zustände und konformationalen Wechsel der auf die Membran bezogenen Anordnungen der Proteine in ihrem nativen Umfeld zu sondieren, weiterhin gestattet die o. a. Technik Aussagen zu der strukturellen Flexibilität, dem elektrostatischen Potential und elektrischen Strömen (Müller et al. 2006). Durch Einsatz der AFM-Spitze als eine Art von Pinzette ist es möglich, u. a. die Lokalitäten molekularer Wechselwirkungen sowie Faltungsvorgänge von Proteinen zu charakterisieren, denn diese bestimmen die Stabilität eines Proteins und sind eventuell durch geeignete Liganden in ihrem funktionalen Status modulierbar (Müller et al. 2006). Um die Wechselwirkungen von Ferritin, fusioniert mit einem Peptid, zur Erkennung von Ti messtechnisch zu analysieren, setzen Hayashi et al. (2009) die AFM ein, Abschn. 4.5.5 (f)/Bd. 1. Hierbei stoßen sie bei genetisch veränderten Zellen auf zahlreiche qualitative Mängel in der Größe, Morphologie und räumlichen Anordnung. Oberflächenstruktur und nanomechanische Eigenschaften des Bakteriums *Shewanella putrefaciens* bei zwei pH-Werten, d. h. 4 und 10, ermittelt mit der AFM, erörtern Gaboriaud et al. (2005), Abschn. 5.5.1 (h)/Bd. 1. Zur messtechnischen Erfassung der Wechselwirkungen zwischen S-Layer-Proteinen und Metallen benutzen Mobili et al. (2013) die AFM. Ein hochgeordnetes molekulares Templating von Nanoarrays aus bakteriellen S-Layern, versehen mit Affinitätstags, in wässrigen Medien bilden Tang et al. (2008) via AFM ab, Abschn. 5.4.2 (n)/Bd. 1.

(d) SEM

Generell eignet sich SEM zur Beschreibung von Biomineralisationen, Abschn. 2.3.4/ Bd. 1. Mittels SEM sind z. B. intra- und extrazelluläre Mineralisationen einer mikrobiellen Gemeinschaft aus Hydrothermalfeldern im Tiefseemilieu visualisierbar (Peng et al. 2010), Abschn. 2.6.1 (i). Auswertungen mittels SEM enthüllen Inkrustationen der Mikroorganismen durch eine amorphe silikatische Matrix mit untergeordneten Anteilen an Fe (Peng et al. 2010). Gereinigte und aufkonzentrierte NP sind je nach Probenpräparation über SEM oder TEM ansprechbar (Lee et al. 2008), Abschn. 1.2. Mittels SEM ist *Shewanella putrefaciens* auf Hämatit (Fe_2O_3) visualisiert (url: AskNature), Abb. 1.6. Zur Darstellung von vermutlich biogen erzeugtem Au nutzen Zhmodik et al. (2012) die SEM, Abschn. 2.5.7 (h)/Bd. 1. Mit der Absicht, eine biogen unterstützte Genese von Pyrit (FeS_2) zu visualisieren, verwenden Farooqui & Bajpai (2003) eine Kombination von SEM mit der EDX, Abb. 2.25/Bd. 1.

Abb. 1.6: *Shewanella putrefaciens* auf Hämatit, visualisiert mittels SEM (url: AskNature).

(e) Kombination

SFM-Studien (*scanning force microscopy* = SFM) biogener NP für medizinische Anwendungen liefern Albrecht et al. (2005). Speziell AFM und MFM (*magnetic force microscopy* = MFM) eignen sich für Studien von bakteriellen Magnetosomen, die durch eine Membran geschützte magnetische Partikel enthalten. Eine Visualisierung durch die AFM zeigt, in Ergänzung zu verschiedenen NP-Clustern, eindeutig das Vorhandensein von diskreten isolierten Magnetosomen mit einer Größe von ca. 40 nm. Der Gebrauch eines MFM gestattet die gezielte Ansprache der magnetischen Eigenschaften diskreter Magnetosome, die sich gemäß Simulation der Daten, produziert durch das MFM, wie einfache monodomäne Nanomagnetite verhalten (Albrecht et al. 2005).

Darüber hinaus liefert die Simulation Informationen über die Größe des magnetischen Kernels der Magnetosome. Eine u. a. mittels TEM, SEM sowie RDA-gestützte Studie zur Biomineralisierung von Schichtsilikaten und hydratisierten Fe-/Mn-Oxiden in mikrobiellen Matten schildert Tazaki (1997), Abschn. 1.3.4 (f). Für Studien zur Erprobung der nanomechanischen Eigenschaften von mit Ni beschichteten Bakterien durch Nanoindentierung setzen [1]Wang et al. (2007) u. a. die Kombination von AFM und TEM ein, Abschn. 5.5.1 (h)/Bd. 1. Klaus et al. 1999) visualisieren intrazelluläre Ag-NP via TEM- sowie RDA-Aufnahmen und analysieren sie mittels EDX, Abb. 1.7.

Am Beispiel von *Magnetospirillum gryphiswaldense MSR-1* und unter Verwendung von TEM und Röntgenabsorptionsspektroskopie ließ sich in einer *In-vivo*-Studie in Realzeit die Wachstumsphase von Magnetosomen beobachten (Staniland et al. 2007). Nach Initialisierung bildete sich innerhalb von 15 min ein vollständiges Magnetosom. Das unfertige Magnetosom war von einer aus nichtmagnetischen Hämatit (Fe_2O_3) be-

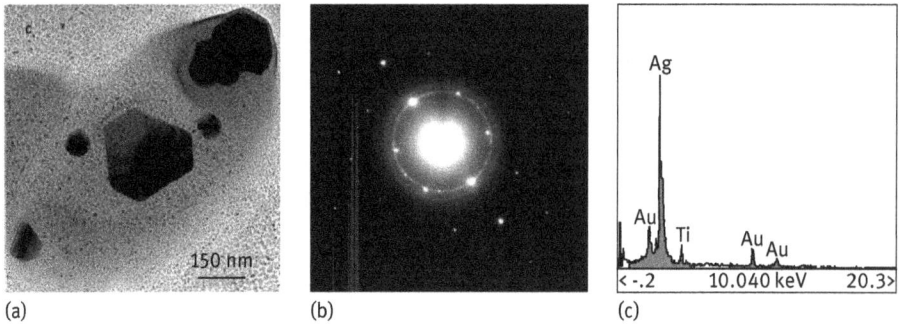

Abb. 1.7: Intrazelluläre Ag-Nanopartikel: TEM-, RDA-Aufnahme und EDX-Auswertung (Klaus et al. 1999).

stehenden Oberflächenschicht umgeben. Mit dem Wachstum des Fe_3O_4 korreliert synchron eine Intensivierung des Magnetismus. Gemäß Staniland et al. (2007) erfolgt die Umwandlung von Fe_2O_3 zum magnetischen Fe_3O_4 innerhalb eines Zeitrahmens, der dem eines durch hochtemperierte Präzipitationsreaktionen synthetisierten Fe_3O_4 zu entsprechen scheint.

Mithilfe von TEM und AFM sind Ni-Ablagerungen auf bakteriellen Zellen beschrieben ([2]Wang et al. 2007). Aufgrund durch ihre Größe bedingt verschiedener geometrischer Formen und häufigen Auftretens eignet sich bakterielles Zellmaterial als biologische Blaupause zur Herstellung metallischer Nanostrukturen und anderer nanoskaliger Materialien. So lässt sich z. B. das gramnegative Bakterium *E. coli* über eine stromlose chemische Abscheidung mit Ni überziehen ([2]Wang et al. 2007). Sowohl die AFM als auch TEM zeigen in ihrer Analyse eindeutige morphologische Unterschiede zwischen den Zellen vor und nach der Ablagerung von Ni. Die freiliegenden und unbehandelten Zellen wiesen, mit einem querlaufenden Ausbreitungseffekt auf einer Glimmeroberfläche, eine glatte Oberfläche auf. Nach der Metallisierung zeigten die Oberflächen der bakteriellen Zellen erhebliche Veränderungen. Dünnschliffanalysen zufolge lagerten sich nach Aktivierung und Metallisierung sowie mit gleichmäßiger Verteilung eine große Anzahl von Ni-NP auf den Zelloberflächen ab ([2]Wang et al. 2007).

Die messtechnische Erfassung der Morphologie magnetischer Partikel von MTB lässt sich durch TEM sowie durch HRTEM verwirklichen (Arakaki et al. 2008), Abb. 5.3, Abschn. 5.4.1 (a)/Bd. 1. Eine TEM-Abbildung zeigt kolloidale Au-NP (url: MSZ OvGU), die Kombination von SEM und EDX offenbart mittels erstgenannter Technik Morphologie und Korngröße, die EDX liefert Daten zur chemischen Zusammensetzung einer Probe (url: RJL Micro), Abb. 1.8.

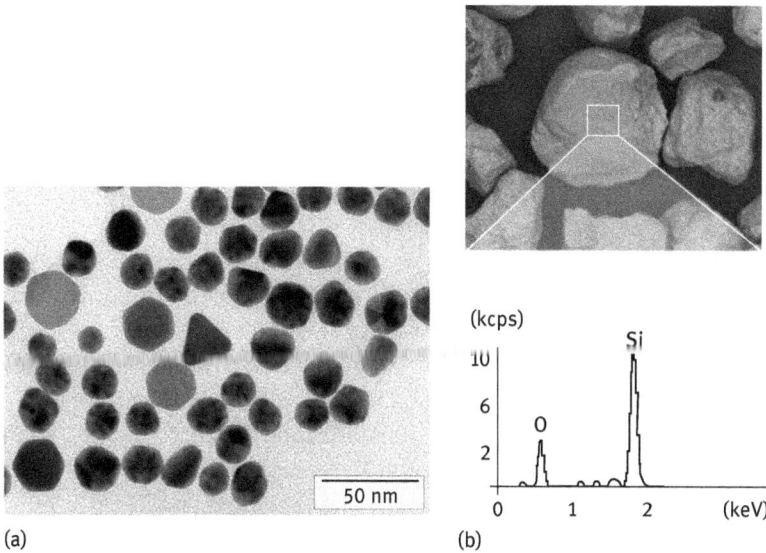

Abb. 1.8: (a) TEM-Abbildung zeigt kolloidale Au-NP (MSZ OvGU), eine (b) Kombination von SEM und EDX zeigt mittels erstgenannter Technik Morphologie und Korngröße, (b) die EDX liefert Daten zur chemischen Zusammensetzung einer Probe (RJL Micro).

(f) EM

Eine mithilfe der EM durchgeführte Studie zur Biomineralisation von geschichteten Silikaten und hydratisierten Fe-/Mn-Oxiden in mikrobiellen Matten aus dem Süßwassermilieu präsentiert Tazaki (1997). Er beschreibt einen Trend zwischen dem Auftreten von geschichteten Silikaten und in Capsula bakterieller Zellwände eingebettete Ablagerungen von Al, Fe, Mn sowie Si. Sowohl TEM als auch SEM zeigen für die mikrobiellen Matten stäbchen- bis cocoidförmige Bakterien mit dünnen Lagen aus Silikaten. Für die bakteriell unterstützte Kristallisation der lagigen Silikate sowie der Fe-/Mn-Oxide definieren, unter Bedingungen von Süßwassern, Messungen des pH-, Eh-Wertes sowie der Temperatur im Gelände einen pH-Wertebereich von 6,3–7,8, eine Temperaturspannweite zwischen 12 °C und 20 °C sowie für das Eh-Potential Werte zwischen −24 mV und +200 mV. Neben TEM/SEM setzt Tazaki (1997) für die semiquantitative chemische Analytik seines Probenmaterials die EDX ein. Es gelingt ihm nicht nur, die Reihenfolge der verschiedenen Mineralisationen, z. B. zunächst Kristallisation der Silikate mit anschließender Präzipitation der Fe- und Mn-Oxide, zu bestimmen, sondern darüber hinaus nimmt der o. a. Autor anhand seiner Analysen eine biochemische Herkunft der lagigen Silikate an, da sie stets in Assoziation mit mikrobiellen Matten auftreten. Für Beobachtungen zur Kettenbildung der Magnetosome von *Magnetospirillum magneticum AMB-1* verwenden [1]Li et al. (2009) die EM.

(g) PEEM

Die Photoemissionselektronenmikroskopie (PEEM) erzeugt Kontrastbilder von Variationen in der Elektronenemission, die u. a. durch UV-Strahlung hervorgerufen werden. Auch diese Methode vermittelt Zustände, die unmittelbar an der Oberfläche stattfinden. Betreffs der analytischen Beschreibung, d. h. Qualitätskontrolle, sind S-Layer aufgrund ihres geringen Phasenkontrasts für die konventionelle TEM nur bedingt geeignet. Sie sind lediglich nach entsprechenden Färbetechniken visualisierbar. Hierbei entsteht die Gefahr unerwünschter Wechselwirkungen zwischen Färbereagenzien und metallischen Komponenten. Unter Umständen kommt es zur Bildung „künstlicher" Strukturen. Vergleichende Betrachtungen mit makellosen S-Layern gestatten sowohl die chemischen Wechselwirkungen als auch die Schädigung der Protein-Metall-Hybrid-Systeme durch den Einsatz einer PEEM zu charakterisieren.

Neben einer unmittelbaren Beeinträchtigung durch die Röntgenstrahlung kann ein Einfluss der präzipitierten Metalle durch eine Elektronenerzeugung mittels Niedrigenergie auf die betroffenen Biomoleküle nachgewiesen werden (Kade et al. 2010).

1.3.5 Weitere Geräteausstattung: ICP, XANES etc.

Neben den vorgestellten Analysetechniken steht eine Reihe weiterer Möglichkeiten zur Verfügung. Sie weisen allerdings für industrielle Zwecke, im Sinne einer Massenproduktion, in ihrer apparativen Ausstattung bislang einen anspruchsvollen technischen Aufbau auf. Es handelt sich hierbei um die EH, ICP, XANES u. a.

(a) CCD-Detektionssystem

Über eine Erfassung (engl. *monitoring*) der Reaktionen singulärer Enzymmoleküle mit diskreten Metallionen existieren Unterlagen (Tan & Yeung 1997). Ein Ansatz zum Studium eines singulären Moleküls ist der wiederholte Ablauf einer Reaktion bzw. das Erfassen der Reaktionsprodukte, katalysiert durch das im Interesse stehende Molekül. Durch den Einsatz von optischer Mikroskopie und einem CCD-Detektionssystem (engl. *CCD detection system*) gelang Tan & Yeung (1997) die Bestimmung chemischer Aktivitäten individueller Enzymmoleküle. Die singulären Moleküle werden in Femtoliter großen Behältnissen fixiert, z. B. Poren im Membranen oder nanoskaligen Si-Kolben (engl. *vial*) hergestellt durch Photolithographie mit einem Durchmesser von 5–12 μm und 4–6 μm Tiefe. Diese Kompartimente dienen im Anschluss als diskrete nanoskalige Reaktoren. Durch Auffüllen der o. a. Reaktionsräume mit einer sehr geringen Konzentration an Lactat-Dehydrogenase (*LDH-1*), einem Überschuss an Lactat (CH_3–HCOH–COO$^-$) und NAD$^+$ können zu Versuchszwecken einzelne Moleküle einer *LDH-1* isoliert werden (Tan & Yeung 1997).

(b) Click-Chemie

Methoden zur Sichtbarmachung von Enzymaktivitäten *in vivo* sind erforderlich, um die Rolle, die diese Proteine und ihre endogenen Regulatoren auf physiologische und pathologische Prozesse ausüben, zu verstehen. Über eine an Tags freien Strategie zur aktivitätsbasierten Proteinprofilierung (ABPP) kann unter Verwendung einer Cu^{1+}-katalysierten Azide-Alkyne-Huisgen-Cycloaddition, d. h. „Click-Chemie", eine Analyse des funktionellen Status von Enzymen im lebenden Zellmaterial erfolgen (Speers & Cravett 2004). Generell handelt es sich bei der sog. „Click-Chemie" (engl. *click chemistry*) um eine Klasse von biokompatiblen Reaktionen mit der Zielsetzung einer Vereinfachung chemischer Reaktionen. Sie orientiert sich strikt an Vorbildern aus der Natur und verfügt über einen breiten Bereich an Applikationen, z. B. Biomaterialien, Oberflächen etc. Voraussetzungen für einen Gebrauch der Click-Chemie sind u. a. hohe Ausbeute, geringe Neigung zur Bildung von Nebenprodukten, einfache Isolation der gewünschten Komponenten etc.

(c) EH

Den Einsatz von Elektronenholographie (= EH) zur Untersuchung von nicht gefärbten S-Layern stellen Simon et al. (2004) vor. Die Wahl fiel auf S-Layer-Proteine von *Bacillus sphaericus NCTC 9602*, da sich diese, im Vergleich mit anderen Arten, gegenüber einer Strahlungseinwirkung verhältnismäßig stabil verhalten, d. h. keine Strahlungsschäden aufweisen. Die Auswertung der von EH erzeugten Phasenabbildungen gestatten Aussagen über die Dicke und Struktur der Objekte. So sind z. B. die Doppelschichten der Proteinkristalle darstellbar und letztendlich einer technisch-industriellen Materialprüfung zugänglich. Durch den Wegfall einer Einflussgröße, d. h. Färbung, bei der Analytik, d. h. als Qualitätskontrolle, erscheint diese Methode zunächst interessant. Zur Ermittlung der magnetischen Mikrostruktur der Stämme *MV-1* und *MS-1* (MTB) bietet sich eine in die TEM integrierte (*off-axis*) Elektronenholographie (EH) an. Einzelheiten dieser Technik ließen sich anhand der Untersuchung von Zellmaterial der Stämme *MV-1* und *MS-1*, die Magnetite mit einer Größe von ca. 50 nm und zu Ketten/Clustern arrangiert, praktisch darstellen (Dunin-Borkowski et al. 2001). Mithilfe der EH können die Strukturen magnetischer Domänen mit einer Auflösung nahe der nm-Skala visualisiert werden. Ein diskreter Kristall repräsentiert eine individuelle magnetische Domäne. Die Magnetisierungsrichtung kleiner Kristalle kann, wenn isoliert, superparamagnetisch auftreten, wobei die magnetische Ausrichtung der superparamagnetischen Kristalle durch die Wechselwirkung mit größeren, benachbarten Kristallen in der kettenförmigen Anordnung als beeinflussbar erscheint. Gemäß Dunin-Borkowski et al. (2001) geschieht die Umkehrung der Magnetisierung *in situ* und baut entsprechenden Messungen zufolge für *MV-1* ein Koerzitivfeld mit der Sättigungsflussdichte von 30–45 mT auf. Innerhalb des experimentellen Fehlers stimmt die remanente Magnetisierung der Kette mit der Magnetisierungs-„Sättigung" des Fe_3O_4, d. h. 0,60 T, überein. Das magnetische Moment beträgt $7 \cdot 10^{-16}$ Am^2 für die 1600 nm lange Kette von *MV-1* bzw. $5 \cdot 10^{-16}$ Am² für die 1200 nm lange Kette von *MS-1*. Betreffs der Koerzitiv-feldstärke ergaben für eine diskrete, Magnetosome führende Kette Messungen Werte von 300–450 H_C [A m^{-1}] (Dunin-Borkowski et al. 1998).

(d) Elektrophoretische Mobilität

Beim Verfahren der elektrophoretischen Mobilität stehen die einem elektrischen Feld ausgesetzten Unterschiede in der Geschwindigkeit kolloidaler Partikel im Mittelpunkt. Zwecks Studien zur Verknüpfung der Wechselwirkung zwischen Bakterium und Metall an Mineralanbindung und die Rolle für die Komplexierung von Kationen über die äußeren Schalen setzen Fowle & Kulczycki (2004) auf die Methode der elektrophoretischen Mobilität.

(e) EXAFS

In Hinblick auf die mikrobielle Biotransformation von Mineralen und Metallen berichten Templeton & Knowles (2009) über aktuelle Fortschritte in der Geomikrobiologie, abgeleitet von einer synchron-basierten Röntgenspektroskopie und Röntgenmikroskopie. Proben mit der Kombination Mineral und Mikrobe sind unter Gebrauch einer Reihe von experimentalen Geometrien und Konfigurationen in verschiedenen Dimensionen analysierbar. Die häufigsten Analysen erstrecken sich auf die Ermittlung des durchschnittlichen Oxidationszustandes, der chemischen Form eines Elements innerhalb eines Bulk u. a., wobei als apparative Messtechniken diverse Arten der Röntgenabsorptionsspektroskopie als geeignet erscheinen (engl. *X-ray absorption near edge structure spectroscopy* = XANES oder *extended X-ray absorption fine structure spectroscopy* = EXAFS). MIt Unterstützung der o. a. Techniken ist es möglich, gezielt für kleinere Abschnitte der Probe interne Variationen in den Verteilungen der Elemente durchzuführen, z. B. An- oder Abreicherung eines Elements (*hotspots*), Koassoziationen von Elementen, z. B. Kolokalisation von Fe mit Mn, As u. a., Oxidationszustand von Elementen, z. B. Fe^{2+} vs. Fe^{3+}, Elementspezifikation, d. h. $Fe^{2+}CO_3$ vs. Fe-Polymer, oder Element/Mineralparagenese, z. B. Fe_3O_4 assoziiert mit Quarz, Feldspat u. a. Es sind im Anschluss in Kombination mit der RFA Kartierungen der Elemente oder ergänzend unter Verwendung von tomographischen Techniken und anderen Röntgen-Methoden 3-D-Darstellungen einer komplex aufgebauten Probe möglich, wobei eine Auflösung/Beprobung der Kontaktzone zwischen einem Mikroorganismus und Mineral auf der Ångström-Nanometer-Skala erfolgt (Templeton & Knowles 2009). Die biogene Synthese von auf Chalkogeniden basierenden NP, synthetisiert durch Reduktion von Seleniten, zeichnen Pearce et al. (2008) mithilfe der EXAFS auf.

(f) Freeze-Substitution

Für eine hochauflösende Bildgebung der natürlichen Struktur gramnegativer Bakterien, d. h. *Pseudomonas aeruginosa PAO1*, organisiert in Biofilmen, kommt eine in Verbindung mit der TEM stehende Hochdruckgefriertrocknungssubstitution (*Freeze-Substitution*) in Frage (Hunter & Beveridge 2005). Mittels dieser Technik sind im Unterschied zu den konventionellen Einbettungstechniken vertiefende Details in die komplexen Strukturen von Biofilmen visualisierbar, z. B. die zelluläre und extrazelluläre Matrix. Auf diese Weise sind sowohl intakte als auch lysierte Zellen, aber auch diverse strukturelle Organisationen von exopolymerischen Substanzen, z. B. Netzwerk von Fibern, gut erkennbar. Die ansprechbaren Details reichen bis zur Identifikation von Ketten aus O-Sites, die aus den EPS herausragen, Abschn. 2.3.6. Das auf diese Weise erzeugte Datenmaterial betont darüber hinaus die Konzeption eines physikalischen Mikroenvironments innerhalb von Biofilmen und zeigt ihre intrinsische Komplexität (Hunter & Beveridge 2005). Der apparative Aufbau gestaltet sich verhältnismäßig einfach. Ein auf einer aus Saphir bestehenden Scheibe aufgewachsener Biofilm wird kurz getrocknet und im Anschluss auf einen aus Cu bestehenden Probenträger übertragen. Es folgt dann in den Halter die Eingabe von einer 10%igen Saccharose-Lösung, die während des Gefrierprozesses die Probe schützt (engl. *cryoprotectant*) Abb. 1.9 (a). Über eine spezielle Halterung, Abb. 1.9 (b), wird das Probenmaterial unter hohem Druck sofort einem Gefriervorgang unterzogen (Hunter & Beveridge 2005).

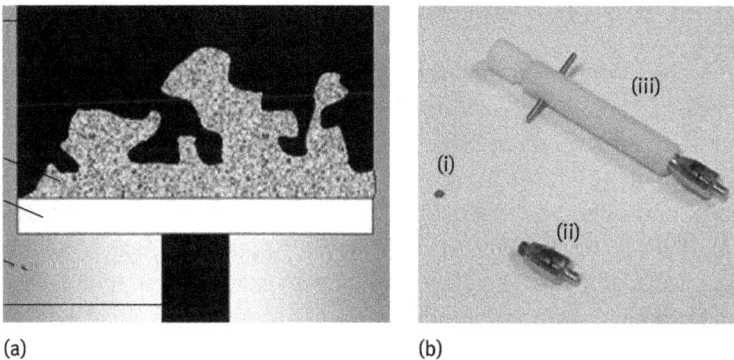

(a)   (b)

Abb. 1.9: Schematische Darstellung der Probenfixierung für die Freeze-Substitution (a) und apparative Ausstattung (Hunter & Beveridge 2005), wobei (i) Probentransporter (1,5 mm), (ii) Probenhalter, (iii) Ladesteg (b).

(g) GISAXS

Ungeachtet einer Reihe herausragender Daten über Biofilmbildungen, angeboten durch die TEM, kann es in biologischen Probenmaterialien bei Präparationen im Sinne der TEM zu einer Verzerrung von Informationen zu einer Struktur kommen, beruhend auf einer molekularen Extraktion oder Umverteilung, Dehydration, Aggregation von extrazellulären Polymeren u. a.

Häufig lassen sich jedoch diese Verwerfungen nicht mehr rückgängig machen. Im Zusammenhang mit Untersuchungen zur thermischen Stabilität von auf einer Oberfläche aufgetragenen viralen Metall-NP-Komplexen setzen [1,2]Manocchi et al. (2010) GISAXS (engl. *grazing incidence small-angle X-ray scattering* = GISAXS) ein, Abschn. 5.5.1 (b)/Bd. 1. [1,2]Manochi et al. (2010) stellen eine verhältnismäßig einfache Methode zur kontrollierbaren Synthese von NP aus Pd vor. Als Templat benutzten sie einen genetisch veränderten Tabakmosaikvirus (*TMV1cys*), wobei speziell auf die Platzierung von Thiolen, d. h. funktionale Wirkung, mit exakten Abstandsgeometrien Wert gelegt wurde. Der Reaktionsablauf fand unter Raumbedingungen statt.

Technisch lässt sich die Methode der „Stromlosen Abscheidungstechnik" zuordnen. Von Nachteil ist der Einsatz eines gentechnisch veränderten Mikroorganismus. Aufgrund ihrer hochpräzisen Gestalt und Größe bieten biologische Supramoleküle zur Synthese von NP und nanodimensionierten Bauelementen geeignete Templates/ Vorlagen an. Insbesondere der Einsatz von Viren deutet anhand vorliegender Forschungsergebnisse Möglichkeiten für Anwendungen im Bereich Nanoelektronik und Katalyse an. Allerdings herrschen noch große Unsicherheiten zur Leistungsfähigkeit dieser viralen NP-Komplexe, da es bislang an der entsprechenden Grundlagenforschung mangelt.

Erste Arbeiten zur thermischen Stabilität von durch TMV gebildeten Clustern aus Pd-NP präsentieren Manocci et al. (2010). Für ihre Studien setzten sie eine Form der Röntgenanalyse ein (engl. *in situ grazing incidence small-angle X-ray scattering* = GISAXS). Sie beschreiben die Beobachtung, dass die Stabilität der Pd-NP auf TMV im Vergleich mit jenen, die auf festen Substratoberflächen auskristallisierten, erheblich beständiger ist. Darüber hinaus gelang ihnen der Nachweis, dass die Agglomeration der Pd-NP und der Abbau der TMV-Template aneinander gekoppelt sind und gleichzeitig geschehen. Nach Einschätzung der Autoren bietet sich hierdurch eine Methode zur *In-situ*-Analyse von auch geringfügigen Veränderungen innerhalb viraler NP-Komplexe, die in ein dynamisches Umfeld eingebettet sind. Auch sehen sie in ihren Ergebnissen einen Beitrag zum Verständnis der Eigenschaften und dynamischen Verhalten von organisch-anorganischen Hybridmaterialien ([1,2]Manocci et al. 2010). Um die Rolle der Komplexierung von Kationen in Verbindung mit den Wechselwirkungen Bakterium : Metall bei der Ankoppelung an ein Mineral zu untersuchen, setzten Fowle & Kulczycki (2004) zur Generierung experimenteller Daten Titrationen zur elektrophoretischen Mobilität ein, Abschn. 2.3.8 (f)/Bd. 1.

(h) HPCL

Stoffwechselbezogene Vorgänge, z. B. Verbrauch des Substrats, sind über den Einsatz einer Hochleistungsflüssigkeitschromatographie (engl. *high performance liquid chromatography* = HPCL) messtechnisch ansprechbar (Liu et al. 2008), Abschn. 2.3.2 (b). Mittels dieser Technik lassen sich auch nichtflüchtige Substanzen ermitteln.

(i) ICP

Eine wichtige Messtechnik wird durch die ICP angeboten. Bei der ICP (engl. *inductively coupled plasma* = ICP) handelt es sich um eine auf Plasma beruhende Technik. Je nach Typ kommen zur chemischen Analyse im Wesentlichen ICP-AES (engl. *atomic emission spectroscopy* = AES) und ICP-MS (Massenspektrometrie = MS) in Betracht. Beide Typen einer ICP eignen sich insbesondere zur quantitativen Bestimmung diverser Metalle, z. B. Cd, Cu, Zn etc. Zwecks der Beobachtung einer oxidativen Lösung von Arsenopyrit (FeAsS) sowie Enargit (Cu_3AsS_4) durch *Leptospirillum ferrooxidans* analysieren Corkhill et al. (2008) die entsprechenden wässrigen Lösungen u. a. via ICP, Abschn. 2.5.1 (r). Um die Entnahme von Cd^{2+}, Cr^{2+} Fe^{3+} sowie Ni^{2+} aus wässrigen Lösungen, die in Kontakt mit auf Kaolin aufgetragenen Biofilmen stehen, zu ermitteln, bedienen sich Quintelas et al. (2009) der ICP, Abschn. 2.5.3 (g). Bei ihren Studien zum Verbleib von Selenat (SeO_4^{2-}) sowie Selenit (SeO_3^{2-}), einbezogen in den Metabolismus von *Rhodobacter sphaeroides*, ein Purpurbakterium, stützen sich Fleet-Stalder et al. (2000) auf u. a. den Gebrauch einer ICP-MS, Abschn. 5.3.3/Bd. 1. Zur Ermittlung des Austrags Cd^{2+}, Cr^{6+}, Fe^{3+} sowie Ni^{2+} aus wässrigen Lösungen durch einen Biofilm setzen Quintelas et al. (2009) die ICP-AES ein. In Verbindung mit in den Stoffwechsel involviertem SeO_4^{2-} und SeO_3^{2-}, implementiert durch *Rhodobacter sphaeroides*, lässt sich eine Analyse des Kulturheadspace, des separierten Zellmaterials und der gefilterten Kulturlösungen mittels ICP-MS durchführen (Fleet-Stalder et al. 2000), Abschn. 2.4.3 (f)/Bd. 1. Die Kombination von Gelelektrophorese (GE) und Laserablation (LA) mit der ICP-MS eröffnet neue Möglichkeiten einer raschen Charakterisierung von Metalloproteinen (Ma et al. 2004).

(j) ITC

Die bislang einzige direkte Technik, um den Wärmewechsel während der Komplexbildung bei konstanter Temperatur zu ermitteln, wird in Form der isothermalen Titrationskalometrie (engl. *isothermal titration calometry* = ITC) angeboten (Perozzo et al. 2004). Mithilfe dieser Methode lässt sich ein Bindungspartner in einer Lösung, die den interaktiven Partner enthält, titrieren, wobei Hitze generiert oder absorbiert wird. Diese Wärme lässt sich direkt beobachten und per Kalorimeter quantifizieren. Ein Einsatz der ITC, bislang aufgrund ihrer geringen Sensitivität nur begrenzt aussagefähig, kann infolge aktueller Neuentwicklungen im instrumentellen Design auch Wärmeeffekte, erzeugt durch Konzentrationen in Nanomolbereich, d. h. 10–100 nM, der Reaktionspartner messen. Dieses Analysetool erwies sich in der Vergangenheit als das führende Instrumentarium für die Charakterisierung von Wechselwirkungen im Sinne thermodynamischer Parameter. Da bei nahezu allen chemischen und biochemischen Prozessen Änderungen im Wärmehaushalt geschehen, ist die ITC für eine Vielzahl von Anwendungen geeignet, z. B. Studien zur Bindung von Antikörper : Antigen, Protein : Peptid, Enzym : Inhibitor oder Enzymsubstrat, Carbohydratprotein, zu Wechselwirkungen von DNS und Protein, zur Enzymkinetik u. v. a. Unter adäquaten Bedingungen liefert eine Datenanalyse eines Experiments Werte zu ΔH, $K_{(B)}$, zur Stöchiometrie (n) sowie ΔG und ΔS der Bindung. Darüber hinaus bieten ITC-bezogene Versuche, durchgeführt bei unterschiedlichen Temperaturen, Angaben zu Veränderungen in der Wärmekapazität (ΔC_p) (Perozzo et al. 2004).

(k) Kolorimetrie

Innerhalb der Analytischen Chemie wird unter Kolorimetrie eine Technik verstanden, die Konzentrationsangaben über in Lösung befindliche gefärbte Substanzen ermittelt. Zur Identifikation von kolorimetrischen Bakterien bedienen sich Miranda et al. (2011) eines supramolekularen Enzym-NP-Sensors. Hierbei zeigt β-Galactosidase (*β-Gal*), unter Wiederherstellung der Aktivität, einen durch den infolge der Enzymaktivität in Laborexperimenten angezeigten Farbwechsel (engl. *colorimetric readout*) des Substrats von hellem Gelb zu Rot (Miranda et al. 2011).

(l) MAD

E. coli ist in der Lage, während der Biosynthese eines Protein Se statt S zu inkorporieren (Walden 2010). Diese Eigenschaft wurde bei der Entwicklung von leistungsfähigen Phasentechniken berücksichtigt, um die Phasenprobleme in der makromolekularen Kristallographie, d. h. zur Strukturbestimmung, zu lösen. Insbesondere Selenomethionin (*Se-Met*) eignet sich als Phasenmittel und durch die relativ einfache Inkorporation von Se in rekombinante Systeme erweist es sich für MAD-Experimente (*mulitple wavelength anomalous dispersion*) als erste Wahl. Daher stellt Se das am häufigsten eingesetzte schwere Atom für MAD-Verfahren dar. In Ergänzung zu den etablierten rekombinanten Techniken der Inkorporation von Se in prokaryotische Expressionssysteme liegen Arbeiten über Se-Labelling in eukaryotischer Exprimierung vor. Der Vorteil liegt darin, dass die rekombinante Inkorporation von *Se-Met* modifizierte Proteine ohne die ansonsten auftretende strukturelle Beeinträchtigung, die gewöhnlich mit einer Inkorporation von (Schwer-)Metallen verbunden ist, erzeugt (Walden 2010).

(m) Magnetospektrophotometrieassay

Zur Charakterisierung von bakteriellen magnetotakten Verhalten verwenden Lefèvre et al. (2009) einen Magnetospektrophotometrieassay. Der Versuchsaufbau bezieht zwei *Helmholtz*-Spulen zur Erzeugung zweier senkrecht aufeinander stehender, homogen magnetischer Felder ein, die wiederum entweder parallel oder ebenfalls senkrecht zu Lichtstahlen ausgerichtet waren. Als Mikroorganismen bedienen sich die o. a. Autoren des Vertreters eines axial-magnetotakten Bakteriums, d. h. *Magnetospirillum magneticum*, sowie *MO-1*, das polarmagnetische Eigenschaften zeigt. In Verbindung mit einem herkömmlichen Laborspektrometer lassen sich, gemäß der Publikation, sowohl eine Bestimmung des bakteriellen Magnetismus sowie die Ausrichtung als auch Bewegung von magnetotakten Bakterien in magnetischen Feldern messtechnisch erfassen (Lefèvre et al. 2009). Die Verfasser vermuten, dass die Anwesenheit von O_2 ein bestimmender Faktor sein könnte, der das magnetotakte Verhalten beeinflusst.

(n) MSP-Assay

Durch einen Magnetospektrophotometrie-Assay (MSP-Assay) ist eine Charakterisierung der Magnetotaxis von *MO-1* möglich. Diese von Lefevre et al. (2009) entwickelte alternative Methode stellt Daten zur Beschreibung der quantitativen und vielseitigen Beschreibung zweier magnetotakter Mechanismen zur Verfügung. Unter Einsatz dieser Technik sind die Effekte von künstlichen magnetischen Feldern bei der Entstehung von homogenen NS oder SS magnetotakten bakteriellen Populationen einer Beobachtung zugänglich. Zur Messung werden *MO-1*-Zellen in ein EMS2-Medium ohne Zugabe (*A*) bzw. mit 5 µM (*B*) und 20 µM (*C*) von Fe^{3+}-Chinon für drei Tage bei 24 °C inkubiert. Über TEM ist die durchschnittliche Anzahl der Magnetosome ermittelbar. Im Experiment wurden für *A1* genau 65, für *B1* exakt 73 und für *C1* ebenfalls 73 Zellen gezählt (Lefevre et al. 2009).

(o) NEXAFS

Um die Wechselbeziehungen von Mikroorganismen mit As und Fe besser verstehen zu können, kann eine Kombination von TEM und STMX eingesetzt werden, um die Spektren einer Röntgennahkantenabsorptionsspektroskopie (*near-edge X-ray absorption fine structure spectroscopy* = NEXAFS) bei hoher räumlicher und energetischer Auflösung für die Darstellung im Bereich 30–50 nm zu verarbeiten und abzubilden ([2]Benzerara et al. 2008). An den entsprechenden Kanten, d. h. für C an der K-Kante, für Fe an der L2,3-Kante und für As an der L2,3-Kante ausgerichtet, verhilft die Spektromikroskopie zu der Lokalisierung von lebenden und/oder mineralisierten bakteriellen Zellen und der Beschreibung des Oxidationszustands von Fe und As, die in der Nähe dieser Zellen angetroffen werden. Insgesamt lassen sich nach Einschätzung von [2]Benzerara et al. (2008) Informationen zu heterogenen geochemischen Prozessen in komplexen mikrobiellen Environments im µm- und sub-µm-Bereich erzeugen. Bei der Klärung der metabolischen Funktion Fe-haltiger Filamente zeigt sich via NEXFS, dass lithotrophe Fe-oxidierende Bakterien organische Filamente zur Kontrolle des Mineralwachstums produzieren, d. h. aus Lepidokrokit (γ-Fe^{3+}O(OH)) (Chan et al. 2011), Abschn. 5.4/Bd. 1.

(p) SECM

Mittels eines SECM (engl. *scanning electrochemical microscopy*) lassen sich Enzymaktivitäten und deren räumliche Variabilität innerhalb von Mikrobiosensoren messen. Die Visualisierung lokaler biokatalytischer Aktivitäten unter Einsatz der SCEM ist bei Amine (2008) beschrieben. Hierzu werden Enzyme und Hefe aufgrund ihrer Fähigkeit zur Biorekognation auf einer Oberfläche eines SECM in Form von Polymerspots immobilisiert. Gleichzeitig werden im Verlauf des Experiments mehrere Redoxmediatoren, wie z. B. Ferrocenmethanol ($C_{11}H_{12}FeO$), Ferrocenmonocarbonsäure ($C_{11}H_{12}FeO_2$), p-Aminophenol ($H_2NC_6H_4OH$) u. a., getestet (Amine 2008). Mithilfe von Redoxmediatoren (Abschn. 2.3.5) lässt sich der Elektronentransfer zwischen der aktiven Seite des Enzyms zur Elektrodenoberfläche beschleunigen. Zur Visualisierung kommt nur $C_{11}H_{12}FeO_2$ in Betracht, da die anderen Redoxmediatoren auch bei Abwesenheit von Enzymsubstraten ein positives Signal aussenden. Die Aktivität von Glucose-Dehydrogenase (GDH) ist in Anwesenheit von Glucose und der potenziell interferierenden Maltose visualisierbar. Die mittels SECM gewonnenen Aufnahmen zeigen die Wechselwirkungen zwischen dem Effekt der Topographie und der enzymatischen Aktivität der Struktur. Es kann gezeigt werden, dass sich die Effekte additiv verhalten und ein Gleichgewicht zwischen ihnen von der Lokation innerhalb der Struktur abhängt. Den größten Einfluss auf den o. a. Effekt üben die Mächtigkeit der Struktur, die Variation innerhalb der Topographie einer ausgewählten Lokation sowie die Konzentration des Substrats aus (Amine 2008).

(q) SERS

Eine weitere analytische Option, um intra- und extrazelluläre, biochemische und insbesondere metallische Komponenten an bestimmten bakteriellen Lokalitäten anzusprechen, bietet sich in Form einer oberflächenverstärkten *Raman*-Streuung (engl. *surface enhanced raman scattering* = SERS) an. Sie verstärkt den *Raman*-Durchmesser (*Raman cross-section*) um das Vier- bis Sechsfache. Allerdings ist es für den Gebrauch dieser Technik erforderlich, dass der Analyt chemisch gebunden oder in unmittelbarer Nähe der Metalloberfläche befindlich ist. Mittels eines an die *Raman*-Spektroskopie angelehnten Verfahrens lässt sich enzymtisch ausgefälltes Au auf Oberflächen aus Ag ansprechen. Eine Messung der Enzymaktivität bzw. -kinetik kann über diverse messtechnische Arbeitsschritte visualisiert werden (Bornscheuer 2004), Abb. 1.10. Hierzu wird zunächst ein maskiertes Färbemittel unter Einsatz einer Lipase zertrennt.

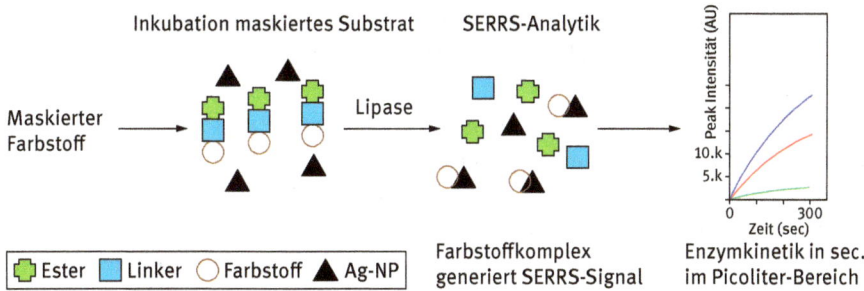

Abb. 1.10: Schema zur Messung der Enzymaktivität (Bornscheuer 2004).

Die freigesetzten Farbträger gehen mit Ag-NP Komplexe ein. Der hierbei eintretende Wechsel im Vibrationsspektrum ist messtechnisch aufzeichnungsfähig.

Innerhalb bestimmter Arbeitsgebiete wie z. B. der Diagnostik, funktionaler Proteomik und Gerichteter Evolution sind Messungen zur Enzymaktivität und -selektivität von *In-vivo*-Konzentrationen erforderlich. Aus diesem Grund beruht der Großteil der Messungen zur Analyse biochemischer Komponenten von Mikroorganismen auf der externen Bereitstellung von Au- oder Ag-NP. Aus diesem Anlass beschränkt sich die Anwendung von SERS weitgehend auf die extrazelluläre Analyse der äußeren Zellmembran gramnegativer Bakterien.

Da bakterielle Zellen im Durchschnitt eine Größe von 0,5–1 μm aufweisen, ist es schwierig, nanoskalige kolloidale NP in diese einzuführen. Dieses Problem lässt durch den Einsatz von dissimilatorischen metallreduzierenden Bakterien (DMRB) wie z. B. *Shewanella sp.* und *Geobacter sp.* umgehen, Abschn. 2.2 (a)/Bd. 1. Die genannten Arten sind in der Lage, Metallionen oftmals auch innerhalb der Zelle zu reduzieren. Auf diese Weise lässt sich intrazellulär, z. B. aus Ag^{1+} und Au^{3+}, kolloidale Ag^{0}- als auch Au^{0}-NP generieren. Messtechnisch sind diese Vorgänge via SERS ansprechbar (Jarvis et al. 2008).

(r) SERRS

Eine SERRS (engl. *surface-enhanced resonance Raman scattering*) gestattet eine rasche und hochsensitive Ansprache von Enyzmaktivitäten. Es sind auf diese Weise neben einer schnellen Sichtung (engl. *screening*) der relativen Aktivitäten sowie Enantioselektivität ca. 500 Enzymmoleküle erfassbar. Weiterhin besteht die Möglichkeit, mehrfache Enzymaktivitäten simultan zu messen sowie deren Lokalität innerhalb einer Zelle zu visualisieren (Moore et al. 2004).

Messungen der Enzymaktivitäten und Selektivität gegenüber Konzentrationen *in vivo* erweisen sich z. B. bei der Bewertung auf technisch-industrielle Verwertbarkeit als erheblicher Vorteil. Auf eine schnelle und hochsensible Bestimmung der Enzymaktivitäten unter Einsatz eines speziellen Resonanz-*Raman*-Scatterings (engl. *surface-*

enhanced resonance Raman scattering = SERRS) verweisen Moore et al. (2004). Mittels dieser Technik sind auch noch Enzymaktivitäten auf einem sehr niedrigen Niveau erfassbar. Bedingt durch den Umsatz des Substrats seitens des Enzyms kommt es zur Freisetzung eines speziellen Färbemittels, das wiederum SERRS-Signale, proportional zur Enzymaktivität, generiert (Bornscheuer 2004), Abb. 1.10, Abschn. 3.2.1/Bd. 1.

In Verbindung mit der Bildung von Ag-NP erörtern Moore et al. (2004) eine rasche und hochauflösende Ermittlung der Enzymaktivitäten auf niedrigster Ebene, d. h. Hydrolase, durch SERRS, d. h. eine Form der Ramanspektroskopie. Hierzu setzten sie in ihren Versuchen maskierte Enzyme ein, d. h. nicht erfassbar durch die SERRS. Mit dem Umsatz des Substrats eng assoziiert, kommt es zur Freisetzung eines auf die Oberfläche abzielenden proportional mit der Enzymaktivität verbundenen Färbemittels mit der Möglichkeit einer messtechnischen Erfassung via SERRS. Auf diese Weise lassen sich rasch die relativen Aktivitäten sowie Enantioselektivität von Enzymen auch innerhalb einer Zelle aufzeichnen.

(s) Spektrometer

Der Gebrauch eines herkömmlichen Spektrometers für den Laboreinsatz bietet eine verhältnismäßig einfach zu handhabende und dennoch präzise Methode zur quantitativen Bestimmung von Magnetosomen in magnetotakten Bakterien (Zhao et al. 2007). Die Technik beruht auf einem gewöhnlichen Spektrophotometer, das den Wechsel der Lichtstreuung, verursacht durch die Orientierung der Zelle in einem magnetischen Feld, messtechnisch erfasst. Somit steht neben der TEM eine weitere Technik zur Bestimmung der Anzahl der Magnetosome zur Verfügung. Details über den Aufbau und die Konstruktion der Technik sowie quantitative Methoden lassen sich bei Zhao et al. (2007) einsehen.

(t) XANES

Unter XANES (engl. *X-ray absorption near edge structure spectroscopy*, dt. Röntgennahkanten-Absorptionsspektroskopie) steht eine Analysetechnik zur Verfügung, die sich gegenüber Elementen durch hohe Spezifität auszeichnet. Eine unmittelbare Bestimmung des Oxidationszustandes von Au-Ablagerungen in Metalle reduzierenden Bakterien, z. B. *Shewanella algae*, lässt sich mittels XANES durchführen. Diese Art der Spektroskopie eignet sich insbesondere zur Untersuchung der Häufigkeit und räumlichen Lage von Atomen/Molekülen auf Festkörperoberflächen. In diesem Zusammenhang setzen [1,2]Konishi et al. (2007) *S. algae* 10–120 min einer wässrigen $HAuCl_4$-Lösung aus. Das intrazelluläre, d. h. im periplasmatischen Raum auftretende Au weist den Oxidationszustand von Au^0 auf, wohingegen Au^{3+} nicht detektiert werden kann. Somit muss eine Reduktion des Au durch mikrobielle Aktivität erfolgt sein. Eine anschließende TEM- und EDX-Analyse ergeben eine Größe der Au-

Mineralisation von 5–15 nm, wobei sich die Au-NP aufgrund der Lage im Zellverband verhältnismäßig einfach gewinnen lassen.

Im Fall mit an Metallen, u. a. mit U, kontaminierten Böden sind in den Horizonten mit reduzierendem Milieu die Metalle konzentriert, wohingegen in den Porenwässern nur verhältnismäßig geringe Konzentrationen anzutreffen sind (Sitte et al. 2010). Über XANES gelang es den o. a. Autoren, zu zeigen, dass ca. 80 % des U in reduzierter Form vorliegen und offensichtlich als sorbierter Komplex auftreten. In auf Böden bezogenen Klonbibliotheken (d. h. *dsrAB*) dominieren Sequenzen, die mit Vertretern von *Desulfobacterales sp.*, *Desulfovibrionales sp.*, *Syntrophobacteraceae sp.* sowie *Clostridiales sp.* verbunden sind. Eine Biostimulation via Acetat ($CH_3CO_2^-$) sowie Lactat ($CH_3-HCOH-COO^-$) unterliegt der Dominanz einer SO_4^{2-}- und Fe^{3+}-Reduktion Abschn. 2.5.3 (b)/Bd. 1.

Diese Prozesse werden von einer Anreicherung von SRB sowie *Geobactereraceae sp.* begleitet und im Verlauf anoxischer Inkubationen kommt es zu einer Abnahme der Konzentrationen von Co, Ni sowie Zn, wohingegen der Anteil von gelösten U nach Eingabe von C zunimmt (Sitte et al. 2010).

Eine mittels XANES unterstützte Darstellung der Geochemie eines Bodenprofils mit u. a. besonderer Berücksichtigung der Reduktionsraten von SO_4^{2-}, ermittelt aus mit diversen Metallen kontaminierten Wässern, präsentieren Sitte et al. (2010), Abb. 1.11. Am Beispiel der Metallspezifikation in kontaminierten Böden unter natürlichen Bedingungen schildern Gustafsson et al. (2013) den Einsatz von u. a. XANES. Bovenkamp et al. (2013) nutzen XANES zur Ansprache der Interaktionen zwischen Mikroorganismen, d. h. *Staphylococcus aureus*, *Listeria monocytogenes* sowie *Escherichia coli* und Ag-Ionen.

(u) XAS

Die Mechanismen der Au-Bioakkumulation aus einer Au^{3+}-Chlorid-Lösung mit unterschiedlichen Konzentrationen, z. B. 0,8 mM, 1,7 mM und 7,6 mM, implementiert durch das filamentöse Cyanobakterium *Plectonema boryanum UTEX 485*, und einer Temperatur von 25 °C, sind über den Einsatz spezieller Spektroskopietechniken (*fixed-time laboratory and real-time synchrotron radiation absorption spectroscopy* = XAS) analytisch fassbar ([2]Lengke et al. 2006), Abschn. 5.3.2 (a)/Bd. 1.

Zur Erprobung der Sitebesetzungen von durch Co-, Ni- sowie Mn-substituiertem Magnetit (Fe_3O_4) verwenden Coker et al. (2008) XAS sowie XMCD, Abschn. 5.3.3 (f)/Bd. 1. Die unter moderaten Raumbedingungen durch die Fe^{3+}-reduzierenden Bakterien wie *Geobacter sulfurreducens* sowie *Shewanella oneidensis* synthetisierten Spinellferrite unterziehen die o. a. Autoren zur Untersuchung von u. a. Valenz, Besetzung der Sites etc. einer speziellen Form der Röntgenabsorptionsspektroskopie (engl. *X-ray absorption spectroscopy* = XAS) sowie einem zirkularen magnetischen Röntgendichroismus (engl. *X-ray magnetic circular dichroism* = XMCD).

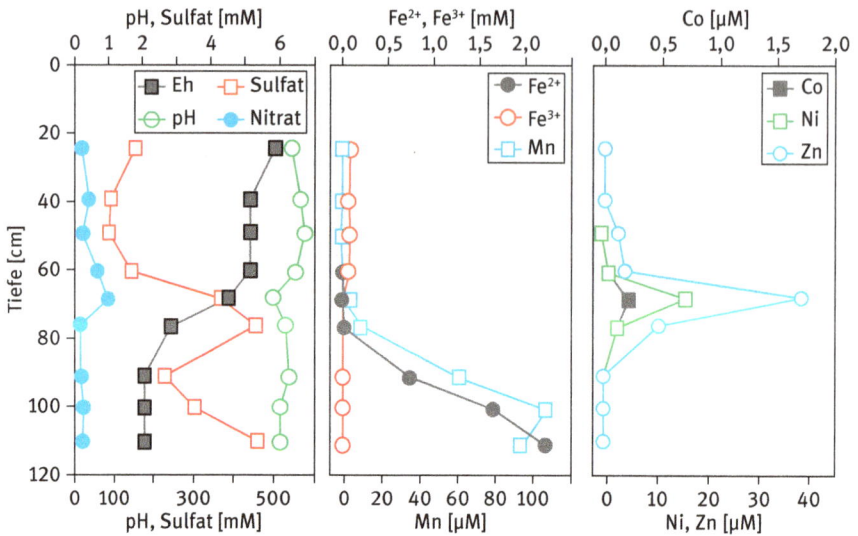

Abb. 1.11: Geochemie eines Bodenprofils (s. a. Abb. 1.2) unter Berücksichtigung der Sulfat-Reduktions-Raten, ermittelt aus mit diversen Metallen kontaminierten Wässern, kann mit u. a. XANES erstellt werden (nach Sitte et al. 2010).

(v) XMCD

Vergleichende Studien zwischen biogen und nichtbiogen synthetisierten Magnetit (Fe_3O_4) bezogen die *X-ray Magnetic Circular Dichroism* (XMCD) als Analysetechnik ein. In Kombination mit der TEM konnte gezeigt werden, dass die biogen gebildeten Fe_3O_4, bezogen auf Kristallinität und Größe, von hoher Qualität waren (Carvallo et al. 2008). Diese Maßnahme umfasst u. a. Angaben zur erforderlichen Konzentration der Metallspezifikationen, Art der Bindung und deren Visualisierung. Zur kristallographischen Charakterisierung von biogenem Fe_3O_4 liegen z. Zt. sehr detaillierte Beschreibungen vor. Speziell die HRTEM liefert verwertbares Datenmaterial. Die erstgenannte Messmethode zählt zu den Techniken der Röntgenabsorptionsspektroskopie und dient der Ermittlung unbesetzter Elektronenzustände, d. h. Messung der Häufigkeit und räumlichen Position von Atomen oder Molekülen auf Oberflächen.

(w) Kombination

Zur Charakterisierung von Sorptionsreaktionen von Metall und Cyanobakterien setzen [1]Yee et al. (2004) eine Kombination diverser Techniken ein, z. B. potenziometrische Titration, Infrarotspektroskopie. Sie flankieren diese Maßnahmen mit einer geeigneten Modellierung. Mittels Infrarotspektroskopie sind z. B. die Deprotonierungsreaktionen (Abschn. 2.3.4) seitens der mit der Zellwand verbundenen aktiven Sites beschreibbar. Über Titration ist die Lokation der protonenaktiven Sites ermittelbar.

Das zur Unterstützung der o. a. kombinatorischen apparativen Ausstattung verwendete Modell stützt sich auf u. a. auf ein sitespezifisches Komplexierungsmodell. Im Experiment tritt die Sorption in Abhängigkeit vom pH-Wert auf.

Eine Bestimmung von proteingebundenen Metallen und hochauflösender Proteinabtrennung ist ebenfalls über die Kombination von unterschiedlichen Methoden wie Gelelektrophorese, Autoradiographie und diversen Atomspektrometrietechniken möglich. Eine sich anschließende gerätetechnische Umsetzung bedient sich verschiedener Vorgehensweisen wie Trenn- sowie Zählverfahren, Spektroskopie, Bildanalyse sowie anschließender Evaluation mittels statistischer Auswertung.

(x) Modellsystem

Um die Interaktionen unter Einbeziehung von Biomolekülen vollständig zu beschreiben, sind Informationen über den mit der Komplexbildung verbundenen Assemblierungszustand, die Affinität, Kinetiken und Hermodynamik unabdingbar (Myszka et al. 2003). Analytische Technologien zur Messung von Wechselwirkungen zwischen Biomolekülen umfassen u. a. analytisches Ultrazentrifugieren (engl. *analytical ultracentrifugation* = AUC), isothermale Titrationskalometrie (engl. *isothermal titrations calorimetry* = ITC) sowie Oberflächenplasmonresonanz (engl. *surface plasmon resonance* = SPR).

Ein zu diesen Zwecken entwickeltes standardisiertes Modellsystem enthält u. a. ein Paar Enzyminhibitoren, d. h. Carboanhydrasen (engl. *bovin carbonic anhydrase II* = CA II) und Sulfoamide (engl. *4-carboxybenzene-sulfonamide*). Diverse Tests umfassten mehrere Durchläufe zur Messung der molekularen Masse, Homogenität und des Assemblierungszustands von CA II mittels AUC sowie die Erfassung der Affinität und Kinetiken der Komplexbildung mithilfe von SPR (Myszka et al. 2003).

Hinsichtlich der Leistungsfähigkeit individueller Laboratorien steht somit ein Instrumentarium zur Qualitätskontrolle zur Verfügung (Myszka et al. 2003). Beispiele für fünf unabhängige CA-II-Immobilisierungszyklen unter Verwendung einer durch die Mediation von EDC/NHS erfolgten (a) Anbindung von Amin, (b) zeigt die Korrelation zwischen dem Level des immobilisierten CA II und seiner Bindungskapazität für CBS, wie sie sich aus der Datenanalyse (R_{max}-Werte) ergibt. Im Anschluss ist die theoretische Korrelation mit dem tatsächlich ermittelten Trend vergleich- und darstellbar (Myszka et al. 2003), Abb. 1.12.

Zusammenfassend
steht ein leistungsfähiges Spektrum an analytischen Techniken zur Verfügung, um metallische NP sowohl quantitativ als auch qualitativ zu erfassen, aus Gründen einer Qualitätskontrolle von biogen synthetisierten NP eine unverzichtbare Maßnahme. Auch sind im Sinne von *Bottom-up*-Strategien präzise Einblicke in die an der Erzeugung der Nanocluster/-arrays involvierten Biokomponenten durch gerätetechnische Visualisierung möglich. Einen umfassenden Überblick zur Charakterisierung von Biomineralisationen, z. B. ihrer Vorzüge, Grenzen, Analysetechniken, Versuchsprotokolle, rechnergestützten Vorgehensweisen u. a., bieten DiMasi & Gower (2014). Die Weiter-/Entwicklung chemischer

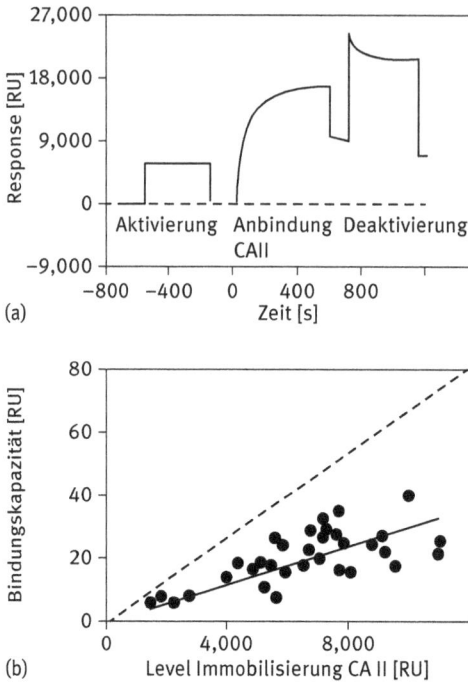

(a)

(b)

Abb. 1.12: Standardisiertes Modellsystem als Mittel zur Qualitätskontrolle: (a) Beispiele für fünf unabhängige CA-II-Immobilisierungszyklen unter Verwendung einer durch die Mediation von EDC/NHS erfolgten Amin-Anbindung. (b) zeigt die Korrelation zwischen dem Level des immobilisierten CA II und seiner Bindungskapazität für CBS, wie sie sich aus der Datenanalyse (R_{max}-Werte) ergibt. Die gestrichelte Linie repräsentiert die theoretische Korrelation, die durchgezogene rote Linie spiegelt den tatsächlich ermittelten Trend wider (Myszka et al. 2003).

und biochemischer Techniken gestattet die Visualisierung von Proteinaktivitäten, z. B. Aktivierung und Regulation in Realzeit, bzw. generell die Transformation von Metallen und Radionukliden (Baruch et al. 2004, Lloyd et al. 2007, Moore et al. 2004). Insbesondere der Einsatz einer Vielzahl diverser auf der Fluoreszenzanalytik beruhender Techniken verhilft sowohl *in vitro* als auch *in vivo* zu Einblicken in die räumliche Verteilung und das zeitliche Auftreten von Proteinen und Biomolekülen innerhalb ihres zellulären Raums bzw. ihrer intakten, physiologisch relevanten Umgebung, z. B. via fluoreszierende Substrate wie z. B. bestimmte Fettsäuren. Zu den Wechselwirkungen zwischen Biomasse und Metall unterziehen z. B. Moore et al. (2009) diverse Visualisierungstechniken vergleichenden Betrachtungen. Die Auswertung des Datenmaterials kann im Anschluss auf eine Reihe mathematischer Ansätze zurückgreifen.

1.4 Mathematischer Ansatz

Detaillierte Angaben zu den Parametern kinetischer Systeme, z. B. enzymatisch regulierte Synthesen, sind u. a. für industriell orientierte Forschungsarbeiten im Sinne biotechnologischer Applikation eine unverzichtbare Forderung. Experimente und Untersuchungen zur Kinetik generieren das erforderliche Datenmaterial. Aus diesem Anlass ist zur Generierung einer verwertbaren Datenbasis eine der experimentellen Phase vorausgehende Modellierung ein elementarer Anspruch.

Um Voraussagen zur Machbarkeit einer biogenen Synthese metallischer NP treffen zu können, die Mikroorganismen unbekannt sind, z. B. Ge, La, Ta, Zr etc., ist eine Reihe theoretischer Vorüberlegungen zu berücksichtigen, z. B. thermodynamische Aspekte, gentechnische Überlegungen, physikalische Stabilität von metallischen Nanoclustern etc. Es stehen zur Bearbeitung der o. a. Themen zum erkenntnistheoretischen Ansatz eine Reihe mathematischer Ansätze zur Verfügung. Dazu zählen die statistische Versuchsplanung, Varianzanalyse, *Boole*'sche Algebra, das *Bayes*-Theorem, Methoden der Bioinformatik. Um Überlegungen zur z. B. biogenen Synthese von metallischen NP in die Praxis umzusetzen, sind für eine vorausgehende, unentbehrliche Modellierung einige mathematische Theoreme bzw. deren Kenntnis unabdingbar.

1.4.1 Statistische Versuchsplanung

Bei Überlegungen zu den diversen Formen einer Versuchsplanung und Modellierung ist aus Kosten- und Entwicklungsgründen eine sinnvolle Anzahl an Versuchen mit validierfähigen Daten zu kalkulieren, z. B. enzymatisch gesteuerte Synthesen von metallischen Nanopartikeln/-clustern. Die statistische/modellgestützte Versuchsplanung (eng. *design of experiments* = DOE) stellt ein nahezu unverzichtbares Werkzeug beim Entwurf von Experimenten dar, d. h. bei der Bewertung von Experimentieraufwand, d. h. apparative Ausstattung, Zeit, Qualitätskontrolle, Wirkungs-/Einflussgrößen, Abfallströme, Energiebilanzen. Angestrebte industrielle Fertigungsprozesse zur Synthese metallischer Nanopartikel/-cluster unter Berücksichtigung der spezifischen Anlagenparameter sind zunächst unter Einbeziehung des o. a. Ansatzes rechnergestützt vorzubereiten. Oftmals kommt es zu einer engen Abhängigkeit zwischen experimentellem Design, wissenschaftlichem und industriellem Bedarf, Abb. 1.13. Alle aktuellen Fertigungsprozesse im u. a. Hochtechnologiebereich berücksichtigen und verwerten Datenmaterial, das auf dem rechnergestützten Design beruht. Durch das gezielte Ansetzen einer statistisch-/modellgestützten Versuchsplanung können aufwändige Versuchsreihen effizienter gestaltet und somit Kosten reduziert werden. Es steht eine Vielzahl an Publikationen, Online-Tutorials und Software zur Auswahl (url: Statistiklabor). Je genauer die diskreten Merkmals-/Qualitätsunterschiede in ihrem Charakter und Auftreten durch exakt voneinander abgegrenzte Eigenschaften beschrieben sind, umso größer ist ihre Aussagekraft. Langfristige Versuchsreihen können, neben erheblichen Kosten, die Markteinführung erheblich verzögern. Insofern verhilft eine sorgfältige Versuchsplanung zu deutlichen Zeit- und somit Kosteneinsparungen und kurzen Reaktionszeiten, z. B. auf rasch wandelnde Kundenbedürfnisse. Jeder Versuchsplan sieht sich mit der Schwierigkeit konfrontiert, zwischen den Forderungen nach validierfähigen Daten sowie Zeit- und Kostenaufwand zu vermitteln. Ein „Zuviel" an Versuchsaufwand bedingt neben den erhöhten materiellen Aufwendungen eine Steigerung der Komplexität, ein „Zuwenig" an Versuchen vernachlässigt eventuell aussagekräftige Daten. Das DOE besteht aus einer Vielzahl einzelner Techniken, wobei der Begriff „Versuch" nicht nur experimentelle Arbeiten im Labor, sondern auch die rechnergestützte Modellierung/Simulation einbezieht. Hinsichtlich der Kosten- und Ressourceneffizienz gilt es, einen Kompromiss zwischen zeitlichem und personellem Aufwand zu finden sowie den Anforderungen an Zuverlässigkeit und Genauigkeit des generierten Datenmaterials gerecht zu werden. Hier bietet die statistische Versuchsplanung geeignete Methoden an. Sie beruht auf der Absicht, mit einer geringen Anzahl von Einzelexperimenten die Wechselwirkungen zwischen mehreren Einflussfaktoren und Zielgröße zu charakterisieren. Für nahezu alle Fragestellungen, die sich aus dem Studium von molekularen Phänomenen auf den Gebieten u. a. der Biochemie, Geomikrobiologie u. a. ergeben, ist ein Verständnis zur Thermodynamik und Kinetik eine essenzielle Forderung, z. B. Hammes (2000).

Eng verbunden ist das Arbeiten mit den entsprechenden mathematischen Algorithmen. Zielsetzung sollte das gleichzeitige Verändern mehrerer Variablen sein. Hilfreich und unerlässlich sind sog. Versuchspläne, wobei es Folgendes zu berücksichtigen gilt:
- den aktuellen Stand des Datenmaterials als Ausgangsbasis,
- die Anzahl der Faktoren, die eine Einflussnahme ausüben,
- die Art der Einflussnahme,
- der Anspruch an Zuverlässigkeit und Genauigkeit.

Für die Versuchsplanung stehen unterschiedliche Ansätze zur Verfügung:
- vollständiger Versuchsplan,
- *Screening*-Plan,
- *Response-Surface*-Plan.

Idealerweise berücksichtigt das DOE, zu Zwecken von Forschung und Entwicklung, sowohl wissenschaftliche als auch wirtschaftliche Aspekte, Abb. 1.13.

Forschungsablauf

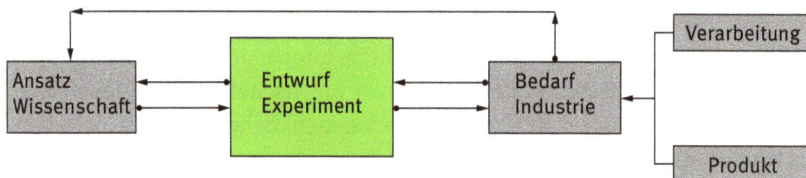

Abb. 1.13: Betreffs Forschung und Entwicklung sollte das experimentelle Design idealerweise sowohl den wissenschaftlichen als auch wirtschaftlichen Aspekt berücksichtigen.

(a) Repräsentativität

Als wichtige Forderung für die Beschreibung der Prozessleistung stehen der Anspruch an Einfachheit und Vollständigkeit. Aus diesen Vorgaben leiten sich Zielgrößen wie Produktionskosten, Reinheit des Produktionsumfeldes u. a. ab, die über geeignete Algorithmen und den Anspruch an Repräsentativität kalkulierbar sind. Die Prozessleistung selbst kann sich aus mehreren diskreten Zielgrößen zusammensetzen, z. B. Größe, Morphologie u. a. Bei dem Entwurf von Versuchsplänen ist der Bereich, der überprüft werden soll, möglichst exakt auf seinen Erfassungsbereich hin zu testen. Bei einem zu eng eingestellten „Filter" (Bereich) gehen möglicherweise Einflussgrößen verloren, dahingegen besteht bei einem zu groß gewählten Bereich der Sichtung die Gefahr, dass das Gesamtergebnis verzerrt werden kann oder „untypische" Ausreißer das Gesamtergebnis beeinflussen. Der Entwurf von Experimenten (engl. *design of experiments* = DOE) im Sinne einer Repräsentativität sollte folgende Überlegungen berücksichtigen (Fisher 1971, Montgomery 2012):

- Akquise von Daten: Es ist darauf zu achten, dass ein Versuchsablauf mit seiner Zielsetzung durch die erzeugten und unverarbeiteten Daten tatsächlich wiedergegeben wird.
- Reduzierung von Daten: Es handelt sich um eine Voraussetzung, um Datenstrukturen und -größe effizient handhaben zu können, sie betont die Entfernung nicht sachbezogener Daten vor der Analyse.
- Verifizierung von Daten: Sie stellt eine der wichtigsten Anforderungen an den Anwender dar. Bei signifikanten Abweichungen erheblicher Datensätze sind Methoden und/oder einzelne Abschnitte des Experiments zu modifizieren bzw. ist ein Hinweis auf die Abweichungen zu geben.
- Mathematische Modelle: Zur Validierung eines experimentellen Ablaufs ist die Entwicklung eines mathematischen Modells hilfreich. Auf diese Weise lassen sich unmittelbar Anomalien und unbrauchbare ideentechnische Ansätze eliminieren. Beruht das Experiment auf mathematischen Prinzipien, so lassen sich alle Aspekte eines Experimentes auf ihre Durchführbarkeit bzw. Lauffähigkeit hin gewährleisten.
- Legale und ethische Aspekte: Bei der Wahl von Experimenten muss unbedingt sowohl der legale als auch ethische Aspekt berücksichtigt werden. Insbesondere bei Versuchen mit biologischer Materie ist dieser Aspekt von höchster Relevanz, z. B. gentechnisch veränderte Mikroorganismen, z. B. *Deutscher Ethikrat* (url: Deutscher Ethikrat).

Ohne die Repräsentativität laborbezogener Daten sind Vorgänge wie Up-Scaling sowie Downstreaming nicht machbar.

(b) Zielgröße

Für die statistische und modellgestützte Versuchsplanung gilt es, zunächst sowohl (1) Zielgröße als auch (2) Zielsetzung festzulegen. Bezogen auf die metallischen Nanopartikel-/cluster lauten die o. a. Forderungen z. B. (1) einheitliche Größe und (2) Morphologie. Danach sind Überlegungen zu den speziellen Merkmalen der Synthese anzustellen und in die Prozessplanung einzubeziehen bzw. beim angestrebten Versuchsaufbau zu berücksichtigen. Jedes Merkmal trägt erheblich zur Komplexität eines Modells bei und vergrößert somit die Anstrengungen einer geeigneten Versuchsanordnung. Sind Optimierungsmaßnahmen erforderlich, verhelfen Zielgrößen zu einem gezielteren theoretischen und praktischen Maßnahmenkatalog. Sie unterliegen entsprechend ihren Intentionen einer Unterteilung in direkte, abgeleitete, technische und betriebswirtschaftliche Zielgrößen. Idealerweise sind alle Zielgrößen quantitativ erfassbar, z. B. Enzymaktivität, metallische Biomineralisationen etc. Für technische Zielgrößen sind sowohl ein empirisches Modell als auch ein Versuchsplan zu erstellen. Denn nur sie gestatten im Gegensatz zu den anderen Zielgrößen eine weitgehend „einfache" Beschreibung des angestrebten Prozesses und der adäquaten Versuchspläne. Bei der Determination von Zielgrößen ist darauf zu achten, dass sie Messungen zugänglich sind, da erst durch präzise Wertzuweisungen validierbare Aussagen möglich und diese gegenüber „subjektiven" Klassifizierungen stets überlegen sind. Abgeleitete Zielgrößen, z. B. Absolutwerte, deutliche Diskrepanzen von einem vorgegebenen marktorientierten Qualitätskriteriums u. a., dienen nach erfolgter Modellierung der technischen Zielgrößen u. a. als Vorgaben für mögliche Optimierungsmaßnahmen.

(c) Einflussgrößen

Von Einflussgrößen können erhebliche Auswirkungen auf Zielgrößen ausgehen, die sich wiederum durch diskrete Merkmalseigenschaften oder Kenngrößen auszeichnen, z. B. pH-Wert des Präkursors auf die Umsatzrate. In der Regelungstechnik u. a. als Störgröße bezeichnet, fließen sie i. d. R. mit unterschiedlicher Intensität in die Zielgröße ein. Sie sollten im Verlauf der Versuche möglichst exakt beschrieben werden. Auch sind ihre Ursachen zu bestimmen, Abb. 1.14. So hängen z. B. die störungsfreie Kristallisation und exakte geometrische Anordnung metallischer Nanopartikel/-cluster von einer Vielzahl von Einflussgrößen ab. Zu nennen sind korrekte Zusammensetzung und Konzentration der Ausgangsstoffe, Druck, Temperatur, Luftfeuchtigkeit, Volumen der Produktionseinheit, z. B. Bioreaktor etc. oder die Intensität einer mikrobiellen Adhäsion auf mineralischen Oberflächen (Davis & Lüttge 2005), Abschn. 2.4/Bd. 1. Weiterhin sind Wechselwirkungen zwischen den diversen Einflussgrößen möglich, z. B. abnehmender Druck oder erhöhte Luftfeuchtigkeit bedingen eine Einflussnahme auf die Kristallisation bzw. Morphologie der metallischen Nanocluster, z. B. durch nicht gewollte Zwillingsbildung oder Gitterdefekte.

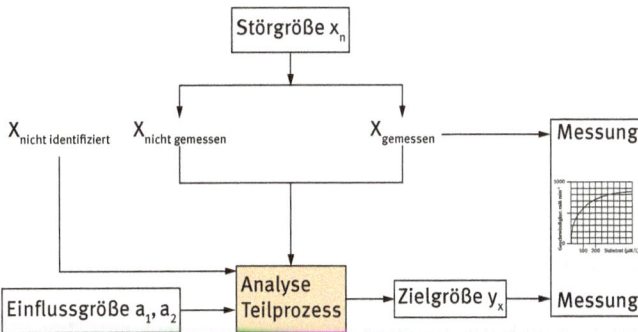

Abb. 1.14: Beim Entwurf eines DOE sind diverse Störgrößen sowie deren Position zu berücksichtigen.

Nach erfolgter Genese der Nanokristallisate kann es zu unerwünschten Wechselwirkungen mit den umgebenden Medien kommen, der Trägermatrix etc. Auch sind durch eine unvorhergesehene Bildung bzw. nicht rechtzeitig erfolgende Abführung von ungeeigneten Nebenprodukten chemische Reaktionen nicht ausgeschlossen. Generell können sich komplexe Wechselwirkungsprozesse zwischen den einzelnen Einflussgrößen, z. B. pH-Wert, Eh-Potential etc., ergeben. Es besteht dann die Gefahr einer breiten Streuung des hierdurch produzierten Datenmaterials oder eines nichtlinearen Verhaltens betreffs der Zusammenhänge. Die Ursachen können vielfältig sein, Probenahme, Messung etc.

Die vorgestellten Aspekte sind für Überlegungen hinsichtlich Qualitätsanspruch und -kontrolle unerlässlich. Für eine Entwicklung bzw. Synthese von metallischen NP ist eine Kenntnis aller Einflussgrößen nahezu ausgeschlossen. Als hilfreich erweisen sich Methoden der statistischen Versuchsplanung, da sie durch die Wahl geeigneter mathematischer Algorithmen und unter Zuhilfenahme rechnergestützter Modellierung mögliche Einflüsse auf das angestrebte Produkt gezielter ansprechen können. Auch sind Maßnahmen zur Optimierung auf diese Weise zeit- und kostengünstiger machbar.

Die Vielfältigkeit biologischer Prozesse kann, nach heutigem Stand der Biowissenschaften, allerdings nur zu Teilen erfasst werden. So bleiben bei der Synthese von PGE einzelne Schritte der Katalyse unbekannt. Entscheidend sind die Identifikation der Einflussgrößen und die Ableitung der geeigneten Gegenmaßnahmen. Es lassen sich Einflussgrößen in sowohl quantitativer, qualitativer, kontrollier- und als auch nicht kontrollierbarer Art unterscheiden:
-    Zu den quantitativen Einflüssen zählen z. B. metrische Angaben zur Größe, Temperatur etc.
-    Qualitative Einflussgrößen stellen topologische Faktoren nominal, z. B. Bioreaktortyp, Lösungsmittel u. a., sowie ordinal, z. B. Qualitätsklasse, Daten via Sensortechniken, dar.

- Kontrollierbare Einflussgrößen sind in Qualität und Quantität durch u. a. diskrete Ebenenzuweisung beschreibbar und liefern im Verlauf ihrer Auswertung Einsichten in ihren spezifischen Einfluss.
- Nicht kontrollierbare Einflussgrößen lassen sich in „messbar" und „nicht messbar" klassifizieren. Durch Verfahren wie z. B. Randomisierung u. a. Verfahren sind sie ansprechbar.
- Eine Randomisierung verhilft über eine zufällige Anordnung von Versuchen dazu, den Einfluss einer nicht kontrollbaren Einflussgröße zu identifizieren, wobei die Kenntnis einer solchen eine unverzichtbare Voraussetzung bildet. Diese Methode wird aktuell in der Medizin und Wirtschaftssoziologie angewendet, stellt aber für Fragestellungen im Rahmen der vorliegenden Untersuchungen einen wichtigen Aspekt in der Qualitätssicherung dar.
- Wiederholung, mittels dieser Methode sind u. a. Versuchsfehler erfassbar, Überprüfung des Modells, Angaben über Reproduzierbarkeit sowie Prognose sind realisierbar.
- Über eine Blockbildung werden Versuche zusammengefasst, um Störgrößen zu reduzieren oder gänzlichst auszulöschen

Auf die Praxis bezogen verweisen Zachara et al. (2002), in Untersuchungen zur Identität der durch *Shewanella putrefaciens* erzeugten Sekundärmineralisationen, auf die Einflussgrößen wie Zusammensetzung des Mediums, Konzentrationen der Elektronendonatoren sowie -akzeptoren, Ionenstärke, koassoziierte kristalline Fe^{3+}-Oxide u. a. Der positive Koeffizient der Größen wie z. B. die Konzentration der erforderlichen Ag-Nitrat-Lösung (d. h. E), der Masse der Mikroorganismen (d. h. F), der quadratischen Terme von u. a. A^2, F^2 sowie interaktive Terme (BC) bedingen eine linear ausgerichtete Bildung von nanoskaligem Ag. Dahingegen kommt es bei negativem Koeffizienten des pH-Wertes (A), Temperatur (B), Rate der Agitation (C), Zeit (D) zusammen mit den quadratischen Termen C^2, D^2, E^2 und den interaktiven Termen zu einer Abnahme der Entwicklung von Nano-Ag (Karbasian et al. 2008).

(d) Teilprozesse

Zu Zwecken einer wirkungsvollen Kontrolle, und wenn nötig aus Gründen einer raschen Fehlerbehebung, ist der Produktionsprozess, soweit möglich, in Teilprozesse zu unterteilen, z. B. Bioflotation, Biomineralisation, Biokatalyse etc. Hierbei ist jeder der identifizierten Teilabschnitte als eigenständiges Kriterium definiert und sollte geeigneten mathematischen Algorithmen (aus der Statistik) zugänglich sein. In diesem Zusammenhang sind Einflüsse und deren Intensität auf u. a. Produktionsprozesse metallischer NP zu berücksichtigen. Es kann sich hierbei um reproduzierbare/ systematische oder nichtwiederholbare, zufällige Faktoren handeln. Sie sind so zu formulieren, dass sie ebenfalls über statistische Methoden beschreibbar sind. Zum Zwecke der Optimierungsmaßnahmen ist eine Trennung von systematischen und zufälligen Einflussgrößen vorzunehmen, da letztere nicht für Bewertungen im o. a. Sinne geeignet sind. Denn i. d. R. tritt eine Vielzahl verschiedenartiger Einflussgrößen auf, die zu einer erheblichen Komplexität und Störungsanfälligkeit im eigentlichen Prozessablauf führen können.

(e) Mehrzieloptimierung

Zur Erreichung einer Mehrzieloptimierung mit Ziel einer Minimierung oder Maximierung ausgewählter Präferenzen stehen diverse mathematische Techniken zur Verfügung, z. B. evolutionäre Algorithmen, z. B. ein *Paroto*-Optimum, oder genetische Algorithmen (Marler & Arora 2004). Vor der eigentlichen Prozessoptimierung zum Zwecke einer Mehrzieloptimierung (engl. *multi objective optimization*) sollte über Techniken wie z. B. Optimierungsfunktionen eine weitgehend präzise Gewichtung der Zielgrößen implementiert werden. Hierzu ist die Definition von Qualitätskriterien unerlässlich. Um den gewünschten Anforderungen an das Endprodukt zu entsprechen, sind die erforderlichen Zielgrößen im Vorfeld der vorgesehenen Herstellungsverfahren präzise zu definieren und gegebenenfalls zu korrigieren/justieren.

(f) Faktorenbildung

In einer modellgestützten Versuchsplanung sind Einflussmerkmal und -größe unter dem Begriff Faktor zusammengefasst. Hierbei wird zwischen quantitativen und qualitativen Faktoren differenziert. Quantitative Faktoren sind messtechnisch erfassbar bzw. durch Zahlenwerte präzise beschreibbar, z. B. Temperatur, Dichte, Leitfähigkeit, pH-Wert, Eh etc.

Dahingegen unterscheiden sich qualitative Faktoren durch deutlich voneinander abgrenzbare Eigenschaften und unterliegen einer deskriptiven Ansprache, z. B. Körnungs- oder Rundungsgrad etc. Für eine zielgerichtete Versuchsplanung ist eine Klassifizierung der Faktoren in „kontrollierbar" bzw. „nicht kontrollierbar" erforderlich, Abb. 1.15. Auf kontrollierbare Faktoren ist seitens des Anwenders eine gewisse Einflussnahme möglich, wie z. B. durch Aufrechthaltung bestimmter Konditionen oder systematisches Ansteuern eines Zustandes, z. B. Temperatur. Dem stehen nichtkontrollierbare Faktoren gegenüber. Eine Einflussnahme ist i. d. R. durch den Anwender nicht möglich.

So können z. B. die Zu- und Abführkanäle für die diversen Präkursor Abnutzungserscheinungen unter-liegen und es kann zu einer Abnahme der erforderlichen Mengen an Ausgangssubstanzen mit Beeinträchtigungen und Qualitätseinbußen an den metallischen Nanoclustern kommen. Sind nichtkontrollierbare Faktoren Messungen zugänglich, stehen sie einer Quantifizierung zur Verfügung und es sind Aussagen zu ihren Einflüssen auf Messwert/Zielgröße machbar. Entziehen sich jedoch nichtkontrollierbare Faktoren einer gezielten Messung, sind Vorgänge wie z. B. Wiederholung von Versuchen, Neuordnung der Versuchsblöcke u. a. durchzuführen.

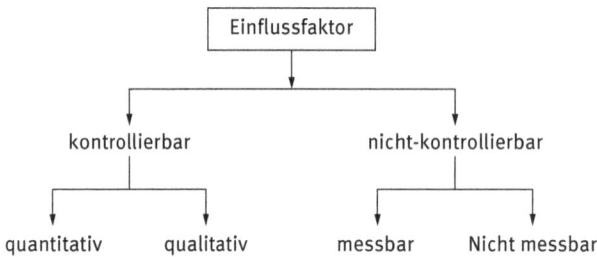

Abb. 1.15: Schematische Darstellung des Einflussfaktors.

Auf diese Weise ist eine Beschreibung der Bandbreite möglicher nicht numerisch quantifizierbarer Störgrößen auf das durch Experimente erzeugte Datenmaterial näherungsweise abschätzbar. Idealerweise geben sich eindeutige Trends zu erkennen, die in zuverlässiger Weise sog. justierfähige Einstellungen im Versuchsablauf gestatten. Neben einem geeigneten Maßnahmenkatalog im o. a. Sinne sind Toleranzbereiche, „Ausreißer" innerhalb der Messergebnisse sowie untypische Prozessabläufe zu definieren. Bei Nichtbeachtung der o. a. Überlegungen kann es zu erheblichen Auswirkungen im Prozessverhalten und somit auf den angestrebten Produktionsprozess, d. h. die biogene Synthese metallischer NP, kommen.

(g) Statistik

Ein weiterer essenzieller Bestandteil eines DOE bildet die Berücksichtigung einer zu erwartenden Streuung der Messdaten. Mathematisch stehen zur Schätzung der Standardabweichung vom Mittelwert diverse Methoden zur Verfügung. Über sog. Wiederholungsversuche an einem Messpunkt können Angaben zur Reproduzierbarkeit und somit zur Güte und Aussagefähigkeit der Messergebnisse gemacht werden. Die hierbei generierten Resultate, z. B. Wichtung, müssen sich im Design des Versuchsplans wiederfinden. Nach Bewertung der Ausgangssituation und dem Abschluss der o. a. Maßnahmen ist der Versuchsplan zu entwerfen. Er ist nach den o. a. Vorgaben zu entwerfen und muss zwecks o. a. Reproduzierbarkeit Maßnahmen zur Qualitätssicherung, z. B. geeignete Wiederholungsmessungen, beinhalten.

Zusammenfassend kann eine Vielzahl von experimentellen Versuchsplänen mittels DOE flankiert werden. So orientieren sich sowohl Umfang als auch Strukturierung des Versuchsplans an der definierten Zielsetzung, Anzahl der zu untersuchenden Faktoren und deren Wechselwirkungen u. a. mit Störgrößen. Als wichtiges Hilfsmittel ist ein Pflichtenheft anzulegen und alle Versuchsergebnisse sind präzise zu protokollieren. Eine praktische Einführung in Konzepte und Methoden der Biostatistik bietet u. a. Bärlocher (2008). Als Beispiel dient eine Biolaugung von Zn aus Au-führenden Erzen unter Einsatz von *Acidithiobacillus ferrooxidans* (Kaewkannetra et al. 2009), Abschn. 2.5.1 (q).

(h) Lineare Abhängigkeiten

In komplexen Systemen, z. B. Biokatalyse eingebunden in ein Mehrstoffsystem, stellen sich nur in Ausnahmefällen lineare Abhängigkeiten zwischen Einfluss- und Zielgröße ein. Eine Veränderung der Einflussgröße bewirkt eine unmittelbare proportionale Änderung der Zielgröße. Eine wichtige Herausforderung stellen mögliche Wechselwirkungen zwischen den diversen Einflussgrößen, d. h. pH und Temperatur auf die Aktivität von Enzymen etc., dar. Günstigenfalls treten lineare Abhängigkeiten zwischen Einfluss- und Zielgröße auf. Daher hat eine Versuchsplanung unterschiedliche Wirkungen, die von einer durch andere Größen beeinträchtigten Einflussgröße ausgehen können, zu berücksichtigen, z. B. pH-Wert auf Löslichkeit von Metallionen, die wiederum auf die Enzymaktivität einwirken. Häufiger jedoch entwickeln die Einflussgrößen nichtlineare Verhaltensweisen. Für eine statistische Versuchsplanung ist daher zu beachten, dass aufgrund der Einstellung der Einflussgröße nicht nur untere und obere Grenzen existieren, sondern auch diverse Zwischenzustände möglich sind. Darstellbar sind diese nichtlinearen Zusammenhänge über quadratische und kubische Terme.

(i) *Bayes*'sche Funktion

Ein das DOE unterstützender mathematischer Ansatz bietet sich in Form *Bayes*'scher Funktionen an. Es lässt sich auf diese Weise das optimale experimentelle Design für eine Reihe von Datensätzen zu kinetischen Modellen identifizieren. Daraus ergeben sich für Murphy et al. (2003) beim Erkennen der Trends zwischen den unterschiedlichen Modelltypen zur Kinetik eine Vielzahl von Vorzügen seitens des *Bayes*'schen Theorems. Unter Zuhilfenahme dieses Algorithmus sind validierbare Aussagen im Sinne von Produktivität sowie Genauigkeit des ausgewählten Experiments möglich.

(j) *Response-Surface*-Plan

Abgesehen von einem vollständigen Versuchsplan, der mit entsprechenden Aufwendungen verbunden ist, lässt sich für eine statistische Versuchsplanung mithilfe eines Screeningplans die Einwirkung mehrerer Faktoren synchron verfolgen, z. B. Metallkationenpartitionierung, Abschn. 2.3.8/Bd. 1, und die Intensität ihrer Einflussnahme ansprechen. Um optimale Einstellungen der Faktoren zu erreichen, eignet sich der Einsatz eines *Response-Surface*-Plans. Dieser hilft, mögliche Zusammenhänge zwischen einzelnen Faktoren und den Zielgrößen zu erkennen/untersuchen. Eine sukzessive Auswertung lässt sich bei nominalen, d. h. qualitativen Daten über die Varianzanalyse durchführen, wohingegen quantitativ, d. h. metrisch generierte Werte hinsichtlich ihrer Interpretation und Darstellung einer Regressionsanalyse unterzogen werden. Regressionsmodelle, deren Einsatz gegenüber der Varianzanalyse am häufigsten erfolgt, stützen sich auf die lineare Kombination folgender Funktionen:

(1) Lineares Modell ohne Wechselwirkungen:

$$y = a_0 + a_1 x_1 + a_2 x_2 + a_3 x_3 \tag{1.1}$$

(2) Lineares Modell mit Wechselwirkungen:

$$y = a_0 + a_1 x_1 + a_2 x_2 + a_3 x_3 + a_4 x_1 x_2 + a_5 x_1 x_3 + a_6 x_2 x_3 \tag{1.2}$$

(3) Quadratische Modelle mit Wechselwirkungen:

$$y = a_0 + a_1 x_1 + a_2 x_1^2 + a_3 x_2 + a_4 x_2^2 + a_5 x_3 + a_6 x_3^2$$
$$+ a_7 x_1 x_2 + a_8 x_1 x_3 + a_9 x_2 x_3 \tag{1.3}$$

Es ist darauf zu achten, dass es für die definierten Parameter (a_i) zu möglichst geringen Unterschieden zwischen den vorhergesagten Daten und den tatsächlich gemessenen Werten kommt, d. h. Reduzierung der Summe aus den Quadraten der Abweichungen.

Bis zum Grad $n = 1$ sowie $n = 2$ lässt sich das Modell einer *Taylor*-Reihe, d. h. Näherungsfunktion, zuordnen:

$$T(x) = \sum_{n=0}^{\infty} \frac{f^{(n)}(a)}{n!} (x - a)^n$$
$$= f(a) + \frac{f'(a)}{1!} \cdot (x - a)^1 + \frac{f''(a)}{2!} \cdot (x - a)^2 + \frac{f'''(a)}{3!} \cdot (x - a)^3 + \cdots \tag{1.4}$$

Ist die Beziehung Faktor und Zielgröße identifiziert, besteht die Möglichkeit einer Anpassung der funktionsbezogenen Parameter durch eine nichtlineare Regression. Auch Mandenius & Brundin (2008) befassen sich mit der Optimierung von in Planung und/oder Entwicklung befindlichen biotechnologischen Prozessen unter Einsatz von DOE. Methoden wie Faktoren-Design, Response-Oberflächen-Methodologie (engl. *response surface methodology* = RSM), DOE helfen, kostensparend Kulturbedingungen, operationale Einheiten und Prozesse unter Reduzierung von experimentellen Arbeiten zu optimieren. Die Vielzahl an in gegenseitiger Abhängigkeit stehenden Parametern, wirksam innerhalb einer Operationseinheit oder zwischen den unterschiedlichen Einheiten von Bioprozessabfolgen, könnten, nach Auffassung von Mandenius & Brundin (2008), durch die o. a. Techniken verbessert werden. Andere Anwendungen beinhalten die Evaluation eines Stammscreenings und das Abgleichen von Kulturmedien.

(k) FMEA

Unterstützend, und als Komplementär für die modellgestützte Versuchsplanung, eignen sich Techniken wie z. B. die Fehlermöglichkeits- und -einflussanalyse (*failure mode and effects analysis* = FMEA). Die FMEA repräsentiert eine Unterabteilung des *Systems Engineering* und liefert keine direkten Messdaten, sondern verfolgt einen stochastischen Ansatz. Sie kommt auf dem Gebiet der Zuverlässigkeitsprüfung (engl. *reliability engineering*) eines z. B. Produkts zur Anwendung. Dahingegen dient die statistische Prozessführung lediglich zur Prüfung bzw. zum Qualitätscheck von Messungen sowie Produktionsprozessen und gestattet nur eine passive Beobachtung. Anforderungen seitens des Endprodukts sind z. B. eine technisch einfach zu handhabende, durchgehend hohe Effizienz der Biokatalyse, Beständigkeit in der Enantioselektivität, wirtschaftlich günstige Energie- und Massenbilanzen und somit ökonomisch vertretbare Kosten. Aus den genannten Parametern ergeben sich somit u. a. folgende Forderungen bzw. Zieldefinitionen oder technische Zielgrößen für z. B. wirtschaftlich verkaufsfähige Au-NP:

- möglichst hohe Stückzahl pro Zeiteinheit,
- eine störungsfreie Oberflächenstruktur,
- keine Abweichung von im Vorfeld definierter Toleranzgrenzen,
- Lebensdauer.

Alle genannten Parameter hängen vom jeweiligen Prozessumfeld ab und sind beim angestrebten Endprodukt, z. B. Morphologie eines metallischen NP, als quantifizierbare Größen analytisch, d. h. messtechnisch erfassbar.

(l) *Fisher*-Informationsmatrix

Mithilfe einer *Fisher*-Informationsmatrix (FIM) sind Aussagen zur Größe von Streuungen möglich. Sie beruht auf der Kenngröße *Fisher*-Information und ist dem Gebiet der mathematischen Statistik zugeordnet. Sie bietet Unterstützung bei der Identifizierung sowie Modellierung dynamischer Systeme. Es sind zwecks der Entdeckung neuer aktiver Substanzen sowie zum Verständnis intrazellulären Verhaltens Untersuchungen zur Enzymkinetik zunehmend wichtig. In diesem Zusammenhang stellt die Bestimmung von kinetischen Parametern eine wichtige Voraussetzung dar. Um Zeit und Ressourcen zu sparen, ist daher das Design einer experimentell systematischen Vorgehensweise unerlässlich. Einen experimentellen Entwurf für eine optimale Abschätzung der Parameter eines enzymatisch-kinetischen Prozesses, basierend auf der Analyse der *Fisher*-Informationsmatrix, präsentieren Lindner & Hitzmann (2006). Über eine Analyse des Schätzfehlers der enzymatisch-kinetischen Prozesse im Sinne der *Michaelis-Menten*-Theorie reduziert sich der Suchbereich und es ist eine optimale Schätzung der Parameter auf numerischer Ebene möglich. Aufgrund der genannten Möglichkeiten zeigt sich bei einer analytischen Betrachtungsweise der *Fisher*-Informationsmatrix, dass weniger die Zufuhr von Enzymen den Bewertungsprozess verbessert, vielmehr scheint die Zugabe von Substrat mit einem kleinen Fließvolumen vorteilhafter. Werden für Experimente statt reiner Batch-Prozesse hingegen die Entwürfe für Substrat-Fed-Batch-Prozesse benutzt, ist eine Verminderung der Varianzparameter des Schätzfehlers für μ_{max} von ca. 80 % und für K_m von durchschnittlich 60 % zu beobachten (Lindner & Hitzmann 2006).

(m) Stufen der (Versuchs-)Planung

Um die Aussage- und Interpretierfähigkeit von infolge eines Versuchsablaufs gewonnenem Datenmaterial zu gewährleisten, sind vorbereitende Überlegungen zur Versuchsplanung unerlässlich, z. B. Antony (2003). Idealerweise bewegt sich bzw. vermittelt eine Versuchsplanung zwischen dem theoretischen Ansatz und der statistischen Bewertung von Datensätzen. Am Anfang steht eine wissenschaftliche Fragestellung, z. B. wie rasch bilden sich z. B. metallische Nanopartikel/-cluster aus Magnetit (Fe_3O_4), synthetisiert durch geeignete Enzyme/Proteine. Ohne zielgerichtete Orientierung innerhalb eines Forschungsvorhabens generiert jede in diesem Sinne ausgeführte Aktivität kein aussagefähiges Datenmaterial. Eine unzureichende Planung eines Forschungsvorhabens kann auch nicht nachträglich durch noch so komplexe statistische Techniken ausgeglichen werden. Eine Bereitstellung an interpretierbaren empirischen Daten durch geeignete Experimente setzt beim Entwurf eines Versuchs Einblicke über theoretische Hintergründe voraus, z. B. thermodynamische Machbarkeit. Konkret sind bereits vor Beginn der Versuchsplanung das „Warum" und „Was" der Zielsetzung zu definieren. Dem sind Kenntnisse über die diversen Formen an statistischer Erhebung und Auswertung zuzuordnen. Dies gilt insbesondere bei der Auswahl der Variablen, deren Bestimmung und Charakterisierung. Von essenzieller Bedeutung ist die Ansprache der den Ablauf beeinflussenden Größen, d. h. Einflussgrößen, und ihrer Wirkungsweisen. Ohne Berücksichtigung, Kenntnis, Bestimmung u. a. verbleiben alle Forschungsansätze unsystematisch und die Ergebnisse sind nicht aussagefähig.

(n) Vorgehensweise

Der Entwurf, die Ausführung und Optimierung des modellgestützen Versuchsaufbaus sollten folgende Vorgehensweisen berücksichtigen:

- Mithilfe eines Screenings sollte(n) die wirksamste(n) Einflussgröße(n) identifiziert, deren Effekt(e) und die Definition der Modellkoeffizienten implementiert werden.
- Die empirische Modellierung (*response surface modeling* = RSM) oder Antwortflächen-Modellierung versucht über geeignete Algorithmen oder Funktionsmodelle eine näherungsweise Umschreibung aller prozessrelevanten Parameter, erforderlich für eine möglichst präzise Simulation und Voraussage der möglichen Ergebnisse, zu erzielen.
- Über diverse Techniken, wie z. B. Akquise von empirischem Datenmaterial oder Screening, ist ein Zielfunktional abzuleiten, das wiederum in die modellgestützte Optimierung eingeht. Das Zielfunktional setzt sich aus Zielgröße, -wert und -intervall zusammen und ist bei Bedarf sowie in Übereinstimmung mit den identifizierten Einflussgrößen zu optimieren. Auf diese Weise sind Einblicke über Art und Ausmaß der Zielgrößen erhältlich.

– Vor dem eigentlichen Einsatz einer technischen Verfahrenslösung oder Einführung eines Produkts ist eine Überprüfung auf Robustheit (engl. *robustness testing*) unerlässlich. Im Wesentlichen gilt es zu klären, in welchem Ausmaß der Prozess oder das Produkt gegen Störungsgrößen reagiert bzw. sich als unempfindlich herausstellt. Treten bei den Zielgrößen nicht akzeptable Abweichungen auf, z. B. zu große Schwankungen in der Partikelgröße, sind innerhalb des in Frage kommenden Modells Korrekturmaßnahmen an den betroffenen Faktoren durchzuführen, z. B. chemische Komposition der Ausgangsstoffe für eine sukzessive Auskristallisation von metallischen Nanoclustern.

Vor einer Datenfreigabe sollten nach der Definition von Zielgröße und -setzung, und soweit bekannt, die Abläufe des Prozesses möglichst detailliert beschrieben werden, da dies den Umfang des Modells und des hiermit verbundenen Versuchsaufbaus definiert. In die Bestandsaufnahme ist eine Ansprache der Wechselwirkungen zwischen den diskreten Einflussfaktoren, wie z. B. linearen und nichtlinearen Beziehungen, aufzunehmen und mögliche Korrelationen zwischen den Zielgrößen sind zu berücksichtigen. Weiterhin ist das Auftreten von Streuungen innerhalb der durch die Versuche generierten Datensätze möglich, da die erzeugten Ergebnisse Beeinflussungen durch Prozessablauf, Probenahme und Analytik unterliegen.

(o) Zustands-/Prozessbezogenheit

Bezüglich eines bestimmten Merkmals besteht eine erste grundlegende Aufteilung aus der Unterscheidung zwischen zustands- (1) und prozessbezogenen (2) Problemen mit den entsprechenden Konsequenzen für das Design der angestrebten Forschungsaktivitäten. Im Fall von (1) ist ein gegebener Zustand einer Eigenschaft und im Fall von (2) der Wechsel einer Eigenschaft im Verlauf einer definierten Zeitspanne von Interesse, d. h. Konzentration von Fe^{3+}-Ionen zu einem gegebenen Zeitpunkt bzw. Reduktion von Fe^{3+} innerhalb einer bestimmten Zeitspanne. Sukzessive folgt eine Klassifizierung der zu untersuchenden Probleme in Beschreibung, Verwertung, Vorhersage und Hypothese. Für den Entwurf eines Experiments zur Lösung eines wissenschaftlichen Problems eignet sich folgende Vorgehensweise: Beschreibung – Untersuchung – Voraussage – Überprüfung der Hypothese. Ein ähnlicher Ansatz gilt für die Beschreibung eines physikalisch-chemischen Zustands und umfasst: Zustandsbeschreibung, -untersuchung, -voraussage und Validierung. Betreffs eines Prozesses hat sich diese Methode ebenfalls bewährt. Zur Wahl eines geeigneten Forschungsdesigns kann der vorausgehende Entwurf in Form eines Gitternetzes oder Rasters zur Klassifizierung des Forschungsproblems dienlich sein.

Hinsichtlich eines geeigneten Entwurfs ist auf diese Weise eine Wahl für das relevante Forschungsvorhaben möglich. Fällt das angestrebte Forschungsproblem unter die Kategorie „Beschreibung", so bieten sich Techniken wie z. B. Zeitreihenanalyse, Querschnittsanalysen u. a. an. Während eines Experiments geschieht dann eine quantitative Bestimmung der abhängigen Variablen. Es besteht die Möglichkeit, dass während der Versuchsreihe abhängige Variablen auftreten können. Nach Identifizierung der abhängigen Variablen wird zunächst eine Untergliederung in systembezogene und individuelle Ebenen durchgeführt. Auf der Systemebene werden Fragen im Zusammenhang mit dem eigentlichen Experiment berücksichtigt. Hierzu sind spezifische Variablen zu entwerfen, die bei Erreichen des Ergebnisses dieses unter Einbeziehung diverser Betrachtungsweisen unterstützen. Dieses Vorgehen wird auch als konvergierende Operation bezeichnet. Je nach Orientierung des Abhängigkeitsverhältnisses werden Variablen in *systembezogen* und *individuell* unterteilt. Werden z. B. mehrere Parameter benötigt, um eine bestimmte Aufgabe zu lösen, z. B. metabolisches Potential, Angebot an Präkursor etc., entwickelt sich eine systembezogene Variable. Auf der individuellen Ebene repräsentieren die abhängigen Variablen Messungen eines speziellen Merkmals. Variablen, abhängig vom individuellen Level, benötigen reduzier- und analysierbare Messungen. Abhängige Variablen können Messungen zur Leistung eines Prozesses, u. a. physikalische Größen, sein. Wenn ein Versuch unter identischen Bedingungen wiederholt wird, müssen die diskreten Variablen unter Entfernung aller möglichen Risiken identische Daten erzeugen, z. B. den für die korrekte Durchführung des Experiments erforderlichen Zeitaufwand. Beide Variablentypen müssen präzise genug formuliert werden, um Interessenten des Experiments von der Zuverlässigkeit der Daten zu überzeugen.

Betreffs einer Bestimmung der unabhängigen Variablen ist zu beachten, dass diese während einer experimentellen Forschungsarbeit manipuliert werden kann/ soll, z. B. Temperatur, pH-Wert, Ionenstärke des Präkursors u. v. a. Sind keine experimentellen Forschungstätigkeiten vorgesehen, ist eine Veränderung nicht erforderlich, z. B. Abhängigkeit der Größe der Nanocluster von Art des Mikroorganismus. In diesem Fall stellt der Mikroorganismus eine nicht veränderliche Größe dar, es verbleibt aber insgesamt eine beobachtbare unabhängige Variable. Insgesamt ist aufgrund ihrer Beziehung mit oder ohne Einfluss auf eine entstehende Variable die Berücksichtigung der unabhängigen Variable von erheblichem Interesse. Eine weitere wichtige Variablenkategorie, die allerdings oftmals mit der unabhängigen Variable verwechselt wird, ist durch eine sog. Hintergrundvariable (engl. *background variable*) vertreten. Daraufhin ist die Anzahl der verschiedenen Ebenen bezogen auf die unabhängigen Variablen zu bestimmen, z. B. die relative Leistung von zehn Mikroorganismen/ Enzymen hinsichtlich der Erzeugung nanoskaliger metallischer Phasen erzeugt zehn Ebenen. Abschließend sind die möglichen Typen an Kombinationen zwischen den unabhängigen Variablen aus Gründen einer auf das Experiment bezogenen Validierung zu etablieren. Auf das o. a. Beispiel verweisend, dürfen z. B. aerobe mit anaeroben Mikroorganismen, ausgestattet mit der Fähigkeit, elementares Se, Fe etc. aus den entsprechenden Präkursorn auszufällen, nicht miteinander verglichen werden. Die Auswahl der Anzahl der Beobachtungen hat stets Kostenaufwand und Aussagefähigkeit zu berücksichtigen, wobei generell ein Versuch für gewöhnlich nicht ausreichend ist. In Abhängigkeit von der gewünschten Analysemethode ist u. a. darauf zu achten, dass in Hinsicht auf Anzahl und Größe der Proben ein statistisch signifikantes Datenmaterial erzeugt wird.

(p) Bioinformatik

Bioinformatik ist die Anwendung der Statistik und Computerwissenschaft auf dem Gebiet der molekularen Biologie (Hogeweg 2011). Die Bioinformatik kombiniert die Statistik mit Informatik und stellt ein zunehmend wichtiges Instrument für den Einsatz innerhalb der molekularen Biologie dar.

Zunächst auf Studien von Informationsprozessen in biologischen Systemen beschränkt, d. h. Genomik sowie Genetik, umfasst die Bioinformatik aktuell den Aufbau und die Weiterentwicklung von Datenbanken, Algorithmen, rechnergestützten und statistischen Techniken bzw. Theorien, um formale und praktische Probleme, die sich aus der Analyse und dem Management von biologischen Daten ergeben, zu lösen (Hogeweg 2011). Bedingt durch die Entwicklung im Zusammenhang mit der Genomik, anderen molekularen Forschungstechnologien sowie innerhalb der Informationstechnologie kommt es in Kombination auf dem Gebiet der molekularen Biologie zu einer erheblichen Generierung von Daten.

Die Einführung des Begriffs Bioinformatik spiegelt einen mathematischen und rechnergestützten Ansatz wider, der zu einem tieferen Verständnis von biologischen Prozessen verhilft. An herkömmlichen Tätigkeiten umfasst die Bioinformatik das Kartieren und Analysieren der DNS sowie Proteinsequenzen, die Ausrichtung der verschiedenen DNS- und Proteinsequenzen zum Zwecke des Vergleichs und die Erstellung sowie Betrachtung von 3-D-Modellen von Proteinstrukturen. Vorrangiges Ziel der Bioinformatik ist, das Verständnis für biologische Prozesse zu erhöhen. Mit der Zielsetzung einer Entwicklung und Anwendung geeigneter rechnerunterstützter Techniken unterscheidet sie sich von anderen Vorgehensweisen durch den Einsatz von Algorithmen zur Datenerhebung, Visualisierung, Identifizierung von Strukturen u. a. Als wichtigste Forschungsschwerpunkte innerhalb der Bioinformatik stehen u. a. im Fokus die Ausrichtung der Sequenzen, Genfindung, Genommontage, Vorhersage von Proteinstrukturen und deren Einregelung, Wechselwirkungen zwischen den Enzymen/Proteinen, evolutionsorientierte Modellierung, Vorhersage der Genexpression u. a.

Die Modellierung von biologischen Systemen stellt eine wichtige Aufgabe der System- und mathematischen Biologie dar. Um eine Integration, Bearbeitung und Modellierung umfangreicher Datenbestände zwecks der Modellierung zu ermöglichen, entwickelt und gebraucht die Rechnergestützte Systembiologie geeignete Algorithmen, Datenstrukturen sowie deren Visualisierung durch entsprechende Kommunikationstechniken. Dieser Ansatz der rechnergestützten Simulation zur Analyse und Visualisierung komplexer Verbindungen in zellulären Prozessen bezieht biologische Systeme bzw. zelluläre Subsysteme ein, z. B. Vernetzung von Metaboliten bzw. Enzymen, Signaltransduktion, genbezogene regulatorische Netzwerke u. v. a. Darüber hinaus ist er direkt mit der Bioinformatik und rechnergestützten Biologie verbunden. Aktuelle Themenschwerpunkte, implementiert über eine rechnergestützte Simulation, sind Beiträge zum Verständnis einer virtuellen Evolution, einfacher artifizieller Lebensformen etc.

Rechnergestützte und theoretische Methoden zur Exploration der Beziehung von Enzymdynamik und Katalyse beziehen auf quantenmechanischer Basis u. a. den Protonentransfer, die für die Umsatzrate erforderlichen Vibrationen u. a. ein (Antoniou et al. 2006). Auf die Praxis bezogen verhilft der Gebrauch der Bioinformatik sowie Genombiologie zum besseren Verständnis einer Biolaugung durch Mikroorganismen (Quatrini et al. 2007), Abschn. 2.5.1 (b). Es sind Prognosen zu metabolischen Funktionen sowie u. a. zum industriellen Innovationspotential möglich. Abschließend ermöglichen, gemäß den aktuell vorliegenden Informationen, Instrumente der Bioinformatik generell eine Optimierung der Proteinstabilität (Suplatov et al. 2015).

(q) Datenbanken

Über Metallionen in der biologischen Katalyse und Verbindung von Enzymdatenbank zu generellen Prinzipien stellen Andreini et al. (2008) Informationen zusammen. Zwecks einer Analyse und Verteilung von Metallionen in der Enzymkatalyse stehen für eine Informationsakquise und -verarbeitung diverse Datenbanken zur Verfügung, z. B. *Metal-MACiE* (url: Metal-MACiE), Tab. 3.10/Bd. 1.

Metal-MACiE ist eine öffentlich zugängliche Datenbasis über die Eigenschaften und Funktionen von Metallen, die in die biologische Katalyse bzw. katalytischen Mechanismen von Metalloenzymen einbezogen sind ([1]Andreini et al. 2009). In der Datenbank sind bislang gemäß Enzymkommission ca. 75 % Sub-(Sub-)Klassen aufgeführt und sie bietet Informationen z. B. für die Enzymologie, Biochemie u. a. (url: Metal-MACiE Database).

(r) Software

Für die statistische Planung und Auswertung von DOE, d. h. rechnergestützte Simulation, bieten diverse Softwareanbieter eine Reihe von Algorithmen an, z. B. *Minitab* (url: Minitab). Übergreifend beinhalten sie u. a.:

- Mischungsverhältnisse von z. B. den Ausgangssubstanzen (Präkursor),
- Wirkungsfläche, z. B. Templat und metallsalzhaltige Lösung,
- Abstand, z. B. zwischen individuellen NP in Nanoclustern,
- Screening,
- faktorielle Versuchspläne,
- Mischungsverhältnisse,
- Wirkungsflächen.

Generell führt die erwähnte Software (url: Minitab) ein Modul für die Möglichkeit einer statistischen Versuchsplanung. Es sind nach der aktuell vorliegenden Version eine Fülle prozessbezogener Parameter bestimmbar und als Folge steht die Simulation von Versuchsplänen. Über Schnittstellen ist eine Aussage zur Qualität des Versuchsplans möglich. Integrierte Schnittstellen gestatten eine interaktive Optimierung, Abb. 1.16.

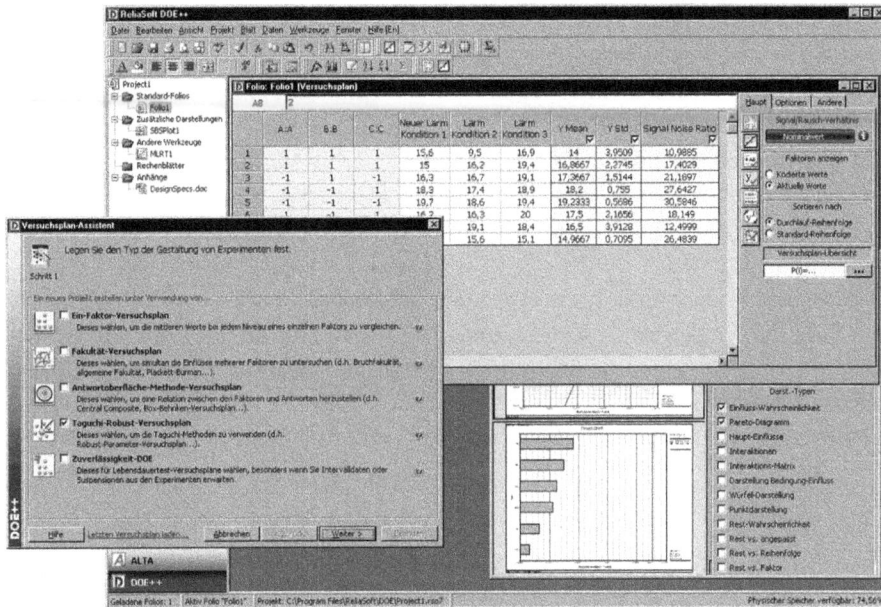

Abb. 1.16: GUI einer Software zur Erstellung eines DOE (url: Minitab).

Um ein Experiment zu entwerfen, muss das Problem als solches erkannt, bestimmt, ausgewählt und formuliert werden. Von der Identifikation und Formulierung des Problems hängen letztendlich das Design und die zu erwartenden Ergebnisse ab.

Der einfachste und kürzeste Ansatz, um eine Problemstellung adäquat zu definieren, beginnt mit Fragen nach dem *Was, Wie, Wo, Warum* etc. Bezogen auf die vorgestellte Thematik „Enzymatisch gesteuerte Synthese von metallischen Nanoclustern" gilt es, u. a. Fragen zur Enzymaktivität, Morphologie und zum räumlichen Arrangement der Partikel zu klären.

(s) Übertragbarkeit

Die Belastbarkeit eines übergreifenden Sets an Parametern zur Modellierung der Protonenanbindung durch Bakterien misst sich daran, inwieweit diese Parameter auf Modelle, bezogen auf das geologische Umfeld, übertragbar sind und ihre Berücksichtigung unabdingbar ist, ausgedrückt wie folgt (Borrok et al. 2005):

$$[{}_{tot}C_{Gelände}] = [{}_{tot}C] \cdot [M_{Bakterien}] \tag{1.5}$$

wobei gilt: $[{}_{tot}C_{Gelände}]$ ist die Gesamtkonzentration an auf der bakteriellen Oberfläche befindlichen Sites in einem bestimmten geologischen Gelände (per Volumeneinheit), $[{}_{tot}C]$ repräsentiert die vollständige Anzahl der auf die bakterielle Oberfläche bezogenen Sites per Gramm Bakterien, und der Term $[M_{Bakterien}]$ steht für die Masse an Bakterien in einem definierten Geländeabschnitt.

Allerdings erweist sich diese Vorgehensweise zur Bestimmung der absoluten Häufigkeit von Mikroorganismen in realen Systemen als wenig praktikabel und ist mit einer Vielzahl von Unsicherheiten verbunden. Weiterhin kann es bei z. B. Berücksichtigung der am häufigsten auftretenden Mikroorganismen zu erheblichen Abweichungen kommen, d. h. zu einer zu geringen Einschätzung der tatsächlichen Häufigkeit im Auftreten.

Als etwas vorteilhafter, wenn auch sehr arbeitsaufwändig, erweist sich eine direkte Zählung, wobei lokale Unterschiede auch innerhalb kurzer Distanzen in der Häufigkeit des Auftretens berücksichtigt werden müssen (Borrok et al. 2005). Ungefähre, relative Einflussgrößen zur Unsicherheit, die bei der Entwicklung eines Modells, z. B. zur Protonenbindung, entstehen können, sind z. B. Spezies, Ionenstärke, Konvertierung der Masse, Wachstumsphase etc. (Borrok et al. 2005), Abb. 1.17.

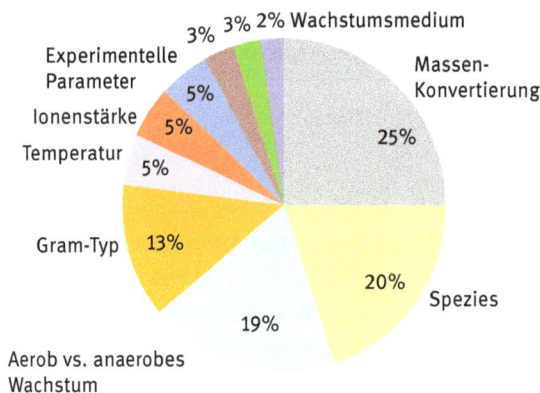

Abb. 1.17: Ungefähre, relative Einflussgrößen, d. h. semiquantitativ, zur Unsicherheit, die in die Entwicklung eines Modells, d. h. generisches Modell zur Protonenbindung, einfließen, wie z. B. Spezies, Ionenstärke, Umwandlung/Konvertierung der Masse, Wachstumsphase etc. (modifiziert nach Borrok et al. 2005).

(t) Qualitätskontrolle

Ein frühes Einsetzen von Maßnahmen zur Kontrolle der Qualität eines Produktes, z. B. physikalische und chemische Eigenschaften biogen industriell synthetisierter NP, ist eine unabdingbare Forderung. Sie sollte sie sich auf den gesamten Lebenszyklus des Produktes erstrecken.

Maßnahmen zur Qualitätskontrolle setzen bereits bei der Entwicklung eines Produkts ein und erstrecken sich bis zu dessen Vermarktung. Es lassen sich auf diese Weise erhebliche Kosteneinsparungen durchsetzen. Zur Umsetzung dieser Maßnahme stehen diverse Vorgehensweisen zur Verfügung, so z. B. die modellgestützte Versuchsplanung sowie die statistische Prozessführung. Eine modellgestützte Versuchsplanung eignet sich neben einer gezielten industriellen Produktentwicklung und Prozessoptimierung auch zu Forschungszwecken. Ein wesentlicher Vorteil dieser Planungsform liegt in der Möglichkeit einer aktiven Manipulation des Systems, insbesondere bei der Absicht einer Generierung von Daten mit dem Ziel der Optimierung von Prozesstechnik und dem Produkt. In Stichworten sind im Sinne der o. a. Forderungen zusammenfassend u. a. folgende Items zu beachten: Zielsetzung, Versuchsplan, Entwurf von Experimenten, Formen und Auftreten der unterschiedlichen Variablen sowie deren Schnittstellen und Wechselwirkungen, Ursachen von Variationen, Kontrollmöglichkeiten betreffs der Störfaktoren, Techniken zur Validierung der Daten, Möglichkeiten der Wiederholung und Blockbildung, Klassifizierung der Versuchsabläufe, Wahl der Analysetechniken u. v. a. mehr. Es sind, neben der Hypothese, Problemstellung und dem angestrebten Lösungsansatz, Fragen zu folgenden Punkten zu klären: statistische, interne und externe Validität, Korrelation, Kausalität und andere Formen der Interaktion, Kontrollmöglichkeiten zu Einfluss- bzw. Störfaktoren, Klassifikation von Daten aus Studien, Praxisbezogenheit des Datenmaterials sowie Screening und Validierung der unterschiedlichen Ansätze betreffs Versuchsplan, z. B. Einzelfall, nichtexperimentell etc.

(u) Designmatrix

Aus dem Bereich Experimentelles Design stammend, das wiederum als Methode der multivariaten Statistik zugeordnet wird, listet eine Designmatrix alle Werte der unabhängigen Variablen, d. h. Prädiktorvariablen, auf. Die datentechnische Erfassung dieser Werte definiert sukzessive das experimentelle Design. In Matrizenform dargestellt sind über eine Designmatrix u. a. lineare Modellierungsverfahren möglich. Am Beispiel der Wachstumsrate von *E. coli* entwickelten, auf faktorieller Basis, Elhanafi & Carey (2009) eine Designmatrix, Tab. 1.1. Als Einflussgrößen wählen die o. a. Autoren RPM, Temperatur (°C), Glucosekonzentration ($g\,l^{-1}$), TSB-Konzentration ($g\,l^{-1}$), Wachstumsrate (h^{-1}). Als Ergebnis steht die Beobachtung einer statistischen Abhängigkeit der exponentiellen Wachstumsphase vom Mixen, Temperatur und einer bestimmten Mischung des Kultursubstrats. [2]Zhang et al. (2014) verwenden im Zusammenhang mit dem experimentellen Entwurf einer optimierten Akquise von Daten eine

Tab. 1.1: Beispiel für eine Designmatrix und beobachtete Wachstumsraten (Elhanafi & Carey 2009).

Test-lauf	RPM	Temperatur (°C)	Glucose-Konzentration ($g\,l^{-1}$)	TSB-Konzentration ($g\,l^{-1}$)	Wachstumsrate (h^{-1})
1	50	28	10	0	0,100817439
2	250	28	0	0	1,310626703
3	250	28	10	10	1,877384196
4	50	28	0	0	0,089918256
5	25	37	10	10	5,518072289
6	250	28	10	0	2,005449591
7	250	37	10	0	4,493975904
8	50	37	0	10	0,179836512
9	50	37	10	0	0,10626703
10	50	28	10	10	0,141689373
11	50	28	0	10	0,133514986
12	250	28	0	10	2,04359673
13	250	37	0	0	4,024096386
14	50	37	0	0	0,100817439
15	250	37	0	10	5,301204819
⋮					

geeignete Designmatrix. Als Modellorganismus wählten die o. a. Autoren *Pseudomonas aeruginosa*. Zur Präparation des Probenmaterials setzten sie ein Ganzzellverfahren ein. Der Schwerpunkt ihrer Designmatrix lag auf der Überprüfung der Reproduzierbarkeit der durch Messvorgänge ermittelten Datenbestände.

(v) Bioprocessing

Ein statistisch experimentelles Design als Methode für wiederholte Messungen in dynamischen Biotechnologieprozessen geeignet z. B. zur Modellierung von Bioprozessen (engl. *bioprocessing*) und Optimierungsanalysen, diskutieren Lee & Gilmore (2006). Versuche im Zusammenhang mit biologischen Prozessen erzeugen, bedingt durch langfristige, wiederholte Beobachtungen, eingebettet in unterschiedliche experimentelle Umfelder bzw. Einheiten, d. h. großvolumige Fermenter, Aufzuchtkolben etc., und oftmals in Kombination, umfangreiche Datensätze (Lee & Gilmore 2006). Zwecks Untersuchungen dynamischer biologischer Prozesse sind Zellkulturen und andere Experimente zu biotechnologischen Fragen wiederholten Messungen, verbunden mit unterschiedlichen Niveaus diskreter Prozessfaktoren sowie auf das DOE zugeschnitten, durchzuführen.

Die via diese Technik generierten Daten sind über diverse Arten, auf lineare Modelle bezogene, statistische Methoden zugänglich, wie z. B. multivariate Varianzanalyse (MANOVA), univariate ANOVA, lineare Koeffizientenanalyse, auf Regression bezogene Modelle u. a. Hinsichtlich der Analyse und Optimierung einer biotechnologisch ausgerichteten Produktion empfehlen Lee & Gilmore (2006), als ein Ergebnis ihrer Arbeiten, z. B. zur Erfassung von auf u. a. physiologische Vorgänge wirkende Störgrößen, entsprechende Wiederholungsmessungen mit statistischer Anbindung. Anhand eines Beispiels diskutieren Lim et al. (2007) ein biologisches Verfahren für Zellkulturen unter Verwendung eines DOE. Aus Gründen der Kontrollierbarkeit, Produktkontrolle sowie Reproduzierbarkeit und unter Einbeziehung der *In-vitro*-Informationen richten die o. a. Autoren ihr Augenmerk auf Themen wie Anwendung in Echtzeit, Online-Monitoring, Strategien zur Prozesskontrolle, Analytik etc., wobei alle genannten Items in das DOE einfließen.

Mithilfe eines DOE optimieren Sllva et al. (2013) das Wachstum sowie die mikrobielle Produktionsrate von Magnetosomen in Batchkulturen. Als Mikroorganismus wählten die o. a. Autoren den chemo-organoheterotrophen Mikroorganismus *Magnetovibrio blakemorei MV-1*. Infolge des auf diese Weise ermittelten optimierten Wachstumsmediums lassen sich aus Batchkulturen ca. $64\,\mathrm{mg\,l^{-1}}$ an Fe_3O_4 gewinnen. Mittels eines Bioreaktors sind bislang nur $26\,\mathrm{mg\,l^{-1}}$ ausbringbar.

(w) Produktentwicklung

In der Entwicklung und Herstellung eines vermarktungsfähigen Produktes ist eine modellgestützte Versuchsplanung unerlässlich. Anfallende Kosten können somit früher prognostiziert und entsprechende Gegenmaßnahmen getroffen werden, da im Vorfeld Abschätzungen über Einfluss-, Ziel- und Störgrößen möglich sind, Abb. 1.14, Abschn. 1.3.1 (c). Zur Zielsetzung der Produktentwicklung von metallischen Nanoclustern zählen Konkurrenz- und Marktabsatzfähigkeit.

Ansprüche an das Produkt sind gleichbleibend hohe Qualität und kosteneffiziente Produktion. Beide Parameter sollten stets einer unmittelbaren Optimierung zugänglich sein. Bei Bedarf muss dann ein spezielles experimentelles Umfeld geschaffen werden, um die erforderlichen Informationen zu generieren. Mit jeder Produktentwicklung müssen Fragen zur Qualitätskontrolle bzw. -anforderungen im Vorfeld oder spätestens synchron zur Entwicklungsphase erfolgen. Zu diesem Zweck ist es von Vorteil, ein Maximum an Daten, die den Werdegang des angestrebten Produkts begleiten, zu erzeugen. Es sind hierdurch zum einen Kundenanforderungen schneller umsetzbar und zum anderen einzelne Verfahrensschritte effizienter plan- und korrigierbar.

(x) Produktionsausstoß

Unter Umständen kann es zu entgegengesetzten Zielsetzungskriterien kommen, z. B. wenn ein effizienter Produktionsausstoß der biogen synthetisierten NP die Verringerung einer oder mehrerer Attribute bedingt, z. B. große Streuung der Größe, unerwünschte Zwillingsbildung etc. Am Beispiel einer enzymatisch gesteuerten Synthese von metallischen Nanoclustern sei dies verdeutlicht. Zunächst erfolgt die Definition der Zielgrößen und ihrer möglichen Einflussgrößen. Im Ergebnis ist eine Beschichtung von Trägermatrizen mit geometrisch gleichmäßig angeordneten NP aus Au mit einheitlicher Größe vorgesehen. Als Zielgrößen stehen Morphologie und Dimension des Einzelkristalls, die exakt dosierte Menge an Präkursor, Geschwindigkeit der Materialzufuhr, Umgebungstemperatur, Druckbedingungen, Feuchtigkeitsgehalte, Haftung der NP auf den verschiedenen Substraten, Abfluss von Reststoffen, Vermeidung von Nebenprodukten. Anschließend sind die diskreten Arbeitsschritte zu identifizieren und abzugrenzen.

Es ist bei der Auflistung der diversen Einflussgrößen oder -faktoren auf Vollständigkeit zu achten, da nur so eine möglichst punktgenaue Optimierung oder Neujustierung vorgenommen werden kann. Auch sind Erfahrungswerte betreffs bislang angepasster Verfahren auf ihre Flexibilität veränderlicher Zielgrößen und somit Prozessabläufe hin zu überprüfen. Aufgrund veränderter Marktbedürfnisse müssen sog. Erfahrungen unablässig auf ihre optimale Leistungsfähigkeit hin überprüft werden. Denn die Produktion und Verarbeitung von metallischen nanoskaligen Komponenten erfordern im Vergleich mit *Bulk*-Materialien modifizierte Vorgehensweisen, z. B. oftmals ist statt eines *Top-down*-Ansatzes eine *Bottom-up*-Strategie technisch vorteilhafter. Diese veränderten Rahmenbedingungen müssen im Anschluss in die Versuchsplanung im o. a. Sinne eingehen. Hierbei sind die hierarchisch angeordneten Teilabschnitte auf ihre Positionierung hin zu überprüfen. Im Bedarfsfall müssen diskrete Prozesse neu angesprochen und in das Verlaufsschema integriert werden.

Für den Fertigungsprozess und Produktionsausstoß stellt die Festlegung von Zielgröße und -setzung eine der wichtigsten Voraussetzungen für einen erfolgreich verlaufenden Arbeitsprozess dar. Als Größen kommen, u. a. Produktionsausstoß an NP sowie gleichbleibende Güte der Partikel in Betracht. Weiterhin ist die Frage zu klären, inwieweit sie Kontrollen, z. B. Verringerung oder Erhöhung der Produktionsrate, Veränderung der Größe der metallischen NP u. a., zugänglich sind. Eine Simulation zur Optimierung von produktionstechnischen Schritten kann sich auf eine Reihe von Parametern berufen, bzw. ein *Quality Engineering* bezieht u. a. ein: Problemstruktur – Modellkonsistenz – Voraussage – Konstruktion von Versuchsanordnungen – durchschnittliche Qualitätsverluste – Systemverhalten – Robustes Design – Simulation des Betriebsverhaltens (Anderson & Whitcomb 2000, Antony 2003, Klein 2007). Konkret liegen insbesondere auf dem Gebiet der enzymatisch gesteuerten Synthese von metallischen Nanoclustern bislang keine industriellen Erfahrungen vor.

Hinzu kommen bislang hohe Kostenaufwendungen für die biologischen Ausgangsstoffe, z. B. die Cofaktoren, Enzyme, das Produktionsenvironment, die sterile Umgebung, für spezielle Materialien wie z. B. mit speziellen Beschichtungen, z. B. Keramiken, ausgekleidete Bioreaktoren etc.

(γ) Enzym-Inhibition

Betreffs der Inhibition durch Enzyme stehen diverse mathematische Herangehens-́ weisen zur Verfügung, z. B. nicht lineare Modelle für drei bis vier Parameter unter

Berücksichtigung von *closed-form expressions* für das Design eines D-Optimums. Eine für kinetische Modelle zur Enzym-Inhibition optimales DOE erörtern Bogacka et al. (2011). Das durch drei Parameter determinierte experimentelle Beispiel weist eine Effizienz von nahezu 20 % auf. Die für die drei Parameter geschätzten Standardfehler scheinen die durch o. a. Autoren vorgenommene Abschätzung der Wirksamkeit zu unterstützen.

(z) Kulturprozess

Zur Anwendung einer statistischen Versuchsanordnung hinsichtlich der Modellierung eines Kulturprozesses bakterieller Zellen machen sich Elhanafi & Carey (2009) Gedanken. Als experimentelle Einflussgrößen gehen in den Ansatz u. a. Temperatur, Konzentration der diversen Komponenten des Kulturmediums, d. h. Glucose, Sojabrühe, Geschwindigkeit des Mischens, d. h. Umdrehungen pro Minute (*revolutions per minute* = rpm), ein. Zur Quantifizierung des Zellwachstums dienen Messungen zur optischen Dichte. Im Verlauf des exponentiellen Wachstums ist eine statistisch signifikante Abhängigkeit zu den o. a. Größen, z. B. Temperatur, ersichtlich (Elhanafi & Carey 2009). Auch deutet sich nach Beobachtungen der o. a. Bearbeiter ein Einfluss der Wechselwirkungen zwischen Temperatur und dem Vorgang des Mischens auf das exponentielle Wachstum an. Dahingegen wirkt sich die Konzentration von Glucose als Bestandteil des Kulturmediums nicht auf die o. a. Wachstumsphase aus.

Sehr unterschiedliche Effekte sind durch den Mischungsprozess zu beobachten. Anfänglich das Wachstum behindernd, fördert das Mischen eine Erhöhung der Wachstumsrate. Auch scheint in der frühen Wachstumsphase der Zellen ein Auszug aus Sojabrühe gegenüber den anderen Einflussgrößen am wirkungsvollsten zu sein. Die Temperatur tritt in nahezu allen Phasen des Wachstums als bestimmend auf. Wie von Elhanafi & Carey (2009) erwartet, begünstigen höhere Temperaturen das Zellwachstum. Aus den hieraus gewonnenen Daten erstellen die o. a. Autoren mathematische Modelle mit der Absicht, innerhalb der o. a. experimentellen Rahmenbedingungen Vorhersagen zur Wachstumsrate treffen zu können.

(aa) Metalloproteome

Eine vergleichende Analyse über Inhalt und Gebrauch der verschiedenen Metalloproteine, bezogen auf die diversen Lebensformen, bietet Hinweise auf die Evolution von Metalloproteomen. [2]Andreini et al. (2009) verweisen auf Fallstudien, die Prognosen hinsichtlich des Gehalts von Zn, non-Häm gebundenes Fe sowie Cu-führende Proteine in einer repräsentativen Auswahl von Organismen aus drei Domänen zum Inhalt hatten. Das Zn-Proteom repräsentiert ca. 9 % der gesamten Proteome in Eukaryoten, in Prokaryoten bewegt es sich zwischen 5 % und 6 %. Die o. a. Autoren deuten die Möglichkeit eines wesentlichen Anstiegs der Anzahl von Zn-Proteinen in höheren Organismen. Im Gegensatz hierzu bewegt sich die Anzahl der Fe-führenden non-Häm-

Proteine sowohl in Eu- als auch Prokaryoten auf konstantem Niveau. Demzufolge reduziert sich ihr Anteil beginnend bei den *Archaea*, d. h. ca. 7 %, über Bakterien, d. h. ca. 4 % auf 1 % für Eukaryoten. Cu tritt im Proteom von bislang untersuchten Organismen nur mit einem Anteil von < 1 % auf ([2]Andreini et al. 2009).

(ab) Optimierung Prozessschiene

Die statistische Versuchsplanung und -auswertung (*design of experiments* = DOE) ist ein unentbehrliches Hilfsmittel/Werkzeug im Bereich der Optimierung bereits laufender Produktionsschienen bzw. dient der Entwicklung von Produkten und Prozessen. In Bezug auf Maßnahmen zur Optimierung bei der Synthese von Ag-NP durch *Fusarium oxysporum PTCC 5115* verweisen Karbasian et al. (2008) auf Einflussgrößen wie pH-Wert, Temperatur, Agitationsrate, Konzentration bestimmter Präkursor, Reaktionszeit sowie Masse der eingesetzten Mikroorganismen. Mit einem Wert von nahezu 98 % für R2 erweist sich offensichtlich ein Polynommodell, bedingt durch den hohen Grad an Genauigkeit, als brauchbar.

(ac) Simulation

Eine Simulation zur Optimierung von produktionstechnischen Schritten kann sich auf eine Reihe diverser Parameter berufen. So bezieht ein Quality Engineering u. a. die Verknüpfung von Problemstruktur – Modellkonsistenz – Voraussage – Konstruktion von Versuchsanordnungen – durchschnittliche Qualitätsverluste – Systemverhalten – Robustes Design – Simulation des Betriebsverhaltens ein (Anderson & Whitcomb 2000, Antony 2003, Klein 2007)

(ad) Genetische Aspekte

Studien zum Genom bieten dem Forschenden eine nahezu komplette Auflistung von in lebenden Systemen auftretenden molekularen Komponenten. Insbesondere Metallionen sind, nach aktuellem Stand der Forschung, unentbehrlich für lebende Systeme. Speziell Metalloproteine, beschrieben aus allen Organismen, benötigen zur Ausübung ihrer physiologischen Funktionen Metallionen. So stabilisieren z. B. redoxinerte, in Enzymen eingesetzte Metallionen, z. B. Mg, Zn, negative Ladungen und aktivieren Substrate entsprechend ihren Eigenschaften als *Lewis*-Säure, wohingegen redoxaktive Metallionen, z. B. Co, Cu, Fe, Mo, Mn, Ni, als sowohl *Lewis*-Säure als auch Redoxzentrum dienen ([2]Andreini et al. 2009). Für ein umfassendes Verständnis der Vorgänge betreffs Codierung und Analyse des vollständigen Satzes an Metalloproteinen im entsprechenden Mikroorganismus, d. h. Metalloproteom, stehen erste experimentelle Methoden zur Verfügung. Sie dienen als Mittel zur Vorhersage bzw. Definition von Metalloproteomen. So diskutieren z. B. [2]Andreini et al. (2009) die aktuelle Entwicklung der Methoden innerhalb der Bioinformatik, geeignet zur Prognose und basierend einzig auf Proteinsequenzen von Metalloproteinen. Mit diesen Techniken ist es möglich, vollständige Proteome für Metalloproteine zu scannen, z. B. Zn- oder Cu-Proteine, die über die Anwesenheit spezifischer metallbindender Stellen, metallbindender Domänen oder beide identifizierbar sind. Im Anschluss sind die vorausgesagten Metalloproteine einer Analyse zwecks ihrer Funktion und Evolution zugänglich.

(ae) Interdisziplinär

Vor dem Entwurf eines Experiments erweist sich die Recherche nach Arbeiten als hilfreich, die im Rahmen einer anderen Disziplin, z. B. Medizin, erfolgen, aber einer analogen Fragestellung nachgehen. So sind z. B. Lösungen im Bereich Prävention gegenüber Biofilmbildungen, Biokorrosion, Biomineralisation und das Verhalten von lebendem Zellmaterial gegenüber Metallkomplexierungen innerhalb der Materialwissenschaften, medizinischen Therapien und Diagnostik von u. a. erheblichem therapeutischem und somit technischem Interesse.

Innerhalb der erwähnten Disziplinen werden Daten produziert, die sich für die im Rahmen der vorliegenden Arbeiten und deren vorgestellter Thematik verwerten lassen. Daher können u. U. aufwändige, experimentelle Versuchsabläufe reduziert werden oder vollständig entfallen. Vor dem Entwurf einer Untersuchung sind Unterscheidungen zwischen den verschiedenen Typen von Problemen, die sich aus der angestrebten Forschung ergeben, zu treffen.

(af) Redesign

Im Sinne eines weitgehend optimalen Designs muss, wenn erforderlich, der Versuchsablauf geändert werden (engl. *redesign*). Beim Auftreten von Unstimmigkeiten, Störungen u. a. ist der ursprüngliche Entwurf zu überdenken und gegebenenfalls zu korrigieren. Der empfohlene Zeitrahmen für das Redesign sollte ca. 40–50 % für die Planung, ca. 10 % für eine Testphase und ungefähr 40 % für analytische Arbeiten und deren Auswertung umfassen. Beispiele für Fehler und Unstimmigkeiten beinhalten u. a. keine präzise Formulierung des Problems, die Wahl der falschen Variablen, keine geeignete messtechnische Geräteausstattung etc.

1.4.2 Varianzanalyse

Um die Qualität von Daten aus der Qualitätskontrolle belastbar evaluieren zu können, müssen sie statistischen Testverfahren unterzogen werden. Innerhalb der Statistik stellt die Analyse der Varianz (engl. *analysis of variance* = ANOVA) sowie deren begleitenden Algorithmen eine Sammlung von Techniken zur Verfügung, die eine beobachtete Varianz entsprechend den unterschiedlichen Ursachen für die Abweichung in entsprechende, diskrete Bestandteile differenziert. Um die Auswirkungen von vorab definierten Bedingungen auf eine zu untersuchende Größe zu ermitteln, wird eine Stichprobe unter Normalbedingungen gemessen und eine, die, den im Experiment vorgesehenen Bedingungen ausgesetzt, hiervon abweicht. Jede vergleichende Bewertung erfordert ein für die Messwerte spezifisches Modell, z. B. Intervallskalenniveau:

$$x_{1i} = \mu_1 + e_{1i}, \quad i = 1, \dots, n_1 \tag{1.6}$$

sowie

$$x_{2j} = \mu_2 + e_{2j}, \quad i = 1, \dots, n_2 \tag{1.7}$$

wobei gilt:

n_1, n_2 Anzahl Proben,

μ_1, μ_2 repräsentieren die das experimentelle Umfeld sowie das Kontrollspektrum determinierenden Konstanten,

e_{1i}, e_{2j} stehen für den Messfehler.

Aus der Schätzung von μ_1 sowie μ_2 ergeben sich die Mittelwerte $\bar{x}_1$ und $\bar{x}_2$. Mithilfe eines t-Tests ist die Hypothese H_0: $\mu_1 = \mu_2$ validierbar. Im einfachsten Fall bietet die Varianzanalyse ein statistisches Testverfahren, um zu überprüfen, inwieweit sich die Durchschnittswerte verschiedener Gruppen gleichen. Auf diese Weise kommt es zu einer übergreifenden Generalisierung des Student-t-Tests, d. h. eines Tests zur Überprüfung einer Hypothese. Dieser Ansatz ist auf mehr als zwei Gruppen anwendbar. Wie vorab angesprochen, sind aufgrund der Überlegungen eines industriellen Einsatzes unterschiedliche physikalische Anforderungen an die enzymatisch synthetisierten NP-Cluster zu richten. Gegenüber dem 2-Proben-t-Test verfügt der Ansatz der Varianzanalyse über bestimmte Vorteile. Um mehr als zwei Mittelwerte miteinander zu vergleichen, erweist sich der auf zwei Faktoren beruhende t-Test als ungeeignet, da sich u. U. ein Fehler signifikant vergrößern kann.

Für diese Art von Modellen liegen drei konzeptionelle Ansätze vor:

(1) Fixierte Effektmodelle: Dieses Modell geht davon aus, dass die Daten normalverteilten Populationen entstammen, die nur in ihrem Mittelwert differieren.

(2) Stochastische Effektmodelle: Bei diesem Modell beschreiben die Daten eine Hierarchie unterschiedlicher Populationen, deren Unterschiede durch diese hierarchische Anordnung verursacht werden.

(3) Gemischte Effektmodelle: Sowohl fixierte Effektmodelle als auch stochastisch arbeitende Modelle sind in diesem Ansatz anzutreffen.

In der Praxis stehen seitens der Varianzanalyse und in Abhängigkeit von der Anzahl und Art der im Experiment auftretenden Subjekte mehrere Vorgehensweisen zur Verfügung:

- Die einfaktorielle (engl. *one-way*) Varianzanalyse ermittelt Unterschiede zwischen zwei oder mehr unabhängigen Gruppen. Sollen allerdings nur zwei Mittelwerte verglichen werden, erweisen sich sowohl *t*-Test als auch *F*-Test als gleichwertig. Das Verhältnis zwischen der Varianzanalyse und *t* beträgt $F = 2t$.
- Eine faktorielle Varianzanalyse analysiert die von zwei oder mehr Variablen ausgehenden Effekte. Als eine der häufigsten Methoden tritt der 2×2-Entwurf auf, d. h. zwei unabhängige Variablen zeigen je zwei unterscheidbare Werte. Allerdings erweist sich zur wertemäßigen Beschreibung des Effektes die vorgestellte Technik als arbeitsintensiv.

Die faktorielle Varianzanalyse kann allerdings wesentlich höhere Ebenen annehmen, z. B. $2 \times 2 \times 2$, die mithilfe entsprechender Softwareapplikationen lösbar sind. Eine wiederholte Anwendung der ANOVA ist bei Verwendung des gleichen Subjekts für jede abweichende Form von Behandlung vorteilhaft.

Ein faktorielles gemischtes Design der ANOVA ist im Fall eines Testlaufs einer oder zweier Gruppen angebracht, die sich wiederholter Messungen bedienen und sich zum einen auf einen Faktor stützen, der als zwischen den Subjekten vermittelnde Variable, und zum anderen als eine innerhalb der Subjekte auftretende Variable auftritt. In Anlehnung an die ANOVA kann im Fall des Auftretens von mehr als einer abhängigen Variablen eine multivariate Analyse der Varianz hilfreich sein (engl. *multivariate analysis of variance* = MANOVA). Eine weitere Variante steht in Form einer PERMANOVA zur Verfügung.

Im Zusammenhang mit der Varianzanalyse lässt sich, um die Wahrscheinlichkeit einer erfolgreichen Zurückweisung der Nullhypothese (H_0) abzuschätzen, eine Teststärkenanalyse (engl. *power analysis*) durchführen. Es sind hierzu ein bestimmtes Design der Varianzanalyse, Größe des Effekts innerhalb einer Population, Probeumfang und α-Level, d. h. Wahrscheinlichkeit, einen Fehler zu begehen, vorauszusetzen. Um im Bedarfsfall die Nullhypothese zu verwerfen und insbesondere wenn sich eine alternative Hypothese als wahr herausstellt, kann eine Teststärkenanalyse, als Unterkategorie der Testtheorie, durch Determinierung des erforderlichen Probeumfangs eine Designstudie in geeigneter Weise unterstützen.

Eine mikrobielle Reduktion von hexavalentem Mo zu Mo-Blau durch ein in einem Boden, der in räumlicher Beziehung zu einer Metallrecyclinganlage steht, auftretendes Isolat schildern Shukor & Syed (2010). Mit der vorläufigen Bezeichnung *Serratia sp. Dr.Y8* versehen, toleriert und reduziert dieser Mikroorganismus bis zu 50 mM Na-Molybdat ($Na_2MoO_4 \cdot H_2O$). Analysen unter Verwendung von ANOVA offenbaren für *Dr.Y8* eine höhere Produktion von Mo-Blau, als dies bei zuvor isolierten, zur Mo-Reduktion befähigten Mikroorganismen wie z. B. *Serratia marcescens Stamm Dr.Y6*, *E. coli* u. a. beobachtet wurde (Shukor & Syed 2010).

Den Effekt der Temperatur auf das Wachstum des Bakteriums *Escherichia coli DH5α* unterzieht Nguyen (2006) den Techniken der ANOVA. Auch Leonard et al. (2000) stützen sich bei der Auswertung von experimentell ermitteltem Datenmaterial zur Population von heterotrophen Bakterien in bestimmten Habitaten auf ANOVA. In seiner Arbeit zur Konzentration von Mikroorganismen durch Ultraschall unterzieht Mullins (2012) das Probenmaterial, aus Gründen einer Bewertung, den Techniken der ANOVA, z. B. Konzentration von Mikroorganismen mit einhergehender Unsicherheit bei der Auswahl bestimmter Proben, Einfluss der Konzentration auf die Flussrate innerhalb eines Testgerätes etc. Zusammenfassend stehen mit den Methoden der ANOVA geeignete Algorithmen zur Verfügung, um zu Aussagen über z. B. eine thermodynamisch durchsetzungsfähige biogene Synthese metallischer NP zu gelangen. Ein weiteres wichtiges mathematisches Instrumentarium innerhalb der Biowissenschaften bietet sich in Form der *Boole*'schen Algebra und ihrer Theoreme an.

1.4.3 *Boole*'sche Algebra

Die Intention und Theoreme der *Boole*'schen Algebra stellen ein wirkungsvolles Instrument zur mathematischen Beurteilung der Wirkungsweise und Machbarkeit von zunächst am Rechner entworfenen Verfahrenslösungen für die biogene Synthese metallischer Partikel zur Verfügung. Sie besteht aus zwei Teildisziplinen, *Boole*'scher Logik und Mengenlehre, und kann als eine Art zweiwertige Logik angesehen werden. Ihre Vorgehensweisen beruhen auf zwei Zuständen, d. h. *wahr* oder *falsch* bzw. mathematisch durch 1 bzw. 0 bzw. durch die Menge {0, 1} zum Ausdruck gebracht. Die *Boole*'sche Algebra stützt sich auf drei Operationen: (1) Konjunktion ($\wedge$), (2) Disjunktion ($\vee$) sowie (3) Negation ($\neg$). Über eine Verknüpfung der Operationen sind aus einfachen Aussagen hochkomplexe Aussagen möglich und die hierbei entstehenden Wahrheitswerte übersichtlich in Wertetabellen oder Wahrheitstafeln darstellbar. Über die Operatoren *UND* (Konjunktion), *ODER* (Disjunktion) und *NICHT* (Negation) entstehen *wahr* oder *falsch*, wobei *wahr* einer „1" und *falsch* einem „0"-Wert zugeordnet ist.

Sie wird je nach Vorgehensweise in eine probabilistische sowie randomisierende Methode unterteilt. Eine Schlüsselrolle übernehmen sog. Knoten (engl. *node*), ihnen ist eine *In*- oder *Output*-Funktion zugewiesen. Auch sind die Begriffe *active* und *inactive* zugeordnet. Auf die Praxis bezogen ist mithilfe der *Boole*'schen Operatoren die Konstruktion verzweigter Systeme umsetzbar und sie bildet die Basis für z. B. das Design von elektronischen Schaltanlagen, z. B. binär ausgerichtete Rechnersysteme stützen sich auf die Methoden der *Boole*'schen Algebra. Zunehmend bedienen sich die Biowissenschaften bei der Beschreibung und Modellierung ebenfalls dieser Vorgehensweise. Speziell theoretisch ausgerichtete Überlegungen innerhalb der Biowissenschaften stützen sich u. a. auf Terme der *Boole*'schen Algebra wie z. B. in der Genetik, auf das Habitat bezogene Daten, Signalübertragung etc. (Benenson 2013, Bonnet et al. 2013 u. a.).

Bezogen auf verfahrenstechnische Überlegungen sind thermodynamische Grundlagen, diskrete Prozessschritte wie z. B. die möglichen Redoxreaktionen nach Zugabe von reduzierbaren metallischen Präkursorn etc., via den Theoremen der *Boole*'schen

Algebra behandelbar. Ursprünglich und generell im Bereich Schaltkreise eingesetzt, findet die *Boole*'sche Algebra zunehmend Verwendung im Bereich der Beschreibung, Validierung und Vorhersage intrazellulärer Signalübertragung als Folge von extrazellulären Signalen und bedient sich bei der Verhaltensbeschreibung der diversen einbezogenen biologischen Elemente sowie der Simulation der Operationen *„on–off"* bzw. „1 und 0".

Auch bezüglich der Charakterisierung und Simulation zellulärer Netzwerke entwickelte sich ein *Boole*'sches Netzwerk zu einem mächtigen Instrumentarium, dessen Elemente entweder in einem ein- oder ausgeschalteten Zustand auftreten. Sie findet speziell zur Beschreibung und Bestimmung von Signalübertragungen Verwendung, z. B. bei dem Auftreffen eines Signalmoleküls auf einen in die Zellwand integrierten Rezeptor.

(a) Semi-Tensor-Produkt (STP)

Innerhalb der *Boole*'schen Algebra erweist sich ein Semi-Tensor-Produkt (STP), ausgedrückt als Matrixprodukt, als hilfreich. In Erweiterung eines konventionellen Matrixproduktes (CMP) eignet es sich für den Einsatz für nicht lineare und logische Kalkulationen. *Boole*'sche Funktionen lassen sich auf diese Weise zum Ausdruck bringen. Es stehen diverse verschiedenartige Vorgehensweisen zur Verfügung. Hinsichtlich einer Analyse und Kontrolle durch *Boole*'sche Netzwerke erörtern z. B. Cheng et al. (2010) eine Technik, die sich auf STP stützt. Bei Implementation eines STP lässt sich die logische Funktion als konventionelles, zeitlich diskretes lineares System (engl. *discrete-time linear system*) ausdrücken. Unter Berücksichtigung der o. a. linearen Expression sind bestimmte Aspekte betreffs der Topologie *Boole*'scher Netzwerke, u. a. fixierte Punkte, Kreise, Übergangszeiten und Attraktoren (engl. *basin of attractor*), über einen Satz an Formeln nachvollziehbar. Die vorgestellten Rahmenbedingungen machen den *State-Space*-Ansatz zu dynamischen Kontrollsystemen für *Boole*'sche Kontrollnetzwerke zugänglich. Aufgrund der intrinsischen Merkmale *Boole*'scher Kontrollnetzwerke sind Untersuchungen zu Kontrollproblemen, Stabilisierung, Abtrennung von Störungen, Identifikation etc. möglich (Cheng et al. 2010). Voraussetzung beim Gebrauch dieser Methoden sind Kenntnisse in linearer Algebra sowie als wichtige Einstiegshilfe Kontrolltheorien linearer Systeme (Cheng et al. 2010).

(b) Signalübertragung

Am Beispiel der Signalübertragung innerhalb einer Zelle lässt sich die *Boole*'sche Theorie im Sinne einer *Boole*'schen Schaltalgebra veranschaulichen (Wang & Albert 2011), Abb. 1.18. An einem Eingabeknoten (I = *input node*) kommt ein Signal, für dessen Weiterleitung zu 0 als Ausgabeknoten eine Reihe von intermediären Knoten (A, B, C etc.) in Anspruch genommen werden (Wang & Albert 2011). Es besteht für die intermediären Knoten, je nach Bedarf und Funktion, die Möglichkeit einer Weiterleitung oder Unterbindung des Signals. Weiterhin können Parallelschaltungen vorgenommen werden, z. B. I → A + B + C, oder von einem intermediären Knoten gehen zwei Signale an unterschiedliche Adressaten heraus (Wang & Albert 2011), Abb. 1.18. Ein technisch-mathematischer Vorteil *Boole*'scher Algebra besteht in dem Design hochkomplexer Strukturen einer Signalverarbeitung. Aktuell offerieren *Boole*'sche Netzwerke ein unentbehrliches mathematisches Instrumentarium für Systembiologen und Physiker.

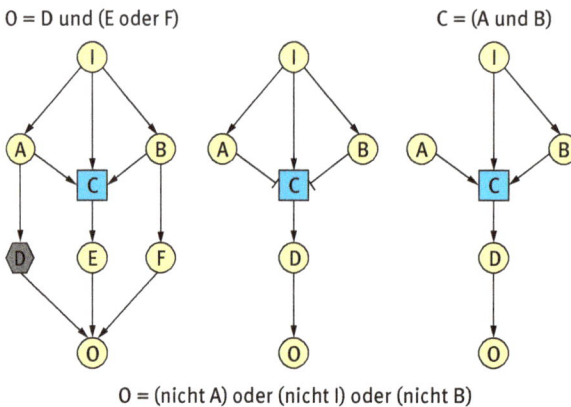

O = D und (E oder F) C = (A und B)

O = (nicht A) oder (nicht I) oder (nicht B)

Abb. 1.18: Illustration der wesentlichen Komponenten in einem Netzwerk zur Signalübertragung: I = Eingabeknoten, O = Ausgabeknoten, A, B, C etc. intermediäre Knoten, Pfeil (→) = Aktivierung zur Regulation, das Symbol ⊥ steht für eine Unterbindung der Weiterleitung, Erläuterungen s. a. Text (Wang & Albert 2011).

(c) Reversible Aktivierung

Die Anwendung von logischen Operationen auf *Boole*'scher Basis, ausgeführt von Enzymen zur Kontrolle elektrochemischer Systeme bzw. schaltbarer Elektroden, reguliert durch logisch arrangierte *Boole*'sche Schaltkreise unter Verwendung von Enzymen als *Input*-Signale, präsentieren Wang et al. (2009). Die Autoren synthetisieren Elektroden aus Indium-Zinn-Oxid (engl. *indium tin oxide* = ITO) mit durch Poly-4-Vinyl-Pyridin (P4VP, C_5H_5N) veränderten Oberflächen und nutzen sie als schaltbare elektrochemische Systeme. Die Schaltungen *ON* und *OFF* für die Elektrodenaktivität erreichen sie über Änderungen im pH-Wert, erzeugt durch in Anwesenheit von Enzymen erfolgenden *in situ* biokatalytischen Reaktionen.

Diese Abläufe dienen als Eingabesignal für die o. a. Schaltungen. Über Enzyme wie Invertase plus Glukose-Oxidase oder Esterase zusammen mit Glucose-Oxidase sind zwei logische *Gates* mit den *Boole*'schen Funktionen *AND/OR* konstruierbar, wobei die genannten Enzymkombinationen das Eingabesignal liefern. Eine mit der P4VP-Lage versehene Elektrodenoberfläche ist nach Wang et al. (2009) bei neutralem pH nicht in der Lage, elektrochemisch aktiv zu sein, da der Polymerfilm einen blockierenden Effekt ausübt. Die positiven Outputs der logischen Operationen begleitet ein Abfall des pH-Werts in den sauren Bereich. Als Ergebnis stehen Protonierung (Abschn. 2.3.4) und ein Anschwellen des P4VP-Polymers, das wiederum das Eindringen einer löslichen Redoxprobe in den leitenden Support ermöglicht, mit dem Ergebnis einer Umschaltung der Elektrodenaktivität auf „Ein". Über eine enzymatisch kontrollierte elektrochemische Reaktion lässt sich die Schnittstelle zur Elektrode auf den anfänglichen „Aus"-Zustand zurücksetzen. Es gelingt aus diesem Grund über logisch implementierte, biochemische Eingaben diverser Enzyme eine reversible Aktivierung/ Inaktivierung einer elektrochemischen Reaktion (Wang et al. 2009).

Über eine reversible Aktivierung von pH-sensitiven in Zellen eindringende, an Au angebundene Peptide berichten Baio et al. (2015). Auch im Verlauf ihrer eigentlich zugedachten Funktionalität, d. h. Andocken an zugewiesene Oberflächen, bewahren die o. a. Biomoleküle in Form von speziellen Peptiden, d. h. Fusionsproteine, ihre Eigenschaften. Insbesondere virale Bauelemente kommen für diese Art von Maßnahmen in Betracht. Reversible Aktivierungen übernehmen in der Medizin bei der gezielten Verabreichung von Medikamenten eine wichtige Funktion.

(d) Multiple Signal-Response

Enzymbasierte logische Systeme und ihre Applikationen für neuartige Materialien, befähigt zu einer multiplen Signal-*Response* (Erwiderung), sind von großem u. a. technischen Interesse (Pita et al. 2009). Neuere Forschungsarbeiten auf dem Gebiet des chemischen Computing führten bislang zu einer Entwicklung diverser Ansätze zur Informationsverarbeitung und Leistung *Boole*'scher logischer Operationen als *Response* zu unterschiedlichen chemischen Eingabesignalen (engl. *input*). Zur Optimierung einer multiplen *Response* stehen einsatzfähige Algorithmen zur Verfügung, z. B. MRWSN (engl. *multiple regression-based weighted signal-to-noise ratio*) (Pal & Gauri 2010). Als praktische Konsequenz ergeben sich u. a. Möglichkeiten, auf Enzymen beruhende logische Systeme mit Schnittstellen zur *Response* befähigte Materialien und Elektroden zu konstruieren (Katz & Minko 2015).

(e) Logische Gatter

Biochemische Systeme bestehen aus einer Vielzahl von Biomolekülen wie u. a. Enzymen, DNS etc., die Vorgehensweisen bei auf Computern beruhenden Operationen zur Mimikry von elektronischen Einheiten, z. B. Logikgatter, Speichereinheiten etc., unterstützen. Ungeachtet der aus diversen Komponenten zusammengesetzten Reaktionsprodukte verhalten sich die einzelnen Reaktionsschritte komplementär und die reagierenden Komponenten kompatibel. So betonen z. B. Pita et al. (2009) die Ähnlichkeiten in der Komplexität metabolischer Pfade und rechnergestützter elektronischer Schaltkreise. Vergleichbar mit elektrischen Grenzwerten und logischen Gattern im Prozessor eines Rechners beruhen metabolische Prozesse auf internen physiologischen Schwellenwerten mit enzymatisch kontrollierter Reaktion als „Entscheidungs-prozess". Auf dem Gebiet der Bioinformatik entwickelt sich daher zunehmend ein biomolekulares Biocomputing, das auf enzymatischen Biokatalysen basiert und diverse logische Operationen unterstützt: *AND*, *OR*, *XOR*, *InhibA* etc. Die auf Enzymen beruhenden logischen Gatter sind in der Lage, mit einkommenden Signalen unter Verwendung von *Boole*'schen Operationen zu arbeiten und, infolge eines rechnergestützten Prozesses, ein ausgehendes Signal zu generieren (Pita et al. 2009). Mit dem Aufkommen eines Biocomputing gewinnt die Skalierbarkeit von biochemisch orientierten logischen Gattern an Bedeutung. Hierzu werden die individuellen logischen Gatter hochskaliert zu rechnergestützten Bausätzen, mit der Fähigkeit versehen, diverse arithmetische Operationen, d. h. Addierwerke/Subtraktoren, auszuführen (Pita et al. 2009).

(f) Gen-Aktivierung

Eine Verbindung zwischen rechnergestütztem Design modularer Bauelemente aus Proteinen und einer *Boole*'schen *AND*-Genaktivierung stellen Salis & Kaznessis (2006) her. Eine Vielzahl synthetischer Gennetzwerke lässt die Exprimierung von Genen erforderlich werden und ist nur dann machbar, wenn zwei unterschiedliche DNS-bindende Proteine in ausreichender Menge vorhanden sind. Ungeachtet dessen, dass einige natürliche und synthetisch konstruierte Systeme eine Genexprimierung entsprechend dem logischen *AND*-Verhalten aktivieren und sie sich hierbei häufig auf allosterische oder kooperative Wechselwirkungen mit Enzymen stützen, erweisen sie sich hingegen als Methode für den Gebrauch im Sinne einer multiplen Applikation als unzureichend. Dieser Problematik stellen Salis & Kaznessis (2006) ein quantitativ ausgerichtetes Modell als alternative Option gegenüber. Es ermöglicht, in einem System interaktiver Fusionsproteine, d. h. *Protein-Device*, die Aktivierung eines konstruierten (engl. *engineered*) Gens entsprechend einem *Boole*'schen *AND*, wobei es modulare Protein-Domänen und DNS-Sites berücksichtigt.

Die Fusionsproteine sind über Transaktivierung, DNS-Bindung : Nicht-DNS-Bindung sowie Protein-Protein-Wechselwirkung in Verbindung mit den entsprechenden Peptidliganden herstellbar. Mittels Verwendung eines kombinierten kinetischen und thermodynamischen Modells sind die Merkmale der molekularen Komponenten und ihrer grundlegenden Produktionsraten identifizierbar. In Folge kommt es zu einer Maximierung der Genauigkeit beim *AND*-Verhalten. Gemäß den Überlegungen von Salis & Kaznessis (2006) eignen sich die auf dem *Boole*'schen Ausdruck *AND* beruhenden Protein-Devices zur Erstellung komplexer genetischer Programme und könnten z. B. als Biosensor einer praktischen Verwendung zugeführt werden.

(g) Metabolite

Die thermodynamischen Voraussetzungen für die Konzentration von mikrobiellen Stoffwechselprodukten in auf den Metabolismus bezogenen Stoffflüssen beleuchten Hoppe et al. (2007). Sie nutzen hierzu ein Modell der Fluss-Gleichgewichtsanalyse (engl. *flux balance analysis* = FBA).

Als wesentlich in diesem Modell ist die Einbeziehung der thermodynamischen Verbindung zwischen den Flussrichtungen sowie der Konzentrationen von Metaboliten aufzufassen. Mittels der durch die o. a. Autoren vorgeschlagenen Vorgehensweise sind Angaben zur Quantität von metabolischen Erzeugnissen, z. B. metallischen NP, prognostizierbar.

(h) Enzym-Arithmetrik

Proteinmoleküle können in gewisser Weise als logische Elemente betrachtet werden und kleinere Zusammenstellungen an Proteinen sind „künstlich" dahingehend verknüpfbar, dass sie sukzessive einfache arithmetische Operationen durchführen können (Bray 1995). Unter den Bedingungen natürlicher Habitate dient diese Art von seitens der Zelle ausgeführter logischer „Kalkulation" als, gegenüber internem und externem Stress, adäquate Erwiderung (engl. *response*), z. B. osmotischer Druck etc. Eine Fülle von Proteinen in lebenden Zellen dient zum Aufbau von makromolekularen Strukturen, der Bewegung, dem Abbau unerwünschter Moleküle oder der Synthese bestimmter chemischer Spezifikationen. Biochemische Pfade, wie z. B. Chemotaxis, dienen dem Transport und der Verarbeitung von Informationen (Bray 1995). Schwierigkeiten bestehen in der Übertragung der jeweiligen biologischen Funktion/Task in rechnergestützte Sprachen, d. h. Binärcode unter Zuhilfenahme *Boole*'scher Algebra, d. h. *input-output-signaling*. Auch Baron et al. (2006) betonen die Option, elementare arithmetische Operationen via Enzyme zu praktizieren. In ihren Arbeiten stützen sich sie sich auf vier Enzyme, d. h. Peroxidase, Dehydrogenase, Oxidase sowie Katalase. In Anwesenheit von NADH sowie NAD$^+$ sind diese parallel geschaltet. Als Operatoren sind *AND* sowie *XOR* angegeben.

Zusammenfassend

ist der praktische Einsatz für *Boole*'sche Algebra, wie z. B. aktuell im Bereich der Entwicklung von Schaltkreisen üblich, auf die Informationsverarbeitung innerhalb metabolischer Kreisläufe, d. h. auf die Signalübertragung (engl. *signal transduction*) innerhalb einer Zelle, z. B. ausgelöst durch osmotischen Stress, übertragbar. Mittels mathematischer Methoden wie *Boole*'scher Algebra sowie Statistik in Kombination mit Thermodynamik sind näherungsweise erste Einsichten über eine theoretische Machbarkeit bestimmter Synthesen metallischer NP möglich. Zur theoretischen Annäherung und zum Verständnis enzymatisch katalysierter Reaktionen bzw. zur Vorhersage ihrer Wahrscheinlichkeit trägt ebenfalls das *Bayes*-Theorem bei.

1.4.4 *Bayes*-Theorem

Das *Bayes*-Theorem oder auch Satz von *Bayes* ist eine Technik aus der Wahrscheinlichkeitstheorie zur Ermittlung einer bedingten Wahrscheinlichkeit. Es fokussiert in seiner Zielsetzung und Methodenauswahl auf Aussagen, inwieweit der Eintritt eines Ergebnisses wahrscheinlich erscheint. Hierzu bedient es sich einer Fülle von Theoremen/Sätzen/etc., z. B. Satz von *Bayes*, *Bayes*-Klassifikator etc. Das *Bayes*-Theorem dient innerhalb der Biowissenschaften zur Klärung unterschiedlicher Fragestellungen und erfasst u. a. die Tätigkeiten von Proteinen (Pal & Eisenberg 2005). Für ein effizientes und hinlänglich präzises experimentelles Design zur Enzymkinetik benutzen aufgrund ihrer Systematik in der Herangehensweise z. B. Murphy et al. (2003) *Bayes*'sche Studien. Die Akquise von Detailkenntnissen zu den kinetischen Parametern von Enzymen stellt, z. B. auf dem Gebiet der Biotechnologieforschung, ein unverzichtbares Instrumentarium dar.

Im Gegensatz zu den konventionellen Methoden, die für komplexe Kinetiken nicht vorgesehen sind, schlagen Murphy et al. (2003) den *Bayes*'schen Ansatz vor, der sich, ihrer Einschätzung nach, in Verbindung mit Datenbanken über diverse kinetische Modelle zur Identifizierung eines optimalen Designs für Experimente eignet, z. B. in Bezug auf Güte der Information, Produktivität sowie Genauigkeit jedes Experiments. Über den Gebrauch bestimmter *Bayes*'scher Funktionen lässt sich das optimale experimentelle Design für eine Reihe von Datensätzen zu kinetischen Modellen identifizieren. Daraus ergeben sich für Murphy et al. (2003) beim Erkennen der Trends zwischen den unterschiedlichen Modelltypen zur Kinetik eine Vielzahl von Vorzügen seitens der *Bayes*'schen Statistik.

Es wird auf diese Weise die Ansprache von Trends zwischen den kinetisch ausgerichteten Modelltypen, die Sätze an Designregeln u. a., ermöglicht. Generell schlagen Murphy et al. (2003) die Einbeziehung von Substrat, Anzahl der Messungen und die Wahl der intermediären Punkte vor. Eine effiziente und kostengünstige Bestimmung der kinetischen Konstanten und Daten erachten die o. a. Autoren in der *Bayes*'schen systematischen Annäherung u. a. zu Transport, Bindung der Rezeptoren, zur Kinetik des Transports innerhalb einer Kultur und Zelle. Die Autoren präsentieren eine systematische sowie iterative *Bayes*-Methode zusammen mit mehreren Sätzen an Regeln für das Design von Experimenten zur Enzymkinetik. Ihre Methode wählt das optimale Design zur Datenakquise, geeignet zur präzisen Modellierung, sowie Analyse und Minimierung des innerhalb der geschätzten Parameter auftretenden Fehlers. Einbezogen in die Auswahl der Regeln sind die Bandbreite des Substrats und die Anzahl der Messungen. Laut Murphy et al. (2004) eignet sich die veröffentlichte Technik zur direkten Anwendung betreffs des Studiums anderer kinetischer Systeme, z. B. hinsichtlich der mikrobiellen Kultur, des Transports innerhalb der Zelle, der Anbindung von Rezeptoren etc. Zusätzlich lässt sich der Irrtum in den geschätzten Parametern reduzieren, die Kosten durch Einsparungen im Umfang des experimentellen Umfelds, gekoppelt mit entsprechendem Datenvolumen, können gesenkt werden.

Eine hierarchisch ausgerichtete *Bayes*-Analyse von zensierten Daten einer mikrobiellen Kontamination für Anwendungen auf den Gebieten der Risikoabschätzung und Sanierung präsentieren Busschaert et al. (2011). Mikrobielle Kontaminationen unterliegen häufig einer Zensur, da nicht mangelnde Detektion oder Messergebnisse, bedingt durch Laborarbeiten, erheblichen Schwankungen unterliegen können. Aus diesem Anlass setzen Busschaert et al. (2011) für vergleichende Betrachtungen von Verteilungen in Form von Verknüpfungen und separater Beurteilung von Variabilität und Unsicherheit eine *Bayes*-Analyse ein und unterziehen diese vergleichenden Betrachtungen mit Vorgehensweisen, die z. B. auf bestimmten Typen zur Abschätzung einer maximalen Wahrscheinlichkeit u. a. beruhen. Aus Gründen einer Bewertung bestimmter Risiken erweitern die genannten Autoren das *Bayes*-Modell hierarchisch und gestatten, auf diese Weise zwischen verschiedenen Szenarien zu differenzieren oder sie zu vergleichen. Weiterhin beruht ein Eingriff, unter Einbeziehung der Unsicherheit, auf den Voraussagen zahlreicher unterschiedlicher statistischer Variablen (engl. *covariate*) und verhilft zur Einsicht jener Variablen, die als Einflussgrößen im Zusammenhang mit der o. a. Kontamination von Wichtigkeit sein können (Busschaert et al. 2011). Eine Voraussage einer Enzymklasse, beruhend auf den Parametern einer Proteinstruktur, erfordert eine präzise Proteinanalyse. Die Prognose der Enzymeklasse, abgeleitet aus einer Proteinstruktur über den Gebrauch einer *Bayes*-Klassifikation, erreicht in ihrer Genauigkeit ca. 45 % und scheint nach Borro et al. (2006) anderen Methoden überlegen.

Eine auf einer Form der *Bayes*-Klassifikation beruhende Voraussage von auf Enzym-Katalyse bezogenen Residuen, d. h. PECB, diskutieren Zhang et al. (2008). Um die Fülle der identifizierten Proteinstrukturen auf diverse Fragestellungen wie z. B. katalytische Merkmale, zeitgerecht, d. h. unter Verzicht auf *In-vivo*- bzw. *In-vitro*-Maßnahmen, bearbeiten zu können, bieten sich *In-silico*-Strategien an.

So beziehen z. B. Zhang et al. (2008) sowohl physikalisch-chemische Informationen ein, auf einem von *Bayes* beruhenden Klassifikationssystem, wobei sie ihrer Veröffentlichung zufolge eine bessere Leistung erhalten. Ihren Ergebnissen entsprechend erreichen sie mehr als 80 % der Sensitivität und mehr als 90 % in der Spezifität. Bezüglich der Frage nach Herkunft und Evolution der Thermophilie und der Rekonstruktion funktionaler proterozoischer Enzyme von Vorfahren der *Bacillus*-Art bedienen sich Hobbs et al. (2012) *Bayes*'scher Verfahren. Zur Prognose einer auf das Protein bezogenen Funktion nutzen Engelhardt et al. (2005) die *Bayes*'sche Phylogenomie. Zwecks der Ansprache einer vermuteten katalytischen Reaktion unterziehen Geng et al. (2008) das *Bayes*'sche und Regressionsmodell vergleichenden Betrachtungen. Im Zusammenhang mit einer Konstruktion elektrokatalytischer Reaktionen diskutiert Fahidy (2011) einige Anwendungen der *Bayes*-Gesetze als Bestandteil der Wahrscheinlichkeitstheorie. Eine Integration von Daten zur Enzymkinetik aus diversen Quellen schildern Borger et al. (2007). Über den Einsatz eines speziellen Arbeitsschemas/-flusses übertragen die o. a. Autoren ein gegebenes metabolisches Netzwerk in ein kinetisches Modell. Alle in Betracht kommenden Reaktionen werden der Behandlung konventioneller Gesetze zur Kinetik unterzogen. Vertrauensintervalle und Korrelationen der Modellparameter sind über eine Abschätzung der *Bayes*-Parameter erhältlich und stehen einer weiteren Behandlung mittels *Monte-Carlo*-Simulationen zur Verfügung, z. B. Parameter der Proben. Die Integration garantiert für die Verteilungen der sich ergebenden Parameter eine thermodynamisch lauffähige Machbarkeit (Borger et al. 2007). Weiterhin scheinen mithilfe der Methodik von *Bayes* Voraussagen zu fehlenden Enzymen in prognostizierten metabolischen Pfaden möglich zu sein (Green & Karp 2004).

Zusammenfassend
steht neben den Techniken der *Boole*'schen Algebra sowie Varianzanalysen mit dem *Bayes*-Theorem ein weiterer mathematischer Ansatz zur Beschreibung und Modellierung von z. B. Enzymkinetik zur Verfügung.

1.4.5 *Gauß*-Prozess

Zwecks einer Modellierung bietet das Regelwerk des *Gauß*-Prozesses einen Satz etablierter Algorithmen. Er kann bei Bedarf als Komplementär in Überlegungen im Sinne des *Bayes*-Theorems integriert bzw. berücksichtigt werden. Gemäß der Definition ist unter einem *Gauß*-Prozess die spezielle Form eines stochastischen Prozesses zu verstehen. Zielsetzung dieser Technik sind die mathematische Behandlung und Darstellung einer unendlichen Menge an Zufallsvariablen verbunden über diverse Funktionen, die wiederum als Gauß-Verteilung definiert sind. Mittels eines *Gauß*'schen Prozesses ist eine Navigation der Fitnesslandschaft eines Proteins implementierbar (Romero et al. 2013). Die Kenntnis, wie Proteinsequenzkarten im Sinne einer Fitnesslandschaft funktionieren, stellt eine unerlässliche Grundlage für das Verständnis von sowohl Evolution als auch Entwurf sowie Konstruktion neuer Eigenschaften eines Proteins dar. Unter Berücksichtigung von aus *Bayes*-Techniken abgeleiteten *Gauß*'schen Prozessen ist die auf ein Protein bezogene Fitnesslandschaft aus experimentellen Daten ableitbar. Die aus *Gauß*'schen Prozessen hervorgehenden Landschaften ermöglichen die Modellierung der Eigenschaften von Proteinsequenzen inkl. funktionalem Status, Thermostabilität, Enzymaktivität sowie Bindungsaffinität von Liganden und erzielen eine hohe quantitative Genauigkeit (Romero et al. 2013). Ergänzend gestattet die explizite Darstellung einer Modellunsicherheit die Suche nach möglichen Sequenzen. Mithilfe eines Terms nach *Bayes*, d. h. der *Bayes*'schen Entscheidungstheorie, entwickeln und testen Romero et al. (2013) Algorithmen zum Design von Proteinsequenzen.

Einer der beiden Ansätze identifiziert einen kleinen Satz an Sequenzen, ausgestattet mit Informationen über die Fitnesslandschaft (engl. *landscape*). Der andere Term erkennt über eine iterative Vorgehensweise des *Gauß*'schen Prozessmodells jene *landscapes*, für die bestimmte Regionen als optimiert vorausgesagt sind (Romero et al.

2013). Am Beispiel des Designs und der Konstruktion eines Cytochroms testen die o. a. Autoren die Aussagefähigkeit und Flankierung *Gauß*'scher Prozesse bei einer Erkundung innerhalb der Bandbreite einer Proteinsequenz. Die Algorithmen erlauben die Erstellung aktiver *P450*-Enzyme mit gegenüber anderen Methoden erzielten Vorgehensweisen, wie z. B. Gerichteter Evolution, erhöhter Thermostabilität.

1.5 Modellierung

Eine Modellierung unter Berücksichtigung der chemischen und physikalischen Rahmenbedingungen kann sowohl zu wissenschaftlichen als auch technischen Zwecken erste Hinweise auf gewünschte Produkte und deren zugrundeliegende Syntheseprozesse im Sinne einer Machbarkeit anbieten. So sind durch eine Simulation, wie z. B. eine Biomineralisation, extra-/intrazelluläre Signalverarbeitung etc., erste Orientierungshilfen darstell- und interpretierbar, wobei einer Simulation die Modellierung vorausgeht, da sie das erforderliche Modell/Konstrukt vorgibt. Sie verhilft durch die Generierung von Daten zu Vorhersagen bzw. zur Validierung einer prognostizierten/gewünschten Reaktion, z. B. inwieweit ist z. B. Al durch Ga durch mikrobielle Prozesse substituierbar und zu Zwecken einer industriellen Produktion einsatzfähig. Die Kombination zwischen extraktiver Metallurgie mit Geostatistik wird bereits erfolgreich in der Geometallurgie bei der Gewinnung mineralischer Rohstoffe eingesetzt. Praktische Lösungsansätze bieten z. B. Liu et al. (2014) u. a. an.

1.5.1 Simulation Biomineralisation

Unter Einbeziehung rechnergestützter Methoden und Berücksichtigung thermodynamischer Daten ist die Simulation einer Biomineralisation durchführbar. Die Qualität einer Simulation misst sich an der Übereinstimmung mit experimentell ermittelten Daten. Eine molekulare Simulation hat das Potential, Einsichten in Prozesse einer Biomineralisation auf nanoskaliger Ebene zu vermitteln. Zunehmend steht ein wachsendes Angebot von auf Struktur und Energetik angepassten methodologischen Ansätzen in z. B. Hinsicht früher Stadien einer Nukleation und der Auswahl polymorpher Simulationen durch biologische Kontrollmechanismen zur Verfügung. Bei der Simulation von organischen Molekülen auf Mineralen im Sinne einer Biomineralisation ist stets die Überlegung zu berücksichtigen, inwieweit die genannten Moleküle mineralspezifische Merkmale, wie z. B. Kanten, kontrollieren können. Denn dieser Ansatz ist unerlässlich für eine Verhinderung des Kristallwachstums. Wenn durch organische Moleküle bestimmte Abschnitte eines Kristalls bedeckt sind, sind diese nicht fähig, adäquate Zentren für ein Wachstum anzubieten. Denn die betroffenen Oberflächen entwickeln sich langsamer oder gar nicht gegenüber den nicht mit organischen Molekülen bedeckten Oberflächen. Somit steht ein Mittel zur selektiven Inhibition von

z. B. einer Kristallfläche zur Verfügung und letztendlich zur Kontrolle der Kristallmorphologie (Harding et al. 2008). Rechnergestützte Techniken an der Schnittstelle organisch-anorganischer Materie im Verlauf einer Biomineralisation untersuchen Harding et al. (2008).

(a) IUMBM und IUPAC
Zu Beginn müssen jedoch einige Besonderheiten beachtet werden.

Für den Gebrauch des Formelwerks im Rahmen thermodynamischer Betrachtungen auf dem Gebiet der Biochemie wird gemäß den Empfehlungen des *IUPAC* (url: IUPAC1994) zwischen chemischen und biochemischen Gleichungen unterschieden. Chemische Gleichungen enthalten die Ionen- und Element-Spezifikation und balancieren Elemente sowie Ladung aus. Dahingegen bringen biochemische Gleichungen Reaktionspartner zum Ausdruck, die untereinander im Gleichgewicht stehen, und bilanzieren nicht die „fixierten" Elemente, wie z. B. die Konzentration von H_2 bei konstantem pH-Wert. Sowohl die chemische als auch die biochemische Reaktionsgleichung sind im Bereich Biochemie erforderlich.

Wenn z. B. der pH-Wert und die freie Konzentration von bestimmten Metallionen spezifiziert werden, so erfolgt die Angabe der Gleichgewichtskonstante K' in der Summe der Spezies und ist als transformierte *Gibbs*'sche Energie der Reaktion ($\Delta G'^0$) kalkulierbar (IUPAC 1994). Die Empfehlungen betreffs Nomenklatur und Tabellen im Sinne einer biochemischen Thermodynamik seitens der *IUBMB* sowie *IUPAC* lassen sich gemäß einem chemisch-/thermodynamischen Formalismus kompilieren (Mendez 2008). Es sind demnach der Einsatz geeigneter thermodynamischer Tabellen beim Studium der Energiebilanzierungen mittels biochemischer Gleichungen, regulativer Systeme und metabolischer Pfade unter physiologischen Bedingungen übertragbar. Zunächst unterscheiden die Empfehlungen der *IUBMB* sowie *IUPAC* zwischen chemischen und biochemischen Gleichungen. In einer chemischen Gleichung herrscht ein Gleichgewicht zwischen Masse und Ladung. Dies sei am Beispiel einer Hydrolyse von ATP illustriert (Mendez 2008):

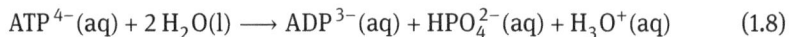

$$ATP^{4-}(aq) + 2\,H_2O(l) \longrightarrow ADP^{3-}(aq) + HPO_4^{2-}(aq) + H_3O^+(aq) \qquad (1.8)$$

wobei gilt: (aq) = wässrige Phase, (l) = Liquidphase.

Bei dem o. a. Term, ausgedrückt im Sinne einer biochemischen Gleichung, d. h., unter Berücksichtigung diverser Gleichgewichtszustände/-konstanten wie z. B. pH-Wert, Ionenstärke u. a., lautet:

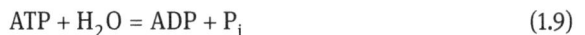

$$ATP + H_2O = ADP + P_i \qquad (1.9)$$

Details zu den Empfehlungen von sind bei Mendez (2008) einsehbar. Hierbei sind die individuellen Spezifikationen über diverse Gleichgewichtszustände verbunden, die nicht nur z. B. vom pH-Wert abhängen, sondern in die auch Möglichkeiten einer Komplexbildung einfließen.

(b) *Pourbaix-* und *Ellingham-Richardsen*-Diagramm

Zur Darstellung der Stabilität von z. B. Metallspezifikationen unter besonderer Berücksichtigung thermodynamischer Kriterien erweisen sich *Pourbaix*-Diagramme, d. h. auch Eh-pH-Diagramme, als hilfreich. Sie umschreiben in einer wässrigen Elektrolytlösung die jeweiligen Stabilitätsfelder und gestatten Vorhersagen über das Verhalten einer Metallspezifikation bzw. elementar auftretenden Metalls in Abhängigkeit von Eh-Wert sowie pH-Wert. So liegen bei einem Eh von 0,0 und pH-Wert von 7 für Kobalt eine Co^{2+}-Spezifikation, für Gold elementares Au^0 vor (Takeno 2005), Abb. 1.19 (a, b). Zwei weitere nützliche Hilfsmittel zur Darstellung von Stabilitätsfeldern metallischer Phasen werden durch das *Ellingham*-Diagramm sowie *Ellingham-Richardsen*-Diagramm angeboten. Aus der Metallurgie kommend, zeigen sie die Abhängigkeit einer Metallspezifikation von der Temperatur, Abb. 1.20.

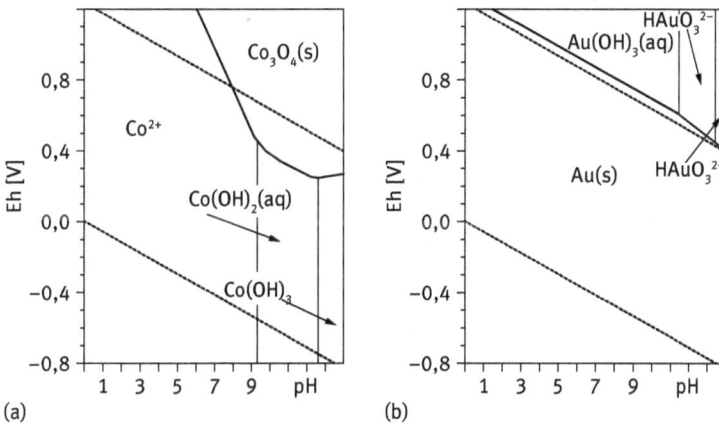

Abb. 1.19: *Pourbaix*-Diagramme für Co sowie Au (Takeno 2005).

(c) Power-Law-Repräsentation

Eine Power-Law-Repräsentation oder das Potenzgesetz beschäftigt sich mit den Abhängigkeiten, die innerhalb zweier Größen auftreten können. In Hinsicht auf die Kinetik der Metallreduktion in Kulturen aus dissimilatorisch Metalle reduzierenden Bakterien (Abschn. 2.2 (a)/Bd. 1) u. a. von *Shewanella oneidensis MR-1* führten Lall & Mitchell (2007) entsprechende Untersuchungen durch. Eine Abschätzung der Systemparameter aus Zeitreihenanalysen sieht sich bei der Durchführung mit Einschränkungen konfrontiert und hängt von der Wahl des mathematischen Modells ab, das die beobachteten Dynamiken erfasst. So basiert z. B. eine Modellierung der Metallreduktion häufig auf den *Michaelis-Menten*-Gleichungen (Abschn. 3.2.4/Bd. 1). Diese Modelle, oftmals unter Verwendung von *In-vitro*-Reaktionsraten entwickelt, stimmen selten mit den *In-vivo*-Reduktionsprofilen überein.

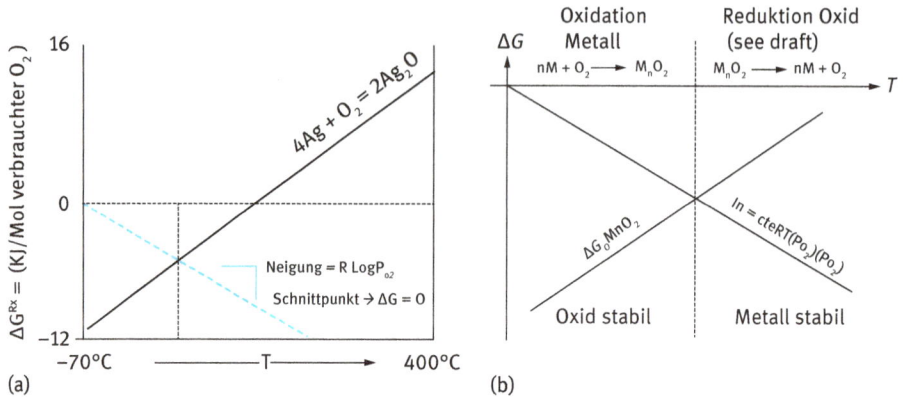

Abb. 1.20: *Ellingham*-Diagramm zur Darstellung der Stabilitätsfelder am Beispiel einer Ag-Spezifikation (http://pruffle.mit.edu/3.00/Lecture_33_web/node4.html) sowie (b) *Ellingham-Richardson*-Diagramm (http://commons.wikimedia.org/wiki/File:Ellingham-Richardson.svg).

Zwecks Studien zur Metallreduktion eignet sich nach Ansicht von Lall & Mitchell (2007) eine Konzeption, die sich einer *Power-Law*-Repräsentation bedient, wirkungsvoll angewendet für die Kinetik der Metallreduktion. Die Technik liefert Parameter zur Abschätzung und kann, kombiniert mit der Analyse von Zeitreihen, die Dynamik einer Metallreduktion beschreiben. Am Beispiel von *Shewanella oneidensis MR-1* verdeutlichen Lall & Mitchell (2007) diese Überlegungen. Weiterhin präsentieren die o. a. Autoren Studien unter Einbeziehung mehrerer Metalle, u. a. in Anwesenheit von umweltrelevanten Fe-Hydroxiden die Reduktion von Uranyl (U^{6+}) zum verhältnismäßig unlöslichen, tetravalenten U^{4+} durch *S. algae* (*BR-Y*). Im Fall, dass mehrere Metalle einbezogen sind, steht zur Abschätzung der Parameter sowie Ausgleichungsrechnung (engl. *curve fitting*) eine generalisierte Methode der kleinsten Quadrate (engl. *least squares*) zur Disposition.

Sie behandelt ein System von Differentialgleichungen und kann mittels geeigneter Software, die u. a. einen *Levenberg-Marquardt*-Optimierungsalgorithmus beinhaltet, behandelt werden. Eine Simulation mit den geschätzten Parametern deutet an, dass das Modell die experimentellen Daten adäquat erfasst. Das von Lall & Mitchell (2007) bevorzugte Modell stützt sich zur Vorhersage von Reduktionsraten der Metalle und Metallgemenge mit unterschiedlichen Konzentrationen auf die o. a. geschätzten Parameter.

(d) Kraftfeldanalysen

Ursprünglich zum Gebrauch innerhalb der Sozialwissenschaften entwickelt, beschäftigt sich eine Kraftfeldanalyse (engl. *force field* = FF) mit den verschiedenen, eine Situation und/oder Zielsetzung beeinflussenden Kräften (engl. *force*). Zur Entwicklung von präzisen FF zu Zwecken einer Simulation von Biomineralisationen äußern sich

Raiteri et al. (2013). Das Vorhandensein eines präzisen FF-Modells mit entsprechender Wiedergabe der Freien-Energie-Landschaft ist eine der Grundvoraussetzungen für die Modellierung einer Biomineralisation. Aus diesem Motiv heraus erörtern Raiteri et al. (2013) die Qualität eines Wassermodells, die Thermodynamik des Polymorphismus sowie die Freien Energien der Überführung in Lösung der relevanten Spezifikation. Die Zuverlässigkeit lässt sich anhand der Quantitäten wie der Freien Energie einer Ionenpaarung in Lösung, des Löslichkeitsproduktes und der Struktur der Grenzfläche zwischen Mineral und Wasser bewerten.

(e) *Cross-Term*-Potentiale

Eine Fülle von Publikationen zur Modellierung von Prozessen, die zu einer Biomineralisation führen, ist auf Ca-haltige Minerale ausgerichtet. Im Zusammenhang mit Ca-haltigen Komponenten, erläutern Freeman et al. (2007) neue Methoden, geeignet für die Modellierung von für Biomineralisationen verantwortlichen Prozessen, insbesondere auf das System Organik : Mineral zugeschnitten. Sie benutzen sog. *Cross-Term*-Potentiale, die zwischen den diversen Komponenten eines Systems existieren. Über die Imitation des an der Schnittstelle Organik : Mineral auftretenden *Coulomb*-Potentials lassen sich die vorhandenen Potentiale mit bekannten Mineralstrukturen verbinden. Erfolgreich sind mit der aufgeführten Technik speziell Biomineralisationen aus Calcit ($CaCO_3$), Bicarbonationen, ein Satz von mit $CaCO_3$ versehenen organischen funktionalen Gruppen u. a. modellierbar. Testabläufe im Vergleich mit Ergebnissen aus *ab initio* und anderen auf dem Potential beruhenden Berechnungen unterstützen den vorgestellten Ansatz (Freeman et al. 2007).

(f) *Ab initio* QM/MM

Fortschritte in der auf die *ab initio* QM/MM bezogenen Simulation elektrostatischer Energien in Proteinen: beschleunigte QM/MM-Studien zu pK_a, Redoxreaktionen und der Freien Energie (Kamerlin et al. 2009).

Mithilfe hybrider, quantenmechanischer/molekular-mechanischer (QM/MM-) Ansätze ist die Erstellung eines generellen Schemas für chemische Reaktionen innerhalb von Proteinen möglich. Am Beispiel von elektrostatischen Energien in Proteinen erläutern Kamerlin et al. (2009) ihre Vorgehensweise. Hierbei verweisen die o. a. Autoren auf die Rolle elektrostatischer Energien bei der Kontrolle der Funktionen von Proteinen sowie ihre Korrelation von Struktur und Funktion biologischer Moleküle. Erst die korrekte Verwendung der elektrostatischen Vorgänge führt zu einer genauen Simulation biologischer Systeme. Ungeachtet dessen, dass die zitierten Autoren betreffs der elektrostatischen Energie und ihrer assoziierten Eigenschaften unterschiedliche Typen von QM/MM-Kalkulationen vorstellen, fokussieren sie auf die Kalkulationen des pK_a-Wertes. Den Überlegungen von Kamerlin et al. (2009) zufolge bieten die pK_a-Werte der ionisierbaren Gruppen innerhalb von Proteinen den unmittelbarsten Bezugswert für die Genauigkeit elektrostatischer, auf Makromoleküle bezogener Modelle an. Dahingegen liefern pK_a, die sich auf QM/MM-FEB (FEB = *free energy perturbation*) stützen, eine nur sehr unzureichende Datenbasis, d. h., es kommt zu großen Diskrepanzen zwischen kalkulierten und im Experiment gewonnenen Daten.

Diesem Umstand setzen – unter u. a. Einbeziehung eines aktualisierten Modells der durchschnittlichen Ladungsverteilung sowie klassischen Referenz-Potentials – Kamerlin et al. (2009) modifizierte Vorgehensweisen gegenüber. Bei Verwendung dieses Ansatzes erzielen die o. a. Autoren für die pK_a der relevanten Seitenketten eine hohe Genauigkeit, d. h. $3\,kcal\,mol^{-1}$. Damit unterscheiden sich ihre Werte nur geringfügig von aus Studien zur enzymatischen Katalyse erhaltenen Werten, d. h. $7\,kcal\,mol^{-1}$, und die Genauigkeit erlaubt, die wichtigsten Beiträge zur katalytischen Energie von Enzymen hinlänglich akkurat zu bestimmen. Darüber hinaus erstrecken sich die o. a. auf QM/MM beruhenden Kalkulationen bezüglich einer Abschätzung der elektrostatischen Freien Energien nicht nur auf die jeweils verwendete Lösung, sondern auch auf u. a. enzymatische Reaktionen (Kamerlin et al. 2009). In Bezug auf mechanistische Aspekte in der biogenen Synthese von extrazellulären Metall-NP durch Peptide, Bakterien etc. schlagen Durán et al. (2011) eine Intensivierung der Studien vor.

(g) Modell-Nanokomposite

Als Beispiel für die Simulation einer Biomineralisation unter Raumtemperatur beschreiben Wang et al. (2011) die Synthese eines Films aus Nanokompositen, bestehend aus Metallsulfid-Chitosan (CS). Als Modell-Nanokomposite wurde seitens der angeführten Autoren eine simulierte Methode zur Biomineralisation, die sich auf begleitende Ionen in Anwesenheit von CS stützt, sowohl ZnS-CS als auch PbS-CS sowie CdS-CS entsprechend vorbereitet, herangezogen. Mittels SEM führten Wang et al. (2011) Analysen zu den strukturellen und morphologischen Merkmalen der genannten Metallsulfid-CS-Verbindungen durch. Hinsichtlich des Wachstums von ZnS machen flankierende UV-Spektroskopie und Fluoreszenzanalytik eine beschränkte Verfügbarkeit der CS-Matrix deutlich. Ergänzend beeinflusst die Konzentration der Präkursor die Partikelgröße. Es stehen somit zwei Methoden zur Kontrolle der Partikelgröße zur Disposition (Wang et al. 2011). Messungen mit kalometrischen Techniken weisen auf intensive und einförmige Wechselwirkungen zwischen dem CS und den NP hin. Anhand der durch Experimente kompilierten Daten übernimmt nach der Auswertung – neben der Aggregation der NP – das CS als Templat eine wichtige Rolle bei der Erzeugung von NP (Wang et al. 2011).

(h) Kolloidale Ebene

Als Modellsystem zum Studium von einer mit Prozessen der Biomineralisation verbundenen Kristallisation eignet sich gemäß aktueller technischer Entwicklung die elektrisch kontrollierte Fertigung auf kolloidaler Ebene.

Dieser *Bottom-up*-Ansatz gestattet nicht nur, Einzelheiten der Nukleation auf atomarer Ebene sowie die Prozesse der Kristallisation auf einer Oberfläche zu visualisieren, sondern erweitert beträchtlich den Anwendungsbereich bereits vorhandener praktizierter Modelle/Ansätze (Liu & Diao 2012). So ist z. B. der eigentliche Prozess der Kristallisation bis auf eine Ebene der singulären Partikel inkl. der Kinetik ihrer Nukleation, der mehrstufigen Kristallisation, durch Übersättigung ausgelöste strukturelle Diskrepanzen bei der Nukleation u. a. quantitativen Untersuchungen zugänglich und Liu & Diao (2012) diskutieren in diesem Zusammenhang eine kolloidale Kristallisation von photonischen Kristallen sowie die Bionik natürlicher, auf die Struktur bezogener Farbgebung.

(i) Reduktionskinetik

Mit der Modellierung der U^{6+}-Reduktion unter variierenden Sulfatkonzentrationen durch sulfatreduzierende Bakterien (SRB) beschäftigen sich Spear et al. (2000). Für Untersuchungen zur Kinetik der Reduktion von nur Sulfat (SO_4^{2-}) bzw. von gleichzeitig mit SO_4^{2-} auftretenden U^{6+}, unter den Bedingungen von 21 °C, unterziehen Spear et al. (2000) gemischte sowie reine, aus SRB (Abschn. 2.2 (b)/Bd. 1) bestehende Kulturen entsprechenden Laborversuchen. Als Mikroorganismen setzen die o. a. Autoren für die gemischte Kultur *Desulfovibrio vulgaris* zusammen mit *Clostridium sp.* ein, die Reinkultur besteht aus *Desulfovibrio desulfuricans* (*ATCC 7757*). Eine Bewertung mittels eines Modells nullter Ordnung passt am besten für einen Wertebereich von 0,1–10 mM. Unterhalb einer Zellkonzentration von 0,1 mg Trockengewicht kommt es zu einer Latenzzeit (Spear et al. 2000). Hinsichtlich der gemischten Kultur belaufen sich die Durchschnittswerte für die maximale spezifische Reaktionsrate, d. h. V_{max}, und einer Eingabe von 0,25 mM auf $2,4 \pm 0,2$ µmol SO_4^{2} mg^{-1} (Trockengewicht) SRB h^{-1}. Sind 10 mM SO_4^{2-} vorhanden wird ein Wert von $5,0 \pm 1,1$ µmol SO_4^{2-} mg^{-1} (Trockengewicht) SRB h^{-1} erreicht. Für die Reinkulturen fallen die Werte für V_{max} entsprechend geringer aus, d. h., bei 1 mM SO_4^{2-} beläuft sich der Wert auf $1,6 \pm 0,2$ µmol SO_4^{2-} mg^{-1} (Trockengewicht) SRB h^{-1}.

Zusammenfassend zeigen beide Kulturen, und im Gegensatz zu einem nur U-führendem Milieu, in der Anwesenheit von SO_4^{2-} eine höhere Umsatzrate bei der Reduktion von U. Versehen mit diesen Daten zur Kinetik, diskutieren Spear et al. (2000) entsprechende Konsequenzen für Maßnahmen in Verbindung mit der Entfernung von U^{6+} aus wässrigen Medien durch SRB dominierte biotechnologische Sanierungsstrategien, Abschn. 2.5.3 (h). In Studien zur Reaktionskinetik an der Schnittstelle Feststoff : Liquidphase, erläutert anhand der Simulation einer Biomineralisation, stehen Ca-Phosphat und -oxalat im Mittelpunkt (Guan 2009).

(j) Kinetikmodell

Bezüglich einer Erklärung für die Biosorption von Metallen stehen unterschiedliche Adsorptionsgleichgewichts- und Kinetikmodelle zur Verfügung. Generell beschränken sich bislang die Studien zur Biosorption von Schwermetallen durch unterschiedliche Biosorbentien auf die Aufnahme eines Metalls aus einem Mehrstoffsystem. Ursprünglich konzipiert und umgesetzt für Anwendungen im Zusammenhang mit gasförmigen Phasen und erweitert auf Biosorption, bieten insbesondere die Modelle von *Langmuir* und *Freundlich* die gebräuchlichsten Isotherme zur Korrelation von durch entsprechende Versuche erzeugtem Datenmaterial mit anderen Isothermen. Auf dem Gebiet der kinetischen Modellierung zählen Gleichungssysteme der pseudo-ersten und -zweiten Ordnung, d. h. der numerische Ansatz zur Lösung von Reaktionsgeschwindigkeitsgleichungen, zu den am häufigsten angewandten Modellen. Bezüglich einer Adsorption von (Schwer-)Metallen durch diverse Biosorbentien liegt zu Gleichgewichts- und Kinetikstudien eine Zusammenfassung über aktuelle Studien bzw. Entwicklungen vor (Febrianto et al. 2009).

(k) Thermodynamik

Eine durch die Größe gesteuerte strukturelle sowie thermodynamische Komplexität innerhalb von Fe-Oxiden erörtern Navrotsky et al. (2008). Fe-Oxide bilden, je nach Definition der chemisch-physikalischen Ausgangsparameter, eine Fülle polymorpher Formen. Hierunter fallen wasserfreie Fe^{3+}-führende Oxide wie Hämatit (α-Fe_2O_3) sowie Maghemit (γ-Fe_2O_3). Magnetit (Fe_3O_4) und Wüstit ($Fe_{1-x}O$) führen beide sowohl Fe^{2+}- als auch Fe^{3+}-Ionen, gehören dem Spinelltyp an und bilden kontinuierliche feste Lösungen (Navrotsky et al. 2008). In Form von Oxyhydroxiden sind weiterhin Goethit (α-FeOOH), Lepidokrokit (γ-FeOOH) sowie Akaganeit (β-FeOOH) beschrieben. Sie können beträchtliche Anteile an H_2O enthalten, wie z. B. Ferrihydrit ($Fe(OH)_3$), mit teilweise erheblich schwankenden Werten. Geschichtete Fe-Hydroxide wie z. B. Rost ($x\,Fe^{2+}O \cdot y\,Fe_2^{3+}O_3 \cdot z\,H_2O$) verfügen über Fe^{2+}- sowie Fe^{3+}-Ionen, in den Schichten sind unterschiedliche Anionen nachweisbar.

Eine Vielzahl von Fe-Oxiden liegt sowohl unter natürlichen Bedingungen als auch im Labor in der nm-skaligen Dimension vor (Navrotsky et al. 2008). Aufgrund einer vermuteten positiven Oberflächen-Energie verfügen kleinere Partikel über höhere Enthalpien und Freie Energie, als dies bei größeren Partikeln erwartet werden kann. Beim Kontakt mit H_2O, und innerhalb der überwiegenden Anzahl terrestrischer Habitate, hydratisieren die Oberflächen der Partikel und gehen stabile Bindungen mit H_2O ein. Die thermodynamischen Randbedingungen einer Genese von Fe-Oxiden setzen sich, wie bei anderen Materialien, aus den Termen Enthalpie (ΔH) sowie Entropie (ΔS) zusammen. Beide Größen gehen, unter Berücksichtigung der absoluten Temperatur (T), in die *Gibbs*'sche Energie (ΔG) ein:

$$(\Delta G) = \Delta H - T\,\Delta S \qquad (1.10)$$

Insgesamt lehnen sich die thermodynamischen Eckdaten für die diversen poly-morphen Vertreter auf der Nanoskala an die Energetik des entsprechenden *Bulk*-Repräsentanten, an die Partikelgröße oder Oberfläche und die Intensität der Hydra-tion an (Navrotsky et al. 2008). Für diverse Formen von Fe-Oxiden bieten Navrotsky et al. (2008) thermodynamische Daten, d. h. ΔH_f^0 [kJ mol^{-1}], S^0 [J mol^{-1} K^{-1}], ΔS^0 [J mol^{-1} K^{-1}], ΔG_f^0 [kJ mol^{-1} K^{-1}], ΔH_s^h [J m^{-2}], ΔH_s [J m^{-2}], Tab. 1.2.

Tab. 1.2: Thermodynamische Daten für diverse Fe-Oxide (Navrotsky et al. 2008).

Oxid	ΔH_f^0 (kJ mol^{-1})	S^0 (J mol^{-1} K^{-1})	ΔS^0 (J mol^{-1} K^{-1})	ΔG_f^0 (kJ mol^{-1} K^{-1})	ΔH_s^h (J m^{-2})	ΔH_s (J m^{-2})
α-Fe$_2$O$_3$	−826,2 ± 1,3	−87,4 ± 0,2	−274,5 ± 0,3	−744,4 ± 1,3	−0,75 ± 0,16	−1,9 ± 0,3
γ-Fe$_2$O$_3$	−811,6 ± 2,2	−93,0 ± 0,2	−268,9 ± 0,3	−731,4 ± 2,0	−0,57 ± 0,10	−0,71 ± 0,13
α-FeOOH	−561,5 ± 1,5	−59,7 ± 0,2	−237,9 ± 0,2	−490,6 ± 1,5	−0,60 ± 0,10	−0,91 ± 0,09
γ-FeOOH	−552,0 ± 1,6	−65,1 ± 0,2	−232,5 ± 0,2	−482,7 ± 3,1	−0,40 ± 0,16	0,62 ± 0,14
β-FeOOH	−554,7 ± 1,9	53,8 ± 3,3	−246,2 ± 3,3	−481,7 ± 1,9	0,34 ± 0,04	0,44 ± 0,04
Fe(OH)$_3$	−830 ± 2,0	k. A.	k. A.	−711,0 ± 2,0	k. A.	k. A.

ΔH_f^0: Bildungsenthalpie, ΔG_f^0: *Gibbs*'sche Freie Energie, ΔH_s: Oberflächenenthalpie nichthydratisierter Oberflächen, ΔH_s^h: Oberflächenenthalpie hydratisierter Oberflächen.

Die Rolle der thermodynamischen und kinetischen Parameter, verantwortlich für die Stabilität von Gadolinium-(Gd-)Chelatierungen erörtern Idée et al. (2009). Sie betonen im Fall dieser Form einer Chelatierung von Metallen die Einflüsse physikochemischer Eigenschaften wie z. B. der chelatierenden funktionellen Gruppen, des Ionisierungs-grads sowie die Anwesenheit von aromatischen, lipophilen funktionellen Gruppen auf die biologische Distribution. Die genannten Parameter verhelfen zur Klärung der Unterschiede zwischen ihren thermodynamischen Stabilitätskonstanten und ihrer ki-netischen Stabilität. Allerdings bleiben nach heutigem Kenntnisstand Vorhersagen zu den Gehalten des freien Gd^{3+} ungeklärt (Idée et al. 2009).

(l) *Screening*

Die Quantifizierung der Bindungseigenschaften von Ionen, Surfaktanten, Biopolyme-ren und anderen Makromolekülen auf nanoskaligen Oberflächen lässt sich oftmals experimentell kaum umsetzen bzw. stellt innerhalb der Simulation auf molekularer Ebene eine erhebliche Herausforderung dar. Zur genannten Problematik verweist Heinz (2010) auf ein rechnergestütztes *Screening* der biomolekularen Adsorption und Selbstassemblierung auf nanoskaligen Oberflächen, mit dessen Hilfe u. a. die Energie der Adsorption von gelösten Molekülen auf einer vorgegebenen Oberfläche via Rechner quantifizierbar ist. Zur Ermittlung der geringfügigen Differenzen in der Energie gegenüber der gesamten Energie eines komplexen Umfeldes muss eine exakte Summierung der *Coulomb*-Energie vorliegen sowie eine genaue Kontrolle von Temperatur und Druck gewährleistet sein. Die Vorgehensweise von Heinz (2010) bezieht vier Systeme mit ein. Es handelt sich um die Systeme „Oberflächengelöster Stoff – Lösungsmittel" (1), „gelöster Stoff – Lösungsmittel" (2), „Lösungsmittel" (3) sowie „Oberfläche – Lösungsmittel" (4). Es sind bei diesem Ansatz identische molekulare Volumen der Komponente unter *NVT*-Bedingungen (N = Mol, V = Volumen, T = Temperatur, d. h. Kanonisches Ensemble), determiniert durch eine Standardmoleküldynamik oder *Monte-Carlo*-Algorithmen, zu berücksichtigen. Speziell unter Berücksichtigung explizit gelöster Moleküle, spezifischer Konzentrationen von Ionen und organischer gelöster Stoffe in komplexen chemischen Systemen erfasst die von Heinz (2010) diskutierte Vorgehensweise den Effekt von nicht auf die Bindung bezogenen Wechselwirkungen sowie in Beziehung auf eine Oberfläche stehende rotierende isomerische Zustände auf das Adsorptionsverhalten. Als Beispiel stellen die o. a. Autoren die Adsorption eines Dodecapeptids auf Au {111} und Glimmer {001} in einer wässrigen Lösung vor.

(m) CRLB

Über den Einsatz eines dynamischen mechanistischen Modelles ist eine systematische Analyse zur Abschätzung der Parameter der *Michaelis-Menten*-Kinetik durchführbar (Ataíde & Hitzmann 2009). Zur Angabe der Qualität eignet sich die *Cramer-Rao*-Ungleichung (engl. *Cramer-Rao lower bound* = CRLB), d. h. untere Schranke einer Varianz eines Schätzwerts. In Abhängigkeit von drei unterschiedlichen Optimierungskriterien, zwei verschiedenen Messfehlern, über den Modus der Prozessoperation sowohl unter Einbeziehung des Irrtum der Schätzung, verwendet zum optimalen Entwurf des Experiments, ist die *Cramer-Rao*-Ungleichung errechenbar (Ataíde & Hitzmann 2009). Die auf diese Weise erhaltenen Werte gestatten Aussagen zur Güte des experimentellen Designs und zu vergleichenden Beurteilungen gegenüber den Messergebnissen. Am Beispiel praxisbezogener Einsätze, d. h. Batchmodus, erläutern die o. a. Autoren die Präzision der Parameter betreffs eines auf einem Modell beruhenden optimierten experimentellen Entwurfs.

(n) Isothermen-Modelle

Hinsichtlich der Untersuchungen zur Entnahme von Cd^{2+}, Cr^{2+}, Fe^{3+} sowie Ni^{2+} aus wässrigen Lösungen durch einen Biofilm, bestehend aus *E. coli* und unterstützt durch Kaolin, stützen sich Quintelas et al. (2009) auf drei unterschiedliche Isothermen-Modelle, d. h. *Langmuir*, *Sips* sowie *Redlich-Petersen*, Tab. 1.3. Als bestes Isothermen-Modell für Cr^{2+} und Ni^{2+} erweist sich das *Redlich-Petersen*-Modell, zur Ansprache von Cd^{2+} das *Sips*-Modell.

Tab. 1.3: Isothermen-Modelle (Quintelas et al. 2009).

Isothermen-Modell	Gleichung	Nomenklatur		
Langmuir	$Q_e = \dfrac{Q_{max}\,b\,C_e}{1 + b\,C_e}$	Q_e	$(mg\,g^{-1})$	Gehalt der Metallionen sorbiert durch Biofilm im Gleichgewicht
		Q_{max}	$(mg\,g^{-1})$	maximale Metallsorption
		C_e	$(mg\,l^{-1})$	Konzentration der Metalle in Lösung unter Gleichgewichtsbedingungen
		b	$(l\,mg^{-1})$	*Langmuir*-Adsorptions-Gleichgewichtskontante
Sips	$Q_e = \dfrac{K_S\,C_e^{1/b_S}}{1 + a_S\,C_e^{1/b_S}}$	K_S	$(l^{b_S}\,mg^{1-b_S}\,g^{-1})$	*Sips*-Isothermen-Parameter
		a_S	$(l\,mg^{-1})$	
		b_S		
Redlich-Petersen	$Q_e = \dfrac{K_R\,C_e}{1 + a_R\,C_e^{\beta}}$	K_R	$(l\,g^{-1})$	*Redlich-Petersen*-Konstanten
		a_R	$(l\,mg^{-1})$	
		β		

(o) FEB

Eine Störung der auf die QM/MM bezogenen Freien Energie, verglichen mit einer thermodynamischen Integration sowie speziellen Probenahme, zur Anwendung für eine enzymatische Reaktion erörtern Kästner et al. J. (2006). Zur Kalkulation eines Profils zur Freien Energie einer Reaktionssequenz im Sinne der QM/MM, durchgeführt durch ein bestimmtes Enzym, setzen die o. a. Autoren eine besondere Technik ein, d. h. Freie-Energie-Perturbationsmethode (engl. *free-energy perturbation* = FEP). Infolge ihrer Berechnungen deuten die o. a. Autoren an, dass nicht nur die Dichte des QM-Anteils innerhalb einer quasi erstarrten QM-Geometrie zu fixieren ist, sondern auch die Dichte der Punktladungen unter Einbeziehung elektrostatischer Wirkungen berücksichtigt werden muss (engl. *electrostatic-potential-fitted point charges*).

(p) Protonenpufferkapazität

Infolge von Betrachtungen zur Protonenpufferkapazität sowie Säurekonstante diverser Mikroorganismen schlagen Kenney & Fein (2011) ein Set an protonen- und metallbindenden Konstanten zu Zwecken einer Verwendung in Modellierungen zum bakteriellen Adsorptionsverhalten innerhalb einer ausgedehnten Spannbreite umweltrelevanter Konditionen vor, Abschn. 2.3.4.

(q) Elektronentransfer

Im Zusammenhang mit den molekularen Grundlagen für einen gerichteten Elektronentransfer untersuchen Paquete et al. (2010) den intermolekularen Elektronentransfer, ermittelt aus den Resultaten kinetischer und thermodynamische Kriterien berücksichtigender Experimente. Als Mikroorganismen wählen die o. a. Autoren *Shewanella oneidensis MR-1* sowie *Shewanella frigidimarina NCIMMB-400*. Zur Darstellung der Ergebnisse aus u. a. kinetischen sowie thermodynamischen Analysen, z. B. redoxfähige sowie ionisierbare Zentren, wählen sie Populationsdiagramme, Abb. 1.21. Auf diese Weise sind die Mikrostadien mehrerer Redoxzentren sowie ionisierbare Zentren darstellbar.

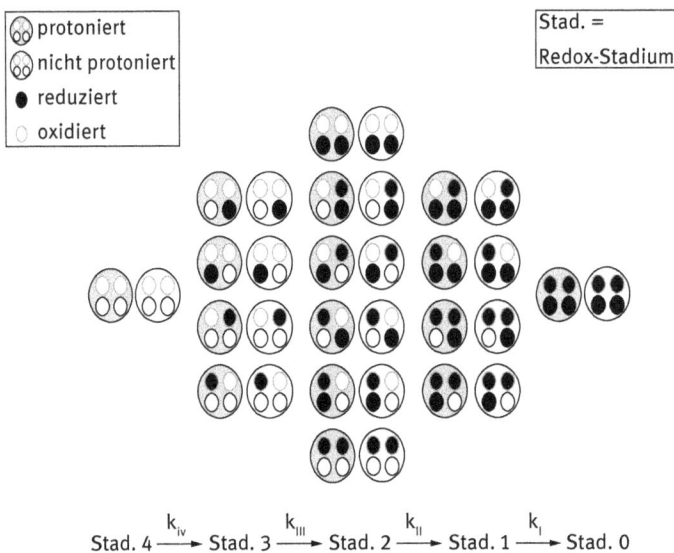

Abb. 1.21: Mikrostadien von vier Redoxzentren und einem ionsierbaren Zentrum für ein Protein (STC), dargestellt in einem Populationsdiagramm (Paquete et al. 2010).

(r) Programme

Auf dem Weg zu einer effizienten Simulation von Biomineralisationen legt Schepers (2006) eine rechnergestützte Studie des Apatit-Collagen-Systems vor. Für Simulation, Analyse und Visualisierung setzt er die Software-Applikationen, wie z. B. *NAMD, DLPOLY, DLPROTEIN, CHARMM, Sybyl, VMD, Molcad* u. a., ein.

(s) Sphalerit, Apatit u. a.

Eine geochemische Modellierung von Sphalerit (ZnS) in Biofilmen als Beispiel für Erze ablagernde Prozesse erörtern Druschel et al. (2002). Aufgrund der thermodynamisch bedingten Einschränkungen bei der Reduktion von Sulfat (SO_4^{3-}) unter niedrigen Temperaturen wird zunehmend die Einbeziehung mikrobiell-biologischer Prozesse in Betracht gezogen. In Zusammenhang mit metallogenetischen Überlegungen zu Erzlagerstätten vom Typ *Sedex* sowie stratiformer Zn-Lagerstätten vom *Mississippi-Valley-Typ*, verbunden mit Bergbauaktivitäten, stellen Druschel et al. (2002) Reaktionsmodelle zur Reduktion von Minendrainagen in Wechselwirkung mit sulfatreduzierenden, zu einem Biofilm organisierten Bakterien sowie stratiformer Wässer stehend vor, Abschn. 2.6.1 (h). Entsprechende thermodynamische Aspekte berücksichtigend, ergibt sich eine Kopräzipitation von ZnS sowie Galenit (PbS), gefolgt von Mackinawit (($Ni, Fe)_9S_8$), einem Niedrigtemperaturedukt von Pyrit (FeS_2). Die Abfolge der S^{2-}-Ausfällung unterliegt der Zusammensetzung der Lösung, die wiederum ein hydrothermales System (*ore fluid*) vertritt und auf den gewählten Metallen beruht.

Selbst geringfügige Veränderungen in der Chemie der Lösungen, z. B. pH, Konzentration von Ca-Ionen, Cl-Gehalt, Verfügbarkeit organischer Liganden, Temperatur etc., üben einen Einfluss auf die Löslichkeit von Metallspezifikationen aus. Weiterhin sind die Metall-Gehalte in Funktion des Verhältnisses zwischen wässriger Lösung und Festgestein unter Berücksichtigung des Wirtsgesteins zu stellen, Differenzen führen u. U. zu einer Verzögerung der Präzipitation von z. B. Zn und/oder Pb, Abb. 2.22. Die Entwicklung einer durch die o. a. Autoren wässrigen Phase, in ihrem Fallbeispiel in Form einer Abnahme des Eh als Ergebnis eines Anstiegs des Sulfid-Gehaltes, bedingt zunächst eine Ausfällung von ZnS. Hierbei kommt es bis zum Verbrauch der Zn^{2+}-Ionen zu einem Puffereffekt durch HS^-. Ein sukzessiver Anstieg der HS^--Aktivität bedingt im Weiteren nach Verbrauch des Zn^{2+}-Anteils die Präzipitation eines weiteren, und falls vorhanden, Sulfids, in ihrem Beispiel in Form von Galenit (PbS) (Druschel et al. 2002).

Zur Modellierung von Biomineralen, gebildet durch Apatit ($Ca_5(PO_4)_3(F, Cl, OH)$) und DNS, veröffentlichen Revilla-López et al. (2013) ihre Arbeit. Über den Gebrauch rechnergestützter Modellierung beleuchten die o. a. Autoren verschiedene Aspekte von Biomineralen, gebildet durch $Ca_5(PO_4)_3(F, Cl, OH)$ und DNS. Sie setzen hierzu verschiedene Methoden ein, d. h. Molekulare Mechanik sowie Simulationen Molekularer Dynamik. Am Beispiel diverser Metalle wie z. B. Cd, Pb, illustriert Johnson (2006) die bakterielle Adsorption von in wässriger Lösung befindlichen Metallen, d. h. molekulare Simulationen und auf die Oberfläche bezogene Komplexierungsmodelle. Neben Überlegungen zur thermodynamischen Modellierung einer Metalladsorption auf bakteriellen Zelloberflächen (Fein 2006) stehen flankierend Daten aus Experimenten zur Verfügung, Abschn. 2.3 (h).

1.5.2 Funktionalität regulierbarer Biomoleküle

In die Modellierung der Funktionalität regulierbarer Biomoleküle, die u. a. zu einer Synthese von metallischen Feststoffphasen beitragen, geht, unter Einbeziehung einer Reihe von Vorgängen und Eigenschaften, eine Vielzahl unterschiedlichster Reaktionsabläufe ein, z. B. Adsorption, Oberflächenladung, Oberflächenkomplexierung etc.

(a) Adsorption

Zur Überprüfung eines generellen Adsorptionsverhaltens untersuchen [1]Borrok et al. (2004) auf natürlichen bakteriellen Konsortien Protonen- und Cd-Adsorption. Für die Verteilung und das Auftreten von Metallen wird in Geosphären, d. h. Böden, u. a. eine Kontrolle durch bakterielle Oberflächenadsorption in Betracht gezogen. Um eventuelle Unterschiede im Adsorptionsverhalten gegenüber Protonen und Cd diverser natürlich vorkommender bakterieller Konsortien zu identifizieren, unterzogen [1]Borrok et al. (2004) diese einer potenziometrischen Titration sowie einer Reihe von Experimenten zur Metalladsorption. Zur Bestimmung der thermodynamischen Stabilitätskonstanten modellierten sie die sich aus dem Experiment ergebenden Daten nach dem Ansatz einer oberflächenbezogenen Komplexierung. Als Ergebnis steht die Beobachtung, dass die verschiedenen Konsortien Protonen und Cd in einem nahezu identischen Ausmaß adsorbieren und sich diese Vorgänge über einen einfachen Satz an Stabilitätskonstanten modellieren lassen. Konsortien, kultiviert in ihrem natürlichen Environment, adsorbieren in geringerem Umfang die o. a. Metalle als individuelle Bakterienstämme von im Labor gezüchteten Arten. Die Studie lässt für mehrere bakterielle Arten ein ähnliches Adsorptionsverhalten vermuten und vereinfacht die Modellierung von Verteilung und Spezifikation der Metalle in Bakterien führenden, natürlichen Systemen.

Nach [1]Borrok et al. (2004) dürften aktuelle Modelle für die Adsorption von Metallen durch Bakterien, die allein auf reinen Bakterienstämmen aus Laborkulturen beruhen, nur zu bedingt aussagefähigen Ergebnissen führen. Die Adsorption auf bakteriellen Zellwänden vermag die Spezifikation und Mobilität von in wässrigen Lösungen befindlichen Metallionen erheblich beeinflussen. Ein einheitliches thermodynamisches Schema zur Beschreibung der Reaktionsabläufe bakterieller Adsorption unterliegt erheblichen Herausforderungen, z. B. Protonierung der Zelloberflächen etc. (Borrok et al. 2005). In Hinsicht einer thermodynamischen Modellierung der Metalladsorption auf bakteriellen Zellwänden diskutiert Fein (2006) aktuelle Herausforderungen und erörtert zwei Typen/Arten von Untersuchungen:

(1) Der erste Typus versucht, betreffs der Metalladsorption durch Mikroorganismen, eine Vertiefung der Kenntnisse auf molekularer Ebene zu erzielen, mit der Absicht, dass es hierbei zu einer Verbesserung der Aussagegenauigkeit thermodynamischer Modelle kommt.

(2) Abweichend hiervon beabsichtigt der zweite Typus die Möglichkeiten beim Gebrauch thermodynamischer Modelle, abgestimmt auf komplexe realistische Umfelder, d. h. Metalladsorption durch Mikroorganismen, zu verbessern.

Die erstgenannte Vorgehensweise bezieht eine Reihe experimenteller Studien ein, der
andere Ansatz gibt sich den Anspruch, eine Balance zwischen der Flexibilität eines
geochemischen Modells und der Unmöglichkeit einer vollständigen Berücksichtigung
der Komplexität realer Systeme auf molekularer Ebene zu finden (Fein 2006). Aber
auch hybride Herangehensweisen kommen in Frage, wenn sie bis zu einem bestimmten Grad Einblicke auf molekularer Ebene verbunden mit verifizierbaren, voreinfa-
chenden Annahmen mit einbeziehen. Sie bieten u. a. Einblicke in den Reaktionsablauf bei der Adsorption von Metallen durch Mikroorganismen sowie Schätzungen zum
Massentransport in bakteriellen Systemen (Fein 2006). Ein Entwurf von Regeln für Kinetiken des Typs *Michaelis-Menten*, d. h. zwei Parameter, versehen mit einer speziell
auf das Experiment zugeschnittenen Entscheidung, besteht aus diversen Items:
- Beginn mit einer vorausgegangenen Schätzung von K_m,
- Auswahl der Spannweite der Substrate für die Messungen,
- Wahl der Gesamtanzahl von zu messenden Datenpunkten,
- Durchführung des Experiments,
- Messungen der mittleren Konzentration,
- Messungen der Minimal- und Maximalgehalte.

Für die thermodynamische Modellierung geeigneter Stabilitätskonstanten bieten sich
diverse Software Applikationen an, z. B. *FITEQL*, *PHREEQC* etc. (Fein et al. 2001 u. a.).
Sie gestatten eine Bewertung von Messungen zur Adsorption von Metallen auf bakteriellen Oberflächen. Sie berücksichtigen u. a. Reaktionen zur Komplexierung in wässrigen Phasen und betroffenen Oberflächen experimenteller Systeme und passen jene
intrinsischen Stabilitätskonstanten an, die die Effekte des elektrischen Feldes einer
bakteriellen Oberfläche erfassen.

(b) Oberflächenladung

In einer Studie zu den Merkmalen der Oberflächenladung von *Bacillus subtilis* und
den hieraus resultierenden elektrostatischen Wechselwirkungen zwischen Metallkationen und dem elektrischen Feld der Zelloberfläche führten [2]Yee et al. (2004) unter
Verwendung von u. a. elektrophoretischer Mobilität, potenziometrischer Titration sowie zur Sorption der Metalle entsprechende Experimente durch.

Versuche zur elektrophoretischen Mobilität, ausgeführt als Funktion von pH-Wert
und Ionenstärke, zeigen einen isoelektrischen Punkt bei 2,4. Unter den Bedingungen
eines steigenden pH-Werts nimmt die Magnitude des elektrokinetischen Potentials
zu, wohingegen sie sich mit zunehmender Ionenstärke verringert. Potenziometrische Titration, durchgeführt bei einem pH-Bereich zwischen 2,4 und 9, ergab nach

[2]Yee et al. (2004) einen Überschuss der Oberflächenladung von $1,6\,\mu\text{mol}\,\text{mg}^{-1}$ getrockneter Masse. Zur Kalkulation des *Donnan*-Potentials (ΨDON), als Funktion von pH-Wert und Ionenstärke, verwenden [2]Yee et al. (2004) die mit der Zellwand verbundenen Werte für die Ladungsdichte. Experimente zur Metallsorption von u. a. Ba^{2+} sowie Sr^{2+} verweisen auf eine erhebliche Abhängigkeit von der Ionenstärke und deuten nach Einschätzung der o. a. Autoren eine Bindung der Metallionen durch einen Komplexierungsmechanismus der äußeren Sphäre, bezogen auf die bakterielle Zellwand, an. Diversen Berechnungen zufolge, lassen sich z. B. intrinsische Metallsorptionskonstanten, entsprechend [2]Yee et al. (2004), durch Korrektur der beobachteten Sorptionskonstante via den *Boltzmann*-Faktor korrigieren. Beruht die Metall-Liganden-Stöchiometrie auf einem Verhältnis von 1 : 2 wird die beste Übereinstimmung mit den experimentell generierten Daten erreicht, z. B. $K_{2\text{int}}$-Werte für z. B. Ba^{2+} von $6,2 \pm 0,2$ bzw. von $6,0 \pm 0,2$ für Sr^{2+}. Messungen zur elektrophoretischen Mobilität von durch Zellmaterial sorbiertes Ba^{2+} sowie Sr^{2+} bestätigen die Annahme einer 1 : 2-Sorptionsstöchiometrie. In Hinsicht auf eine Vorhersage über die Metallbindung auf der bakteriellen Oberfläche scheinen sich demnach die vom *Donnan*-Modell hergeleiteten Parameter zum elektrischen Potential für eine erhebliche Bandbreite von pH-Werten sowie Ionenstärke zu eignen ([2]Yee et al. 2004).

(c) Oberflächenkomplexierung

Bislang gibt es hinsichtlich der Adsorption von Metallen erhebliche Fortschritte bei der Entwicklung und Einbeziehung von Bakterien mit Modellen zur Oberflächenkomplexierung, z. B. [2]Yee et al. (2004). Traditionell charakterisieren diese Modelle die Reaktivität der bakteriellen Zelle über Säure-Base-Titrationen, die u. a. dazu dienen, funktionale Oberflächengruppen, z. B. Amino-, Carboxyl-, Phosphoryl-Gruppen (Abschn. 2.3.7/Bd. 1), zu quantifizieren und zuzuordnen. Eine Deprotonierung dieser Gruppen lässt sich durch folgende Terme zur Gleichgewichtseinstellung darstellen (Fowle & Kulczycki 2004):

$$R-NH_3^+ \longleftrightarrow R-NH_2^0 + H^+ \tag{1.11}$$

$$R-COOH^0 \longleftrightarrow R-COO^- + H^+ \tag{1.12}$$

$$R-PO_3H^0 \longleftrightarrow R-PO_3^- + H^+ \tag{1.13}$$

R ist das mit der entsprechenden funktionalen Gruppe ausgestattete Bakterium, die pK_a-Werte schwanken zwischen 4 und 9,4.

Steigt der pH-Wert des Systems, kommt es zu einer progressiven Deprotonierung, die wiederum unter nahezu neutralen Bedingungen zu einer umfassenden negativen Aufladung des bakteriell-bezogenen elektrischen Feldes führt (Fowle & Kulczycki 2004).

(d) Kapazitätskonstante

Über Daten potenziometrischer Titrationen von Suspensionen, z. B. aus *B. subtilis,* ist der Kapazitätswert eines elektrisches Feldes ermittelbar und steht für eine Modellierung, z. B. Kapazitätskonstante, zur Verfügung.

Über die Entwicklung eines Ansatzes zur Vorhersage der Metalladsorption auf bakteriellen Oberflächen vermitteln Fein et al. (2001) ihre Überlegungen. Die Adsorption von in wässrigen Lösungen befindlichen metallischen Kationen auf bakteriellen Oberflächen lässt sich über den Ansatz einer Oberflächenkomplexierung modellieren. Bislang wurden allerdings nur wenige Stabilitätskonstanten für die Komplexierung Metall : bakterielle Oberflächen messtechnisch erfasst. Um auch das Verhalten von Kationen gegenüber der Adsorption durch bakterielle Oberflächen ermitteln zu können, die bislang keinen laborbezogenen Untersuchungen unterlagen, sind Prognose-Techniken erforderlich, die eine Abschätzung der Stabilitätskonstanten von Komplexierungen im Zusammenhang mit bakteriellen Oberflächen gestatten. Zu Vergleichszwecken zwischen vormals gemessenen Stabilitätskonstanten für die auf die bakterielle Oberfläche bezogenen Metall-Carboxy-Komplexierungen von *Bacillus subtilis* mit den Stabilitätskonstanten von Anionen metallorganischer Säuren stützen sich Fein et al. (2001) auf einen Ansatz der linearen Freien Energie. An organischen Säuren wurden Essig- ($C_2H_4O_2$), Oxal- ($C_2H_4O_2$) und Zitronensäure ($C_6H_8O_7$) sowie Tiron ($C_6H_4Na_2O_8S_2$) eingesetzt, für Co, Nd, Ni, Sr und Zn die Stabilitätskonstanten durch Experimente zur Metalladsorption bezogen auf die bakterielle Oberfläche von *B. subtilis* bestimmt und durchgeführt.

Das Adsorptionsverhalten der einzelnen Metalle ist unter Einbeziehung einer Metall-Carboxy-Komplexierung seitens der bakteriellen Oberfläche beschreibbar. Zn hingegen benötigt sowohl eine Carboxy- als auch Phosphoryl-Komplexierung, um mit den Daten übereinzustimmen. Mit einem Korrelationskoeffizienten von 0,97 wird die beste Korrelation zwischen bakteriellen Carboxyoberflächenkomplexen und den Stabilitätskomplexen wässriger Anionen organischer Säuren über einen Metall-Acetat-Komplex erzielt (Fein et al. 2001). Die erwähnte Korrelation ist nur im Fall von nichthydrolisierten wässrigen Kationen und einer Carboxylanbindung der Kationen anwendbar. Im Fall einer Metallbindung an andere Punkte innerhalb der bakteriellen Oberfläche ist es bislang nicht möglich, das Bindungsverhalten vorherzusagen. Nach Fein et al. (2001) gestattet die o. a. Beziehung Schätzungen über das Adsorptionsverhalten eines Carboxypunktes gegenüber einer großen Spannweite von wässrigen Metallkationen, für die bislang keine experimentellen Daten vorliegen. Die o. a. angesprochene Technik in Verbindung mit der Beobachtung eines ähnlichen Adsorptionsverhaltens über mehrere bakterielle Gattungen hinweg ermöglicht, die Auswirkungen einer bakteriellen Adsorption auf die Mobilität der Metalle abzuschätzen, mit anwendungsorientierten Optionen auf den Gebieten der angewandten Umwelt- und Geotechnik.

Bei den Berechnungen zur Oberflächenladung gehen Fein et al. (2001) von drei Typen protonenaktiver funktionaler Gruppen aus. Es dürfte sich nach Einschätzung der o. a. Autoren um Carboxyl-, Phosphoryl- sowie führende Hydroxyl-Gruppen handeln, Abschn. 2.3.7/Bd. 1. Unter den pH-Bedingungen, die eine Adsorption gestatten, dominieren in wässrigen Lösungen di- oder trivalente Kationen die jeweilige Metallspezifikation. Fein et al. (2001) gebrauchen daraufhin für die Metalladsorption folgende Reaktionsstöchiometrie:

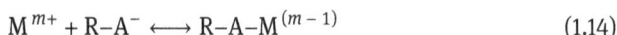

$$M^{m+} + R\text{-}A^- \longleftrightarrow R\text{-}A\text{-}M^{(m-1)} \tag{1.14}$$

wobei gilt:
M^{m+} nichtkomplexiertes Metallkation in wässriger Lösung,
R   Bakterium, an das eine funktionale Gruppe vom Typ organischer Säure (= A) angebunden ist.

Die unter Gleichung Gleichung (1.14) aufgeführte Stöchiometrie berücksichtigt die pH-Abhängigkeit der Adsorption unter sauren zu nahezu neutralen pH-Bedingungen. Als Ergebnis steht die Beobachtung, dass eine unterschiedliche Reaktionsstöchiometrie nur im Bereich hoher pH-Werte auftritt, die betreffs Metallspezifikation durch überwiegend in wässriger Phase befindliche Metall-Hydroxide beherrscht wird (Fein et al. 2001).

Generell ist in Bereichen niedriger pH-Werte eine Adsorption durch Carboxylgruppen am besten modellierbar, wohingegen bei Bedingungen mit hohen pH-Werten Phosphorylgruppen zu bevorzugen sind. In Testläufen zur Klärung der Frage, inwieweit die Ergebnisse der Modelle mit den experimentell ermittelten Daten übereinstimmen, erweist sich nach Fein et al. (2001) die rechnergestützte Flankierung durch geeignete Software, z. B. *FITEQL*, als hilfreich. Sie beschreiben eine hervorragende Übereinstimmung zwischen dem Modell und den im Versuch generierten Daten. Modellierungen zur auf Oberflächen bezogenen Komplexierung weisen, unter Einbeziehung funktioneller Gruppen, der Elektronegativität der Zellwände Deprotonierungsreaktionen zu (Fein 2006):

$$R\text{-}AH^0 \longleftrightarrow R\text{-}A^{-1} + H^{+1} \tag{1.15}$$

wobei R ein Makromolekül der bakteriellen Zellwand repräsentiert, an das jede funktionelle Gruppe vom Typ A anbindet.

Unter dieser Annahme/diesem Term stellt sich die Adsorption von in wässrigen Lösung befindlichen Metallkationen (M^{m+}) auf deprotonierten Oberflächen-Sites der Zellwand wie folgt dar:

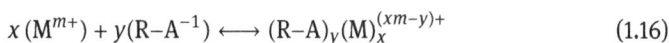

$$x\,(M^{m+}) + y(R\text{-}A^{-1}) \longleftrightarrow (R\text{-}A)_y(M)_x^{(xm-y)+} \tag{1.16}$$

wobei x und y die stöchiometrischen Koeffizienten repräsentieren und experimentell ermittelt werden müssen.

Die Bezeichnung „Modell zur Oberflächenkomplexierung" (Fein 2006) wird deshalb gewählt, weil sie explizit das adsorbierte Metall als Oberflächenkomplex oder als thermodynamische Spezifikation mit fixierter Stöchiometrie betrachtet. Der Oberflächenkomplex wie auch der in wässriger Lösung eingebundene Metallkomplex verfügen über eine thermodynamische Stabilität, die sich über eine Gleichgewichtskonstante K zum Ausdruck bringen lässt:

$$K = \frac{[(R{-}A)_y(M)_x^{(xm-y)+}]}{(a_{M^{m+}})^x[(R{-}A^{-1})]^y} \tag{1.17}$$

wobei die Klammern die Konzentration in Mol per Site pro kg Lösung und a die thermodynamische Aktivität der (*subscribed*) Spezifikation vertreten.

Tab. 1.4: Experimentelle Bedingungen und Ergebnisse der Modellierung (Fein et al. 2001).

Metall	Mikroorganismus (g m (Trockengewicht) l^{-1})	Metall (log Molalität)	log K^c	$V(Y)$
Co	1,01	−3,77	3,5 ± 0,4	24,2
Nd	0,88	−	5,1 ± 0,2	3,3
Ni	1,06	−3,84	3,4 ± 0,3	15,0
Sr	0,96	−4,02	2,6 ± 0,3	17,0
Zn	1,01	−4,00	3,4 ± 0,2	7,7

Eine Adsorption von wässrigen Metallkationen auf bakteriellen Oberflächen kann u. U. die Metallspezifikation beherrschen sowie unter niedrigen Temperaturbedingungen des jeweiligen geologischen Ambientes bzw. Habitats die Mobilität von Metallkationen beeinflussen. Zwecks einer Modellierung und somit Vorhersage einer Adsorption von Metallen auf bakteriellen Oberflächen von *B. subtilis* via Metall-Carboxyl-Komplexierungen definieren Fein et al. (2001) als Ausgangsbedingungen Metalle, Konzentrationen der Mikroorganismen, Molalität der Metalle, log K^C, Tab. 1.4. Mithilfe eines Modells wässriger Metall-Acetat-Komplexierungen ermitteln die o. a. Autoren eine optimale Korrelation zwischen auf Oberflächen bezogenen Carboxyl-Komplexen und den Stabilitätskonstanten der Anionen von wässrigen organischen Säuren, der lineare Korrelationskoeffizient beläuft sich ihren Angaben zufolge auf 0,97. Eine Modellierung, tauglich zur Vorhersage der Metalladsorption auf bakteriellen Oberflächen innerhalb eines geologischen Milieus (engl. *setting*), kann bei Borrok (2005) nachgelesen werden. Der Autor stützt sich auf ein umfangreiches Inventar an Datensätzen zur potenziometrischen Titration, Experimenten zur Chemotaxis, Versuchen zur Adsorption, inkl. deren entsprechender auf die Oberflächen bezogener Komplexierungsmodelle und Modellierungsparameter.

Es sind individuelle bakterielle Stämme, deren Konsortien sowie Zellwände einbezogen und eine Reihe von Fragen wird berücksichtigt:

- Sind aus Laborexperimenten entwickelte Modellierungsparameter für mit Säuren behandelte Bakterien auf jene übertragbar, die unter natürlichen Bedingungen anzutreffen sind?
- Weisen Konsortien von Bakterien aus natürlichen und kontaminierten Systemen ein einheitliches Adsorptionsverhalten auf?
- Inwieweit beeinträchtigt die Salzkonzentration das Adsorptionsverhalten von Bakterien betreffs der Ionenstärke, beschrieben aus natürlichen Systemen?
- Können Adsorptionsmodelle eingesetzt werden, um eine bakterielle Chemotaxis in komplexen Multikomponentensystemen vorherzusagen?

Insgesamt zeigen die von Borrok (2005) durchgeführten Studien, dass saure Lösungen die Oberflächen von Bakterien durch Verlagerung des strukturell gebundenen Ca und Mg beschädigen können, dass weiterhin die Ionenstärke keine nennenswerten Auswirkungen auf die Adsorption von u. a. Protonen ausübt. Weiterhin können Adsorptionsreaktionen eine Kontrolle über die an die bakterielle Chemotaxis assoziierten Responses ausüben und Modelle zum chemischen Gleichgewicht in Mehrkomponentensystemen geeignete Vorhersagen über die o. a. im Zusammenhang mit der Chemotaxis auftretenden Resonanzen ermöglichen (Borrok 2005).

Ein übergreifendes Rahmenwerk zur auf die Oberflächen bezogenen Komplexierung und Modellierung der Protonenanbindung auf geologischen Oberflächen unter geologischen Bedingungen stellen Borrok (2005), Borrok et al. (2005) vor, Abschn. 2.3.4. Daten aus einer Modellierung veranschaulichen, dass die gesamte Konzentration von Sites mit protonenaktiven Gruppen für 36 bakterielle Arten und Konsortien mit durchschnittlichen Werten von $3,2 \pm 1,0$ $(1\sigma) \cdot 10^{-4}$ mol/feuchtes Gramm Ähnlichkeiten aufweisen. Untersuchungen zu den in die Entwicklung von protonenbindenden Modellierungsparametern einbezogenen Unsicherheiten suggerieren, dass unter Auslassung von Faktoren wie bakterieller Spezies, Ionenstärke, Temperatur und Wachstumsbedingungen, verglichen mit der unvermeidbaren Unsicherheit bei der Bestimmung der Zellhäufigkeit im geologischen Umfeld, nur ein verhältnismäßig kleiner Fehler eingeführt wird.

Über die Durchschnittswerte der Parameter zur thermodynamischen Modellierung ist das Ausmaß der Deprotonierung bakterieller Zellwände, unabhängig von bakterieller Spezies, Temperatur u. a., abschätzbar. So präsentieren z. B. Borrok (2005), Borrok et al. (2005) Angaben zur Dichte der Sites unter Einbeziehung der pK_a-Werte.

Übergreifend versuchen die o. a. Autoren für eine Modellierung von Reaktionsabfolgen zur Protonen-Bindung ergänzende Formen einer Metalladsorption sowie Komplexierungsreaktionen in Form von „universellen Konstanten" zu identifizieren bzw. entwickeln.

(e) Prozesssimulation

Vor der Implementation von neuen Verfahren stellt die Prozesssimulation eine unerlässliche Aufgabe sowohl im Labormaßstab als auch im industriell-großtechnischen
Umfeld dar. Sie versucht so weit wie möglich reale Prozesse durch einen Modell-
entwurf abzubilden und nachzugestalten. Zielsetzung einer Prozesssimulation ist
die Entwicklung eines Modells zur Darstellung realer Prozesse, verbunden mit einer
kontinuierlichen Optimierung von Simulationssoftware. Beiträge kommen von unterschiedlichen wissenschaftlichen Disziplinen, wie z. B. dem chemischen Engineering,
der Qualitätskontrolle, der Verbesserung der mathematischen Simulationstechni-
ken u. a. In die Berechnungen gehen zum einen biologische Eigenschaften in Form
von Adsorption, Biokatalyse, Biotransformation, Homöostase etc. ein, zum anderen
werden thermophysikalische Parameter wie Dampfdruck, Viskosität u. a. von reinen
Komponenten und Stoffgemischen aufgenommen bzw. es müssen die Merkmale der
apparativen Ausstattung wie Bioreaktoren, Pumpen etc. sowie chemische Reaktionssequenzen, Kriterien wie Umwelt- und Gesundheitsschutz und mehr berücksichtigt
werden, Abschn. 5.6/Bd. 1. Es kann zwischen diversen Haupttypen von Modellen
unterschieden werden.

Zum einen handelt es sich um die Kollektion von Gleichungen und Korrelationen
mit Anpassung der Parameter an die experimentellen Daten und zum anderen um
Methoden zur Vorhersage von Eigenschaften. Aufgrund ihrer Aussagekraft betreffs Eigenschaften eignen sich die o. a. Gleichungssysteme sowie Terme zur Korrelation. Zur
Bereitstellung von verlässlichen Parametern/Größen können experimentell gewonnene Daten zum einen auf eigenen Messungen beruhen oder zum anderen öffentlich
zugänglichen Datenbanken entnommen werden.

Generell bieten Methoden zur Vorhersage gegenüber experimentellen Arbeiten
einen kostengünstigeren Ansatz. Ungeachtet dieser Vorteile finden diese Techniken
bislang nur in den frühen Stadien einer Prozessentwicklung, d. h. in annähernd erste,
lauffähige Lösungen sowie unter dem Ausschluss ungeeigneter Pfade, Eingang. Denn
diese Formen von Methoden zur Abschätzung führen zu höheren Fehlern, als dies bei
Korrelationen, gewonnen aus realem Datenmaterial, der Fall ist. Übergeordnet ver-
langen Prozesssimulationen eine kontinuierliche Weiterentwicklung mathematischer
Modelle, insbesondere auf dem Gebiet der Numerik. Im Rahmen einer biokatalytisch
gesteuerten Synthese von metallischen Nanoclustern kann eine vorgeschaltete und
begleitende Prozesssimulation auf zahlreiche Softwareapplikationen zurückgreifen.

(f) Simulationsprogramm

Im Zusammenhang mit der biochemische Modellierung einer mikrobiell eingeleiteten
Präzipitation in 0,5 M Säulenexperimenten diskutieren Barkouki et al. (2009) diverse
Software-Applikationen, z. B. *TOUGHREACT* und *PhreeqcII*. Mithilfe von *TOUGH-
REACT*, als numerisch ausgerichtetes Simulationsprogramm, lassen sich chemisch
reaktive, nicht isotherme Strömungen von mehrphasigen Fluiden in porösen und

frakturierten Medien berechnen (Barkouki et al. 2009). Dabei ist eine Reihe von Aspekten zu berücksichtigen. Wechselwirkungen zwischen Mineralvergesellschaftungen können unter lokalem Gleichgewicht oder kinetischen Raten auftreten. Eine begleitende Gasphase kann sich chemisch aktiv verhalten. Ausfällung und Lösung sind fähig, eine ursprünglich angelegte Porosität und Permeabilität Veränderungen zu unterziehen sowie die Fließeigenschaften unter untersättigten Bedingungen zu modifizieren.

Das Programm erfasst eine Vielzahl reaktiver Fluidphasen und Probleme im geochemischen Transport wie z. B. Präzipitation von Mineralisationen in supergenen Metallanreicherungen, Alteration von Mineralen u. a.

Mit den Applikationen *TOUGHREACT* sowie *PHREEQCII* lassen sich vergleichende Betrachtungen bzw. Modellierungen von Labordaten sowie zu Vorhersagen zum reaktiven Transport von einem Radialfluss implementieren, wie u. a. am Beispiel von Mikroorganismen durch Barkouki et al. (2009) hingewiesen wird. Durch den zunehmenden Einsatz von Enzymkinetiken innerhalb der Systembiologie erlangen diese erneut an Bedeutung.

Rechnergestützte Modelle von biochemischen Netzwerken hängen von den Gesetzmäßigkeiten der Umsatzraten und den Werten kinetischer Parameter ab, beide Kriterien beschreiben das Verhalten von Enzymen im zellulären Milieu. Zur rechnergestützten Modellierung biochemischer Netzwerke schlagen [1]Mendes et al. (2009) und [2]Mendes et al. (2009) z. B. die Applikation *COPASI* vor. Bei *COPASI* handelt es sich um eine Anwendung zur Simulation sowie Analyse biochemischer Netzwerke und ihrer zugrunde liegenden Netzwerke.

Zusammenfassend

stehen zur Modellierung biochemischer Prozesse, hinsichtlich der Identifizierung von Trends entsprechend den thermodynamischen Rahmenbedingungen, eine Reihe von Algorithmen zur Verfügung. So ist mit den aktuell bereitstehenden rechnergestützten apparativen Techniken eine Modellierung zur Voraussage der Metalladsorption auf bakteriellen Oberflächen in geologischen Milieus, d. h. unterschiedlichen Habitaten, machbar (Borrok 2005).

1.5.3 Extra-/intrazelluläre Signalverarbeitung

Die extra-/intrazelluläre Signalverarbeitung stellt eine zum Überleben eines Mikroorganismus unerlässliche Tätigkeit dar. Sie schließt Vorgänge wie u. a. Signaltransduktion ein und stützt sich hierbei auf u. a. Transmitterrezeptoren. Aufgrund der genannten Vorgänge kommt es innerhalb einer Zelle, und somit eines Mikroorganismus, zur Entwicklung von Signalketten. Eine Vielzahl von Botenstoffen sowie Enzymen ist entlang den kaskadierenden, häufig hintereinander geschalteten Signalübertragungspfaden eingebunden und bei Bedarf wirksam. Die o. a. Vorgänge lassen sich graphisch veranschaulichen und ähneln prinzipiell Schaltplänen in der Informationstechnologie, Abb. 1.18. In speziellen Datenbanken sind Pfade diverser Netzwerke abrufbar (url: BioCarta).

Ohne eine präzise Verarbeitung und Übertragung von Signalen durch hierfür vorgesehene Biomoleküle sind keine geordneten lebenserhaltenen Maßnahmen seitens eines Mikroorganismus machbar, z. B. Metabolismus, Genexpression. Essenzieller Bestandteil der o. a. Abläufe sind Mechanismen zur gezielten Kontrolle der Signalverarbeitung. Zwecks der biogenen Synthese metallischer Nanopartikel/-cluster sind daher Überlegungen zur Beeinflussung u. a. von Signalproteinen, zum Beispiel gegenüber Ga, Ge, Te u. a., in Form einer gesteigerten Sensibilität oder modifizierten Antwort, von Interesse. Neben Aspekten der Supramolekularen Chemie wie z. B. intermolekularer Wechselwirkungen (Abschn. 4.3/Bd. 1) steht mit der extra-/intrazellulären Signalverarbeitung eine weitere untere Ebene, innerhalb hierarchisch aufgebauter Kontrollarchitekturen, im Rahmen von *Bottom-up*-Techniken, für regulative Eingriffe zur Verfügung.

Ein supramolekularer Komplex im Pfad von auf Umweltstress bezogene Signale innerhalb von *Bacillus subtilis*, d. h. *σB*, ein alternativer σ-Faktor innerhalb von *B. subtilis*, unterstützt die Erwiderung seitens der Zelle auf eine Vielzahl physikalischer Beeinträchtigungen (Chen et al. 2003). Durch umweltbezogenen Stress kommt es innerhalb der Signalübertragungspfade durch die Interaktion einer Kinase *RsbT* zur Stimulation einer Phosphatase, d. h. *RsbU*. Fehlt ein externer Stress, gibt es Vermutungen einer Vereinnahmung durch einen oder mehrere alternative Bindungspartner, z. B. *RsbS* (Chen et al. 2003).

(a) Metabolische Kapazität

Hilfreich sind Kenntnisse zu den molekularen Mechanismen von Oxidoreduktasen mit synthetischem Potential und über die metabolische Kapazität des betroffenen Wirtsorganismus, der für die biokatalytische Reaktion die notwendigen „Brennstoffe" in Form von Redoxäquivalenten zur Verfügung stellt. Für den Entwurf und die Konstruktion von auf die gesamte Zelle bezogene Biokatalysatoren, die wirtschaftlich absatzfähige Fein- und Spezialchemikalien produzieren, sind die Wechselbeziehungen an den Schnittstellen synthetisch aktiver Enzyme und dem zugrundeliegenden metabolischen Netzwerk unabdingbar. Eine „constraintbasierte" Modellierung und experimentelle Verifizierung zur Bewertung der metabolischen Kapazität von *E. coli* als Plattform für eine Redoxkatalyse diskutieren Blank et al. (2008). Die Redoxkatalyse einer Gesamtzelle hängt von der Regeneration des Redoxcofaktors durch den mikrobiellen Wirt ab. Mittels der Anwendung einer Fließgleichgewichtsanalyse des stoffwechselbezogenen Netzwerks von *E. coli* lässt sich die maximale Regenerationsrate von NADH beurteilen, d. h. die metabolische Kapazität. Mithilfe dieses Optimierungskriteriums zeigen Simulationen die alleinige Verwendung eines Pentosephosphatpfades, der wiederum mit einer erhöhten Rate im Glucosekatabolismus und einer in Wildtypzellen untypischen Flussverteilung verbunden ist.

(b) Redoxreaktion

Redoxreaktionen sind durch die diskreten Schritte des Elektronentransfers gekennzeichnet, die wiederum häufig von zusätzlichen Substraten wie Redox-Cofaktoren abhängen. Ihre Wiederherstellung wird i. d. R. über den Metabolismus von Ganzzell-Katalysatoren ermöglicht. In Hinsicht einer effizienten Redoxbiokatalyse stehen aktuell zwei Vorgehensweisen zur Verfügung. Die konventionelle Vorgehensweise, die sich im Bereich industrieller Anwendungen bewährt hat, berücksichtigt die Aktivität, Selektivität und Spezifität biokatalytisch aktiver Enzyme. Ein bislang wenig angewandter Ansatz zur Optimierung der biokatalytischen Rate bzw. Ausbeute stützt sich auf die Regeneration von Redoxkofaktoren durch den Wirtsmetabolismus. Zu der Redox-Biokatalyse und dem Metabolismus, den zugrundeliegenden molekularen Mechanismen sowie der stoffwechselbezogenen Netzwerkanalyse äußern sich Blank et al. (2010). Zur Durchführung von artifiziell interessanten Reaktionen setzt die Biokatalyse durch Gesamtzellen zum einen native als auch rekombinante Enzyme ein. Neben Hydrolasen repräsentieren Oxidoreduktasen die am häufigsten gebrauchte Enyzmklasse. Speziell Oxidoreduktasen wird ein hohes Zukunftspotential zugeschrieben, insbesondere für Anwendungen in der chemischen und pharmazeutischen Industrie.

(c) NADH

In *In-silico*-Experimenten deuten genetische Störungen eine intensive Abhängigkeit von der NADH-Ausbeute sowie der Bildungsrate und somit auf die zugrunde liegende metabolische Netzwerkstruktur an (Blank et al. 2008). Die lineare Abhängigkeit der gemessenen Epoxidierung (Bildung von Epoxiden) bei der Aufnahme von Glucose bei Mutanten mit rekombinantem zentralen C-Metabolismus sowie die lineare Korrelation zwischen den gemessenen Aktivitäten und simulierter NADH-Regenerierungsraten deuten gemäß Blank et al. (2008) eine Verknappung an intrazellulärem NADH an.

Ein quantitativer Vergleich von rechnergestützter Voraussage der NADH-Regeneration und experimentellen Epoxidierungsraten zeigt, dass die erreichbare biokatalytische Aktivität durch eine Reihe von diskreten Prozessen/Parametern bestimmt wird (Blank et al. 2008):
- stoffwechselbezogene/enzymatische Einschränkungen inkl. nichtoptimierter Flussverteilung,
- hohen Energiebedarf und Energieverluste,
- Bildung von Neben-/Abfallprodukten
- und Abkoppelung.

Die Autoren erörtern ihre Ergebnisse im Zusammenhang mit der zellularen Optimierung von Biotransformationen und dem Entwurf von mikrobiellen Zellen als Redoxkatalysator.

(d) Visualisierung

Die direkte Sichtbarmachung von Datensätzen im Kontext biochemischer Netzwerke erörtern Noack et al. (2007). Sie berücksichtigen in ihren Visualisierungen insbesondere das regulative Potential von Effektoren, einbezogen in die Kontrolle einzelner Reaktionsschritte. Ihr Ansatz ist unter sowohl ruhenden, d. h. im Gleichgewicht befindlichen, als auch dynamischen Systemen anwendbar. Eine schematische Darstellung qualitativer Arbeitsmodelle verdeutlicht die mögliche Rolle Cu-resistenter Determinanten in *Acidithiobacillus ferrooxidans* sowie *Sulfolobus metallicus* gegenüber Cu (Orell et al. 2010), Abb. 3.22/Bd. 1. Als Größen treten u. a. der Ausstoß sowie die Transformation von Cu-Ionen in Erscheinung und bieten Möglichkeiten der Einflussnahme betreffs ihrer Intensität und Sensitivität der hierfür ausgebildeten Biomoleküle. Zur Umsetzung bedienen sich die o. a. Mikroorganismen u. a. intrazellulärer Komplexierung, reduzierter Akkumulationen oder Sequestrierung innerhalb des Periplasmas (Orell et al. 2010).

(e) Elementare Mode-Analyse

Eine Integration von Enzymaktivitäten in den metabolischen Verlauf der Stoffflüsse via eine Elementare Mode-Analyse (engl. *elementary mode analysis*) erläutern Kurata et al. (2007). Innerhalb der Systembiologie unterstützen Analysen das Verständnis oder Design von auf Stoffwechselvorgängen beruhenden Pfaden und ermöglichen Voraussagen zu metabolischen Verläufen von Stoffflüssen. Zur Umsetzung von Vorhersagen zu stofflichen Verteilungen sind nicht nur Kenntnisse der Pfad-Architekturen, sondern auch der Proteome sowie Transkriptome unerlässlich, da rekombinante Mikroorganismen signifikant die Verteilung der Genexprimierungen verändern können. Aktuell besteht daher das Problem, inwieweit sich heterogene Daten zum Aufbau auf Netzwerken basierender Modelle integrieren lassen (Kurata et al. 2007).

1.5.4 Metallfluss

Ungeachtet aller Komplexität sind auch Metallflüsse, d. h. Metallionen führende Stoffflüsse, einer Modellierung zugänglich. In biologischen Systemen unterliegt, an der Schnittstelle mit einer z. B. Oberfläche eines Organismus, der Stoff-/Metallfluss einer Reihe gekoppelten chemischen Reaktionen sowie Diffusion. Entsprechend schwierig gestalten sich rechnerische Vorgehensweisen. Zu dieser Problematik unternahmen Buffle et al. (2007) rechnergestützte Studien. Die Autoren kalkulieren, in Anwesenheit von Liganden, einen im Gleichgewicht befindlichen Metallfluss. Hierbei entwickelt sich rechnerisch approximativ eine reaktive Schicht, die mit anderen Lösungen verglichen werden kann.

Das Konzept einer so genannten reaktiven Schicht erlaubt, unter Berücksichtigung eines gegenüber Metallionen vorhandenen Überschusses anwesender Liganden, den Zustrom Metallionen führender Phasen, zur Aufnahme bereiter Kontaktflächen, z. B. Oberflächen von Mikroorganismen, zu modellieren. Das Modell eignet sich, ohne Einschränkungen betreffs der Werte für mit Assoziation/Dissoziation verbundenen Ratenkonstanten oder Diffusionskoeffizienten, für eine unbegrenzte Anzahl von Liganden, Komplexierungen. Ergänzend sind Angaben zu Gleichgewichtskonstanten sowie Ligandenkonzentration möglich. Auch Alemani et al. (2008) setzen sich mit dem Metallfluss in Verbindung mit einer dynamischen Spezifikation an der Schnittstelle auseinander. Als Softwaretool setzen die o. a. Autoren *MHEDYN* (*Multi HEterogeneous DYNamic*) ein, das über eine geeignete Codierung verfügt, um den Strom metallionenhaltiger Stoffströme zu u. a. entsprechenden Konsumenten in Form von biologischen Oberflächen zu erfassen. Eng mit metallionenführenden Stoffflüssen sind u. a. die Wechselbeziehungen mit Mikroorganismen assoziiert. Gao et al. (2011) erläutern eine numerische Modellierung dieser Prozesse. In Verbindung mit diesen Überlegungen erweisen sich Darstellungen zu den Strömungsverhältnissen um Biofilme, die Beschreibung der mechanischen Erwiderung inkl. der Abtrennung, unter Gebrauch eines Partikelmodells als hilfreich (Alpkvist & Klapper 2007), Abb. 1.22 (b). Es ergibt sich somit eine weitere kontrollierbare Größe innerhalb z. B. der Biohydrometallurgie, Abschn. 2.5.1.

Zusammenfassend

stehen mit der aktuellen apparativen Geräteausstattung und mit den Techniken der Modellierung geeignete Methoden zur Verfügung, die Überlegungen einer *Bottom-up*-Synthese gestatten. Arbeiten im Sinne messtechnischer Zielsetzungen erfordern eine vorausgehende sorgfältige Probenaufbereitung und hierzu geeignete Präparationstechniken, da diese Vorgänge ausschlaggebend für die durch sukzessive Messungen erfolgte Datenqualität sind. Statistische Auswertungen des durch die Analytik produzierten Datenmaterials müssen zu Termen wie Einfluss-/Zielgrößen, Aufteilung der Teilprozesse, Mehrzieloptimierung, Faktorenbildung etc. Stellung nehmen. Vorgänge einer Modellierung, die aus Kostengründen jeder Produktentwicklung vorausgehen müssen, können sich auf eine Vielzahl kontinuierlich anwachsender Datenbanken sowie Software stützen. Auf diese Weise sind u. a. Aussagen zur Thermodynamik, Protonenpufferkapazität, Modellnanokomposite etc. möglich.

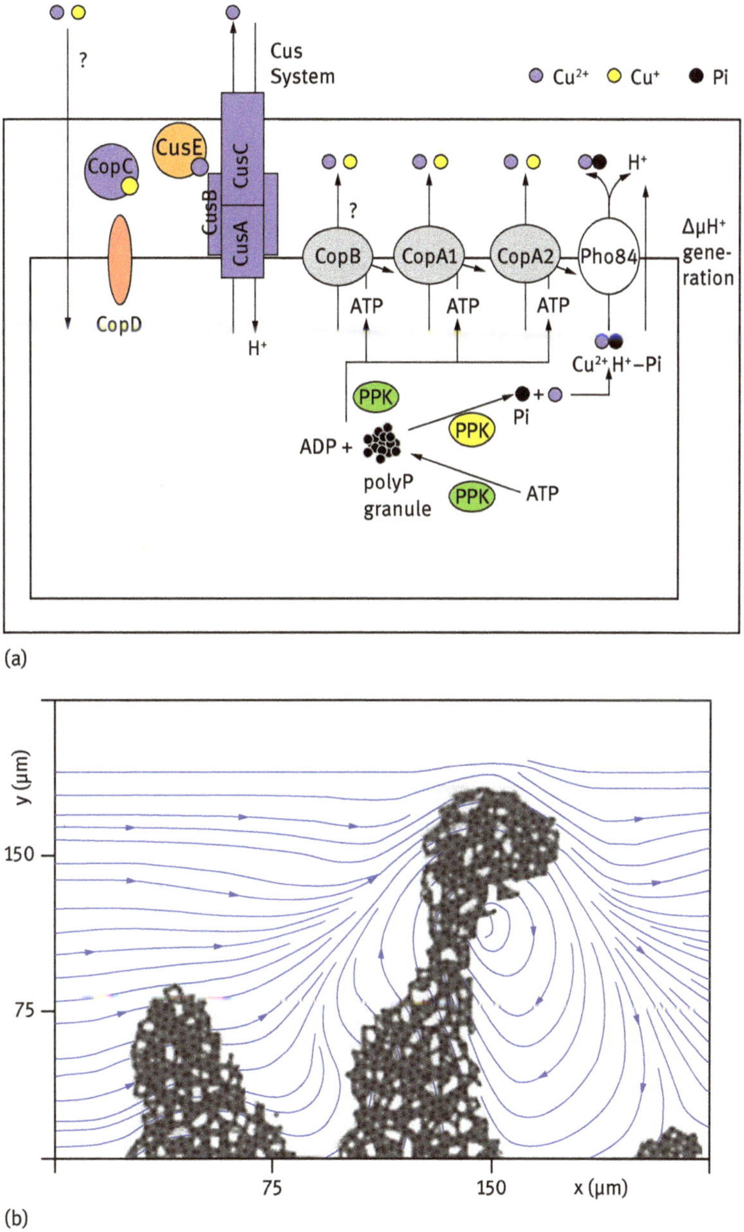

(a)

(b)

Abb. 1.22: Schematische Darstellung eines qualitativen Arbeitsmodells unter besonderer Berücksichtigung der möglichen Rolle Cu-resistenter Determinanten in *A. ferrooxidans* sowie *Sulfolobus metallicus* (Orell et al. 2010), sowie (b) Strömungsverhältnisse im Zusammenhang mit Biofilmbildung (Alpkvist & Klapper 2007).

2 Biogene *Bottom-up*-Strategien: Technische und wissenschaftliche Lösungsansätze

Als Konsequenzen aus den hinter einer biogen kontrollierten Synthese von Nano-partikeln/-clustern vorgestellten Leistungspotential, Gesetzmäßigkeiten sowie Kontrollmechanismen ergeben sich, unter Berücksichtigung der Auswahlkriterien Kontrolle, Qualität, Wirtschaftlichkeit und Einbeziehung sozioökonmischer Aspekte, diverse operative Perspektiven für u. a. auf dem Gebiet der Angewandten Geomikrobiologie. Unter Beachtung wirtschaftsgeologischer Ansätze (engl. *economic geology*), z. B. des Bergbaus in Form eines *smart mining* oder *urban mining*, bieten sich Überlegungen einer industriellen Verwertung an. Biogene *Bottom-up*-Strategien offerieren Möglichkeiten, da sie sich nicht nur durch günstige Energie- und Stoffbilanzen auszeichnen, sondern zudem über ein großes Spektrum an auf genetischen Informationsquellen beruhenden Kontrollmechanismen verfügen. Auf diese Weise entstehen für z. B. innovative Technologien nachvollziehbare Optionen auf dem Gebiet der Produktionstechnik. Als Ausgangsbasis eignet sich die Idee einer *smart biofactory* oder mikrobiellen Zelle als Produktionsumfeld/-stätte im Sinne einer Bio-ökonomie. Für experimentelle Arbeiten stehen adäquate Materialien zur Verfügung. Ergänzend sind im Sinne eines industriellen Upscaling Techniken wie Regenerierung von Cofaktoren, Immobilisierung von Enzymen, Protonierung von Oberflächen, EPS und Biosurfaktanten, *In-silico*-Design etc. nützlich. Auf den Gebieten der Biohydro-metallurgie, *urban mining* etc. stellt der Umgang mit speziell Ga, Ge, PGE, Se, Te etc. einen potenten wirtschaftlichen Aspekt dar. Neben den ökonomischen Aspekten dienen Einblicke in die biogene Synthese metallischer Nanopartikel/-cluster zur Erweiterung metallogenetischer Modelle, d. h., sie berücksichtigen eine stärkere Einbindung von Mikroorganismen bei der Entstehung von Erzlagerstätten, z. B. Fe, Mn, Zn u. a. Darüber hinaus bieten sich modifizierte metallogenetische Konzeptionen auf dem Gebiet von Metallindikationen innerhalb der verschiedenen Geosphären an, verwertbar im Verlauf einer Exploration geochemischer Anomalien. Aufgrund der wirtschaftlichen Bedeutung wird ergänzend auf das Phänomen der Biokorrosion hingewiesen, da sich durch Umkehrfunktionen Kenntnisse für die Produktion nanoskaliger Biopräzipitate gewinnen lassen. Da eine Vielzahl der Bio-/Redoxtransformationen den Gesetzmäßigkeiten der Elektrochemie unterliegt und oftmals bei der Biosynthese als Nebenprodukt die Erzeugung von elektrischem Strom auftritt, erfolgen Hinweise auf die mikrobielle Elektrolysezelle. Interdisziplinär tritt das Arbeitsgebiet der NanoGeo-Science auf. Als Perspektiven ergeben sich u. a. Optionen einer kommerziellen Exploitation von aus der Geomikrobiologie abgeleiteten Verfahrenstechniken, z. B. außenstromlose Metallabscheidung für z. B. integrierte Schaltkreise, aber auch noch ein erheblicher Forschungsbedarf.

DOI 10.1515/9783110422870-003

2.1 Geomikrobiologie, *Bottom-up*-Strategien und innovative Technologiemärkte

Bezüglich einer biogenen Synthese metallischer Partikel gestattet das in den vorausgegangenen Abschnitten vorgestellte Datenmaterial in theoretischer sowie praxisbezogener Hinsicht Überlegungen einer technischen Machbarkeit und kommerziellen Verwertung. Denn infolge des aktuellen Datenbestandes lassen sich im Sinne wirtschaftlicher Kriterien Vernetzungen zwischen Geomikrobiologie, *Bottom-up*-Strategien und innovativen Technologiemärkten ziehen.

(a) Geomikrobiologie

Hinweise zur Exploitation der aktuell vorliegenden Daten auf dem Gebiet der biogen-industriellen Erzeugung metallischer Phasen kommen insbesondere aus der Geomikrobiologie, z. B. Biotransformation, Biomineralisation, Biokatalyse, Abschn. 2.3.3–2.3.5/Bd. 1. Sie bilden die Grundlage zur Rekonstruktion von geomikrobiologischen Vorgängen im Labor- und Industriemaßstab, inkl. insbesondere bei Auswahl der geeigneten Methoden (Ehrlich 2002). Hilfreich sind Einblicke in u. a. Enzymfunktion, Supramolekulare Chemie, Genomforschung.

(b) Bioinspirierte Materialsynthese

Die sog. bioinspirierte Materialsynthese verfügt bezüglich der Synthese metallischer NP über eine Vielzahl von Kontrollmechanismen und erstreckt sich auf u. a. Größe, Kristallographie, Morphologie, Selbsassemblierung, Dichte der Kristallisationskeime etc. (z. B. Aizenberg 2004). So gelingt eine Abscheidung von Metalloxid-Dünnschichten aus Lösungen, die organische Hilfsstoffe enthalten und den Anforderungen an eine Niedrigtemperatursynthese entsprechen (Lipowsky 2007). Biomagnetite zur Speicherung von Daten erörtern Bókkon & Sahari (2010). Vorbild für die angestrebten Lösungen ist der industrielle Einsatz von Mikroorganismen bzw. organischer Komponenten für Extraktions- und Mobilitätsvorgänge von Metall(-komplexierungen), z. B. im Bereich der Erschließung natürlicher Rohstoffressourcen werden chemolithotrophe Prokaryoten zur Mobilisierung von Cu(-komplexierungen) im Cu-Bergbau eingesetzt (Rawlings 2005). Im Sinne von der Biologie zu Materialien bieten biomorphe Mineralisationen geeignete Ansätze (Fan et al. 2009). So veröffentlichen z. B. Bhandari et al. (2012) Gedanken zur Nachahmung von Strategien aus der Natur hinsichtlich des Entwurfs von Nanokatalysatoren. Die aktuellen Entwicklungen in der Bionanotechnologie gestatten den Aufbau eines umfangreichen Datenbestandes, der die Fabrikation, Funktionalisierung sowie Aktivierung von anorganischen Nanostrukturen ermöglicht. Sie führt zur Entwicklung der kontrollierten Konstruktion anorganischer Nanomaterialien und schafft die Voraussetzungen zur Herstellung von Katalysatoren, die unter biologisch akzeptablen Bedingungen wie z. B. Temperatur u. a. operieren. Es lassen sich, basierend auf dem o. a. Ansatz, Katalysatoren mit der Fähigkeit zur z. B. chemischen Reduktion, Aufspaltung von Bindungen u. a. entwerfen. Darüber hinaus sind durch die Kombination aus einem anorganischen Kern und biologischer Oberfläche neuartige Funktionalitäten ableitbar, z. B. Elektrokatalyse. Als Voraussetzung zum Entwurf katalytischer Strukturen, unter Verwendung biologischer Prinzipien, charakterisiert durch energetisch neutrale, hochselektive Merkmale, ist eine Kenntnis zur Strukturfunktion von biogenen Nanomaterialien unabdingbar (Bhandari et al. 2012). Eine Zusammenfassung über technische Komzepte sowie Zukunftsperspektiven der bioinspirierten Materialsynthese bieten u. a. Mohanpuria et al. (2008). Insgesamt stößt seit geraumer Zeit die mikrobielle Herstellung von NP auf großes Interesse (z. B. Krumov et al. 2009, Mandal et al. 2006).

(c) Molekulare Bionik

Definitionsgemäß wird unter molekularer Bionik oder Biomimetik die Nachahmung von Funktion, Synthese oder Struktur von Materialien und Systemen auf der molekularen Ebene unter Einsatz biologischer Vorgehensweisen verstanden. Die Bildung und Montage von Materialien durch entworfene Polypeptide scheinen offensichtlich die Möglichkeiten eines kontrollierbaren Synthesewegs zu offerieren (Sarikaya et al. 2004). Molekulare Bionik bedient sich u. a. hybrider Technologien durch den Einsatz von Werkzeugen aus der Biologie sowie Nanotechnologie (Sarikaya et al. 2003). Die biologische Kontrolle der anorganischen Kristallbildung, Morphologie und Zusammensetzung anorganischer Materie auf dem Gebiet der sog. „harten" Gewebezüchtung sowie dessen Regeneration ist fachübergreifend sowohl für Biologen und Biotechnologen als auch für den Materialwissenschaftler zur Kontrolle einer anorganischen Synthese von Materialien durch Konzepte der Bionik von Interesse (Braun et al. 2002). Unter der Bezeichnung Molekulare Bionik verbinden [1,2]Tamerler & Sarikaya (2009) Nanotechnologie und Bionanotechnologie unter Verwendung genetisch veränderter Peptide und erläutern dies an biologischen Bauelementen. So sind biologische Hart-Gewebe (engl. *hard tissues*) hybride Materialien, die anorganische Komponenten in eine komplexe organische Matrix als molekulare Gerüststruktur einbinden, versehen mit der Möglichkeit einer kontrollierten anorganischen Strukturierung. Biokomposite inkorporieren Biomakromoleküle wie z. B. Proteine, Lipide, Polysaccharide sowie anorganische Materialien wie Hydroxylapatit ($Ca_5(PO_4)_3(OH)$), Siliziumdioxid (SiO_2), Magnetit (Fe_3O_4) und Calcit ($CaCO_3$).

Die geordnete Organisation von hierarchischen Strukturen innerhalb von Organismen beginnt mit der molekularen Rekognition (Abschn. 4.4/Bd. 1) der anorganischen Komponenten durch die Wechselwirkungen kontrollierende Proteine, gefolgt von Vorgängen der Selbstassemblierung über diverse Maßstabsskalierungen, d. h. nm bis mm, hinweg. Wird den molekularen biologischen Prinzipien gefolgt, lassen sich Proteine über Techniken wie Selbstassemblierung (Abschn. 4.4/Bd. 1) zur kontrollierten Materialsynthese und Erzeugung hybrider, funktionalisierter Strukturen einsetzen ([1,2]Tamerler & Sarikaya 2009).

Durch die Verbindung eines nanoskaligen Engineerings auf dem Gebiet der Physik und der Fortschritte in der molekularen Biologie unter Zuhilfenahme genetischer Werkzeuge sind neuartige verfahrenstechnische Ansätze realisierbar. Dahingehend selektierten [1,2]Tamerler & Sarikaya (2009) auf genetischer Ebene und entwarfen Peptide mit spezifischen Bindungseigenschaften gegenüber funktionalisierten Feststoffphasen, Hierzu veränderten sie ihre Eigenschaften betreffs Bindung sowie Assemblierung und entwickelten bifunktionale Peptid-/Protein-Genkonstrukte mit sowohl Materialanbindung und biologischer Aktivität. Auf diese Weise entstehen molekulare Reagenzien in Form von Peptiden mit der Möglichkeit eines Attachments an Feststoffphasen ([1,2]Tamerler & Sarikaya 2009).

Ein Einsatz der Bionik erfordert ein präzises Verständnis der natürlich ablaufenden Mechanismen auf der molekularen Ebene. Dieses Verständnis kann abgeleitet werden durch den Gebrauch von metallischen Oberflächen, die ein Studium hinsichtlich einer Oberflächenerkennung durch Proteine, zusammen mit kombinatorischen genetischen Techniken zur Selektion von brauchbaren Peptiden, erlauben. Eine Polymerisation dieser Peptide produziert Polypeptide, die groß genug sind, um die eigene Information zur Faltung mit geringer struktureller Komplexität und Erhöhung der Bindungsaffinität betreffs Oberflächen zu codieren. Es ist möglich, eine Vorhersage hinsichtlich Struktur und molekularer Dynamik von gentechnisch veränderten, Au-bindenden Polypeptiden zu treffen, und molekulare Dynamiken mit einer Zeitdauer von 5 ns sind ausreichend, um zu der Dynamik des Bindungsvorgangs und den Effekten der Oberflächentopographie auf die Spezifität der Proteinbindung Aussagen machen zu können (Braun et al. 2002).

Zur mikrobiellen Synthese von metallischen NP äußert sich Maliszewska (2011). Eine der wichtigsten Herausforderungen an die Nanotechnologie besteht in der Synthese metallischer NP mit definierter Größe, Form und kontrollierter Monodispersität. Bei nicht biogenen Vorgehensweisen, d. h. im konventionellen Sinne, sind oftmals als Ausgangssubstanzen u. a. stark reduzierende Reagenzien und oberflächenaktive Substanzen, Polymere umschließende Mittel, organische Lösungsmittel u. a. unerlässlich, mit entsprechenden die Umwelt belastenden Auswirkungen. Oftmals steht am Ende von Vorgängen zur Detoxifikation durch Mikroorganismen die Produktion von Metallen und Metallspezifikationen, d. h. überwiegend unter Raumbedingungen synthetisiert. Daher liegt ein wachsendes wirtschaftliches Interesse an einer Entwicklung umweltverträglicher und nachhaltiger Verfahrenstechniken vor. Hierbei stehen biologische Vorbilder im Vordergrund. Zur Kontrolle von z. B. speziellen Morphologien, Größen und Kristallinität kommen aus der Genetik geeignete Angebote (Maliszewska 2011).

(d) *Bottom-up*

Bioinspirierte Ansätze, z. B. *Bottom-up*, offerieren hinsichtlich der o. a. Anforderungen, im Gegensatz zu den herkömmlichen Vorgehensweisen, verwertbare Techniken (Goshe et al. 2002). Die mikrobielle Synthese von metallischen NP bietet einen „grünen" chemischen Verfahrensansatz an, der Nanotechnologie und mikrobielle Biotechnologie verbindet, angelehnt an die Prinzipien einer Bioökonomie (Narayanan & Sakthivel 2010).

Zunehmend setzen sich alternative biosynthetische Vorgehensweisen zur Herstellung metallischer NP durch, die Mikroorganismen als „Bionanofabriken" verwerten (Torres-Chavolla et al. 2010). Über die Biosynthese von elementarem Au, Ag, Pd, Pt, So sowie Fe-, Si-, Te-, U-, Zn-Verbindungen u. a. durch Bakterien, Actinomyceten, Fungi, Hefen und Viren liegen zahlreiche Studien vor (Arakaki et al. 2008, Coker et al. 2009, Dua et al. 2007, [1,2]Gericke & Pinches 2006, He et al. 2007, Narayanan & Sakthivel 2010 etc.), Abschn. 5.3/Bd. 1. Eingedenk der Biodiversität von Mikroorganismen verfügen diese über ein erhebliches Potential, um als biologische Materialien zur Herstellung von metallischen NP zu dienen. So eignen sich diverse Formen von Mikroorganismen (Bakterien, Pilze, Viren), aber auch isolierte Komponenten wie Proteine/Enzyme etc. zur Synthese von u. a. metallischen NP. Alle experimentell durchgeführten Verfahren zeichnen sich durch umweltfreundliche Bilanzierungen und einfache Herstellung aus (Bhattacharya & Gupta 2005, Narayanan & Sakthivel 2010).

Als großer Vorzug erweist sich die Größe der Reaktionskammer in Form einer Zelle und bei zellfreien Extrakten die Größe der z. B. Enzyme. Alle einbezogenen biogenen Komponenten belaufen sich auf eine Größe im nm-Bereich. Um Nanomaterialien zu synthetisieren, steht eine Vielzahl physikalischer, chemischer und biologischer Techniken zur Verfügung (Narayanan & Sakthivel 2010). Insbesondere für die Synthese von NP aus Edelmetallen mit spezieller Morphologie und Größe wurde eine Reihe spezifischer Methoden entwickelt. Obwohl eine Fülle unterschiedlichster Techniken erfolgreich zur Herstellung von metallischen NP zur Verfügung stehen, z. B. UV-Bestrahlung, Aerosoltechniken, Lithographie, Laserablation, Ultraschall und photochemische Methoden, verbleiben sie teuer und beziehen den Gebrauch umweltgefährdender Chemikalien ein. Aus dieser Überlegung heraus besteht ein wachsendes Interesse an der Entwicklung umweltverträglicher und nachhaltiger Techniken. Da eine Synthese von NP unterschiedlicher chemischer Zusammensetzung, Größe, Morphologie und der kontrollierbaren Dispersion unverzichtbare Anforderungen seitens der Nanotechnologie darstellt, befindet sich eine Vielzahl von Strategien in der Entwicklungsphase. Der *Bottom-up*-Ansatz umfasst u. a. lithographische Verfahren, Zellextrakte, organische Lösungsmittel, Peptide etc. und generiert u. a. Co-Ferrite (Hayashi et al. 2009), Abschn. 1.3.4.

(e) Lithographische Verfahren

Der Einsatz von lithographischen Verfahren, d. h. Maskentechnik, in Form von selbst-organisierenden Biopolymeren, z. B. S-Layer, erweist sich als sehr vielversprechend, Abschn. 5.4.2. Von großem technischem Interesse dürften Arbeiten auf dem Gebiet der Beschichtung durch enzymatisch gesteuerte Abscheidungen von metallischen Nanoclustern sein. Eine codierte und durch Enzyme aktivierte Nanolithographie von Au- und magnetischer NP auf Si scheint möglich (Basnar et al. 2007). Eine durch eine C18-Monoschicht funktionalisierte Si-Oberfläche ließ sich somit elektrochemisch strukturieren und lieferte ein Carboxylsäure terminiertes Muster. Im Anschluss erfolgte die kovalente Anbindung von Tyramin an das vorab erzeugte Muster, um somit eine kodierte Nanostruktur für das Enzym Tyrosinase verfügbar zu machen. Eine biokatalytische Oxidation der Tyramin-Reste ergibt Brenzcatechin-($C_6H_6O_2$ = *catechol* (engl.))Hälften, die eine räumliche Aufstellung von mit Boronsäure ($RB(OH)_2$) funktionalisierten Au-NP oder magnetischen NP ermöglichen. Über die Bildung von Komplexen, bestehend aus ($RB(OH)_2$)-Resten oder Fe^{3+}-Ionen und den Liganden aus Brenzcatechin, lassen sich die verschiedenen NP an die mittels des o. a. Verfahrens präparierten Muster anbinden. Die Herstellung von bioinspiriert ausgelösten/angeregten Nanostrukturen mit willkürlich gewählter Geometrie und Formsteifigkeit stellen Pokroy et al. (2009) vor. Als eine Form einer („weichen") *Soft*-Lithographie, gestattet die von ihnen angesprochene Technik die präzise Übertragung von Nanostrukturen und darüber hinaus von der ursprünglichen Vorlage eine abweichende raumorientierte Ausrichtung unter Beibehaltung der Funktionstüchtigkeit.

(f) Peptide

Peptide scheinen sich für den Einsatz innerhalb der Nanotechnologie zu eignen, da sie über Mechanismen wie molekulares Linking und Assemblierung (Abschn. 4.4) diverse Materialien anbinden bzw. erzeugen können. In Kombination mit einem Phagendisplay (engl. *phage display*), unerlässlich zur Auswahl von Liganden in Bezug auf Proteine und Peptide, ergibt sich ein effektives Werkzeug, um materialspezifische Peptide aussuchen zu können. Insgesamt stoßen innerhalb der Nanotechnologie speziell das Screening und die Selektion von Materialien bindenden Peptiden auf ein großes technisches Interesse. Peptide, ausgesucht durch ein Phagendisplay, lassen sich entweder unabhängig synthetisieren oder innerhalb eines phagenbezogenen Beschichtungsproteins exprimieren. Im Anschluss an die Synthese von NP stehen Phagenpartikel einer Montage von Nanostrukturen auf anorganischen Oberflächen und zur orientierten Immobilisierung von Proteinen, im Sinne von Fusionspartnern, zur Verfügung (Whaley et al. 2000).

Von besonderem Interesse sind hierbei technische Verfahrenslösungen zur Herstellung von mit speziellen elektronischen und optischen Merkmalen ausgestatteten Materialien, für die bislang die natürliche Evolution betreffs der Wechselwirkungen zwischen bestimmten Biomolekülen und diesen neuen Werkstoffen keine geeigneten

Informationen entwickelt hat. Hier bietet die Verwendung von Peptiden mit ihren Eigenschaften, z. B. der sehr eng definierten Selektivität (Abschn. 3.1.2) in Hinsicht einer Bindung an Metalloberflächen, interessante anwenderorientierte Perspektiven. Speziell der Einsatz von kombinatorischen Phagen-(display-)Bibliotheken kann zur Entwicklung von Peptiden herangezogen werden, die mit hoher Spezifität und unter Berücksichtigung der kristallographischen Orientierung und Zusammensetzung ein breites Spektrum an Halbleiteroberflächen binden (Whaley et al. 2000). Da elektronische Bauelemente strukturell vernetzte Materialien in enger Nachbarschaft enthalten, könnten sich Peptide zur kontrollierten Platzierung und Fertigung einer Vielzahl von relevanten Materialien eignen und somit eine Erweiterung einer *Bottom-up*-Produktion anbieten. Eine Auswahl von Peptiden mit spezieller Bindungsaffinität für Halbleitermetalle und deren räumlicher Anordnung präsentieren Whaley et al. (2000).

In biologischen Systemen üben organische Moleküle eine präzise Kontrolle über die Nukleation/Keimbildung und eigentliche Wachstumsphase anorganischer Materialien aus, z. B. $CaCO_3$, SiO_2 u. a., Abschn. 5.2 (k)/Bd. 1. Im Anschluss organisieren sich diese nanoskaligen kristallinen Bauelemente zu hochkomplexen Strukturen, wie sie für biologische Funktionen unerlässlich/erforderlich sind. Diese Möglichkeit einer unmittelbaren Beeinflussung bei der Herstellung von nanoskaligen Komponenten in kontrollierbare und anspruchsvolle Strukturen veranlasste eine Vielzahl von intensiven Bemühungen, technisch geeignete Fertigungsmethoden zu entwerfen, zu erforschen und zu entwickeln, die das Erkennungsvermögen und die Wechselwirkungen biologischer Systeme nachahmen bzw. verwerten (Whaley et al. 2000).

Eine biologische Route zur Synthese von ferromagnetischen Nanostrukturen aus Metalllegierungen stellen Reiss et al. (2004) vor. Mittels eines geeigneten Biotemplats lassen sich magnetische NP unter Raumbedingungen mit gewünschter Zusammensetzung und Phase synthetisieren. Als Templat dienen Peptide von Phagen mit den Eigenschaften, zum einen die ferromagnetische $L1_0$-Phase von FePt zu binden und zum anderen unter dem Einsatz einer regulativen Präzipitationstechnik die Kristallisation von FePt-NPn zu kontrollieren. Nach erfolgter biogener Synthese verhalten sie sich unter Raumbedingungen ferromagnetisch, und entsprechende Analysen weisen eine Koerzitivfeldstärke von bis zu $1000\,A\,m^{-1}$ für die FePt-NP auf, sie entsprechen somit den Werten einer durch konventionelle Techniken, z. B. nasschemische Verfahren, produzierten FePt-Legierung (Reiss et al. 2004). In diesem Zusammenhang ist auf die Möglichkeit eines *De-novo*-Designs von redoxaktiven Metallopeptiden zu verweisen, Abschn. 3.5.1 (d)/Bd. 1.

(g) Polypeptide

Bei Polypeptiden handelt es sich um sog. kurzkettige Peptide, d. h. 10–100 Aminosäuren, Abschn. 3.1.1 (l)/Bd. 1. Sie sind mit der Fähigkeit zur Anbindung anorganischer Komponenten versehen. Polypeptide lassen sich als molekulare Bausteine zur Kontrolle von Bildung und räumlicher Anordnung funktionaler anorganischer, z. B. metallischer, sowie hybrider Materialien und Systeme zum Zwecke eines Einsatzes innerhalb der Nano- und Nanobiotechnologie, z. B. Nanocluster, einsetzen. Mithilfe von Phagen oder Visualisierung der Zelloberfläche sind Polypeptide ansprech-/ selektierbar. Über Techniken wie die molekulare Biologie sind in Folge maßgeschneiderte Eigenschaften wie Bindung und Multifunktionalität modifizier-/justierbar. Das Potential dieser Technik liegt in der Fähigkeit der Polypeptide zur molekularen Rekognition sowie der Selbstassemblierung, Abschn. 4.4/Bd. 1. Hinzu kommt die Möglichkeit eines genetischen Eingriffs betreffs ihrer Zusammensetzung und Struktur (Sarikaya et al. 2004). Die formkontrollierte Synthese erfordert die stringente Kontrolle über Keimbildung und Wachstum, eine für Pt betreffs der Erzeugung von Keimen mit Einfachverzwilligung erhebliche Herausforderung. Biomoleküle verfügen über spezifische molekulare Mechanismen zur Identifizierung, geeignet zur präzisen Generierung von nanostrukturierten Materialien. Ruan et al. (2011) gelang die Synthese von Pt-Keimen, ausgestattet mit einer Einfachverzwilligung einer bipyramidalen Morphologie, unter Zuhilfenahme eines Pt-bindenden Peptids, d. h. *BP7A*, unter moderaten Bedingungen. Darüber hinaus ist eine direkte Kontrolle der Keimbildung sowie des Wachstums möglich. Über den Einsatz flächenspezifischer Peptidsequenzen als oberflächenaktive Substanz, die spezielle Bindungen mit ausgewählten Kristallflächen, d. h. {100} und {111}, eingehen, gelang es Chiu et al. (2011), selektiv geformte Pt-Nanokristalle, d. h. mit selektiv exponierter Kristalloberfläche und ausgewählter Form, zu synthetisieren. Es sind Pt-Nanocubes sowie Pt-Nanotetraeder (engl. *tetrahedrons*) beschrieben, die unter Verwendung der o. a. Peptide als regulierendes Reagenz herstellbar sind, wobei diese Vorgehensweise eine wichtige Station bei der programmierbaren Erzeugung von Nanostrukturen mittels maßgeschneiderter Nanokristallite darstellt (Chiu et al. 2011).

(h) Organische Lösungsmittel

Aufgrund seiner Eigenschaften, d. h. Polarität sowie Kohäsivität, stellt H_2O für biologische Makromoleküle, u. a. Enzyme, das wichtigste Lösungsmittel dar. Zunehmend deuten wissenschaftliche Arbeiten die Option an, organische Lösungsmittel für die Enzyme einzusetzen, Abschn. 3.1 (d)/Bd. 1. Allerdings besteht bei dem Wechsel des Lösungsmediums die Möglichkeit, dass es zu einer erheblichen unerwünschten Veränderung betreffs der Substrat-Löslichkeit und/oder verminderten *site reactions* kommt. Auf der anderen Seite können Enzyme, einem „unnatürlichen" Medium ausgesetzt, optimierte Eigenschaften hinsichtlich Stabilität und modifizierter Selektivität aufweisen, die sich mittels der Wahl des Lösungsmittels und des molekularen *memory effect* kontrollieren lassen. Als Beispiel verweist z. B. Klibanov (2003) auf die asymmetrische, Peroxidase katalysierte Sulfooxidation von organischen Sulfiden, d. h. enzymatische Oxidoreduktion. Oder Salleh et al. (2002) machen auf die Modifizierung von Lipasen aufmerksam. Durch Immobilisierung sowie Konstruktion von Proteinen und anderen Methoden sind Veränderungen, d. h. Funktionstüchtigkeit in organischen Lösungsmitteln, machbar (Gupta & Khare 2009). Magnetotakte Bakterien sind in der Lage, Fe in Form von Magnetit (Fe_3O_4) zu fixieren, wobei dieser in Lipidvesikel eingebettet ist. Diese natürlich gebildeten magnetischen NP stehen aufgrund konstanter Form und Größe sowie ihrer Biokompatibilität seit dem Einsetzen von Nanotechnologie und in Verbindung mit den Anforderungen an Größe und Verbundsysteme in z. B. der Informationstechnologie zunehmend im Fokus materialwissenschaftlicher und ingenieurstechnischer Anforderungen und Zielsetzungen. Insbesondere Möglichkeiten einer maßgeschneiderten Veränderung und/oder Erweiterung ihrer ursprünglichen Eigenschaften durch chemisches Doping würden ihren technischen Einsatzbereich erheblich erweitern (Klibanov 2001).

(i) Zellextrakte

Neben lebenden Mikroorganismen als Mittel zur Herstellung von NP eignen sich unter Ausschluss des gesamten Organismus auch Zellextrakte. An isolierten Zellkomponenten stehen u. a. (Exo-)Enzyme, Siderophore, EPS etc. zur Verfügung. So gelingt z. B. Riddin et al. (2010) über ein zellfreies und -gelöstes Proteinextrakt eines SRB-Konsortiums die Biosynthese von kristallinen Pt^0-NP, wohingegen zuvor im Ganzzellverfahren lediglich amorphes Pt^0 entstand. Entsprechend ihren Beobachtungen vermuten die o. a. Autoren räumliche Restriktionen bei der kristallinen Präzipitation seitens des betroffenen Mikroorganismus. Weiterhin beschreiben Riddin et al. (2010) die Ausbildung unterschiedlicher Morphologien im Zusammenhang mit Veränderungen im Verhältnis von Pt^{4+} zur Proteinkonzentration, Abschn. 5.3.2 (c)/ Bd. 1. Zur Reduktion von hexavalentem Cr eignen sich gemäß Focardi et al. (2012), neben dem Gebrauch von Ganzzellen, auch zellfreie Extrakte des gegenüber Cr^{6+} resistenten moderat halophilen Bakterienstamms *Halomonas sp. TA-04*, isoliert aus mit an Cr^{6+} kontaminierten marinen Sedimenten. Über die Zugabe von 4 mM Cr^{6+} lässt sich ein Wachstum unterdrücken und die Reduktion in Anwesenheit von 80 g l^{-1} NaCl befördern. Der zellfreie Extrakt erzielt hinsichtlich der Reduktion von Cr^{6+} seine besten Resultate bei einem pH-Wert von 6,5, einer Temperatur von 28 °C sowie der Anwesenheit von NADH. Durch Ergänzung von Cr^{2+} sowie Fe^{2+} erhöht sich die Aktivität zur Reduktion, wohingegen sie bei Verabreichung von Hg^{2+} verschwindet.

Mittels zellfreier Extrakte (engl. *cell-free extract* = CFE) von *Rhodopseudomonas capsulata* generieren He et al. (2007) vernetzte Drähte aus Au. Betreffs der Morphologie tritt als regulierbare Größe die Konzentration der HAuCl$_4$-Lösung auf. Durch Reduktion der Au-Ionen kommt es neben der eigentlichen Ausfällung von Au zur Bildung strukturierter Netzwerke aus Au. Bei niedrigen Au-Konzentrationen werden sphärische Au-Partikel mit einer Größe von 10–20 nm produziert. Zur Herstellung vernetzter Strukturen ist die Konzentration der Au-Ionen in wässriger Lösung zu erhöhen. He et al. (2007) sehen Möglichkeiten, diese Methode auch zur Synthese von aus Pt oder Ag bestehenden metallischen Drähten einzusetzen. Über die Synthese von Au-

NP bei Raumtemperatur und der Verwendung von Zellextrakten von *Shewanella algae* berichten Ogi et al. (2010). Als Produktionsbedingung ist ein pH-Wert von 2,8 aufgeführt, das Zellextrakt führt die benötigte Reduktion durch und nimmt Einfluss auf die Morphologie der Au-Partikel. Bei Zugabe von H_2-Gas als Elektronendonator bildet sich nach 10 min aus einer $1\,mol\,m^{-3}$ wässrigen $AuCl_4$-Lösung elementares Au (Ogi et al. 2010). Je nach Zeitdauer bilden sich unterschiedlich große Partikel, beginnend mit einer Durchschnittsgröße von ca. knapp 10 nm nach einer 1 h sowie von knapp 100 nm nach 6 h. Gegenüber dem Ganzzellverfahren beläuft sich die Ausbeute auf einen ca. vierfach höheren Wert (Ogi et al. 2010). Eine Synthese von NP in Abwesenheit zellfreier Extrakte lässt sich u. a. über die Biomasse von *Verticillium luteoalbum* verwirklichen. Hierzu sind 100 mg feuchte Biomasse auf 10 ml Lösung, aufgezogen in einem Kulturmedium, einzubringen ([2]Gericke & Pinches 2006). Im Anschluss erfolgen eine Abtrennung der Biomasse durch Zentrifugieren (10 min bei 7000 rpm), eine Waschung mit destilliertem Wasser und eine Resuspension in 10 ml *aqua dist.* Die gewaschenen Zellen werden in ein Teströhrchen (engl. *test tube*) eingegeben und vor dem Mischen der Suspension mit einem Vortexmixer bei maximaler Geschwindigkeit erfolgt die Zuführung eines gleichen Volumens an Glasperlen. Die auf diese Weise gewonnene Zellsuspension wird bis zur Zellzerstörung mikroskopisch begleitet. Anschließend geschieht eine Entfernung des zerbrochenen und noch intakten Zellmaterials wiederum über eine Zentrifugation (10 min bei 10 000 rpm). Danach schließen sich die Eingabe von $250\,mg\,l^{-1}$ an $HAuCl_4$ und durch Hinzufügen von 0,2 M NaOH eine Justierung des pH auf den Wert 5 an. Nach diesen vorbereitenden Maßnahmen wird das Präparat bei 35 °C beimpft und anhand der Färbung der Suspension lassen sich die Akkumulation und Reduktion der Metalle mitverfolgen ([2]Gericke & Pinches 2006).

Auf *In-vitro*-Synthesen von Au- und Ag-NP durch zellfreie Extrakte machen z. B. [1]Gericke & Pinches (2006) aufmerksam. Aber auch Aminosäuren scheinen in ihrer Funktion als reduzierende und stabilisierende Reagenzien die Synthese von Au-NP zu unterstützen. Unter Raumtemperatur lässt sich in Anwesenheit von z. B. Arginin, Tryptophan u. a. die Bildung von Edelmetall-NP initialisieren und kontrollieren (Dickerson et al. 2008). Ein Extrakt zellfreier Proteine von sulfatreduzierenden Bakterien (SRB) wurde zur biogenen Herstellung von Pt-NP eingesetzt. Dahingegen produzieren ganze Zellen nur amorphes Pt (Riddin et al. 2010). Das Verhältnis von Pt^{4+} zur Proteinkonzentration wiederum nimmt Einfluss auf die Morphologie der Nanokristallite und der Einsatz von isolierten Enzymen erscheint nach Einschätzung der o. a. Autoren für eine Synthese von Pt vorteilhafter. Ein Überblick über die durch Proteine und Peptide gesteuerte Synthese von anorganischen Materialien lässt sich in einer Veröffentlichung von Dickerson et al. (2008) gewinnen. Weiterhin gestatten Zellextrakte von *Shewanella algae* die teilweise regulierbare Biosynthese von Au-NP (Ogi et al. 2010), Abschn. 5.3.2 (a). Zur Sanierung mit Cr^{6+}-kontaminierter Geosphären scheinen zellfreie Extrakte vorteilhafter, wohingegen sich der Umgang mit ganzen Zellen als schwieriger erweist (Focardi et al. 2012). Im Zusammenhang mit einer

Bioreduktion von hexavalentem Cr aus wässrigen Lösungen setzen Murugavelh & Mohanty (2012) u. a. zellfreie Extrakte von *Halomonas sp.* ein. Eine Bioreduktion von Cu^{2+} ist mittels einer zellfreien Cu-Reduktase aus dem Cu-resistenten Mikroorganismus *Pseudomonas sp. NA* beschrieben (Andreazza et al. 2011). Es konnte eine Aktivität seitens des Enzyms von ca. 72 h aufgezeichnet werden.

(j) NAD(+)-/NADH-freie Synthese

Die Kombination von Enzym-Halbleiter-Nanoclustern als neuartige amperometrische Biosensoren stellen Vastarella & Nicastri (2005) vor. Unter Einsatz einer Wasser-in-Öl-Mikroemulsion lassen sich nanoskalige CdS-Kristalle synthetisieren und mithilfe selbstorganisierender monolagiger Schichten auf Au-Elektroden fixieren. Anschließend erfolgt eine kovalente Immobilisierung einer Formaldehyd-Dehydrogenase an eine Membran, die als Schutzschicht über der durch die NP-Halbleiter modifizierten o. a. Au-Elektrodenkonstruktion aufliegt. Um die Stabilität der gewünschten katalytischen Oxidation von Formaldehyd zu gewährleisten, ist die Immobilisierung des Enzyms erforderlich. Der eigentliche Katalysevorgang geschieht durch die Stimulation der CdS-Kristallite mittels Lichtwellen. Für die Enzymreaktion ist ein Einsatz von NAD(+)/NADH als Ladungsträger nicht erforderlich. Die kalkulierte Nachweisgrenze von Formaldehyd liegt bei ca. 41 ppb und die operationale Stabilität dieses amperometrischen Biosensors erstreckt sich auf ca. sechs Stunden (Vastarella & Nicastri 2005).

(k) Funktionalisierung

Die Funktionalisierung von Halbleitern erhöht erheblich die Bandbreite ihrer technischen Einsatzmöglichkeiten, z. B. Elektronik, Photonik etc. Eine sukzessive, zusätzliche Funktionalisierung von Magnetosomen lässt sich über eine chemische Behandlung der aufgereinigten Partikel oder durch gentechnische Eingriffe betreffs der Membranproteine verwirklichen. Als weitere erfolgversprechende Möglichkeit zur Biomineralisation von Magnetosomen bietet sich die direkte Inkorporation von Protein-Tags, Fluorophoren und Enzymen in die Magnetosommatrix an, zur alternativen bakteriellen Synthese von Magnetosomen die an der Bionik ausgerichtete *In-vitro*-Biomineralisation. Der Entwurf metallbindender Funktionalitäten von Proteinen dehnt sich auf verschiedene Arbeitsgebiete aus und bietet ein weites Spektrum an praktischen und wissenschaftlichen Anwendungen.

Matthews et al. (2008) verweisen auf die diversen Entwicklungarbeiten auf dem Gebiet eines auf Metalle bezogenen Proteindesign, inkl. des Gebrauchs von Metallen zur Einleitung von Protein-Protein-Wechselwirkungen oder der Assemblierung von ausgedehnten Nanostrukturen. Sie beziehen weiterhin den Entwurf von Metallopeptiden zwecks Anbindung von Metallen und anderen anorganischen Oberflächen mit ein, Abschn. 3.5.1 (d)/Bd. 1. Ungeachtet ihrer Komplexität sind Wechselwirkungen zwischen anorganischen Materialien und Biomolekülen auf molekularer Ebene ein ubiquitär anzutreffendes Phänomen, z. B. implantierfähige Biomaterialien (Perry et al. 2009). Die Wirksamkeit dieser funktionalen Materialien hängt von den Eigenschaften der Grenzflächen ab, d. h. von dem Ausmaß der auf molekularer Ebene stattfindenden Verbindung mit Biomolekülen (Perry et al. 2009).

(l) Biotemplate

Biotemplate bieten im nm-Bereich Vorlagen zur Konstruktion geordneter Strukturen, z. B. Magnetosome, S-Layer etc., Abschn. 5.4/Bd. 1. Eine bioinspirierte Synthese von organischen/anorganischen Nanokompositen, unterstützt durch Biomoleküle, erläutern Liu & Malapragada (2011). Mulani & Majumder (2013) diskutieren die Option, maßgeschneiderte NP mittels S-Layer zu erzeugen. Eine neuere Studie präsentiert die Tauglichkeit eines Ansatzes, der sich Katalysatoren aus Au-NP bedient, die durch biologische Template gebildet wurden und mittels eines Dampf-Flüssigkeit-Feststoff-Mechanismus das epitaxiale Wachstum von Ge-Nanodrähten mit hoher Dichte ermöglichen (Sierra-Sastre et al. 2010). Hierzu wurden S-Layer-Protein-Gitter von *Deinococcus radiodurans* auf GeSubstraten mit den kristallographischen Orientierungen von (111), (110) und (100) adsorbiert, um die Synthese von Au-NP mit unterschiedlichen Durchmessern zu ermöglichen. Es lässt sich mit diesem verfahrenstechnischen Ansatz ein richtungskontrolliertes Wachstum von Nanodrähten aus Ge mit einer Größe von ca. 5–10 nm erreichen. Die auf diese Weise erzeugten Ge-Nanodrähte weisen gegenüber jenen, die nicht über das o. a. Biotemplating hergestellt wurden, höhere Dichten (Nanodraht μm^{-2}) und einheitlichere Längen auf. Zusammenfassend bietet die Studie einen Überblick über die Wechselwirkung diverser Parameter wie die Größe des Katalysators, Dichte der Katalysatoren, kristallographische Orientierung des Substrats und die Anwesenheit eines Proteintemplats, das die Morphologie und Wachstumsrichtung der Ge-Nanodrähten bestimmt. Zusätzlich liefert ein Vergleich zwischen von einem durch ein Templat beinflussten und einem templatfreien Wachstum zusätzliche Einblicke in den Mechanismus des Wachstums der Nanodrähte via Biotemplat (Sierra-Sastre et al. 2010).

Selbstorganisierende Ni-TiO$_2$-Nanokomposit-Anoden, synthetisiert mittels einer stromlosen Abscheidung und atomaren Beschichtung auf biologischen Gerüststrukturen, stellen Gerasopoulos et al. 2010) vor. Aufgrund ihrer funktionalen Eigenschaften, die sich aus der quasi 1-D-Struktur ergeben, stehen Nanodrähte (engl. *nano wires* = NW) aus Halbleiterverbindungen im Fokus neuerer Untersuchungen. Eine angestrebte technische Verwertung in Form von hochkompakten NW, die erforderlich sind, um die gewünschten Eigenschaften zu erzielen und diese in die entsprechenden, miniaturisierten Bauteile zu intergrieren, setzt die Kontrolle über das kristallographische Richtungswachstum, Durchmesser, Ort der Nukleation und Morphologie voraus (Gerasopoulos et al. 2010). Das Biotemplating metallischer NP-Arrays erfolgt durch eine seitenspezifische elektrostatische Adsorption auf Kristallen aus Streptavidin (Shindel et al. 2010). Das Protein Streptavidin zeigt Eigenschaften, geeignet für eine *Bottom-*

up-Produktion von NP. Durch die Eigenschaft einer Selbstorganisation ist Streptavidin befähigt, in diverse 2-D-Gitter auszukristallisieren. Auf diese Gitter lassen sich im Anschluss unter Ausnutzung elektrostatischer Kräfte und Ligand-Rezeptor-Mechanismen NP andocken. Aufgrund von Datenreihen scheint sich für die elektrostatische Adsorption von Au-NP auf Kristallen aus Streptavidin mit geringer räumlich bezogener Packungsdichte zwischen den Proteinmolekülen eine sitespezifische Präferenz anzudeuten (Shindel et al. 2010).

Auch hier verweist das auf diese Weise erzeugte Arrangement der NP auf eine über eine lange Distanz gültige strukturelle Kohärenz mit dem unterlagernden Proteingitter, wenn auch mit relativen Abweichungen von der Anordnung des biologischen Templats. *Monte-Carlo*-Simulationen offenbaren, dass diese die durch die o. a. Vorgänge entstehende Ordnung zum einen auf dem zufälligen Abdruck zwischen den NP und den zugehörigen Adsorptionsseiten sowie der nichtspezifischen Bindung auf den Oberflächen der Proteinmoleküle beruht. Als Ergebnis ihrer Arbeit diskutieren Shindel et al. (2010) die Option eines Templatings von geordneten NP-Arrays durch Streptavidinkristalle. Mittels der Verwendung eines M13-Bakteriophagen als biologische Gerüststruktur für magnetisch gewinnbare Katalysatordrähte ist gemäß der Veröffentlichung von Avery et al. (2009) ein Entwurf multifunktionaler Nanokomposite durch die Kombination spezieller Wechselwirkungen erzielbar. Die aktuelle Entwicklung vertieft das Verständnis über die Einbeziehung organischer Matrizen bei der Anreicherung der o. a. Metalle und liefert die Ausgangsbasis für Überlegungen auf dem Gebiet biotechnologischer Anwendungen (Wang & Müller 2009).

(m) Viruscapsid
Via einen Viruscapsid, d. h. eine geometrisch hochsymmetrische, virale Proteinstruktur, und ein Cytoskelett, d. h. Netzwerk aus Proteinen innerhalb des Zytoplasmas, lässt sich eine räumliche Strukturierung erreichen (Papapostolou & Howorka 2009). Diese Form einer *Bottom-up*-Technik bietet vielseitige Ansätze für den Einsatz innerhalb der synthetischen Biologie. Ebenso wie beim Einsatz von S-Layern, Abschn. 5.4.2/Bd. 1, kann diese als Templat/Gerüststruktur fungieren. Die Entwicklung und Verwertung von Proteingruppen (*assemblies*) innerhalb der synthetischen Biologie stoßen zunehmend auf ein anwenderbezogenes Interesse (Papapostolou & Howorka 2009). Die synthetische Biologie nutzt *Bottom-up*-Konstruktionen/-Ansätze wie Virus-Capside oder Komponenten des Cytoskeletts, um ihre Möglichkeiten für Anwendungen in der Zellbiologie und Biomedizin zu erweitern. Nanobiotechnologie und Materialwissenschaften profitieren ebenfalls von den Eigenschaften einer kontinuierlichen nanoskaligen Periodizität, angeboten durch die o. a. biologischen Template. Im Bereich dieser Arbeitsgebiete könnten sich diese „weichen" Gerüststrukturen als Blaupausen zur Herstellung metallischer oder anderer anorganischer Materialien mit vordefinierter Dimensionierung eignen. Es sind Anwendungen auf biomolukularer Ebene denkbar.

(n) Biotinylierung

Eine *In-vivo*-Biotinylierung bakterieller, magnetischer Partikel durch eine verkürzte Form einer *E.-coli*-Biotin-Ligase und ein Biotin-Akzeptor-Peptid schildern Maeda et al. (2010). Die *E.-coli*-Biotin-Ligase vermag Biotinmoleküle an den Lysin-Rest eines Biotin-Akzeptor-Peptids (*BAP*) anzulagern, wobei eine Biotinylierung spezieller in *BAP* einbezogener Proteine innerhalb der Zelle durch eine Coexpression der *E.-coli*-Ligase implementierbar ist, d. h. *In-vivo*-Biotinylierung. Diese Form der *In-vivo*-Biotinylierung eignet sich zu der Aufreinigung von Proteinen, der Analyse der Proteinlokalisierung und den Wechselwirkungen zwischen Proteinen innerhalb eukaryotischer Zellen. Aber auch an bakteriell synthetisierten magnetischen NP (*BakMP*), bereitgestellt von *Magnetospirillum magneticum AMB-1*, lässt sich diese Technik in vivo über eine heterologe Expression einer *E.-coli*-Biotin-Ligase durchführen (Maeda et al. 2010). Um *BakMP* einer Biotinylierung zu unterziehen, kann *BAP* mit der Oberfläche eines *BakMP*-Proteins, d. h. *Mms13*, fusioniert werden, mit gleichzeitiger Expression der Biotin-Ligase in der gestutzten (engl. *truncated*) Form, die über keine DNS-bindende Domäne verfügt. Dieser Ansatz in Form einer Trunkierung verhilft, wenn die Biotin-Ligase heterolog exprimiert, zum Wachstum von transformiertem *AMB-1*. Eine Bestätigung der *In-vivo*-Biotinylierung von *BAP* auf *BakMP* geschieht über das Andocken von mit alkalinen Phosphatase gepaarten Antibiotin-Antikörpern.

Im Anschluss kommt es durch einfaches Mischen der mit biotinylierten BAP versehenen *BAP* zum Kontakt mit Streptavidin. Als Ergebnis zeigt sich respektive Streptavidin und gegenüber *in-vitro*-biotinylierter *BakMP* für die *in-vivo*-biotinylierten *BakMP* ein um das 35-fach erhöhtes Bindungsvermögen, wobei bei der *In-vitro*-Biotinylierung die aus bakteriellen Zellen gewonnenen *BakMP* mit einer Biotin-Ligase aus *E. coli* in Kontakt gebracht werden (Maeda et al. 2010). Es steht somit ein verfahrenstechnischer Ansatz zur Herstellung von biotinylierten magnetischen NP zur Diskussion.

(o) Labeling

Die enzymatische Kontrolle der Metallablagerung sehen Möller et al. (2005) als entscheidenden Schritt zum elektrischen Nachweis von DNS-Chips. Neben auf Fluoreszenz beruhenden Analysetechniken scheinen sich Techniken unter Einsatz von schwachen elektrischen Strömen zu eignen. Eine elektrische Erfassung der DNS unter Zuhilfenahme von NP-Labeln in Verbindung mit einer Erhöhung des Metallbudgets bietet sich zum Auslesen der DNS an und offeriert eine Alternative zu den sonst üblichen Fluoreszenztechniken. Einschränkend wirkt sich im Moment die unspezifische Deposition der Metalle aus, die eine verminderte Sensitivität des Assays bewirkt. Möller et al. (2005) stellen zur Metallabscheidung eine auf Enzymen beruhende Technik vor. Eine gezielte Präzipitation der Metalle geschieht exakt an einem Enzymlabel unter Wegfall einer „Hintergrund"-Beschichtung, d. h. punkt-/zielüberschreitend, wie sie üblicherweise beim Wachstum von NP bei konventionellen Techniken auftritt.

Es kommt infolge der angesprochenen enzymatischen Anreicherung/Verbesserung/ (Signal-)Verstärkung zu einer deutlichen Erhöhung der Sensitivität. So sind z. B. bereits einfache Störungen durch die verbesserte Spezifität erfassbar.

Eine elektrische Erfassung der DNS unter Zuhilfenahme von NP-Labeln in Verbindung mit einer Erhöhung des Metallbudgets bietet sich zum Auslesen der DNS an und offeriert eine Alternative zu den sonst üblichen Fluoreszenztechniken. Einschränkend wirkt sich im Moment die unspezifische Deposition der Metalle aus, die eine verminderte Sensitivität des Assays bewirkt. Möller et al. (2005) stellen zur Metallabscheidung eine auf Enzymen beruhende Technik vor. Eine gezielte Präzipitation der Metalle geschieht exakt an einem Enzymlabel unter Wegfall einer „Hintergrund"-Beschichtung, d. h. punkt-/zielüberschreitend, wie bei sie üblicherweise beim Wachstum von NP bei konventionellen Techniken auftritt. Aufgrund der angesprochenen enzymatischen Verbesserung/(Signal-)Verstärkung stellt sich eine deutliche Erhöhung der Sensitivität ein. So sind z. B. bereits einfache Störungen durch die verbesserte Spezifität erfassbar (Möller et al. 2005).

(p) Enzymgesteuertes Wachstum

Enzyme agieren als Katalysatoren beim Wachstum von NP, Abschn. 3.1/Bd. 1. Das enzymgesteuerte Wachstum von NP als Technik zur Entwicklung von optischen Sensoren für diverse Substrate wie Glukose, Alkohole, aber auch Kampfstoffen diskutieren [1]Willner et al. (2006). In ersten Versuchen erweisen sich die von den Metallen aufgenommenen Enzyme gegenüber chemisch-physikalischem Stress als resistent. Ein unter sauren Bedingungen stabiles Enzym arbeitet ebenso unter basischen Bedingungen. Sie stellen weiterhin mit Au-NP modifizierte Enzyme vor, die sich ihren Arbeiten zufolge als erweiterte Biokatalysatoren zur Herstellung von Nanodrähten eignen. Mit NP funktionalisierte Enzyme, aufgetragen auf geeignete Si-Materialien, gestatten eine orthogonale Evolution von Nanodrähten, die aus unterschiedlichen Metallen bestehen ([1]Willner et al. 2006).

(q) *Smart biofactory*

Im Umgang mit Metallen verfügt eine *smart biofactory* oder die mikrobielle Zelle als Produktionsumfeld/-stätte im Sinne einer Bioökonomie über ein breites Spektrum an Möglichkeiten. Hierzu zählen Biolaugung, Biosorption, Biokoagulation, Biotransformationen etc., u. a. auf nanoskaligem Niveau, Abb. 2.1, Tab. 2.22/Bd. 1, Abschn. 2.5.7/Bd. 1. Ähnliche Funktionen übernehmen isolierte Biopolymere wie z. B. prokaryotische S-Layer, Abschn. 5.3.2/Bd. 1, Abb. 5.48/Bd. 1. Im Zusammenhang mit der Aufbereitung/Verarbeitung mineralischer Rohstoffe kommt es infolge veränderter Kundenwünsche, d. h. Wertstoffkomponenten im μm- sowie nm-Bereich, ebenfalls zur Entwicklung neuartiger Techniken. Aktuellen Forschungsarbeiten zufolge eignen sich z. B. magnetische NP z. B. für den Einsatz als hochkompakte Speichermedien.

Jedoch erfordert deren komplex organisierte konventionelle Synthese den Einsatz hoher Temperaturen, eine Vielzahl chemischer Reagenzien und weitere nachträgliche Behandlungen, um die gewünschten Eigenschaften zu erzielen. Das macht die industrielle Produktion von magnetischen NP wirtschaftlich uninteressant. Mit von bislang praktizierten Methoden abweichenden Strategien entsteht via biogene Ansätze ein innovatives Portfolio an Verfahrenslösungen, angepasst an die o. a. Trends. Die mikrobielle Zelle als u. a. chemischer Reaktor kann zu Synthesen von unterschiedlichen Produkten eingesetzt werden. Neben der bislang erfolgreich großindustriellen Erzeugung von Enzymen, Vitaminen u. a. erlauben die zurzeit vorliegenden Arbeiten aus Theorie und Praxis die Erweiterung auf die Synthese von metallischen Partikeln und Clustern auf Mikro- und Nanoebene.

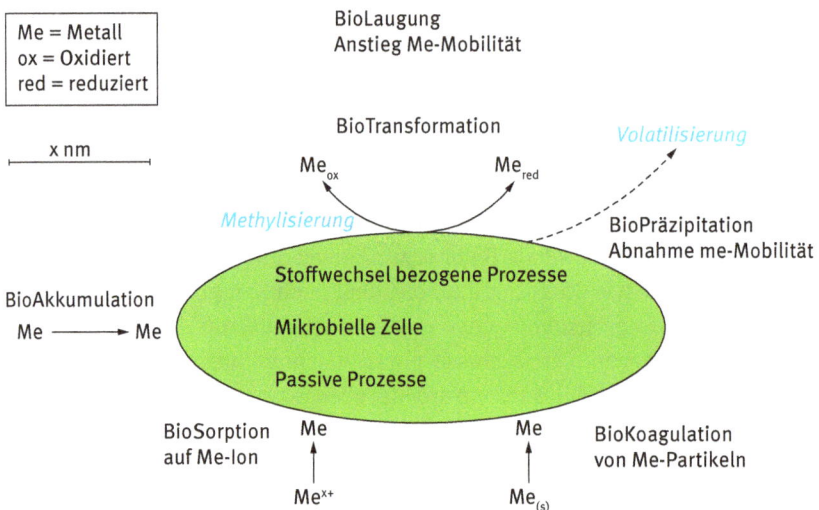

Abb. 2.1: *Smart biofactory* oder die mikrobielle Zelle als nanoskaliges Produktionsumfeld im Sinne einer Bioökonomie (url: Skellefte 2013), zum Vergleich s. a. Abschn. 5.3.2/Bd. 1, Abb. 5.48/Bd. 1.

(r) Komplementärtechniken

Komplementärtechniken können Prozesse im o. a. Sinne im Vorfeld erleichtern. So erzeugt z. B. eine neu entwickelte Technik einen mit hohem kinetischen Potential versehenen Aufprall/Schock, mit dem Ergebnis einer Auflösung der Bindungskräfte zwischen den unterschiedlichen Mineralphasen, z. B. Fe-Oxid in silikatisch-karbonatischer Matrix, Au in Quarzgängen etc., Abb. 2.2. Die Defragmentierung einer Mineralparagenese oder eines Erzes erfolgt entlang den diskreten Korngrenzen, wobei es zu einer nahezu vollständigen Separation der diversen Minerale kommt. Das Verfahren ist bis zu einer Korngröße von 65 µm anwendbar. Es entsteht insbesondere durch die letztgenannte Korngröße ein Angebot an biogen verwertbaren Präkursorn und somit

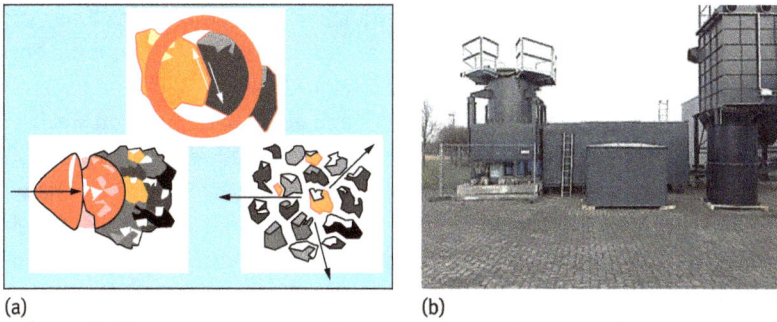

(a)   (b)

Abb. 2.2: (a) *Bottom-up*-Ansatz zur Defragmentierung von Mineralparagenesen entlang den Korngrenzen mit dem Ergebnis einer Liberation und (b) ausführendes Maschinenbauteil als Komplementär zur biogen gesteuerten *smart factory* (url: PMS GmbH).

die Option einer abschließenden biogenen Synthese metallischer NP. Das Prinzip und die Auswirkung ähneln einem *Bottom-up*-Ansatz und lassen sich in eine Produktionslinie vor-/nachschalten.

Im Bereich von Grubenabgängen und Deponien stellt jedoch die Laugung von Metallen durch Mikroorganismen ein beträchtliches Gefahrenpotential für die Umwelt dar. Umgekehrt lassen sich die genannten mikrobiell gesteuerten Prozesse industriell verwerten, z. B. bei der Wiedergewinnung von Metallen aus Feststoffphasen wie z. B. Erzen und Verbrennungsaschen. Augenblicklich gestatten, aufgrund der technischen Entwicklung bzw. des Stands der Wissenschaft und Technik, mikrobielle Laugungstechniken die Produktion von Au und Cu aus Armerzlagerstätten (Biolaugung, engl. *bioleaching*).

Ebenso lassen sich Industrieabfälle wie Flugaschen, Schlämme oder Stäube zur Wiedergewinnung von Metallen behandeln, mit sukzessiver Rückführung in die geeigneten Wirtschaftskreisläufe bzw. Metall verarbeitenden Industrien. Die mikrobielle Wiedergewinnung von Metallen aus Feststoffphasen, d. h. Biolaugung u. a., im Sinne eines *urban mining* gestattet einen Metallkreislauf, der sich eng an biogeochemische Kreisläufe anlehnt und als Ergebnis die Nachfrage nach Ressourcen wie Erz, Energie oder Raum zur Endlagerung von Reststoffen reduziert.

(s) Innovative Technologiemärkte
Zeitgleich mit dem Anwachsen des Datenbestandes auf dem Gebiet der Geomikrobiologie und deren Schnittstellen zu Nachbardisziplinen wie z. B. Biochemie, Kristallographie etc., begleiten signifikante Veränderungen auf technischer Ebene sowie angekoppelter Bedürfnisse seitens der Verbrauchermärkte das Anwachsen der Erkenntnisse im o. a. Sinne. Bedingt durch die Entwicklungen wächst weltweit der Bedarf an Rohstoffen für Zukunftstechnologien.

Diese umfassen u. a. Ga, Ge, Hf, In, Nb, Sc und Ta (IZT & Fraunhofer 2009) mit allen Konsequenzen bei ihrer Gewinnung/Bereitstellung. *Green mining* und die Forderung nach innovativen Techniken stehen im Mittelpunkt zukünftiger Bergbaustrategien. Der klassische Großbergbau wird in dieser Form einen tiefgreifenden Wechsel erfahren, angedeutet durch einen signifikanten Anstieg des Kleinbergbaus (MMSD 2002). Zur Erzeugung von Nanomaterialien steht eine Reihe physikalischer, chemischer und biologischer Methoden zur Verfügung. Insbesondere zur Synthese von Edelmetallen mit bestimmter Form und Größe werden/wurden spezielle Methoden entworfen.

Herkömmliche Verfahren bedienen sich einer Vielzahl unterschiedlicher chemischer, teilweise aufwändiger Techniken/Synthesen. Ungeachtet dessen, dass UV-Strahlung, Aerosol-Techniken, Lithographie, Laser-Ablation, Ultraschall-Felder und photochemischer Reduktion seit geraumer Zeit erfolgreich zur Produktion von NP zum Einsatz kommen, bleiben diese Verfahren kostenaufwändig und beruhen auf der Verwendung von umweltbeeinträchtigenden Ausgangsstoffen (Präkursor). Aus diesem Anlass nehmen Überlegungen zu, technisch regulierbare, umweltfreundliche und nachhaltige Methoden zu entwickeln. Da die Synthese von NP mit unterschiedlicher Komposition, Größe, Form und kontrollierter Dispersion ein zentrales Kriterium innerhalb der Nanotechnologie darstellt, bieten sich hier Impulse für die Entwicklung kosteneffizienter Verfahren an. Diese Vorgänge können technisch verwertet werden. Denn zunehmend besetzen neuartige Werkstoffe in immer kleiner werdenden Systemkomponenten, z. B. nanodimensionierte Halbleiter auf Ge-/Ga-Basis, den Verbrauchermarkt, wobei die Miniaturisierung dieser innovativen Wirtschaftsgüter auf der quasi-molekularen Ebene angekommen ist, d. h. Nanodimension. Die erforderlichen Dosierungen für den Rohstoffbedarf in der Mikrosystem- und Nanotechnologie werden entsprechend immer geringer, jedoch steigen die Ansprüche in Reinheit und Qualität der Produkte erheblich (Ausgangsstoffe). Aufgrund des aktuellen Marktwertes der avisierten Elemente, z. B. Hf, bedingt duch hohe Herstellungskosten und eines stetig steigenden Bedarfs der entsprechenden Technologiebranchen nehmen die Versorgungsengpässe und somit der Preisdruck signifikant zu. Nanoskalige Grundbausteine dienen zum Aufbau von funktionalisierten Superstrukturen. Eine detaillierte Übersicht über Neuentwicklungen und Zielsetzungen an der Schnittstelle Biotechnologie, d. h. Proteine und Nukleinsäuren, und Materialwissenschaften bietet Niemeyer (2001). Bei u. a. Antranikian (2005) ist ein Überblick über Prozesstechnik, mikrobielle Stoffproduktion, Biopolymere, mikrobielle Genome, Aufreinigung u. v. a. im Bereich der Angewandten Mikrobiologie einsehbar.

(t) Mehrwert durch Miniaturisierung

Entscheidend ist die Güte der biogen synthetisierten NP sowie der durch die Mikroorganismen generierten Morphologie und Größe der metallischen Nanocluster. Gegenüber dem *bulk* (Gesamtmasse) erhöht sich aufgrund der veränderten physikalischen Eigenschaften, z. B. mechanisch, optisch etc., erheblich der Wert von Nanomaterialien. So steigt der Verkaufswert für 1 lb (in US $) Ag und Au von 95 bzw. 6650 auf 415 für Ag und auf 26 000 für Au (Song & Kim 2009).

(u) Hybride Materialien

Interessante Ansätze bieten hybride Materialien, die die Wechselwirkung bzw. das Zusammenspiel zwischen an- und organischen Komponenten ausnutzen. Hybride Materialien gewinnen zunehmend an wirtschaftlicher Bedeutung, z. B. über hybride enzymatisch aktive Nanostrukturen berichten Kim & Grate (2003). Liu et al. (2014) modellieren die Adsorption sowie Reaktionen organischer Moleküle auf Metalloberflächen. Estephan et al. (2008) präsentieren Ergebnisse ihrer Arbeiten, die sie im Zusammenhang mit durch Biomoleküle dotierten GaN-Halbleiterelementen gewannen. Sie nutzten hierzu das Erkennungsvermögen von Biomolekülen, d. h. Rekognition, Abschn. 4.4/Bd. 1, d. h. Proteinen oder Peptiden, gegenüber bestimmten Werkstoffen/Feststoffphasen, z. B. GaN, im Sinne einer Biokompatabilität aus. GaN zeichnet sich, als Halbleiterverbindung, durch eine gute Elektrolumineszenz und chemische Stabilität aus. Hierzu wurde ein 12-mer-Peptid mit der Eigenschaft der spezifischen Erkennung von GaN entwickelt. Die Wechselwirkung zwischen nichtpolaren hydrophobischen und polaren Aminosäureresten bestimmt die Adhäsionsaffinität der ausgewählten Peptide. Die sich hierbei einstellenden Interaktionen zwischen Peptid sowie GaN sind quantifizierbar und die hydrophobe Domäne der GaN-Probe ist als ursprünglich für die Bindungsspezifität identifiziert.

Diese Bindungsblöcke im Nanoformat gestatten die kontrollierte Platzierung von Biotin-Streptavidin-Komplexen auf der GaN-Oberfläche. Somit ist das kontrollierte Wachstum neuartiger, strukturierter anorganisch-organischer Hybridmaterialien möglich. In diesem Zusammenhang diskutieren Estephan et al. (2008) die Möglichkeit, diese Form der Bearbeitung von GaN durch biologische Moleküle zur Herstellung von nanostrukturierten Halbleitermaterialien bzw. Bauteilen auszunutzen. Dahingehend ist eine Funktionalisierung von InP-Halbleiterelementen mittels adhäsiven Peptiden beschrieben, wobei die Peptide als molekulare Sensoren auftreten und somit dem Halbleiterelement eine präzisere Aufnahme und Platzierung von bestimmten Komponenten, z. B. Biotin und Streptavidin als Bindepartner, auf der präparierten InP-Matrix gestatten (Estephan et al. 2009). Das eingesetzte Peptid (*YAIKGPSHFRPS*) stammt aus dem „DNA-Pool", d. h. der rekombinanten Bibliothek, eines M13-Bakteriophagen und kann mittels der Phagen-Display-Technik gewonnen werden. Auf z. B. dem Gebiet der Optobioelektronik ist eine Einbindung von einem Redoxenzym und Elektrodenträger erforderlich. Durch Chinon, Bipyrdiniumionen, Derivate von Ferrocen ($C_{10}H_{10}Fe$) und Ferricyanid ($[Fe(CN)_6]^{3-}$) lässt sich in Enzymelektroden ein elektrischer Kontakt herstellen. In diesem Zusammenhang werden Redoxproteinschichten auf leitenden Trägern als Systeme für bioelektronische Anwendungen vorgestellt (Willner & Katz 2000). Die teilweise hochkomplexe Zusammensetzung und Integration der verschiedenen organisch-biologischen Bauteile, z. B. der Verbund von Cofaktor und Affinitätskomplexen in Redoxproteinen, die Einbeziehung von Apoenzymen und letztendlich der Aufbau eines elektrischen Kontakts zwischen Elektrode und Biokatalysator sind für einen möglichen Einsatz in der z. B. Optobioelektronik unerlässlich. Mit C beschichtete magnetische NP sind als Produkte für Verbrauchermärkte absatzfähig, da sie sich gegenüber unbehandelten Materialien über veränderte Dispersionsstabilität, chemische Reaktivität, auszeichnen (url: Aiche), Abb. 2.3.

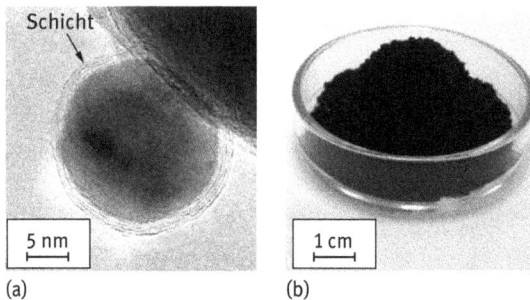

(a)   (b)

Abb. 2.3: (a) Beschichtete Nanopartikel und (b) Produkt für Verbrauchermärkte (url: Aiche 2008).

(v) *Smart materials*

Eine weitere technisch interessante Variante innovativer Werkstoffe, z. B. hybride Materialien, stellt die Verbindung von bioaktiven Enzym-Metall-Kompositen dar. Der Einbau von saurer Phosphatase in eine aggregierte, metallische Matrix aus Au und Ag gestattet eine unter Raumtemperatur ablaufende Reduktion von Metallkationen durch die gemäß der vorab genannten Methode integrierten Enzyme (Ben-Knaz & Avnir 2009). Vom technischen Standpunkt aus gesehen bieten diese Hybridmaterialien, neben der bereits hochentwickelten Kombination und dem Einsatz von organischem Polymer und Metalloxiden zur Präparation von enzymatisch aktiven Materialien, eine erhebliche Erweiterung auf dem Gebiet funktionalisierter *smart materials* an.

(w) Legierung

MTB produzieren hochgeordnete Reihen von einheitlichen Magnetit-(Fe_3O_4-)Nanokristallen und der Einsatz von bakteriellen *mms6*-Proteinen gestattet die formselektive Synthese von Magnetit-NP. Dahingegen tritt Kobaltferrit ($CoFe_2O_4$)-NP nicht in lebenden Organismen auf. Erste *In-vitro*-Versuche, $CoFe_2O_4$-Nanokristallite durch den Einsatz von rekombinanten *mms6*-Proteinen via eine Templat-Synthese zu produzieren, verliefen erfolgreich ([2]Prozorov et al. 2007). Um hierarchische $CoFe_2O_4$-Nanostrukturen als Template zu präparieren, wurde ein komplettes *mms6*-Protein kovalent mit einer synthetischen C-Terminal-Domain eines *mms6*-Proteins verbunden, wobei als Ergebnis ein selbstassemblierendes Polymer entstand. Der beschriebene Syntheseweg ermöglicht eine formspezifische Erzeugung von komplexen magnetischen Nanomaterialien unter Raumbedingungen mit einer Partikelgröße, die zwischen 40–100 nm schwankt und mit konventioneller Technik wirtschaftlich nicht erreichbar ist.

Im Rahmen einer Gewinnung von nanoskaligem $CoFe_2O_4$ mit verwertbaren magnetischen Eigenschaften, synthetisiert durch mikrobielle Reduktion von Metallen, listen Coker et al. (2009) u. a. die Merkmale kristalline Größe (nm), Koerzitivfeldstärke sowie remanente Magnetisierung auf, Tab. 2.1. Bislang werden nasschemische Verfahren zur Herstellung von $CoFe_2O_4$ verwendet. Mit weich- oder hartmagnetischer Konfiguration kommt $CoFe_2O_4$ als oxidische Sinterkeramik, z. B. auf dem Gebiet der Transpondertechnik als u. a. HF-Absorber, zum Einsatz.

Tab. 2.1: Strukturelle und magnetische Eigenschaften von biogenem Magnetit sowie an Co angereicherten Bioferriten (Coker et al. 2009).

Probe	Biomagnetit	Co-Ferrit-1	Co-Ferrit-2
EDX, Verhältnis Co : Fe	0,00 : 1	0,06 : 1	0,30 : 1
RDA, kristalline Größe (nm)	15	16	8
Sättigungsmagnetisierung, M_S (emu g^{-1}) bei 298 K	78	16	8
Remanente Magnetisierung, M_R/M_S bei 298 K/5 K	0,06/0,25	–	0,04/0,62
Koerzitiv-Feldstärke, H_C (Oe) bei 5 K	360	–	7900
Mittlerer Partikeldurchmesser, d_0 (nm)	–	–	7,9
Wahrscheinlicher Partikel-Durchmesser d_p (nm)	–	–	6,8
Dispersionsindex, σ_d	–	–	0,38

(x) Optik

Je nach chemischer Zusammensetzung der Lösung, d. h. Selenit (SeO_3^{2-}), Tellurit (TeO_2) sowie Cd-Chlorid ($CdCl_2$), kommt es zu verschiedenene Farbtönen. So SeO_3^{2-} erzeugt eine typische Rotfärbung, ein dunkles Grün entsteht durch TeO_2 und $CdCl_2$ färbt eine Lösung hellgrün (Pages et al. 2008), Abb. 2.4. Das aerobe, gramnegative Bakterium *Stenotrophomonas maltophilia* reduziert das o. a. SeO_3^{2-} zu elementarem Se^0 und TeO_2 zu Te^0.

(y) Quantenpunkte

Quantenpunkte (engl. *quantum dots* = QD) stellen eine Alternative zu organischen Farbstoffen (engl. *dye*) und fluoreszierenden Proteinen für biologische und biomedizinische Anwendungsbereiche dar. Diese Halbleiternanokristalle werden traditionell

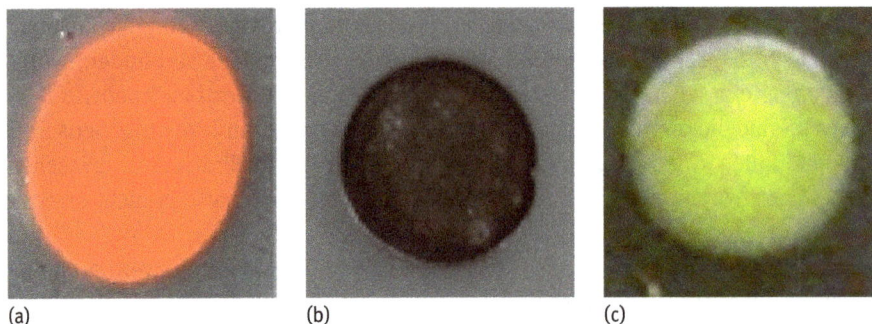

(a)   (b)   (c)

Abb. 2.4: Farben unterschiedlicher metallhaltiger Verbindungen, (a) 10 mM Selenit, (b) 1 M Tellurit sowie (c) 0,5 mM CdCl$_2$ (Pages et al. 2008).

bei einer Temperatur von über 200 °C und unter Einsatz von toxischen und teuren Ausgangsstoffen synthetisiert. Darüber hinaus sind weitere Arbeitsschritte nötig, um sie, im Anschluss, an biologische Liganden anzudocken.

Ein vielversprechender Ansatz beruht auf der biogenen Vorgehensweise. In einer wässrigen Lösung gelang die Biosynthese von Antikörpern derivatisierten Zinksulfid-(ZnS-)Immuno-QDs ([2]Zhou et al. 2010). Einfach zu exprimierende und zu reinigende Fusionsproteine leisten eine doppelte Funktion bei der nanoskaligen Mineralisation – zum einen durch ZnS bindende Sequenzen, d. h. erkennbar durch geeignete Oberflächenanalysen, und zum anderen durch Adaptoren zur Konjugation von Immunoglobin G. Ermöglicht wird diese Eigenschaft durch *tandem repeats*, d. h. Wiederholung kurzer Basenpaare in Folge aufgereiht in DNS oder RNS der B-Domäne des *Staphylococcus-aureus*-Proteins A. Ungeachtet dessen, dass sich für die Synthese von Wurzit-(ZnS-)Kernen sowohl Zinkchlorid (ZnCl$_2$) als auch Zinkacetat (C$_4$H$_6$O$_4$Zn) als Präkursor eignen, erweist sich C$_4$H$_6$O$_4$Zn für die Erzeugung von durch Proteine beschichtete QD als mit den günstigeren Ausgangsparametern versehen, z. B. hydrodynamischer Durchmesser von 8,8 ± 1,4 nm. Mit einer Quantenausbeute von 2,5 %, der Emission von Blaugrün mit den Beiträgen einer Bandkante, d. h. Eckfrequenz/ Frequenzband, von 340 nm sowie durch die Identität der Proteinhülle determinierte Haftstellen (engl. *trapstates*) mit einer Spannweite von 460–665 nm sind die QD biogener Produktion charakterisiert (Zhou et al. 2010).

(z) Bi$_2$Te$_3$-Nanomaterialien

Eine Synthese von metallischen Nanoclustern, die bislang nicht im „natürlichen" genetischen Code gespeichert ist, publizieren Mi et al. (2010). So gelingt mithilfe eines biomolekular unterstützten hydrothermalen Verfahrens die Herstellung von thermoelektrischen Bi$_2$Te$_3$-Nanomaterialien (Mi et al. 2010), Abb. 2.30 (b). Über diese Technik lassen sich hierarchische Nanocluster herstellen, die aus geordneten und ausgerichteten plättchenähnlichen Kristallen bestehen. Ungeachtet der hohen Bildungstemperatur von ca. 220 °C und einer Reaktionszeit von 24 h weisen die Kristallite einen Durchmesser von 100 nm und eine Dicke von 10 nm auf. Das Wachstum der hierarchisch strukturierten Bi_2Te_3 beruht nach Mi et al. (2010) auf einem Prozess der Selbstassemblierung, Abschn. 4.4 (a)/Bd. 1.

Anfänglich dient zur Herstellung von Te-Nanorods/-stäbchen Alginsäure als Templat und Reduktionsmittel. Anschließend wächst Bi_2Te_3 auf der Oberfläche der Te-Stäbchen in einer bestimmten Richtung und formt hierbei eine Nanostring-Struktur. Danach organisieren sich die Nanostrings untereinander Seite an Seite, um geordnete Nanostring-Cluster zu formen. Die Partikelgröße und Morphologie lassen sich über die Konzentration von NaOH einstellen/konzentrieren, das eine entscheidende Rolle betreffs der Bildungsmechanismen von Bi_2Te_3 übernimmt. Auf diese Weise sind auch kleinere polykristalline Bi_2Te_3-Superstrukturen, zusammengesetzt aus polykristallinen Nanorods mit einigen an die Nanorods angebrachten Nanoplättchen, bei geringeren NaOH-Gehalten machbar. Die thermoelektrischen Eigenschaften bei Raumtemperatur sind mit einem durchschnittlichen *Seebeck*-Koeffizienten von $-172 \mu V\,K^{-1}$, einem elektrischen Widerstand von $1,97 \cdot 10^{-3} \Omega\,m$ und einer thermischen Leitfähigkeit von $0,29\,W\,m^{-1}\,K^{-1}$ berechnet worden (Mi et al. 2010).

(aa) Funktionalisierung Magnetosome

Ein genetisches Engineering und die Bionik bakterieller Magnetosomen zur Synthese von Magnetit-NP für die Bio- und Nanotechnologie veröffentlichen Lang et al. (2007). Das Phänomen Magnetotaxis wird über Organellen, die mit Biomolekülen umschlossene, nm-große, intrazelluläre Kristalle aus Magnetit (Fe_3O_4) enthalten, verwirklicht. Die Funktionalisierung von Magnetosomen lässt sich zum einen über die chemische Modifikation von aufgereinigten Partikeln und zum anderen über ein genetisches Engineering von auf das Magnetosom bezogenen Proteinen erzielen. Gegenüber chemischen Methoden bietet das zweite Verfahren Optionen einer besseren Kontrolle sowie Optimierung. Zur Umsetzung der genannten Technik eignen sich eine Vielzahl von Vorgehensweisen und stützen sich auf u. a. Proteintags, Fluorophore sowie den unmittelbaren Einbau von Enzymen in einer sitespezifischen Weise während der Biomineralisation von Magnetosomen. Eine Alternative zur bakteriellen Synthese von Magnetosomen bilden biomimetisch ausgerichtete *In-vitro*-Methoden. Von zahlreichen MTB sind durch gentechnische und biochemische Arbeiten Proteine identifiziert, die Vermutungen zufolge in die Magnetosombildung einbezogen sind. Erste Daten liefern Hinweise, dass diese Proteine Auswirkungen auf die *In-vitro*-Eigenschaften von Nanomagnetit haben. Einen Überblick über u. a. die wesentlichen Merkmale und potenziellen anwendungsbezogenen Möglichkeiten von Magnetosomen, Techniken der Funktionalisierung von Magnetosompartikeln sowie biomimetisch determinierte Wege einer Biomineralisation bieten z. B. Lang et al. (2007).

(ab) Extrazellulärer Magnetit

Nanoskaliger Magnetit (Fe_3O_4) findet in der Medizin, Pharmazie, Beschichtung, Sensortechnik und Photovoltaik Verwendung (Rioux et al. 2010). Zur Bildung von extrazellulären Fe_3O_4-Partikeln aus gering kristallinem Akaganeit (β-FeOOH) bedient sich *Shewanella sp. HN-41* der Reduktion von Fe^{3+} zu Fe^{2+}. Hierzu muss der Stamm unter anaeroben Bedingungen mit Lactat ($CH_3–CHOH–COO^-$) als Elektronendonator und C-Quelle inkubiert werden. Zwecks mineralogischer Analyse sind sowohl der synthetische Akaganeit als auch der biogene Fe_3O_4 einer RDA zu unterziehen, Abschn. 1.3.3.

(ac) Dotierung

Zum ersten Mal konnten *in vivo* Magnetosome von drei verschiedenen Stämmen des Bakteriums *Magnetospirillum* mit Kobalt (Co) dotiert werden (Staniland et al. 2008).

Die Anwesenheit von Co erhöht das Koerzitivfeld der Magnetosome, d. h. das zur Umkehrung der Magnetisierung erforderliche Feld, um einen Betrag von 36–45 %, wobei die Werte vom Stamm und Co-Gehalt abhängig sind. Gemäß Elementanalyse, Röntgenabsorption und magnetischem Zirkulardichroismus lag nach Angaben der Autoren der Co-Gehalt zwischen 0,2 % und 1,4 %. Aufgrund der vorgelegten Daten bietet sich somit ein interessanter Ansatz zum Entwurf von biologisch synthetisierten NP mit hoch einstellbaren magnetischen Eigenschaften.

(ad) Nanospinelle

Durch Fe^{3+}-reduzierende Bakterien sind Nanospinelle generierbar, wobei die Ausgangsmaterialien aus Reststoffen entstammen können (Coker et al. 2007). Bergbau und andere metallverarbeitende Industrien produzieren in großen Mengen u. a. kolloidal Fe^{3+}-haltige Abfälle und die Endlagerung dieser Materialien verursacht hohe Aufwendungen. Hier bieten mikrobielle Ansätze umweltfreundliche Methoden zum Recycling von Fe in Form einer Präzipitation von Nanokristallen aus Magnetit (Fe_3O_4), einsetzbar für diverse Applikationen. Bezogen auf Abfälle kann es zum begleitenden Auftreten von z. B. Mn kommen bzw. innerhalb eines Fe-Spinells lassen sich über Substitution durch andere Metalle veränderte Eigenschaften erzielen, verwertungsfähig z. B. für den Einsatz als Basischemikalie in der Hochfrequenztechnik. Magnetit mit der Formel $Fe^{2+}(Fe^{3+})_2O_4$ vermag andere Elemente wie z. B. Mn aufzunehmen, d. h., das genannte Metall substituiert Fe und liefert Spinelle mit der Formel $M_0^{2+} \cdot Fe_2O_3$. Unter Einsatz von Fe^{3+}-reduzierenden Bakterien sind Mineralisationen der o. a. Art synthetisierbar und Coker et al. (2007) erörtern das Potential dieser Biospinelle für den Einsatz in der Hochfrequenztechnik.

Eine Sondierung der Sitebelegung von durch Co-, Ni- sowie Mn-substituiertem Magnetit unter Verwendung von XAS und XMCD erfolgt durch Coker et al. (2008). Ferrimagnetische NP finden vielseitige Verwendung in der Industrie, z. B. Materialien zur magnetischen Aufzeichnung. Allerdings gestaltet sich die Synthese dieser

Komponenten als sehr kostspielig. Als Alternative nutzen Coker et al. (2008) die Fe^{3+}-reduzierenden Bakterien *Geobacter sulfurreducens* sowie *Shewanella oneidensis* zur Synthese von Spinell-Ferrit-NP mit der generellen chemischen Zusammensetzung $M_xFe_{3-x}O_4$, wobei M für Co, Mn, Ni und Zn steht. Die Reaktion, d. h. dissimilatorische Reduktion von Fe^{3+}-Oxyhydroxiden mit den entsprechenden substituierten Kationen, verläuft unter Raumtemperaturen. Über diverse messanalytische Verfahren gelingt es den Autoren, die Site-Belegung, Valenzen und die vollständigen Strukturen des Fe sowie substituierte Kationen innerhalb der Spinelle zu identifizieren. Ungeachtet der Unterschiede im Reduktionsmechanismus seitens der eingesetzten Mikroorganismen ähneln sich die Ni- und Co-führenden Ferrite. Diese wiederum führen mit unterschiedlichen Gehalten und Koordination Ni^{2+}, Co^{2+} sowie Mn^{2+} (Coker et al. 2008). Anhand der vorliegenden Datenbestände scheinen zur Synthese magnetischer Fe-Oxid-NP *G. sulfurreducens* sowie *S. oneidensis* in Betracht zu kommen.

(ae) Kobaltferrit

Nanoskalige ferrimagnetische Partikel werden in diversen Bereichen eingesetzt, wie z. B. bei Speichermedien, in der Medizin, Pharmazie u. a. Es ist daher die Forderung nach monodispersen NP mit definierter Größe, Zusammensetzung sowie magnetischen Eigenschaften unerlässlich. Über eine mikrobielle Reduktion von Metallen sind eine Synthese und Gewinnung von nanoskaligem Kobaltferrit ($CoFe_2O_4$) mit verwertbaren magnetischen Eigenschaften durchführbar (Coker et al. 2009). Als Mikroorganismus ist das Fe^{3+}-reduzierende Bakterium *Geobacter sulfurreducens* aufgeführt

Eine kombinierte Analytik von EM, Spektroskopie sowie Magnetometrie zeigt für diese Form der Biosynthese eine hohe Ausbeute an kristallinen NP mit engständiger Größenverteilung und magnetischen Eigenschaften, die chemisch synthetisierten Materialien gleichen, Abschn. 1.3.4. Mit der genannten Biosyntheseroute sind gemäß Coker et al. (2009) NP aus $CoFe_2O_4$ mit einer Niedrigtemperatur, Koerzitivfeldstärke von annähernd 8 kOe (ca. $636{,}61\,kA\,m^{-1}$) und einer effektiven Anisotropiekonstanten von ca. $10^6\,erg\,cm^{-3}$ synthetisierbar, Abschn. 5.3.3 (f)/Bd. 1.

(af) Silber (Ag)

Zur biogenen Synthese von Ag-NP liegen diverse Angaben vor, wie z. B. zum Typ des Mikroorganismus, zu Bildungsbedingungen, Präkursor etc. ([1]Lengke et al. 2007, Klaus et al. 1999, Merroun et al. 2001), Abschn. 5.3.2 (e)/Bd. 1. Deepak et al. (2011) äußern sich zum industriellen *Scale-up* einer biogenen Synthese von Ag-NP. Den aktuellen Status und die Zukunftsperspektiven von biologisch produziertem Nano-Ag diskutieren Sintubin et al. (2012).

(ag) Palladium (Pd)

Aber auch Edelmetalle wie Pd mit nanoskaligen, magnetischen Eigenschaften zum Einsatz als Katalysator lassen sich mithilfe von Mikroorganismen synthetisieren (Coker et al. 2010). Aufgrund seiner spezifischen Affinität gegenüber der Biomasse kann Pd^0 durch Redoxprozesse entstehen und via intrazelluläre Immobilisierung fixiert werden. Bunge et al. (2010) evaluieren in diesem Zusammenhang die Exploitation periplasmatischer generierter Pd-NP für Applikationen in der Nanobiotechnologie. Ähnlich argumentieren Deplanche et al. (2010), sie halten eine wirtschaftliche Verwertung von Pd-NP für durchsetzungsfähig, Abschn. 5.3.2 (b)/Bd. 1.

(ah) CdS

Das photosynthetisch aktive Bakterium *Rhodopseudomonas palustris* generiert Cadmiumsulfid-(CdS-)NP ([1]Bai et al. 2009). Die Partikel weisen eine durchschnittliche Größe von 8,01 ± 0,25 nm auf. Als Zeitraum zur vollständigen Ausbildungen sind 48 h angegeben. Im Zusammenhang mit der Erzeugung von CdS scheint eine im Cytoplasma anzutreffende Cystein-Desulfhydrase S^{2-} zu produzieren. Eine Stabilisierung der CdS-NP geschieht durch seitens *R. palustris* sekretierte Proteine. Im Anschluss kommt es zum Transport der NP in den extrazellulären Raum.

(ai) Magnetische Pd- und Pt-Cluster

Über die magnetischen Eigenschaften von Nanoclustern mit einer Größe der Partikel von ca. 1 nm, erzeugt aus Übergangsmetallen (engl. *transition metal*), z. B. Co, Cr, Cu, Mo, Ni, Pt, Zn etc., präzipitiert auf einem biologischen Trägersubstrat, liegen Datensätze experimenteller Studien vor (Herrmannsdörfer et al. 2007). Bei dem Substrat handelt es sich um eine aufgereinigte selbstassemblierende, parakristalline S-Layer von *Bacillus sphaericus* Stamm *JG-A12*. Sie weist eine quadratische Symmetrie auf und setzt sich aus identischen Proteinmonomeren zusammen. Messungen mit einem SQUID-Magnetometer zeigen bei $0 < B < 7$ T sowie $1,8 < T < 400$ K ungewöhnliche magnetische Eigenschaften. So reduziert sich für die Pd- und Pt-Nanocluster, verglichen mit dem Pd- und Pt-Bulk, z. B. deutlich der *Stoner Enhancement Factor* für die Suszeptibilität der leitenden d-Elektronen. Der abgeschwächte Magnetismus der 5d-Elektronen könnte nach Herrmannsdörfer et al. (2007) eine wesentliche Funktion für das Auftreten einer Superkonduktivität in mikrogranularem Pt übernehmen, durch Justierung eines Gleichgewichts zwischen den Wechselwirkungen von Elektron – Phonon und konkurrienden magnetisch ausgerichteten Interaktionen.

Im Vergleich mit einem der entsprechenden als Masse (engl. *bulk*) vorliegenden Übergangsmetalle reduziert sich der *Stoner*-Faktor der Suszeptibilität für die d-Leitband-Elektronen sowohl für die Pd-als auch Pt-Nanocluster in signifikanter Weise. Als wesentlich für das Auftreten der Superkonduktivität im mikrogranularen Pt erachten Herrmannsdörfer et al. (2007) den abgeschwächten Magnetismus der 5d-Elektronen. Er soll ihrer Beurteilung nach eine Balance zwischen den Wechselwirkungen von Elektronen mit Phononen sowie konkurrierenden magnetischen Wechselwirkungen einstellen.

(aj) Singledomäne

Stabile extrahierte Magnetosome, intrazellulär ausgebildet als Singledomäne, aus der Biomasse von *Magnetospirillum magneticum AMB-1* nach 96 h der Kultivierung präsentieren [1]Li et al. (2009), Abb. 2.11. Kommt es zum Bruch der MTB-Zellen, lassen sich die Magnetosome als geschlossene Vesikel unter Einschluss eines einzelnen Kristalls mittels eines Magneten aufreinigen. Die Abtrennung funktionaler Membrane durch Magnetismus findet innerhalb der Nano- und Biotechnologie großes Interesse.

(ak) Dipole

In MTB führt die Bildung von organisierten Architekturen aus Magnetit-(Fe_3O_4-) Magnetosomen zur Ausbildung von permanent wirkenden Dipolen, befähigt zur Magnetotaxis (Posfai & Dunn-Borkowski 2009). Über sowohl übereinstimmende Richtungen zwischen der kristallographischen Ausrichtung ⟨111⟩ mit jener der Ablagerung als auch abweichende Orientierungen informieren Alphandery et al. (2009), Abb. 2.5 (a). Bei der Teilung eines MTB kommt es zum Übertrag bzw. zur Neuorientierung des magnetischen Dipols (Posfai & Dunn-Borkowski 2006), Abb. 2.5 (b). Für Anwendungen auf dem Gebiet der Nanoelektronik, Nanomechanik u. a. steht somit eine vielversprechende Option zur Verfügung, die jedoch noch weiterer Forschung bedarf.

(al) Genetische Aspekte

Die magnetosomspezifische Expression von chimärischen Proteinen aus *Magnetospirillium gryphiswaldense* für Anwendungen in der Zellbiologie und Biotechnologie erörtert Lang (2009). Aufgrund ihrer Eigenschaften (Abschn. 5.4.1/Bd. 1) verfügen Magnetosome, d. h. Organellen, die nanoskaligen Magnetit (Fe_3O_4), umhüllt von einer Membran, enthalten, entsprechend der aktuellen technisch-wirtschaftlichen Machbarkeit, über ein hohes Potential an Einsatzmöglichkeiten. Aus den genannten Überlegungen erfolgen seit geraumer Zeit intensive experimentelle Arbeiten zur Synthese von Magnetit-NP für die Bio- und Nanotechnologie, die auf gentechnischen Ansätzen und den Vorgehensweisen der Bionik von bakteriellen Magnetosomen beruhen (Lang et al. 2007 u. v. a.).

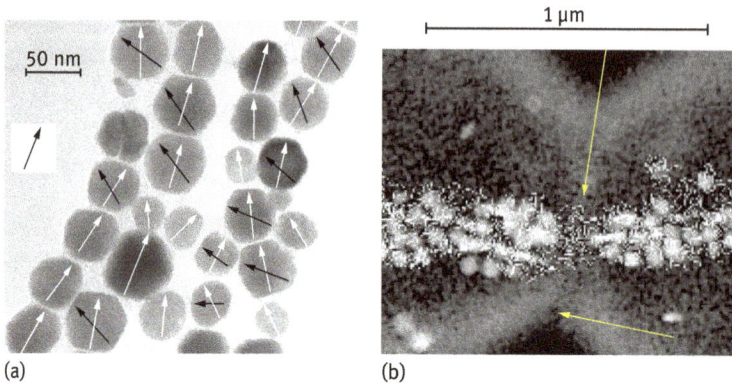

Abb. 2.5: (a) Darstellung der kristallographischen Orientierung während der Ablagerung, wobei der mit „B" ausgewiesene Pfeil die Richtung der Ablagerung wiedergibt. Die weißen Pfeile symbolisieren eine übereinstimmende Richtung zwischen der kristallographischen Ausrichtung ⟨111⟩ mit jener der Ablagerung, die schwarzen Pfeile stehen für den Fall einer abweichenden Orientierung (Alphandery et al. 2009) sowie (b) Teilung eines MTB (gelbe Pfeile) mit Übertrag und räumlicher Neuorientierung des magnetischen Dipols (Posfai & Dunn-Borkowski 2006).

Zusammenfassend

drückt sich die technisch-industrielle Leistungsfähigkeit der enzymatisch kontrollierten Synthese von metallischen Nanoclustern in einer Fülle an experimentell-wissenschaftlichen Arbeiten aus. So eröffnen neue Materialien, Methoden und Analysetechniken der Gewinnung von metallischen Roh-/ Grundstoffen weitreichende Perspektiven. An Produkten sind z. B. magnetische Pd-/Pt-Cluster, Synthese von Au durch Zellextrakte, Nanospinelle, Co-Ferrit, Quantenpunkte u. a. generierbar.

An Techniken steht ein breites Sortiment zur Verfügung, z. B. die Herstellung von Au-NP durch zellfreie Extrakte, die Funktionalisierung von Magnetosomen und die extrazelluläre Synthese magnetischer NP durch z. B. *Shewanella sp. HN-41*. Weiterhin sind Biotemplate ein wichtiges Hilfsmittel bei der Strukturierung nanoskaliger Strukturen oder es sind NAD(+)-/NADH-freie Synthesen angesprochen. Viruscapside und Labelling erhöhen das Angebot an Techniken.

An veränderbaren Eigenschaften steht u. a. die gezielte Dotierung von Magnetosomen via *Magnetospirillum*, geeignet für Anwendungen, zur Diskussion. Insgesamt liegen zahlreiche Publikationen zur z. B. biologischen und biomimetischen Bildung von anorganischen NP (z. B. Aichmayer 2005), praktische und theoretische Problemlösungen für die Enzymkatalyse (z. B. Illanes et al. 2014) usw. vor.

2.2 Materialien

Umweltverträgliche Materialien bilden die Grundlage für den Einsatz im Rahmen der vorgestellten Überlegungen und deren technischer Umsetzung. Zur bioinspirierten Materialsynthese eignen sich eine Fülle von biokompatiblen Präkursorn, Templaten/ Matrizen, nicht pathogenen Mikroorganismen, Biofilmen etc., Abschn. 2.2.2 und 2.2.3.

(a) Analytik

Zur Charakterisierung der NP durch die TEM ist die Biomasse gemäß [1]Gericke & Pinches (2006) zunächst durch Zentrifugieren von der Flüssigkeit zu trennen und im Anschluss zweimal in sterilem, destilliertem Wasser zu reinigen.

Danach sind die Proben für 1 h in 2,5%-haltigem Glutaraldehyd ($CH_2(CH_2CHO)_2$) mit einem 0,075-M-Phosphatpuffer (pH 7,4) zu reinigen, gefolgt durch Reinigung mittels ebenfalls eines 0,075-M-Phosphatpuffers. Nach einer zweiten Fixierung in 1 % Osmiumtetroxid (OsO_4) für 1 h wird das Zellmaterial wiederum in destilliertem Wasser gereinigt. Danach erfolgt eine Dehydration des Zellpellets mit 30 %, 50 %, 70 % sowie in drei Stufen in 100 % Äthanol. Eine nachfolgende Infiltration durch Harz geschieht über die Eingabe des Pellets in 30 % Quetol, d. h., ein Vertreter der Äther tritt als Epoxyharz auf und dient u. a. als Dehydrierungsmittel, eingebettet in Äthanol ([1]Gericke & Pinches 2006).

Anschließend erfolgt für 1 h die Eingabe des Pellets in 60 % Quetol. Nach einer Zentrifugation wird das Pellet für den Zeitraum von 4 h in 100 % Quetol resuspensiert. In der Folge wird für 24 h bei 65 °C eine Polymerisation durchgeführt. Um mögliche Interferenzen zwischen Färbemittel und Au-Partikeln zu vermeiden, verbleiben die Dünnschliffpräparate ungefärbt, die dann mittels einer TEM analysierbar sind. Für die Analyse des zellfreien Extrakts wird ein Tropfen der Probe auf ein C-beschichtetes Cu-Netz aufgetragen. Nach 1 min wird die Lösung über ein Löschpapier (engl. *blotting paper*) entfernt und das Gitter trocknet vor der Analyse an der Luft. Weiterführende in technische Details gehende Anweisungen, z. B. zu Elementanalysen der einzelnen Partikel, finden sich bei [1]Gericke & Pinches (2006).

(b) Spurenelemente (Metalle)

Im Sinne eines Ganzzellverfahrens müssen die zur Biosynthese metallischer NP erforderlichen Kulturlösungen Spurenelemente inkl. Metalle enthalten. Die Spurenelement-Lösungen führen pro Liter deionisiertem Wasser folgende Spurenmetallkonzentrationen:

- 1,5 g Nitriloessigsäure (engl. *nitriloacetic acid* = $C_6H_9NO_6$),
- 0,2 g $FeCl_2 \cdot 4\,H_2O$,
- 0,1 g $MgCl_2 \cdot 6\,H_2O$,
- 0,02 g $Na_2WO_4 \cdot 2\,H_2O$,
- 0,1 g $MnCl_2 \cdot 4\,H_2O$,
- 0,1 g $CoCl_2 \cdot 6\,H_2O$,
- 1 g $CaCl_2 \cdot 2\,H_2O$,
- 0,05 g $ZnCl_2$,
- 0,002 g $CuCl_2 \cdot 2\,H_2O$,
- 0,01 g $Na_2MoO_2 \cdot 2\,H_2O$,
- 1 g NaCl,
- 0,017 g Na_2SeO_3 und
- 0,024 g $NiCl_2 \cdot 6\,H_2O$.

Erfolgreich verläuft eine Biosynthese von Ag-NP durch filamentöse Cyanobakterien ([1]Lengke et al. 2007). Die Versuchsanordnung besteht aus Kulturen von *Plectonema boryanum UTEX 485*, die bei einer Temperatur von 25–100 °C und einem Zeitraum von 28 Tagen mit einer wässrigen Lösung aus Ag^{1+}-Nitrat-Komplexen ($AgNO_3$), d. h. 560 mg l^{-1} Ag, reagieren.

Unter den konventionellen Techniken zur Synthese von Au-NPn, durch die Reduktion von Au^{3+}-Derivaten ermöglicht, nimmt das Verfahren einer Reduktion von $HAuCl_4$ mittels Citrat in einer wässrigen Lösung einen herausragenden Stellenwert ein. Es kommt hierbei aufgrund der Reaktion zur Bildung von Au-NP mit einer Größe von ca. 20 nm (Daniel & Astruc 2004).

(c) Präparation Si-Minerale

Im Zusammenhang mit einer experimentellen Kolonisierung sowie Alteration von Orthopyroxen durch das pleomorphe Bakterium *Ramlibacter tataouinensis TTB310* stellen Benzerara et al. (2004) die Präparation von Pyroxen und Quarz vor. Ihre Versuche stützen sich auf einen Bronzit betonten Orthopyroxen. Eine Präparation von Pyroxen und Quarz in Pulverform lässt sich bei Benzerara et al. (2004) nachlesen. Als Pyroxenvertreter eignet sich Bronzit $(Mg_{0,75}, Fe^{2+}_{0,25})_2[SiO_3]_2$. Das Material wird unter Zugabe von Aceton in einem Achatmörser zerkleinert. Mittels destillierten Wassers folgt eine Reinigung in einem Ultraschallbad. Ebenfalls in destilliertem Wasser ist über eine Sedimatation eine Fraktion < 5 μm erhältlich. Diese wird im Anschluss bei Raumtemperatur getrocknet und steht einer Analyse durch u. a. RDA (Abschn. 1.3.3) zur Verfügung. Pulverfraktionen aus Quarz mit einer Korngröße < 5 μm unterliegen analogen präparativen Maßnahmen. Beide getrockneten Präparate, d. h. Pulver aus Pyroxen und Quarz, werden anschließend durch den 30-minütigen Einsatz einer Autoklave bei einer Temperatur von knapp 140 °C sterilisiert (Benzerara et al. 2004). Bei neutralem bis leicht alkalinem pH-Wert ist zur Verdoppelung einer Lösung/Zersetzung von Wollastonit u. a. folgende in Lösung befindliche Gesamtkonzentration an Liganden erforderlich (Pokrovsky et al. 2009), Abschn. 2.5.3 (c):

- > 0,1 M Acetat (Salze und Ester der Essigsäure: $CH_3COO^- M^+$),
- 0,004 M Äpfelsäure (engl. *malate*: $C_4H_4O_5$) oder 2,4 DHBA,
- 0,01 M Aspartam ($C_{14}H_{18}N_2O_5$),
- 0,075 M Bikarbonat (HCO_3^-),
- $3 \cdot 10^{-4}$ M Brenzcatechin (engl. *catechol* = $C_6H_6O_2$),
- 0,003 M Citrat (Salz der Zitronensäure: $C_6H_8O_7$),
- 10^{-4} M EDTA (Ethylendiamintetraacetat: $C_{10}H_{16}N_2O_8$),
- 0,05 M Format ($CHOO^-$) oder Fumarat ($C_4H_2O_4$),
- 0,002 M Glutamat (Salze und Ester der Glutaminsäure: $C_5H_9NO_4$),
- Huminsäuren auf > 54 mg l^{-1} gelösten organischen Kohlenstoff,
- 0,1 M Lactat (Salze und Ester der Milchsäure: $CH_3–CHOH–COO^-$) bei pH 5,6,
- > 0,05 M Oxalat (COO_2^{2-}),

- $1{,}5 \cdot 10^{-4}$ M Phosphat (PO_4^{3-}),
- $0{,}15$ M Salicylate ($C_7H_5O_3$),
- $0{,}006$ M Tartrat (Salz der Weinsäure: $C_4H_4O_6^{2-}$)
- u. a.

Im Gegensatz zur o. a. Promotion zeigen, z. B. bei einem pH-Wert von 7 und einer Konzentration $> 0{,}1$ M, Fulvosäure, Glucose, Saccharose und Kieselsäure keinen Effekt oder eine geringe Abschwächung hinsichtlich der Auflösung von Wollastonit. Bei folgenden Liganden kommt es zu einer Abnahme der Auflösungsrate um den Faktor 2:

- 2 g l^{-1} Alginsäure (($C_6H_8O_6)_n$)),
- $0{,}001$ M Glucoronsäure ($C_6H_{10}O_7$),
- $2 \cdot 10^{-4}$ Kieselsäure (H_4O_4Si),
- $0{,}02$ M Mannit ($C_6H_{14}O_6$),
- 15 g l^{-1} Pektin ($-$),
- $0{,}05$ g l^{-1} Urea (CH_4N_2O).

Die biogene Synthese sollte im Bedarfsfall auf anorganische Komplementäre zurückgreifen und nach Möglichkeit kombinierte Techniken nicht außer Acht lassen (Pokrovsky et al. 2009).

(d) *Komeili*-Medium und EMSGM

Bei einem *Komeili*-Medium handelt es sich um ein spezielles auf MTB zugeschnittenes Kulturmedium. So lässt sich z. B. eine Kultivierung von z. B. *Magnetospirillum magneticum* in einem *Komeili*-Medium durchführen, unterstützt durch $0{,}2$ g l^{-1} Bohnenpepton und $0{,}1$ g l^{-1} Hefeextrakt (Rioux et al. 2010). Statische Kulturen werden hermetisch versiegelt in *Schott*-Flaschen aufgezogen, versehen mit 80 ml des Wachstumsmediums sowie einem *headspace* von 30 ml. Danach erfolgt bei einer Temperatur von 28 °C und 10 min nach Inokulation die Ausspülung mit einer Mischung aus N_2 und O_2 mit 2% O_2. Nach Zerstörung der MTB-Zellen lassen sich die Magnetosome, d. h. individuelle Kristalle innerhalb geschlossener Vesikel, durch Magnete aufreinigen/-konzentrieren. Generell stößt seitens der Bio- und Nanotechnologie die Abtrennung funktionaler Membrane durch magnetische Separation auf großes Interesse (Rioux et al. 2010). Bei einem EMSGM (*enriched magnectic spirillum growth medium*) handelt es sich um speziell zur Herstellung von Biomagnetit geeignetes Kulturmedium, allerdings mit komplexer Zusammensetzung, d. h. ca. 40 Präkursor, Abschn. 5.5.1 (g)/Bd. 1. Eine betreffs der Inhaltsstoffe weniger aufwändige Variante bietet sich in Form von MSGM (*magnetic spirillum growth medium*) an.

(e) Nanopartikel

Nanopartikel (NP) können als Präkursor auftreten und eine die Nukleation auslösende oder unterstützende Funktion übernehmen. In der Anorganischen Chemie hat sich diese Vorgehensweise bewährt (Bet & Kar 2006, Simpson et al. 2010). Aber auch eine bioinspirierte Synthese von Fe_3O_4, die sich auf als Präkursor auftretende NP stützt, ist aufgezeichnet (Dey et al. 2015). Als die über mehrere Zwischenschritte verlaufende Reaktion fördende NP tritt im vorgestellten Beispiel monodispers vorliegender FeH-Fe^{2+} auf. Als eigentlicher Präkursor für den Reaktionsablauf ist eine ungeordnete, von Ferrihdrit abgeleitete Primärphase angegeben. Im Verlauf der Reaktion kommt es, neben dem Anstieg des pH-Werts, zur Bildung von zetlich intermediär existierenden Sekundärphasen. Diese stellen wiederum das Edukt für die sukzessive Genese von Fe_3O_4 dar. Die Gegenwart eines Additivs in Form eines Polypeptids verhindert die üblicherweise bei dieser Form von Prozess beobachteten Synthese, die Entstehung von Fe^{2+}-führendem sog. „Grünen Rost" ($Fe^{2+,3+}$-Hydroxid). Es entwickeln sich unmittelbar und ohne Zwischenphasen die für die sukzessiv erfolgende finale Nukleation/Wachstum des Fe_3O_4 notwendigen amorphen Aggregate aus FeH-Fe^{2+} (Dey et al. 2015).

(f) Anorganisches Komplementär

In Böden, Sedimenten und Reststoffen des Bergbaus sind Fe_3O_4-NP vorzufinden. Nyirő-Kósa et al. (2009) legen eine Studie vor, die den Einfluss der Synthesebedingungen auf Größe und Form von Fe_3O_4-NP, synthetisiert durch anorganische Copräzipitation, zum Untersuchungsgegenstand hat. An Variablenparametern wurden die Art der Reagenz und ihrer Konzentration, der pH-Wert, ein Temperaturintervall von 9–90 °C sowie der Atmosphärendruck, d. h. O_2, N_2, ausgewählt. Zur messtechnischen Erfassung bzw. Beschreibung der Mineralphase, Morphologie, Verteilung von Größe und Form der entstandenen Fe_3O_4-Partikel kamen sowohl TEM als auch RDA zum Einsatz. Nyirő-Kósa et al. (2009) produzierten Fe_3O_4-NP von ca. 11–120 nm. Sie waren imstande, die mittlere Größe der Kristalle innerhalb dieser Spannweite zu kontrollieren. Die Morphologien der MFe_3O_4-Nanokristallite unterlagen den Bedingungen während der Synthese und variierten entsprechend der Korngröße. So weisen die Kristalle mit einem Durchmesser von 10–25 nm unregelmäßige oder runde Morphologien auf, Kristalle > 50 nm dahingegen zeigen oktaedrische Formen und Nyirő-Kósa et al. (2009) betonen den Einfluss der Synthesebedingungen auf die Größe und die Gestalt der produzierten Fe_3O_4-NP.

2.2.1 Biologische Komponenten

Für die Biosynthese metallischer Nanopartikel/-cluster kommen unter Verwendung biologischer Komponenten zwei Verfahrensansätze in Betracht. Es handelt sich hierbei zum einen um Ganzzellverfahren und/oder zum anderen isolierte Biomoleküle, z. B. in Form von Enzymen, Peptiden. Je nach Wirtschaftlichkeit ist zwischen Ganzzellverfahren oder zellfreien Extrakten zu unterscheiden. Ganzzellverfahren haben den Nachteil größerer Abfallströme. Wichtigste Forderungen sind ein einfacher Aufbau, eine wenig anspruchsvolle Handhabung des technischen Produktionsumfeldes, d. h. Reaktionsabläufe, Wahl der geeigneten Biomoleküle/Mikroorganismen sowie deren Kultivierung (Virkutyte & Varma 2012).

(a) Ganzzellverfahren

Für die chemoenzymatische Synthese im Sinne einer Biokatalyse durch die Gesamtzelle eignen sich eine Reihe von Mikroorganismen und Enzymen/Proteinen für den großindustriellen Einsatz. Hinsichtlich der Produktionsleistung sowie Qualitätsansprüche sind mittels Techniken aus der molekularen Biologie Maßnahmen einer Optimierung und Modifizierung erzielbar (Ishige et al. 2005).

Als Mikroorganismen kommen für Ganzzellverfahren *Stenotrophomonas maltophilia*, *Geobacter sulfurreducens*, *Pichia jadiini*, *Shewanella algae*, *Shewanella oneidensis* in Betracht, Tab. 2.2. Als sehr vielfältig gegenüber Sulfiden erweist sich z. B. *Thiobacillus ferrooxidans*, es attackiert u. a. Bornit (Cu_5FeS_4), Covellin (CuS), Stibnit (Sb_2O_3), Sphalerit (ZnS) u. a. (Ehrlich 2002). Die genannten Mikroorganismen lassen sich unter Laborbedingungen problemlos kultivieren. Aus Gründen einer technisch-wirtschaftlichen Rentabilität ist zunächst von der Verwendung anaerober sowie pathogen wirkender Mikroorganismen, z. B. *Pseudomonas sp.*, abzusehen.

Für z. B. das Kulturprotokoll von *Shewanella putrefaciens* sind folgende Maßnahmen erforderlich. Zunächst müssen alle Behälter, Kolben, Pipetten etc. in einem prästerilen Zustand vorliegen bzw. sind zuvor bei 121 °C für 15 min zu autoklavieren (Varia

Tab. 2.2: Auswahl von Mikroorganismen zur Synthese von Metall(-verbindungen) (Tikariha et al. 2012).

Mikroorganismus	Metall/-verbindung	Metallsalz	Quelle
Stenotrophomonas maltophilia	Au	$HAuCl_4$	Nangia et al. (2009)
Pichia jadinii		$HAuCl_4$	[1,2]Gericke & Pinches (2006)
Geobacter sulfurreducens	Ag	AgCl	Law et al. (2008)
Penicillium brevicompactum WA2315		$AgNO_3$	Shaligram et al. (2009)
Rhodopseudomonas palustris	CdS	$CdCl_2$	[1]Bai et al. (2009)
Shewanella algae	Pt	$PtCl_6^{2-}$	[1]Konishi et al. (2007)
Saccharomyces cerevisiae	Sb_2O_3	Sb_2S_3	[2]Jha et al. (2009)
Saccharomyces cerevisiae	TiO_2	$Ti(OH)_2$	[1]Jha et al. (2009)
M13 Bakteriophage	ZnS	$ZnCl_2$	Flynn et al. (2003)
Fusarium oxysporum	Zr	K_2ZrF_6	Bansal et al. 2004

2012). Gefrorenes Zellmaterial wird unter Zuhilfenahme eines speziellen Kulturmediums (d. h. Tripticase-Soja-Agar = TSA) wiederbelebt und im Anschluss zur Präparation einer Suspension mit einer bestimmten Dichte, d. h. OD = $0,81 \pm 0,01$ = 600 nm, herangezogen. Zur Initialisierung der Flüssigkultur folgt die Zugabe von 1 l TSA in 20 ml der Suspension und das Zellmaterial wird bis zur stationären Wachstumsphase aufgezogen.

Dieser Abschnitt beinhaltet ein Aufrühren bei einer Temperatur von 30 °C mit 300 rpm dem, aus Gründen einer Ernte, ein Zentrifugieren bei 10 000 g für 10 min folgt. Es schließt sich eine zweifache Waschung mit sterilem 0,9 % NaCl und einer Aufkonzentration in 70 ml des o. a. Kulturmediums an. Im Anschluss werden die Zellen 30 min in N_2 gespült und durch Filtration sterilisiert und sollten im finalen Stadium des Protokolls mit einer Konzentration von ca. 10^{10} Zellen vorliegen (Varia 2012), Abb. 2.6. Als Metallassays kommen am Beispiel von Au, Co sowie Fe folgende Präparate zum Einsatz: 500 ppm Au^{3+}, 4000 ppm Co^{2+} sowie 1000 ppm Fe^{3+}, wobei für Au als Ausgangssubstanz $HAuCl_4$, für Co als Edukt $CoSO_4 \cdot 7 H_2O$ und für Fe eine 0,5 M HNO_3-Matrix in Betracht kommt.

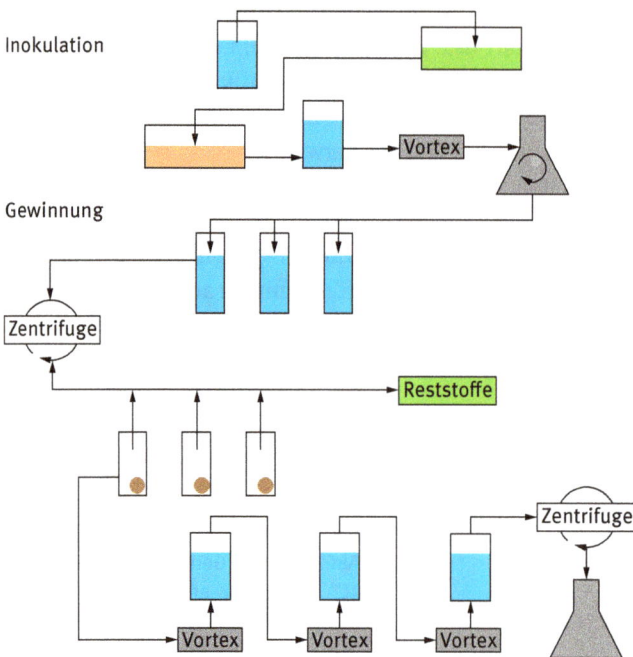

Abb. 2.6: Flussdiagramm für das Protokoll der Kultivierung von *Shewanella putrefaciens* (Varia 2012).

Bezüglich der Synthese von Magnetosomen bietet sich zu Versuchszwecken eine Vielzahl von bakteriellen Stämmen, Plasmiden und Primern an. Bei den bakteriellen Stämmen überwiegen Vertreter von *Magnetospirillum gryphiswaldense*, gefolgt von diversen *E. coli*. An Plasmiden stehen u. a. zur Auswahl: *pK19 mobsacB, pDa97, pDa126, pDa127* u. a. Betreffs Primer sind u. a. *mmpF1, mmpB1, mmpB2, mms16fo6* sowie *mms16rw6* aufgeführt (Schultheiss et al. 2005), Tab. 2.3. An Materialien und Methoden empfehlen die o. a. Autoren u. a. als Kulturlösung ein *Luria-Bertani*-Medium, zur Analytik EM, AAS u. a., zur Isolation der Zellfraktionen eignet sich Zentrifugieren, Abschn. 2.3.9 (c).

Einen Überblick hinsichtlich der Möglichkeiten und Anwendung einer Biosynthese von Au-NP durch Mikroorganismen bieten Tikariha et al. (2012). Au-NP lassen sich, je nach Mikroorganismenvertreter, sowohl extra-/intrazellulär als auch auf der Zellwand zur Ablagerung bringen, Tab. 2.4. So formieren sich z. B. im Fall von *Pyrobaculum islandicum* (*DSM 4184*) die Au-NP extrazellulär, bei *Shewanella algae ATCC 51181* bilden sie sich intrazellulär. *Escherichia coli* erzeugt sowohl intra- als auch extrazel-

Tab. 2.3: Bakterielle Stämme, Plasmide und Primer (Schultheiss et al. 2005).

Stamm, Plasmid oder Primer	Beschreibung oder Sequenz (5′–3′)
Stämme	
Escherichia coli S17-1	*thi pro hsdR recA* mit RP4-2[Tc::Mu, Km::Tn7]
E. coli HMS174	Wirt für phaCAB
Rhodospirillum rubrum	Rif^r, Sm^r spontaner Mutant
Magnetospirillum gryphiswaldense R3/S1	
M. gryphiswaldense Da97	Insertionsmutant mit (truncated) Fragment I von *mms16*
M. gryphiswaldense Da126	Insertionsmutant mit (truncated) Fragment II von *mms16*
M. gryphiswaldense Da127	Insertionsmutant mit (truncated) Fragment III von *mms16*
E. coli HMS174	Wirt für *phaCAB* und/oder *phaP*
E. coli HMS174 (pCS11)	Wirt für *phaCAB* und pCS11 (*mms16-egfp*)
Plasmide	
pK19 mobsacB	Km^r, *sacB* modifiziert aus *B. subtilis*, *lacZα*
pBBR1MCS2	Km^r, *lacZα*
pBBR1MCS5	Gm^r, *lacZα*
pGEM-T Easy	Amp^r, *lacZα*, PCR Klon-Vektor
pJM9238	*phaCAB*
pSN2389	*apdA-ygfp* Fusion in pBBR1MCS2
pCS11	*mms16-egfp* Fusion in pBBR1MCS2
pDa97	pK19 mobsacB, einhält ein 403-bp-Fragment I von *mms16*
pDa126	pK19 mobsacB, einhält ein 309-bp-Fragment II von *mms16*
pDa127	pK19 mobsacB, einhält ein 271-bp-Fragment III von *mms16*
pDa168	pBBR1MCS5 mit *apdA-ygfp* fusioniert
pABC1	*mamC* in pCR-TOPO 2.1 (Invitrogen)
pABC2	*mamC-egfp* Fusion in pEGFP-N3 (Clontech)
pABC3	*mamC-egfp* Fusion in pBBR1MCS2

Tab. 2.3: (fortgesetzt)

Stamm, Plasmid oder Primer	Beschreibung oder Sequenz (5′–3′)
Primer	
mmpF1	GGCAGAGCAGCTTTTTGACTTTG
mmpB1	TTCGCGCATGTTGGACAAC
mmpB2	CGAACACGTCGCGCATTTC
mmpF2	TGGACGACCACAAGGTTCCC
mms16fo6	CATTGCGATGATGGCTGTGC
mms16rw6	TGCGGAACAAGGTGGATTTG
M13fw	GTAAAACGACGGCCAGT
M13rw	CAGGAAACAGCTATGAC
MamCSallrev	GTCGACGGCCAATTCCCTCA
MamCfor	TAAGCCTGACCCTTGAAT

Tab. 2.4: Mikroorganismen zur Synthese extra-/intrazellulärer Au-NP (Tikariha et al. 2012).

Mikroorganismus	Lage	Größe
Pyrobaculum islandicum (*DSM 4184*)	extrazellulär	wenige nm
Lactobacillus sp.	extra-/intrazellulär	20–30 nm, > 100 nm
Shewanella algae ATCC 51181	intrazellulär	10–20 nm
Escherichia coli	extra-/intrazellulär	10 nm (extrazellulär), 20–50 nm (intrazellulär)
Rhodopseudomonas capsulata	extrazellulär	10–50 nm
Pseudomonas aeruginosa	extrazellulär	5–15 nm
Stenotrophomonas maltophilia	intrazellulär	40 nm
Plectonema boryanum UTEX 485	auf Zellwand	10–6 µm

lulär Au-NP und *Plectonema boryanum UTEX 485* generiert Au-NP auf der Zellwand. Hinsichtlich der Kristallgröße sind z. T. erhebliche Schwankungen beschrieben. Die günstigsten Werte werden von *S. algae ATCC 51181*, d. h. 10–20 nm, sowie *Pseudomonas aeruginosa*, d. h. 5–15 nm, erreicht. Bei *E. coli* unterliegt die Größe dem Ort der Bildung, d. h. 10 nm, wenn extrazellulär, und 20–50 nm, wenn intrazellulär erzeugt (Tikariha et al. 2012), Tab. 2.4.

(b) *Cell ghosts*

Im Zusammenhang mit dem Einsatz von S-Layern, als Template zur räumlich-geometrischen Anordnung von diskreten Komponenten und in Abwandlung eines sog. Ganzzellverfahrens bzw. Zellextrakts, stellen Selenska-Pobell et al. (2011) eine weitere Option vor, Abschn. 5.4.2 (m)/Bd. 1. Unter dem Begriff „cell ghosts" eingeführt, arbeiten die o. a. Autoren mit leerem, nur mit der S-Layer umhülltem Zellmaterial. Die mittels S-Layer-Templaten synthetisierten Au-NP der sog. *cell ghosts* differieren in sowohl Größe als auch chemischer Reinheit.

Die im Zuge unbehandelter S-Layer bereitgestellten Au-NP verfügen über eine Größe von 4 nm, die mittels *Cell-ghost*-S-Layer erzeugten NP erreichen eine Größe von 2,5 nm. Chemisch produzieren die mit lebendem Zellmaterial verbundenen S-Layer Au-NP aus einer Mischung von Au^0 sowie Au^{3+}, die durch *cell ghosts* synthetisierten Au-NP bestehen gemäß Selenska-Pobell et al. (2011) überwiegend aus Au^0. Präparative Maßnahmen beginnen, unter einem einstündigen Rühren bei Raumtemperatur, mit einer Zelllysis in einem 10-mM-HEPES-Puffer (pH 7) mit 2 mM EDTA sowie 0,15 % SDS versetzt. Für eine vollständige Abtrennung der Cytoplasmamembran sowie der mit ihr verbundenen *SlaB*-Proteine muss das Lysat im Anschluss unter einem zwölfstündigen Rühren mit 2 % SDS behandelt werden.

Danach wird die Suspension für ca. 30 min zentrifugiert, der obere weißliche Anteil des Pellets wiederum in einem 2 mM EDTA sowie 2 % SDS führenden HEPES-Puffer (pH 7) resuspensiert und diese Fraktion bei einer Temperatur von 60 °C für 1 h inkubiert. Dieses Procedere ist zweimal zu wiederholen. Das nach der o. a. Behandlung erhaltene, die aufgereinigten äußersten S-Layer-Sacculi führende Material, d. h. *cell ghosts*, ist dann in *aqua dist.* (pH 6,4) zu resuspensieren. Zum Abschluss ist SDS von den *cell ghosts* durch mehrmaliges Reinigen mittels *aqua dist.* abzutrennen (Selenska-Pobell et al. 2011). Eine Herstellung der Au-NP ist in zwei Schritten machbar (Selenska-Pobell et al. 2011):

(1) Zunächst ist eine Au^{3+}-Anlagerung auf den *SlaA-ghosts* erforderlich. Hierzu ist, unter Raumbedingungen sowie Ausschluss von Licht, für 24 h eine 40 ml umfassende 3-mM-Lösung von HAuCl4 mit einen pH von 2,5 einer Inkubation mit 4 mg *SlaA-ghosts* zu unterziehen. Nach erfolgter Präzipitation von Au sollte sich der pH-Wert auf 3 einpendeln. Bei anweichendem pH-Wert ist eine Nachbehandlung mit NaOH erforderlich. Der verbleibende Rest von nicht präzipitiertem Au ist zum einen durch Zentrifugieren und zum anderen durch dreimaliges Reinigen mit durch *aqua dist.* von dem *SlaA-ghost*-Pellet zu entfernen.

(2) Der zweite Schritt, d. h. Reduktion von Au^{3+} zu Au^0, lässt sich unter Verwendung von 22 mM *DMAB* (= Dimethylaminoboranhydrid = $C_2H_{10}BN$) unter Einstellung des pH-Werts auf 9 implementieren. Unter diesen Bedingungen dissoziieren die SlaA-ghosts in ihre Monomere und nach Eingabe von DMBA zerfallen die *SlaA-ghosts*. Danach wird die Lösung für 20 min bei einer Schleuderziffer von 9000 g zentrifugiert.

Zur analytischen Erfassung der Ergebnisse eignen sich EDX sowie TEM, Abschn. 1.3.2, Abschn. 1.3.4.

(c) Biomoleküle/Enzyme

Je nach Art und Umfang können Biokatalysatoren, vorgesehen zur Biotransformation, eingebunden in eine komplette lebende Zelle (*black box*) und als extrazelluläres Biomolekül, z. B. Exoenzyme (Abschn. 3.3.4/Bd. 1), eingesetzt werden.

Tab. 2.5: Eigenschaften von Biokatalysatoren bei der Biotransformation in kompletter lebender Zelle (*black box*) und isolierten Enzymen.

Ganze lebende Zelle	Isoliertes Enzym
Vorteil	
Weites Reaktionsspektrum	Hochselektiv
Regenerierung von Cofaktoren	Einfache Anwendung
Einfache Geräteausstattung	Einfache Geräteausstattung
Nachteil	
Unerwünschte Nebenreaktion möglich	Auf eine Reaktion beschränkt
Hohes Abfallaufkommen	Keine Cofaktor-Regenerierung

Die Vorteile ganzer lebender Zellen bestehen u. a. im Portfolio eines weiten Reaktionsspektrums, einer Regenerierung der Cofaktoren, von Nachteil sind u. a. das hohe Abfallaufkommen. Enzyme verhalten sich hochselektiv, sind einfach anzuwenden, aber auf eine Reaktion beschränkt, Tab. 2.5.

Eine komplexe chemische Reaktionskinetik (DiChristina et al. 2005), i. d. R. durch Redoxreaktionen initiiert, kann unter Einsatz von „kalter" Energie entsprechende metallische Nanocluster bilden (Moghaddam 2010, Sadowski et al. 2008, Saifuddin et al. 2009). Die Bindung erfolgt über verschiedene Möglichkeiten, z. B. über diverse Komplexbildner wie z. B. Chelatkomplexe, Siderophore u. a., Abschn. 4.5.1 und 4.5.2/Bd. 1.

Laccasen als Vertreter der Oxidoreduktasen zählen zu Cu-haltigen Oxidasen. Ihre Funktion besteht in der Katalyse einer monoelektronischen Oxidation von Substraten auf Kosten des Sauerstoffs (O_2). Sie arbeiten unter Raumbedingungen und produzieren als Nebenprodukt ausschließlich H_2O und eignen sich u. a. für Maßnahmen im Sinne einer Bioremediation bzw. geobiotechnologischen Sanierung (Riva 2006), Abschn. 2.5.3.

(d) Alginat-Gel

Zur Entwicklung einer auf Glukose sensitiven Plattform lässt sich in einer Matrix aus Alginat-Gel mit eingekapselten Keimen aus Au-NP und Glucoseoxidase (GOx) das *In-situ*-Wachstum von Au-NP durchführen ([2]Lim et al. 2010). Hierbei kommt es in der Matrix aus Alginat an den Au-NP-Keimen, bedingt durch die Reduktion von $AuCl_4^-$ durch H_2O_2, zur gleichzeitigen Kristallisation von Au-NPn. Die Ermittlung des Glucoselevels ist erfolgreich über die Anbindung einer Ausdehnung von Au-NP, gekoppelt mit der Oxidation von Glucose und katalysiert durch die immobilisierten Glucoseoxidasen, durchführbar. Die Ausdehnung der As-NP innerhalb der Alginatmatrix zeigt für das Absorptionsmaximum nur eine Rot-Verschiebung (*shifting*), wohingegen bei höherer Glucosekonzentration die Generierung von kleinen Au-NP in „freier" Lösung ein Blau-Shifting verursacht. Aufgrund ihrer Studie verweisen [2]Lim et al. (2010) auf die Möglichkeit, dass sich die Co-Enkapsulation von metallischen NP und einem in einer

Gelmatrix engebetteten Biorezeptor zur Herstellung von optisch aktiven Biosensoren eignen könnte.

(e) Mms16

Im Zusammenhang mit Studien zu magnetosombezogenen Proteinen, d. h. *Mms16*, werden eine Reihe präparativer Maßnahmen für sowohl bakterielle Stämme als auch Plasmide vorgestellt, u. a. von Wachstumsbedingungen (Schultheiss et al. 2005). Betreffs des Wildtyps eignet sich *M. gryphiswaldense R3/S1* als Referenzstamm. Eine Aufzucht erfolgt in einem Kolben unter mikroaerobischen Bedingungen bei 28 °C sowie mit 50 µM Fe^{3+}-haltigem Citrat als Kulturmedium. Die Kultivierung auf einem festen Medium lässt sich mikroaerobisch auf aktivierter Holzkohle bei einer Temperatur von 28 °C durchführen. Zwecks der Lokalisierung von *Mms16* und Studien zur Bildung von PHB (Polyhydroxybutyrat = $C_4H_8O_3$) wird Zellmaterial vom rekombinanten *E. coli* HMS174 in einem *Luria-Bertani*-Medium bei einer Temperatur von 35 °C aufgezogen. Nach Einstellung einer optischen Dichte von 1,0 bei 600 nm wird der Kultur unterstützend 1 % wt/vol Glucose ($C_6H_{12}O_6$) hinzugegeben und für weitere 20 h die Temperatur auf 39 °C erhöht (Schultheiss et al. 2005). Eine anschließende Analytik mittels einer thermalen Demagnetisierung, d. h. 10–300 K, der Einsatz von Hysteresekurven und der magnetisierenden Kraft (H)) und Umkehrkurven erster Ordnung (engl. *first-order reversal curves* = FORC) liefert verwertbare Ergebnisse.

(f) S-Layer

Die regelmäßig angeordneten Poren kristalliner S-Layer-Proteine bieten geeignete Bereiche für eine Nukleation von NP mit definierter Größe (Mobili et al. 2013), Abschn. 5.4.2/Bd. 1. So lassen sich z. B., nach Behandlung mit Tetrachlorgoldsäure ($HAuCl_4$) sowie Bestrahlung mit Elektronen, unter Verwendung von S-Layer-Proteinen von *Lysinobacillus sphaericus* aus Thiolgruppen (Abschn. 2.3.7 (f)/Bd. 1) Au-Nanocluster bilden und/oder Pd aus Carboxylgruppen (Abschn. 2.3.7 (c)/Bd. 1) erzeugen, wenn sie einer Lösung aus Na_2PdCl_4 ausgesetzt sind. Durch Zuführung von H_2 kommt es zur Reduktion von Pd^{2+} zu Pd^0, ausgebildet al.s NP mit einer Größe von ca. 1 nm. Ebenso ist CdS mit einer Ausdehnung von 4–5 nm, arrangiert in symmetrischer Anordnung, über eine ähnliche Methode erzielbar (Mobili et al. 2013). Bei der Synthese von Edelmetallclustern auf S-Layern und deren katalytische Eigenschaften sind geeignete Reduktionsmittel beschrieben (Kirchner 2005). Für die Präzipitation von Pt^{2+}-Komplexen eignet sich z. B. Dimethylaminoboran (DMAB).

(g) Magnetosome

Eine Synthese von Magnetosomen, arrangiert zu Ketten, ist über wenige Arbeitsschritte machbar ([2]Li et al. 2009). Die anfänglich nicht magnetischen Zellen werden in/unter mikroaeroben Batchkulturen bei 26 °C in einem modifizierten, magnetisch wirksamen Medium, geeignet zum Wachstum von *Spirillum sp.*, aufgezogen.

Nach ca. 20–24 h beginnt innerhalb des Zellkörpers, und entsprechenden TEM-Analysen zufolge, eine gleichzeitige Mineralisation der Magnetosomkristalle an verschiedenen Stellen. Im Anschluss kommt es zu einem raschen Wachstum, das unter den aufgeführten Kulturbedingungen ca. 48 h anhält. Die mit diesem Ansatz synthetisierten Magnetosome assemblieren in drei bis fünf Unterketten, die sich entlang der Längsachse der Zelle ausrichten. Eventuell existiert zu Zwecken einer linearen Verankerung der Magnetosomvesikel eine hierfür speziell angelegte Membran innerhalb der Zelle. Nach 96 h Kultivierung bilden sich innerhalb der Zelle kubooktaedrische Magnetosomkristalle mit einer durchschnittlichen Korngröße von ca. 40 nm ([2]Li et al. 2009). Bei entsprechend großer Zelldichte lässt sich in einer Chemostatkultur mit *Magnetospirillum gryphiswaldense* die Großproduktion von Magnetosomen durchführen. Zur Steigerung der Produktionsrate tragen u. a. Luftzufuhr, Rührrate des Bioreaktors sowie, mit unterschiedlichen Konzentrationen, Na-Lactat ($NaC_3H_5O_3$) und Lactat ($CH_3-CHOH-COO^-$) bei ([2]Liu et al. 2010).

(h) Extraktion Nanopartikel

Aus der Biomasse sind die Nanokristallite vollständig extrahierbar. Die Gewinnung von metallischen NP gelingt mittels einfacher Magnetscheidung (Xie 2009, Yoshino & Matsunaga 2006). Über die Extraktion von Magnetosomen aus *Acidithiobacillus ferrooxidans* gibt eine Publikation von Xie et al. (2005) Auskunft. Speziell biologische Matrizen unterschiedlichster Herkunft und Zuammensetzung scheinen sich zur Aufkonzentration und sukzessiven Extraktion von NP zu eignen (Gray et al. 2013). Aufgrund ihrer speziellen physikalisch-chemischen Beschaffenheit kommen insbesondere bakterielle Zellwände in Betracht. So fixieren elektrostatische Kräfte auf bakteriellen S-Layern NP (Györvary et al. 2004). Als Technik zur Reduzierung des Oberflächenareals eines Kristalls zum Schutz gegen biologische Beschädigung scheint sich die Koaleszenz als Option anzubieten (Nair & Pradeep 2002).

2.2.2 Kulturmedien

Einer gezielten Synthese metallischer NP gehen geeignete Kulturmedien voraus. Zunächst gilt es, die idealen Bedingungen durch geeignete Reagenzien oder Präkursern sowie Kultur-/Nährmedien vorzubereiten. Als Quellen für C kommen eine Vielzahl von Reagenzien in Betracht, z. B. Saccharose ($C_{12}H_{22}O_{11}$), CO_2, Trisodiumcitrat ($Na_3C_6H_5O_7$), Tab. 2.6. Rezepturen für die zur Aufzucht erforderlichen Reagenzien und Kultur-/Nährmedien (engl. *growth medium*) finden sich in allen Lehrbüchern auf dem Gebiet der Mikrobiologie, z. B. Madigan & Martinko (2009) u. a. Um Verwechslungen mit dem im Zusammenhang mit Enzymreaktionen verwendeten Begriff

„Substrat" zu vermeiden, findet sich im Rahmen der vorliegenden Arbeit der Term „Kultur-/Nährmedium" bzw. „Nährsubstrat". Für jedes Bakterium mit der Zielsetzung einer Verwertung ist zwecks der Vermehrung ein geeignetes Ambiente/Habitat betreffs biochemischer und -physikalischer Parameter bereitzustellen. Das biochemische Umfeld, d. h. Nährstoffe, wird durch ein entsprechendes Kulturmedium zur Verfügung gestellt und hängt von den Ansprüchen der betroffenen Biomasse und den Zielsetzungen der jeweiligen Untersuchung ab. Je nach Absicht und Gebrauch steht eine Vielzahl unterschiedlicher Typen an Kulturmedien zur Verfügung. Sie unterliegen einer kontinuierlichen Weiterentwicklung. Kulturmedien finden Verwendung bei der Isolation und Unterstützung von z. B. bakteriellen Reinkulturen, dienen aber auch, entsprechend ihren biochemischen und physiologischen Merkmalen, der Identifikation von Bakterien. Insgesamt variieren die Art der Kultivierung von Mikroorganismen und der Zweck des Kulturmediums innerhalb eines ausgedehnten Spektrums.

Zur Aufzucht von batchbezogenen Reinkulturen eignen sich flüssige Medien, wohingegen feste Kulturmedien u. a. zur Isolation von Reinkulturen, zur Evaluation von wachstumsfähigen/brauchbaren bakteriellen Populationen u. a. Verwendung finden.

(a) Typen Kulturmedien

Entsprechend ihrer Zusammensetzung oder Verwendung lassen sich Kulturmedien in mehrere Kategorien unterteilen. In einem synthetischen Medium ist die chemische Zusammensetzung exakt bekannt, Tab. 2.6 und 2.7, wohingegen in einem komplexen, undefinierten Medium keine Informationen über die chemischen Bestandteile vorliegen, Tab. 2.8. Definierte Medien setzen sich für gewöhnlich aus reinen Biochemikalien (*off the shelf*) zusammen. Komplexe Medien enthalten komplexe Materialien biologischer Herkunft, z. B. Hefeextrakt, deren präzise chemische Komposition allerdings unbestimmt bleibt. Ein definiertes Medium stellt ein minimiertes Medium dar, denn es enthält die exakte Menge an Nährstoffen inkl. Wachstumsfaktoren, die seitens des betroffenen Mikroorganismus benötigt werden, Tab. 2.6. Der Gebrauch eines minimalen Mediums setzt seitens des Untersuchers für den in Frage kommenden Mikroorganis-

Tab. 2.6: Medium zur Aufzucht des heterotrophen Bakteriums *Bacillus megaterium*.

Ingredienz	Gehalt	Funktion
Saccharose	10,0 g	C- und Energiequelle
K_2HPO_4	2,5 g	pH-Puffer, P- und K-Quelle
KH_2PO_4	2,5 g	pH-Puffer, P- und K-Quelle
$(NH_4)HPO_4$	1,0 g	pH-Puffer, N- und P-Quelle
$MgSO_4 \cdot 7\,H_2O$	0,20 g	S- und Mg^{2+}-Quelle
$FeSO_4 \cdot 7\,H_2O$	0,01 g	Fe^{2+}-Quelle
$MnSO_4 \cdot H_2O$	0,007 g	Mn^{2+}-Quelle
H_2O	985 ml	pH 7,0

Tab. 2.7: Definiertes Medium zur Aufzucht des lithoautotrophen Bakteriums *Thiobacillus thiooxidans*.

Ingredienz	Gehalt	Funktion
NH_4Cl	0,52 g	N-Quelle
KH_2PO_4	0,28 g	P- und K-Quelle
$MgSO_4 \cdot 7 H_2O$	0,25 g	S- und Mg^{2-}-Quelle
$CaCl_2 \cdot 2 H_2O$	0,07 g	Ca^{2+}-Quelle
Elementarer S	1,56 g	Energiequelle
CO_2	5 %	C-Quelle
H_2O	1000 ml	pH 3,0

Tab. 2.8: Ausgewähltes angereichertes Kulturmedium zur Aufzucht extremer halophiler Formen.

Ingredienz	Gehalt	Funktion
Casaminosäure	7,5 g	N-, P-, S-, Aminosäure-Quelle
Hefeextrakt	10,0 g	Für Wachstum
Trisodiumcitrat ($Na_3C_6H_5O_7$)	3,0 g	C- und Energie-Quelle
KCl	2,0 g	K^+-Quelle
$MgSO_4 \cdot 7 H_2O$	20,0 g	S^- und Mg^{2+}-Quelle
$FeCl_2$	0,023 g	Fe^{2+}-Quelle
NaCl	250 g	Na^+-Quelle für Halophile und wachstumshindernd für Nichthalophile
H_2O	1000 ml	pH 7,4

mus genaue Kenntnisse hinsichtlich seiner Ansprüche an Nährstoffen voraus. Chemisch definierte Kulturmedien eignen sich zur Bestimmung der minimalen Anforderungen an das Nährstoffangebot durch den betroffenen Mikroorganismus für physiologische Studien etc.

(b) Komplexe Nährsubstrate

Komplexe Nährsubstrate bieten i. d. R. das gesamte Spektrum an Wachstumsfaktoren an, die von einem Mikroorganismus benötigt werden. Sie eignen sich zur Kultivierung unbekannter Mikroorganismen, deren Bedarf an Nährstoffen komplex ist, d. h., zur Aufzucht sind eine Reihe von Wachstumsfaktoren erforderlich. Besondere Anforderungen an die Zusammenstellung der Kulturmedien stellen speziell die Prinzipien der Selektion und Anreicherung dar. Im Fall eines selektiven Mediums werden eine oder mehrere Komponenten hinzugegeben, wenn ein Wachstum von bestimmten Typen oder Spezies an Bakterien verhindert oder umgekehrt von einer gewünschten Spezies unterstützt werden soll. Es sind zusätzlich physikalische Größen wie z. B. Temperatur oder der pH-Wert einstell- bzw. steuerbar. Auch auf diese Weise lassen sich selektive Maßnahmen durchführen. Für einige insbesondere pathogene Formen gelang allerdings bislang keine Bereitstellung von artifiziellen Nährsubstraten. Es ist zwischen einer Rein- und Laborkultur zu unterscheiden.

(c) Zusammengesetzte Kulturmedien

Zur Aufzucht von alkaliphilen Formen, geeignet zur industriellen Produktion unterschiedlicher Wirtschaftsgüter, bieten sich speziell zusammengesetzte Kulturmedien an. Sie enthalten u. a. Glucose, Stärke, Polypeton, Mg^{2+}-Quellen wie z. B. $Mg_2SO_4 \cdot 7 H_2O$ u. a. (Horikoshi 1999), Tab. 2.9. Mittels der genannten Rezepturen sind u. a. organische Säuren, Enzyminhibitoren u. a. synthetisierbar.

Tab. 2.9: Basismedien für alkaliphile Mikroorganismen (Horikoshi 1999).

Ingredienz	Rezeptur 1 ($g\,l^{-1}$)	Rezeptur 2 ($g\,l^{-1}$)
Glucose	10	0
Lösl. Stärke	0	10
Hefeextrakt	5	5
Polypepton	5	5
K_2HPO_4	1	1
$Mg_2SO_4 \cdot 7 H_2O$	0,2	0,2
Na_2CO_3	10	10
Agar	20	20

(d) Agar

Ein häufig verwendetes gelierfähiges Mittel zur Herstellung von festen und halbfesten Medien ist Agar, ein aus Rotalgen gewonnenes Hydrokolloid. Es eignet sich zum einen aufgrund seiner physikalischen Eigenschaften (es schmilzt bei 100 °C und verbleibt bei Abkühlung bis 40 °C als Liquidphase) und zum anderen wegen seiner Unversehrtheit gegenüber stoffwechselbezogenen Prozessen im Zusammenhang mit Mikroorganismen als Mittel zur Aufzucht. Als Bestandteil eines Nährmediums verhält es sich verhältnismäßig inert und bindet Nährstoffe in wässrigen Lösungen.

(e) Metallhaltige Assays

Zur Präparation eines Inventars an Metalle führenden Assays von z. B. Au^{3+} und Co^{2+} sind folgende Schritte erforderlich (Varia 2012):
- Für eine Lösung, die 500 ppm Au^{3+} enthält, ist 1 g eines Au^{3+}-Chlorid-Hydrats ($HAuCl_{4\,(aq)}$ = 393,83 g mol^{-1}) in 1 l H_2O zu lösen.
- Ist ein Co-haltiges Präparat mit z. B. 4000 ppm Co^{2+} herzustellen, sind Tabletten mit 19,081 g Kobaltsulfatheptahydrat ($CoSO_4 \cdot 7 H_2O_{(aq)}$ = 281,1 g mol^{-1}) heranzuziehen.

– Im Fall von z. B. 1000 ppm Fe ist eine 0,5 M HNO_3 Standardlösung von $Fe(NO_3)_{3\,(aq)}$ zu benutzen.

Die auf die o. a. Art erzeugten Lösungen sind zur Einstellung des pH-Werts mit 2 M $NaOH_{aq}$ bzw. 2 M $HNO_{3(aq)}$ zu behandeln. Zur finalen Metallkonzentration von 30–300 ppm sind 50 ml der Lösungen in 100-ml-Kolben abzufüllen, zu versiegeln und für 15 min bei 121 °C zu autoklavieren. Die Zugabe eines Puffers zu den wässrigen Metallassays ist nicht erforderlich (Varia 2012).

Nach Zusammenführen der metallführenden Lösungen und den gewaschenen bakteriellen Zellsuspensionen sind diese zum Zwecke anoxischer Bedingungen für 60 min mit gasförmigem N_2 und sukzessive für ca. 20 s mit $H_{2\,(g)}$ zu reinigen. Über den Gebrauch der *Henry*-Konstante (k_H) lässt sich der Anteil des in Lösung befindlichen H_2 kalkulieren, mit dem Ergebnis einer finalen Konzentration von 0,79 mM für 50 ml in 100 ml Assay (Varia 2012).

Zusammenfassend

lässt sich vermerken, dass sich im Labormaßstab *Bottom-up*-Strategien unter verhältnismäßig wenig kostenaufwändigen Reagenzien und Kulturmedien implementieren lassen, die wiederum nach Verwendung keine signifikanten Kosten bei der Entsorgung verursachen. Auch stehen einfache Präparationstechniken für metallhaltige Assays zur Disposition. Im Anschluss sollte eine technisch machbare und somit wirtschaftlich profitable Biosynthese von metallischen Nanoclustern auf einer wenig komplexen Geräteausstattung beruhen und auch unter einfachen Bedingungen verwertbare Ergebnisse, d. h. Produkte, ermöglichen, die zumindest in der Anfangsphase einer biogenen Produktion auf einem wenig komplexen apparativen Aufbau basieren.

2.2.3 Geräteausstattung

Neben der apparativen Ausstattung im Bereich Qualitätssicherung, wie TEM, sollte zur eigentlichen Synthese eine verhältnismäßig sowohl für den Labormaßstab als auch in Hinblick eines industriellen Einsatzes einfach zu handhabende Geräteausstattung als wichtige technische Rahmenbedingung angestrebt werden. Je nach Zielsetzung, d. h. Enzymproduktion, Metallsalzen etc., ist ein Inventar an bestimmten Geräten unerlässlich. Dieses besteht im Labormaßstab aus unterschiedlichen Konstruktionen und orientiert sich nach der angestrebten Produktion, statistischen Versuchsplanung etc. und erfasst u. a. Bioreaktor (Abb. 2.7), Tauchbecken für Bioelektrochemie (Abb. 2.8), Zentrifuge, Partikelmessgerät, Abfüllgeräte, Entsorgungssystem. In das analytische Umfeld sollten eine RFA sowie RDA in portabler Form und eine HPCl (Abschn. 1.3.5 (f)) integriert sein. Zur Synthese und Entnahmen von z. B. Tehaltigen Komponenten sind hintereinander geschaltete Reagenzgläser ausreichend (Ollivier et al. 2011).

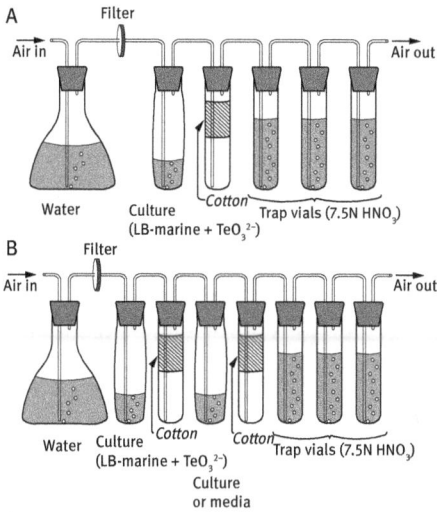

(a)   (b)

Abb. 2.7: (a) Anordnung von Glasware zur Gewinnung von Te-haltigen Komponenten (Ollivier et al. 2011) und (b) Bioreaktoren.

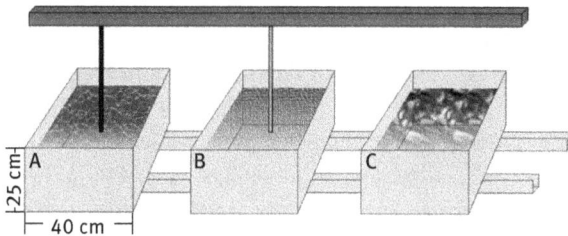

(a)   (b)

Abb. 2.8: Diverse Tauchbecken (Elektrochemie) zur Beschichtung mit metallischen Nanopartikeln/ -clustern.

(a) Bioreaktor

Bioreaktoren bilden die Grundlage für biogen ausgerichtete Arbeiten sowohl im Labormaßstab als auch im Bergbau, Abschn. 2.5.1 (t), Abb. 2.37 (b). Zu den diversen Bioreaktortypen zählen u. a. Membran-, Festbett-, Rührkesselreaktoren. Automatisierung sowie *Scale-up* erfordern allerdings individuelle/maßgeschneiderte Lösungen im Design und bei der Kontrolle zum Bioprocessing (Hambor 2012). Aufgrund der hohen Reaktivität bakterieller Oberflächen und Aktivitäten sind Innenwandungen von Bioreaktoren nicht mit metallhaltigen Materialien zu beschichten, sondern mit speziellen, gegenüber organischen Komponenten hochinerten Keramiken. Biogene Metalle zum Entzug diverser Reststoffe in einer speziellen Form von Bioreaktor stellen Forrez et al. (2011) vor. Bedingt durch die Entwicklungen auf dem Gebiet der industriellen Biotechnologie bietet der Markt eine große Auswahl an Größen, Leistungen, Anschlussfähigkeiten etc., so lässt sich z. B. Pd durch immobilisierte Zellen von *Desulfovibrio desulfuricans* in einem neuartigen Bioreaktor gewinnen (Yong et al. 2002), Abschn. 2.2.4 (c). Bally et al. (1994) unterziehen einen Chemostatreaktor und Batchreaktor vergleichenden Betrachtungen und setzen bei ihren Untersuchungen zum Wachstum sowie zur Regulation von Enzymen *Chelatobacter heintzii* ein. Ziel ihrer Untersuchungen ist der Abbau von komplexierenden Reagenzien wie z. B. Nitrilotriessigsäure ($C_6H_9NO_6$) (engl. *nitriloacetic acid* = NTA) durch Mikroorganismen. Bei Arbeiten mit Bioreaktoren ist die Möglichkeit von unerwünschten Beiprodukten wie Schaum- sowie Geruchsentwicklung zu berücksichtigen.

(b) HPCl, potenziometrische Titration, Puffer

Über eine HPCL (engl. *high performance liquid chromatography*) sind Vorgänge in Verbindung mit stoffwechselbezogenen Aktivitäten messtechnisch beschreibbar (Liu et al. 2008), Abschn. 1.3.5 (h). So sind z. B. der metabolisch bedingte Verbrauch des Substrats und die Bildung nicht gasförmiger Produkte durch Fermentation analytisch erfassbar. Die Chromatogramme lassen sich bei Raumtemperatur und schwefliger Säure als Eluent aufzeichnen (Liu et al. 2008). Die Reaktivität der Zellwand acidophiler, z. B. *Acidiphilium cryptum*, *Acidiphilium acidophilum*, sowie alkaliphiler, z. B. *Bacillus pseudofirmus*, *Bacillus circulans*, Bakterien ist durch potenziometrische Titration und Experimente zur Adsorption von Cd quantifizierbar (Kenney & Fein 2011). Eine messtechnische Apparatur gestaltet sich als wenig komplex und kostenaufwändig, z. B. Magnetrührer, Redoxelektrode, Bürette. Die Aktivitäten einer Fe-Oxidase, $CuFeS_2$-Konzentrat-Oxidase, S-Oxidase sowie Sulfit-Oxidase sind messtechnisch erfassbar (Sugio et al. 2008). Aktivitäten von Enzymen sind über die Aufnahme von O_2, in Abhängigkeit von Fe^{2+}, der Oxidation von S oder Sulfit (SO_3^{3-}), via einen biologischen O_2-Monitor bestimmbar. Auch hier gibt es einfache und preisgünstige Messgeräte. Die Zusammensetzung der für die Reaktion vorgesehenen Mischung, erforderlich zur Messung der Aktivität der Fe-Oxidase, setzt sich aus einem 0,1 M β-Alanin-SO_4^{2-}-Puffer, einem pH-Wert von 3,0, gereinigtem intaktem Zellmaterial, $FeSO_4$, $CuFeS_2$-Konzentrat, elementarem S oder Natriumhydrogensulfat ($NaHSO_4$) zusammen. Als Temperatur sind 30 °C angegeben (Sugio et al. 2008).

2.3 Methoden

Das Probenmaterial bedarf besonderer Methoden der Präparation, da es sich um organische und teilweise aktive Prozesse, z. B. Enzymreaktivität, Visualisierung reaktiver Sites in einem Biomolekül etc., handelt. Daher sollen kurz einige Techniken vorgestellt werden, die auf die genannten Besonderheiten eingehen. Um das Zellwachstum und den Gehalt an gelöstem O_2 (engl. *dissolved oxygen concentration* = DOC) innerhalb der Mediums beobachten zu können, werden Zellkulturen in zehn Schritten nach Ablauf von 0, 8, 16, 20, 24, 28, 32, 36, 40 sowie 48 h dem Medium entnommen (Li & Pan 2012). Über eine Spektrophotometrie lässt sich via Messung der optischen Dichte bei 600 nm (OD_{600}) das Zellwachstum ermitteln. Bei jedem Schritt erfolgt eine Simultan-Messung des DOC. Zur Reproduktion der Daten sollten die (*time-course*) Experimente mindestens dreimal wiederholt werden. Li & Pan (2012) beobachten in ihren wiederholten Versuchsreihen ähnliche Trends sowohl beim Zellwachstum als auch O_2-Verbrauch (Li & Pan 2012).

(a) *Smart biofactory*

Unter einer *smart biofactory* ist und soll im Rahmen der vorliegenden Arbeit die Einbeziehung von biologisch aktiven Komponenten, häufig unter Berücksichtigung der biologischen Zelle als kommerziell verwertbare Produktionsstätte, verstanden werden. Konzeptionen für den Einsatz von *biofactories* umfassen diverse industrielle Produktlinien. So eignet sich z. B. *Rhodococcus sp.* zur Synthese von Oxidasen. Als Starterkultur kommt z. B. *Saccharomyces cerevisiae* in Betracht (Sarmidi & El Enshasy 2012). Im Sinne zukünftiger Bioprozesse können als verfahrenstechnische Option für eine *biofactory* z. B. zur Produktion metallführender Basischemikalien katalytisch aktive Biofilme in Erwägung gezogen werden, Abb. 2.9. Biofilme verfügen über Eigenschaften wie z. B. eine Immobilisierung von Biokatalysatoren, Anpassung an veränderte Umweltbedingungen, Widerstandsfähigkeit gegenüber toxischen Einwirkungen, relativ unkomplizierte Konfiguration der Bioreaktoren etc. Als Herausforderungen zeigen sich Beschränkungen im Aufbau und in der Stabilisierung interner Gradienten, bei dem evolutionären Druck, der mathematischen Beschreibung der Prozesse in einem Biofilm etc. (Gross et al. 2012). Der lösungstolerante Mikroorganismus *Pseudomonas putida S12* gestattet eine nachhaltige Produktion von Fein-/Spezialchemikalien (Meijnen et al. 2011). Hierzu wurden bestimmte Abschnitte im Stoffwechselverhalten verändert. Auch aufkommende *On-a-chip*-Technologien nutzen die Ambitionen und das Potential von *smart biofactories*.

(b) Kryo-TEM

Neue Techniken im raschen Gefriertrocknen von Zellen versetzen diese in einen glasartigen Zustand. Über eine Kryo-TEM konserviert das vitrifizierte Zellmaterial in Form von gefriergetrockneten Dünnschliffpräparaten seine spezifischen nativen Strukturen. Abweichend von anderen Formen der TEM lassen sich keine Kontraste mittels der Färbung durch Metalle wie z. B. Os, Pb oder U von hydratisierten Dünnschliffen erzeugen. Zur erforderlichen Kontrastbildung trägt die Dichte der am Aufbau der unterschiedlichen Bestandteile beteiligten Moleküle innerhalb der Zelle bei. Somit liefert die Technik die Dichteverteilung innerhalb einer Zelle. Eine weitere Variante der Kryo-TEM, d. h. *freeze substitution*, stützt sich auf die plastische Darstellung von durch Metalle angefärbten Zellmaterialien. Die zur Färbung eingesetzten Metallionen gehen Komplexierungen mit den reaktiven Stellen der Biomasse ein. Werden die Daten beider Techniken einem Vergleich unterzogen, sind eindeutige Interpretationen der ursprünglichen Strukturen und ihrer Reaktivität gegenüber Metallen möglich und gewähren auf diese Weise Studien über die Wechselbeziehungen zwischen Mikroorganismus und Metallen (Govender et al. 2010), Abschn. 2.4.

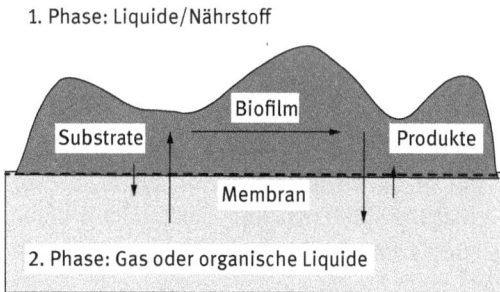

Abb. 2.9: *Smart biofactory* in Form eines Biofilms als Produktionsstätte (Gross et al. 2012).

Eine weitere zunehmende Präparationstechnik, verwendbar speziell für Analysen, bezieht Verfahren einer Gefriertrocknung ein. So erläutern z. B. Matias et al. (2003) den Einsatz von Kryo-TEM angedachter gefriergetrockneter Schliffpräparate von *Escherichia coli* sowie *Pseudomonas aeruginosa*. Die Visualisierung eines Dünnschliffs einer gefriergetrockneten (*freeze*-substituiert) *Synechococcus*-Zelle mit S-Layer und negativ gefärbtem Fragment einer S-Layer betont die hexagonale Symmetrie einer morphologischen Einheit (Schultze-Lam et al. 1992), Abb. 2.10, sowie die bakterielle Zellwandstruktur und Rückschlüsse auf die Wechselwirkungen zwischen Metallionen und Minerale (Beveridge 2005). Neuartige Techniken wie z. B. das rasche Einfrieren von Zellen und die damit einhergehende Virtifizierung gestatten mittels einer Kryo-TEM die Analyse der gefrorenen hydratisierten Dünnschliffe, die wiederum die ursprünglichen nativen Strukturen bewahren. Im Gegensatz zur TEM lässt sich Probenmaterial, gefrorene hydratisierte Dünnschliffe, zwecks Kontrastbildung nicht mit metallhaltigen Färbemitteln, z. B. U, Os u. a., behandeln, der erforderliche Kontrast ergibt sich aus der Dichte der die Zelle aufbauenden Moleküle. Eine weitere Möglichkeit der Kryo-TEM stellt die im Angelsächsischen benannte *freeze substitution* dar. Sie beruht auf einer veränderten Vorgehensweise bei der Präparation, d. h., es kommt zur Anlagerung zugeführter Metallionen an die reaktiven Seiten der Biomasse und neben Strukturinformationen auch zur Visualisierung der Metallreaktivität seitens des Mikroorganismus, und dies steht ebenfalls Analysen seitens der TEM (Abschn. 1.3.4 (a)) zur Verfügung (Beveridge 2005).

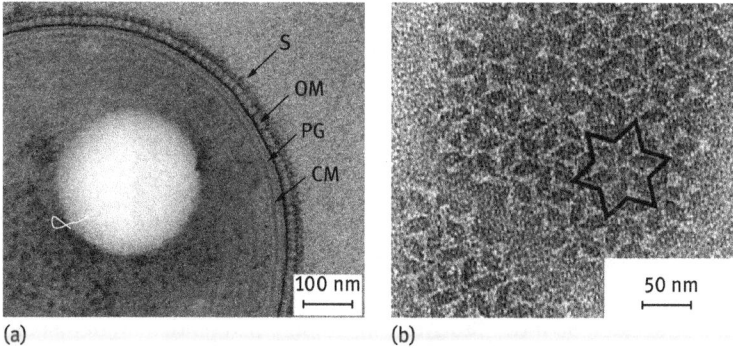

(a)   (b)

Abb. 2.10: Die Visualisierung eines Dünnschliffs einer gefriergetrockneten (*freeze*-substituiert) (a) *Synechococcus*-Zelle mit S-Layer und negativ gefärbtes Fragment einer (b) S-Layer. Man beachte die mittels Hervorhebung betonte hexagonale Symmetrie einer morphologischen Einheit (Schultze-Lam et al. 1992), Abkürzungen: CM = cytoplasmatische Membran, OM = äußere Membran, PG = Peptidoglycan, S = S-Layer.

(c) Trennverfahren

Ein kritischer Punkt sind die Trennverfahren, d. h. die synthetisierten NP von dem Reaktionsmedium, z. B. der Zelle. [1,2]Gericke und Pinches (2006) schlagen folgende Arbeitsschritte vor:

(1) Zentrifugation: Trennung der Biomasse von der Fluidphase,
(2) Fixierung: in 2,5 % Gluteraldehyd mit 0,075 PO_4^{3-}-Puffer,
(3) Waschung: dreimal in Phosphat (PO_4^{3-}),
(4) Fixierung: in OsO_4,
(5) Reinigung: dreimal in *aqua. dist.*,
(6) Dehydrierung: des zellhaltigen Pellets mittels Ethanol (C_2H_6O).

Die so erstellten Präparate eignen sich auch für die Analyse via TEM, Abschn. 1.3.4.

Das erwähnte Protein, d. h. *A-BacMP*, mit der Eigenschaft, stabile Bindungen mit der Fe_3O_4-Oberfläche von BacMPs (Abschn. 5.4.1 (f)/Bd. 1) einzugehen, eignet sich als Nanomaterial zur magnetischen Separation von Zellen. Das vorgestellte Protein verhält sich gegenüber Aufreinigung robust und verbleibt dispersionsfähig. Mit Erfolg werden die erörterten Techniken auf dem klinischen Sektor eingesetzt. Eine Abtrennung von Fe_3O_4-führendem Zellmaterial behandeln Xie et al. (2009).

(d) Magnetische Zellseparation

Die magnetische Zellseparation unter Verwendung nanoskaliger bakterieller magnetischer Partikel mithilfe einer rekonstruierten Magnetosommembran schildern Yoshino et al. (2008). Bakteriell synthetisierte magnetische NP (engl. *bacterial magnetic particles* = BacMPs), von einer Lipid-Doppelschichtmembran, d. h. Magnetosommembran, umhüllt, lassen sich durch Magnete manipulieren und zusammen mit spezifischen Targetzellen aus heterogenen Mischungen separieren. Auch sind über gentechnische Arbeiten auf ihren Oberflächen funktionale Proteine darstellbar.

Aus dem Zellmaterial entfernt können sich Magnetosome allerdings gegenüber den separierten Zellen toxisch verhalten. Dem stellen Yoshino et al. (2008) die Möglichkeit einer rekonstruierten Magnetosommembran gegenüber, deren Cytotoxizität reduziert wurde. Durch Bakterien synthetisierte Magnetosome lassen sich über eine Kombination von Ultrazentrifugation und magnetischer Separation isolieren (Yan et al. 2012), Abschn. 2.3.9. Aus der Biomasse von *Magnetospirillum magneticum AMB-1* sind nach 96 h der Kultivierung stabil auftretende Magnetosome extrahierbar ([1,2]Li et al. 2009), Abb. 2.11.

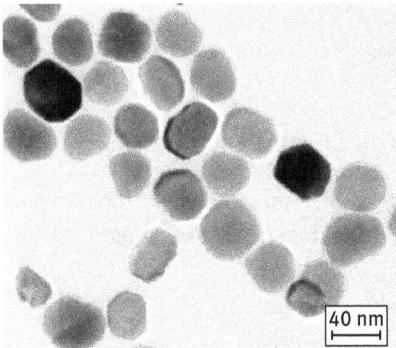

Abb. 2.11: Stabile extrahierte Magnetosome aus der Biomasse von *Magnetospirillum magneticum AMB-1* nach 96 h der Kultivierung ([1,2]Li et al. 2009).

(e) Präparation TEM

Für den Einsatz der TEM, geeignet zur z. B. Charakterisierung der NP, müssen diese entsprechend präpariert werden ([1,2]Gericke & Pinches 2006). So ist zunächst die Biomasse des Probenmaterials durch Zentrifugieren von der Liquidphase zu separieren und zweimal mittels sterilen destillierten Wassers zu reinigen. Danach folgt für 1 h die Fixierung der Proben in Gluteraldehyd ($C_5H_8O_2$), d. h. 2,5 %, versehen mit einem PO_4^{3-}-Puffer (d. h. 0,075 M) bei einem pH-Wert von 7,4 sowie einer weiteren Waschung in einem 0,075-M-PO_4^{3-}-Puffer. Nach einer zweiten 1-h-Fixierung in 1 % Osmiumtetroxid (OsO_4) erfolgt eine weitere Waschung in destilliertem Wasser.

Im Anschluss wird das Zellpellet zunächst mittels Ethanol (C_2H_6O), d. h. 30, 50, 70 %, dehydriert, dann zwecks vollständiger Dehydration dreimal mit 100 % C_2H_6O behandelt. Die Infiltration des Harzes geschieht in Anwesenheit von C_2H_6O über ein Eintauchen des Zellpellets für 1 h in 30%-haltiges Quetol, d. h. Harzkleber, danach für ein 1 h in 60 % Quetol. Vor der Polymerisation des Harzes für 4 h bei einer Temperatur von 65 °C erfolgen als Maßnahmen eine Zentrifugation des Probenmaterials und die Resuspension in 100 % Quetol ([1,2]Gericke & Pinches 2006).

Zur Vermeidung möglicher Interferenzen mit den Au-Partikeln ist von einer An-
färbung der Dünnschliffpräparate abzusehen. Zur eigentlichen TEM-Analyse des zellfreien Extrakts wird ein Tropfen desselbigen auf ein mit C beschichtetes Cu-Netz aufgetragen, dieser nach ca. 1 min mittels eines Löschpapiers entfernt und das betreffende Netz vor der beabsichtigten Analyse an der Luft getrocknet ([1,2]Gericke & Pinches
2006).

(f) Behandlung MTB

Keim et al. (2005) bieten diverse methologische Ansätze an, die u. a. die Kollektion
und Isolation magnetotakter Bakterien (MTB) sowie Vorbereitung von Ganzpräparaten beinhalten:

(1) Die Kollektion und Isolation magnetotakter Bakterien (MB) geschehen durch
den Gebrauch von Glasbehältern. Sie sollten ungestört unter abgedunkelten
Lichtbedingungen gelagert werden, die Haltbarkeitsdauer beträgt dann i. d. R.
mehrere Wochen. Mittels spezieller Glasgeräte können bei ausreichender Anzahl
die Mikroorganismen entnommen werden.

(2) Zur Vorbereitung von Ganzpräparaten wird ein Wassertropfen der kollektionier-
ten Probe mit extrahierten MB auf ein mit Formvar beschichtetes Netz aufgetragen
und im Anschluss die MB mithilfe eines gewöhnlichen Magneten in die Mitte des
Netzes konzentriert. Danach erfolgt der Austausch der ursprünglichen Wasser-
probe durch destilliertes Wasser und die Trocknung an der Luft. Zur Analyse steht
u. a. die EDX (Abschn. 1.3.2) zu Verfügung.

(g) Katalytische Aktivität

Zur *In-vivo*-Kinetik und Thermodynamik, die die katalytische Aktivierung von Apoenzymen einer Quinoprotein-Glucose-Dehydrogenase begleiten, sowie katalytischen
Leistung eines aktivierten Enzyms in *E.-coli*-Zellen publizieren Iswantini et al. (2000)
ihre Beobachtungen. Zur Messung der katalytischen Aktivität von Suspensionen aus
E. coli wird das Zellmaterial in einem *Mops*-Puffer (pH 6,5) suspendiert, mit einer
NaCl auf eine Ionenstärke von 1,0 adjustiert und in Anwesenheit von 1 µM PQQ (engl.
pyrroloquinoline quinone) und 5 mM Mg^{2+} bei Raumtemperatur für 15 min inkubiert.
Eine glasige, mit einer Dialysemembran beschichtete C-Elektrode wird in die Zellsuspension aus *E. coli* eingetaucht, sukzessive ein Elektronenakzeptor sowie D-Glucose
zugeführt (Iswantini et al. 2000).

Die mittels der o. a. Maßnahmen präparierte Elektrode misst die Konzentration
des Elektronenakzeptors (Abschn. 4.6.2) als einen durch die Reduktion gespeisten
Strom, d. h. die von der Zeit abhängige Abnahme des Stromes infolge des Verbrauchs
des Elektronenakzeptors durch *E. coli* bei der zellkatalysierten Oxidation von D-
Glucose (Iswantini et al. 2000).

Hinsichtlich einer Bestimmung von mit der Aktivierung eines Apoenzmys verbundenen Kinetik und Thermodynamik stellen Iswantini et al. (2000) Materialien und Methodik vor. Hierzu wird *E. coli K-12 (IFO3301)* in einem Medium aus D-Glucose-Mineral bis zur spätlogarithmischen Phase aufgezogen und mittels Zentrifugieren gewonnen. Anschließend kommt es zur Reinigung der Zellpaste mit destilliertem Wasser und sie wird bis zur Verwendung bei −80 °C gelagert. Zwecks Analysen muss das gelagerte Zellmaterial in einer salinaren Lösung, d. h. 0,85 % NaCl, resuspendiert, bei 5 °C aufbewahrt und innerhalb weniger Tage messtechnisch bearbeitet werden. Es ergeben sich in experimentellen Daten zwischen gelagerten und frischen Zellen keine erkennbaren Unterschiede. Die in der Suspension befindliche Zellpopulation ist über ein Haematocytometer erfassbar (Iswantini et al. 2000).

(h) Säulenbestückung

Zur Demonstration einer biogenen Präzipitation von Metallsulfiden (Me-S^{2-}) eignet sich eine Säulenbestückung im Sinne von *Temple und LeRoux* (Ehrlich 2002, Ehrlich & Newman 2008), Abb. 2.12. Mittels dieser Anordnung sind Ausfällungen von Me-S^{2-}, als Resultat einer Reaktion von biogenen Sulfiden (S^{2-}) mit Metallionen durch Sulfat-(SO$_4^{2-}$-)Reduzierer, einsehbar. Innerhalb der Säule kommt es zu zwei Lagen/Schichten von Präzipitaten: zum einen diffus und zum anderen gebändert. Über Absorbenten, wie z. B. Ton oder Fe(OH)$_3$-haltige Schlämme, ist eine Kontrolle der in einer Lösung befindlichen Konzentration an Metallionen durchführbar. Sie übernehmen gleichzeitig eine Quellenfunktion für Metallionen, wie z. B. für Fe, Cu, Zn. Als

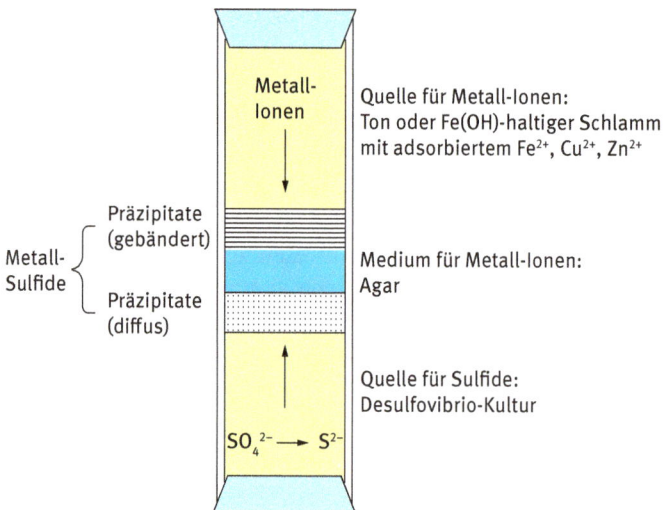

Abb. 2.12: Säulenanordnung/-bestückung nach *Temple und LeRoux* zur Demonstration einer Ausfällung mikrobieller Sulfide (nach Ehrlich 2002).

Lieferant für S^{2-} können *Desulfovibrio*-Kulturen eingesetzt werden. Agar dient zur Unterbindung physikalischer Kontakte der SO_4^{2-}-Reduzierer mit den entsprechenden Metallionen. Unter natürlichen Bedingungen übernehmen Sedimente die Funktion eines Adsorbenten, z. B. via Porenwässer, und verhindern über die Einstellung eines speziellen Niveaus auf diese Weise eine Vergiftung der Mikroorganismen (Ehrlich 2002, Ehrlich & Newman 2008).

(i) Metalladsorption

Für Experimente zur Metalladsorption bieten Fein et al. (2001) eine Anleitung. Als Ergebnis ihrer Studien steht die messtechnische Erfassung des Betrags des einer wässrigen Lösung entzogenen Metallgehaltes. Zunächst muss sich ein Equilibrium zwischen der bakteriellen Suspension und der Metalle führenden Lösung einstellen. Hierzu sollte sich der Mikroorganismus, d. h. *Bacillus subtilis*, in der stationären Phase befinden. Im Anschluss wird *B. subtilis* einer Waschung in einer 0,1 millimolaren metallhaltigen Elektrolytlösung, d. h. 0,1 M $NaClO_4$, unterzogen.

Mit einer Konzentration von 1000 ppm wählen Fein et al. (2001) an Metallen Co, Nd, Ni, Sr sowie Zn. Die Suspension wird in mehrere Reagenzgläser aufgeteilt und durch Zugabe von NaOH oder HNO_3 auf verschiedene pH-Werte eingestellt, d. h. 2,5–8,0. Nach zwei Stunden und Einstellung eines Equilibriums folgt eine Messung des pH-Wertes, danach wird die Suspension zentrifugiert und gefiltert. Über die ICP-AES (Abschn. 1.3.5 (i)) ist eine Messung der gelösten Metallgehalte möglich (Fein et al. 2001). Unterstützend stehen somit Überlegungen zur thermodynamischen Modellierung einer durch bakterielle Zelloberflächen implementierten Metaadsorption sowie experimentell ermittelte Daten zur Verfügung (Fein 2006).

(j) Platin-Nanopartikel

Zur bioreduktiven Deposition von Platin-Nanopartikeln (Pt-NP) auf dem Bakterium *Shewanella algae* sind Angaben publiziert ([1]Konishi et al. 2007). Das Kulturmedium sollte Natriumlactat ($NaC_3H_5O_3$) als Elektronendonator und Fe^{3+}-Citrat ($FeC_6H_6O_7$) als Elektronenakzeptor enthalten. Um anaerobe Bedingungen zu schaffen, werden 200 ml des Mediums in einen mit Schraubverschluss ausgestatteten 500-ml-Kolben eingegeben und für 30 min einem Gemisch von N_2-CO_2 (80 : 20 v/v) ausgesetzt. Generell ist für reduktionsbezogene Experimente eine Anaerobenkammer erforderlich ([1]Konishi et al. 2007).

Bei einer Temperatur von 25 °C und anaeroben Bedingungen erfolgt ein Wachstum der Bakterien. Nach einer dreitägigen Batchinokulation werden die Zellen durch Zentrifugieren geerntet, unter einem anaeroben Gas in einem Puffer aus Bicarbonat (HCO_3^-) resuspendiert und durch wiederum Zentrifugieren repelletiert. Dieser Vorgang muss zweimal wiederholt werden. Die Zellsuspension kann unmittelbar im

Anschluss daran zur mikrobiellen Reduktion von $PtCl_6^{2-}$-Ionen verwendet werden ([1]Konishi et al. 2007).

In einem typischen auf eine Reduktion abzielenden Versuch werden bei Temperatur von 25 °C in eine 10 ml wässrige Lösung aus H_2PtCl_6 unter einem Gasphasengemisch von N_2-CO_2 (80 : 20 v/v) 5 ml Zellsuspension aus *S. algae* hinzugegeben. Eine Pufferung der auf diese Weise generierten MischLösungen, d. h. pH-Wert von 7, geschieht über die Zugabe von HCO_3^-. Idealerweise erreicht die Zelldichte einen Wert um $1 \cdot 10^9$ Zellen ml^{-1} ([1]Konishi et al. 2007). Die Anfangskonzentration der $PtCl_6^{2-}$-Ionen im Lösungsgemisch beträgt 1 und als Elektronendonator eignet sich eine Zugabe von 30 mM Na-Lactat ($NaC_3H_5O_3$). Zur Ermittlung des Parameters Zeit hinsichtlich einer mikrobiellen Reduktion der $PtCl_6^{2-}$-Ionen werden periodisch Proben entnommen und auf Pt hin analysiert. Mittels einer AAS lassen sich die in der Lösung befindlichen Anteile von Pt erfassen und über u. a. eine *Petroff-Hausser*-Zählkammer ist die Anzahl von *S.-algae*-Zellen einmessbar ([1]Konishi et al. 2007).

Anweisungen für eine enzymatisch kontrollierte Synthese von Pt-NP sind z. B. bei Govender et al. (2010) erläutert. Für die Synthese von Pt-NP werden 10 ml eines zellfreien Extrakts, das mit Hydrogenase, d. h. 15 nmol min^{-1} ml^{-1}, oder eines aufgereinigten Enzyms, d. h. 120 nmol min^{-1} ml^{-1}, ausgestattet ist, verschiedenen, mit H_2PtCl_6, d. h. 1 oder 2 mM, 10 ml versehenen wässrigen Lösungen unter geeigneten pH- und Temperaturbedingungen sowie einer H_2-Atmosphäre unterzogen.

(k) Gold-Nanopartikel

Zu Gold-Nanopartikeln (Au-NP) liegen betreffs Aufbau, supramolekularer Chemie, quantenbezogener Eigenschaften sowie Anwendungsmöglichkeiten bezüglich Biologie, Katalyse und Nanotechnologie Daten vor (z. B. Daniel & Astruc 2004). Eine der gängigsten Methoden zur Synthese von Au-NP geschieht über eine Reduktion von Au^{3+}-Derivaten, z. B. $HAuCl_4$ in wässrigen Lösungen, mittels Citrat ($C_6H_5O_7^{3-}$). Dieser Prozess führt zu Au-NP mit einer Größe um die 20 nm. Durch Variationen im Mischungsverhältnis der reduzierenden und stabilisierenden Reagenzien, d. h. das Verhältnis von Natriumcitrat ($C_6H_5Na_3O_7$) zu Au, ist eine beschränkte Kontrolle in der Größe, d. h. 16 nm bis knapp 150 nm, der NP machbar. Weiterhin sind über die gleichzeitige Zugabe von Citratsalzen, z. B. $C_6H_7NaO_7$, $Ca_3(C_6H_5O_7)_2$, und amphiphilen, grenzflächenaktiven Substanzen durch Na-3-Mercaptopropionate stabilisierte Au-NP mit kontrollierter Größe herstellbar.

Das Verfahren lässt sich auch dann anwenden, wenn die betreffenden Au-NP durch eine Lage von Liganden zum Zwecke einer verwertbaren Funktionalisierung ausgestattet sein sollen. Zur nachfolgenden Stabilisierung der Au-NP eignen sich eine Reihe von Alkanthiolen, und die *Brust-Schiffrin*-Methode erweist sich als wirkungsvolle Technik zur Synthese von sowohl thermisch als auch gegenüber Luftzufuhr stabilen Au-NP. Letztgenannte Technik erzeugt NP mit einer Größe von 1,5–5,2 nm und geringer Dispersion. Im Anschluss lassen sich die Au-NP wiederholt isolieren und ohne Beeinträchtigungen oder Qualitätsverluste, z. B. irreversible Aggregation oder Zerfall, in organische Lösungen eingeben (Daniel & Astruc 2004). Sie lassen sich problemlos weiterverarbeiten und wie stabile organische und molekulare Komponenten funktionalisieren.

Inspiriert durch das *Faraday*-2-Phasensystem stützt sich die Synthese auf die Thiolliganden, die aufgrund des „weichen" (engl. *soft*) Charakters von sowohl Au als auch S eine stabile Bindung eingehen. Mithilfe eines Bromids (Br⁻) als Reagenz für den Phasentransfer geht $AuCl_4^-$ in ein Toluol (C_7H_8) über. Nach Verabreichung von $NaBH_4$ als Reduktionsmittel kommt es unmittelbar danach zu einem Farbwechsel von Orange zu einem dunklen Braun (Daniel & Astruc 2004). Analysen (Abschn. 1.3.4 (a)) zeigen für diese Art gewonnenen NP eine Größe, die zwischen 1 nm und 3 nm schwankt und als Kristallklasse sowohl kubooktaedrische als auch ikosaedrische Strukturen aufweist (Daniel & Astruc 2004).

Mit unkultivierten, magnetotakten *Cocci* gelingt die Bindung von Au und Ag (Keim & Farina 2005). Mittels TEM- und EDX-Analytik lässt sich die Lage/der Ort der Bindung bzw. zwei hierfür verantwortliche Magnetit-(Fe_3O_4-)Morphotypen (*Morphotypus1 und 2*) identifizieren, die Au oder Ag fixieren können. *Morphotypus1* weist länglich ausgebildete Fe_3O_4-Kristalle auf, häufig unter Ausbildung einer ungewöhnlichen Verzwilligung. Er enthielt an P angereicherte Kügelchen und Elektronen emitierende Partikel, vermutlich aus Polyhydroxyalkanoaten (*polyhydroxyalkanoates*). Dahingegen führt der durch eine kleinere Kristallform charakterisierte *Morphotypus2*, d. h. mit einem kleineren Breite-Länge-Verhältnis, Granula, die C, Ca, Cl, Fe, Mg, Na, O, P und S führen und entsprechend der erheblichen Konzentration dieser Elemente als P-S-Fe-Granula bezeichnet werden.

Au selbst ließ sich hauptsächlich in den P-S-Fe-führenden Granula im Bakterium des *Morphotypus2* nachweisen. Weiterhin liegen Hinweise vor, dass sich in den Capsula kleinere Ablagerungen von elementarem Au bilden. Ag zusammen mit S wurde als kugelförmige und rosettenförmige kristalline Präzipitate in der Zellwand von Morphotypus1 gefunden. Die rosettenförmige Ablagerung weist sechs Untereinheiten auf und lässt die Vermutung aufkommen, dass eine homohexamerische Baugruppe auf makromolekularer Basis in die Keimbildung mit einbezogen ist. Somit initialisiert möglicherweise der Vorgang einer biologisch induzierten Biomineralisation eine geometrisch hochorganisierte mineralisierte Struktur (Keim & Farina 2005).

(l) Vanadium

Auf die mikrobielle Reduktion und Präzipitation von Vanadium (V) durch *Shewanella oneidensis* machen Carpentier et al. (2003) aufmerksam. Die versuchstechnische Rezeptur, die zu einer V-haltigen Präzipitation führt, setzt sich aus (Mikroorganismen) Kulturen auf Vanadat (VO_4^{3-}) in einem *Luria-Bertani*-Auszug (*broth*), Karbonatpuffer, HEPES- sowie *Tris*-Puffer und in geringerer Konzentration einem Phosphatpuffer zusammen. Die Granula erweisen sich bei neutralem pH sowie in einem 10 M NaOHhaltigen Medium als unlöslich. In einem Medium aus 2 M H_2SO_4 gehen sie dahingegen in Lösung. Im Unterschied zu V^{4+}, das unterhalb eines pH-Wertes nicht aufoxidierbar ist, lässt sich V^{5+} sowohl in einem basischen als auch sauren Medium in Lösung überführen. Mittels geeigneter Analytik ist nur V^{4+} nachweisbar, VO_4^{3-} ist nicht anzutreffen (Carpentier et al. 2003). Eine Probenbehandlung umfasst eine dreimalige Waschung des Sediments mit anschließender Lösung des Pellets in einer 2 M H_2SO_4. Danach erfolgt eine Abtrennung des Zellabfalls mittels Zentrifugieren. Eine kapillare Elektrophorese dient der Analyse (Carpentier et al. 2003).

(m) Nanocluster

Eine auf biomimetischen Techniken beruhende Mineralisation von Edelmetallen zu nanoskaligen Architekturen schildern Slocik & Wright (2003). Zur Herstellung von Nanoclustern aus Au^0 und Ag^0 werden, in individuell bezeichneten Kolben mit einem Fassungsvermögen von 10 ml und einem Rührkolben geeigneter Größe versehen, einem 100 µl Au^{3+}- bzw. Ag^+-führenden Medium 200 µl einer Liganden führenden Lösung, z. B. Histidin (His), Cystein (Cys), Glutathion (GSH = Tripeptid), Imidazol (Imid) u. a., beigegeben. Die Präparation geschieht unter Lichtausschluss und anaeroben Bedingungen. Zum Probenmaterial, das mit Au^{3+}- bzw. Ag^+-führenden His-/Imid-Komplexen versehen ist, werden 5,00 ml doppelt deionisiertes Wasser hinzugefügt. Dahingegen erfolgt bei den Precursorn Au^0-Csy, Au^0-GSH, Ag^0-Csy sowie Ag^0-GSH die Zugabe von 5,00 ml eines TRIS-Puffers, d. h. 0,1 M, pH 8,6. Im Verlauf von einem 15-min-Rühren können sich dann die Metallliganden führenden Ausgangssubstanzen formieren. Als abschließende vorbereitende Maßnahme ist eine tröpfchenweise verabreichte Ergänzung von 0,1 M $NaBH_4$ vorgesehen. Innerhalb von 4 h kommt es dann zur vollständigen Reduktion und Bildung der Cluster (Slocik & Wright 2003).

Die auf diese Weise erzeugten Reaktionsprodukte, d. h. Rohware, werden anschließend durch wiederholte Präzipitation mithilfe von Ethanol gereinigt. Zur Charakterisierung und letztendlich Qualitätskontrolle werden die isolierten Cluster zunächst in Wasser gelöst und dann gefriergetrocknet, d. h. Lyophilisation. Zur Synthese von Clustern, bestehend aus nanoskaligem Cu^0 und Pt^0, steht eine nahezu analoge Vorgehensweise zur Verfügung. Die o. a. Verdünnung der Ausgangslösung durch doppelt deionisiertes Wasser entfällt und beschränkt sich auf den Gebrauch des o. a. *Tris*-Puffers. Alle sukzessiv erforderlichen Maßnahmen, z. B. Rühren etc., folgen dem o. a. Schema (Slocik & Wright 2003). Bei Eintauchen von Objektträgern für drei Wochen in Kolben mit natürlichem Frischwasser und Flusssedimenten überziehen sie sich mit braun gefärbten, lagig angeordneten, gering kristallinen Silikaten sowie hydratisierten Fe-Mn-Oxiden im nm-Bereich. Als Mikroorganismus ist, zu Biofilmen organisiert, *Leptothrix discophora* aufgeführt (Tazaki 1997).

Zusammenfassend

bietet sich eine Vielzahl sehr unterschiedlicher Methoden an, geeignet, um die Synthese metallischer NP, wie z. B. Au-, Pt-Partikel, zu unterstützen. Weiterhin stehen aus unterschiedlichen Anlässen heraus, z. B. Analytik, zahlreiche Techniken zur Verfügung, z. B. Kryo-TEM.

2.3.1 Zellkultivierung

Eine Zellkultivierung sollte im Sinne einer wirtschaftlich-technischen Machbarkeit sowohl im Labor- als auch Industriemaßstab auf ein komplexes Produktionsumfeld verzichten. Wie vorab bereits aus wirtschaftlich-technischen Gründen hingewiesen, sollte nach aktuellem Stand des Wissens auf die Kultivierung unter anaeroben Bedingungen verzichtet werden. Da über magnetotakte Bakterien ausführliche Studien, Versuche etc. vorliegen, soll am Beispiel dieser Bakterien die Zusammensetzung eines verhältnismäßig komplex zusammengesetzten Kulturmediums vorgestellt werden. Technisch aufwändiger ist eine Aufzucht unter streng anaeroben/anoxischen Bedingungen, wie sie zur Präparation/Verbesserung einer anodischen bioelektrokatalytischen Aktivität von gemischten Biofilmkulturen unerlässlich ist (Liu et al. 2008). Aufgrund dieser Beobachtungen beurteilen Seeliger et al. (1998) die Möglichkeiten von Co-Kultivierungen, d. h. *Geobacter sulfurreducens*, mittels Acetat.

Im Zusammenhang mit Fragen zur magnetischen Anisotropie von im Raum linear angeordneten Magnetosomen durch *AMB-1* magnetotakter Bakterien machen Alphandery et al. (2009) zur Herstellung des Kulturmediums aufmerksam. Als Lösungsmittel zur Präparation des Kulturmediums und der verschiedenen Proben kommt stets Wasser in Betracht. Bezogen auf *AMB-1* werden von Alphandery et al. (2009) empfohlen: 5 ml Spuren-Minerale, 10 ml Vitamine, 2 ml Fe^{3+}-haltige Chinon-Lösung, 0,45 ml Resazurin (0,1 %), 0,68 g KH_2PO_4, 0,12 g $NaNO_3$, 0,035 g Ascorbinsäure, 0,37 g Weinsäure, 0,37 g Bernsteinsäure sowie 0,05 g Na-Acetat. Das o. a. Vitaminpräparat setzt sich zusammen aus: Auf 1 l destilliertes H_2O kommen 2 mg Folsäure, 10 mg Pyridoxinhydrochlorid, 5 mg Riboflavin, 5 mg Biotin, 5 mg Thiamin, 5 mg Nikotinsäure, 5 mg Pantothensäure, 0,1 mg Vitamin B12, 5 mg p-Aminobenzeosäure, 5 mg Liponsäure und 900 mg Monokaliumphosphat.

Für die Lösung zur Mineralergänzung eignet sich im Fall des o. a. Bakteriums nach Alphandery et al. (2009) nachfolgend aufgeführte Rezeptur: In 1 l destilliertes Wasser kommen 0,5 g EDTA, 3 g $MgSO_4 \cdot 7\,H_2O$, 0,5 g $MnSO_4 \cdot H_2O$, 1 g NaCl, 0,1 g $FeSO_4 \cdot 7\,H_2O$, 0,1 g $Co(NO_3)_2 \cdot 6\,H_2O$, 0,1 g $CaCl_2$ (wasserfrei), 0,1 g $ZnSO_4 \cdot 7\,H_2O$, 0,01 g $CuSO_4 \cdot 5\,H_2O$, 0,01 g $AlK(SO_4)_2$ (wasserfrei), 0,01 g H_3BO_3, 0,01 g $Na_2MoO_4 \cdot 2\,H_2O$, 0,001 g Na_2SeO_3 (wasserfrei), 0,01 g $Na_2WO_4 \cdot 2\,H_2O$ sowie 0,02 g $NiCl_2 \cdot 6\,H_2O$. Hinsichtlich der Fe^{3+}-haltigen Chinon-Lösung sind zu 100 ml destilliertem Wasser 0,27 g $FeCl_3$ sowie 0,19 g Chinasäure zuzufügen. Der pH-Wert des Kulturmediums wird mit einer 1 M NaOH auf 6,75 justiert und bei 120 °C für 15 min mit einer Autoklave behandelt. Im Anschluss wird das Zellmaterial auf Raumtemperatur erwärmt und unter aseptischen Bedingungen dem Kulturmedium zugeführt. Während ihres Wachstums sind die Bakterien bei Raumtemperatur für eine Woche aufzubewahren bzw. bis es zu einem Farbwechsel des Kulturmediums kommt (Alphandery et al. 2009).

Zellmaterial von Mikroorganismen lässt sich mit verhältnismäßig einfachen Methoden gewinnen (Iswantini et al. 2000). Über ein Zentrifugieren kann z. B. *E. coli K-12* nach Aufzucht auf einem D-Glucose haltigen, mineralischen Medium gewonnen werden. Im Anschluss folgt eine Reinigung der Zellpaste mittels destillierten H_2O und bis zur Verwendung eine Lagerung bei –80 °C. Für den Einsatz ist das gelagerte Zellmaterial in einer NaCl-haltigen Lösung, d. h. 85 %, zu resuspensieren, bei 5 °C aufzubewahren und innerhalb von wenigen Tagen den gewünschten Messungen zu unterziehen. Gemäß Iswantini et al. (2000) sind nach ihren experimentellen Daten keine erkennbaren Unterschiede zwischen dem gelagerten und frischen Zellmaterial festzustellen. Die Zelldichte ist z. B. über ein Haematocytometer messbar (Iswantini et al. 2000).

Einen ausführlichen Überblick über die Zusammensetzung und Behandlung von Kulturmedien bietet Atlas (2004).

2.3.2 Enzymproduktion

Isolierte Enzyme liefern gegenüber dem Einsatz ganzer Zellen den Vorteil, dass sich sowohl Substrat als auch Enzym in einem Enzymreaktor exakt dosieren lassen. Beschränkungen im Transport, verursacht durch zellbezogene Membrane, entfallen. Daneben werden stoffwechselbedingte und unerwünschte Reaktionen durch die lebende Zelle vermieden. Somit kommt es zu einer erhöhten Produktausbeute. Um im technischen Maßstab preisgünstig Enzyme anzubieten, kann, unabhängig vom eigentlichen Prozessgeschehen, ein Enzymreaktor die benötigten Biokatalysatoren bereitstellen.

(a) SSF-Prozess

Hinsichtlich der Feststoff-Fermentierung zur Produktion von Industrieenzymen treffen Pandey et al. (1999) Aussagen. Verfahrenstechniken, wie z. B. die Feststofffermentation (*solid state fermentation* = SSF), verfügen über ein erhebliches Potential zur Produktion von Enzymen. Von besonderem Interesse ist der unmittelbare Einsatz der auf diese Weise produzierten Enzyme bzw. wenn das durch die Fermentation erzeugte Rohprodukt direkt als Enzymquelle dient. In Ergänzung zu den konventionellen Anwendungen in der Lebensmittel- und Fermentationsindustrie übernehmen, unter Einbeziehung von organischen Lösungsmitteln, mikrobielle Enzyme zunehmend Aufgaben im Bereich Biotransformation, überwiegend für den Einsatz als bioaktive Komponenten geeignet.

Dieses System bietet eine Fülle von Vorteilen gegenüber der *submerged* Fermentation (SmF), d. h. größere volumetrische Produktivität, verhältnismäßig höhere Konzentration an Produkten, weniger Abwassermengen und geringere Ansprüche an die

Geräteausstattung, das zur Fermentation erforderlich ist. In der SSF lassen sich Mikroorganismen, d. h. Bakterien, Hefen und Pilze, zur Produktion verschiedenartigster Enzyme verwenden. Allerdings bleibt die Auswahl eines bestimmten Stamms, insbesondere wenn ein kommerziell vertretbarer Austrag an Enzymen erreicht werden soll, eine aufwändige Aufgabe (Pandey et al. 1999).

So synthetisiert z. B. ein Stamm von *Aspergillus niger* 19 unterschiedliche Enzyme bzw. 28 verschiedene mikrobielle Kulturen sind fähig, α-Amylase zu produzieren. Somit gestaltet sich oftmals die Wahl eines geeigneten Stamms als sehr zeitaufwändig und hängt von einer Fülle der Parameter ab, z. B. Art des Substrats, Umweltbedingungen u. a. Generell eignen sich zur Produktion von hydrolytischen Enzymen, z. B. Cellulasen, Fungi-Kulturen, da diese unter natürlichen Bedingungen die genannten Enzyme zu ihrem Wachstum benötigen. Zur Herstellung der o. a. Enzyme kommen insbesondere *Trichoderma spp.* und *Aspergillus spp.* zum Einsatz. Weiterhin produzieren filamentöse Fungi, vertreten durch z. B. Stämme von *Aspergillus* und *Rhizopus*, amylolytische Enzyme (Pandey et al. 1999).

Obwohl die kommerzielle Produktion von Amylasen sowohl von Fungi als auch bakteriellen Kulturen umsetzbar ist, wird eine bakterielle α-Amylase-Herstellung aufgrund einer höheren Temperaturbeständigkeit bevorzugt. Um den Kritererien einer kosteneffizienten Produkton von Enzymen gerecht zu werden, bietet sich ein genetisches Engineering der in Frage kommenden Stämme an. Reststoffe aus der Agrarindustrie eignen sich hervorragend als Substrate in einem SSF-System, wobei wiederum das SSF zur Produktion von Enzymen dient bzw. eine Reihe von Substraten Anwendung für die Kultivierung jener Mikroorganismen findet, die als Wirtsorganismus bestimmte Enzyme synthetisieren. Aus der Vielzahl der Ausgangsstoffe für den Einsatz als Substrat ragt der Gebrauch von Weizenkleie hervor. Insgesamt entscheiden letztendlich Preis und Verfügbarkeit über die Verwendung eines geeigneten Substrats (Pandey et al. 1999).

Im SSF-Prozess dient das feste Substrat der mikrobiellen Kultur neben der Funktion als Nahrungsgrundlage darüber hinaus als Unterlage zur Anhaftung für die Zellen. Im Fall einer nicht ausreichenden Bereitsstellung oder Abwesenheit von Nährstoffen seitens des Substrats bieten sich eine Reihe von Verbesserungsmaßnahmen an. So lassen sich extern sowohl chemisch als auch mechanisch die notwendigen Komponenten hinzufügen, z. B. Ligno-Cellulose, und den Mikroorganismen zur Verfügung zu stellen (Pandey et al. 1999).

Hinsichtlich optimalen mikrobiellen Wachstums und Enzymproduktion übernehmen, neben der speziellen Komposition des Substrats, Parameter wie Partikelgröße und Feuchtigkeitsgehalt bzw. Aktivität der wässrigen Phase eine wichtige Funktion. So offerieren z. B. kleine Substratpartikel insgesamt größere Oberflächen für mikrobielle Attacken. Unterschreiten die Partikel eine bestimmte Größe, besteht die Gefahr einer Agglomeration und/oder von Interferenzen mit der mikrobiellen Respiration/Belüftung, was ein ungestörtes Wachstum verhindern kann. Dahingegen ist bei größeren Partikeln, infolge der erhöhten interpartikulären Zwischenräume, eine höhere

Effizienz bei der Belüftung und somit der Respiration zu erwarten. Auf der anderen Seite stehen wiederum weniger Oberflächen für die Mikroorganismen zur Verfügung. Daher gilt es im Fall der Partikelgröße, entsprechende Kompromisse zu entwickeln (Pandey et al. 1999).

Generell unterscheiden sich SSF-Prozesse von *submerged* Fermentationskulturen (SmF) durch ein auf bzw. unmittelbar unter der Substratoberfläche ablaufendes mikrobielles Wachstum und Produktsynthese sowie mit den hierdurch vorherrschenden geringen Feuchtigkeitsgehalten. Es lassen sich auf diese Weise das Auftreten und die Verfügbarkeit von Feuchtigkeit gegenüber dem Substrat optimaler dosieren, denn eine zu hohe oder niedrige Aktivität des Wassers (a_w) hemmt die mikrobielle Aktivität. Zusätzlich übt der Gehalt an Wasser erheblichen Einfluss auf die physikalisch-chemischen Eigenschaften der eingesetzten Feststoffphasen aus, mit allen Konsequenzen für die Prozessproduktivität (Pandey et al. 1999).

Zum Design von Fermentern/Bioreaktoren, geeignet zur Enzymproduktion in SSF-Systemen, liegen für unterschiedliche Absichten diverse Ansätze betreffs des Designs vor. Für Laborzwecke eignen sich zunächst im kleinen Maßstab im Sinne eines Säulenfermenters Erlenmeyerkolben, Messkolben, Petrischalen, Rouxflaschen, Glasgefäße und -röhrchen. Für eine Fermentation im größeren Maßstab stehen schalen-, wannen- oder trogförmige Behälter zur Verfügung. Bei Bedarf sollte eine Automatisierung einbezogen werden. Eine Reihe von Faktoren beeinflussen die mikrobielle Synthese von Enzymen in einem SSF-System (Pandey et al. 1999):

- Auswahl eines geeigneten Substrats und von Mikroorganismen,
- Vorbehandlung des Substrats,
- Partikelgröße des Substrats, d. h. Zwischenraum zwischen den Partikeln und Oberflächengröße,
- Wassergehalt und Aktivität des Wassers,
- relativer Feuchtigkeitsgehalt,
- Typ und Größe des Inoculums,
- Kontrolle der Temperatur der fermentierenden Materialien bzw. Entnahme der durch Stoffwechselvorgänge bedingten Wärme,
- Zeitspanne der Kultivierung,
- Erhalt der Einförmigkeit im Umfeld des SSF-Systems und der
- auf die Atmosphäre bezogenen Gase, d. h. Raten des O_2-Verbrauchs sowie der Entstehung von CO_2.

Im Verlauf interspezifischer Wechselwirkungen zwischen Fungi kann es zur extrazellulären Phenoloxidase- und Peroxidase-Enzym-Produktion kommen (Score et al. 1997). Extrazelluläre Phenoloxidase-Enzyme werden für den Einsatz von Offensiv- und Defensivstrategien, die sich infolge der Wechselbeziehungen von Fungi mit der Umwelt ergeben, angenommen. Um eine mögliche Einbeziehung dieser Enzyme während einer Basidiomyceten-Konfrontation zu ermitteln, stehen diverse Paarungsmöglichkeiten zwischen zwei braun-roten *Basidiomycetes* (*Serpula lacrymans* und *Coniophora puteana*) und *Deuteromycetes* (*Trichoderma sp.* sowie *Scytalidium FY*) zur Verfügung. Unter verschiedenen Wechselbeziehungen erzeugen sowohl *C. puteana* als auch *Scytalidium FY* Laccase (Oxidoreduktase) sowie *S. lacrymans* und alle drei Isolate von *Trichoderma*. In reinen Kulturen ist keine Laccaseproduktion nachweisbar (Score et al. 1997).

Bei der Wechselwirkung mit *Trichoderma harzianum SIWT 25* kommt es zu einer Freisetzung von Tyrosinase und eine Produktion von Peroxidase ist bei allen interspezifischen Wechselwirkungen zu beobachten. Eine Ausnahme bildet *Trichoderma viride SIWT 110*. Unter den genannten experimentellen Parametern generiert dieser Fungus keine Tyrosinase. Und Selbstpaarung sowie die Paarung der beiden anderen *Trichoderma* Isolaten verhinderte die Freisetzung von Peroxidase. Weiterhin fällt die extrazelluläre Produktion von Laccase und Tyrosinase, verglichen mit der Peroxidase-Synthese, in einem Medium mit niedrigen Nährstoffgehalten geringer aus (Score et al. 1997).

Zusammenfassend
bieten Enzymreaktoren die Möglichkeit, im wirtschaftlich vertretbaren Rahmen die für eine angedachte Synthese metallischer Nanopartikel preisgünstig ausreichenden Mengen an Biokatalysatoren bereitzustellen. Neben der Bereitstellung von Enzymen zur industriellen Nutzung gestattet eine Enzymimmobilisierung die Fixierung metallischer Nano-Cluster in Form einer Beschichtung (engl. *coating*).

2.3.3 Enzym-Immobilisierung

Eine gezielte Enzym-Immobilisierung birgt mehrere technisch-wirtschaftliche Vorteile. Zum einen sind nach Gebrauch die betroffenen Enzyme durch Zentrifugation oder Filtration einer Wiederverwertung zugänglich und zum anderen lässt sich die Ausfällung/Synthese der metallischen Nanocluster in räumlich exakt definierten Abschnitten (Beschichtungstechnik) effektiver kontrollieren (Mateo et al. 2007).

(a) Wiederverwendung
Hinsichtlich eines Einsatzes und/oder der Wiederbenutzung nach erfolgtem Einsatz für industriell-großtechnische und auf das Labor bezogene Zwecke bleibt eine der wichtigsten Anforderungen an den Biokatalysator Enzym seine Stabilität. Immobilisierung bietet eine Option einer möglichen Stabilisierung von ansonsten sich instabil verhaltenden Enzymen. Nach Hanefeld et al. (2009) besteht durch die Immobilisierung von Enzymen die Möglichkeit einer Erweiterung von Applikationen, so z. B. durch den Gebrauch verschiedener Lösungsmittel, extremer pH-Werte und Temperaturen und außergewöhnlich hoher Konzentrationen an Substrat. Gleichzeitig sind die

Substrat-Spezifität, Enantioselektivität sowie Reaktivität einer Anzahl von Veränderungen zugänglich (Hanefeld et al. 2009), Abschn. 3.2/Bd. 1.

(b) Optimierung

Zur Optimierung der Enzymaktivität, Stabilität und Selektivität mittels Immobilisierungstechniken äußern sich Mateo et al. (2007). Eine Immobilisierung von Enzymen durch eine poröse Struktur, befindlich an der Innenseite einer Feststoffphase, bewirkt eine Art Dispersion, die Wechselwirkungen der Enzyme mit äußeren Schnittstellen unterbindet. Durch diese Technik kommt es zu einer Stabilisierung der Enzyme gegenüber Wechselwirkungen mit anderen Molekülen des enzymatischen Extraktes, dies verhindert eine Aggregation, Autolyse oder Proteolyse durch im Extrakt auftretende Proteasen (diese befinden sich ebenfalls in dispersem und immobilisiertem Zustand). Darüber hinaus gelangen die immobilisierten Enzymmoleküle nicht mit einer hydrophoben Schnittstelle wie zum Beispiel Luftblasen in Kontakt. Letztere sind oftmals zur Kontrolle des pH-Werts nötig und können u. U. eine Inaktivierung gelöster Enzyme bewirken (Mateo et al. 2007). Eine Erhöhung der funktionellen Eigenschaften thermophiler Enzyme durch chemische Modifikation und Immobilisierung untersuchen Cowan & Fernandez-Lafuente (2011). Die Immobilisierung von Enzymen auf festen Oberflächen zur Erhöhung eines katalytischen Prozesses stellt eine mittlerweile etablierte Technik dar, eingesetzt bei einer Vielzahl industrieller Anwendungen, und unterliegt kontinuierlichen Verbesserungen. In Verbindung mit sog. Zielchemikalien, gedacht zur Unterstützung der Enzyme, führten chemische oder genetische Arbeiten bislang zu einer Entwicklung von Methoden zur Modifikation der funktionalen Eigenschaften, Erhöhung der Proteinstabilität und Wiedergewinnung von speziellen Proteinen aus komplexen Mischungen. Speziell die Entwicklung wirkungsvoller Methoden zur Immobilisierung von größeren, aus multiplen Untereinheiten bestehenden Proteinen mit mehrfach kovalenten Bindungen erweist sich als stabilisierend, denn eine Dissoziation von Untereinheiten eines Proteins leitet den Beginn einer Enzymdeaktivierung ein. Ungeachtet dessen ergibt sich aus dem kombinierten Einsatz von Immobilisierung und chemischer Modifikation ein erhebliches Potential an Synergieeffekten (Cowan & Fernandez-Lafuente 2011).

(c) Analyse

Die Analyse von Struktur und Funktion von an Elektroden befestigten Redox-Enzymen stellt auf z. B. vielen Gebieten der Angewandten Biowissenschaften eine erhebliche Herausforderung dar. So liefern elektrochemische Techniken, wie z. B. die routinemäßig eingesetzte zyklische Voltammetrie, keine Einblicke in die molekulare Struktur und Reaktionsmechanismen immobilisierter Proteine (Sezer et al. 2012). Demgegenüber liefern spezielle Formen einer Infrarot-Adsorption (engl. *surface-enhanced infrared absorption* = SEIRA) sowie Ramanspektroskopie (*surface-enhanced resonance*

Raman spectroscopy = SERR), unter Einbeziehung von nanostrukturierten Au oder Ag als leitende Trägermaterialien, verwertbare Analyse-Ergebnisse. Mithilfe der genannten Techniken sind Ansprachen zum Protein sowie der die aktiven Sites führenden Strukturen von immobilsierten Enzymen messtechnisch erfassbar (Sezer et al. 2012). Über eine Kombination von SERR mit elektrochemischen Methoden sind Gleichgewicht und Dynamik von auf Schnittstellen bezogenen Redoxprozessen sowie deren Umsatz analysierbar. Die spektroskopische Analyse immobilisierter Redoxenzyme unter unmittelbarer elektrochemischer Kontrolle studierten Ash & Vincent (2012). Es sind messtechnisch über die o. a. Methoden strukturelle, elektronische sowie koordinationsbedingte Änderungen in Proteinen ansprechbar. Weiterhin ist eine exakte Kontrolle über komplexe Redoxenzyme möglich, wobei diese Eigenschaft technisch einsatzfähig ist, z. B. in Form eines Films/einer Schicht aus elektrochemisch wirksamen Enzymen mit der Eigenschaft eines direkten Elektronenaustauschs zwischen immobilisierten Enzymmolekülen und einer Elektrode. Es ist anhand der vorgelegten Informationen durch Ash & Vincent (2012) via o. a. Analysenkombination möglich, die Redoxzustände aktiver Enzyme, auch im Verlauf von raschen elektrokatalytischen Umsätzen, zu kontrollieren.

(d) Si-Matrix

Eine Immobilisierung einer Lipase auf Si-Matrix und die Bedeutung von texturellen sowie schnittstellenbezogenen Eigenschaften auf Aktivität und Selektivität skizzieren Galarneau et al. (2006). In einer experimentellen Studie wurden zwei Lipasen durch Adsorption seitens eines MCM-14-Materials, d. h. durch ein molekulares Sieb, mit unterschiedlich hydrophilen bzw. hydrophoben Oberflächen und über eine Enkapsulation in entweder einen hydrophoben Si-haltigen oder SMS (= *sponge mesoporous silicas*) immobilisiert. Bei letztgenannter Technik handelt es sich um ein Verfahren, das sich auf die Zugabe einer Mischung von Lecithin sowie Aminen in die Sol-Gel-Synthese stützt, wobei es eine Kontrolle der Porengröße gestattet. Im Experiment zeichnet sich betreffs der Substrat-Oberfläche nach entsprechenden Versuchen die Forderung nach einem ausgeglichenen Gleichgewicht im Verhältnis hydrophob : hydrophil ab. Weder ein zu hydrophobes noch ein zu hydrophiles Verhalten der Trägersubstrate bietet eine für Lipasen ausreichende Aktivität an (Galarneau et al. 2006). Erst das richtige Verhältnis zwischen hydrophob/-phil liefert die aussichtsreichste Methode, um die Lipase-Aktivität zu erhöhen. Der höchste Betrag für die Aktivität der Lipase wird durch eine SMS-Enkapsulation erreicht (Galarneau et al. 2006). Über diverse Techniken, wie u. a. die Strukturierung des Porennetzwerks durch einen Mix aus Lecithin mit Aminen, gelingt Galarneau et al. (2006) offensichtlich ein Wechsel in der Typoselektivität des immobilisierten Enzyms, z. B. je nach Konfiguration kommt es zu einer geringeren bzw. größeren Affinität gegenüber unterschiedlichen Kettenlängen bestimmter Ester.

(e) Leistungsfähigkeit

Betreffs der Enzym-Immobilisierung sucht Sheldon (2007) nach der optimalen Leistung. Eine Immobilisierung von Enzymen bedingt, insbesondere für den Einsatz in nicht wässrigen Medien, häufig eine Steigerung der operationalen Leistungsfähigkeit industrieller Fertigungsprozesse. Es bieten sich in diesem Zusammenhang drei Vorgehensweisen an (Sheldon 2007): (1) Anbindung an einen vorgefertigten Träger, (2) Einbindung/Integration in organischen oder anorganischen Matrizen sowie (3) Vernetzung (engl. *cross-linking*) von Enzym-Molekülen. Als Beispiele führt Sheldon (2007) mesoporöses SiO_2, Hydrogele, smarte Polymere, *cross-linked* Enzymaggregate (CLEAs) u. a. an.

(f) Stabilisierung

Durch kovalente Immobilisierung auf einem durch Amine funktionalisierten superparamagnetischen Nanogel ist eine Stabilisierung von α-Chymotrypsin (= CT) erzielbar ([1]Hong et al. 2007). Mithilfe einer *Hofmann*-Umlagerung (engl. *Hofman degradation*, d. h. Pyrolyse eines quartären Ammoniumhydroxids) von mit Polyacrylamid (PAM) beschichteten Fe_3O_4-NPn ist das mit Amino-Gruppen ausgestattete superparamagnetische Nanogel, hergestellt durch eine einfach zu handhabende photochemische *In-situ*-Polymerisation, erhältlich. Im Anschluss erfolgt über reaktive Aminogruppen, unter Einsatz eines die Bindung ermöglichenden Reagenz, d. h. 1-Ethyl-3(3-dimethylaminpropyl)carbodiimid (EDC), eine kovalente Anbindung des CT an das magnetische Nanogel. Unter Verwendung eines BCA-Protein-Assays wurden durch [1]Hong et al. (2007) eine Bindungskapazität von 61 mg Enzym g^{-1} Nanogel sowie eine Aktivität des immobilisierten CT von 0,93 U mg^{-1} min^{-1} ermittelt. Das auf diese Weise zur Verfügung stehende immobilisierte Enzym weist gegenüber einem nichtimmobilisierten Enzym eine deutlich verbesserte Resistenz bei der Inaktivierung durch Temperatur und pH auf und eine bessere Stabilität gegenüber Temperatur, Lagerung und Wiederverwendbarkeit ([1]Hong et al. 2007).

Eine Bestimmung der kinetischen Parameter von sowohl immobilisierten als freien Enzymen zeigt für die immobilisierte Form, abweichend vom freien Enzym, einen größeren Wert von K_m, wohingegen der Wert für V_{max} geringer ausfällt. Zur kovalenten Anbindung von α-Chymotrypsin auf mit Aminogruppen beschichteten magnetischen Nanogels veröffentlichen [3]Hong et al. (2007) ihre Arbeiten. Eine Konjugation von Enzymen auf paramagnetischen Nanogels, bedeckt mit Carboxylgruppen, beschreiben [2]Hong et al. (2007). Alpha-Chymotrypsin (CT) als Modell-Enzym wurde auf ein mit Carboxyl funktionalisiertes superparamagetisches Nanogel aufgetragen. Die Präparation geschieht unter Einsatz eines verbindenden Reagenz über eine photochemische *In-situ*-Polymerisation und das magnetische, immobilisierte Enzym ist über diverse Messtechniken ansprechbar, z. B. RDA, Abschn. 1.3.3. Es zeigt sich dabei, dass das immobilisierte Enzym über einen Durchmesser von 68 nm verfügt, wohingegen die magnetischen Nanogels mit den Carboxylgruppen lediglich 38 nm erreichen,

d. h., eine Enzym-Immobilisierung führt zu einem erheblichen Wechsel in der Größe. Nach der Enzymmobilisierung bleiben die superparamagnetischen Eigenschaften für Fe_3O_4 erhalten, verbunden mit einem gering reduzierten Saturationswert für die Magnetisierung. Sowohl die Immobilisierung als auch die Beschichtung führen gemäß Analytik zu keinem Phasenwechsel des Fe_3O_4. Die Bindungskapazität beläuft sich auf 30 mg Enzym g^{-1} sowie 37,5 mg Enzyme g^{-1} Nanogel, die spezifische Aktivität wurde mit 0,77 U mg^{-1} min^{-1} ermittelt und erreicht, bezogen auf die freie Form, einen Wert von 82,7 % ([3]Hong et al. 2007).

(g) Elektrochemische Polymerisation

Generell offeriert die elektrochemische Polymerisation eine Technik zur Immobilisierung von Redox-Enzymen auf den Oberflächen von Elektroden. Sie gewährleistet eine gute Kontrollmöglichkeit über die Menge und räumliche Verteilung der immobilisierten Enzyme. Als Beispiel wird eine Glukose-Oxidase, immobilisiert durch Poly-N-Methylpyrrol, erläutert ([1,2]Bartlett & Whitaker 1987). Zur genannten Technik liegen ergänzend theoretische Überlegungen bzw. detailliertere Angaben vor. Durch Fortschritte innerhalb der Nanotechnologie stehen verschiedenartige nanostrukturierte Materialien einer größeren Bandbreite an Anwendungsmöglichkeiten zur Verfügung. Ungeachtet dessen, dass die Erforschung der o. a. Nanostrukturen zur Biokatalyse am Beginn steht, ist bereits im Vorfeld zu erkennen, dass sich diverse Nanostrukturen über Enzymadsorption, kovalente Anbindung sowie Enzym-Enkapsulation, einzeln oder in Kombination, zur Immobilisierung von Enzymen eignen. Details zu den Mechanismen einer Stabilisierung, die hinter den o. a. Techniken stehen, z. B. Porengröße, Volumen, Wechselwirkungen zwischen den Ladungen, hydrophobe Wechselwirkungen, Mehrpunktanbindung, sowie Maßnahmen zur Verbesserung einer Enzymstabilisierung innerhalb von Nanostrukturen über z. B. singuläre Enzym-NP (engl. *single enzyme nano-particle* = SEN), mesoporige Materialien u. a. erläutern Kim et al. (2006). Im Fall von SEN ist jedes Enzym-Molekül von einem Netzwerk im nm-Bereich umgeben. Daraus ergibt sich eine Stabilisierung der Enzym-Aktivität ohne Beeinträchtiigung des Substrat-Transfers von der Lösung an die aktive Site. Auch lassen sich SENs auf mesoporischem SiO_2 fixieren, mit dem Ergebnis einer ausgedehnten Oberfläche, die wiederum eine hierarchisch ausgerichtete Vorgehensweise für stabile, immobilisierte Enzymsystme anbietet (Kim et al. 2006). Nanomaterialien als feste Unterlage verbessern sowohl durch Verminderung der Begrenzung seitens der Diffusion als auch durch Vergrößerung der Oberfläche per Masseneinheit die Wirksamkeit immobilisierter Enzyme. In ihrer Studie setzen Serefoglou et al. (2008) Smektit, d. h. Mineralgemenge aus Phyllosilikaten, Quarz, Karbonat als feste Unterlage zur Immobilisierung von β-Glucosidase ein. Insgesamt ergeben sich für die immobilisierten Enzyme, betreffs biochemischer Eigenschaften innerhalb eines größeren pH-Werte-Bereichs, eine verbesserte Thermostabilität als auch Steigerung der Leistung bei erhöhten Temperaturen.

Eine Strategie zur Immobilisierung von Enzymen besteht aus einer mit Au-NP beschichteten elektrokatalytischen Membran mit einem integrierten Redoxmediator. Zur Herstellung einer im o. a. Sinne vorgestellten Membran ist die Kombination von drei diskreten Methoden erforderlich, d. h. (1) über eine *Layer-by-Layer*-Technik (2) werden mit Co-Hexacyanoferrat $Na_xCo[Fe(CN)_6]_{0,90} \cdot 2,9H_2O$, modifizierte Au-NP(-Dendrimer) durch drei Lagen aus Polyvinylsulfonsäure auf ITO-Elektroden (ITO = *indium tin oxide*) verändert. Der auf diese Weise hergestellte Film dient in der Studie von Serefoglou et al. (2008) als Substrat und u. a. in Anwesenheit eines Crosslinkers zur Immobilisierung einer Glucose-Oxidase. Im Anschluss lässt sich die auf die o. a. Art modifizierte Elektrode, d. h. unter Gebrauch einer Glucose-Oxidase, als Biosensor zu amperometrischen Messungen von Glucose verwenden.

Eine weitere Möglichkeit zur Immobilisierung stützt sich auf ein Gel aus Gelatine als feste Trägermatrix für Nanokomposite, nachträglich gehärtet durch eine *In-situ*-Polymerisation von Tetraethoxysilan (engl. *tetraethoxysilane* = TEOS). Als Modellenzym wurde von Schuleit & Luisi (2001) eine Lipase von *Chromobacterium viscosum* ausgewählt. In einem ersten Schritt erfolgt eine Lösung des Enzyms in AOT-reversen Micellen, nachfolgend wird durch Zugabe von Gelatine die Lösung in ein Organogel eingeleitet. Zum Abschluss kommt es durch die Bildung eines Silikatpolymers zur Aushärtung des enzymführenden Gels. Mittels der vorgestellten Präparationstechnik wird als Produkt ein glasiges Nanokomposit erhalten. Seine optische Transparenz erlaubt, das Protein direkt über spekroskopische Methoden zu erfassen. Es kann getrocknet sowie gemahlen werden. Das in Pulverform vorliegende Nanokomposit verhält sich sowohl in wässrigen als auch organischen Lösungsmitteln stabil (Schuleit & Luisi 2001). Nach Reinigung mit H_2O offenbaren die mit Enzymen ausgestatteten Nanokomposite hervorragend ausgebildete Aktivitäten gegenüber z. B. Cyclohexan (C_6H_{12}). Die auf diese Weise erzeugte Enzympräparation lässt sich ohne Einschränkung über einen Zeitraum von mehreren Monaten ohne Verlust der Aktivität und des chemischen Ertrags verwenden (Schuleit & Luisi 2001). Die von den o. a. Verfassern vorgestellte Technik zur Immobilisierung weist die Vorzüge einer Fixierung des Enzyms in Mikroemulsionen auf. Als entscheidende Vorteile sind die messtechnische Behandlung durch spektroskopische Techniken sowie die Stabilität gegenüber mechanischer Belastung in wässrigen und organischen Lösungsmitteln zu nennen.

Einen vielversprechenden Ansatz zur Entwicklung innovativer Produkte auf dem Gebiet der Mikro- und Nanotechnologie bietet die Bereitstellung von hybriden Bausteinen, die auf der Fixierung von Enzymen auf geeigneten anorganischen Trägersubstanzen beruhen. Neben den klassischen Techniken wie kovalenter Bindung, Enkapsulation und Adsorption steht zunehmend die Anbindung durch Peptide im Mittelpunkt der Forschung. So kann eine haloalkane Dehalogenase auf Si-beschichteten oder unbeschichteten, Fe-Oxide führenden supramagnetischen NP fixiert werden. Das betroffene Enzym, ursprünglich im Code von *Xanthobacter autotrophicus* Stamm *GJ10* anzutreffen, wurde in *E. coli* geklont, um Fusionsproteine zu produzieren, die am C-Terminal Wiederholungen von Polypeptiden aufweisen und die über eine spezifische Affinität gegenüber Si oder Fe verfügen (Johnson et al. 2008). Fusionsproteine üben zwei Funktionen aus: (1) zum einen die Anbindung auf anorganischen Oberflächen und (2) zum anderen die Ausübung enzymatischer Aktivitäten. Die Intensität der Adsorption von Fusionsproteinen an Oberflächen von NP, insbesondere an NP aus Fe-Oxid, übertrifft jene, die nicht durch Affinitätssequenzen aktiviert wurden. Die Fähigkeit einer speziellen Adsorption von geklonten affinitätsgetaggten Dehalogenasen lässt sich durch selektiv adsorbierende Dehalogenase-Fusionsproteine, die Tripeptide mit Fe-Oxid-Affinität enthalten und direkt aus einem Lysat gewonnen werden, bestätigen (Johnson et al. 2008). Eine gerichtete Selbstimmobilisierung einer Phosphatase scheint über genetisch veränderte Au-bindende Peptide möglich (Kacar et al. 2009). Es werden hierzu die Eigenschaften von supramolekularer Rekognition sowie Selbstassemblierung ausgenutzt, Abschn. 4.4/Bd. 1.

Die Aufrechterhaltung der enzymatischen Aktivität hängt von der Oberflächenchemie der NP ab. So lässt sich nach Adsorption der Fusionsproteine auf der Oberfläche von NP eine Steigerung der Aktivität durch die Behandlung mit z. B. Polyethylenglukol ($C_{2n}H_{4n+2}O_{n+1}$) oder 3-Glycidoxypropyl-trimethoxysilan ($C_9H_{20}O_5Si$) herbeiführen. Zusammenfassend ist es möglich, ein aktives Enzym mit speziellen Peptiden zu taggen, um es an Oberflächen anzubinden. Durch u. a. die Fähigkeiten einer Selbstorganisation der Konjugate und einer einfachen Skalierbarkeit (*large- and up-scaling*) bezüglich technischer Anwendungen steht somit eine innovative Methode zur Immobilisierung von Enzymen auf magnetischen NP zur Verfügung (Johnson et al. 2008), Abb. 2.13.

Neue Prinzipien von amperometrischen Enzymelektroden und reagenzfreier, auf einer Oxidoreduktase beruhenden Biosensoren erörtern Schmidt et al. (1993). Die Umsetzung von kompakten amperometrischen Enzymelektroden macht eine Fixierung von Coenzymen und/oder Mediatoren mit Enzymen auf z. B. einer Elektrodenoberfläche, ohne ihre Shuttlefunktion zu beeinträchtigen, erforderlich. Als vielversprechend erweist sich der Gebrauch von mittels Mediatoren veränderten Oxidasen oder durch Coenzyme modifizierten Dehydrogenasen und ihre Fixierung innerhalb funktionalisierter, leitender Polymere (Schmidt et al. 1993).

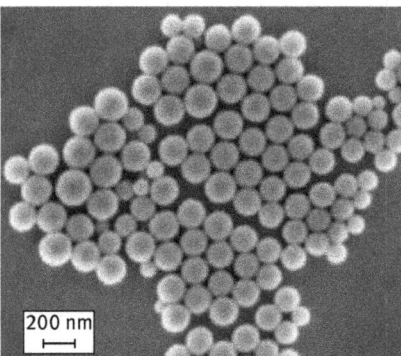

200 nm

Abb. 2.13: Magnetische NP auf immobilisierten Enzymen (Johnson et al. 2008).

Durch selektive Adsorption immobilisierte Enzyme, zur Verbesserung ihrer Stabilität sowie katalytischen Aktivität in geordneten mesoporigen, Si-haltigen Materialien integriert, bleiben auch in einem organischen Lösungsmittel stabil. Die Größe der Mesoporen lässt sich über die Kombination von kationischen Surfaktanten bzw. deren Längen der Alkylketten mit einer Quellreagenz, d. h. Triisopropylbenzen, erzielen. Beim Gebrauch von organischen Lösungsmitteln stellen sich eine optimale Stabilität sowie katalytische Aktivität ein, wenn die durchschnittlichen Größen der Poren den molekularen Durchmesser der Enzyme übertreffen (Takahashi et al. 2001).

Die Exploitation eines selbstassemblierenden Systems von S-Layern für eine auf spezielle Sites ausgerichtete Immobilisierung von Enzymen, dargestellt am Beispiel der extremophilen Laminarinase aus *Pyrococcus furiosus*, veröffentlichten Tschiggerl et al. (2008). Ein Fusionsprotein, basierend auf dem S-Layer-Protein *SbpA* aus *Bacillus sphaericus CCM 2177* und dem Enzym Laminarinase (*LamA*) aus *P. furiosus*, wurde in *E. coli* überexprimiert. Entsprechend dem Konstruktionsprinzip behält das Fusionsprotein die Fähigkeit der Selbstassemblierung im Sinne einer S-Layer, wohingegen sich die katalytisch aktive Domäne von *LamA* an der nach außen orientierten Oberfläche des neugebildeten Proteingitters bildet. Die enzymatische Aktivität verbleibt nach der Rekristallisation auf Si-Wafern, Glasplatten und anderen Polymermembranen erhalten. Betreffs *LamA* kommt es infolge der Fusion mit dem S-Layer-Protein zu einer periodisch, geometrisch geregelten Anordnung desselbigen (Tschiggerl et al. 2008).

Die Aktivitäten sind über kolorimetrische Messungen erfassbar und mit durch konventionelle Techniken produziertem *LamA* vergleichbar. In Kombination mit einer hohen Lebensdauer und Resistenz gegenüber Temperatur sowie diversen Chemikalien steht mittels der von Tschiggerl et al. (2008) vorgestellten Methode eine weitere Technik zur Immobilisierung von Enzymen in Form neuartiger Komposite zur Verfügung. Über eine Immobilisierung eines Enzyms durch hybride Nanokomposite, d. h. SiO_2 versetzte Polysaccharide mit regulierbarer Zusammensetzung, berichten Shchipunov et al. (2006). Gopinath & Sugunan (2004) immobilisieren a-Amaylase via Montmorillonit $((Na, Ca)_{0,33}(Al, Mg)_2(Si_4O_{10})(OH)_2 \cdot n\,H_2O)$.

Zusammenfassend
bietet sich sich Vielzahl von Möglichkeiten zur Immobilisierung von Enzymen an. Sie genießen einen hohen Stellenwert in der Industrieforschung sowie Produktion (z. B. End & Schöning 2004). Fortschritte in der Entwicklung von enzymatischen Membranreaktoren sind hierbei sehr hilfreich (Rios et al. 2004).

2.3.4 Protonierung von Oberflächen

Unter der Protonierung ist die Anlagerung von Protonen an eine Verbindung, ein Ion oder Atom zu verstehen. Es handelt sich bei diesem Vorgang um den Übertrag einer oder mehrerer positiver Ladungen, d. h. Protonierung, auf die gewünschte

Komponente, wobei bei der o. a. Reaktion die Säure deprotoniert wird, d. h. Protonen verliert. Hierzu wird eine Säure-Base-Reaktion im Sinne der Definition von *Brønstedt/Lowry* benötigt. Aufgrund des bislang erzeugten Datenmaterials durch entsprechende Analysen, wie zum Beispiel Spektroskopie, scheinen auf den Oberflächen von Mikroorganismen als vorherrschende protonenaktive, funktionale Gruppen u. a. Carboxyl-, Phosphoryl- sowie Hydroxylhälften aufzutreten und ähneln jenen mineralischer Oberflächen (Borrok et al. 2005), Abschn. 2.3.7 (a). Protonierungsvorgänge dienen häufig dazu, chemische Komponenten für sukzessive Reaktionsschritte zu aktivieren und/oder über Ionisierung für messanalytische Zwecke zu präparieren. Zur Ansprache von Protonierungsreaktionen auf bakteriellen Oberflächen mittels einer Modellierung kommen durch potenziometrische Titration generierte Daten in Betracht (u. a. Fein et al. 2005). Mit der Technik einer Protonierung von Oberflächen steht eine weitere wirkungsvolle Methode zur Fixierung diverser Metallspezifikationen zur Verfügung.

(a) Protonierungs-/Deprotonierungsreaktionen

Abweichend von den funktionalen Gruppen bei Mineralen, die bei niedrigem pH doppelt protonierbar sind, verhalten sich auf Bakterien bezogene funktionale Gruppen wie organische Säuren. Nahezu alle Mineraloberflächen an der Oberfläche der Erde weisen mindestens eine Monolage an adsorbiertem H_2O auf. Auf Oberflächen befindliche Ionen, oftmals in Form von O_2 vertreten, unterliegen Protonierungs- und Deprotonierungsreaktionen. Ausgedrückt als Gleichgewichtsreaktion zwischen einer auf Oberflächen bezogenen Spezifikation inkl. entsprechender Lokalität (engl. *site*) auf der Oberfläche (S$-'$) und O_2:

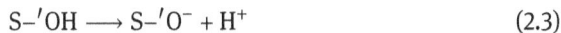

$$S-'OH_2^+ \longrightarrow S-'OH + H^+ \tag{2.1}$$

$$S-'OH_2^+ \longrightarrow S-'O^- + 2\,H^+ \tag{2.2}$$

$$S-'OH \longrightarrow S-'O^- + H^+ \tag{2.3}$$

Als weiteres Beispiel sei auf die Protonierung von NH_3 durch HCl verwiesen:

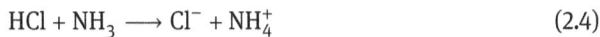

$$HCl + NH_3 \longrightarrow Cl^- + NH_4^+ \tag{2.4}$$

Die Werte für pK_S (Säurestärke) und pK_B (Basenstärke) definieren die Gleichgewichtseinstellung betreffs Protonierung und Deprotonierung. In der Regel ist eine Protonierung reversibel und kann zu einer Aktivierung einer chemischen Reaktion führen.

Über den Einsatz von Methoden zur Thermodynamik eines Equilibriums sind der Protonierungsgrad individueller funktionaler Gruppen sowie die Stabilität von jedem bakteriellen Oberflächenkomplex beschreibbar (Borrok et al. 2005). Protonierungsreaktionen auf den bakteriellen Oberflächen selbst sind über eine Modellierung der Daten einer potenziometrischen Titration ansprechbar. So unternehmen Borrok et al. (2005) den Versuch, alle bislang vorliegenden Datensätze betreffs potenziometrischer

Titration für individuelle bakterielle Spezies, bakterielle Konsortien sowie bakterielle Zellwände zu kompilieren. Zum Zweck einer Modellierung von für eine bakterielle Adsorption unerlässlichen Reaktionen innerhalb geologischer Systeme präsentieren Borrok et al. (2005) über eine Variation des Oberflächen-Komplexierungs-Modells einen Satz übergreifender Parameter, z. B. thermodynamisch stabile Protonenbindung und Dichte der Sites, und sind auf diese Weise in der Lage, für verfügbare Datensätze die Dichte der mit funktionellen Gruppen versehenen Sites zu ermitteln. Darstellungen zur Dichte der Sites als Funktion der Ionenstärke für verschiedene bakterielle Stämme zeigen erhebliche Unterschiede (Borrok et al. 2005), Abb. 2.14.

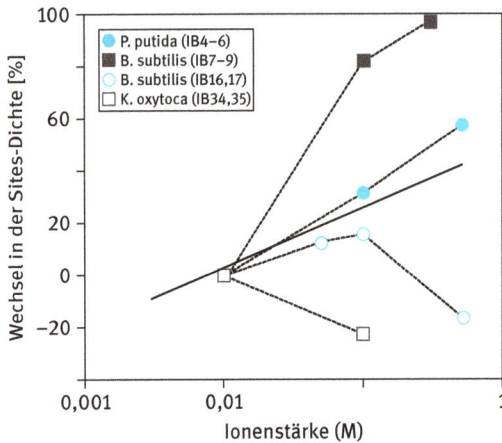

Abb. 2.14: Dichte der Sites als Funktion der Ionenstärke für diverse Bakterienstämme (nach Borrok et al. 2005).

(b) Protonenbindung

Eine übergreifende Rahmenrichtlinie zur Komplexierung an Oberflächen, geeignet für die Modellierung der Protonenbindung auf bakteriellen Oberflächen im geologischen Umfeld, stellen Borrok et al. (2005) vor. Die Adsorption auf bakteriellen Oberflächen kann die Spezifikation und Mobilität von in wässriger Lösung befindlichen Kationen in zahlreichen geologischen Umfeldern erheblich regulieren. Bakterielle Zellwände enthalten ein breites Spektrum an funktionellen Gruppen die metallische Kationen als Protonen aus der Lösung heraus adsorbieren können und auf diese Weise die Bioverfügbarkeit der genannten Komponenten manipulieren, d. h. ihr Schicksal und die Mobilität innerhalb des geologischen Ambientes.

Betreffs ihrer Aktivität gegenüber Protonen weisen die funktionalen Gruppen bakterieller Oberflächen Ähnlichkeiten mit jenen auf, wie sie von Mineralen beschrieben sind. Abweichend von mineralischen Oberflächen, die durch doppelte Protonierung infolge eines niedrigen pH-Wertes eine positive Ladung annehmen, verhalten sich die bakteriellen Oberflächen wie monoprotonische organische Säuren. Eine Vielzahl bakterieller von auf Oberflächen auftretenden Gruppen sind entweder protoniert mit neutraler Ladung oder deprotoniert mit entsprechend negativer Ladung, ungeachtet dessen, dass Amin-Gruppen nach der Protonierung eine positive Ladung annehmen. In wässriger Lösung befindliche Metallkationen stehen über elektrostatische und kovalente Bindungen mit deprotonierten funktionalen Gruppen in Verbindung und bilden mit ihnen bakterielle Oberflächenkomplexe. Letztgenannte sind über thermodynamische Gleichgewichtsterme beschreibbar (Borrok et al. 2005). Protonierungsreaktionen auf bakteriellen Oberflächen lassen sich durch eine Modellierung von Daten, ermittelt mittels einer potenziometrischen Titration, charakterisieren. Ungeachtet dessen, dass Säure-Base-Reaktionen durch rigorose Einschränkungen gegenüber der Pufferkapazität bakterieller Oberflächen determiniert sind, lassen sie sich nicht in isolierter Form zur Ermittlung der Mechanismen oder Reaktion, bestimmt für das Verhalten des Puffers, heranziehen (Borrok et al. 2005). Als Größen sind z. B. Bakterienstamm, Ionenstärke sowie pH-Bereich angegeben, Tab. 2.10. Der pH-Wert gegen die Pufferfunktion, d. h. $Q^* = -(dQ_{rel})(d(pH))$ mit diversen Ionenstärken, d. h. 0,01–0,5 M für *B. subtilis* sowie für *P. putida*, zeigt einen annähernd undulierenden Kurvenverlauf (Borrok et al. 2005), mit Minimal-Werten um einen pH von 7, Abb. 2.15.

Tab. 2.10: Diverse Bakterienstämme, Ionenstärke und assoziierter pH-Bereich (Borrok et al. 2005).

Bakterienstamm	Ionenstärke (M)	pH-Bereich
Bacillus brevis ATCC 9999	0,001; 0,01; 0,1; 1,0	3–10
Bacillus licheniformis	0,01; 0,1	4–12
Bacillus megaturium	0,1	3,9–9,5
Bacillus subtilis	0,1	2,5–9
Corynebacterium DSM 6688	0,001; 0,01; 0,1; 1,0	3–10
Enterobacteriaceae sp.	0,01	3–11
Escherichia coli K-12	0,003; 0,1	2,7–9,6
Klebsiella oxytoca	0,01; 0,1	3 – 9,2
Rhodococcus erythropolis	0,01; 0,1	3,5–10
Shewanella oneidensis	0,1	4–9,5
Shewanella putrefaciens	0,1	3,5–10
Staphylococcus aureus	0,1	3,9–9,5

(c) Protonen-Adsorption

Die Auswirkung der Kulturbedingungen und Ionenstärke auf die Protonen-Adsorption durch die Oberfläche des extrem thermophilen *Acidianus manzaensis* untersuchten He et al. (2013).

Als experimentelles Umfeld setzen die o. a. Bearbeiter auf Säure-Basen-Titrationen und elektrophoretische Messungen in einer $NaNO_3$-führenden Lösung (0,001–0,1 M) sowie eine spezielle Form der Spektroskopie (ATR-FTIR) mit pH-Werten von 2–10.

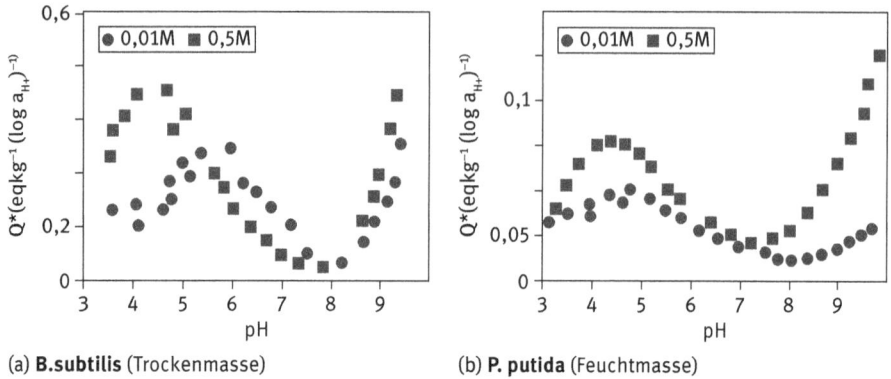

(a) **B.subtilis** (Trockenmasse)   (b) **P. putida** (Feuchtmasse)

Abb. 2.15: (a) pH gegen die Pufferfunktion, d. h. $Q^* = -(dQ_{rel})(d(pH))$ mit diversen Ionenstärken, d. h. 0,01–0,5 M für *B. subtilis* sowie für (b) *Pseudomonas putida* (Borrok et al. 2005).

Begleitend setzen sie zur Vorhersage von Trends bei der Ionen-Adsorption an der Schnittstelle *Archaea*-Wasser auf ein Modell zur Thermodynamik des Gleichgewichts (*Donnan*-Modell). Hierbei zeigt sich eine enge Beziehung zwischenden sauren Eigenschaften von *Acidianus manzaensis* und Kulturbedingungen sowie Ionenstärke (He et al. 2013). Verglichen mit einem S-führenden Kulturmedium verringert sich die Pufferkapazität von *A. manzaensis* bei der Kultivierung mit Pyrit (FeS_2). Daneben begleitet ein ansteigender pH-Wert eine Erhöhung der Pufferkapazität und infolgedessen wird die Oberflächenladung negativer.

Nach aktuellem Kenntnisstand verfügt *A. manzaensis* von allen bislang studierten Mikroorganismen über die höchste Pufferkapazität per Maßeinheit feuchter Biomasse. In Übereinstimmung mit ihrem Modell ziehen He et al. (2013) den Schluss, dass sich die Säure-Base-Eigenschaften der Zellwand von *A. manzaensis* durch drei distinktive, auf die Zellwand bezogene funktionale Gruppen charakterisieren lassen: Carboxyl-, Phosphoryl- und Amid-Gruppen, Abschn. 2.3.7.

(d) Protonenpuffer-Kapazität

Die acidophilen Mikroorganismen *Acidiphilium cryptum*, *Acetobacter acidophilum* sowie die alkaliphilen Bakterien (*Bacillus pseudofirmus*, *Bacillus circulans*) zeigen in Studien ein weites Spektrum der Protonenpuffer-Kapazität, wobei die alkaliphilen Formen im Vergleich zu den acidophilen als auch neutralen Vertretern eine höhere Säurekonstante aufweisen (Kenney & Fein 2011). Ungeachtet der Differenzen bei den Säurekonstanten zwischen Acidophilen und Alkaliphilen zeigen alle o. a. Mikroorganismen mit der Ausnahme *A. cryptum* ein ähnliches Verhalten bei der Adsorption von Cd. Anhand ihrer Daten vermuten Kenney & Fein (2011) für unterschiedliche mikrobielle Vertreter in extremen Habitaten Ähnlichkeiten bei der Adsorption von Protonen und Metallen.

(e) Enantioselektive Protonierung

Enantioselektive Protonierung ist eine in der Organischen Chemie weit verbreitete Methode, um z. B. Aminoäuren und andere „Naturstoffe" zu synthetisieren. Darüber hinaus kann sie als wertvolles Hilfsmittel bei der Funktionalisierung von Oberflächen zur nachfolgenden, räumlich orientierten Kristallisation metallischer Nanocluster dienen. Durch die hohe Affinität bakterieller Zellwände für Metallkationen in wässrigen Lösungen und organischen Molekülen tragen Mikroorganismen zur Umverteilung von Elementen bzw. Stoffströmen bei. Als Ursache für diese Vorgänge kommt die Eigenschaft einer bakteriellen Oberflächenladung in Betracht, hervorgerufen durch die Deprotonierung funktionaler Gruppen organischer Säuren, anzutreffen innerhalb der Zellwandstruktur. Innerhalb der pH-Werte natürlicher Wässer entwickeln diese funktionellen Gruppen Protonenaktivitäten, wobei bei steigendem pH-Wert Prozesse der Deprotonierung zum Anstieg einer negativen Oberflächenladung auf der bakteriellen Oberfläche führen können. In diesem Zusammenhang veröffentlichen und bewerten Wightman et al. (2001) Messungen von Protonierungskonstanten bakterieller Oberflächen für zwei Gattungen unter erhöhten Temperaturbedingungen.

(f) Protonierung Cofaktor

Zur kontrollierten Protonierung eines Fe-Mo-Cofaktors durch Nitrogenase bietet Durrant (2001) eine strukturelle und theoretische Analyse. Um den Weg des Protonentransfers von der Oberfläche einer Nitrogenase zum Fe-Mo-Kofaktor und den zu dem Substrat einer Katalyse zu identifizieren, stehen Techniken eines qualitativen molekularen Modellierens zur Verfügung. Auf diese Weise lassen sich unterschiedliche Routen für den Protonentransfer ansprechen:

(1) Es stehen wassergefüllte Kanäle vom Proteinäußeren zum Homocitratliganden des Fe Mo-Cofaktors sowie

(2) zwei mittels H gebundene Ketten zu speziellen S-Atomen des Fe-Mo-Cofaktors zur Verfügung

Es wird vermutet, dass der Wasserkanal sowohl zur mehrfachen Protonenabgabe in das Substrat als auch zur Diffusion der Produkte und Substrate zwischen FeMoco und der Gesamtlösung dient. Dahingegen gestatten die zwei H-gebundenen Ketten nur die Zugabe eines einzigen Protons und, unabhängig davon, um nachfolgend während des enzymatischen Zyklus eine Zufuhr von FeMoco zu ermöglichen. Zusammenfassend gelangt Durrant (2001) zu dem Schluss, dass die möglichen funktionalen Unterschiede in den Kanälen des Protonentransfers durch das Umfeld des betroffenen Proteins und spezifische H-Bindungseffekte hervorgerufen sein könnten. Die Reduktion von N_2 lässt sich stöchiometrisch wie folgt ausdrücken (Durrant 2001):

$$N_2 + 8\,H^+ + 8\,e^- + 16\,MgATP \longrightarrow 2\,NH_3 + H_2 + 16\,MgADP + 16\,P_1 \qquad (2.5)$$

(g) Metalladsorptionskapazität

Zwecks der Aufhellung der Säure-Base-Eigenschaften und Metalladsorptionskapazität sowie der hiemit verbundenen Wechselwirkungen zwischen Metallen und Protonen unterziehen Pokrovsky et al. (2013) das anoxische, phototrophe Bakterium *Rhodobacter blasticus f-7* (*APB*) entsprechenden Experimenten. Als Analysetechnik wählen die o. a. Autoren eine Kombination von potenziometrischer Säure-Base-Titration sowie, in Abhängigkeit vom pH-Wert, d. h. 3–11, und Ionenstärke, d. h. 0,001–1,0 M, Messungen zur elektrophoretischen Mobilität.

In Abhängigkeit von dem pH-Wert sowie der Metallkonzentration führen Pokrovsky et al. (2013) in Batchreaktoren bei einer Temperatur von 25 °C Studien zur Adsorption von Al, Cd, Co, Cu, Ga, Ge, Mo, Ni, Pb, Sr, W sowie Zn durch. Zur Auswertung setzen die o. a. Autoren u. a. auf Techniken wie *Langmuir*-Sorptionsisotherm in Verbindung mit einer linearen Programmieroptimierungsmethode, um auf diese Weise experimentelles Datenmaterial anzupassen, die Anzahl und Natur der auf die Oberfläche bezogenen Sites in Form von u. a. Carboxylat, Phosphoryl-, Amin- u. a. Gruppen (Abschn. 2.3.7) abzuschätzen. Weiterhin sind die in die Bindung von Metallen seitens der Oberfläche von *Rhodobacter blasticus f-7* einbezogenen Adsorptionsreaktionskonstanten bewertbar. Aufgrund der Übereinstimmung der Affinitäten gegenüber divalenten metallischen Mikronährstoffen seitens unterschiedlicher Mikroorganismenvertreter vermuten Pokrovsky et al. (2013) ähnliche Mechanismen bei der Aufnahme von Cd, Cu, Pb sowie Zn, d. h. überwiegend die Einbeziehung von Carboxylat sowie Phosphorylat (Pokrovsky et al. 2013).

(h) Mikroorganismen

Ein übergreifendes Rahmenwerk zur Oberflächenkomplexierung, geeignet für das Anbinden von Protonen auf bakteriellen Oberflächen unter geologischen Bedingungen, skizzieren Borrok et al. (2005). Hierbei kommt das Verhalten von u. a. *Shewanella putrefaciens* zur Sprache. Der genannte gramnegative Mikroorganismus neutralisiert Basen nach Ablauf von 5 h, aller Wahrscheinlichkeit nach durch metabolische Prozesse bedingt. Als weitere Mikroorganismenvertreter sind *Escherichia coli*, *Pseudomonas putida* u. a. aufgeführt (Borrok et al. 2005). Auch *Bacillus subtilis* unterliegt, betreffs einer Protonierung mikrobieller Oberflächen, entsprechenden Untersuchungen. Als wichtiges Ergebnis steht die Beobachtung einer Temperaturabhängigkeit der auf der bakteriellen Oberfläche stattfindenden Protonierungsreaktionen (Wightman et al. 2001). Im Zusammenhang mit Untersuchungen zum Bindungsverhalten von *Shewanella putrefaciens 200R* liegen hinsichtlich der Entwicklung der Oberflächenladung, generiert mittels Protonierung und Deprotonierung, Daten vor (Roberts et al. 2006).

Tab. 2.11: *Pearsons „Hart-weich"-Klassifikation des Lewis-Säure-Base-Konzeptes (Pearson 1963).*

	Lewis-Säure					Lewis-Base			
hart	H^+	Na^+	K^+	Be^{2+}	Mg^{2+}	H_2O	HO^-	F^-	$H_3C\text{-}CO\text{-}O^-$
	Ca^{2+}	Mo^{2+}	Mn^{2+}	Al^{3+}	Sc^{3+}	PO_4^{3-}	SO_4^{2-}	Cl^-	CO_3^{2-}
	In^{3+}	Cr_3^+	Co^{3+}	Fe^{3+}	Ti^{4+}	ClO_4^-	NO_3	$R\text{-}OH$	R_2O
	Zr^{4+}	U^{4+}	Ce^{3+}	Sn^{4+}	BF_3	H_3N	$R\text{-}NH_2$	—	$H_2N\text{-}NH_2$
	$AlCl_3$	AlH_3	SO_3	NO_2^+	CO_2	—	—	—	—
borderline	Fe^{2+}	Co^{2+}	Ni^{2+}	Cu^{2+}	Zn^{2+}	C_5H_5N	N_3^-	—	—
	Pb^{2+}	Sn^{2+}	Sb^{3+}	Bi^{3+}	Ir^{3+}	Br^-	NO_2^-	SO_3^-	N_2
	$B(CH_3)_3$	SO_2	Ru^{2+}	R_3C^+	$C_6H_5^+$	—	—	—	—
weich	Cu^+	Ag^+	As^+	Ti^+	Hg_2^{2+}	I^-	SCN^-	—	—
	Pd^{2+}	Cd^{2+}	Pt^{2+}	Hg^{2+}	Ti^{3+}	C_6H_6	H^+	—	—

(i) *Pearson-Lewis*-Konzept

Betreffs Beobachtungen und theoretischer Überlegungen im Zusammenhang mit Protonierungsreaktionen scheint das *Pearson-Lewis*-Konzept hilfreich. Mithilfe dieser Konzeption sind Aussagen zu dem Teaktionsablauf sowie der Stabilität näherungsweise schätzbar. Ihre Eigenschaften bestehen u. a. in dem hohen Oxidationszustand sowie der niedrigen Polarisierung. Gemäß *Pearsons* „Hart-weich"-Klassifikation des *Lewis*-Säure-Base-Konzeptes (HSAB-Konzept = *hard and soft acids and bases*) fallen Metallionen wie z. B. Ce^{3+}, Co^{3+}, Fe^{3+}, Mo^{2+}, Mn^{2+}, Ti^{2+} u. a. in die Kategorie der „harten" *Lewis*-Säuren. Zum sog. „Borderline"-Bereich zählen z. B. Co^{2+}, Cu^{2+}, Fe^{2+}, Sb^{3+}, Zn^{2+} etc., in der Klasse „weich" finden sich z. B. Ag^+, Cu^+, Pd^{2+}, Pt^{2+} u. a. (Pearson 1963), Tab. 2.11. Entsprechend dem o. a. Konzept reagiert z. B., im Vergleich mit der Reaktion „harte" Säure und „weiche" Base, eine harte Säure mit harten Basen schneller und geht intensivere Bindungen ein. Das Konzept ist allerdings umstritten Mayr et al. (2011).

Zusammenfassend

Insgesamt stellt die Protonierung ein Hilfsmittel zur Flankierung von Maßnahmen zur Fixierung metallischer Nanopartikel und -cluster auf ausgewählten Substraten zur Verfügung. Eine weitere Maßnahme kann betreffs Synthese metallischer NP unterstützend auftreten: Redoxmediatoren.

2.3.5 Redoxmediatoren

Um Redoxprozesse zu beschleunigen, lassen sich sog. Redoxmediatoren einsetzen. Unter Redoxmediatoren sind im weitesten Sinne Elektronentransporter zu verstehen. In homogenen Enzymkinetiken übernimmt der Redoxpartner oder auch Mediator, d. h. das Cosubstrat, die für Redoxtransformationen erforderliche Quellen- oder Senkenfunktion für Elektronen (Léger & Bertrand 2008).

Natürlich auftretende Redoxmediatoren sind u. a. Chinon, Cytochrom, produziert z. B. durch *Pseudomonas-aeruginosa*-Phenazine als Redoxmediatoren. Synthetische Redoxmediatoren wie z. B. Neutralrot, Methylenblau und Thionin sind sowohl nach Aufnahme durch Mikroorganismen reduzierbar als auch, fixiert an eine geeignete Elektrode, reversibel wieder oxidierbar. Ihre Eingabe in eine Lösung mit Mikroorganismen, als Bestandteil des Anodenraums einer Brennstoffzelle, ermöglicht erst den Elektronenfluss zur Anode. Toxische Redoxmediatoren sind z. B. Benzochinon. Redoxmediatoren verfügen über ein weites Spektrum an Standardredoxpotentialen, z. B. beginnend bei 870 $E^{0'}$ (mV vs. SHE) für Hexachloroiridat (Na_2IrCl_6), bis hin zu –360 (Léger 2012) Benzyl-Viologen, Tab. 2.12.

Tab. 2.12: Standard-Reduktionspotentiale bei einem pH-Wert von 7 sowie 25 °C von Redoxmediatoren (Léger 2012).

Mediator	$E^{0'}$ (mV vs SHE)
Benzyl-Viologen	−360
Lapachol	−172
Methyl-Blau	11
Ferricyanid ($K_3Fe(CN)_6$)	360
Hexachloroiridat (Na_2IrCl_6)	870

Da keine allgemeine, generalisierte Vorgehensweise für die Kombination von Enzym mit Redoxmediator vorliegt, muss für jede mögliche Kombination eine individuelle Optimierungsmaßnahme getroffen werden. Für eine Reihe von Versuchen kamen als Redoxmediatoren Vertreter mit der allgemeinen Formel Ru(LL)2(X)2 zum Einsatz, wobei LL Liganden vom Typ 1,10-Phenantrolin bzw. 2,2′-Bipyridin darstellen und X einen sauren Liganden repräsentiert (Ivanova et al. 2003). Über verschiedene Versuchsreihen sollte eine optimale technische Kombination erreicht werden, z. B. Integration der Enzyme in eine C-Paste, der Adsorption auf der Oberfläche einer speziell präparierten Elektrode, d. h. C-Paste, fixiert durch einen Film aus Nafion, und in Polymerfilmen integrierte Enzyme, elektrochemisch auf die Oberfläche von Elektroden fixiert.

Im Wesentlichen prägen die Architektur des Sensors und die speziellen Merkmale der eingesetzten Enzyme die Eigenschaften der auf diese Weise erhaltenen Biosensoren. Letztendlich vermitteln unterschiedliche Sensorarchitekturen Informationen über mögliche Wechselwirkungen zwischen einem Enzym und Redoxmediatoren mit ihren spezifischen Eigenschaften (Ivanova et al. 2003).

Aus einem ZnO-Redoxmediator-Komposit-Film lässt sich ein Sensor zur elektrochemischen Ansprache von Biomolekülen konstruieren (Tang et al. 2008). Die elektrochemische Oxidation von Serotonin (SN) auf einer mit ZnO beschichteten SiO_2-C-Elektrode (engl. *glass carbon electrode* = GCE) erzeugt Redoxmediatoren (RM), adsorbiert auf der Oberfläche einer Elektrode. Die elektrochemischen Eigenschaften einer

Elektrode, zusammengesetzt als hybride (anorganisch/organisch) Filmbeschichtung aus ZnO und einem elektrogenerierten Redoxmediator, sind unter Verwendung einer zyklischen Voltammetrie (*cyclic voltammetry* = CV) quantifizierbar.

Sowohl SEM als auch AFM sowie weitere elektrochemische Techniken erbringen den Nachweis einer Immobilisierung der ZnO/RM (Kern-/Hülle)-Mikropartikel auf der Oberfläche der Elektrode. In sauren Lösungen offenbart die auf die o. a. Weise zusammengesetzte Elektrode zwei reversible Redoxpeaks, wobei die beobachteten Peaks offensichtlich vom pH-Wert abhängen (–62 und –60 mV/pH) und sich dem Algorithmus der *Nernst*-Gleichung annähern. Die GCE/ZnO/RM-modifizierte Elektrode zeigt in einer 0,1 M Pufferlösung (pH = 7,0) aus PO_4^{3-} eine ausgezeichnete elektrokatalytische Aktivität bei der Oxidation von Ascorbin- (AA, $C_6H_8O_6$-) und Harnsäure (= UA, $C_5H_4N_4O_3$) sowie Dopamin (= DA, $C_8H_{11}NO_2$) (Tang et al. 2008). Eine praktische Verwertung von GCE/ZnO/RM-Elektroden besteht im gleichzeitigen Nachweis von DA, AA und UA in den entsprechenden Lösungen. Über die CV betragen die Kalibrierungskurven für DA $6,0 \cdot 10^{-6}$ bis $9,6 \cdot 10^{-4}$ M, d. h. Korrelationskoeffizient = 0,992, für AA $1,5 \cdot 10^{-5}$ bis $2,4 \cdot 10^{-4}$ M, d. h. Korrelationskoeffizient = 0,991, sowie für UA $5,0 \cdot 10^{-5}$ bis $8 \cdot 10^{-4}$ M, d. h. Korrelationskoeffizient = 0,989. Insgesamt verfügt die mit ZnO/RM modifizierte GCE über eine gute Stabilität und Antikorrosioneigenschaften (Tang et al. 2008).

Die Sekretion von Flavinen durch eine *Shewanella*-Art und ihre Funktion als extrazelluläre Redoxmediatoren schildern von Canstein et al. (2008). Fe^{3+}-atmende Bakterien wie z. B. die o. a. *Shewanella*-Art übernehmen eine wichtige Rolle bei globalen Kreisläufen von Fe, Mn sowie weiteren Spurenmetallen. Sie bieten diverse biotechnologisch kontrollierbare Anwendungsmöglichkeiten wie z. B. zur Biosanierung von durch organische Komponenten, Metalle sowie Radionuklide kontaminierten Wässer/ Sedimenten an. Weiterhin eignen sie sich zur Konstruktion von mikrobiellen Brennstoffzellen. Ihr Mikrohabitat bildet Übergangsbereiche zwischen oxidierenden und reduzierenden Milieuzuständen, assoziiert mit einem Angebot an essenziellen Elektronenakzeptoren (Abschn. 4.6.2 (b)/Bd. 1).

Hinsichtlich der Reduktion von unlöslichen Mineralen wie Fe^{3+}-Oxiden durch den o. a. Mikroorganismus, d. h. *Shewanella sp.*, wird eine Reihe von Überlegungen zum Elektronentransfer diskutiert. Eine Möglichkeit sieht die Exkretion eines Elektronenshuttles vor. Von Canstein et al. (2008) gelang es ein durch *Shewanella sp.* produziertes Flavinmononukleotid (FMN) und Riboflavin als extrazelluläre Elektronenshuttle zu beschreiben. Die Bereitstellung zeigt eine strikte Übereinstimmung mit dem Wachstum des Mikroorganismus und übertraf die Sekretion von Flavin. Letztere Komponente erreicht die maximale Produktion in der stationären Phase während der Batch-Kultivierung. Intrazelluläres Flavinadenindinukleotid tritt zwar prädominant auf, wurde allerdings nicht durch das lebende Zellmaterial abgesondert. Unterschiedslos, ob unter aeroben bzw, anaeroben Bedingungen entstanden, unterscheidet sich die Ausbeute an Flavin nicht. Unter dissimilatorischen Fe^{3+}-reduzierenden Bedingungen sowie unter Zugabe von Fumarat als Elektronenakzeptor beläuft sich die Konzentration an Flavin nach 24 h auf 2,1–2,9 µmol pro 1 g an zellulärem Protein. Flavine treten offensichtlich als Elektronenshuttle auf und fördern in Verbindung mit einer beschleunigten Reduktion von schwach auskristallisierten Fe^{3+}-Oxiden das anoxische Wachstum (von Canstein et al. 2008).

Als Immobilisierungsmatrix für Oxidoreduktasen eignen sich sog. vernetzte Hydrogele. Die Herstellung erfolgt über Hydroxyethylmethacrylat (HEMA), Polyethyleneglycolmethacrylat (PEGMA) und N-Tris-(hydroxymethyl)methylacrylamid (HMMA), die 1, 3, 5, 7, 9 oder 12 M % des Vernetzungsmediums Tetraethyleneglycoldiacrylat (TEGDA) führen. Während der Synthese sind sie mit dem Redoxmediator Ferrocenmonocarboxylsäure (FcCOOH) zu „beladen" (Boztas & Guiseppi-Elie 2009). In deionisiertem Wasser steigt bei Abwesenheit von FcCOOH der prozentuale Anteil der Molmasse von TEGDA in Funktion mit der vernetzten (*cross-link*) Dichte. Freisetzungsprofile von FcCOOH aus mit Hydrogelen versehenen Präparaten, d. h. 43 mM FcCOOH, in einem 0,1 M HEPES/0,1 M KCl-Puffer sind in Form eines Oxidationsstroms über eine zyklische Voltammetrie (100 mV s^{-1}) bestimmbar. Der allgemeine Diffusionskoeffizient schwankt zwischen $2{,}64 \cdot 10^{-8}$ cm^2 s^{-1} (auf 1 mol % TEGDA) und $4{,}87 \cdot 10^{-9}$ cm^2 s^{-1} (12 mol % TEGDA). Zwischen dem Diffusionskoeffizienten, z. B. Hydration, liegt eine gute Übereinstimmung zwischen der M in % von TEGDA vor und somit zwischen der Dichte der *cross-links* oder dem molekularen Gewicht zwischen den *cross-links*. Experimentelle Untersuchungen zur Temperaturabhängigkeit des Transports liefern Angaben zur Aktivierungsenergie. So beträgt diese z. B. bei 10 °C ca. 30 kJ mol^{-1} (3 mol %), bei 45 °C ungefähr 57 kJ mol^{-1} (12 mol %). Die kovalente Anbindung von FcCOOH mittels eines UV-polymerisierbaren Ferrocenmonomethacrylat (Fc-AEMA) oder Ferrocenpolyethylenglycolmonomethacrylat (Fc-PEG (3500)-AEMA), die zur Bildung von Pedants aus Redoxhälften führt, mindert die Freisetzung von Fc. Während Fc-AEMA keine Anzeichen einer Freisetzung aus dem Hydrogel zeigt, ist nach fünf Tagen der Immersion eine Freigabe von ca. 16 % an Fc zu beobachten (Boztas & Guiseppi-Elie 2009).

Eine Strategie zur Immobilisierung von Enzymen auf einer mehrlagigen, mit Au-NP-Clustern versehenen elektrokatalytischen Membran unter Einbeziehung von Redoxmediatoren tragen Crespilho et al. (2006) vor. Zur Herstellung von nanostrukturierten elektrokatalytischen Membranen benutzen die o. a. Autoren eine multiple Schichtentechnik, d. h. zusammengesetzte Wechsellagerung von durch Kobalthexacyanoferrat modifizierter Au-NP mit durch Polyvinylsulfonsäure beschichteten ITO-Elektroden (engl. *indium tin oxide*). In Anwesenheit von Bovinserumalbumin sowie Glutaraldehyd als Crosslinker eignet sich der Film als Substrat zur Immobilisierung von Glucose-Oxidase und die auf die beschriebene Art modifizierte Elektrode kann als Biosensor gegenüber Glucose in Erwägung gezogen werden (Crespilho et al. 2006). Die Eigenschaften von amperometrischen Biosensoren unterliegen weitgehend der Kontrolle seitens der Wechselwirkungen zwischen dem eingesetzten Enzym und dem für den erforderlichen Elektronentransfer verantwortlichen Redoxmediator.

Eingebettet in eine aus einer C-Paste bestehenden Elektrode unterscheiden sich Redoxenzym und -mediator z. B. in ihrer hydrophilen Ausprägung. Zur Bewertung von Redoxmediatoren für amperometrische Biosensoren mittels durch Ru-Komplexe modifizierte C-Paste/Enzym-Elektroden äußern sich Ivanova et al. (2003). Im vorgestellten Experiment unterscheiden sich, eingebettet in die C-Paste-haltige Matrix der Elektrode, sowohl die Redoxmediatoren als auch die Redoxenzyme in ihrer Hydrophilie.

Zusammenfassend

lassen sich als Hilfsmittel für die biogene *Bottom-up*-Synthese metallischer Nanopartikel/-cluster Redoxmediatoren in Erwägung ziehen. Hierfür stehen natürlich auftretende Redoxmediatoren wie Chinon, Cytochrom, u. a. zur Verfügung.

2.3.6 EPS und Biosurfaktanten

Für die biogene Akquise von Metallen bieten sich zwei weitere unterstützende Mittel an, d. h. EPS und Biosurfaktanten. Bei EPS handelt es sich um extrazelluläre polymere Substanzen (= EPS), aufgebaut aus überwiegend Polysacchariden, Lipiden, Proteinen sowie Fe^{3+}-Ionen (Zeng et al. 2010). Im Fall von Biofilmen, im Zusammenhang mt sauren Minendrainagen, sind darüber hinaus die Metalle Fe, Mg u. a. beschrieben (Jiao et al. 2010). Ausgeschieden durch Mikroorganismen dienen sie u. a. als eine Art Matrix zum Aufbau und zur Stabilität von Biofilmen, Abschn. 2.3.3. Unter einem Biosurfaktanten werden oberflächenaktive Komponenten verstanden, erzeugt von zahlreichen Mikroorganismen mit der Zielsetzung einer Minderung von Spannungen, hervorgerufen durch Oberflächen sowie Schnittstellen (Cameotra et al. 2010).

(a) EPS

EPS scheinen die Biolaugung/Biokorrosion via auf Grenzflächen bezogene Prozesse unter Einbeziehung von Fe^{3+}-Ionen und acidophilen Bakterien zu fördern und somit offensichtlich eine Schlüsselrolle bei der Biokorrosion von Metallen und der Biolaugung von Metallsulfiden zur Gewinnung von Edelmetallen zu übernehmen (Sand & Gehrke 2006). Zwecks der Zielsetzung einer besseren Kontrolle beider Vorgänge ist die Kenntnis über Struktur und Funktion extrazellulärer Substanzen von Mikroorganismen mit Korrosionswirkung oder Laugungsvermögen von erheblicher Relevanz. EPS nehmen offensichtlich einen erheblichen Einfluss auf die chemische Reaktivität der bakteriellen Oberfläche, wie dies am Beispiel des psychrotoleranten Bakteriums *Hymenobacter aerophilus* beobachtet wurde (Baker et al. 2010).

Zu Studienzwecken eignen sich aufgrund ihrer Einfachheit und der Kenntnisse über ihre Wechselwirkungen zwischen Trägermaterial, d. h. Zelle, und Umwelt, *Acidithiobacillus ferrooxidans* und *Leptospirillum ferrooxidans* bzw. ihre begleitenden EPS und deren Funktionen (Sand & Gehrke 2006). Die EPS beider Arten bestehen überwiegend aus neutralen Zuckern und Lipiden. Als Funktion werden u. a. angenommen: (1) Unterstützung beim Anhaften an die Oberfläche des Metall-S^{2-} sowie (2) Konzentration von Fe^{3+}-Ionen durch Komplexierung durch z. B. Uronsäure an der Mineraloberfläche, um eine oxidative Einwirkung auf das S^{2-} zu ermöglichen. Am Beispiel von *Shewanella oneidensis MR-1* scheinen EPS in ihrem Auftreten u. a. von der Menge der Elektronenakzeptoren beeinflusst zu sein (Neal et al. 2007), Abschn. 1.6.2. Durch die o. a. Mechanismen erhöht sich die Löslichkeit des Metall-S^{2-}, die im Vergleich mit chemischer Laugung eine Beschleunigung der Biolaugung um das 20- bis 100-Fache erzielt. In Verbindung mit Arbeiten zur *Freeze*-Substitution visualisieren Hunter & Beveridge (2005) EPS, Abschn. 1.3.5 (f).

Diese Beobachtung entstammt Experimenten, die neben der Bedeutung der erwähnten Fe^{3+}-Ionen, komplexiert durch EPS, u. a. ein stammspezifisches Oxidationspotential gegenüber FeS_2 erkennen lassen. Im Vergleich mit anderen Formen erweist sich die Oxidationskraft bei einem Stamm von *A. ferrooxidans* als besonders effektiv, da es in der EPS hohe Anteile an Fe^{3+} enthält (Sand & Gehrke 2006). Neben den Vorzügen, die die EPS dem Mikroorganismus anbietet, erhebt sich die Frage über die Einbeziehung von EPS in Vorgänge wie Biofouling, -korrosion und Gasentwicklung. Eine mikrobielle EPS und Auflösung von Plagioklas ((Ba, Ca, Na, K, NH_4)(Al, B, Si)$_4O_8$) waren Inhalt einer Forschungsarbeit von Welch et al. (1999). Unter neutralen Bedingungen verhindern saure Polysaccharide z. B. die Auflösung von Bytownit. Sinkt der pH-Wert auf 4 beschleunigen, im Vergleich mit den anorganischen Kontrollserien, Polysaccharide die Zersetzung von Feldspat. Dies belegen Messungen zu den Konzentrationen von Si und Al. Allem Anschein nach stehen für die o. a. Prozesse seitens der EPS eingebrachte Protonen bereit. Welch et al. (1999) vermuten weiterhin eine Einbeziehung von Komplexierungen von in Lösung befindlichen Ionen. Die o. a. Vorgänge einer Lösung von Feldspat sind über die Analyse der Si- sowie Al-Gehalte messtechnisch detektierbar.

Seminara et al. (2012) mutmaßen, dass ein erhöhter Ausstoß an EPS durch den Aufbau eines osmotischen Druckgradienten die Motilität von *B. subtilis* forciert und optimiert. *Myxococcus xanthus* zeichnet sich durch die Erzeugung großer Mengen an EPS aus. Im Zusammenhang mit diesem Mikroorganismus steht, bei vorausgehendem geeigneten Angebot, die Beobachtung einer extrazellulären Fixierung von La seitens der EPS (Merroun et al. 2003), Abschn. 5.3.4 (a)/Bd. 1.

Biolaugung als das Ergebnis von auf Grenzflächen bezogener, durch EPS verursachter Prozesse erörtern Kinzler et al. (2003). Bei der Biolaugung von Metallen übernehmen EPS wichtige Funktionen und die Kenntnis über deren Struktur erweist sich zu Kontrollzwecken als sehr hilfreich. So bestehen z. B. die EPS von *Acidothiobacillus ferrooxidans* überwiegend aus neutralen Sacchariden sowie Lipiden. Im Wesentlichen scheinen sie für zwei Funktionen wichtig, d. h. zum einen für die (1) Anlagerung an den Oberflächen von Metallsulfiden und zum anderen zur (2) Konzentration von Fe^{3+}-Ionen durch Komplexierung, über z. B. diverse Residuen, an der Mineraloberfläche mit dem Ergebnis einer Zerlegung des Sulfids (S_2^-). Konsequenterweise erhöht sich der Anteil an gelösten Metall-Sulfiden und kann sich erheblich beschleunigen mit gegenüber einer chemischen Laugung größeren Werten. Kinzler et al. (2003) widmen sich in in ihren Studien insbesondere der Bedeutung von durch EPS komplexierten Fe^{3+}-Ionen bei der stammspezifischen oxidativen Aktivität gegenüber Pyrit (FeS_2). Stämme von *At. ferrooxidans*, versehen mit in den EPS hohen Anteilen an Fe^{3+}-Ionen, besitzen eine höhere Oxidationskraft als jene, die nur geringere Gehalte an Fe^{3+}-Ionen aufweisen. Für Kinzler et al. (2003) ergeben sich daher Überlegungen einer Einbeziehung von insbesondere mit EPS ausgestatteten Mikroorganismen in Prozesse einer Biolaugung.

Bestimmte Gruppen von Bakterien, z. B. prothescate Arten, sind fähig, Au zu sequestrieren und in hoher Konzentration zu akkumulieren. So reichern z. B. Kulturen von *Hyphomonas adhaerens MHS-3*, unter Einsatz von EPS, aus Au^{3+}-Chlorid-Lösungen elementares Au an (Quintero et al. 2001). Hierbei weisen insbesondere die Kapseln aus polaren Polysacchariden von *H. adhaerens MHS-3* eine starke Affinität gegenüber Au auf. Wie durch EDX (Abschn. 1.3.2) sowie TEM (Abschn. 1.3.4 (a)) visualisiert und am Beispiel von *H. adhaerens MHS-3* nachgewiesen, befinden sich die zur Bindung befähigten Sites auf einer Kapsel aus polaren Polysacchariden (Quintero et al. 2001). Nach entsprechender Inkubationszeit in 5 % BSA mit kolloidalem Au, d. h. 20 nm, versehen, bilden sich ausschließlich in den mit EPS-Kapseln versehenen Sektionen Au-Partikel, Abb. 2.16. Bei einem Mutanten sowie mit Periodat (IO_4^-, IO_6^{5-}) behandelten Wildtyp ist keine Sequestrierung von Au aufgezeichnet. Eventuell haftet das Au an jenen Sites an, die üblicherweise *H. adhaerens MHS-3* eine Anbindung auf Oberflächen in marinen Habitaten ermöglichen (Quintero et al. 2001).

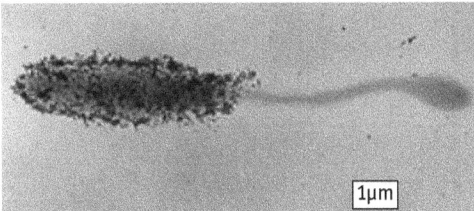

Abb. 2.16: Anbindung von kolloidalem Au auf polaren EPS-Kapseln von *Hyphomonas adhaerens MHS-3* (Quintero et al. 2001).

Zur Kontrolle des Mineralwachstums entwickeln neutrophile lithotrophe Fe-oxidierende Bakterien (= FeOB), wie z. B. *Gallionella ferruginea* oder *Mariprofundus ferrooxidans*, extrazelluläre organische Träger/Elemente in Form von filamentösen Gebilden. Chan et al. (2011) entdeckten seitens *M. ferrooxidans* eine Exkretion von Filamenten während des Wachstums, d. h. durchschnittlich 2,2 µm h^{-1}, die an Fe angereichert sind, wohingegen das Zellinnere nur sehr geringe Fe-Gehalte aufweist. NEXAFS-Analysen offenbaren eine Zusammensetzung der Filamente durch zahlreiche Fibrillen, bestehend aus nm großen (> 10 nm) Fe-Oxyhydroxid Kristallen, d. h. Lepidokrokit (γ-$Fe^{3+}O(OH)$), Abschn. 1.3.5.

Die Fibrillen selbst setzen sich aus an Carboxyl reichen Polysacchariden zusammen, Abb. 2.17. Eine Visualisierung der TEM-Daten zeigt γ-Fe^{3+}O(OH), radialstrahlig um die mineralisierten Filamente arrangiert. Kommt es unmittelbar auf den Oberflächen der Fibrillen zur Ausfällung von Lepidokrokit, so bildet dieser signifikant größere Kristalle, d. h. ca. 100 nm, und Chan et al. (2011) vermuten daher beim Mineralwachstum, seitens der umgebenden Fibrillen, eine kontrollierende Einflussgröße. Auf der Basis ihrer Daten postulieren Chan et al. (2011) ein physiologisches Modell für die Fe-Oxidation. Danach kommt es zur Exkretion von oxidiertem Fe mit anschließender Bindung an organische Polymere, deren Funktion darin besteht, eine Inkrustation der Zelle zu verhindern. Zusammenfassend weisen die o. a. Autoren den Filamenten eine wichtige Funktion bei der Kontrolle des Kristallwachstums zu.

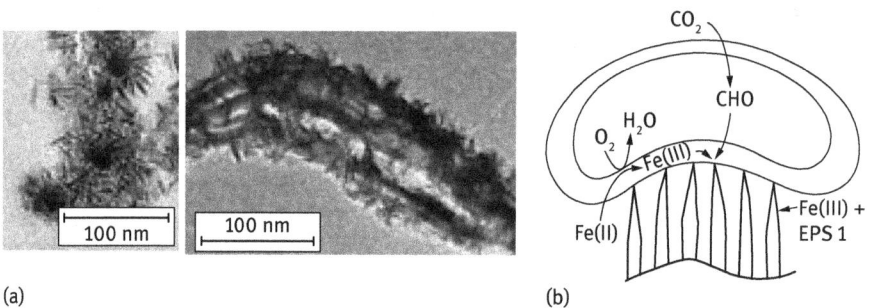

Abb. 2.17: TEM-Aufnahmen der mineralisierten Filamente (a), als Mineral tritt radialstrahliger γ-Fe^{3+}O(OH) auf. (b) zeigt eine schematische Darstellung der Filament-Bildung sowie die begleitenden mineralisierenden Prozesse. Eine Aufoxidierung des Fe ist mit einer gleichzeitigen Fe-Reduktion verbunden. Der mit „3" gekennzeichnete Bereich repräsentiert die mit Lepidolith mineralisierten Fibrillen, Sektion „1" skizziert neu durch Exkretion gebildete Fibrillen (Chan et al. 2011).

Mittels der Förderung von EPS ist eine gegenüber den Oberflächen unterschiedliche Metallsulfide, d. h. Pyrit (FeS$_2$), Chalcopyrit (CuFeS$_2$), Galenit (PbS), Sphalerit (ZnS), Quarz (SiO$_2$), selektive mineralspezifische Adhäsion von Mikroorganismen (*Acidithiobacillus ferrooxidans*, *Acidithiobacillus thiooxidans* und *Leptospirillum ferrooxidans*) erzielbar (Harneit et al. 2006), Abschn. 2.5.3. Bei Entzug der EPS von *A. ferrooxidans* und *At. thiooxidans* ist gemäß den Autoren eine verringerte Anhaftung des Zellmaterials zu beobachten. Nach ca. fünf Tagen Kultivierung der Zellen bedeckt ein dichter Biofilm die Mineraloberflächen. Eine Visualisierung dieser Vorgänge ist über u. a. AFM möglich, Abschn. 1.3.4 (c). Vorzugsweise werden insbesondere Unregelmäßigkeiten oder Defekte in der Mineraloberfläche besiedelt (Harneit et al. 2006).

Chemische Analysen für die EPS von *A. ferrooxidans*, *A. thiooxidans* und *L. ferrooxidans* ergaben den Nachweis von Pektin, Fett- sowie Uronsäuren. Letztendlich hängt die Komposition vom Stamm und Wachstumssubstrat ab. Innerhalb der EPS tritt Fe^{3+} auf, wenn das Zellmaterial auf Fe^{2+} oder FeS$_2$ trifft, es fehlt in den EPS, wenn S während der Kultivierung vorherrscht. Im Fall von *A. ferrooxidans* sowie *A. thiooxidans* korreliert der Anteil des in den EPS nachgewiesenen Fe^{3+} mit der Oxidationsrate des FeS_2. Darüber hinaus stehen in *L. ferrooxidans* die Oxidationsraten des FeS_2 in Einklang mit der genetischen Adoption der Stämme (Harneit et al. 2006).

(b) Biosurfaktanten

Surfaktanten sind amphiphile Komponenten mit der Fähigkeit, Grenz- und Oberflächenspannungen, z. B. Luft/Wasser, Öl/Wasser, von nicht mischbaren Fluidphasen zu reduzieren. Chemisch hergestellte Surfaktanten übernehmen diverse Aufgaben in der Öl-, Lebensmittel- sowie Pharmaindustrie in Form von z. B. Emulgatoren. Zu Surfaktanten in Mikrobiologe und Biotechnologie äußern sich Singh et al. (2007).

Biosurfaktanten stellen eine bestimmte Form von Biomolekülen dar. Biosurfaktanten verfügen über sowohl hydrophobe als auch hydrophile Domänen und setzen die Spannung an Oberflächen und Schnittstellen innerhalb des Wachstumsmediums herab. Fettsäuren, Glycolipide, Lipopeptide u. a. definieren die chemischen Strukturen. Ihre Klassifikation orientiert sich an ihrem Molekulargewicht, ihren physikochemischen Eigenschaften und der Art ihrer Reaktion. So bestimmt z. B. das Molekulargewicht die Funktion eines Biosurfaktanten, d. h., niedrig molekulare Repräsentanten reduzieren die Oberflächenspannung, jene mit höheren Molekulargewicht eignen sich als Mittel zur Bioemulsion (Banat et al. 2010). Generell erstrecken sich die Funktionen von Biosurfaktanen auf einen umfassenden Aufgabenbereich (Ron & Rosenberg 2001).

Eine große Vielfalt an Mikroorganismen synthetisiert eine Fülle oberflächenaktiver Substanzen (engl. *surface-active compounds* = SAC), meist als Biosurfaktant bezeichnet. Unter diese Menge an Biomolekülen fallen z. B. Rhamolipide, Lipopeptide. An Typen treten anionische, kationische, nicht ionische sowie amphoterische Surfaktanen auf. Mit ihrer Hilfe sind stabile Emulsionen erzeugbar. (Bio-)Surfaktanten verhalten sich nichttoxisch und sind biologisch abbaubar. Mikrobiell erzeugte Surfaktanten erhöhen die Bioverfügbarkeit von hydrophoben Komponenten und machen sie so für eine technisch-industrielle Nutzung interessant, z. B. Waschpulver, Kosmetik, Lebensmittel, Medizin, Umwelttechnik, z. B. Bioremediation, chelatierende Reagenz und Biokontrollreagenz (Cameotra et al. 2010), Tab. 2.13.

Im Sinne neuartiger Produktionsprozesse, z. B. Grüner Technologien, gewinnen daher Biosurfaktanten und/oder diese Komponenten produzierenden Mikroorganismen, als alternative Quellen, für eine Synthese von NP an Bedeutung. Zunehmend bedienen sich der Bergbau auf dem Gebiet der Aufbereitung mineralischer Rohstoffe sowie die Metallurgie der Biosurfaktanten. Biosurfaktanten als Stabilisatoren zur biologischen Synthese von NP diskutieren Kiran et al. (2011).

Biosurfaktanten, erzeugt von Mikroorganismen, zeichnen sich gegenüber synthetischen Produkten durch eine höhere biologische Abbaubarkeit, niedrigere Toxizität sowie durch hervorragende biologische Aktivtäten aus (Kiran et al. 2011). Aufgrund

Tab. 2.13: Durch Mikroorganismen erzeugte Surfaktanten, d. h. Glycolipide, Lipopeptide (Cameotra et al. 2010).

Typ Biosurfaktant	Mikrobieller Produzent	Anwendung
Rhamnolipid	*Bacillus subtilis*	Fungizid
	Pseudomonas aeruginosa 57SJ	Bioremediation
	P. chloroaphis	Biokontrollreagenz
Lipopeptid	*B. licheniformis IM 1307*	Chelatierende Reagenz
	B. cereus BMG 302	Antimikrobielle Wirkstoffe

ihrer Überlegenheit gegenüber den herkömmlichen Techniken, z. B. Einsatz von Mikroorganismen, etabliert sich die durch Biosurfaktanten unterstützte mikrobielle Synthese von NP zu einer umweltverträglichen Vorgehensweise. Einer der Vorzüge dieses Ansatzes besteht in der Unterdrückung einer Aggregation der NP, bedingt durch die Anziehung elektrostatischer Kräfte, sowie der Förderung einer einheitlichen Morphologie der NP (Kiran et al. 2011). Im Zuge einer Substitution chemischer Prozesse, im Sinne erneuerbarer Ressourcen, und der Möglichkeit einer (geo-)biotechnologischen Produktion von neuartigen Molekülkomplexen werden Rhamnolipide zu einer möglichen zukünftigen Generation von Surfaktanten, da sie biologisch abbaubar sind und auf erneuerbaren Ressourcen beruhen (Müller et al. 2012).

Über potenzielle kommerziell orientierte Anwendungen, Produktion sowie Zukunftspotential mikrobieller Biosurfaktanten liegen Studien vor (Banat et al. 2010, Banat et al. 2000). Zur mikrobiellen Produktion von Biosurfaktanten, Anwendungen und zukünftiges Potential machen Banat et al. (2010) Angaben. Mikroorganismen produzieren ein breites Spektrum an oberflächenaktiven Komponenten (engl. *surface-active compounds* = SAC), genannt Biosurfaktanten. Einer breiten industriellen Anwendung stehen die bislang hohen Produktionskosten für die Biosurfaktanten sowie die bislang nicht verstandenen Wechselwirkungen mit Zellmaterial und dem nichtbiotischen Umfeld gegenüber.

Lange Zeit galten Surfaktanten als die vielseitigsten Prozesschemikalien mit potentem Markt. Insbesondere Biosurfaktanten erweisen sich als wirksame Komponenten, ihr Einsatz ist z. B. beim Abbau von Erdöl beschrieben und die an der Erzeugung beteiligten Mikroorganismen entstammen moderaten Habitaten. Biosurfaktanten sehen sich innerhalb der industriellen Nutzung teilweise von den ansonsten natürlichen z. T. abweichenden Bedingungen gegenüber z. B. Temperatur, Druck, Ionenpotential, pH-Wert etc. mit abweichenden Erfordernissen konfrontiert. Daher besteht Bedarf nach einer weiterführenden Suche und Isolation geeigneter Mikroorganismen. In diesem Zusammenhang gelang Cameotra & Makkar (1998) eine Synthese von Biosurfaktanten unter extremen Bedingungen.

Eine Bioreduktion von Lepidokrokit (γ-Fe^{3+}O(OH)) und seiner Biotransformation in Anwesenheit von exogenen, d. h. Chinone, und endogenen, d. h. Flavine, Mediatoren zum Elektronentransfer sowie Zellmaterial von *Shewanella putrefaciens CN32* führten Bae & Lee (2013) durch. In Abwesenheit von Phosphat (PO_4^{3-}) kommt es im Verlauf der Bioreduktion mit exogenen Mediatoren zu einer raschen Produktion von Fe^{2+}, d. h. 0,44–0,56 mM d^{-1}.

Beim Auftreten von endogenen Mediatoren in Form von Flavinen zum Elektronentransfer kommt es zu einer erniedrigten Fe^{2+}-Produktionsrate, d. h. 0,24–0,29 mM d^{-1}, und zur Entstehung von Goethit (α-$Fe^{3+}O(OH)$). Ist im Gegensatz hierzu PO_4^{3-} vorhanden, bildet sich bei Anwesenheit von Chinon aus der Bioreduktion von γ-$Fe^{3+}O(OH)$ unter gleichzeitiger hoher Fe^{2+}-Rate, d. h. 0,54–0,74 mM d^{-1} Vivianit ($Fe_3^{2+}[PO_4]_2 \cdot 8\,H_2O$). Etwas niedriger fallen die Fe^{2+}-Raten beim Gebrauch von Flavinen aus, d. h. 0,36–0,40 mM d^{-1}. Somit scheinen je nach Angebot und Konzentration an organischen Mediatoren für den Elektronentransfer die Rate der Fe^{2+}-Produktion, das Angebot an PO_4^{3-} die Rate der Bioreduktion und letztendlich die Biotransformation maßgeblich zu beeinflussen (Bae & Lee 2013).

Sulfonierte Surfaktanten, verwandte Komponenten sowie Aspekte ihrer Desulfonierung durch aerobe sowie anaerobe Bakterien beleuchten Cook (1998) sowie Cook et al. (1999). Biomimetische Strategien zum regulativen Einsatz von Nukleationsmechanismen beruhen u. a. auf selbstassemblierenden Monolagen mit geeigneten Struktureigenschaften, Abschn. 4.4/Bd. 1. Als Beispiel benennen DiMasi et al. (2007) eine Methode, die auf der variablen, strukturellen Adaptibilität seitens eines lagig orientierten Surfaktanten in Form von Harnstoff (CH_4N_2O) beruht und als organisches Templat zur $CaCO_3$-Biomineralisation dient.

Zusammenfassend

stehen zur selektiven Akquise von Metallkationen mit EPS sowie Biosurfaktanten zwei weitere Hilfsmittel zur Verfügung. So bieten z. B. Biosurfaktanten eine Selektivität gegenüber spezifischen Schnittstellen sowie der Modifikation von Oberflächen an. Nach bislang vorliegenden Daten üben EPS auf die chemische Reaktivität der bakteriellen Oberfläche einen erheblichen Einfluss aus. Im Sinne einer möglichen industriellen Nutzung sind daher beide biogenen Techniken bei der Akquise der zur Synthese metallischer NP erforderlichen Präkursor zu berücksichtigen.

2.3.7 Osmotisch wirksame, gelöste Substanzen

Osmotisch wirksame, gelöste Substanzen (engl. *osmotic solutes*) bieten technisch interessante Ansätze. Es handelt sich bei dieser Stoffgruppe um diverse organische Verbindungen mit der Zielsetzung, osmotische Vorgänge, d. h. die Osmoregulation, zu beeinflussen. Halophile und halotolerante Mikroorganismen sind gezwungen, in ihrem Cytoplasma einen gegenüber dem extrazellulären Umfeld isoosmotischen Zustand aufrechtzuerhalten. Bis auf wenige halophile Archeae unterstützen nahezu allen anderen Form halophiler Mikroorganismen den erforderlichen Turgordruck (Oren 1999). Eine Option, den äußeren osmotischen Druck des jeweiligen Habitats seitens des Mikroorganismus auszubalancieren, besteht, unter Beibehaltung eines niedrigen osmotischen Drucks des Cytoplasmas, in der Verwendung organisch kompatibler, gelöster Substanzen. Im Zusammenhang mit bioenergetischen Aspekten des Halophilismus erwähnen Oren (1999) u. a. osmatisch wirksame, gelöste Substanzen. Sie sind aus diversen halophilen sowie halotoleranten Mikroorganismen in großer Anzahl beschrieben. An Komponenten treten u. a. auf:

(1) Glycerin ($C_3H_8O_3$),
(2) Saccharose ($C_{12}H_{22}O_{11}$) sowie Trehalose ($C_{12}H_{22}O_{11}$),
(3) Glucosylglycerol,
(4) Glyconbetain,
(5) Ectoin.

(1) Im Einzelnen sorgt $C_3H_8O_3$ für das Wachstum der einzelligen Grünalge *Dunaliella sp.* auch unter hohen Salzkonzentrationen, bis hin zur Sättigung von NaCl.
(2) Unter den Aufzuchtbedingungen erhöhter Salzkonzentrationen treten in diversen nichthalophilen sowie leicht halophilen Bakterien und einigen Cyanobakterien sowohl $C_{12}H_{22}O_{11}$ als auch $C_{12}H_{22}O_{11}$ auf.
(3) Glucosylglycerol als wichtiger osmotischer Stabilisator von Cyanobakterien, angepasst an mittlere Salzkonzentrationen, ist ebenfalls als osmotisch wirksame, gelöste Substanz im heterotrophen Bakterium *Pseudomonas mendocina* identifiziert.
(4) Glycinbetain kann bei Anwesenheit eines entsprechenden Mediums, d. h. durch diverse halophile, anoxische, photosynthetisch aktive Bakterien, und einer Vielzahl gegenüber erhöhten Salzkonzentrationen toleranten Cyanobakterien produziert werden. Voraussetzung sind Konzentrationen, die das Einstellen eines osmotischen Gleichgewichts erlauben (Oren 1999).
(5) Ectoin wird als wichtigste osmotisch wirksame, gelöste Substanz von heterotrophen halophilen Bakterien erzeugt und ist untergeordnet in photosynthetisch aktiven Bakterien der Gattung *Halorhodospira* nachgewiesen.

Die Zusammensetzung, Variation sowie Dynamik von wichtigen osmotischen gelösten Substanzen des Stamms *Methanohalophilus FDF1* untersuchten Robertson et al. (1992). Als Mitglied halophiler Arten von Methanogenen gelingt es *M. FDF1*, unter externen NaCl-Konzentrationen (1,2–2,9 M) mithilfe der Substrate, wie z. B. Methanol, Trimethylamin (C_3H_9N) u. a., eine Methanogenese durchzuführen. Mit zunehmendem NACl-Gehalt synthetisiert *M. FDF1* osmotisch aktive Substanzen wie z. B. Glycin-Betain ($C_5H_{11}NO_2$), β-Glutamin u. a., wobei die Produktion weniger von der externen osmotischen Konzentration als vielmehr vom methanogenen Substrat abhängt. Werden z. B. die Zellen in Methanol aufgezogen, überwiegt, gegenüber den anderen osmotisch wirksamen, gelösten Substanzen, die Akkumulation von Glycinbetain (Robertson et al. 1992). Nach erfolgter Synthese sind die gewünschten metallischen NP in einer Weise zu extrahieren, dass sie nachfolgenden Maßnahmen, z. B. Einführung in geeignete Wertschöpfungsketten, gerecht werden.

2.3.8 Matrix

Eine Matrix als Trägerelement dient u. a. im Zusammenhang mit dem präzisen Arrangement diskreter Komponenten dazu, einen Verbundwerkstoff (engl. *composite material*) zu erzeugen. Hierbei handelt es sich zuächst um die Kombination verschiedenartiger Materialien mit unterschiedlichen Merkmalen, die in Kombination abweichende Eigenschaften aufweisen. Es lassen sich mit einer geeigneten Matrix u. a. Hochleistungswerkstoffe für die Nanotechnologie generieren. Es kommen organische, aber auch anorganische Materialien in Betracht. Als organische Matrix scheinen sich, nach bislang vorliegenden Informationen, die Oberflächenproteine von Prokaryoten, d. h. S-Layern (Abschn. 5.4.2/Bd. 1), zu bewähren.

Es lassen sich z. B. flächig ausgedehnte Beschichtungen mit hochsymmetrisch angeordneten, raumbezogenen Architekturen metallischer Partikel erzielen, d. h., die Punkte der Nukleation sind mit anschließender Präzipitation von Feststoffphasen gleichmäßig in einer Lage/Schicht präzise zu kontrollieren. Aber auch eine anorganische Matrix, wie z. B. Thiolgruppen als selbstassemblierende Monolagen (engl. *self-assembled monolayer* = SAM), produzieren flächige Geometrien. Ansätze einer symmetrischen 3-D-Anordnung gibt es im Zusammenhang mit viralen Templaten und unter Verwendung von DNS-Strängen.

(a) Bionanoproduktion

Eine Bionanofabrikation von metallischen und Halbleiter-NP unter Zuhilfenahme von S-Layer-Protein-Gitter mit unterschiedlichen seitlichen Zwischenräumen und Geometrien scheint möglich (Mark et al. 2006). Zweidimensionale (2-D) Protein-Gitter von S-Layern, isoliert vom grampositiven Bakterium *Deinococcus radiodurans* und dem acidophilen *Archaea Sulfolobus acidocaldarius*, wurden betreffs ihrer Eigenschaft zum Biotemplating von selbstorganisierenden, geordneten anorganischen NP einer vergleichenden Studie unterzogen. Hierzu bezogen die in Frage kommenden NP mit Citrat beschichtete Au-NP sowie verschiedene Arten von Quantenpunkten (*quantum dots* = QD), bestehend aus CdSe/ZnS-Kern/Schale, mit ein. Die QD-Nanokristalle wurden mit verschiedenen Typen von Thiolliganden, z. B. positiv bzw. negativ geladen, mit kurzen oder langen Ketten, dahingehend funktionalisiert, um sie hydrophil und somit wasserlöslich zu machen. TEM, *Fourier*-Analyse sowie Kalkulationen auf der Basis einer Paar-Korrelations-Funktion decken auf, dass geordnete, nanostrukturierte Arrays mit einer Bandbreite der Abstände von 7–22 nm sowie mit unterschiedlichen geometrischen Arrangments durch zwei Arten von S-Layern herstellbar sind. Entsprechenden Arbeiten zufolge lässt sich die physicochemische sowie strukturelle

Diversität von prokaryotischen S-Layer-Gerüststrukturen zur morphologischen Gliederung von nanoskaligen, metallischen und Halbleiter-NP-Arrays verwerten (Mark et al. 2006).

(b) Kristalline S-Layer-Matrix

Kristalline Matrizen von Proteinen oder Glykoprotein-Untereinheiten, die Lagen/ Schichten auf Zelloberflächen bilden (S-Layer), sind die häufigsten Vertreter der äußersten (Zell-)Umhüllung von prokaryotischen Organismen, d. h. *Archaea* und Bakterien (Sleytr & Messner 2009), Abschn. 5.4.2/Bd. 1. Bedingt durch umfangreiches Datenmaterial zur Struktur, Chemie, Genetik, Morphogenese und Funktion von S-Layern scheint sich für die technische Verwertung ein breiter Anwendungsbereich abzuzeichnen. Da S-Layer periodische Strukturen aufweisen, zeigen sie für jede molekulare Einheit bis in den Subnanometerbereich übereinstimmende physikochemische Eigenschaften. Und sie verfügen über Poren von identischer Größe und Morphologie. Innerhalb der Nanobiotechnologie hängen eine Vielzahl von auf S-Layern beruhenden Anwendungen von der Fähigkeit isolierter Subeinheiten ab, in Suspension oder auf geeigneten Oberflächen und Schnittstellen in monomolekulare Gitter zu rekristallisieren (Sleytr & Messner 2009). S-Layer lassen sich als Stützelement und strukturierende Elemente zur Erzeugung komplexerer supramolekularer Bausätze und Strukturierung verwerten, wie sie z. B. in den Lebenswissenschaften und der Hochtechnologie benötigt werden. Als Anwendungsbeispiele für supramolekulare Bausätze sind z. B. Affinitätsmatrixen, labelfreie Systeme zur Detektion u. a. denkbar (Sleytr & Messner 2009). Die kristallinen, bakteriellen S-Layer-Proteine von prokaryotischen Organismen bieten selbstorganisierende Systeme an, die als strukturierende Elemente zur Fixierung für eine Vielzahl von wichtigen biologischen Molekülen, wie z. B. Glycane, Lipide, Nukleinsäuren u. a., technisch verwertbar sind (Merroun et al. 2007). Ungeachtet desen, ob sie nativen oder rekombinanten Ursprungs sind, verfügen S-Layer über die Fähigkeit, sich in Suspension auf künstlichen Oberflächen, z. B. Si-Wafer, Edelmetallen, Plastik u. a., zu monomolekularen Protein-Lagen oder *Langmuir*-Lipidfilmen bzw. Liposomen zu organisieren (*self-assembling*), d. h. auszukristallisieren. Die Anbindung funktionaler Gruppen, z. B. Carboxy-, Amino- oder Hydroxylgruppen, oder genetisch integrierte funktionale Domänen, z. B. Streptavidin, orientiert sich strikt an der Periodizität der S-Layer-Gitter, d. h. die Abstände die Gitterkonstanten exakt widerspiegelnd. Somit entstehen hochgeordnete Matrizen gebundener funktionaler Gruppen oder NP. Weiterhin ist über den Gebrauch der Gasphasenabscheidung eine geregelte Anordnung von NP auf einer S-Layer beschrieben (Queitsch et al. 2007). Als Techniken kommen u. a. Magnetronsputtern und NP-Abscheidungsanlage in Betracht.

Auf diesen Ergebnissen aufbauend, erfolg(t)en zahlreiche Arbeiten zur Verwertung von genetisch und chemisch veränderten S-Layer-Proteinen als Bauelemente zur Erzeugung funktionaler Nanostrukturen, geeignet für den Einsatz in u. a. den „life sciences". Das technische Potential von S-Layern ist beträchtlich. Durch die Anhaftung auf einer Fülle sehr unterschiedlicher Substrate, z. B. Glimmer, Liposomen, und Grenzflächen z. B. mit Fluidphase lassen sich monolagige, funktionaliserte Oberflächen in der Nanodimension produzieren (Pum et al. 2013). Generell erörtert Debabov (2004) die bakterielle S-Layer als nützliches Hilfsmittel innerhalb der Nanobiotechnologie.

(c) Fusionsproteine

Eine der großen, aktuellen Herausforderungen innerhalb der Nanobiotechnologie stellt die technische Verwertung von selbstassemblierenden Systemen dar. Aus diesem Anlass entwickelte sich u. a. die S-Layer-Technologie bzw. forciert die Konstruktion funktionaler S-Layer-Fusionsproteine. Sie bestehen aus einer mit der Zellwand verbindenden N-Terminaldomäne, einer selbstassemblierenden Domäne und einer fusionierten funktionalen Sequenz. Das vorgestellte Bauprinzip stützt sich auf die mit einem C-Terminal versehenen S-Layer-Fusionsproteine. Zur orientierten Andockung und Rekristallisation auf künstlichen Oberflächen ist deren N-Terminal mit einer sekundäre Zellwandpolymere (engl. *secondary cell wall polymer* = SCWP) fixierenden Domäne ausgestattet (Ilk et al. 2008).

S-Layer-Streptavidinfusionsproteine und S-Layer-spezifische Heteropolysaccharide, als Teil eines biomolekularen Bausatzes, für Applikationen auf dem Gebiet der Nanobiotechnologie kombinieren Huber et al. (2006). Zahlreiche S-Layer-Proteine sind in der Lage, über Rekognition (Abschn. 4.4/Bd. 1) einen speziellen Typ sekundärer Zellwandpolymere (engl. *secondary cell wall polymer* = SCWP) als geeigneten Fixpunkt auf der ansonsten rigiden Zellwandlage zu identifizieren. Aus diesem Grund lassen sich diese Arten von Heteropolysacchariden als bionisch auftretende Linker auf festen Substraten verwenden. Dies ist insbesondere dann wichtig, wenn S-Layer-Fusionsproteine mit abweichender Sequenz an der äußeren Oberfläche inkorporiert sind und zur Rekristallisation aus Gründen einer Erzeugung von funktionalen, monomolekularen Proteingittern bestimmt sind, z. B. sensitive Lagen bzw. Affinitätsmatrixen (Huber et al. 2006).

S-Layer-Streptavidin-Fusionsproteine als Templat für nanostrukturierte molekulare Anordnungen benutzen Moll et al. (2002). Als ein Ergebnis ihrer Studien steht die Beobachtung einer Veränderung des S-Layer-Proteins *SbsB* von *Geobacillus stearothermophilus PV72/p2*. Durch Abspaltung mittels eines Peptids aus einem entsprechenden Proprotein lässt sich das o. a. Proprotein generieren. Es enthält am N-Terminal eine S-Layer-homologe Domäne, die über einem auf der Zellwand befindlichen Polymer für eine Verankerung des Proteins an die Zelloberfläche verantwortlich ist. *SbsB* bildet ca. 4–5 nm dicke p1-Gitter und nach einer *In-vitro*-Auskristallisation des Proteins auf festen Oberflächen oder Lipid-Filmen kommt es zu einer Umkehrung in der räumlichen Orientierung, d. h., die ursprünglich in das Zellinnere ausgerichtete SLH-Domäne weist nach außen, d. h. ist unmittelbar dem Lösungsmittel ausgesetzt.

Kommt es zur Entfernung von 15 oder mehr Aminosäuren vom C-Terminus des *SbsB*-Fusionsproteins, unterbleibt die Gitterbildung. Fehlt hingegen der N-Terminal der SLH-Domäne, sind keine Beeinträchtigungen, weder in der Selbstassemblierung des S-Layer-Gitters noch in den Gitter-Parametern, erkennbar (Moll et al. 2002).

(d) Virale Matrix

Generell beschäftigen sich zunehmend Arbeiten mit der Option, Biomoleküle aufgrund ihrer exakt definierten chemischen und strukturellen Heterogenität als verwertbares Biotemplat zur Synthese von NP mit räumlich präzise definierten Geometrien, d. h. Form und Struktur, einzusetzen.

So ist mittels eines Biotemplats z. B. die Synthese von 3 nm dicken Ni- und Co-Nanodrähten beschrieben (Knez et al. 2003). Als strukturierende Vorlage kam in diesem Versuch erfolgreich der zentrale Kanal eines TMV zum Einsatz.

(e) Anorganische SAM

Als anorganische SAM mit Templatfunktion haben sich bislang Thiole (R–S–H) bewährt. Es handelt sich hierbei um eine S-organische Verbindung mit aufgrund der residualen Anbindung mit Cystein wichtigen Funktionen innerhalb der Biologie. Thiole sind fähig, sich zu selbstassemblierenden Monoschichten zu organisieren. Die Selbstorganisation von Thiolen auf Au repräsentiert z. Zt. eines der wichtigsten Modellsysteme zum Studium von organischen Molekülen auf Metalloberflächen (Xue et al. 2014). Mithilfe einer Beschichtung von z. B. individuellen Biomolekülen sowie supramolekularen Biomolekülverbänden durch anorganische Komponenten ist offenbar eine integrative Selbstorganisation funktionaler hybrider Nanokonstruktionen möglich (Patil et al. 2013).

(f) Magnetische Substrate

Edelmetalle, fixiert auf ferrimagnetischen Partikeln, weisen eine große Bandbreite an Anwendungsmöglichkeiten auf. Eine innovative biotechnologische Route deutet die Synthese von heterogenen Nanokatalysatoren an. Hierzu erfolgt eine Adhäsion von reaktivem, wiederverwertbarem Pd auf nanoskaligem Biomagnetit (Coker et al. 2010). Unter Raumbedingungen, d. h. Druck und Temperatur, erzeugt das Fe-reduzierende Bakterium *Geobacter sulfurreducens* den magnetischen Träger und ermöglicht eine Rückgewinnung der Katalysatoren. Und entsprechend der reduzierten Agglomeration erfolgt die Ausbeute, gegenüber konventionell synthetisierten Pd-NP, mit deutlich verbesserter Leistung. Unter Einsatz eines einstufigen Verfahrens, ohne eine vorherige Veränderung der Oberfläche des Biominerals, lassen sich auf der Oberfläche von Nanomagneten Anordnungen von Pd-NP ablagern. Aller Wahrscheinlichkeit nach kommt es während der Synthese der NP durch die Bakterienkulturen zu einer organischen Beschichtung, die die Oberfläche für die Adsorption von Pd mit einer Art „Grundierung" (engl. *priming*) versieht (Coker et al. 2010). Auf Nanomagnetit wurden (Oberflächen-)Arrays von Pd-NP abgelagert. Dieser Prozess geschieht, ohne hierfür die Oberfläche des Biominerals verändern zu müssen, über eine einstufige Methode. Eventuell zeichnet sich ein organisches Coating hierfür verantwortlich, das auf diese Weise die Oberfläche für die Pd-Adsorption vorbereitet. Coker et al. (2010) verweisen, betreffs des organischen Coatings, auf die Möglichkeit einer Bereitstellung durch die bakterielle Kultur im Verlauf der Synthese der NP (Coker et al. 2010). Eine messtechnische Kombination von EXAFS und XPS zeigt auf den Nanomagnetiten überwiegend metallische Pd-NP. Mithilfe der *Heck*-Reaktion, d. h. Pd-Katalyse, bzw. der metallorganischen Reaktion sowie über eine Abbindung von Jodbenzol (C_6H_5I) an Ethylacrylat ($C_5H_8O_2$) oder Styren (C_8H_8) ist das Produkt, d. h. Pd^0-NP, betreffs der Qualität messtechnisch erfassbar. Insgesamt scheinen die Eigenschaften, wie z. B. Reaktionsgeschwindigkeit, der biogen synthetisierten Pd-NP gegenüber den auf konventionelle Weise erzeugten kolloidalen Pd-Katalysatoren überlegen zu sein (Coker et al. 2010).

2.3.9 Extraktion von metallischen Nanopartikeln

Zur Extraktion von metallischen Nanopartikeln (NP) stehen, je nach Beschaffenheit, diverse, teilweise einfach zu handhabende und wenig kostenaufwändige Techniken zur Verfügung, z. B. Ultrazentrifuge, Magnete, Abb. 2.18.

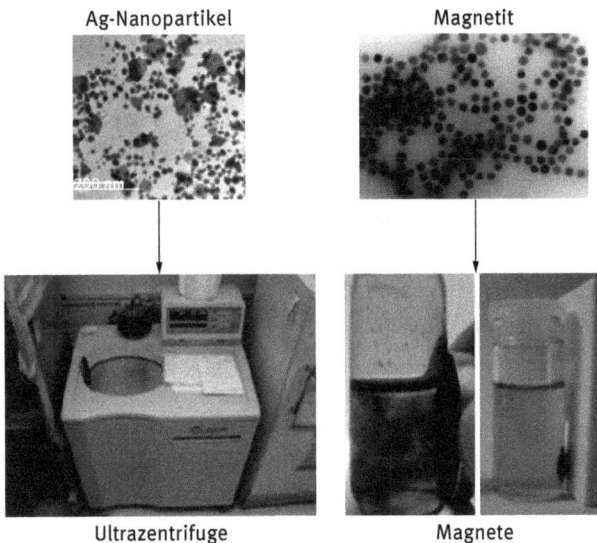

Abb. 2.18: Abtrennung von metallischen Nanopartikeln aus NP-führendem Zellmaterial, am Beispiel von Silber und Magnetit.

Im Zusammenhang mit der Gewinnung der NP steht, bei Verwendung von Ganzzell-verfahren, primär die Gewinnung des betreffenden Zellmaterials im Mittelpunkt. Die Zellen werden im Verlauf der stationären Phase gewonnen, unter Präparation dreier verschiedener Typen von Proben. Zunächst werden die lebenden Zellen für 15 min mit einer Geschwindigkeit von 8000 rpm zentrifugiert. Im Anschluss daran ist die Lösung gegen einen Magneten zu platzieren, das Wachstumsmedium, d. h. Supernatant, zu entfernen und durch 3 ml deionisiertes Wasser zu ersetzen (Alphandery et al. 2009). Mittels der beschriebenen Arbeitsschritte entstehen 3 ml Lösung, die auf drei Proben je 1 ml aufgeteilt werden. Die erste Lösung bleibt unbehandelt, d. h., sie enthält 1 ml der Bakterien und dient dem Studium ihrer Eigenschaften. Die zweite Probe wird in einem 10-nM-Tris-Puffer redispergiert und in Folge zur Extraktion der Magnetosomket-ten aus den Bakterien 20 min mittels eines Ultraschallbads behandelt. Nach diesem Vorgang ist ein Magnet an die betreffende Probe anzubringen und zur weitgehenden Entfernung des biogenen Materials die Restlösung zu entfernen. Danach unterziehen Alphandery et al. (2009) die Lösung einer zehnmaligen Reinigung. Das auf diese Weise erhaltene Material repräsentiert nicht durch Wärme behandelte Magnetosome. Einer ähnlichen Vorbehandlung wird zu Beginn die dritte Probe unterzogen und danach in Anwesenheit von 1 % Natriumdodecylsulfat (SDS) bei 90 °C für 1 h erhitzt. Das auf diese Weise erhaltene Präparat repräsentiert eine Lösung mit erhitzten Magnetoso-men (Alphandery et al. 2009).

Für messtechnische Arbeiten via TEM ist das o. a. präparierte Probenmaterial auf ein C-Netz, für die SEM und magnetische Analysen auf ein Si-Substrat in Anwesen-heit eines magnetischen Feldes, d. h. 0,2 T für die Magnetosome sowie 1 T für das Ge-samtzellmaterial, aufzutragen. Für diese Form der vorbereitenden Maßnahmen sind während der Evaporation des Lösungsmittels die Substrate zwischen die Pole eines Magneten zu platzieren, die ein einheitliches magnetisches Feld bereitstellen. Als Vo-lumen geben Alphandery et al. (2009) für das TEM-Netz 10 µl sowie für die SEM 50 µl an. Die Masse in % des Maghemits beläuft sich auf $2 \cdot 10^{-5}$ % für das die Bakterien führende Probenmaterial, $2 \cdot 10^{-4}$ % für das Präparat mit den unbehandelten Magne-tosomen sowie $4 \cdot 10^{-5}$ % für die Probe mit den erhitzten Magnetosomen. Zum Zweck magnetischer Messungen ist die zehnfache Konzentration an Probenmaterial zu ver-wenden. Die Zusammensetzung von Magnetosomen lässt sich über eine SIRM (= *satu-rating isothermal remanent magnetization*) ermitteln, die wiederum als Standard und Referenz dient.

Hierzu ist das Probenmaterial in Anwesenheit eines magnetischen Feldes, d. h. 2,5 T, abzukühlen. Im Anschluss ist das Magnetfeld abzuschalten und die Magne-tisierung ist als Funktion einer ansteigenden Temperatur messtechnisch identifi-zierbar.Bei Abwesenheit des *Verwey*-Übergangs im Spektrum der SIRM ist von einer Oxidation der Magnetosome in Maghemit auszugehen (Alphandery et al. 2009). Um gezielt bestimmte Zellen aus heterogenen Mischungen abzutrennen, lassen sich magnetische NP, synthetisiert durch MTB und bedeckt mit einer lipidhaltigen Di-layermembran, d. h. Magnetosom-Membran, einsetzen. Denn sie sind leicht durch

Magnete ansprechbar und ihre Oberflächen können durch funktionale Proteine und mittels eines genetischen Engineerings besetzt werden. Ungeachtet einer umfangreichen Datenbasis besteht allerdings wenig Kenntnis über ein mögliches toxisches Potential von bakteriellen magnetischen NP gegenüber abgetrenntem Zellmaterial. Über die Exprimierung des *A-BacMPs*-Proteins lassen sich die Rekonstruktion der Magnetosommembran erreichen, die Cytotoxizität senken und eine magnetische Trennung des Zellmaterials durchführen (Yoshino et al. 2008). Auf den Merkmalen des Ankerproteins *Mms13* aufbauend, dieses bildet u.a. eine starke Bindung mit der Oberfläche der bakteriellen Magnetite, ist eine Nachbildung des auf die MM bezogenen *A-BacMP*-Proteins durchführbar. Die anschließende Behandlung des A-BacMP-Proteins durch geeignete Reinigungsmittel entfernt kontaminierende Proteine, ohne das Rückhaltevermögen der *Mms13*-Fusionsproteine zu beinflussen. Partikeloberflächen selbst sind mittels Phosphatidylcholin einer Rekonstruktion zugänglich. Die das Protein *A-BacMP*-führende nachgebildete MM verbleibt nach dieser Prozedur dispergierbar, behält die Fähigkeit, Antikörper(-*body*) zu immobilisieren und im Gegensatz zu nicht behandelten A-BacMP weisen sie nur wenige Endotoxine auf. Die Isolation der Zellfraktionen, d.h. löslicher Proteine, Membranen sowie Magnetosome erfolgt über einen Zellaufschluss (engl. *cell disruption*) durch z. B. *French press*. Hierbei ist eine Reihe von begleitenden Maßnahmen erforderlich (Schultheiss et al. 2005). Aber auch komplette Magnetosomketten sind aus einem Zellverband isolierbar, z. B. *Magnetospirillum magnetotacticum* (Lins et al. 2006), Abb. 2.19.

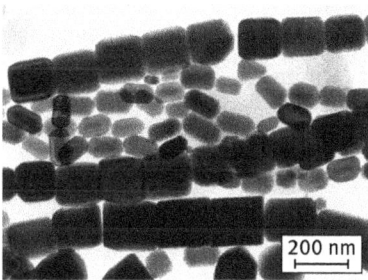

Abb. 2.19: Isolierte Magnetosom-Ketten aus *Magnetospirillum magnetotacticum* (Lins et al. 2006).

Zusammenfassend

ist eine magnetische Zellseparation durch den Gebrauch von nanoskaligen, bakteriell synthetisierten Partikeln mit einer nachgebildeten Magnetosommembran technisch möglich, wie dies am Beispiel der Abtrennung von Monocyten und B-Lymphocyten mit hoher Reinheit gezeigt werden kann, z. B. enthalten sie so kaum Oberflächenproteine der Membran sowie Endotoxine und sind ansonsten Bestandteil von nicht behandelten, proteinbezogenen *BakMP* (Yoshino et al. 2008).

2.3.10 Gentechnische Arbeiten

Auf dem Gebiet der Biohydrometallurgie repräsentieren gentechnische Arbeiten ein etabliertes Mittel. Sie verhelfen zur Leistungssteigerung betreffs z. B. Selektivität, Quantität sowie Stabilität. Als Schnittstelle zwischen Geo- mit Biowissenschaften nutzt zunehmend die Bergbauindustrie gentechnische Arbeiten, zur z. B. Optimierung der o. a. Eigenschaften. Der aktuell weltweit größte Cu-Produzent, d. h. das chilenische Cu-Unternehmen *Codelco*, setzt zur Erhöhung der Ausbringung unter gleichzeitiger Verbesserung der Energie- und Ressourceneffizienz auf genetische Optimierungsstrategien. Entsprechend den vorliegenden Informationen, gewonnen aus einer vollständigen Genomsequenzierung, enthalten nur *Metallosphaera sedula* und *Sulfolobus tokodaii* alle fünf zur Fe-Oxidation befähigten Komplexe (Auernik & Kelly 2008). Während bislang spezifische, zur Respiration befähigte Komplexe in einigen *Sulfolobales sp.* als Protonenpumpen zur Aufrechterhaltung von intrazellulärem pH und zur Generierung der Protonen-motorischen Kraft angesehen wurden, blieb ihr möglicher Beitrag zur Biooxidation von S und O_2 unberücksichtigt.

Entsprechende Versuchsreihen gestatten die Identifizierung diskreter Komponenten in den Elektronentransportketten im extrem thermoacidophilen Crenarchaeota-Vertreter *Metallosphaera sedula* durch Fe- und S-Komponenten-Oxidationstranskriptome (Auernik & Kelly 2008). Für *M. sedula*, kultiviert in Anwesenheit von Fe^{2+} und reduzierten anorganischen S-Komponenten (engl. *reduced inorganic sulfur compounds* = RISC), kam eine globale Transkriptionsanalyse zum Einsatz, um die Antwort spezifischer Gene, assoziiert mit diesen Komplexen, sowie weitere bekannte und vermutete respiratorische Elemente der Elektronentransportkette zu verfolgen. Die offenen Leserahmen von allen fünf terminalen Oxidasen oder bc(1)-ähnlichen Komplexen wurden unter einer oder mehreren Bedingungen getestet (Auernik & Kelly 2008). Komponenten der *fox-* (*Msed0500* bis *Msed0505*) und *soxNL-cbsABA* terminalen/Chinon-Oxidase-Cluster werden durch Fe^{2+}-Ionen ausgelöst, die *soxABCDD*-terminalen Oxidase-Cluster (*Msed0285* bis *Msed0291*) dahingegen durch Tetrathionat und S^0 erzeugt. Chemolithotrophe Transport-Elemente inklusive einer vermuteten Tetrathionat-Hydrolase (*Msed0804*), ein neuartiger Polysulfid-/Schwefel-/Dimethyl-Sulfoxid-Reduktase ähnlicher Komplex (*Msed0812* bis *Msed0818*) sowie einer neuartigen Heterodisulfid-Reduktase nahestehenden Komponente (*Msed1542* bis *Msed1550*) sind ebenfalls durch RISCs stimulierbar (Auernik & Kelly 2008). Außerdem scheinen weitere Kandidaten in auf die Fe- und S-Oxidation bezogene Pfade involviert zu sein, denn die o. a. Autoren fanden mehrere hypothetische Proteine mit z. B. eindeutigen Signalen zu Fe^{3+}-Ionen oder RISCs.

Die Reduktion von Metallen in oberflächennahen Geosphären/Environment, bezogen auf das Genom von *Geobacter sulfurreducens*, untersuchen Methé et al. (2003). Die vollständige Gensequenz für *G. sulfurreducens*, ein δ-Proteobakterium, zeigt Merkmale wie z. B. aerober Stoffwechsel, einen Metabolismus, ausgerichtet auf einfache sowie komplexe Formen des C, besondere Fähigkeiten hinsichtlich Motilität und chemotaktischen Verhaltens. In Verbindung mit diversen Zweikomponenten-Sensoren sowie c-Typ-Cytochromen bieten die o. a. Eigenschaften Möglichkeiten zur Konstruktion redundanter, zum Transport von Elektronen befähigter Netzwerke an. Ergänzend gewähren die vorgestellten Merkmale Einsichten in die Reduktion von innerhalb oberflächennaher Milieus eingebundenen Metallionen (Methé et al. 2003). Die Gene von zwei Multikupferproteinen, die für die Reduktion von Fe^{3+}-Oxiden durch G. *sulfurreducens* erforderlich sind, weisen, für sowohl *sub-surface-* als auch auf energiegewinnenden Elektroden installiert, unterschiedliche Expressionsmuster auf (Holmes et al. 2008). Vorausgegangene Studien zeigen, dass G. *sulfurreducens* zur Reduktion von Fe^{3+}-Oxid das in der äußeren Membran befindliche Multikupferprotein *OmpB* benötigt. In diesem Zusammenhang wurde ein Homolog von *OmpB*, als *OmpC* bezeichnet, im Genom von G. *sulfurreducens* entdeckt.

Die Level der *impB*-Transkription von G. *sulfurreducens* waren ungeachtet der verschiedenen Wachstumsraten in einem *Chemostat*-Bioreaktor sowie während des Wachstums auf einer mikrobiellen Brennstoffzellenanode gleich. Im Gegensatz hierzu nehmen die *ompC*-Transkriptionslevel bei höheren Wachstumsraten im *Chemostat*-Bioreaktor und bei zunehmender Stromproduktion in der Brennstoffzelle zu (Holmes et al. 2008). Ein konstanter Level der *ompB*-Transkription von *Geobacter* lässt sich nach den o. a. Autoren in Grundwässern während eines Feldversuchs beobachten, die zur Unterstützung einer *In-situ*-Remediation von U mit Acetat (CH$_3$CO$_2^-$) versehen wurden. Bedingt durch das rasche Wachstum der *Geobacter*-Spezies und Eintrag von CH$_3$CO$_2^-$ stieg zunächst der *ompB*-Transkriptionlevel, um dann rasch wieder abzufallen. Ihrem Ergebnis gemäß ist mehr als ein Multikupferprotein zur optimalen Fe^{3+}-Oxid-Reduktion in G. *sulfurreducens* erforderlich. Darüber hinaus verhilft die Quantifizierung von mit *OmpB/OmpC* verbundenen Genen zu einer Verringerung des Problems einer versehentlich quantitativen Analyse der 16S rRNA-Gene von *Pelobacter sp.* Es besteht weiterhin die Möglichkeit, dass durch den Vergleich der unterschiedlichen Exprimierungen von *ompB* sowie *ompC* Einblicke in die *In-situ*-Stoffwechselzustände von *Geobacter*-Arten unter speziellen/gewünschten Umweltbedingungen möglich sind (Holmes et al. 2008).

2.3.11 *In-silico*-Design

Aufgrund des aktuell vorliegenden Datenmaterials bietet sich, im Sinne einer biogenen Synthese metallischer Nanocluster, eine Reihe von Möglichkeiten zur Modellierung kontrollierbarer Prozesse an. Unter einem *In-silico*-Design werden zunächst Arbeiten mit dem Rechner verstanden. Der Ausdruck orientiert sich an Begriffen wie *in vivo*, *in vitro* und *in situ* und beabsichtigt, den Einsatz von Si-Chips im Verlauf einer rechnergestützten Operation zu betonen. Es sind eine Fülle von Themen durch ein *In-silico*-Design erfassbar, z. B. rechnergestützte Entwurfsstrategien, Design und Management von Bibliotheken kleiner Moleküle etc. (Bernardo & Tong 2012). Ein Bibliotheksdesign unter Einsatz genetischer Algorithmen zur Ermittlung und Optimierung von Katalysatoren via ein *In-silico*-Design erklären Clerc et al. (2005). Hilfreich sind in diesem Zusammenhang, wie z. B. bei der Erstellung testbarer Hypothesen, quantitative Analysemethoden u. a. (Covert et al. 2001).

(a) Benchmark

Neue Algorithmen und eine *In-silico*-Benchmark (Bezugspunkt/-wert) für ein rechnergestütztes Enzymdesign veröffentllichen Zanghellini et al. (2006). Die Schaffung neuartiger Enzyme im Sinne der Katalyse einer gewünschten chemischen Reaktion stellt eine große Herausforderung für das rechnergestützte Proteindesign dar. Diverse Ansätze setzen auf Algorithmen mit der Fähigkeit, über *Hash*-Techniken aus einer großen Auswahl von Proteingerüststrukturen Abschnitte zur Platzierung von optimaler Katalyseaktivität ausfindig zu machen. Ergänzend stehen weiterhin Versuche zur Einführung von *In-silico*-Benchmarks zur Verfügung, die eine rasche Evaluation und das Testen von Methoden zum Enzymdesign gestatten.

Mithilfe von Benchmarktests, die auf zehn entworfenen Abschnitten (*designed sites*) für jeweils zehn unterschiedliche chemische Reaktionen innerhalb des Gerüsts von zehn Enzymen mit der Fähigkeit zur Katalysierung der Reaktionen beruhen, gelingt es, die nativen Stellen innerhalb des ursprünglichen Gerüsts zu identifizieren sowie deren Stellenwert innerhalb der zehn angebotenen chemischen Reaktionen zu ermitteln (Zanghellini et al. 2006). Die von den o. a. Autoren vorgestellten Ansätze helfen, Entwürfe neuartiger Enzyme zu prüfen und die Benchmarken bieten effiziente *In-silico*-Tests als Richtlinien im rechnergestützten Enzymdesign.

(b) *In-silico*-Metabolismus

Einen *In-silico*-Metabolismus von *Geobacter sulfurreducens* und seine Darstellung in reaktiven Transportmodellen veröffentlichen King et al. (2009). Die mikrobielle Aktivität bestimmt die Elementkreisläufe sowie Transformation zahlreicher anthropogener Substanzen im wässrigen Umfeld. Bedingt durch die Entwicklung eines dynamischen Zellmodells des gut charakterisierten und häufig auftretenden *G. sulfurreducens* betonen King et al. (2009) die Übereinstimmung zwischen der kinetischen Darstellung der Hauptkomponenten des Zellmetabolismus und der mikrobiellen Wachstumsdynamik, die sich infolge von Experimenten unter diversen Umweltkonditionen ergibt und zu ähnlichen Resultaten gelangt, wie sie durch eine umfangreiche Fluss-/Gleichgewichtsbilanzierung angeboten wird. Durch Anknüpfung des kinetischen Zellmodells an seine Umwelt, ausgedrückt durch die Rate der Aufnahme des Substrats in Abhängigkeit der intra- und extrazellulären Substratkonzentrationen, sind 2-D-reaktive Transportsimulationen, z. B. innerhalb eines Aquifers, durchführbar (King et al. 2009). Es scheint über die aufgeführten Methoden angedeutet, dass die Darstellung der Wachstumseffizienz als Funktion der Verfügbarkeit eines Substrats für die räumliche Verteilung mikrobieller Populationen in porösen Medien einen essenziellen Faktor darstellt. Weiterhin ist es möglich, dass vereinfachte Modelldarstellungen mikrobieller Aktivitäten in oberflächennahen Habitaten, die einzig auf extrazellulären Bedingungen beruhen, mittels einer Parametrisierung der Eigenschaften des kinetischen Zellmodells ableitbar sind (King et al. 2009). Eine Analyse von rekonstruierten metabolischen Netzwerken als Systeme führt zur Entwicklung einer *in-silico-* bzw. rechnergestützen Darstellung von Kollektionen zellulärer, in den Metabolismus einbezogener Bestandteile, ihrer Wechselwirkungen sowie ihrer integrierten Funktion als Gesamtsystem (Covert et al. 2001). *In-silico-*Analysen des metabolischen Potentials sind ebenfalls in Diskussion (Youssef et al. 2015). Fang et al. (2012) gebrauchen im Zusammenhang mit Feldstudien an *Geobacter metallireducens* ein auf einem *In-silico-*Ansatz beruhendes metabolisches Modell. Diese Form der Vorgehensweise bietet Angaben u. a. zur Metallreduktion unter dynamischen Bedingungen. In Verbindung mit einem *In-silico-*Metabolismus können Impulse aus dem metabolischen Engineering kommen, Abschn. 2.3.1 (o)/Bd. 1.

(c) Biosynthetische Pfade

*De-novo-*biosynthetische Pfade als Ergebnis eines rationales Designs mikrobiell gesteuerter chemischer Produktion veröffentlichen Prather & Martin (2008). Das Interesse, organische Komponenten in Form von Biomasse zu produzieren, ist einer der Gründe, neue rekombinante Mikroorganismen zu entwerfen. Nach Einschätzung von Prather & Martin (2008) bietet das metabolische Engineering hierzu Unterstützung an (Abschn. 2.3.1 (o)/Bd. 1). Es ermöglicht eine auf hohem Niveau stehende Produktion von spezifischen, wirtschaftlich verwertbaren Metaboliten, z. B. Aminosäuren (Prather & Martin 2008). Ein Blick in das metabolische Netzwerk von z. B. *E. coli* offenbart ein großes Potential an chemischen Strukturen. Einer steten Weiterentwicklung unterliegend, erlaubt die aktuelle Erweiterung von Techniken zum genetischen Engineering, heterologe biosynthetische Pfade zu exprimieren, mit dem Ergebnis einer Synthese von Produkten, über die genetischen Einschränkungen des natürlichen, mikrobiellen Wirts hinausgehend (Prather & Martin 2008).

(d) Schnittstelle organisch/anorganisch

Rechnergestützte Techniken an der Schnittstelle organisch/anorganisch in einer Biomineralisation präsentieren Harding et al. (2008). Proteine zeigen in ihren Wechselbeziehungen mit anorganischen Oberflächen eine hohe Spezifität. Gemäß experimentell generiertem Datenmaterial sind Peptide offensichtlich fähig, die kristallographische Orientierung und die Zusammensetzung strukturell ähnlicher Oberflächen von Halbleitern präzise zu identifizieren.

So führen Harding et al. (2008)) als Beispiele eine Adsorption auf Oberflächen von GaAs (100), aber nicht auf GaAs (111), AlGaAs oder $CaCO_3$ an. Im Verlauf von Arbeiten im Zusammenhang mit biophysikalischen Methoden zur Charakterisierung der Wechselwirkungen zwischen Proteinen und Metallen verwenden Mobili et al. (2013) Methoden der *In-silico*-Technik.

(e) Anlagenplanung

Eine Planung von Anlagen zur industriellen Synthese metallischer NP kann zunächst Orientierungshilfen aus dem laborbezogenen Ambiente beziehen. Diesem bieten sich wiederum Vorbilder aus natürlichen Habitaten an, Abschn. 1.1/Bd. 1. Durch die direkte Anbindung rechnergestützter Maßnahmen an den Bioreaktor, inkl. jener technischen Apparaturen, die der instrumentellen Analytik, Steuerung und Qualitätskontrolle dienen, kann die computergestützte Anlagenplanung unterstützt werden. Der kommerzielle und wissenschaftliche Markt bietet hierzu eine Fülle von Softwareangeboten. Neben den sicherheitstechnischen Aspekten, die sich aus den Arbeiten mit Biomasse und Nanomaterie ergeben lautet z. B. eine Zielsetzung die Optimierung von Transportwegen, das Umfeld zur Verpackung, Maßnahmen betreffs Sicherheitseinrichtungen/ -vorkehrungen etc. Für etablierte Verfahren wie den *BIOX*-Prozess oder das *BioCOP*-Verfahren stehen hinsichtlich einer Anlagenplanung detaillierte Angaben zur Einsicht (Clark et al. 2006), Abschn. 2.5.1. Hier bieten sich Schnittstellen zur Modifizierung eigener Anforderungen.

(f) Materialstromanalyse

Über die gezielte Beobachtung der Eingangs- und Ausgangsströme bzw. Stoffstromkontrolle oder Materialstromanalyse lassen sich exakt Ressourcenbelegungen quantifizieren und somit die angestrebte Verfahrenstechnik auf ihre Wirtschaftlichkeit hin bewerten und bei Bedarf entsprechend optimieren. Zur Modellierung von Metallbeständen und -strömen bieten Müller et al. (2014) einen Überblick über Methoden zu dynamischen Analysen des Materialflusses (engl. *dynamic material flow analysis* = MFA), z. B. eine Bewertung vergangener, gegenwärtiger und zukünftiger Bestände/ Ströme von Metallen innerhalb der Anthroposhäre-Anwendung. Die o. a. Autoren vermitteln hierzu Gedanken zu standardisierten Modellformaten, zu bestimmten Protokollen wie ODD (engl. *overview, design concepts, details*), grundlegende Modellierungsprinzipien, räumliche Dimension der Materialströme, Extrapolation etc. Es sind Techniken wie konstante, lineare, exponentielle u. a. Modelle sowie Strategien wie Regressionsmodelle, sozioökonomische Variablen etc. aufgelistet (Müller et al. 2014).

(g) Simulation Produktion

Zur Durchführung der Simulation sind aus Kostengründen lauffähige Modelle zu den Themen Produktion, analytische Technik und Materialstromanalyse einzusetzen und bei Bedarf zu modifizieren. Der Ablauf der Simulation erfolgt über die Definition des

Systems, die Modellierung des Systems, die Simulation von Szenarien sowie die Ergebnisanalyse und besteht aus einer Fülle von Einzelmaßnahmen:

- das simulationstechnische Design erfolgt über Prozesssimulation, Prozessoptimierung bis hin zur Prozesssynthese,
- Definition der Anwendungsfelder und der Simulationsbausteine,
- Maßnahmen zu einer skalierbaren Simulation hinsichtlich einer stufenweisen Modellierung der Produktionsparameter,
- rechnergestützte Simulation und Modellierung der Materialstromanalysen und Analyse der Umsätze mit ökologischer Bilanzierung,
- Simulation von *Worst-Case*-Szenarien und Definition alternativer Optionen.

2.4 Industrielles *scale-up*

Eine erhebliche technische Herausforderung stellt sich in Form des industriellen *scale-up*, d. h. bei der Übertragung vom Labormaßstab mit dem entsprechenden Arbeitsumfeld in die Dimension eines Produktionsbioreaktors, d. h. Fermenters, im Sinne einer technisch machbaren und wirtschaftlich rentablen industriellen Fertigung, d. h. Hochskalierung.

Denn bislang überwiegt Datenmaterial aus Laborarbeiten und die im Reagenzglas/Kulturgefäß bzw. Bioreaktor im Labormaßstab gewonnenen Daten sind nicht ohne weiteres auf Vorgänge unter industriellen Produktionsbedingungen übertragbar. So ist z. B. über diverse Zwischenstufen zunächst das Volumen zu erhöhen, z. B. Kolben, Versuchsreaktor, Pilot- sowie letzendlich Industrieanlage. Beginnend mit einer Menge im ml-Bereich, d. h. bis zu 1000 ml im Kolben, endet eine Volumenerhöhung bezogen auf eine Produktionsanlage bei mehreren 100 000 l.

Stützt sich eine biogene Synthese von metallischen NP auf aerobe Mikroorganismen, ist für eine ausreichende Belüftung im Reaktor zu sorgen. Hierfür werden wiederum als unterstützende Maßnahme geeignete Rührwerke benötigt. Betreffs der Materialien sind insbesondere beim Einsatz von Bioreaktoren die Besonderheiten, die sich aus den Wechselwirkungen von Mikroorganismen mit Mineralen/Feststoffphasen ergeben können, zu beachten, d. h., die Innenverkleidung der Reaktoren ist z. B. mit Keramiken zu beschichten. Neben Wirtschaftlichkeit sind sicherheitstechnische und umweltrelevante Aspekte zu berücksichtigen, die sich insbesondere durch die Kombination Biomasse + Metall + NP ergeben können, Abschn. 5.6/Bd. 1. Auch der Status des Miroorganismus muss beachtet werden, z. B. GRAS-Status (engl. *generally recognized as safe*).

Im Fall der biogenen Synthese metallischer Nanopartikel/-cluster steht ein breites Spektrum an stressresistenten Enzymen von extremophilen Formen (Abschn. 2.2.2 und 3.3.3/Bd. 1) zur Verfügung. Bei Verwendung von Ganzzellverfahren ist eine Vielzahl metallischer NP synthetisierbar (Thakkar et al. 2010), Abschn. 2.4/Bd. 1, Tab. 2.15/Bd. 1, Abschn. 5.3/Bd. 1, Tab. 5.2/Bd. 1.

Generell lässt sich nahezu das gesamte Inventar an Metallen im Periodensystem über verschiedene Mechanismen bearbeiten. Den Übertrag von der Natur in das Labor am Beispiel von Biomineralisation, d. h. Struvit ($MgNH_4PO_4 \cdot 6\,H_2O$) sowie Switzerit ($Mn_3(PO_4)_2 \cdot 7\,H_2O$), synthetisiert seitens gegenüber Metalle resistenter, in Böden anzutreffender *Streptomyceten sp.*, erläutern Schütze et al. (2013). Der Transfer von natürlichen Bedingungen auf die Laborebene schien keinerlei Auswirkungen auf das Wachstum und die Produktion der Kristalle auszuüben.

Betreffs eines industriellen *Scale-up* chemischer sowie biotechnologischer Prozesse äußert sich Zlokarnik M. (2010) zu Themen wie Analyse der Dimension, Mengen der Intermediärzustände, Wärmeentwicklung/-transfer, Massentransfer in G/L-Systemen, Theorien zu Modellen variabler physikalischer Eigenschaften, Nicht-*Newton*-Liquidphasen etc. Zu Kriterien eines *scale-up* hinsichtlich einer Synthese von Fe_3O_4-NP in organischen Medien vermitteln Ibarra-Sánchez et al. (2013) technische Details, z. B. Umrührraten und Wachstumskinetiken. Die genannten Items übernehmen bezüglich der Größe der NP regulative Einwirkungen. Einblicke in die bakterielle Biogenese von Ag-NP, industrielle Produktion sowie *scale-up* vermitteln Deepak et al. (2011). Über ein spezielles Verfahren (engl. *response surface methodology*) sind unterschiedliche Maßnahmen zur Prozessoptimierung machbar, eine sich hieraus entwickelnde finale Gleichung steht für ein *scale-up* zur Verfügung. Allerdings reduziert sich aufgrund der Toxizität die Synthese von Ag-NP auf protektionistische Mechanismen und eignet sich nicht für den Einsatz in Bioprozessen im o. a. Sinne (Deepak et al. 2011).

Zusammenfassend

profitieren innerhalb der Fein- und Spezialchemie sowie Pharmazie ungefähr 50 % auf Mikroreaktoren basierende, kontinuierliche Prozesse (Roberge et al. 2005). Allerdings behindert das häufige Auftreten von Feststoffphasen, speziell im Sinne einer Multifunktionalität, den industriell-technischen Einsatz von Mikroreaktoren. Als flankierende Maßnahmen, u. a. bedingt durch wirtschaftliche Überlegungen, stehen u. a. Cofaktor-Regenerierung, Enzymassay/-cluster, anodophiles Biofilmkonsortium sowie die Produktionsschiene metallischer Nanocluster bereit.

2.4.1 Cofaktor-Regenerierung

Im Rahmen der durch ein Enzym durchgeführten Biokatalyse übernehmen Cofaktoren eine unterstützende Funktion, Abschn. 3.1/Bd. 1. Ungeachtet dessen, dass ein beträchtlicher Fortschritt bei der *In-situ*-Regeneration von Cofaktoren im Labormaßstab erfolgte, stellt dies eine große technische und wirtschaftliche Herausforderung dar. Der Einsatz von Oxidoreduktasen für den kontinuierlichen Einsatz in präparativen Prozessen erfordert im technisch-wirtschaftlichen Sinne eine die Reaktionsprozesse begleitende wirkungsvolle Regeneration der Enzyme. Vom technischen Standpunkt aus gesehen, beruht eine wachsende Anzahl von Anwendungen auf der Verbindung von NAD-abhängigen Enzymen mit zur Regenerierung von Cofaktoren befähigten Enzymen (Weckbecker et al. 2010).

Eine Verfahrensweise setzt Elektroden zur elektrochemischen Wiederherstellung von Redoxenzymen ein (Somers et al. 1997). Allerdings sehen sich Überlegungen zur praktischen Anwendung dieser Fähigkeit mit der Herausforderung konfrontiert, dass sie oftmals auf die Unterstützung von Cofaktoren wie NAD und NADP angewiesen in der Anschaffung sehr kostenintensiv sind. Daher stellt für eine angedachte Biotransformation (Abschn. 2.3.3/Bd. 1) durch Oxidoreduktasen im industriellen Maßstab, im Sinne einer nachhaltigen enzymatischen Biosynthese, eine effiziente Regenerierung von Cofaktoren eine unerlässliche Forderung dar.

Die Herausforderung besteht darin, inwieweit sich die Regeneration mit immobilisierten Enzymsystemen, die für den industriellen Einsatz als kontinuierlich aktive Katalysatoren in Frage kommen, durchführen lässt (Liu & Wang 2007). Bislang setzen konventionelle Techniken auf dem Gebiet der industriellen, enzymatisch gesteuerten Biotransformationen, die wiederum auf der Einbeziehung von Cofaktoren beruhen, auf den Einsatz von lebenden Zellen.

Aus diesem Grund verstärken sich im Zusammenhang mit der Regeneration von Cofaktoren die Bemühungen, innerhalb der industriellen Biotechnologie lauffähige Lösungen zur Immobilisierung von Enzymkatalysatoren zu entwickeln. Im Fokus stehen aktuell Methoden einer Einbehaltung/Rückhaltung von Cofaktoren zur Entwicklung von nachhaltigen und regenerativen Biokatalysatoren (Liu & Wang 2007). Im enzymatisch gesteuerten Fertigungsprozess kann die Cofaktor-Regenerierung zu einer deutlichen Kostensenkung führen.

Wichmann & Vasic-Racki (2005) erläutern eine Methode zur Cofaktor-Regenerierung, d. h. $NAD^+/NADH^-$ und $NADP^+/NADPH$, im Labormaßstab. Bislang konzentrierten sich die Fortschritte bei der Regenerierung von Cofaktoren im Labormaßstab auf Anwendungen von $NAD^+/NADH^-$- und $NADP^+/NADPH$-abhängigen Reaktionen seitens Oxidoreduktasen. Neuere Arbeiten zur Cofaktor-Regenerierung beziehen den gesamten Zellverband, chemische und elektroenzymatische Reaktionssequenzen ein (Wichmann & Vasic-Racki 2005). Hinsichtlich der Erforschung der Reaktivität eines isolierten Fe-Mo-Cofaktors der Nitrogenase verweisen Smith et al. (1999) auf Indizien, dass der Fe-Mo-Cofaktor der Nitrogenase einen Teil der aktiven Seite des Enzyms bildet.

Als *MoFe7S9*-Homocitratcluster lässt sich der Fe-Mo-Cofaktor aus einem Enzym intakt extrahieren und in eine Lösung aus N-Methylformamid (C_2H_5NO) überführen. Allerdings setzt erst nach Zugabe starker Reduktanten eine Reduktion des Substrats ein und beschränkt sich auf Acetylen (C_2H_2) und Cyclopropen (C_3H_4) (Smith et al. 1999). Um eine Verschiebung des Gleichgewichts zu Gunsten eines angestrebten Produkts, implementiert durch eine hierzu geeignete Synthese, via Oxidoreduktasen (Abschn. 3.3.1/Bd. 1) zu erreichen, ist in allen Fällen eine Regeneration von Coenzymen unabdingbar. So kann z. B. der Vorgang einer L-Aminosäure-Synthese durch α-Ketoformat-Dehydrogenase zur Regeneration von NADH benutzt werden.

Eine Regeneration von Coenzymen, katalysiert durch eine NADH-Oxidase von *Lactobacillus brevis*, verbunden mit der Oxidation von L-Aminosäure, schildern Findrik et al. (2008). Obwohl NADH-Oxidasen z. Zt. käuflich nicht auf dem Markt angeboten werden, verbleiben sie als aussichtsreiche Kandidaten zur Regeneration von NADH. NADH-Oxidasen finden sich u. a. in *Lactobacillus brevis* sowie *Lactobacillus sanfranciscensis* und eignen sich zur Wiederherstellung von NAD$^+$, verwendet in durch Alkohol-Dehydrogenasen ausgeführten Oxidationsprozessen. Weiterhin produzieren NADH-Oxidasen H_2O_2 als Nebenprodukt sowie H_2O (Findrik et al. 2008). In Abhängigkeit der Enzymaktivität vom pH-Wert kommt für eine NADH-Oxidase ein pH-Wert von 5,5 in Betracht, L-Phenylalanin entfaltet seine maximale Aktivität bei einem pH-Wert von ca. 10, Abb. 2.20. In allen Fällen besteht eine Regeneration von Coenzymen zur Sicherstellung der Verschiebung des Gleichgewichts zugunsten der gewünschten Produkte. Der mit hohen Kosten verbundene Gebrauch von Pyridin-Nucleotid-Cofaktoren schränkt erheblich den Gebrauch von NAD-(P-)abhängigen Oxidoreduktasen zu industriellen Zwecken ein (Findrik et al. 2008).

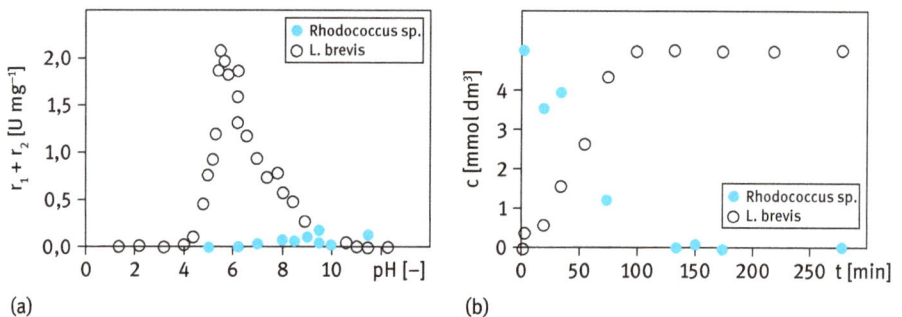

(a)   (b)

Abb. 2.20: (a) pH-Optimierung bei 30 °C (a) sowie (b) Oxidation von Methionin (Findrik et al. 2008).

Allerdings sind Vorgänge zur Erneuerung von NAD(P)$^+$ in Verbindung mit Reaktionsabläufen beschrieben, in die die oxidierte Form eines Cofaktors einbezogen ist. Einen innovativen auf die Gesamtzelle gerichteten Biokatalysator mit der Fähigkeit einer Regeneration von NAD$^+$ zur Erzeugung chiraler Chemikalien repräsentieren Xiao et al. (2010). Sie studierten die gleichzeitige Überexprimierung eines NAD$^+$-abhängigen sowie NAD$^+$-regenerierenden Enzyms innerhalb eines Ganzzellsystems. Es gelang ihnen der Nachweis, dass ein rekombinanter Stamm, versehen mit einem überexprimierten, zur NAD$^+$-Regeneration fähigen Enzym, gegenüber einem unbehandelten Stamm zu wesentlich höheren biokatalytischen Leistungen fähig ist. Nach Auffassung von Xiao et al. (2010) lässt sich diese Fähigkeit, d. h. Coexpression der NAD$^+$-Regeneration, zur Synthese weiterer Produkte erweitern, d. h. auf andere chirale Chemikalien.

Im Zusammenhang mit der Synthese von optisch aktiven Komponenten tritt, mit der Zielsetzung einer Regeneration von NADH, eine Format-Dehydrogenase

(FDH, *EC 1.2.1.2*) als eines der wirkungsvollsten Enzyme auf. Allerdings verhindern eine geringe operationale Stabilität und die bislang hohen Produktionskosten eine industrielle Verwertung von FDH. So trägt z. B. die Anwesenheit akiver Cysteinresiduen wesentlich zur Instabilität bei, die wiederum durch chemische oder oxidative Einflüsse zur Inaktivierung des Enzyms führen. Eine vielversprechende innovative Methode zur Regeneration von NAD(P)H setzt ein neu entdecktes Enzym, d. h. Phosphit-Dehydrogenase (PTDH), ein (Woodyer et al. 2006). Das genannte Enzym katalysiert die nahezu irreversible Oxidation von Phosphit (PO_3^{3-}) zu Phosphat (PO_4^{3-}). Obwohl der Wildtyp PTDH für NAD^+ eine nahezu 100-fache höhere Präferenz gegenüber $NADP^+$ zeigt, steht ein rationales Design (engl. *rational design*) der Mutanten-PTDH zur Verfügung, das eine Spezifität für beide Nicotinamid-Cofaktoren aufweist. Das Mutanten-PTDH ähnelt in seiner Spezifität für NAD^+ dem FDH, und im Vergleich mit *mut-Pse* FDH, versehen mit ähnlicher Umsatzrate, zeigt es eine mehr um 30-fach höhere katalytische Wirksamkeit für $NADP^+$ (K_{cat}/K_{MNADP}). Zusammenfassend vermag das Mutanten-PTDH beide Cofaktoren zu regenerieren, wobei das PO_3^{3-}/PTDH dem Format/FDH-System ähnelt, einem kostengünstigen Substrat mit einfach zu entsorgenden Nebenprodukten (Woodyer et al. 2006).

Sowohl Substrat als auch Nebenprodukt verhalten sich harmlos gegenüber den Enzymen. Ungeachtet dessen, dass die Regeneration von NAD(P)H eingehenden Forschungsarbeiten unterzogen wurde, stehen betreffs eines *In-situ*-Recyclings kaum verwertbare Daten zur Verfügung. Jedoch wächst das Interesse an der Entwicklung einer wirkungsvollen Technik z. B. bei der Synthese von Ketonen, da hier größere Potentiale zu erwarten sind, als dies über chemisch ausgerichtete Vorgehensweisen zu prognostizieren ist. Als vielversprechend tritt der Ansatz der Regeneration einer NAD(P)$^+$ durch eine Glutamat-Dehydrogenase (GluDH) auf. Bei dieser Vorgehensweise katalysiert GluDH die Oxidation von Ammonium-α-Ketoglutarat zu Glutaminsäure ($C_5H_9NO_4$). Nachteilig wirken sich die weniger intensive spezifische Aktivität, d. h. $40 U mg^{-1}$, sowie die Entstehung eines Nebenprodukts, d. h. Glutamat, aus. Letzteres erschwert eine präzise Produktisolation. Generell dienen in lebenden Organismen Nucleosidtriphosphate (NTP) als Ausgangssubstanz für Nucleoside, Nucleosid-Phosphate und Phosphate. Speziell ATP als Derivat von NTP lässt sich zur Phosphorylierung von Enzymen oder anderen Komponenten verwenden, z. B. Bildung von hochenergetischen Bindungen oder aktivierten intermediären Phasen (Woodyer et al. 2006).

In Verbindung mit der Regeneration von Nikotinamid-Coenzymen beleuchten Weckbecker et al. (2010) die Prinzipien und Anwendungen für die Synthese von chiralen Komponenten. Dehydrogenasen, deren Wirkung von Nikotinamid-Coenzymen abhängt, genießen ein wachsendes technisches Interesse für die Synthese von chiralen Komponenten, d. h. zum einen zur Reduktion des prochiralen Präkursors und zum anderen zur oxidativen Auflösung ihrer *Racemate*, d. h. äquimolaren Mischung von Enantiomeren. Hinsichtlich wirtschaftlich lauffähiger Anwendungen stellt eine Regenerierung von oxidierten und reduzierten Nikotinamid-Cofaktoren eine wichtige

Voraussetzung dar. Denn bislang verhinderte ein hoher Einkaufspreis den technischen Einsatz dieser Cofaktoren in stöchiometrischen Mengen.

Es gibt diverse Möglichkeiten einer Regenerierung von Nicotinamid-Cofaktoren. Etablierte Methoden benutzen ein Format/eine Format-Dehydrogenase. Hinzu kommen rezent vorgestellte elektrochemische Techniken, die sich auf neue Strukturen von Mediatoren stützen, oder der Gebrauch von geklontem Genmaterial, um via heterologe Expression der entsprechenden Gene geeignete Designerzellen zu konstruieren. Als vielversprechender Ansatz tritt die enzymatische Cofaktor-Regenerierung auf, auch wenn nur wenige Enzyme zur Wiederherstellung von oxidierten Nicotinamid-Cofaktoren in Betracht kommen (Weckbecker et al. 2010).

So oxidiert Glutamat-Dehydrogenase sowohl NADH als auch NADPH, eine Fähigkeit, die z. B. Lactat-Dehydrogenase nicht aufweist: Sie vermag nur NADH zu oxidieren. Format ($CHOO^-$) und FDH reduzieren NAD^+, wohingegen Glucose-6-Phosphat-Dehydrogenase und Glucose-Dehydrogenase NAD^+ und $NADP^+$ reduzieren können. Je nach Herkunft, d. h. Typ des Organismus, z. B. *Lactobacillus* Stamm, verhält sich eine Alkohol-Hydrogenase (ADH) entweder gegenüber NAD^+ oder $NADP^+$ spezifisch. Unter Einbeziehung einer $NAD(P)^+$-abhängigen Primärreaktion ist bei Integration dieser Enzyme in die Gesamtzelle und den hiermit verbundenen Biotransformationen eine *In-situ*-Regeneration des verbrauchten Cofaktors durchführbar (Weckbecker et al. 2010).

Eine weitere effiziente Technik zur Regeneration von Nicotinamid-Cofaktoren stellt der elektrochemische Ansatz dar. An einer C-Anode ist eine direkte Regeneration von Cofaktoren machbar. Unter Einbeziehung von Mediatoren, wie z. B. mit Komplexierungen von (Übergangs-)Metallen ausgestattete Redoxkatalysatoren, sind indirekte Prozesse einer Cofaktor-Regeneration möglich. In einer schematischen Darstellung einer dreistufigen Regenerierung der Cofaktoren, unter besonderer Berücksichtigung wirtschaftlicher Kriterien, kommen H_2-Senken sowie -Quellen, regenerierende sowie produzierende Enzyme und aufoxidierte/reduzierte Substrate in Betracht (Wichmann & Vasic-Racki 2005), Abb. 2.21. In diesem Zusammenhang unterziehen Wichmann & Vasic-Racki (2005) diverse Strategien der Cofaktor-Regenerierung vergleichenden Betrachtungen, z. B. mikrobiell, elektrochemisch etc.

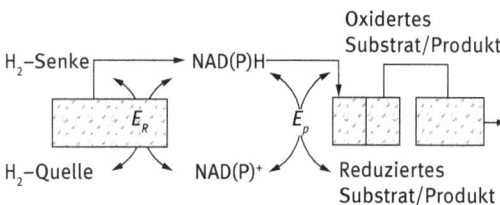

Abb. 2.21: Schematische Darstellung der Cofaktor-Regenerierung durch die mikrobielle Zelle unter Berücksichtigung wirtschaftlicher Kriterien (Wichmann & Vasic-Racki 2005), E_R = regenerierendes Enzym, E_P = produzierendes Enzym.

Über eine indirekte elektrochemische Reduktion von Nikotinamid-Coenzymen liegen Aufzeichnungen vor (Vuorilehto et al. 2004). Die Nikotinamid-Coenzyme Nicotinamidadenindinucleotid (NAD^+) und Nicotinamidadenindinucleotidphosphat ($NADP^+$) lassen sich elektrochemisch zu NADH beziehungsweise NADPH reduzieren. Da eine direkte Reduktion von Nicotinamid-Coenzymen zu unerwünschten Nebenprodukten führt, ist eine indirekte Reduktion über den Einsatz von Rh^{3+} in Pentmethylcyclopentadienyl-2,2′-Bipyridin Wasser als Mediator vorzuziehen. Ein PO_4^{3-}-Puffer mit einem pH-Wert von 8 sowie mit 1–10 mM $NAD(P)^+$ und 2,5–200 μM Mediator durch eine Glas-C-Anode gepumpt, beschreibt das experimentelle Umfeld. Nahezu das gesamte $NAD(P)^+$ in der Zelle unterlag einer Reduktion. Obwohl die Moleküle des Mediators mehrfach zwischen oxidierter und reduzierter Form pendelten, war kein Verlust am eingesetzten Mediator messtechnisch nachweisbar. Für den eigentlichen Reduktionsvorgang scheint die Adsorption von Mediatormolekülen an der Oberfläche der C-Kathode von Bedeutung. Vuorilehto et al. (2004) gehen davon aus, dass aufgrund der intensiven Adsorption nur geringfügige Anteile des Mediators verloren gehen. Zur Produktivität der NAD(P)-Reduktion in einer elektrochemischen Zelle, Lösungsvolumen von 4–70 ml, liegen Angaben vor (Vuorilehto et al. 2004). Die Produktionsrate beläuft sich im Labormaßstab auf bis zu 4 g d^{-1}. Hierbei wird eine Partikelgröße von 80–200 μm erreicht, Tab. 2.14.

Tab. 2.14: Produktivität der NAD(P)-Reduktion in einer elektrochemischen Zelle, Lösungsvolumen von 4–70 ml (Vuorilehto et al. 2004).

Zelle	Partikelgröße (μm)	TTN	Produktionsrate (g d^{-1})	STY (g dm^{-3} d^{-1})
Labormaßstab	200–400	40	2	500
Labormaßstab	80–200	400	2	500
Labormaßstab + Na$_2$SO$_4$	80–200	100	4	1000
Scale up	200–400	100	20	700

TTN: *total turnover number* (Gesamtumsatz), STY: *space time yield* (Raum-Zeit-Austrag)

Bislang sind zwei Methoden einer nachhaltigen Cofaktor-Regenerierung im Einsatz. Eine Vorgehensweise nutzt die Fixierung an einer Membran und der andere Ansatz bindet Cofaktoren auf festen Medien (Liu & Wang 2007). Im Zusammenhang mit der biogenen Produktion von Feinchemikalien wird der erfolgreiche Einsatz eines Cofaktor-Recyclingsystems vermerkt (Maurer et al. 2003). Als Enzym zur Herstellung von Hemverbindungen ist eine Monoxygenase angegeben.

2.4.2 Enzymassay

Enzymassays dienen der messtechnischen Erfassung von Enzymkinetik und -inhibition. In diversen Bereichen der Biowissenschaften, Medizin u. a. ist die Anwendung von Enzymassays zur Messung der Enzymreaktionen eine weit verbreitete Methode (Brooks et al. 2012), Abschn. 3.2 (a)/Bd. 1. Zur Analyse der Vorgänge und Ergebnisse kommen je nach Typ des Enzymassays diverse Techniken in Betracht, z. B. Spektrophotometrie, Kalometrie, Chemolumineszenz, Thermophorese, Chromatographie etc. Beim Arbeiten mit Enyzmassays muss eine Vielzahl von Einflussgrößen, wie z. B. pH-Wert, Temperatur, Ionenkonzentration etc., einer stringenten Kontrolle unterliegen. Im Zusammenhang mit der Aktivität von Enzymen stehen als Ergebnis von Arbeiten mit Enzymassays z. B. Daten zur Ermittlung der *Michaelis-Menten*-Konstanten u. a. Größen zur Verfügung. Der Einsatz von Enzymassays kann infolge der Beobachtungen mit der Zielsetzung maximaler Erfassung aller Kontrollmöglichkeiten, erforderlich bei der Synthese von Metallen durch Mikroorganismen oder Biomolekülen, als ergänzende Messtechnik in Erwägung gezogen werden. So lässt sich z. B. eine Protease als inhibitorisch wirkender Enzymassay zur Detektion von Hg sowie Zn verwenden (Baskaran et al. 2013).

2.4.3 Anodophiles Biofilmkonsortium

Die zur Synthese metallischer Partikel zugrunde liegenden Redoxprozesse sind der Elektrochemie zuzuorden. In diesem Zusammenhang ist es von Interesse, die Stromerzeugung seitens Mikroorganismen, speziell jener Formen, die sich zu Biofilmen organisieren, vorzustellen. Unter einem anodophilen Biofilmkonsortium sind ein Zusammenschluss und eine Organisation von Mikroorganismen zu einem Biofilm mit besonderer Beziehung zu einer Anode zu verstehen. Sogenannte *anode respiring bacteria* (= ARB), i. d. R. eingebettet in eine Biofilmanode, generieren durch eine oxidative Halbreaktion von organischen Materialien, z. B. erneuerbare Biomasse, einen elektrischen Strom.

Simultan produzieren die ARB pro Elektron ein Proton. Eine besondere Funktion kommt hierbei dissimilatorisch metallreduzierenden Bakterien zu, sie treten als elektrogene Formen auf (Lovley & Nevin 2008), Abschn. 2.2 (a)/Bd. 1. Eine kinetische Perspektive des extrazellulären Elektronentransfers durch Anoden-respirierende Bakterien (ARB) erörtern Torres et al. (2010). In mikrobiellen Brennstoffzellen und Elektrolysezellen (engl. *microbial electrolysis cell* = MXC) oxidieren Anoden respirierende organische Substanzen und erzeugen hierbei elektrischen Strom. Um den Stromfluss zu generieren, benötigt ARB adäquate Transferelektronen, die über einen extrazellulären Transportmechanismus Elektronen (engl. *extracellular electron transfer* = EET) zu einer Anode befördern. Aus diesem Motiv heraus bedienen sich ATB diverser EET-Mechanismen, d. h. es erfogt eine Einbeziehung von direkten Kontakten durch in der äußeren Membran befindliche Proteine, Diffusion von löslichen Elektronenshuttles sowie eines Elektronentransports durch feste Medien der extrazellulären Biofilmmatrix.Torres et al. (2010) führen eine kinetische Analyse der einzelnen EET-Mechanismen durch, wobei ihre Evaluation klären soll, inwieweit eine hohe Stromdichte, d. h. $> 10 \, A \, m^{-2}$, ohne große Verluste des Anodenpotentials erreichbar ist, hierbei handelt es sich um eine der wesentlichen wirtschaftlichen Zielsetzungen bei der Entwicklung von MXC. Aufgrund der begrenzten Anzahl von Zellen mit direktem Kontakt zu einer Anode kommt es, ungeachtet einer unmittelbaren Berührung anodophiler Bakterien mit der Anode, zu keiner höheren Stromdichte. Zusätzlich begrenzt die verlangsamte Diffusion der Elektronenshuttles die Erzeugung von Elektrizität, wie der durch Experimente ermittelte Verlust an elektrischem Potential verdeutlicht. Für eine hohe Stromdichte und geringe Potentialverluste seitens der Anode kann nur eine leitende Matrix aus Feststoffphasen in Frage kommen. Diese Forderungen sind bei Arbeiten mit ARB stets zu berücksichtigen und für das Verständnis des Funktionsspektrums der ARB von großer Bedeutung (Torres et al. 2010).

Auf die Entwicklung einer rasch anzuwendenden Selektionsmethode für stabile und effiziente anodophile Konsortien zum Einsatz in einer mikrobiellen Brennstoffzelle (engl. *microbial fuel cell* = MFC) verweisen [1]Wang et al. (2010). Hierzu wird eine Probe aus einer mikrobiellen Elektrolysezelle fortlaufend in einem anaeroben, als Lösung vorliegenden PO_4^{3-}-Puffer verdünnt. Im Anschluss erfolgt eine Inkubation in ein Fe^{3+}-haltiges Medium aus CH_3COO^- mit dem Ergebnis der Entwicklung eines Fe^{3+}-reduzierenden AC. Vergleichenden Bewertungen zwischen mit an AC angereicherten und nur mit einem Biofilm versehenen MFC zufolge belaufen sich die Stromdichten und die *Coulomb*-Effizienz auf höhere Werte, als dies bei nicht mit AC versehenen MFC der Fall ist. Die *Start-up*-Phase eines anodophilen Konsortiums ist mit 60 h im Vergleich mit anderen Inocula, z. B. Biofilm mit ca. 95 h, wesentlich kürzer und trägt somit zu einer Leistungssteigerung einer MFC bei ([1]Wang et al. 2010).

In zahlreichen mikrobiellen Bioreaktoren resultieren hohe Schubspannungen in einem verstärkten Zusammenhalt von Mikroben und dichten Biofilmen. Dieses Verhalten, durch Erhöhung der Schubspannung die Erzeugung von Elektrizität zu erhöhen, verwerten Pham et al. (2008). Verglichen mit unbehandeltem Probenmaterial, verzeichnen sie einen deutlichen Anstieg in der Produktion und somit Ausbeute von Strom seitens anodophiler mikrobieller Konsortien. Analysen von Biomasse als auch Biofilm zeigen für das einer hohen Schubspannung ausgesetzte Material nahezu eine Verdoppelung in der durchschnittlichen Dicke sowie eine wesentlich höhere Dichte gegenüber jenem Konsortium, das keiner Form von Schubspannung ausgesetzt war. Bezogen auf mikrobielle Brennstoffzellen verbessert ein Anstieg der Schubspannung offensichtlich die Arbeitsleistung anodophiler mikrobieller Konsortien (Pham et al. 2008). Im geeigneten Versuchsumfeld lässt sich die Beobachtung beschreiben, dass die erzeugte Stromdichte, d. h. Fluss von Elektronen innerhalb eines Biofilms, generiert durch Anoden respirierende Bakterien, durch den Protonentransport, der aus dem Biofilm abwandert, begrenzt wird (Torres et al. 2008). Bei hoher Stromdichte erfolgt ein überwiegend aus dem Biofilm gerichteter Transport der Protonen, der eine Protonierung der konjugierten Base des entsprechenden Puffersystems bewirkt.

Der begleitende Transport des betroffenen Puffers geschah hauptsächlich durch Diffusion innerhalb und aus dem Biofilm heraus und stand in unmittelbarer Beziehung zum Maximum des erzeugten elektrischen Stromflusses. Bei nicht begrenzter Acetat-Konzentration steigt die Stromdichte mit höheren Pufferkonzentrationen. Bezogen auf ein konstantes Anodenpotential von $E = -0,35$ V gegen Ag/AgCl beträgt bei einem Gehalt von 12,5 mM des PO_4^{3-}-Puffers die Stromdichte $2,21 \pm 0,02$ A m^{-2}, bei einer Konzentration von 100 mM steigt sie auf $9,3 \pm 0,4$ A m^{-2}. Steigt im Medium die Konzentration von NaCl, erhöht sich die Stromdichte nur um ca. 15 %, wobei diese geringe Zunahme darauf zurückgeführt wird, dass die Wanderung von Ionen weniger ausschlaggebend ist. Vielmehr scheint die Diffusion von PO_4^{3-} innerhalb des Biofilms einen größeren Effekt auf die Stromdichte auszuüben. Die aktuelle Stromdichte schwankt bei einem mittleren pH-Wert aufgrund der Pufferspeziation: Die Stromdichte beträgt unter experimentellen Bedingungen bei einem pH-Wert von 8 ca. $10 \pm 0,8$ A m^{-2} und bei Halbierung des pH liegt die maximale Rate bei ca. 6,5 (Torres et al. 2008). Eine Auswertung des j-V-Graphen unter Einsatz eines PO_4^{3-}-Puffers, d. h. 100 mM, zeigt eine maximale Stromdichte von $11,5 \pm 0,9$ A m^{-2} und gegen Ag/AgCl ein Halbsättigungspotential (*half-saturation potential*) von $-0,414$ V an. Dieser Wert weicht nur geringfügig vom Standardpotential des CH_3COO ab, und diese Beobachtung spiegelt sich wiederum in geringen Verlusten im Anodenpotential wider. Ungeachtet dieser Ergebnisse gilt es nach Torres et al. (2008), die Einschränkungen beim Protonentransport auf dem Gebiet der mikrobiellen Brennstoffzelle und mikrobiellen Elektrolytzelle zu beachten.

Über eine unmittelbare elektrochemische Beschreibung von katalytisch aktiven, an Elektroden angeschlossenen Biofilmen leiten Marsili et al. (2008) Aussagen zur Voltammetrie mikrobieller Biofilme ab. Während die elektrochemische Charakterisierung von auf Elektroden immobilisierten Enzymen inzwischen bekannt ist, gibt es noch Bedarf an zuverlässigen quantitativen Methoden zur Bestimmung des Elektronentransfers zwischen lebendem Zellmaterial und leitenden Oberflächen. Zur Charakterisierung eines „verwertbaren" Biofilms bedient sich ein geeigneter Versuchsaufbau eines Präparats, das aus *Geobacter-sulfurreducens*-Kulturen besteht, aufgetragen als Dünnschicht, d. h. < 20 µm, auf eine polierte SiO_2-C-Elektrode, eingebaut in einen anaeroben Rührreaktor mit drei Elektroden und durch ein Potenziostat und zerstörungsfreie voltammetrische Techniken kontrolliert. So können eine *In-vivo*-Analyse des Elektronentransfers, zwischen bakteriellen Zellen und Elektroden durchgeführt, sowie die Hauptvertreter der redoxaktiven Spezies, die am Elektronentransfer beteiligt sind, beschrieben werden. Bei niedrigen Scanraten zeigt die zyklische Voltammetrie einen ähnlichen, katalytisch verursachten Elektronentransfer zwischen Zelle und Elektrode, wie er für unbehandelte Enzyme, befestigt an Elektroden, unter kontinuierlichen Umsatzkonditionen üblich ist. Ergebnisse durch eine Form der Voltammetrie (*differential pulse voltammetry*) und Spektroskopie (*electro chemical impedance spec-*

troscopy) stimmen mit jenen Merkmalen überein, wie sie sich bei der Förderung durch adsorpierte Katalysatoren ergeben. Hierdurch sind multiple, redoxaktive Stämme mit komplexen Oberflächen erkennbar. Mithilfe der vorgestellten Techniken lassen sich die für den Elektronentransport relevanten Phänotypen in Funktion des Elektrodenmaterials, des Potentials, der Wachstumsphase und Kulturbedingungen bestimmen und bieten die Grundlage für vergleichende Studien im Zusammenhang mit anderen Stämmen und Arten (Marsili et al. 2008).

(a) Genetische Aspekte

Die Transkriptome von anodenbezogenen Biofilmen verweisen auf die Bedeutung äußerer Oberflächenelemente bei der Produktion hohen Stromdichten durch *Geobacter sulfurreducens* in Brennstoffzellen (Nevin et al. 2009).

G. *sulfurreducens* gelingt ein Elektronentransfer durch verhältnismäßig dicke Biofilmbildungen, d. h. $> 50\,\mu m$, zu Elektroden, die als einzige Elektronenakzeptoren auftreten. Um die zugrunde liegenden Mechanismen des Elektronentransports zu studieren werden Biofilme von G. *sulfurreducens* entweder in einem Flusssystem mit Graphitanoden als Elektronenakzeptor oder auf der gleichen Graphitoberfläche, allerdings mit Fumarat ($C_4H_4O_4$) als Elektronenakzeptor, aufgezogen. Mit Fumarat ausgestattete Biofilme sind nicht unmittelbar in der Lage, eine erkennbare Stromproduktion zu erzeugen. Als Ursache lassen sich wesentliche physiologische Unterschiede in Strom generierenden Biofilmen annehmen. Mikroarrayanalysen zeigen für 13 Gene in Biofilmen, deren Stromerzeugung aktuell verwertet wird, signifikant höhere Transkriptionslevel. Die größten Zuwächse verzeichnet *pilA*, das diesem Gen unmittelbar nachgeordnete Gen, sowie die Gene für die äußeren, auf die Membran bezogenen Cytochrome vom Typ C, d. h. *OmcB* und *OmcZ* (Nevin et al. 2009). Die während des Wachstums von Biofilmen gemachten Beobachtungen der Gentranskriptionsebenen verweisen auf das verstärkte Auftreten von *OmcZ* und des in der äußeren Oberfläche auftretenden Cytochroms vom Typ T, d. h. *OmcE*, wohingegen *OmcS* in stromproduzierenden Zellen weniger häufig vertreten ist. Stämme, in denen *pilA*, die darauffolgenden *Downstream*-Gene wie *omcB*, *omcS*, *omcE* sowie *omvZ*, ausgelöscht wurden, zeigen, dass nur die Deletion von *pilA* sowie *omcZ* signifikant eine Stromerzeugung sowie Biofilmbildung zum Zwecke der Erzeugung von Elektrizität unterbinden (Nevin et al. 2009). Im Gegensatz zur o. a. Beobachtung kommt es bei dem Einsatz von Fumarat ($C_4H_4O_4$) als Elektronenakzeptor auch nach erfolgter Gendeletion zu keinerlei Beeinträchtigungen bei der Biofilmbildung auf einer Oberfläche aus Graphit. Danach scheint als Schlüsselkomponente für den Elektronentransfer durch einen differenzierten, aus überwiegend G. *sulfurreducens* bestehenden Biofilm zu den Elektroden *OmcZ* aufzutreten (Nevin et al. 2009).

(b) Energieausstoß

Den Energieausstoß (*power output*) und die *Coulomb*-Effizienz von Biofilmen, bestehend aus *Geobacter sulfurreducens*, unterziehen Nevin et al. (2008) einem Vergleich mit gemischten mikrobiellen Gemeinschaften in Brennstoffzellen. Die Energieausbeute, d. h. elektrischer Strom, von Mischkulturen scheint im Vergleich zu Reinkulturen in einer mikrobiellen Brennstoffzelle einen höheren Ertrag zu leisten. Dies bedingt für den Entwurf von mikrobiellen Brennstoffzellen und das Studium des Elektronentransfers auf anodischen Biofilmen entsprechende Konsequenzen. Zur Evaluation dieses Gedankens wurde *Geobacter sulfurreducens* mit CH_3COO^- als Brennstoff in einem Fließreaktor, dessen mit C verkleidete Anoden und Kathoden in unmittelbarer Nähe positioniert wurden, aufgezogen, technische Details der Anordnung sind bei Nevin et al. (2008) beschrieben. Die Ausbeute an Elektronenstrom, hervorgerufen durch die Oxidation von CH_3COO^-, beträgt ca. 100 %, wenn die Diffusion von O_2 in das System minimiert wird. Die durch *Geobacter sulfurreducens* erbrachte Leistung ist vergleichbar mit jenem Niveau, das in gemischten Kulturen erreicht wird. Es übertrifft im gleichen System (engl. *ministack system*) geringfügig die Stromausbeute von mit einem Inokulum versetzten anaeroben Schlämmen. Durch Minimierung des Volumens der Anodenkammer erhöht sich die Ausbeute an volumetrischer Stromdichte auf $2{,}15\,kW\,m^{-3}$, der bislang höchste Wert, der für eine mikrobielle Brennstoffzelle dokumentiert ist. *G. sulfurreducens* bildet auf den C-Anoden verhältnismäßig einheitliche Biofilme, wobei die Form und der Aufbau der Graphit-Anode einen geringfügigen Einfluss auf die Dicke und räumliche Strukturierung sowie auf die Stromdichte ausüben (Nevin et al. 2008). Nach Einschätzung durch Nevin et al. (2008) scheint im Vergleich zwischen reinen und gemischten Kulturen innerhalb einer mikrobiellen Brennstoffzelle ihr Design eine wichtige Einflussgröße darzustellen. Eine Erhöhung der Stromdichte durch die Bioanode ist Gegenstand zahlreicher Untersuchungen (Pham et al. 2009).

Zusammenfassend

ergibt sich eine Energieproduktion in der nanoskaligen Dimension, die sich u. U. bei der biogenen Synthese metallischer Nanopartikel/-cluster neben der enzymatisch gesteuerten Biokatalyse bei Bedarf elektrischer Ströme, z. B. biochemischer Elektrolyse, mit verwerten lässt. Die vorgestellten Möglichkeiten von Cofaktor-Regenerierung, Enzymassay sowie anodophiles Biofilmkonsortium sind auf ihre technische Einbindung in eine zunächst angedachte Produktionsschiene zur Synthese metallischer Nanopartikel/-cluster im Industriemaßstab hin zu überprüfen.

2.4.4 Produktionsschiene metallische Nanopartikel/-cluster

Innovative Technologien erfordern komplexe und/oder unkonventionelle Vorgehensweisen in Theorie und Praxis. Eine technisch machbare, wirtschaftlich rentable Produktionsschiene (engl. *production line*) metallischer Nanopartikel/-cluster stellt

aufgrund des bislang gesichteten Datenmaterials eine durchsetzungsfähige Option dar. Anforderungen an eine Produktionsschiene sind Kontinuierlichkeit, Serienfertigung, Skalierbarkeit etc. Ebenso gilt es, Umweltaspekte zu berücksichtigen, Abschn. 5.6/Bd. 1. Generell sind folgende Überlegungen/Maßnahmen unerlässlich:
- gleichmäßiger und regulierbarer Produktionsausstoß,
- gleichbleibende Qualität in den gewünschten Eigenschaften, z. B. Reinheit, Größe etc.,
- Möglichkeiten, maßgeschneiderte Partikel zu synthetisieren,
- Schutz vor Beeinträchtigungen.

Zusätzlich sind folgende Einrichtungen einzuplanen:
- Online-Monitoring,
- Logistik,
- Unfallschutzeinrichtungen.

Idealerweise beläuft sich eine Produktion auf bis zu 150 g h^{-1}. Die Produktionskosten sollten in Abhängigkeit von der Art des Produkts wirtschaftlich vertretbar sein. Zentrale Herausforderung stellt, neben einem angemessenen *up-Scaling*, die Kombination der diskreten Prozessschritte zu einer funktionstüchtigen, wirtschaftlich rentablen Produktionsschiene dar. Als Vorbild zum Anlagenbau dient eine zelluläre *biofactory*, z. B. *In-vivo*-Synthese diverser metallischer NP durch ein rekombinates *E. coli* (Park et al. 2010), Abb. 2.22.

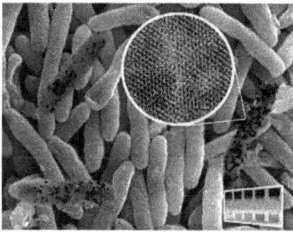

Abb. 2.22: Schematische Darstellung einer *biofactory*. Es lassen sich mittels rekombinanter *E. coli* diverse metallische NP synthetisieren, angedeutet durch die dunklen Partikel auf der Oberfläche des Bakteriums (Park et al. 2010).

Es stehen sowohl zur Synthese diskreter als auch räumlich arrangierter metallischer NP die ersten Techniken zur Verfügung. Auch hinsichtlich einer enzymatisch gesteuerten Synthese von metallischen Nanoclustern stehen zum Aufbau des Produktionsumfeldes technisch ausgereifte Anlagen zur Disposition, Abb. 2.23.

Abb. 2.23: Mögliches Produktionsumfeld für metallische Nanopartikel (url: Chemicals Matthey).

(a) Modul Synthese

Biologische Techniken zur Synthese von metallischen Produkten, beruhend auf Redoxprozessen und ausgeführt durch Enzyme in Funktion eines Biokatalysators, können sich auf diverse flankierende Maßnahmen stützen:

– Immobilisierung,

– Protonierung,

– Einsatz von Komplexbildnern,

– Ganzzellverfahren.

Das Modul-Synthese orientiert sich nach den entsprechenden Techniken. Denn die gewünschten Produkte können z. B. bei Techniken der Ganzzellverfahren intra- als auch extrazellulär auftreten und erfordern daher spezielle Vorgehensweisen bei der Separation.

Eine von [1]Konishi et al. (2007) vorgeschlagene umweltfreundliche Technik zur Synthese von Pt-NP bedient sich einer bioreduktiven Ablagerung der Kristallite auf dem Bakterium *Shewanella algae*. Rastende Zellen von *S. algae* sind fähig, innerhalb von 60 min bei Raumtemperatur, neutralem pH-Wert sowie Lactat ($CH_3-CHOH-COO^-$) als Elektronendonator $PtCl_6^{2-}$-Ionen in wässrigen Lösungen zu reduzieren. Im Periplasma, einer bevorzugten, nahe der Zelloberfläche befindlichen Lokalität, bewegen sich die Größen der NP bei ca. 5 nm. Aufgrund ihrer Lage im Periplasma sind die biogenen Pt-NP einfach zu gewinnen, Abschn. 2.3.9.

Eine Biosynthese von Au-NP schließt die Nutzung von Pilzen- und Bakterien-Stämmen ein. In einer Studie unter Einbeziehung der alkalothermophilen *Actinomyceten Thermomonospora curvata*, *Thermomonospora fusca* und *Thermomonospora chromagena* unter entsprechend präparierten Kulturbedingungen gelang die Synthese von 30–60 nm großen Au-NP (Torres-Chavolla et al. 2010). Die auf diese Weise gewonnenen Partikel zeichnen sich, entsprechend den eingesetzten Analysetechniken, d. h. UV-/Vis-Spektroskopie, TEM-Abbildungen und Analyse der Partikelgrößenverteilung, durch monodisperses Auftreten und Wasserlöslichkeit aus. Als Anlage dienen Bioreaktoren mit, je nach Anforderungen, speziellen Ausstattungen, Abb. 2.37, Abschn. 2.5.1 (t).

(b) Submodul Additive

Je nach Produkt müssen diverse Hilfsmittel, d. h. Additive, wie z. B. Metallthioneine (Abschn. 4.5.3/Bd. 1), Phytochelatine (Abschn. 4.5.4/Bd. 1), Peptide zugeführt werden, mit entsprechender technischer Anbindung/Ausstattung innerhalb der angestrebten Produktionsschiene. Ein rekombinantes *E.-coli*-Bakterium wurde mit Metallionen inkubiert. Zuvor war *E. coli* dahingehend modifiziert, dass es zu einer Intensivierung der Metallbindung seitens der Proteine kam, d. h. Metallothionein und Phytochelatine, und sie in ihrer Funktionsweise verstärkte. An Metallen standen Halbleiter- sowie Edelmetalle zur Verfügung. Die NP wurden innerhalb der Zelle synthetisiert und mittels Kalzinierung bei 700 °C und 12 h extrahiert.

Größe und Struktur der Kristallgitter der NP hängen offensichtlich vom in *E. coli* exprimierten Protein und der Konzentration an Metallionen im jeweiligen Medium ab (Park et al. 2010). Durch Einstellung der in Lösung befindlichen Konzentrationen an Metallionen ist eine Kontrolle über die Größe der NP möglich (Park et al. 2010). Bei Fragen nach der praktischen Verwertung der NP verweisen die o. a. Autoren auf z. B. CdSe. Die Verbindung lässt sich zum Zweck einer kolloidalen Stabilität und Biokompatiltät durch Peptide umhüllen und für entsprechende Anwendungen mit fluoreszierenden Tags in Form von z. B. Antibodies versehen. Weiterhin zeigt mit FeCo/Ni bzw. FeCo/Mn versehener Magnetit paramagnetische Eigenschaften. Auch gestattet nach Überlegungen von Park et al. (2010) die hohe Zelldichte von *E. coli*, generierbar in etablierten Kulturtechniken, eine effiziente und kostensparende Produktion diverser metallischer NP.

Es wurden bislang erhebliche Fortschritte von Material bindenden Peptiden u. a. für den Einsatz in der Nanotechnologie beschrieben (Seker & Demir 2011). Für die Selektion von Liganden für Proteine und Peptide erweist sich insbesondere für den Gebrauch innerhalb der Nanotechnologie der Phagendisplay als vielversprechendes Instrumentarium. Durch Phagendisplay ausgewählte Peptide sind entweder unabhängig synthetisierbar oder auf bestimmten Phagenproteinen exprimierbar. Im Anschluss sind die selektierten Phagenpartikel für die Synthese von NP, zum Aufbau von Nanostrukturen auf anorganischen Oberflächen und zur orientierten Immobilisierung als Fusionspartner für andere Proteine verwendungsfähig, z. B. molekulare Linker, molekularer Synthesizer etc. (Seker & Demir 2011).

(c) Submodul Templat

Als Hilfsmittel zur flankierenden Unterstützung bei der Synthese metallischer Nanocluster eignen sich biologische Template, Abschn. 5.4. Zur Mediation einer Synthese von Nanokristallen steht eine Auswahl von Biomolekülen zur Verfügung (Feldheim & Eaton 2007). Innerhalb der Biosphäre übernehmen oder unterstützen bestimmte Biopolymere die Herstellung von anorganischen Materialien wie z. B. Linsensystemen, Knochen, magnetischen Partikeln u. a. *In-vitro*-Experimente bestätigen das Potential eines Biotemplating für eine Vielzahl von insbesondere auch anorganischen Ausgangsmaterialien unter Raumbedingungen.

Zur Synthese von Nanoclustern kommen diverse biologische Template in Betracht:

– Magnetosome, Abschn. 5.4.1,
– S-Layer, Abschn. 5.4.2,
– virale Matrizen, Abschn. 5.4.3,
– DNS, Abschn. 5.4.4.

Räumlich ausgedehnte Cluster sind via S-Layer erzielbar. Über eine Immobilisierung bieten sich redoxaktive Lagen zur Assemblierung metallischer Nanocluster an. Die magnetischen Eigenschaften von metallischen Nanoclustern, d. h. Pd sowie Pt, versehen mit einer Größe von 1 nm auf einem biologischen Substrat, sind Inhalt einer Veröffentlichung von Herrmannsdörfer et al. (2007). Als Substrat ist eine aufgereinigte parakristalline S-Layer des Stamms *Bacillus sphaericus JG-A12* angegeben. Messungen mit einem SQIUD-Magnetometer ergeben für die magnetische Suszeptibilität ugewöhnlich hohe Werte. Aber auch andere Merkmale wie z. B. der *Stoner*-Enhancementfaktor weisen abweichende Werte im Vergleich mit dem *bulk* auf.

Die Primärsequenz des Biopolymers DNS kann als Proteomik- oder Genomsignatur zur Bereitstellung eines Templats für anorganische Materialien aus metallischen Ausgangsstoffen und Einsicht in die Rahmenbedingungen des Reaktionsablaufs angesehen werden. Zusammen mit den Fortschritten in der anorganischen Partikelsynthese gewährt diese Form der bioinspirierten *In-vitro*-Synthese mit anderen Methoden in Kombination Einblicke und Entdeckungen in mögliche neue Werkstoffe, die sich im Anschluss durch konventionelle Techniken erzeugen lassen. Einen Überblick über die Synthese und wirtschaftlich-technische Einsatzfähigkeit von bio- und anorganischen Fe_3O_4-Mineralisationen bietet Faivre (2010), wobei die Betonung auf biogenem Fe_3O_4 liegt. Denn infolge physiologischer Anforderungen erfüllt dieser stringent die technisch unerlässliche Forderung nach einheitlicher Größe der NP.

Die extrazelluläre Biosynthese von monodispers verteiltem Au-NP ist mithilfe einer selbstorganisierenden Monoschicht aus Dodekanethiol (engl. *self assembling layer* = SAM) als Beschichtungsmittel machbar (Wen et al. 2008). Als reduzierendes Reagenz kam bei einer Temperatur von 26 °C *Bacillus megatherium DO1* zum Einsatz. Die Kinetik der Au-NP-Synthese lässt sich über TEM und UV-Spektroskopie verfolgen. Als Ergebnis steht die Beobachtung, dass die Reaktionszeit als Parameter die Morphologie der Au-NP prägt. Eine weitere wichtige Einflussgröße stellt Thiol dar. Es kontrolliert im Verlauf der Biosynthese die Form, d. h. kugelförmig, die Größe, d. h. < 2,5 nm, und das Dispersionsverhalten, d. h. monodispers. Zusammenfassend liefert *B. megatherium DO1* durch Modulation der Reaktionszeit und den Einsatz von Thiol monodisperse kugelförmige Au-NP bedeckt mit Thiol von einer Größe von 1,9 ± 0,8 nm (Wen et al. 2008). Aufgrund der o. a. Arbeiten steht somit eine einfache und umweltfreundliche Methode zur extrazellulären Biosynthese metallischer NP zur Verfügung.

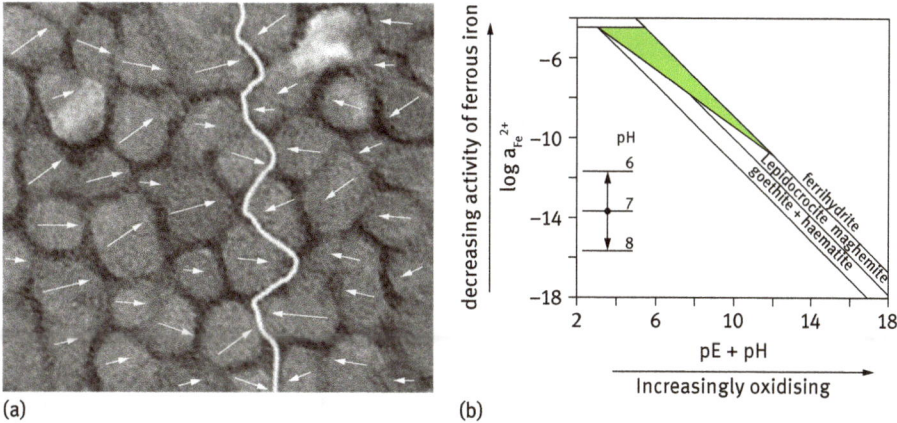

Abb. 2.24: (a) Darstellung einer Grenze innerhalb einer longitudinalen magnetischen Aufzeichnung sowie (b) Phasendiagramm von Fe-Oxiden sowie Fe-Oxyhydroxiden, generiert unter verschiedenen pE, pH sowie Fe-Aktivität (Galloway 2012).

Über ein Biotemplating unter Zuhilfenahme des zur Biomineralisation befähigten Proteins *Mms6* lassen sich Assays von Nanomagneten konstruieren (Galloway 2012). Die Magnetspeicherung in rechnergestützten Systemen bedient sich zweier Vorgehensweisen, d. h. zum einen der LMR (engl. *longitudinal magnetic recording*) sowie der PMR (engl. *perpenticular magnetic recording*), Abb. 2.24. Weiterhin sind die Bildungsbedingungen für Magnetit (Fe_3O_4) zu beachten. So entwickelt sich Fe_3O_4 zwischen einen pH von 8–10, niedrigem pE und hoher Fe^{2+}-Aktivität, Abb. 2.24. Bei hohem Oxidationspotential und schwankenden Konzentrationen der Reaktanten können sich anstatt Fe_3O_4 weitere Fe-Oxid/Oxyhydroxide bilden (Galloway 2012).

Eine Co-Expression zweier Proteine führt zu NP aus Halbleitermetallen mit vollständig neuen Gitterstrukturen. Eventuell besteht über diese Coexpression die Möglichkeit, ein breites Portfolio an metallischen NP zu synthetisieren, so z. B. Legierungen aus SEE, Fluoride in magnetischen Metallen u. a. Weiterhin sind As-Nanotubes mittels Biomatrix (Jiang et al. 2009) und metallische Au- und Pd- Nanocluster bzw. -partikel auf biologischen Matrizen vorhanden (Sandhage & Lewis 2005). Biologische Matrizen lassen sich mit anderen lagigen Elementen kombinieren und z. B. Cluster aus As und Ge generieren, Abb. 2.25.

Die Wechselwirkungen von Metallen und mit einer mit S-Layer versehenen Zelle, gestalten sich in sehr vielfältiger Weise. So sind zum einen Metalle via S-Layer passiv auf der Zelloberfläche immobilisierbar, d. h. Biosorption, und erstrecken sich am Beispiel von *Lysinobacillus sphaericus JG-A12* auf Au^{3+}, Cd^{2+}, Cu^{2+}, Pb^{2+}, Pd^{2+}, Pt^{2+}, UO_2^{2+}. Zum anderen können diese Vorgänge wiederum die Ausgangsbasis zur Einleitung von Biomineralisationen u. a. in Form von Nanoclustern führen, d. h. $Cu(SO_4)_2$, $H[AlCl_4]$, K_2PtCl_6, $K_3[Fe(CN)_6]$, $NiSO_4$, $Pb(NO_3)_2$, $PdCl_2$,(Mobili et al. 2013), Tab. 2.15.

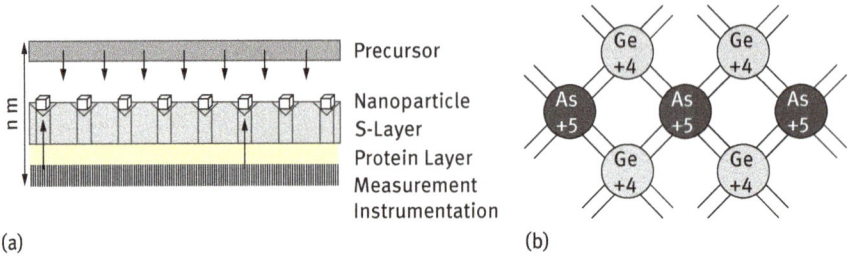

(a) Precursor
Nanoparticle
S-Layer
Protein Layer
Measurement
Instrumentation

(b)

Abb. 2.25: Schematische Darstellung zum Aufbau des Produktionsumfeldes betreffs einer enzymatisch gesteuerten Synthese von metallischen Nanoclustern sowie Dotierung von As-Sulfid mit Ge.

Tab. 2.15: S-Layer diverser Bakterien zur Fixierung von Metallen und Genese von Metallverbindungen im Porenraum von S-Layern (Mobili et al. 2013).

Mikroorganismus	Metall
Lysinobacillus sphaericus JG-A12	Au^{3+}, Cd^{2+}, Cu^{2+}, Pb^{2+}, Pd^{2+}, Pt^{2+}, UO_2^{2+}
Lactobacillus buchneri	Cd^{2+}, Cu^{2+}, Ni^{2+}, Pb^{2+}, Zn^{2+}
Lactobacillus brevis	Cd^{2+}, Cu^{2+}, Ni^{2+}, Pb^{2+}, Zn^{2+}
S-Layer allg.	$Cu(SO_4)_2$, $H[AlCl_4]$, K_2PtCl_6, $K_3[Fe(CN)_6]$, $NiSO_4$, $Pb(NO_3)_2$, $PdCl_2$

(d) Submodul Funktionalisierung

Eine Darstellung von funktionalisierten Proteinen auf bakteriellen magnetischen Partikeln unter Verwendung von *Mms13* als Ankermolekül präsentieren Yoshino & Matsunaga (2006). So zeigen TEM-Aufnahmen von intrazellulären, bakteriell synthetisierten, magnetisch wirkenden Partikeln, nach Zugabe von mit Au-NP ausgestatteten Biomolekülen, z. B. Antikörpern, eine geometrisch sphärische Akkumulation um dieselbigen, wobei sich der Abstand dieser beiden Mineralphasen auf maximal 20 nm beläuft (Yoshino & Matsunaga 2006), Abb. 2.26. Zur Charakterisierung und Funktionalisierung von biogen synthetisierten Au-NP zur Verbesserung eines Biosensing berichten Torres-Chavolla et al. (2010).

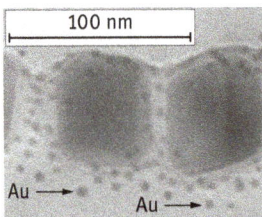

Abb. 2.26: TEM Aufnahmen von intrazellulären, bakteriell erzeugten magnetisch auftretenden Partikeln, umgeben von mit Au-NP gelabelten Antikörpern (Yoshino & Matsunaga 2006).

(e) Submodul Immobilisierung

Eine Immobilisierung kann auf diverse Biomoleküle zurückgreifen. Die Stabilisierung eines α-Chymotrypsins (CT) durch eine kovalente Immobilisierung an mit Aminogruppen beschichteten magnetischen Nanogelen untersuchten [1]Hong et al. (2007). Das superparamagnetische mit Aminogruppen ausgestattete Nanogel kann über das *Hoffman*'sche Verfahren, d. h. Degradation von mit Polyacrylamid ummantelten Fe_3O_4-NP, bereitgestellt werden. Die Fe_3O_4-NP lassen sich über einfache photochemische *In-situ*-Polymerisation gewinnen. Eine kovalente Anbindung von CT an das magnetische Nanogel geschieht über reaktive Aminogruppen mit 1-Ethyl-3-(3-dimethylaminpropyl) carbodiimid ($C_8H_{17}N_3$) bindendes Reagens. Mithilfe eines BCA-Proteinassays wurden als Bindungskapazität 61 mg Enzyme pro g Nanogel ermittelt. Als Wert für das immobilisierte CT stehen 0,93 U mg^{-1} min^{-1}, d. h. knapp 60 % gegenüber dem freien CT. Im Vergleich mit freien Enzymen weisen die auf diese Art erhaltenen immobilisierten Enzyme gegenüber Temperatur und Inaktivierung des pH eine bessere Widerstandsfähigkeit auf und bieten somit hinsichtlich der genannten Parameter eine Erweiterung der Möglichkeiten. Zusätzlich offenbaren sie eine ausgezeichnete Thermostabilität sowie erweiterte Stabilität betreffs Lagerung und Wiederverwertbarkeit ([1]Hong et al. 2007). Sowohl für die immobilisierten als auch freien Enzyme bestimmten die Verfasser der Studie die kinetischen Parameter. Hierbei nahm, im Vergleich mit dem freien Enzym, der Wert für K_m für das immobilisierte Enzym einen höheren Betrag an, wohingegen V_{max} für das immobilisierte Enzyme geringer ausfiel. Um unter Raumtemperatur und Normaldruck die Nukleation von Feststoffphasen und deren Organisation zu komplexen Nanostrukturen zu bewirken, erweist sich die kombinatorische Auswahl von Peptiden mit der Fähigkeit, technologisch relevante Materialien zu binden, zunehmend als wichtige Methode.

Gegenwärtig liegt allerdings nahezu kein Datenmaterial vor, das zum Verständnis der Kontrollmechanismen, die die Peptid-Feststoff-Bindung beherrschen, beiträgt. Diese fehlenden Informationen sind jedoch für die Herstellung von Hybridmaterialien unerlässlich. Zur konformativen Kontrolle der Adhäsion anorganischer Materialien durch ein Designerprotein zur Bindung von Cu-haltigen Oxiden liegen erste Ergebnisse vor (Choe et al. 2007). Hier lässt sich gemäß den Autoren ein Derivat des DNS bindenden Proteins *Tral*, ausgestattet mit einer an Disulfide (S_2^{2-}) gebundenen Cu-Oxid-Sequenz (*CN255*), benutzen, um den Einfluss von Sequenzzusammensetzung und Konformität auf die Cu_2O-Bindungsaffinität zu überprüfen.

In diesem Zusammenhang berichten Choe et al. (2007) von einer, statistisch gesehen, deutlichen Anreicherung an paarigem Arginin (*RR*) innerhalb der Cu-Oxid-bindenden Peptide, wobei sie dies als Hauptmotiv für eine(die) Bindung ansehen. Unabhängig hiervon scheinen systematische Alaninsubstitute (*A*) im *CN225-RR*-Motiv, für die Bildung von *RA*, *AR* und *AA*-Paaren verantwortlich, entgegen der gängigen Hypothese nicht entscheidend zur Bindung von Cu durch *CN225* beizutragen. Stattdessen erachten Choe et al. (2007) ein Peptid, eingebettet in eine spezielle S_2^{2-}-Struktur, als ausschlaggebend bei der Bindung des Metalloxids. Eine Anbindung von Ti via immo-

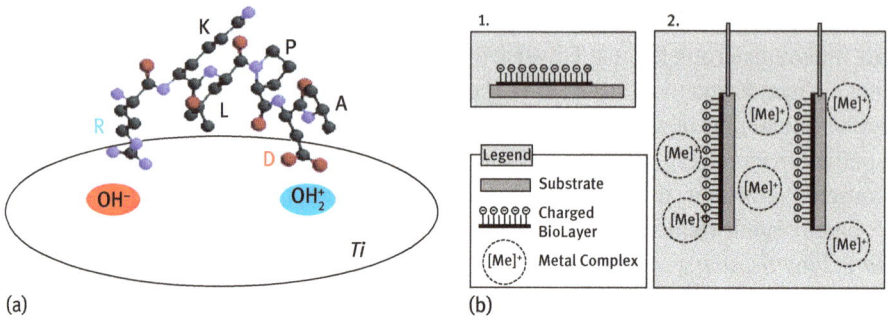

Abb. 2.27: (a) Ti-Anbindung durch spezielle Peptide (Sano et al. 2005) sowie (b) Schema immobilisierter Enzyme zur außenstromlosen Ablagerung bzw. Generierung von metallischen Nanoclustern.

bilisierte Peptide zur Generierung von metallischen Nanoclustern erörtern Sano et al. (2005), Abb. 2.27 (a). Sie nutzen hierzu das Vermögen von peptidischen Aptameren, anorganische Materialien zu erkennen. Speziell mit Phagen verbundene Peptide binden an Ag, Si sowie Ti und es lassen sich auf diese Weise lagige Elemente erzeugen. Vorgänge der Immobilisierung können zur außenstromlosen Ablagerung von metallischen Schichten genutzt werden, Abb. 2.27 (a) Unterstützend können zur Immobilisierung von Mikroorganismen Matrizen aus aktiviertem Al, Glas, Sand, Silika-Gel, keramischen Materialien u. a. bestehen. Sie sollten eine Korngröße von 0,4–0,6 mm aufweisen.

(f) Submodul Stabilisierung
Maßnahmen zur Stabilisierung metallischer NP, z. B. gegen Oxidation, Agglomeration, sind oftmals ein unverzichtbarer verfahrenstechnischer Arbeitsschritt. Eine Stabilisierung lässt sich über die Adsorption einer dispersanten Schicht (engl. *adlayer*) um die Partikeloberfläche erzielen, Abschn. 5.5.1 (i)/Bd. 1. Allerdings darf die *adlayer* eine bestimmte Dicke nicht überschreiten, da sie ansonsten die Konzentration der in Lösung befindlichen Partikel herabsetzt. Eine in diesem Zusammenhang erforderliche Kontrolle der Schichtendicke stellt eine erhebliche technische Herausforderung dar (Studart et al. 2007). Als Techniken kommen u. a. elektrostatische, sterische u. a. Vorgehensweisen in Betracht (Kraynov & Müller 2011). So lassen sich z. B. AgNP via Polyvinylpyrrolidon (PVP) sowie Na-Citrat ($C_6H_5Na_3O_7$) stabilisieren (Papp et al. 2007) und durch die Behandlung von Glutaraldehyd kann die Stabilität von z. B. Au-NP deutlich verbessert werden (Torres-Chavolla et al. 2010).

(g) Submodul Biofilm

Eine Maximierung der Produktionsleistung von biokatalytisch aktiven Biofilmen auf festen Substraten in membranbelüfteten Reaktoren schildern Halan et al. (2010). Zur Synthese von enantiomerreinem (S)-Styroloxid (C_8H_8O) eignet sich, unter Einsatz des *Pseudomonas sp. VLB120ΔC*, ein neuartiger membranbelüfteter Biofilmreaktor, wobei der Biofilm als Biokatalysator auftritt. In Übereinstimmung mit herkömmlichen Bettsystemen erweist sich die Maximierung der Kapazität des volumetrischen Sauerstofftransports (k(L)a) als das wesentliche Kriterium, das eine kontinuierliche Produktion ermöglicht (Halan et al. 2010). Für das Wachstum des Biofilms und die Effizienz in Hinsicht auf die Biotransformation zeichnet sich die o. a. Förderleistung ebenfalls verantwortlich. Als ideales Mikroenvironment bzw. Matrix zur Bildung eines einförmigen Biofilms mit hoher Dichte eignet sich eine mikroporöse Einheit aus Keramik. Infolge seiner dualen Funktion und durch den Verzicht auf zusätzliche Packmaterialien, wie sie für traditionelle Bettreaktoren üblich sind, vereinfacht sich die Konfiguration des Reaktors erheblich. Über diesen verfahrenstechnischen Ansatz gelingt es Halan et al. (2010), eine maximale Produktivität von 28 g l zu erreichen, und das System verbleibt ca. 30 Tage stabil.

Über positiv geladene Au-NP, synthetisiert durch elektrochemisch aktive Biofilme, publizieren Khan et al. (2013). Mithilfe von elektrochemisch aktiven Biofilmen (= EAB) lassen sich positiv geladene AuNP mit einer Größe von 5–20 nm synthestisieren. Unter Verwendung eines Stahlgeflechts bilden sich innerhalb von 30 min in wässrigen, mit $HAuCl_4$ versehenen Lösungen als Präkursor sowie Na-Acetat ($C_2H_3NaO_2$) als Elektronendonator entsprechende NP aus Au. Elektrochemisch aktive, in Biofilmen organisierte Bakterien oxidieren $C_2H_3NaO_2$ durch die Produktion von Elektronen. Daneben liefert das Stahlnetz durch das Eindringen von Cl-Ionen zeitgleich ebenfalls Elektronen.

Durch die Kombination stehen ausreichend Elektronen für die Reduktion von Au^{3+} in der Lösung zur Verfügung und verleihen ihm eine hohe Effizienz und Geschwindigkeit (Khan et al. 2013). Kriterien wie kleine Größe, positive Ladung, monodisperses Auftreten, Kontrollmöglichkeiten, einfache Separation und extrazelluläre Synthese umschreiben das Ergebnis einer biogenen Synthese von AuNP, und Techniken wie EDX, RDA, TEM u. a. eignen sich zur Charakterisierung der NP (Khan et al. 2013), Abschn. 1.3.2. Eine Charakterisierung von mit Biofilmen versehenen Membranreaktoren und ihre Perspektive zur Synthese von Fein- und Spezialchemikalien bieten Gross et al. (2010) an. Biofilme erweisen sich als stabile Biokatalysatoren. Ihr konventioneller Einsatz beschränkt sich bislang weitgehend auf die Behandlung von Abwässern. Zunehmend jedoch rücken Überlegungen zu ihrer Eignung und ihrem Einsatz für chemische Synthesen in den Vordergrund.

So eignet sich z. B. ein Biofilm, bestehend aus einem manipulierten Stamm von *Pseudomonas sp. VLB120ΔC* und in einem röhrenförmigen Membranreaktor kultiviert, zur kontinuierlichen Produktion von (S)-Styrenoxid (C_8H_8O). Während der Kultivierung tritt ein biofilmspezifischer Morphotyp in Erscheinung, der 60–80 % des gesamten Biofilms einnimmt, unabhängig von den Inokulationsbedingungen, aber mit ähnlichen spezifischen Aktivitäten wie der Originalmorphotyp. Ein Stofftransfer von sowohl dem Substrat Styren als auch dem Produkt C_8H_8O hängt von der Flussrate ab, beschränkt allerdings nicht die Rate der Epoxidation. Hierbei wurde O_2 als einer der hauptsächlichen Einflussparameter bei der Rate der Biotransformation erkannt. Nach Auffassung von Gross et al. (2010) bestehen lineare Abhängigkeiten zwischen der Produktivität und der Ausdehnung einer spezifischen Membran sowie der Dicke der Röhrchenwand (engl. *tube wall thickness*). Als durchschnittliche volumetrische Produktivitäten sind $24\,g\,l_{aq}^{-1}\,d^{-1}$ mit einem Maximum von $70\,g\,l_{aq}^{-1}\,d^{-1}$ und einer Biomasse von $45\,g\,BDW\,l_{aq}^{-1}$ über einen Zeitraum von 50 d ohne Verluste angegeben (Gross et al. 2010).

In Assoziation mit mikrobiellen Biofilmen erörtern Gross et al. (2007) neue Katalysatoren zur Maximierung der Produktivität von Langzeit-Biotransformationen. Die Leistungsfähigkeit von biokatalytischen Reaktionen wird oftmals durch die Toxizität seitens des Produkts bzw. Substrats oder aufgrund von durch instabile Biokatalysatoren ausgelöste kurze Laufzeiten der Reaktionsvermögen/-kapazität beeinträchtigt. Mikroorganismen in Biofilmen organisiert, zeigen hingegen eine bemerkenswerte Widerstandsfähigkeit gegen Biozide und formen äußerst stabile Gemeinschaften. Unter natürlichen Bedingungen, und insbesondere in hochkontaminierten Umfeldern, bevorzugen viele Mikroorganismen eine Organisation in Biofilmen, da diese ihnen Möglichkeiten anbieten, diversen Formen von physiologischem Stress wirkungsvoller zu begegnen, Abschn. 2.2.3/Bd. 1. Zur Erzeugung von Biotransformationen toxischer Ausgangsstoffe auf Langzeitbasis bedienen sich biologisch ausgerichtete Techniken zunehmend der Robustheit von katalytisch aktiven Biofilmen.

Zwecks der Leistungsfähigkeit von auf Biofilmen basierenden Biotransformationen unterzog eine Studie 69 Bakterienstämme einem entsprechenden Screening (Gross et al. 2007). Es wurden hierbei Stämme berücksichtigt, die sich für eine rekombinante Enzymexpression eignen bzw. auf Biofiltern und kontaminierten Böden anzutreffen sind. Hierbei zeigt sich, dass nahezu alle erfassten Mikroorganismen mit hohem Bioremediationspotential zur Bildung von Biofilmen in Betracht kommen. Infolge seiner ausgezeichneten Fähigkeit zur Biofilmbildung und seines gut untersuchten Vermögens zur Katalyse von asymmetrischen Epoxidationen kommt als Modellorganismus *Pseudomonas sp. VLB120ΔC* in Betracht. Für die Biotransformation von Styren zu (S)-Styrenoxid als Modellreaktion kann auf einen röhrenförmigen Reaktor zurückgegriffen werden. Der Prozess verbleibt für eine maximale volumetrische Produktivität von $16\,g\,l_{aq}^{-1}\,T^{-1}$ mit einer Ausbeute von $9\,mol\,\%$ mindestens 55 d stabil. Eine *In-situ*-Produkt-Entnahme unterbindet eine Inhibition des Katalysators (Gross et al. 2007).

Bühler & Schmid (2011) stellen neue mikrobiologische Wege in der Chemie vor, z. B. biokatalytisch aktive Biofilme.

(h) Submodul Mikrobielle Zelle

Mikrobielle Zellen als Katalysatoren für stereoselektive Redox-Reaktionen schlagen [2]Carballeira et al. (2009) vor. Sowohl im Labormaßstab als auch unter industriellen Bedingungen sind enzymatisch katalysierte Reaktionsabläufe implementierbar. Im Gegensatz hierzu beschränken sich auf die Gesamtzelle bezogene katalytische Reaktionen auf spezielle Fälle.

Die Entwicklung der letzten Jahre auf Gebieten wie Molekularer Biologie, metabolischem Engineering (Abschn. 2.3.1 (o)) und Gerichteter Evolution von Enzymen veranlasst [2]Carballeira et al. (2009), Überlegungen über den Einsatz maßgeschneiderter Mikroorganismen (*designer bugs*) für industrielle Zwecke vorzustellen. So lassen sich Gesamtzellkatalysatoren einfacher und kostensparender präparieren, als dies für aufgereinigte Enzyme der Fall ist. Auch sind intrazellulär auftretende Enzyme gegen externe Umweltbedingungen geschützt sowie durch das intrazelluläre Medium stabilisiert. Im Fall dreier Kriterien ist die Verwendung von Gesamtzellkatalysatoren gegenüber durch freie Enzyme vollzogene Katalysen vorzuziehen (Carballeira et al. 2009):

(1) wenn das Enzym intrazellulär vorliegt,
(2) wenn zur Durchführung der Katalyse durch das betroffene Enzym ein Cofaktor erforderlich ist,
(3) wenn zur Entwicklung eines Prozesses mehrere Enzyme einbezogen sein müssen (engl. *multi-enzymatic*).

Daher sollte die Gesamtzellkatalyse stets beim Entwurf von Versuchsplänen und industrieller Applikation berücksichtigt werden.

Bakterien als Produzenten in einer Lebendfabrik (engl. *living-factory*), Metalle akkumulierende Bakterien und ihr Potential für die Materialwissenschaften studieren Klaus-Joerger et al. (2001). Metallische Mikro- und Nanopartikel, mit geeigneter chemischer Modifikation, lassen sich in neuartigen keramisch-metallischen (*Cermet*) bzw. organisch-metallischen Kompositen sowie strukturierten Materialien organisieren. Die genannten Materialien zeichnen sich durch bislang einzigartige Architekturen sowie optimierte Eigenschaften aus und gewinnen zunehmend an technisch-wirtschaftlicher Attraktivität. Jedoch bleibt innerhalb der Materialwissenschaften die Synthese von zusammengesetzten Materialien mit Inhomogenitäten auf der µm- oder nm-Skala eine Herausforderung. Zahlreiche industrielle konventionelle Beschichtungstechniken, d. h. physikalisch, chemisch, sind durch eine erhebliche Ineffizienz in sowohl Energie- als auch Stoffbilanzen gekennzeichnet und machen oftmals eine komplexe Geräteausstattung erforderlich. In Zukunft könnten biogene Techniken nach Klaus-Joerger et al. (2001) verbesserte Optionen offerieren.

(i) Modul konventionelles Komplementär

An synthetischen, d. h. konventionellen Prozesstechniken, d. h. chemische Methoden, steht aktuell eine Reihe unterschiedlicher Verfahrenstechniken zur Verfügung:

- Sol-Gel-Verfahren,
- sonochemische Verfahren,
- Gasphasensynthese,
- chemische Dampfausfällung (engl. *chemical vapor synthesis* = CVD),
- atomare Schichtablagerung (engl. *atomic layer deposition* = ALD).

Sie können als Komplementär bzw. in Kombination biogene Techniken begleiten. So erfolgt z. B. die konventionelle Herstellung von Au-NP durch die chemische Reduktion von $HAuCl_4$ und aus Gründen einer Stabilisierung die Zugabe eines protektiven Reagenz (Torres-Chavolla et al. 2010). Ungeachtet dessen, dass eine enzymatisch gesteuerte Transformation von Metallsalzen zur Synthese von NP anderen Prozessen zunächst überlegen erscheint, unterliegt sie Einschränkungen, Abschn. 2.3.3/Bd. 1. Zum einen sind zur enzymatisch kontrollierten Synthese von z. B. metallischen Nanopartikeln und -clustern die für das betreffende Enzym optimalen Arbeitskonditionen unbedingt erforderlich.

Weiterhin können bei veränderten pH- und Temperaturbedingungen Metallsalze die Aktivitäten von Redoxenzymen behindern (Govender et al. 2010). Daneben beeinflusst das elektrochemische Potential das Verhalten der Enzyme, z. B. Hydrogenase, denn es spiegelt die Fähigkeit der Oxidation bzw. Reduktion der entsprechenden Äquivalente wider. Auch können andere innerhalb der metallsalzhaltigen Lösungen befindliche Liganden in die Aktivitäten der Enzyme in nachteiliger Weise eingreifen (Govender et al. 2010).

(j) Modul Qualitätskontrolle
Zur Qualitätskontrolle stehen eine Vielzahl von Analysetechniken zur Disposition, z. B. TEM, RDA etc., Abschn. 1.3. Durch eine zunehmende Miniaturisierung der apparativen Ausstattung sind sie an entsprechenden Schnittstellen in den Produktionsprozess integrierbar. Zur Analyse der Größenverteilung sowie Konzentration von NP stehen modifizierte Auflichtmethoden zur Verfügung (url: Malvern Instruments), Abb. 2.28 (a). Daneben stehen geeignete Reaktionskammern zur Synthese von metallischen NP bereit (url: yflow), Abb. 2.28 (b). Aber auch statistische Ansätze unterstützen Maßnahmen zur Qualitätskontrolle ([1]Lu et al. 2009). Die Schnittstellen zu begleitenden rechnergestützten Techniken erlauben zusätzlich eine präzise Kooperation zwischen praktischen und theoretischen Maßnahmen. Jeng et al. (2007) verweisen u. a. auf die Modellierung von Nanomaterialien sowie Zuverlässigkeit bei der Produktion.

(k) Modul Logistik
Als abschließendes Modul tritt die Logistik auf, z. B. Güterstrom innerhalb einer Wertschöpfungskette. Lagerung, Verpackung und Abtransport bilden den Abschluss der

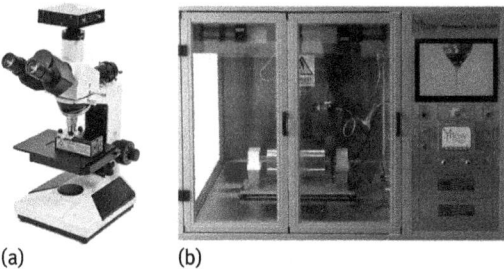

Abb. 2.28: (a) Analyse zur Größenverteilung sowie Konzentration von
Nanopartikeln (url: Malvern Instruments), (b) mögliche Reaktionskammer
zur Synthese von metallischen Nanopartikeln (url: yflow).

(a)   (b)

Produktion metallischer NP und benötigen eine unabhängige Einheit. Bei allen o. a.
Items sind die einschlägigen Sicherheitsbestimmungen unbedingt zu beachten und
die Räumlichkeiten entsprechend einzurichten, z. B. Schutzraum. Denn bedingt durch
die veränderte Phasenstabiltät von NP sind z. B. Maßnahmen gegen Verpuffung, Ent-
zündlichkeit etc. zu treffen, Abschn. 5.6/Bd. 1, Abb. 5.62/Bd. 1.

(l) Elektroporation

Die Elektroporation stellt eine wichtige Technologie zum bioelektrochemischen
Transport von Massen auf nanoskaliger Ebene dar (Davalos et al. 2000). Elektroporation, als elektrochemischer Prozess, ist befähigt, durch die Anwendung von
elektrischer Spannung auf die Zellmembran nanoskalige Poren in diese zu generieren. Allerdings bleiben die verantwortlichen Mechanismen bislang unbekannt.
Aufgrund der Möglichkeit einer kontrollierten Einführung von Makromolekülen, wie
z. B. Genkonstrukten oder Arzneimitteln, in die Zelle, hat sich diese Technik rasch zu
einem wichtigen Arbeitsfeld innerhalb der Biotechnologie und Medizin entwickelt.
Sie wird zunehmend im Rahmen biologischer Techniken als alternative Möglichkeit
zur genetischen Konstruktion von Zellen angesehen.

Zum Studium und zur Kontrolle der Elektroporation schufen Davalos et al. (2000)
einen preisgünstigen Chip zur Ermittlung des Zustandes einer Mikroelektropora-
tion, der eine lebende biologische Zelle mit einer elektrischen Leitung inkorporiert/
verbindet. Das auf diese Weise assemblierte Bauteil liefert messbare elektrische Informationen hinsichtlich des auf die Zelle bezogenen Zustands der Elektroporation
und schafft somit eine Voraussetzung zu Überlegungen einer präzisen Steuerung
der Prozesse sowie anderer biotechnologischer Vorgänge und scheint fundamentale
Studien zur Elektroporation zu begünstigen.

(m) Biomorphe Mineralisation

Eine biomorphe Mineralisation ist eine Technik, die zum einen Materialien produziert deren Morphologien und Strukturen jenen in der belebten Natur gleichen, und
zum anderen biologische Strukturen als Template für Mineralisationscluster/-arrays

einsetzt. Die genannten hergestellten Produkte, d. h. biomorphe Materialien, kombinieren natürlich auftretende Geometrien mit synthetischer Materialchemie (Fan et al. 2009).

(n) Siderophore

Ein Siderophor, d. h. Pyridin-2,6-bis(Thiocarboxyl-Säure) (engl. *pyridine-2,6-bis(thiocarboxylic acid)* = Pdtc), produziert von *Pseudomonas stutzeri KC*, reduziert und fällt Oxyanionen von sowohl Selen als auch Tellur aus. Motiv dieser Vorgänge sind Maßnahmen zur Detoxifikation von Se- und Te-Oxyanionen in bakteriellen Kulturen ([1]Zawadzka et al. 2006). Demnach reduziert der Siderophor oder sein Hydrolyse-Produkt, d. h. H_2S, Selenit (SeO_3^{2-}) sowie Tellurit (TeO_3^{2-}) unter Bildung von 0-valenten Seleniden (Se^{2-}) und Telluriden (Te^{2-}) mit anschließender Separation aus der Lösung. Es folgt eine Hydrolyse der beiden unlöslichen Komponenten, wobei es zur Genese von NP aus elementarem Se oder Te kommt. Analysen via EM treten bei beiden Metallen sowohl zur extrazellulären Präzipitation als auch Ablagerung im Zellinneren auf.

Die durch einen synthetischen Siderophor erzeugten Präzipitate unterscheiden sich nicht von jenen, die sich in Kulturen aus über den betreffenden Siderophor, d. h. Pdtc, verfügenden *Pseudomonas stutzeri KC* entwickeln. Kulturfiltrate von *P. stutzeri KC*, ebenfalls Pdtc führend, entziehen dem o. a. Medium Selenit mit sukzessiver Präzipitation von elementarem Se und Te. Hierbei zeigt sich nach Zawadzka et al. (2006), dass der Wildtyp, versehen mit Pdtc gegenüber SeO_3^{2-} und TeO_3^{2-}, gegenüber einem Mutanten ohne Pdtc-Anteil eine höhere Toleranz aufweist. Dem Pdtc scheint somit eine Doppelfunktion zugeordnet zu sein, d. h. neben der klassischen Funktion eines Siderophors zusätzlich die Aufgabe einer Defensivstrategie gegenüber diversen Metallen, was ihn von anderen Siderophoren unterscheidet (Zawadzka et al. 2006), Abschn. 4.5.2/Bd. 1.

Interessant ist in diesem Zusammenhang die im Labor übliche Darstellung bzw. Gewinnung von Se:

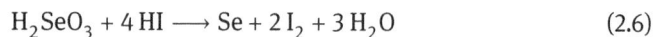

$$H_2SeO_3 + 4\,HI \longrightarrow Se + 2\,I_2 + 3\,H_2O \tag{2.6}$$

oder für Te unter Einsatz von thermischer Energie (ca. 500 °C):

$$M_2^+Te^{2-} + O_2 + Na_2CO_3^{2-} \longrightarrow Na_2Te^{4+}O_3^{2-} + M^0 + CO_2^{2-} \tag{2.7}$$

wobei gilt M = Ag, Au, Cu.

Im Anschluss muss $Na_2Te^{4+}O_3^{2-}$ in H_2O gelöst werden, wobei es zur Bildung von $HTeO_3^-$ kommt. Es folgt eine Behandlung mit H_2SO_4 mit dem Ergebnis der Ausfällung von TeO_2:

$$2\,HTeO_3^- + H_2SO_4 \longrightarrow 2\,TeO_2 + SO_4^{2-} + 2\,H_2O^- \tag{2.8}$$

Hinsichtlich der Herstellung von elementarem Se bzw. Te in kleinen Mengen, z. B. für Fein- und Spezialchemie, bietet sich übergreifend eine biologisch-technische Alternative und somit wirtschaftlich ausgerichtete Option an.

(o) Protein-Cage

Die Herstellung von Ni- und Cr-NP unter Einsatz eines Protein-Cage von Apoferritin schildern Okuda et al. (2003). Die Fe-speichernde Proteinunterheit Apoferritin verfügt über eine Aushöhlung, in der Fe oxidiert und als hydratisierter Oxidkern gespeichert wird. Die Größe des Kerns umfasst ca. 7 nm, wobei die Dimension der Aushöhlung dessen räumliche Ausdehnung definiert. Aufgrund dieser Merkmale gibt es Überlegungen, diese räumliche Aussparung innerhalb des Apoferritins als „Nanoreaktor" für das Wachstum von anorganischen Kristallen auszunutzen. In entsprechenden Experimenten wurden Ni- bzw. Cr-haltige Lösungen mit Apoferritin beimpft, um somit die Voraussetzung für die Synthese von Hydroxid-NP in den geeigneten Aushöhlungen zu ermöglichen. Durch den Gebrauch von CO_2-haltigen Lösungen und exakte Kontrolle des pH-Wertes lassen sich gemäß Okuda et al. (2003) Ni- und Cr-Kerne herstellen. Während der Hydroxylierung der Ni-Ionen fällt ein großer Anteil von Apoferritin zusammen mit der Präzipitation von Ni-Hydroxid aus. Der Großteil der Ausfällung lässt sich durch NH_4-Ionen unterdrücken. In entgasten Lösungen findet auch unter Anwesenheit von NH_4-Ionen keine Bildung der Kerne statt.

Offensichtlich sind CO_2-Ionen zur Keimbildung unentbehrlich, wobei die NH_4-Ionen die Ausfällung in der Gesamtlösung unterdrücken. Durch die Kombination von 0,3 mg ml^{-1} Apoferritin und 5 mM NH_4–$NiSO_4$ in einer CO_2-haltigen wässrigen Lösung ergeben sich optimale Bedingungen zur Bildung von Ni-Kernen (Okuda et al. 2003). Unter Einsatz von zwei Pufferlösungen lässt sich der Puffer stabilisieren, d. h. 150 mM HEPES (2-(4-(2-Hydroxyethyl)-1-Piperazinyl)-Ethansulfonsäure) mit einem pH-Wert von 7,5 und 195 mM CAPSO (N-Cyclohexyl-2-Hydroxyl-3-Aminopropansulfonsäure) mit einem pH-Wert von 9,5 sowie 20 mM NH_4^+-Lösung bei 23 °C, wobei der pH-Wert mehr als 48 h stabil blieb. Nach einer 24-stündigen Inkubationszeit verbleiben die Apoferritine in der Restlösung, wobei alle einen Kern aufweisen. Allerdings offenbart rekombinantes L-Ferritin bei einem pH-Wert von > 8,65 eine geringere Tendenz zur Ausfällung. In einer CO_2-haltigen Lösung, die 0,1 mg ml^{-1} Apoferritin, 1 mM Ammonium-Chromsulfat ($CrH_{28}NO_{20}S_2$) und 100 mM HEPES bei einem pH-Wert von 7,5 enthält, bildet sich ein Kern aus Cr. Insgesamt generieren ungefähr 80 % des überstehenden Apoferritins (0,07 mg ml^{-1}) einen Kern.

Nach Einschätzung von Okuda et al. (2003) kommt Carbonationen bei der Entstehung von Cr- und Ni-Kernen durch Beschleunigung der Hydroxylierung innerhalb der Aushöhlungen des Apoferritin und gegenüber der äußeren *Bulk*-Lösung eine wichtige Funktion zu.

(p) Apoferritin

Zur biologischen Synthese von Pt-NP mit Apoferritin äußern sich Deng et al. (2009). Eine weitere biologische Methode zur Synthese von Pt-NP stützt sich auf Apoferritin (*horse spleen apoferritin* = HSAF). Nach Inkubation von HSAF mit einem K-Pt-Chlorid (K_2PtCl_6) bei einer Temperatur von 23 °C und einer Zeitdauer von 48 h, gefolgt von einer sich anschließenden Reduktion durch $NaBH_4$, bilden sich sphärische Pt-NP. Wie durch TEM- und EDX-Analysen ermittelt, bewegt sich ihre Größe um $4,7 \pm 0,9$ nm, das ist eine niedrige Streuung der Partikelgröße. Bezogen auf die steigende Konzentration an Pt (0,155–0,62 mM) beläuft sich die maximale Entnahme aus der Lösung durch Apoferritin auf Werte mit einer Spannweite von 71–99 % (Deng et al. 2009). Als maximalen Wert für die Aufnahme von Pt-Salz ermittelten die o. a. Autoren pro 1 mM Apoferritin einen Wert von 12,7 $mmol\,l^{-1}\,h^{-1}$. Als Ergebnis steht die Studie von Deng et al. (2009), dass der HSAF-Proteinkäfig erfolgreich als größenanaloge Unterstützungsmatrix zur biologischen Synthese von Pt-NP verwendungsfähig erscheint.

(q) Polypeptide

Durch Vorbilder in der Natur geleitet, sind Polypepide genetischen Eingriffen zugänglich, u. a. Maßnahmen zur selektiven Bindung von anorganischen Komponenten für Anwendungen in Nano- und Biotechnologie. So erweisen sich kombinatorische biologische Prokolle, d. h. bakterielle Zelloberflächen sowie Phagen-Display-Techniken, bei der Wahl kurzer Sequenzen mit hoher Affinität zu Edelmetallen und Oxiden mit Halbleitereigenschaften als mögliche Option zur Herstellung neuartiger Werkstoffe (Sarikaya et al. 2003). Genetisch konstruierte Proteine für anorganische Materialien lassen sich z. B. zur Assemblierung von funktionalen Nanostrukturen verwenden. Sie stützen sich hierbei u. a. auf Vorgänge wie molekulare Rekognition sowie Selbst-Assemblierung (Sarikaya et al. 2003), Abschn. 4.4/Bd. 1.

Während die Peptide diverse Typen von Aminosäuren besitzen, treten acht von zwölf Aminosäuren in beiden Peptiden auf. Jedes dieser Peptide leitet die Bildung von facettierten Nanopartikeln (50–100 nm) aus wässrigen Ausgangslösungen ein. Sowohl RDA als auch andere Analysetechniken (*selected area electron diffraction patterns*) weisen eine Übereinstimmung mit $BaTiO_3$-Komponenten auf (Ahmad et al. 2008). Eine die RDA-Muster analysierende *Rietveld*-Methode ergibt in ihren Daten eine Struktur, die auf ein tetragonales Kristallsystem hindeutet, d. h. das auf o. a. Weise in Anwesenheit des Peptids *BT2* synthetisierte $BaTiO_3$ offenbart eine nahezu tetragonale Struktur.

Unter Raumtemperatur-Bedingungen zeigt das durch eine sukzessive Beschichtung behandelte $BaTiO_3$ eine Polarisationshysterise, wie sie für ferroelektrische Materialien typisch ist. Die relative Permitivität beläuft sich auf einen Wert von 2200 $\varepsilon_y(\omega)$. Als Konsequenz aus diesen Beobachtungen erörtern Ahmad et al. (2008), die Möglichkeit der Einführung ihres Verfahrens als neuartige Technik, speziell bei Arbeiten mit niedrig-schmelzenden oder hochreaktiven Materialien (z. B. Plastik), sowie einer Integration von $BaTiO_3$ in elektronische Baukomponenten (z. B. flexible Polymer-Substrate) in Erwägung zu ziehen. Somit lassen sich auch Materialien mit niedrigem Schmelzpunkt, z. B. synthetische Polymere, beschichten. Zum Vergleich: Die konventionelle Synthese von $BaTiO_3$ erfolgt bei 1200 °C durch Kalzinieren.

$$BaCO_3 + TiO_2 \longrightarrow BaTiO_3 + CO_2 \qquad (2.9)$$

Eine Verwertung/Exploitation von Peptid-Motiv-Sequenzen und ihren Einsatz in der Nanotechnologie erläutert Shiba (2010). Kurze Aminosäurereste, entweder natürlich vorkommenden Proteinen entnommen oder durch *In-vitro*-Evolution erzeugt, sind zuweilen mit speziellen biologischen Funktionen verbunden. Unter der Bezeichnung Peptide oder Peptid-Motive inventarisiert, sind sie durch die Ausstattung mit funktionalen Einheiten im Bereich der Nanobiotechnologie interessant. Insbesondere sind Peptid-Motive fähig, bestimmte Oberflächen von Feststoffphasen zu identifizieren. In ihrer Arbeit setzen [2]Tamerler & Sarikaya (2009) zum Zweck der Konstruktion nanoskaliger Komponenten sowie Strukturen genetisch veränderte Peptide ein, Abb. 2.29.

Abb. 2.29: Gegenüber anorganischen Materialien wie z. B. Au, Pt u. a. selektiv bindende Peptide (Tamerler & Sarikaya 2009).

(r) Neue Produkte

Magnetotakte Bakterien (MTB) produzieren hochgeordnete Ketten an einheitlichem Magnetit- (Fe_3O_4-)Nanokrystalliten, wobei der Einsatz des bakteriellen *mms6*-Proteins eine formselektive Synthese von Fe_3O_4-Nanokristallen gestattet, Abschn. 5.4.1 (f)/ Bd. 1. Kobaltferrit-($CoFe_2O_4$-)NP hingegen treten in lebenden Organismen nicht auf. Mittels eines rekombinanten *mms6*-Proteins gelang die templatunterstützte *In-vitro*-Synthese von Kobaltferrit-Nanokristallen ([1]Prozorov et al. 2007). Über eine kovalente Anbindung eines ungekürzten *mms6*-Proteins und einer synthetischen C-Terminal-Domäne des *mms6*-Proteins an selbstassemblierende Polymere ist es möglich, eine hierarchische $CoFe_2O_4$-Nanostruktur herzustellen. Die den konventionellen Techniken überlegene Vorgehensweise erlaubt die Synthese von formspezifischen, kristallinen magnetischen Materialien bei Raumtemperatur mit einer Partikelgröße von 40–100 nm ([1]Prozorov et al. 2007). Den Gedanken, metallsubstituierte Magnetite

(Fe_3O_4) als Grundstoffe/Ausgangsmaterialien zur Herstellung von magnetischen Speichermedien einzusetzen, erörtern Moon et al. (2007), Abschn. 2.5.5. (n)/Bd. 1.

Über eine durch Oberflächen kontrollierte Synthese von linear ausgerichteten Architekturen aus Nanodrähten in binären wässrigen Lösungen berichten Shen & Yan (2007). Bündel von Nanodrähten aus L-Cystein-Pb splitten sich auf und formen blütenartige Strukturen mit exakt ausgerichteten Architekturen, Abb. 2.30 (a). Die vorgestellte synthetische Prozedur bietet einen wirkungsvollen Weg zur kontrollierbaren Präparation von angeordneten Nanodrähten und Einblicke in die Entwicklung von hierarchisch organisierten PbS-Mikrostrukturen (Shen & Yan 2007).

Eine durch Biomoleküle assistierte hydrothermale Vorgehensweise zur Synthese von thermoelektrischen Bi_2Te_3-Clustern mit hierarchischer Struktur wird von Mi et al. (2010) präsentiert. Das auf diese Weise hergestellte Produkt verfügt über eine aus Nanostring-Clustern aufgebaute hierarchische Strukturierung, die aus geordneten und ausgerichteten plättchenförmigen Kristallen besteht, Abb. 2.30 (b).

Abb. 2.30: (a) Organisierte NP aus L-Cystein-Pb als Beispiel für Selbstorganisation (Shen & Yang 2007) sowie (b) nanoskaliger Te-Bi-Cluster (Mi et al. 2010).

Die Plättchen mit einem Durchmesser von 100 nm und einer Dicke von 10 nm verblieben ungeachtet der Reaktionsbedingungen von 220 °C und einer Reaktionsdauer von 24 h stabil. Das Wachstum der hierarchischen Anordnung scheint durch einen selbstorganisierenden Prozess gesteuert zu sein. Anfänglich dient die zur Synthese von Te-Nanorods/-stäbchen gebrauchte Alginsäure (($C_6H_8O_6)_n$) sowohl als Templat als auch Reduktionsmittel. Im Anschluss wächst das Bi_2Te_3-Kristallisat in einer bestimmten Richtung auf der Oberfläche der Te-Stäbchen und resultiert in einer Nanostringstruktur. Weiterhin rekombinieren die Nanostrings miteinander Seite an Seite und erreichen auf diese Weise geordnete Cluster aus Nanostrings.

Mittels der Justierung der NaOH-Konzentration sind Partikelgröße und Morphologie kontrollierbar, welche zudem eine wesentliche Funktion bei den Bildungsmechanismen von Bi_2Te_3 übernimmt. Auch bei geringeren NaOH-Gehalten ist eine kleinere polykristalline Bi_2Te_3-Superstruktur machbar. Als Qualitätsmerkmale ergeben sich, gemäß Mi et al. (2010), bei Raumtemperatur als thermoelektrische Merkmale u. a. für den elektrischen Widerstand ein Wert von $1,97 \cdot 10^{-3}$ Ω und für die thermische Leitfähigkeit ein Wert von $0,29$ W m^{-1} K^{-1}.

Die Synthese von nicht „natürlich" vorkommenden NP gelang aus einer wässrigen Salzlösung mit neutralem pH-Wert und unter Raumbedingungen die biologisch gesteuerte Herstellung von nanokristallinem, ferroelektrischem $BaTiO_3$ (Ahmad et al. 2008). Aufgrund seiner physikalischen Eigenschaften, d. h. ferro-, dielektrisch, optisch u. a., findet Bariumtitanat ($BaTiO_3$), als Vertreter einer Elektrokeramik, technisch-industriell bei der Herstellung von Kondensatoren, Sensoren u. a. Verwendung. Zu Versuchszwecken wurden zwei aus einer Phagen-Peptid-Bibliothek ausgewählte 12-mer Peptide, d. h. *BT1* und *BT2*, an einen feinkörnigen, tetragonalen $BaTiO_3$ fixiert Die Größe der durch die Peptide eines Phagen (*BT1* und *BT2*) gebildeten $BaTiO_3$-NP schwankt zwischen 50 nm und 100 nm, wobei die Analyse mittels Röntgendiffraktometrie eine tetragonale Symmetrie, d. h. modifizierte Perowskit-Struktur, ausweist (Ahmad et al. 2008).

Die steuerbaren physikochemischen Eigenschaften von Au-NP in Verbindung mit ihrem Merkmal der elektrischen Leitfähigkeit, ihrem günstigen Verhältnis von Oberfläche zum Volumen zusammen mit einer ausgezeichneten Biokompatibilität verleihen ihnen geeignete Voraussetzungen für technische Anwendungen u. a. im Bereich Biosensorik (Torres-Chavolla E. et al. 2010). Die Synthese von $LaPO_4$ durch *Myxococcus xanthus* ist von erheblicher technischer Bedeutung (Merroun et al. 2003), Abschn. 5.3.4 (a)/Bd. 1. Als grüner Leuchtstoff in der u. a. Hochtechnologie eingesetzt, bieten sich industriell interessante Perspektiven.

(s) Dotierung

Mithilfe von *Geobacter sulfurreducens* ist eine gezielte Dotierung von Magnetit (Fe_3O_4) mit Co machbar. Hierbei beruht der Vorgang auf der biogenen Reduktion von Co-Fe-Oxyhydroxiden (Byrne et al. 2013). Über eine mikrobielle Reduktion eines Co-Fe-haltigen Oxyhydroxids durch das Bakterium *Geobacter sulfurreducens* lassen sich mit Co dotierte nanoskalige Fe_3O_4, d. h. $Co_xFe_x^{3-}O_4$, synthetisieren, Abschn. 2.4.4 (w). Messtechnisch durch eine Vielzahl von Techniken unterstützt, z. B. Mössbauer Spektroskopie, Magnetometrie u. a., offenbart sich mit steigendem Co-Gehalt ein deutlicher Anstieg der Koerzitivfeldstärke, ohne die Gesamtsättigungsmagnetisierung zu beeinträchtigen.

Analysen zur Struktur und Magnetisierung zeigen beim höchsten Co-Gehalt eine Reduzierung der Partikelgröße auf < 4 nm, verbunden mit einer Anisotropie der magnetischen NP. Weitere Analysen zur Verteilung der Kationen innerhalb des Ferritspinells ergeben für das Co überwiegend einen Einbau in oktaedrischer Koordination, erzielt durch die Substitution der Fe^{2+}-Site durch Co^{2+}. Nach Angaben von Byrne et al. (2013) können bis zu 17 % Co substitutiv in tetraedrischen Sites auftreten. Weiterhin ist die kontrollierte *In-vivo*-Dotierung von Magnetosomen, durchgeführt in drei Stämmen von *Magnetospirillum sp.*, möglich (Staniland et al. 2008).

Vom technischen Standpunkt aus gesehen erhöht die Anwesenheit von Co die Koerzitivfeldstärke der Magnetosome. Die o. a. dotierten Magnetite lassen sich in wässrige Suspensionen überführen und eignen sich für den Einsatz in hyperthermischen Bereichen (Byrne et al. 2013).

(t) Quantenpunkte

Quantenpunkte (engl. *quantum dots* = QDs) stellen eine aussichtsreiche Alternative zu organischen Farbstoffen und floureszierenden Proteinen im Bereich biologischer und medizinischer Diagnostik dar. Zur Herstellung von QDs synthetisieren konventionelle Techniken unter Einsatz von organischen Lösungsmitteln, toxischen und kostenaufwändigen Ausgangsstoffen, Temperaturen um 200 °C sowie weiteren verfahrenstechnischen Schritten zum Andocken der QDs an biologische Liganden.

Dem stehen neue technologische Ansätze gegenüber, die sich z. B. auf den Einsatz wässriger Lösungen zur Synthese von Antikörper-abgeleiteten Immuno-QDs aus ZnS stützen ([2]Zhou et al. 2010). Bei dieser Vorgehensweise übernehmen einfach zu exprimierende und aufgereinigte Fusionsproteine zwei Aufgaben. Zum einen treten sie als *mineralizer* für die Nanokristallite auf, ausgeführt über ZnS bindende Sequenzen und zuvor durch eine entsprechende Anzeige (engl. *display*) an der Zelloberfläche identifiziert. In ihrer zweiten Funktion agieren sie als Adaptoren für eine Konjugation von Immunoglobin-G (Antikörper) über einen *tandem-repeat* der B-Domäne des Proteins A von *Staphylococcus aureus*. Ungeachtet dessen, dass sich ca. 4,3 nm große Wurzitkerne (β-ZnS) entweder aus Zn-Chlorid ($ZnCl_2$) oder Zn-Acetat ($Zn(O_2CCH_3)_2$) entwickeln, liefert nur die letztgenannte Komponente proteinbeschichtete Quantenpunkte mit einer langlebigen Deckschicht und eng begrenzten hydrodynamischen Parametern (8,8 ± 1,4 nm) ([2]Zhou et al. 2010).

Mit einer Quantenausbeute von ca. 2,5 % und einer Emission eines Ensembles an Blaugrün sind die Quantenpunkte biogener Produktion mit Beiträgen von der Kantenecke (engl. *band-edge*) mit 340 nm sowie den Trapzuständen (engl. *trap states*) von 460 nm und 665 nm charakterisiert, ihrerseits beeinflusst durch die Identität der Proteinhülle. In diesem Zusammenhang zeigen bestimmte Antikörper, z. B. *Murine IgH1*, eine hohe Affinität, z. B. 60 nM, gegenüber der Poteinhülle bzw. sind stabile QD mit einem hydrodynamischen Durchmesser von 14,1 ± 1,3 nm biogen synthetisierbar ([2]Zhou et al. 2010).

(u) Si-Chips

Bioelektrochemische Untersuchungen von Azurin und Laccase in 3-D-Chips, befestigt auf durch Au verändertem, nano- und mikrostrukturiertem Si führen Ressine et al. (2010) durch. Hierbei entstammen das Azurin *Pseudomonas aeruginosa* und die Laccase von *Trametes hirsuta*. Auf diese Weise lassen sich aus porösen Si-Wafern doppelseitige, 3-D-poröse Si-Chips mit einer Ausdehnung von 6 × 6 mm^2, bedeckt mit einer 40 nm mächtigen Au-Schicht, herstellen. SEM, zusammen mit elektrochemischer Charakterisierung, zeigen für Proben der in o. a. Weise hergestellten Bauteile (engl. *device*) betreffs Leitfähigkeit, mechanischer Stabilität und Oberflächenerstreckung, im Vergleich mit der geometrischen Fläche, eine zehnmal höhere elektrochemisch aktive Ausdehnung der Oberfläche. Die 3-D-, mit Au-beschichteten Si-Chips lassen sich im Anschluss mit Lagen aus Thiol versehen. Im Anschluss folgt eine Immobilisierung durch ein einfaches Cu-führendes Redoxprotein, z. B. Azurin, oder ein komplexes, mehrere Cu-Atome führendes Redoxenzym, z. B. Laccase. Sowohl Azurin als auch Laccase liegen gemäß bioelektrochemischen Studien in hoher Konzentration vor, d. h. nahe einer theoretisch berechneten monolagigen Bedeckung (Ressine et al. 2010). Allerdings ist ein direkter Elektronentransfer zwischen Biomolekül und der Oberfläche von Au lediglich für einen geringen Prozentsatz des immobilisierten Proteins bzw. Enzyms zu beobachten. Über eine Bioelektrode führt erst die Anwesenheit eines wirkungsvoll löslichen Redoxmediators zur erfolgreich verlaufenden Reduktion (Ressine et al. 2010).

(v) Ga-Nanopartikel

Eine interessante Option, die möglicherweise zur biogenen Synthese von Ga-NP herangezogen werden kann, bietet Desferrioxamine-Gallium an. Aufgrund der Eigenschaft von Ga-Ionen, gegenüber Fe als konkurrierende Metallkomplexierungen aufzutreten, können sie, in isolierter Form oder in Biofilme eingebunden, zur Bekämpfung von u. a. Mikroorganismen eingesetzt werden (Banin et al. 2008). Zu den zahlreichen Anstrengungen zur Verhinderung eines bakteriellen Wachstums und einer Biofilmbildung zählt u. a. die Modulation der Fe-Verfügbarkeit, denn Fe ist ein für das Wachstum einer Vielzahl von Organismen essenzielles Element. Umgekehrt ist es zur Abwehr von eindringenden pathogenen Formen seitens des entsprechenden/ befallenen Wirts unerlässlich, die Fe-Gehalte auf einem extrem niedrigen Niveau zu halten, d. h. < 10–18 M (Banin et al. 2008).

Neben individuellen Vertretern von Mikroorganismen wie z. B. *Pseudomonas aeruginosa* stellt Fe ein unverzichtbares Element für die Bildung und das Wachstum von Biofilmen dar. Um u. a. mit Sc^{3+}, In^{3+} oder Ga^{3+} arbeiten zu können, gibt es Überlegungen, die bakterielle Fe-Homöostase als eine mögliche Option einzusetzen, ungeachtet dessen, dass sich die genannten Metalle gegenüber dem Stoffwechsel inaktiv verhalten. Sowohl Interferenzen mit der bakteriellen Fe-Homöostase als auch der Gebrauch von Siderophor führenden Präparaten könnten eventuell als Pfad zur Verdrängung von aktivem Fe^{3+} durch Sc^{3+}, In^{3+} oder Ga^{3+} dienen (Banin et al. 2008).

Bezüglich o. a. Vorgänge berichten Kaneko et al. (2007) vom erfolgreichen Einsatz von $Ga(NO_3)_3$ zur Löschung von Biofilmbildungen aus *P. aeruginosa*. Hinsichtlich einer mikrobiellen Bearbeitung von Ga erwägen Kelson et al. (2013) den Einsatz von Siderophoren (Abschn. 4.5.2/Bd. 1) bzw. anderer zum Fe-Transport befähigter Biomoleküle.

(w) Co-Ferrit

Co-Ferit ($CoFe_2O_4$) eignet sich als Speichermedium und gelangt u. a. als magnetische Keramik auf den Markt. Die Zuhilfenahme mikrobieller Aktivitäten zur Reduktion von Metallen, geeignet für die Synthese von nanoskaligem $CoFe_2O_4$ mit erhöhten magnetischen Eigenschaften, schildern Coker et al. (2009). Zur Produkterzeugung kam *Geobacter sulfurreducens* zum Einsatz. Dieser Mikroorganismenvertreter lebt in Habitaten mit geringer O_2-Konzentration und speichert seine für das Wachstum benötigte Energie durch die Oxidation von H oder organischen Elektronendonatoren, verbunden mit der Reduktion von Metallen wie z. B. Fe^{3+}-führenden Mineralen. Als Ergebnis kann die Erzeugung von Magnetit über eine extrazelluläre Reduktion von amorphen Fe^{3+}-Oxyhydrooxiden unter Freisetzung von löslichem Fe^{2+} und vollständiger Rekristallisation des vormals amorphen Stadiums in eine neue Phase folgen. Hierbei wird die Beobachtung beschrieben, dass die Partikelgröße mit zunehmender Co-Konzentration abnimmt und die Präzipitate als Einkristall vorliegen (Coker et al. 2009), Abb. 2.31.

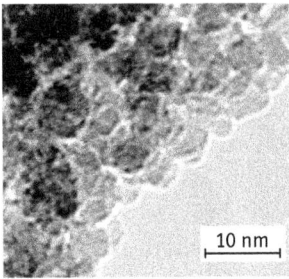

Abb. 2.31: Aufnahme eines durch *Geobacter sulfurreducens* synthetisierten Co-Ferrits (Coker et al. 2009).

In diesem Zusammenhang sei auf die konventionelle Methode der Ferritherstellung verwiesen, d. h. Pulvermetallurgie. Hierzu sind eine Fülle verfahrenstechnischer Einzelmaßnahmen, die Zufuhr thermischer Energie sowie der Einsatz zahlreicher Chemikalien erforderlich. Die Herstellung erfolgt über das Erhitzen von fein pulverisierten Präkursorn, Zugabe von Ba- oder Sr-Karbonaten, Sintern des Materials, Trockenpressung zur Gestaltung der Morphologie. Speziell bei letztgenanntem Vorgang kann es zu einer Agglomeration der Partikel kommen und es ist daher eine Nasspressung zu bevorzugen. Beispielhaft für die o. a. Prozesse steht die folgende Reaktionsgleichung, d. h. Ba-Karbonat (url: Ferrit-Info 2014):

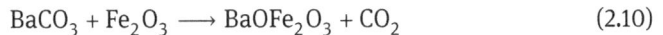

$$BaCO_3 + Fe_2O_3 \longrightarrow BaOFe_2O_3 + CO_2 \tag{2.10}$$

gefolgt von

$$BaOFe_2O_3 + 5\,Fe_2O_3 \longrightarrow BaOFe_2O_3 \tag{2.11}$$

Ein analoger Reaktionsablauf gilt auch beim Einsatz von Sr-Karbonat und von Nachteil ist die Entwicklung von CO_2. Danach ist das mittels der o. a. Vorgehensweise behandelte Material nochmals zu mahlen, da es ansonsten zu einer Leistungsminderung bei den magnetischen Eigenschaften kommt. Beim Sintern ist die Zufuhr von O_2 je nach Verfahrensansatz zu drosseln oder gar zu unterbinden. Auch ist beim Prozess des Sinterns zur Unterbindung einer Anhaftung während der Bestückung des Ofens oftmals die Zugabe von Additiva sinnvoll, z. B. in Form von Al-, Mg- oder Zr-haltigen Stoffen.

Als große technische Herausforderungen treten die mechanisch ausgelöste Beschädigung der Oberflächen und die chemische Kontamination der Co-Ferrite auf. Dem steht die o. a. biogene Synthese von Co-Ferrit gegenüber, die unter Raumbedingungen monodisperse, mit gleichbleibender Größe, Komposition und magnetischen Eigenschaften versehene Partikel generiert, eine der unerlässlichen Qualitätsanforderungen an einen verkaufsfähigen nanoskaligen Co-Ferrit. Generell zeichnen sich Fe^{3+}-reduzierende Mikroorganismen durch die Synthese größerer Mengen an nanoskaligem Magnetit unter Raumbedingungen aus (Coker et al. 2009).

(x) Hybride Systeme

Aktuelle Fortschritte und Entwicklungen innerhalb der Nanobiotechnologie zur Erzeugung hybrider Systeme aus Biomolekülen und NP, geeignet für den technischen Einsatz in der Bioelektronik, erörtern u. a. Willner et al. (2007). Verdeutlicht werden Überlegungen dieser Art durch die Erzeugung von elektrischen Kontakten zwischen Redoxenzymen mittels Au-NP. Die Enzyme Glucose-Oxidase (GOx) und Glucose-Dehydrogenase (GDH) lassen sich durch Wiederherstellung der zugehörigen Apo-Proteine auf den Au-NPn mit den Elektroden verbinden. Zuvor müssen die Au-NP mit dem Coenzym Flavinadenindinukleotid (FAD) oder dem Cofaktor Pyrrolochinolinchinon (*pyrroloquinolin quinone* = PQQ) funktionalisiert werden. Auf übereinstimmende Weise liefern in Polyanilin integrierte, mit Elektroden verbundene Au-NP eine hohe Oberflächenmatrix mit optimierten Ladungstransporteigenschaften, die wiederum einen verbesserten elektrischen Kontakt der GOx mit der Elektrode versprechen (Willner et al. 2007).

Eine abgewandelte Anwendung von biomolekularen Au-NP-Hybriden für den Bereich Bioelektronik bezieht den Gebrauch als Träger (engl. *carrier*) für Nukleinsäuren ein, die sich aus Hemin/G-Quadroplexdeoxyribozym-Einheiten und einem komplementären Erkennungssegment gegenüber dem Analyten DNS aufbauen. Die auf die o. a. Weise funktionalisierten Au-NP eignen sich zum erweiterten DNS-Nachweis sowie zur Analyse von Telomerasen (als Analysetool kommt die Chemolumineszenz in Betracht). Hybride Systeme, aufgebaut aus Biomolekülen und Halbleiter-NP, werden bei der Entwicklung von photoelektrochemischen Sensoren und optoelektronischen Systemen eingesetzt. Eine abweichende Anwendung von biomolekularen Au-NP-Hybriden innerhalb der Bioelektronik bezieht Au-NP als Transporter für Nukleinsäuren ein, die sich aus Hem/G-Quadruple- DNSzym-Einheiten zusammensetzen (Willner et al. 2007).

Biomolekulare Halbleiter-NP-Hybridsysteme gestatten die Entwicklung von photoelektrochemischen Sensoren und optoelektronischen Systemen (Willner et al. 2007). Der aktuelle Trend deutet darüber hinaus, unter Verwendung von z. B. Oxidationszuständen, schaltbare Zustände, z. B. logisches Gatter, an und verspricht erhebliche technische und letztendlich wirtschaftliche Perspektiven. Elektroden lassen sich mit einer Enzymschicht versehen und untereinander mit Kontakten ausstatten. Diese wissenschaftlichen Fortschritte gestatten Überlegungen zum technischen Einsatz als bioelektronische Bauteile, z. B. optische Speicher, Biosensor u. a. Zusammenfassend stehen Daten über die Immobilisierung von Redoxenzymen auf Elektroden, das kovalente Andocken von Proteinen, den Gebrauch supramolekularer Affinitätskomplexe sowie die Rekonstitution von Aporedoxenzymen zur Verfügung, die sich zum Mikrostrukturieren von Elektroden mit Mono- bzw. multiplen Schichten eignen (Willner & Katz 2000).

Im Zusammenhang mit Enzymelektroden lassen sich in Form von Elektronenvermittlern wie z. B. Ferrecenderivaten, Ferrocyanid, Chinone und Bipyridiniumionen elektrische Kontakte realisieren. Ein schematischer Aufbau einer bioelektrokatalytischen Elektrode setzt sich aus folgenden Bauteilen zusammen (Willner & Katz 2000):
-   kovalentem Verbindungsaufbau zwischen einer Enzymelektrode mit einem Elektronenrelais,
-   die Funktionalisierung der Elektrode erfolgt durch den Aufbau eines Kontaktes zwischen einem Redoxprotein bzw. dessen Affinitätskomplexen und einem Cofaktor mit der Funktion eines Relais,
-   oder es besteht eine oberflächenbezogene Rekonstitution von Apoenzymen an die funktionalisierte Elektrode zur Erzeugung von bioelektrokatalytischer Elektroden.

Die auf diese Weise hergestellten Elektroden eignen sich z. B. zum Einsatz als katalytische Grenzflächen in einer Biobrennstoffzelle. Aber auch zu Zwecken einer Mikrostrukturierung sind die o. a. Techniken verwendungsfähig, d. h. in Form einer Maskentechnik bzw. lithographischer Verfahren (Willner & Katz 2000), Abschn. 5.4/Bd. 1.

(γ) Weitere Beispiele
Über die Verwendungsmöglichkeiten der durch alkaliphile Formen bereitgestellten Produkte gibt Horikoshi (1999) Hinweise, Abschn. 2.2.2 (d)/Bd. 1. Den Einsatz von aus den entsprechenden Mikroorganismen isolierten Magnetit/Greigit-Kristalliten im Bereich der Medizin diskutieren Matsunaga & Kamiya (1987). Die Synthese von selbstorganisierenden NP durch Bakterien, verwendbar für den Einsatz in der Elektronikindustrie, ziehen Berry & Saraf (2005) in Erwägung. Zur Steigerung der Akkumulation von As sind erfolgversprechende Versuche durch konstruierte (engl. *engineered*) Zellen (ArsR) beschrieben (Kostal et al. 2004). Popescu et al. (2010) liefern einen Überblick über die biogene Produktion von NP. Über eine templatfreie, niedrigtemperierte Synthese von kristallinem Ba-Titanat-NPn unter bioinspirierten Bedingungen veröffentlichen Brutchey & Morse (2006) einen Report.

Zusammenfassend
stehen den Herausforderungen eines industriellen *scale-up* vielversprechende Lösungsansätze gegenüber. Probleme wie der Einsatz kostenaufwändiger Cofaktoren können über eine Regenerierung
abgemildert werden. Im Vergleich mit den bislang technisch eingesetzten Verfahren erweisen sich
die biogenen Synthesepfade als umweltverträglicher sowie z. T. technisch präziser. Hinzu kommen
mit einfachen Mitteln zu bearbeitende bzw. verwertbare Restströme aus dem Bergbau, *urban mining* sowie geobiotechnologische Sanierungsstrategien und gewähren es, eine Produktionsschiene
metallischer Nanocluster in Wirtschaftskreisläufe zu integrieren. Nach bislang vorliegenden Energiebilanzen scheint der biogene Ansatz als *Bottom-up*-Strategie zur Erzeugung von metallischen NP den
bislang eingesetzten Techniken, d. h. hydrothermalen Verfahren etc., überlegen zu sein und fördert
das Aufkommen von Arbeitsgebieten wie z. B. Nanobiotechnologie (Mirkin & Niemeyer 2007, Niemeyer & Mirkin 2004). Die Optionen, die sich aus einer erfolgreichen Flankierung einer industriellen
Fertigung von Nanomaterialien unter Verwendung biologischer Medien darlegen, gestatten Überlegungen betreffs Applikation unter wirtschaftsgeologischen Aspekten, ausgerichtet an den Prinzipien
einer Bioökonomie.

2.5 Wirtschaftsgeologische Aspekte

Alle bislang vorgestellten Themen und hiermit verbundenen Hintergrundinforma-
tionen deuten eine Reihe von Lösungsansätzen für den Bergbau, die Sanierung von
an mit Metallen kontaminierten Geosphären sowie, im Sinne einer Rückführung von
metallischen Rohstoffen, durch Recycling, z. B. *urban mining*, an. Unter dem Term
Wirtschaftsgeologie (engl. *economic geology*) ist die kommerzielle Ausbringung von
geogenen Rohstoffen zu verstehen, z. B. Erz, Industrieminerale etc. Er fällt in das
Themengebiet der Lagerstättenkunde und versteht sich als eine Art Serviceleistung.

(a) *Upgrading in-ground asset*
Metallführende Bergbaurückstände sowie mit Metallen kontaminierte Geosphären können, unter aktuellen Gesichtspunkten, ein teilweise wirtschaftlich hohes
Potential darstellen, z. B. in Form von Präkursorn zur Synthese metallischer Feinchemikalien, Nanomaterialien. Dieser Ansatz führt zu einer wirtschaftlichen Aufwertung,
der betreffenden Geländeabschnitte, d. h. *upgrading* des *in-ground asset*. Arbeiten im
Rahmen des Umweltschutzes erfordern oftmals die Behandlung von Metallspezifika-
tionen und organischen Komponenten, mit teilweise hochgradig toxischer Indikation.
Bislang tauchen diese Maßnahmen in wirtschaftlichen Bilanzierungen ausschließlich als Kostenfaktor auf und werden dementsprechend zurückhaltend eingesetzt.
Wirtschaftsgeologische Aspekte ergeben sich durch die Einbeziehung einer *In-situ*-
Produktion nanoskaliger Wirtschaftsgüter durch das betreffende Bergwerk, wobei als
Präkursor alle abgehenden, bislang als Abfall behandelten Stoffströme in Betracht
kommen. Aufgrund der bislang angewandten Techniken zur Produktion von metalli-
schen Phasen definiert die Größe den Verkaufspreis der Partikel, Tab. 2.16.

Tab. 2.16: Wertsteigerung einiger ausgewählter Minerale nach ihrer industriellen Verarbeitung zu nanoskaligen Komponenten.

Ausgangs-material	Preis	Produkt	Einsatz	Preis
Ilmenit	110–115 USD/mt	Titan-Nanopulver	Katalysator	52 USD/100 g
Kassiterit	7,6 USD/lb[a]	Nanopulver	Photovoltaik	67 USD/100 g
Magnetit	200 USD/mt[b]	Nanopulver	Speichermedien	49 USD/50 g
Tantalit	32 USD/lb	Tantal-Nanopulver	Informationstechn.	125 USD/lb

a als Zinn, **b** März 2009

Betreffs der Preise für diverse Metalle auf den Rohstoffmärkten ergeben sich im Ver-kaufspreis aufgrund der Größen erhebliche Unterschiede. So werden aktuell für 1 t Ag ca. 46 297 USD erzielt. Liegt Ag im μm-Bereich vor, sind 82 USD für 25 g erreich-bar, wird hingegen Ag als NP angeboten, bietet der Markt z. Zt. ca. 40 Euro/5 g (Stand Mai 2014), Tab. 2.17. Ein Anstieg der Verkaufspreise führt durch die preislichen Diffe-renzen zwischen Masse (engl. *bulk*) und Komponenten im μm Bereich für nahezu alle Elemente zu einem erheblichen *upgrading* von z. B. *in-ground assets*, auch im Fall und insbesondere speziell von kontaminierten Geosphären, die ansonsten bislang nur als finanzielle Ausgaben bilanziert sind, Abb. 2.32. Somit erweist sich der Ansatz eines *upgrading* als effizientes Argument für den Einsatz von Strategien im Sinne einer Bio-ökonomie.

Tab. 2.17: Preise für diverse Metalle auf den Märkten, es ergeben sich im Verkaufspreis aufgrund der Größen erhebliche Unterschiede (Stand Mai 2014).

Element	mt[a] *bulk* (USD)[c]	μm-Bereich Verkaufspreis	NP[b] Verkaufspreis[d]
Ag	46 297	82 USD/25 g[e]	43 Euro/5 g
Cu	7 200	302 USD/25 lb[f]	500 USD/1 kg[g]
Fe	127	35 Euro/500 g[d]	355 Euro/5 ml
Mo	23 550	72 Euro/100 g[d]	47 Euro/5 g
Ni	14 950	37 USD/100 g[d]	37 Euro/5 g
Pb	1 970	208 Euro/100 g[d]	—
Sn	20 700	54 Euro/100 g[d]	59 Euro/5 g
W	60 627	78 USD/500 g[e]	131 Euro/25 g
Zn	1 800	249 USD/50 lb[f]	39 Euro/5 g

a mt: metrische Tonne, **b** NP: Nanopartikel
c http://www.metalprices.com
d http://www.sigmaaldrich.com
e http://www.advancedmaterials.us
f http://www.douglasandsturgess.com
g http://www.canfuo.com/Ultrafinecopperpowder.html

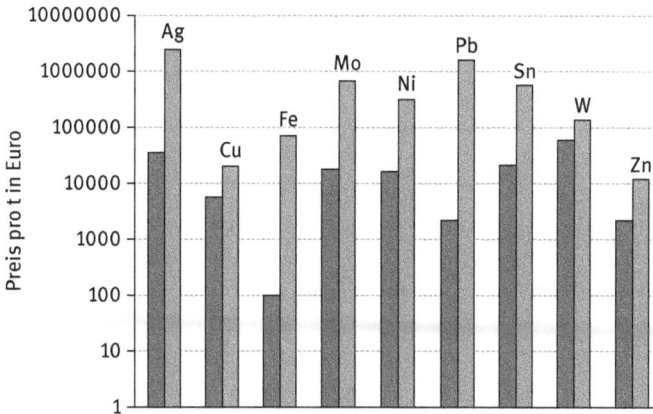

Abb. 2.32: Anstieg der Verkaufspreise durch *upgrading*, dunkle Balken stehen für *bulk* und helle Balken für Partikel im µm-Bereich (a). Man beachte die logarithmische Skalierung der y-Achse! So sind die preislichen Differenzen zwischen *bulk* und Mikro für z. B. W erheblich.

Bei erfolgreicher Umsetzung eines *upgrading*, begünstigt durch dessen intrinsischen interdisziplinären Ansatz, bietet sich als Konsequenz und Perspektive ein breiter Anwendungsbereich an. Dieser erstreckt sich von der Sanierung kontaminierter Geosphären bis hin zur Laugung von sog. Armerzlagerstätten und dem Recycling von Industrieschlämmen. Im Verbund mit der aktuellen Technologieentwicklung auf den Gebieten der Nano-/Biotechnologie sowie wirtschaftlichen Überlegungen im Sinne einer Erweiterung bestehender Wertschöpfungsketten können die angestrebten Untersuchungen Lösungen zu folgenden Bereichen anbieten:

–   umweltverträgliche, optimierte Erschließung natürlicher mineralischer Rohstoffressourcen, auch von sog. Armerzlagerstätten,
–   Sekundärrohstoffe, gewonnen aus kontaminierten Geosphären und Verwertung als Wirtschaftsgüter in Form von z. B. Grundstoffen für die Fein- und Spezialchemie,
–   Erweiterung der Recyclingmetallurgie, z. B. Extraktion von Metallen aus komplexen, teilweise polyphasigen Mehrstoffsystemen, Haldenmaterialien, Industrieschlämme etc. und Rückführung von Reststoffen in entsprechende Wirtschaftskreisläufe.

Hoppenheidt et al. (2005) sehen erhebliche Entlastungseffekte für die Umwelt durch Substitution konventioneller chemisch-technischer Prozesse und Produkte durch biotechnische Verfahren. Interdisziplinär ergeben sich Schnittstellen zur *subsurface nanotechnology, upstream-application, nanotechnology and mining* etc.

Tab. 2.18: Partikelgröße und Mengenverbrauch am Beispiel Ag (url: Sigma Aldrich).

Nanopartikel Durchmesser (nm)	Masse Konzentration (mg ml^{-1})	Anzahl Konzentration (NP ml^{-1})
10	0,02	$3,6 \cdot 10^{12}$
20	0,02	$4,5 \cdot 10^{11}$
40	0,02	$5,7 \cdot 10^{10}$
60	0,02	$1,7 \cdot 10^{10}$
100	0,02	$3,6 \cdot 10^{9}$

(b) Mengenverbrauch

Der Mengenverbrauch, zunächst unabhängig von der Partikelgröße, beläuft sich für z. B. Ag und eine Dimension von 10 nm auf ca. 0,02 mg ml^{-1}, die Anzahl der Partikel ist mit $3,6 \cdot 10^{12}$ angegeben (url: Sigma Aldrich), Tab. 2.18.

Zusammenfassend

birgt die Kombination von geologischer Ressource und Möglichkeiten einer Kommerzialisierung auf den Schlüsselmärkten für Nanomaterialien eine herausragende Chance zur Einführung, Etablierung sowie Optimierung von umweltfreundlichen Produktionen innerhalb von Wertschöpfungsketten auf dem Rohstoffsektor. Anhand der vorgestellten Daten und Möglichkeiten ergibt sich eine Vielzahl von Anwendungsmöglichkeiten auf dem Gebiet der Angewandten Geomikrobiologie, wie z. B. Biohydro-Metallurgie, *urban mining* und geobiotechnologische Sanierungsstrategien.

2.5.1 Biohydrometallurgie

Unter biohydrometallurgischen Verfahren, als Unterkategorie der Hydrometallurgie unter Einbeziehung der Biotechnologie, werden Techniken zur biologischen Aufbereitung wertstoffhaltiger, speziell metallführender Gemische mineralischer Feststoffphasen verstanden. Sie beruhen auf biokatalytischen Prozessen, aktuell weitgehend unter Einsatz von Ganzzellverfahren, d. h. Mikroorganismen. Bei der Biolaugung wird ein Sulfid (S^{2-}) katalytisch aufoxidiert. Es kommt durch mikrobielle Aktivitäten zu einer zeitgleichen Auflösung von Mineralen und der Produktion von Säure. Biohydrometallurgie im Sinne eines *smart mining* oder „von der einfachen Zelle zum Umfeld" gewinnt zunehmend an Bedeutung, auch im sozioökonomischen Sinne, da sie im Sinne eines *small footprint* eine der wichtigsten Forderungen einer auf der Bioökonomie basierenden Wirtschaftsentwicklung erfüllt, d. h. hohe technologische Ökoeffizienz mit langfristiger Nachhaltigkeit (Schippers et al. 2008, Schippers et al. 2007). Auch verhilft dieses Arbeitsgebiet zu Einsichten in die Wechselbeziehungen zwischen jeder Form von Biomasse mit u. a. metallführenden Medien, z. B. Bioverfügbarkeit, eine Voraussetzung bei Überlegungen hinsichtlich industrieller Lösungen für die Biosynthese metallischer NP. Denn erst die Kombination von Effizienz der Bioverfügbarkeit, inkl. Identifizierung, Selektivität, sowie Wirksamkeit der Austauschprozesse gestattet Überlegungen einer wirtschaftlichen Verwertung.

Häufig werden bei Maßnahmen zur Biolaugung von sulfidischen Materialien weitere Mikroorganismen entdeckt, z. B. Fe^{2+}-oxidierende Bakterien, z. B. Schippers et al. (2010). Infolge knapper werdender Ressourcen in Form leicht zugänglicher großer Lagerstätten und Ressourceneffizienz, gekoppelt mit simultan ansteigendem Bedarf, findet ein signifikantes Umdenken im Bergbau statt. Circa 25 % der Weltkupferproduktion aus Primärerzen werden mittels *bioleaching* gewonnen (url: Codelco/BioSigma). Insbesondere die Frage nach der industriellen Einsatzfähigkeit bestimmter reduzierender Enzyme im Bereich biologischer Elektrolysezellen rückt verstärkt in den Fokus. Im globalen Ambiente etablieren sich zunehmend, beginnend von Chile (url: Green Mining), Kasachstan über VR China (url: China Mining 2013) bis nach Afrika, z. B. Ghana, biologische Techniken. Diverse Unternehmungen wie z. B. „Geo Logic/ Green Technologies Mining Consortium" (url: Geologic Mining), Initiativen wie z. B. „NRCan's Green Mining Initiative" (url: NRCan) oder Preisauszeichnungen wie „Nedbank Capital Green Mining Award" (url: Nedbank) betonen diese Entwicklung. Eine der großen technischen Herausforderungen stellt die Trennung der unterschiedlichen Phasen dar. Als Techniken umfassen mikrobiologische Prozesse zur Separation folgende Methoden:

- Biosorption,
- Biopräzipitation,
- Bioakkumulation.

Mikrobielle Biotransformation bzw. die mikrobielle Stoffproduktion stellt einen volkswirtschaftlich beträchtlichen Beitrag dar, z. B. Waschmittel-, Textilindustrie, Lebensmittelproduktion und Pharmazie. Der Einsatz von Enzymen bzw. Mikroorganismen reicht bis in die Anfänge der Überlieferung schriftlicher Dokumentation zurück, z. B. Bierherstellung. Mit der Generierung der Ausgangsstoffe mit sukzessiver *In-situ*-Verarbeitung, z. B. zu metallischen NP, geeignet für den Einsatz als Feinchemikalie, sind wichtige Kritierien für eine kostenreduzierende Produktion angedeutet. Zunehmend wird u. a. der wirtschaftliche und umweltrelevante Beitrag von Mikroorganismen im Bereich Bergbau und Sanierung erkannt und die für die Arbeiten relevanten metabolitischen Prozesse beziehen sich ausschließlich auf Redoxvorgänge. Denn chemolithotrophe gramnegative γ-Proteobakterien, wie z. B. *Acidithiobacillus ferrooxidans*, verfügen über die Fähigkeit, die Freisetzung von z. B. metallischen Wertstoffen zu ermöglichen (Valdes et al. 2008). Weiterhin stellt die thermophile mikrobielle Metallreduktion eine mögliche Option auf dem Gebiet der biotechnologischen Prozesstechnik dar (Slobodkin 2005), Abschn. 2.2.1 (b)/Bd. 1.

Infolge technischer Fortschritte führt die Biotechnologie in der Aufbereitung mineralischer Rohstoffe zu einer Erhöhung der Wertschöpfungskette (Clark et al. 2006), Abschn. 2.3.11 (e). Zur profitablen Ausbringung von Metallen, z. B. Au, stehen aktuell eine Reihe patentierter biologischer Lösungen zur Disposition, d. h. *BIOX™*, *Bio-*

COP® u. a. Das *BIOX*™-Verfahren dient einer mesophilen Oxidation von refraktären Au-Erzen (Aswegen et al. 2006), *BioCOP*® kann zur Extraktion von Cu aus Konzentraten eingesetzt werden (Clark et al. 2006). Generell bietet sich eine Vielzahl wirtschaftlicher und somit marketingstrategischer Vorteile für den Bergbau, insbesondere auf dem Gebiet der Aufbereitung metallhaltiger Rohstoffe, an:

- ein signifikanter Betrag im globalen Wettbewerb durch einen verbesserten Qualitätsausstoß, eine effizientere Ressourcenbelegung gegenüber konventionellen Techniken und unter Beachtung der Prinzipien einer wirksamen Nachhaltigkeit,
- durch das Angebot innovativer Produkte steigen die Chancen zur Kapitalisierung von Bergbauprojekten durch entsprechende Kapitalgeber,
- Neubewertung geologischer Ressourcen/Reserven. Armerzlagerstätten sowie Haldenmaterialien gewinnen an wirtschaftlichem Potential. Bislang unbeachtete Metalle, wie z. B. die Hochtechnologiemetalle Ge, Ga, In, Se, Te etc. steigern den Wert, Abschn. 2.4.3/Bd. 1,
- die Technologien folgen strikt den Prinzipien von *CleanTech*-Technologien, d. h. weniger Verbrauch an Chemie und Energie, geringere Emission und biologisch abbaubare Abfallstoffe,
- deutlicher Einfluss auf lokale Beschäftigungsangebote und somit Beitrag zur Erhöhung der sozialen Akzeptanz gegenüber Bergbauaktivitäten,
- Erhöhung der Wertschöpfungsketten durch Ergänzung konventioneller Produktionslinien, z. B. Galvanik,
- Synergieeffekte für eine breite Bandbreite an Anwendungsmöglichkeiten, z. B. Halbleiterindustrie,
- vielseitige Verwendungsmöglichkeiten von metallischen Nanoclustern, bestehend aus Halbleitermetallen,
- kostengünstiger Ansatz eines Nanocoating durch das kontrollierte Abscheidung metallischer NP in Monolagen,
- Neubewertung von konkurrierenden Verfahren wie z. B. reverse Osmose, Ionenaustauschverfahren gegenüber den biogen synthetisierten metallischen Nanoclustern.

Eine Kombination, beruhend auf der Neubewertung metallischer Rohstoffressourcen/ -reserven mit den Möglichkeiten, die sich infolge der Entwicklung auf den Märkten für Nanomaterialien ergeben, im Verbund mit Entlastungseffekten durch die Substitution konventioneller chemisch-technischer Prozesse und Produkte durch biotechnische Verfahren, ergibt eine Option für die Wertschöpfungsketten, bereitgestellt durch zukünftige *Smart-mining*-Techniken (Hoppenheidt et al. 2005). Darüber hinaus gewähren Einblicke in die Prinzipien, Methoden und Zielsetzungen dieser auf biologischen Techniken beruhenden Verfahrenslösung durch eine Art „Umkehrverfahren" ihrer Daten neue Erkenntnisse auf dem Gebiet der Synthese biogener NP. So sind Informationen über die Stabilitätsbereiche bestimmter in Löslichkeit befindlicher Metallspezifikationen insofern hilfreich, da sie erste Orientierungshilfen über außerhalb eines Stabilitätsfeldes liegende instabile Sektoren vermitteln, d. h. welche physikalisch-chemischen Rahmenbedingungen angestrebt werden sollten, die zur Immobilisierung und Präzipitationen metallischer Phasen führen. Unterstützend bieten sich die Methoden und Zielsetzungen der Geometallurgie an. Mit dem Themenkomplex sind die Begriffe *biomining*, Biolaugung u. a. verbunden.

(a) *Biomining*

Unter *biomining* wird ein verfahrenstechnischer Ansatz verstanden, um Metalle aus sulfidischen oder Fe-führenden Erzen und Mineralkonzentraten zu extrahieren. Auf diese Weise sind aus metallführenden Erzen und Konzentraten Biomineralisationen synthetisierbar (Rawlings et al. 2003). Fe und Sulfid (S^{2-}), mikrobiell oxidiert, erzeugen Fe^{3+} und Schwefelsäure (H_2SO_4). Diese Produkte wiederum konvertieren unlösliche metallführende S^{2-}, z. B. von Cu und Zn, in lösliche Metallsulfate ($Me-SO_4^{2-}$), die sich verhältnismäßig problemlos aus der Lösung extrahieren lassen. Ungeachtet seines inerten Verhaltens kann auf diese Weise Au aus bestimmten Mineralen bzw. Paragenesen gewonnen werden, da die o. a. Vorgänge zu einer Zerrüttung der Gefüges führen und somit eine partielle Freigabe des Au aus einem vormals intakten Mineralgefüge durch geeignete Agentien erfolgen kann. *Biomining* kann sich u. a. auf Mechanismen mikrobieller Resistenz stützen (Orell et al. 2010), Abschn. 2.3.2 (l)/Bd. 1. Auf diesen Beobachtungen aufbauend entwickelte sich eine potente Industrie, die unter Zuhilfenahme von Rührtanks oder geeigneten Berieselungstechniken wirtschaftlich erfolgreich Metalle aus komplexen Erzparagenesen extrahiert (Rawlings et al. 2003), z. B. *biomining* von Mn (Das et al. (2011). Beim Entwurf von Maßnahmen zum *biomining* erweisen sich Kenntnisse über das mikrobielle Resistenzverhalten als hilfreich (Navarro et al. 2013), Abschn. 2.3.2/Bd. 1. Insgesamt liegt zur Thematik eine zunehmende Anzahl von Veröffentlichungen vor (z. B. Schippers et al. 2014). Bergbaulich ergeben sich signifikante Auswirkungen auf das Umsatzvolumen.

(b) Biolaugung

Biolaugung ist die biologische Konvertierung einer unlöslichen Metallkomponente in eine H_2O-lösliche Spezifikation. Im Fall einer Biolaugung von Sulfiden (S^{2-}) unterliegen diese durch metabolisch ausgelöste Aktivitäten seitens aerober, acidophiler Fe^{2+} und/oder S oxidierender Bakterien oder Archaeae einer Oxidation mit der Überführung in Metallionen und Sulfat (SO_4^{2-}) (Schippers 2007). Prozesse der Biolaugung stützen sich auf sowohl chemische als auch biologische Reaktionsabläufe. Ungeachtet dessen, dass O_2 als terminaler Elektronenakzeptor im Verlauf einer Biolaugung von Metallsulfiden ($Me-S^{2-}$) auftritt, übernehmen Fe^{3+}-Ionen gegenüber den S^{2-} den entscheidenden Anteil als oxidierende Reagenz. Durch die eigentliche Oxidation der $Me-S^{2-}$ kann eine Vielzahl von intermediären S-Komponenten entstehen, z. B. elementarer S, Polysulfide (S_n^{2-}), Thiosulfate ($S_2O_3^{2-}$) sowie Polythionate ($S_nO_6^{2-}$). Als

Beispiel sei auf die Oxidation von Sphalerit (ZnS) zu elementarem S verwiesen (Schippers 2007):

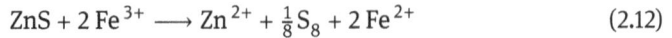

$$ZnS + 2\,Fe^{3+} \longrightarrow Zn^{2+} + \tfrac{1}{8}S_8 + 2\,Fe^{2+} \tag{2.12}$$

Sulfide von u. a. Co, Cu, Ni sowie Zn verhalten sich gegenüber H_2O nahezu unlöslich, transformiert in Sulfat (SO_4^{2-}) erhöht sich signifikant das Löslichkeitsverhalten (Rawlings et al. 2003). Auf dieser Transformation beruht das Prinzip der Biolaugung. Nach Überführung eines Me-S^{2-} in sein entsprechendes SO_4^{2-} lässt sich das Metall bzw. dessen Spezifikation aus dem mineralogischen Gesamtverband herauslösen und entziehen. Ungeachtet dessen, dass es sich hierbei zunächst um chemische Vorgänge handelt, kann die Anhaftung von Mikroorganismen auf Minerale die Lösungsvorgänge erheblich beschleunigen. In Abhängigkeit von der betroffenen Mineralisation erfolgt der chemische Einfluss über die Kombination von Fe^{3+} mit Protonen, wobei dem Mikroorganismus die Funktion einer Bereitstellung von Fe^{3+} sowie Säure zukommt (Rawlings et al. 2003).

Über die Biogeochemie und Mikrobiologie von sulfidischen Bergbauabfällen, Biolaugung von Halden sowie neuartigen Fe^{2+}-oxidierenden Bakterien legen Schippers et al. (2010) Datenmaterial vor, z. B. Mikroorganismen, einbezogen in die Biolaugung, und auf Nukleinsäuren basierende, molekulare Methoden zu ihrer Identifikation sowie Quantifizierung (Schippers 2007). Metallsulfide von z. B. Co, Cu, Ni sowie Zn sind nahezu unlöslich in Wasser, die entsprechenden SO_4^{2-} hingegen lassen sich einfach in Lösung überführen. In Abhängigkeit von der Mineralisation bedient sich ein chemischer Eingriff zum einen Fe^{3+} sowie Protonen, beide Komponenten werden durch Mikroorganismen bereitgestellt. Diese Vorgehensweise, d. h. die Überführung von Metallen in Lösung, rangiert unter dem Begriff der Biolaugung. Eine Laugung von Zn lässt sich wie folgt ausdrücken (Schippers 2007):

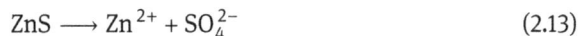

$$ZnS \longrightarrow Zn^{2+} + SO_4^{2-} \tag{2.13}$$

oder für Fe:

$$FeS_2 \longrightarrow Fe^{3+} + 2\,SO_4^{2-} \tag{2.14}$$

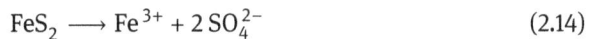

Eine biologische Laugung diverser metallführender Mineralisationen erfasst aktuell im Wesentlichen Sulfide sowie Oxide. Gut beschrieben und mit hoher Effizienz versehen, ist die Behandlung von diversen Sulfiden durch *Thiobacillus ferrooxidans*: Fe^{2+} aus Pyrit:

$$FeS_2 + \tfrac{7}{2}O_2 + H_2O \longrightarrow Fe^{2+} + 2\,SO_4^{2-} + 2\,H^+ \tag{2.15}$$

Aufgrund ursprünglich bei der Ausbringung von Cu aus Chalkopyrit ($CuFeS_2$) mit nur begrenzter Kapazität wirkender mesophiler Formen kam es infolge von Arbeiten zu der Verweildauer, Temperatur, Etablierung gentechnischer Arbeiten, dem Einsatz thermophiler Mikroorganismen etc. zu einer erheblichen Leistungssteigerung bei Vorgängen der biologischen Laugung von Cu-haltigen Medien:

- Cu aus Chalkosin:

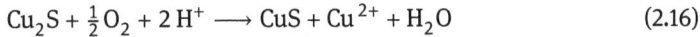

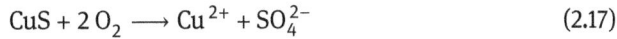

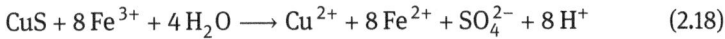

$$Cu_2S + \tfrac{1}{2}O_2 + 2\,H^+ \longrightarrow CuS + Cu^{2+} + H_2O \qquad (2.16)$$

$$CuS + 2\,O_2 \longrightarrow Cu^{2+} + SO_4^{2-} \qquad (2.17)$$

$$CuS + 8\,Fe^{3+} + 4\,H_2O \longrightarrow Cu^{2+} + 8\,Fe^{2+} + SO_4^{2-} + 8\,H^+ \qquad (2.18)$$

- oder U aus:

$$UO_2 + Fe(SO_4)_3 \longrightarrow UO_2SO_4 + 2\,FeSO_4 \qquad (2.19)$$

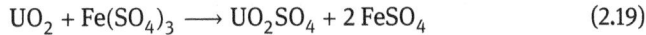

- oder Au aus Arsenopyrit:

$$2\,FeAsS[Au] + 7\,O_2 + 2\,H_2O + H_2SO_4 \longrightarrow Fe(SO_4)_3 + 2\,H_3AsO_4 + [Au] \quad (2.20)$$

Daneben unterliegen Sulfide einer anorganischen Aufoxidation (McIntosh et al. 1997), so z. B.:
- Nickel aus Millerit:

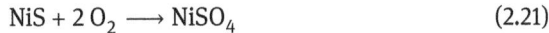

$$NiS + 2\,O_2 \longrightarrow NiSO_4 \qquad (2.21)$$

- Antimon aus Stibnit:

$$2\,Sb_2S_3 + 13\,O_2 + 4\,H_2O \longrightarrow (SbO_2)SO_4 + (SbO_2)_2SO_4 + 4\,H_2SO_4 \qquad (2.22)$$

- Molybdän aus Molybdänit:

$$2\,MoS_2 + 9\,O_2 + 6\,H_2O \longrightarrow 2\,H_2MoO_4 + 2\,H_2SO_4 \qquad (2.23)$$

Im Vergleich beginnt der konventionelle Prozess zur Darstellung von Mo mit einer Aufoxidation bei 700 °C:

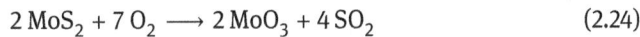

$$2\,MoS_2 + 7\,O_2 \longrightarrow 2\,MoO_3 + 4\,SO_2 \qquad (2.24)$$

und sukzessive Überführung in ein wasserlösliches Ammoniumtetrathiomolybdat:

$$MoO_3 + 2\,NH_4OH \longrightarrow (NH_4)_2(MoO_4) + H_2O \qquad (2.25)$$

Zur Gewinnung reinen Mo sind weitere Maßnahmen wie z. B. Calcinieren bei 400 °C erforderlich:

$$(NH_4)_6Mo_7O_{24} \longrightarrow 7\,MoO_3 + 6\,NH_3 + 3\,SO_2 \qquad (2.26)$$

Unter Zugabe von H_2 ist über zwei weitere Stufen die Synthese von reinem Mo machbar.

Zur mikrobiellen Behandlung von Metallsulfiden bieten u. a. Donati & Sand (2007) zahlreiche Informationen, z. B. Mechanismen der Biolaugung, der Funktionen von EPS an der Schnittstelle zu Metallsulfiden, Proteome, Bioinformatik, Abschn. 2.3.6/ Bd. 1. Einen Überblick zu den Fortschritten in der mikrobiell implementierten, industriell verwerteten Biolaugung vermitteln Olson et al. (2003). Ergänzend kann eine galvanische Laugung eingesetzt werden. Sie nutzt die unterschiedlichen Reduktionspotentiale aus. So verhält sich z. B. Cu_2S mit einem Reduktionspotential von 350 mV gegenüber FeS_2, d. h. 550–600 mV, reaktiver (Konhauser 2007). Von erheblicher technischer Bedeutung ist die selektive Laugung von Co, Ni und Zn aus den entsprechenden Gesteinen/Erzen (Viera et al. 2007).

(c) Biooxidation

Aus Gründen der Energieproduktion sind Prozesse der Biooxidation vorgesehen. Damit begleitend tritt ein Elektronentransfer auf. Die Biooxidation, bezogen auf den Bergbau, erstreckt sich auf die Oxidation von u. a. Sulfiden durch Mikroorganismen und stellt eine sich etablierende Technik in der Aufbereitung mineralischer Rohstoffe dar (Rawlings & Johnson 2007). Der kommerziellen Biotechnologie zugeordnet, ist global für den industrietechnischen Einsatz der Biooxidation ein ent-sprechender Anstieg im Anlagenbau zu beobachten. Die prinzipielle Reaktionssequenz für eine Sulfidoxidation lautet:

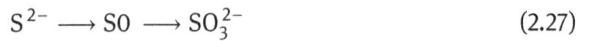

$$S^{2-} \longrightarrow SO \longrightarrow SO_3^{2-} \tag{2.27}$$

Im Zusammenhang mit Untersuchungen zur Biooxidation von Pyrit und verwandten Erzen durch diverse Mikroorganismen, z. B. *Leptospirillum sp.*, *Thiobacillus ferrooxidans*, eingesetzt in kommerziell ausgerichteten Prozessen, publizieren Rawlings et al. (1999) Daten zur Produktion von Fe, Abb. 2.33. Zur anaeroben Biooxidation von Fe^{2+} durch *Dechlorosoma siullum* präsentieren Lack et al. (2002) ihre Ergebnisse. Zur Fe^{2+}-Oxidation und zum Wechsel in der Zelldichte in Kulturen von *D. siullum* setzen die Autoren $FeCl_2$ als Elektronendonator und NO_3^- als Elektronenakzeptor ein, Abb. 2.34 (a). Anaerob gewaschene Zellsuspensionen von *D. siullum* produzieren auf diese Weise amorphe Fe^{3+}-Oxydydroxide oder Ferrihydrid. Theoretische und experimentelle Methoden zur Modellierung von Kinetiken einer Biooxidation sulfidischer Minerale in Bezug auf eine industrielle Laugung elaboriert Boon (1996). Einen Überblick über Enzyme zur Biooxidation, ihrer Reaktionsmöglichkeiten und Anwendungen vermitteln Schmid & Urlacher (2007).

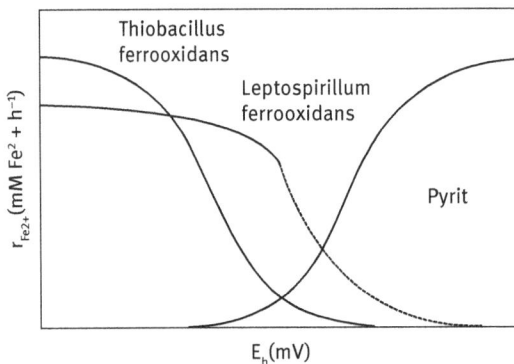

Abb. 2.33: Produktion von Fe durch diverse Mikroorganismen (Rawlings et al. 1999).

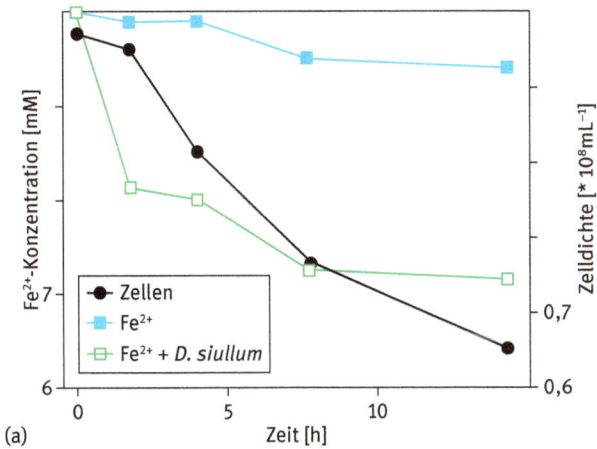

(a)

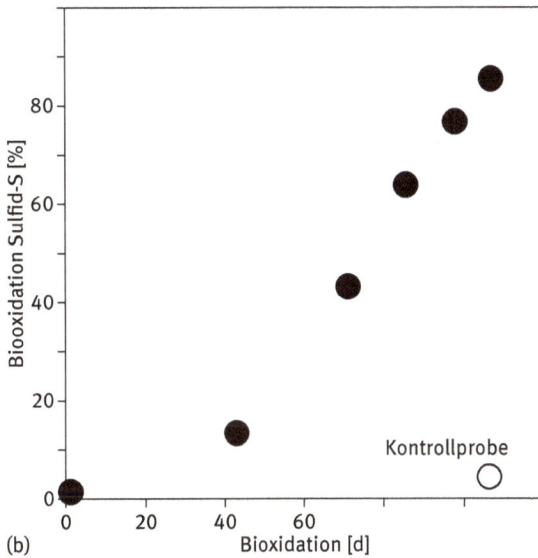

(b)

Abb. 2.34: (a) Fe^{2+}-Oxidation und Wechsel in der Zelldichte in Kulturen von *Dechlorosoma siullum* (Lack et al. 2002) sowie (b) Rate der Bioxidation von Sulfid (S^{2-}) von cyanidhaltigen Au-Abgängen des Bergbaus im Experiment (Olson et al. 2006).

Eine Bioxidation von cyanidhaltigen, Au-führenden Abgängen aus dem Bergbau ist das Arbeitsthema von Olson et al. (2006). Sie beschreiben eine Detoxifikation von cyanidhaltigen Au-führenden Abgängen durch den Einsatz von Fe^{3+}-haltigen SO$_4^{2-}$-Lösungen, die u. a. aus einer Bioxidation von Pyrit stammen. In einem Experiment unter Laborbedingungen benötigen die Mikroorganismen zum erkennbaren Wachstum sowie sichtbaren Einsetzen der Fe-Oxidation ca. 20 d. Diese Zeitspanne erklären die o. a. Autoren durch Restbestände an Cyaniden bzw. deren Abbau, der o. a. Zeitraum in Anspruch nimmt. Danach erfolgt ein kontinuierlicher Anstieg der Bioxidation von S, der sich allerdings bis zu 100 d hinziehen kann, Abb. 2.34 (b).

Eine Verarbeitung von FeAsS führenden Au-Konzentrationen durch partielle Biooxidation, gefolgt von einer Bioreduktion, schildern Hol et al. (2011).

Neben einer biologischen Aufoxiderung von Au-führenden Sulfiden, die sich allerdings u. U. kostenaufwändig gestaltet, kann, zur Überwindung der mineralogischen Barriere des an Minerale gebundenen S, eine Bioreduktion erfolgen. Von Nachteil ist jedoch die Entstehung von H_2S. Experimente, ausgeführt bei einer Temperatur von 35 °C sowie einem pH-Wert von 2, oxidieren im Vergleich mit anderen Sulfiden, wie z. B. Pyrit (FeS_2), in einem Refraktärkonzentrat vorzugsweise Arsenopyrit ($FeAsS_2$). Eine kombinierte Behandlung, d. h. Biooxidation/Bioreduktion, erhöht signifikant den Austrag an Au, d. h. von 6 % auf knapp 40 % (Hol et al. 2011). Über die Rückführung von Au aus einer Haufenlaugung legen Bhakta & Arthur (2002) einen Statusbericht vor.

(d) Bioreduktion

Eng verbunden mit der Biooxidation ist der Vorgang einer Bioreduktion. Typische Reaktionen einer Bioreduktion sind z. B. As^{5+} zu As^{3+}, Cr^{6+} zu Cr^{3+}, Fe^{3+} zu Fe^{2+}, Mn^{4+} zu Mn^{2+} sowie Se^{4+} zu Se^0, z. B. Überführung von löslich-mobilem Se^{4+} in unlöslich-immobiles Se^0. Innerhalb der Geomikrobiologie stellen bioreduktive Prozesse ein weit verbreitetes Phänomen dar. Aus *Shewanella oneidensis MR-1* ist eine Reduktion von Fe_2O_3-NP aufgezeichnet (Bose et al. 2009). Über Bioreduktion entstehen offensichtlich Au-NP (Fu et al. 2006).

Aus Enargit (Cu_3AsS_4) lässt sich nach Aussagen von Hol et al. (2012) die Ausbringung von Au durch eine Bioreduktion von elementarem S erhöhen. Gegenüber einer Oxidation verhält sich Cu_3AsS_4, aufgrund der Versiegelung der Mineraloberfläche, durch die Bildung von elementarem S refraktär. Zur Umgehung dieses Problems evaluieren die o. a. Autoren die Option einer Überführung des S in H_2S via Bioreduktion, mit dem Ergebnis einer Entfernung des S von der Mineraloberfläche und somit einer weiteren Behandlung des Minerals, u. a. zur Extraktion von z. B. Au. Mögliche Interferenzen mit S entfallen. S entwickelt sich gemäß analytischen Arbeiten im Verlauf industrieller Mahlvorgänge aus Cu_3AsS_4-Fes_2-Au-Erzen. Nach Entfernung des S stellt sich durch bioreduktive Prozesse für Au eine Ausbringungsrate von knapp 49–70 % ein. Nach Einschätzung von Hol et al. (2012) kann durch die Kombination von Mahlvorgang sowie Bioreduktion der Verbrauch von Cyaniden zur Ausbringung von Au erheblich gesenkt oder idealerweise überflüssig werden.

Im Zusammenhang mit der Bioreduktion von Cr^{6+} durch *Phanerochaete chrysosporium* veröffentlichen Murugavelh & Mohanty (2013) ihre Untersuchungsergebnisse. Zur Ermittlung des Potentials zur Bioreduktion benutzen die o. a. Autoren neben lebenden Zellen auch immobilisiertes Zellmaterial in Form von Sporen. Als Matrix sind Ca-Alginat, Acrylamid (C_3H_5NO) sowie Agar mit einem Anteil von 10 % aufgeführt.

Bei einer Anfangskonzentration von 10 mg l^{-1} Cr^{6+}, einem pH-Wert von 5 sowie einer Temperatur von 25 °C beläuft sich die Bioreduktion von Cr^{6+} auf einen maximalen Wert von > 98 %. Als effizienteste Matrix geben Murugavelh & Mohanty (2013) Ca-Alginat an.

Zur Biosorption sowie Bioreduktion von Cu aus unterschiedlichen Cu-führenden Komponenten legen Andreazza et al. (2013) eine Studie vor. Ziel ihrer Arbeit ist es, den Einfluss unterschiedlicher Cu-Spezifikationen wie z. B. $CuCl_2$, CuCl sowie $CuSO_4$ in einer wässrigen Matrix auf die o. a. Vorgänge seitens vier bakterieller Isolate zu erhellen. Alle vier Isolate sind durch eine hohe Cu-Resistenz charakterisiert. Als Ergebnis ihrer Untersuchungen stellt sich $CuSO_4$ als die effektivste Ausgangssubstanz für Cu dar. Gegenüber den beiden Cu-Cl-Komponenten ist ein zehnfach erhöhter Austrag berichtet. Speziell bei Cu^{1+} in Form von CuCl ist keinerlei Biosorption zu beobachten (Andreazza et al. 2013). Weiterhin vollzogen Andreazza et al. (2011) eine Bioreduktion von Cu^{2+} via eine zellfreie, aus dem Cu-resistenten Mikroorganismus *Pseudomonas sp. NA.* stammende Cu-Reduktase. Generell sollen Cu-Reduktasen in Mikroorganismen die Aufnahme von Cu in die Zelle erleichtern und somit die Biosorption von Cu erhöhen. Mit sowohl intaktem Zellmaterial als auch Zellextrakt ist eine Reduktion von Cu^{2+} möglich. Intaktes Zellmaterial reduziert, 24 h nach erfolgter Inkubation, aus einer $200\,mg\,l^{-1}$ Cu^{2+}-führenden Lösung ca. $80\,mg\,l^{-1}$, d. h. 40 %, das Ergebnis für den zellfreien Extrakt beläuft sich auf einen Ausbringungsgrad von 65 %, d. h. ca $130\,mg\,l^{-1}$. Das in Lösung befindliche Protein behielt nach Inkubation ungefähr für 72 h seine Leistung. Der Ausbringungsgrad lässt sich durch einen Anstieg der Cu-Gehalte erhöhen.

Den Einfluss einer Bioreduktion von Sedimenten mit gekoppelter Reoxidierung auf die Sorption von U untersuchen [1]Liu et al. (2005). Als Ausgangsmaterial nutzen die genannten Autoren Fe^{3+}-haltige Saprolite. Über die anoxische Inkubation mit dem metallreduzierenden Bakterium *Shewanella putrefaciens CN32* unter Zugabe von Lactat ($C_3H_5O_3$) als Elektronendonator ist eine Erzeugung von bioreduzierten Sedimenten erreichbar, durch den Kontakt mit der Luft werden diese wiederum reoxidiert. Im Zusammenhang mit der o. a. Thematik beschäftigen sich Kukkadapu et al. (2010) mit den Auswirkungen auf das Ausmaß einer natürlichen Bioreduktion betreffs der Mineralogie des Fe innerhalb von oberflächennahen Sedimenten. Einen umfassenden Überblick zur Bioreduktion durch Mikroorganismen vermitteln Andrade & Nakamura (2010). Eine Bioreduktion von löslichem Chromat (CrO_4^{2-}) unter Einsatz eines auf H_2-beruhenden Biofilmreaktor stellen Chung et al. (2006) dar.

(e) Bioflotation

Unter Bioflotation wird in Anlehnung an die üblicherweise praktizierte Form der Flotation der Einsatz von Mikroorganismen als Flotationsmittel, Kollektor oder Modifizierer mit dem Ziel einer selektiven Separation von Mineralen aus einem entsprechenden Verbundsystem, z. B. Paragenese, verstanden. Als wesentlich sind die Auswirkungen mikrobieller Aktivitäten in Form von Veränderungen der Oberflächenchemie von Mineralen zu erachten. Eng verbunden mit einer Bioflotation ist der Term Bioflokkulation (Dwyer et al. 2012). Zur Umsetzung der o. a. Vorgänge übernimmt das

Zeta-Potential mikrobieller Zelloberflächen eine wesentliche Funktion (Vilinska & Rao 2008), Abschn. 2.3.6 (b)/Bd. 1.

(f) Mikrobielle Konsortien

Für Prozesse im Sinne einer Biohydrometallurgie wurden zahlreiche Mikroorganismen bzw. deren Organisation zu Konsortien, u. a. im Sinne von Biofilmbildungen, inventarisiert. Aus diversen Bergbaubfällen, wie z. B. Halden, sind Mikroorganismen beschrieben, mit teilweise vielseitigem metabolischen Potential. So oxidieren z. B. *Alicyclobacillus* sowie *Sulfobacillus* Pyrit (FeS_2) andere Metall-Sulfide (Me-S^{2-}), Fe^{2+}, S und C_{org} (Schippers et al. 2010), Tab. 2.19. *Acidianus, Ferroplasma, Metallosphaera* sowie *Sulfolobus*, als Vertreter der Archeae, weisen ähnliche Merkmale auf. Dahingegen reduzieren *Desulfobacter, Desulfobacterium, Desulfobulbus, Desulfotomaculum* sowie *Desulfovibrio* C_{org}, Fe^{3+} sowie SO_4^{2-} (Schippers et al. 2010). Aus Reaktoren, einbezogen in Vorgänge einer Biolaugung und Biooxidation, entwickelt sich eine Vielzahl von acidophilen Prokaryoten. So berichten z. B. Rawlings & Johnson (2007), aus Zn-Pb-FeS_2-Konzentraten von *Leptospirillum ferrooxidans, Acidithiobacillus thiooxidans, Acidithiobacillus ferrooxidans*, aus CuFeS₂-Konzentraten und einer Temperatur von 78 °C sind *Acidianus infernus, Metallosphaera sp.* aufgezeichnet, Tab. 2.20. Aufgrund ihrer Arbeiten stellen Rawlings & Johnson (2007) die Entwicklung und Optimierung von Mineralisationen oxidierenden mikrobiellen Konsortien zum *biomining* vor. Die an der Schnittstelle auftretenden elektrochemischen Prozesse haben praktische Konsequenzen für die Biolaugung von Mineralen, die Versauerung von Minendrainagen, die Biokorrosion von Stahl und die solarbetriebene Chemosynthese, die auf dem bakteriellen Energiekreislauf beruht. Die bakterielle Einwirkung auf die Oberfläche eines Sulfids basiert auf dem recyclingfähigen Gebrauch chemischer Spezies wie z. B. H^+-, Fe^{2+}- oder Thiol-(*R-S-H*-)haltigen Komponenten, die die chemische Bindung an der Oberfläche eines S^{2-} unterbrechen und somit den Zerfall des Feststoffsystems auslösen. Modellexperimente unter Verwendung von ca. 100 nm mächtigen Schichten aus FeS_2 gewähren detaillierte Einblicke in die Wechselwirkungen bakterieller Zellen mit der Oberfläche von FeS_2, Abb. 1.5/Bd. 1. So stützt sich z. B. *Thiobacillus ferrooxidans* auf Schichten aus Polysacchariden, um über einen auf Cystein basierenden Carrier S in kolloidaler Form zu extrahieren (Tributsch & Rojas-Chapana 2000). Unter Zugabe eines oberflächenreaktiven Reagenz lässt sich lokal eine Verstärkung der Laugungsaktivität durch bakterielle Zellen erreichen. Eine Beimengung von Cystein erhöht die bakterielle Aktivität und agiert gegenüber S^{2-} auch bei Abwesenheit als Lösungsreagenz. Zur Unterbrechung der bakteriell ausgelösten Vorgänge kommen auf der *R-S-H*-Chemie beruhende Mechanismen in Betracht. *Leptospirillum ferrooxidans* praktiziert eine abweichende Strategie (Tributsch & Rojas-Chapana 2000). Es ist ausschließlich unter den Bedingungen einer Fe^{2+}-Oxidation lebensfähig und löst FeS_2 durch Ausstoßen des Halbleiters in das elektrochemische Lösungspotential. Über Nutzung eines positiven Fe^{2+}/Fe^{3+}-Redoxpotentials, gebildet in organischen Kapseln, implementiert

L. ferrooxidans die o. a. Prozesse. Unmittelbar an der Schnittstelle zwischen FeS_2 und dem Mikroorganismus zerfällt die betroffene Mineralisation in kleine Fragmente, wobei *L. ferrooxidans* als Antriebskraft auf die freie Energie der Elektronen, die bei der Fe^{3+}-Reduktion anfallen, zurückgreift.

Tab. 2.19: Auswahl von aus Bergbau-Halden beschriebenen Mikroorganismen (Schippers et al. 2010).

Genus	Oxidation					Reduktion	
	Pyrit	Andere MS	Fe^{2+}	S	C_{org}	Fe^{3+}	SO_4^{2-}
Bakterien							
Acidimicrobium	+		+		+		
Acidiphilium				+	+	+	
Acidithiobacillus	+	+	+	+		+	
Alicyclobacillus	+	+	+	+	+	+	
Desulfobacter				+		+	+
Desulfobacterium				+		+	+
Desulfobulbus				+		+	+
Desulfotomaculum				+		+	+
Desulfovibrio				+		+	+
Sulfobacillus	+	+	+	+	+	+	
Archaea							
Acidianus	+	+	+	+	+		
Ferroplasma	+	+	+	+	+		
Metallosphaera	+	+	+	+	+		
Sulfolobus	+	+	+	+	+		

MS: andere Metallsulfide

Tab. 2.20: In für die Biolaugung und Biooxidation eingesetzten Bioreaktoren aufgefundene acidophile Prokaryoten (Rawlings & Johnson 2007).

Mineral-Konzentrat	Temperatur (°C)	Beschriebene Mikroorganismen
Zn-Pb-Pyrit	35–40	*Leptospirillum ferroxidans, Acidithiobacillus thiooxidans, Acidithiobacillus ferrooxidans*
Au-Pyrit/Arsenopyrit	40	*L. ferroxidans, A. thiooxidans, A. ferrooxidans*
Co-Pyrit	35	*L. ferroxidans, A. thiooxidans, Sulfolobus thermosulfido-oxidans*
Cu-, Zn-, Fe-Sulfide	45	*Leptospirillum ferriphilum, Acidithiobacillus caldus, Sulfobacillus sp.*
Pyrit, Chalcopyrit	45	*At. caldus, Sb. thermosulfidooxidans*
Chalcopyrit	78	*Acidianus infernus, Metallosphaera sp.*

Zum Verständnis der molekularen Aspekte bei der bakteriell eingeleiteten Elektrochemie der Halbleiter tragen vergleichende Studien von Tributsch & Rojas-Chapana (2000) bei. Sie unterzogen zwei isostrukturelle Materialien mit analoger elektrischer Struktur, d. h. FeS_2, welches als Energiequelle für *T. ferrooxidans* dient, und RuS_2, das sich nicht gänzlich aufoxidieren lässt, einem ein-gehenden Vergleich. Eine Schlüsselrolle bei der Wechselwirkung von *Thiobacilli* mit den S^{2-} übernimmt offensichtlich Cystein, denn *Thiobacillus* setzt zur Extraktion von S organische Polysaccharide ein und bedient sich hierbei Transportmolekülen, die auf Cystein beruhen. Es lassen sich elektrochemische Prozesse von Halbleiterverbindungen, aus Metallsulfiden ausgelöst, durch bakterielle Aktivitäten beobachten (Tributsch & Rojas-Chapana 2000).

Zur Mobilisierung von Metallen, wie z. B. As, Co, Cu, Mo, Ni, V, Zn u. a., scheiden mikrobielle Konsortien eine Reihe extrazellulärer Metabolite aus (Matlakowska et al. 2014). Hierzu zählen u. a. zahlreiche organische Säuren wie aliphatische sowie aromatische Carbonsäuren (R–C(O)OH) sowie diverse Alkohole, Abschn. 2.5.6/Bd. 1. Zur Laugung von u. a. Co, Cu, Li, Mn, Mo, Ni sowie V aus Mn-Knollen verwenden Heller & Schippers (2015) ein mikrobielles Konsortium, d. h. *Acidithiobacillus thiooxidans*, *A. ferrooxidans*, *Leptospirillum ferroxidans*, *L. ferriphillum*, *Acidiphillum cryptum*.

Zwecks einer technischen Exploitation ist die Zusammensetzung der mikrobiellen Gemeinschaft eine kritische Größe. So bilden sich z. B. in einem Heapreaktor unter Konditionen mit geringen Nährstoffgehalten und Metallen in Mehrheit nicht Fe-oxidierende Bakterien, *Acidithiobacillus ferrooxidans* ist hingegen nur untergeordnet präsent. Das ist insofern problematisch, da die anderen Arten aufgrund ihrer metabolischen Aktivitäten keine Fe^{3+}-Ionen bereitstellen, die wiederum für eine Lösung des $CuSO_4$ unerlässlich sind (Sugio et al. 2008). Eine Verbesserung der Nährstoffbedingungen mit dem Ergebnis einer Erhöhung der *A.-ferrooxidans*-Population lässt sich über den Eintrag von Phosphat (PO_4^{3-}) in den Bioreaktor erzielen.

Cu-Oxide/Karbonate, wie z. B. $Cu_3(OH)_2(CO_3)_4$, verhalten sich gegenüber den Attacken von Fe^{3+}-Ionen widerstandsfähiger. Dahingegen sind sie in infolge bakterieller Tätigkeiten produzierter Schwefelsäure (H_2SO_4) mit begleitenden niedrigen pH-Werten hochlöslich:

$$Cu_3(OH)_2(CO_3)_4 + 3\,H_2SO \longrightarrow 3\,CuSO_4 + CO_2 + 4\,H_2O \qquad (2.28)$$

Die sich hierbei einstellenden Kreisläufe von Fe sowie S ergeben eine für den betroffenen Mikroorganismus energetisch günstige Situation. Jedes Fe^{3+}-Ion sowie die erzeugte H_2SO_4 tendiert zur Reduktion von erzführenden Phasen mit anschließender Reoxidation durch *Acidithiobacillus ferrooxidans*. Allerdings findet diese Form eines Kreislaufs nicht im frei beweglichen Zustand bzw. Umfeld statt. Zur Umsetzung der angesprochenen Vorgänge bildet das Bakterium extrazelluläre Biofilme, aufgebaut aus Polysacchariden und Lipiden. Diese Art der Biomoleküle fixieren somit mittelbar die betroffenen Bakterien auf Mineralsubstraten und binden die Fe- sowie S-führenden Komponenten. Diese Beobachtung ist im Sinne eines technischen Einsatzes verwertbar. Über eine Immobilisierung von Cr^{6+} und seine Reduktion zu

Cr^{3+}-Phosphat ($CrPO_4$) durch granulare Biofilme, bestehend aus einem Konsortium diverser Mikroorganismen, berichten Nancharaiah et al. (2010). In auf Batchreaktoren beruhenden Experimenten gelang es unter Einsatz einer Inkubation von, an Acetat ($CH_3CO_2^-$) gesättigten, Biofilmen aus einem Medium mit $0{,}15\,mM\,d^{-1}\,g^{-1}$ ca. $0{,}2\,mM$ an Cr^{6+} zu reduzieren.

Unter anaeroben Konditionen kommt es zu einer Reduktionsrate von $0{,}17\,mM$ $d^{-1}g^{-1}$. Bei Abwesenheit von granularen Biofilmen, bei lyophilisierten granularen Biofilmen und Fehlen eines Elektronendonators tritt nahezu kein Entzug von Cr^{6+} auf (Nancharaiah et al. 2010). Eine Analyse mit XANES ergibt für die granularen Biofilme die Konvertierung von löslichem Cr^{6+} zu Cr^{3+}. Zusätzlich zeigt sich über eine EXAFS-Analyse (Abschn. 1.3.5 (e)) für die Cr-beladenen Biofilme eine Ähnlichkeit mit Cr^{3+}-führenden PO_4^{3-}. Aller Wahrscheinlichkeit nach kommt es nach oder im Verlauf der mikrobiellen Reduktion zur Immobilisierung des Cr^{3+} durch eine gekoppelte Bildung von PO_4^{3-} auf der Biomasse. Die durch den granularen Biofilm erhaltene Reduktion von Cr^{6+} lässt sich in entsprechenden *(Fed-)Batch*-Experimenten nachweisen (Nancharaiah et al. 2010).

(g) AMD

Saure Minendrainagen (engl. *acid main drainage* = AMD) sind Abwässer im Zusammenhang mit dem Bergbau auf Metalle sowie Kohle. Infolge gegenüber den ursprünglichen Konditionen abweichender geochemischer Bedingungen und somit unter Einbeziehung thermodynamischer Reequilibrierungsabläufe im aeroben Milieu kommt es zu den vormals unter anoxischen Bedingungen entstandenen Mineralisationen zu signifikanten Veränderungen u. a. im Mobilitätsverhalten von vormals stationären Phasen sowie pH-Einstellungen. AMD repräsentieren ein effektives Verbundsystem von Mikroorganismen, oberflächenbezogenen Wässern sowie u. a. Metalle führenden Mineralisationen, zumeist als Sulfide (S^{2-}), Arsenide. Baker & Banfield (2003) stellen in diesem Zusammenhang mikrobielle Gemeinschaften vor, z. B. *Acidithiobacillus ferrooxidans*, *Sulfobacillus disulfidooxidans*. Generell ergeben AMD ein erhebliches Umweltproblem, z. B. *Rio Tinto/E*, *Butte/USA* etc., und im terrestrischen Milieu repräsentieren AMD eine der intensivsten Formen der Kontamination.

Neue Perspektiven von Grubenwässern ergeben sich durch die Mikrobiologie (Hallberg 2009). Die Zusammensetzung von sauren Minendrainagen (AMD) unterliegt je nach nach Standort und Auftreten erheblichen Schwankungen in Bezug auf Temperatur, O_2-Gehalt und pH-Wert. Evolutionär an diese Schwankungen angepasst, lässt sich eine Vielzahl von acidophilen Mikroorganismen mit variierenden physiologischen Eigenschaften in den sauren Grubenwässern beschreiben, mit entsprechenden Konsequenzen für ein experimentelles Design, das zum Verständnis der Biogeochemie in diesen Umweltbedingungen beiträgt.

So bestehen z. B. Unsicherheiten zum Oxidationsverhalten von Fe, denn ungeachtet dessen, dass bei einem pH-Wert < 4 eine abiotische Oxidation von Fe nicht stattfindet, wird davon ausgegangen, dass in Minendrainagen mit einem pH-Wert < 3,5 eine Fe-Oxidation nicht auf biologischen Vorgängen beruht. Diese Annahme stützt sich auf die Beobachtungen, dass in Kulturmedien, wie sie typischerweise für *Acidithiobacillus ferrooxidans* gebräuchlich sind, bei einem pH-Wert von 2 keine Oxidation von Fe auftritt bzw. der niedrige pH-Wert kein Wachstum von moderaten Acidophilen gestattet, die ansonsten die Minendrainage besiedeln würden. Die Entdeckung von Acidophilen mit variierenden physiologischen Eigenschaften bietet neben einer Weiterentwicklung von Sanierungsstrategien letztendlich die Fortsetzung der Verwertung mineralischer Rohstoffe.

Zur Oxidation und Präzipitation von Eisen aus AMD mit schwankender Wasserchemie umfassen die o. a. aufkommenden Sanierungsstrategien den Gebrauch von Acidophilen, funktionstüchtig unter variierenden optimalen pH-Konditionen. Auch sind entscheidende Phänotypen wie die Oxidation von Arsenit (AsO_3^{3-}) durch *Thiomonas spp.* zur Entfernung von toxischen Substanzen in AMD verwertbar. Ähnliche Optionen stehen für Chromat (CrO_4^{2-}) zur Verfügung und Hallberg (2009) betont in diesem Zusammenhang das wirtschaftliche Potential der auf diese Weise gewonnenen Metalle.

Sie sind für sehr kostenaufwändige und sozioökonomische Belastungen verantwortlich. Diese Form von Abwasser ist gewöhnlich durch sehr niedrige pH-Werte gekennzeichnet, d. h. pH-Wert von 3–2, und bildet somit die Voraussetzung einer erhöhten Löslichkeit von Metallen. In Abhängigkeit vom jeweiligen Wirtsgestein sind neben Al, Fe und Mn diverse Übergangsmetalle wie z. B. As, Cd und Cu anzutreffen. Die Ausmaße dieser Form von Kontamination sind bislang unbekannt, am Beispiel *UK* wird bezogen auf die Fließgewässer von ca. 12 000 km Länge ausgegangen (Hallberg 2009).

Nach Schließung eines Bergbaubetriebs und bezogen auf den Parameter Zeit erstreckt sich die Entwicklung von AMD mindestens über mehrere Dekaden, oftmals auch über mehrere Jahrhunderte. Das erschwert oder verhindert eine gezielte Sanierung. Diverse Vorgänge mit unterschiedlichen Wechselwirkungen und Rückkopplungseffekten bewirken die hohe Toxizität von AMD auf insbesondere die Hydrosphäre. Zum einen verursacht die Protonenazidität der AMD eine signifikante Erniedrigung des pH-Wertes, speziell bei Fehlen einer ausreichenden Neutralisierungskapazität. Zum anderen macht sich die mineralische Azidität bemerkbar. Dies geschieht durch die Oxidation und Ausfällung von in AMD befindlichen Metallen, die wiederum in Folge zur Absenkung des pH-Wertes beitragen. Möglicherweise nehmen diese Vorgänge ebenfalls auf den Abbau der Fähigkeit zur Neutralisierung durch die betroffenen Wässer Einfluss. Gleichzeitig verbleibt eine Vielzahl von Metall(-komplexierungen), bedingt durch die niedrigen pH-Werte in Lösung, und stabilisiert so die toxische Wirkung der betroffenen Hydrosphäre. Fallen bei bestimmten Zustandsveränderungen Fe- und Al-haltige Feststoffphasen aus und kommt es zu einer anschließenden Akkumulation dieser Metalle in den Böden, verhindern sie das Wachstum von benthischen Organismen. Diese Vorgänge wiederum unterbrechen die Nahrungskette höher organisierter Lebensformen. AMD verursachen nicht nur in der Hydrosphäre erhebliche Beeinträchtigungen, sondern sie tragen zusätzlich an den Schnittstellen zur Pedosphäre zu einer beträchtlichen Degradation bei und erlauben die Dispersion von Metallen in die genannte Geosphäre.

Als wesentliche Ursache für die Entstehung von AMD gilt der Kontakt zwischen, insbesondere während des Abbaus von metallhaltigen Mineralen und Kohle auftretendem, Pyrit (FeS_2) mit Sauerstoff (O_2) und Wasser (H_2O). Eine Vielzahl von Metallen tritt in Form von Sulfiden (S^{2-}) auf, z. B. Zn in Sphalerit (ZnS), und diese wiederum neigen dazu, mit Pyrit (FeS_2), als dem häufigsten S^{2-}-Mineral, assoziiert zu sein. Entsprechend lautet die Formel:

$$FeS_2 + 14\,Fe^{3+} + 8\,H_2O \longrightarrow 15\,FeS^{2+} + 2\,SO_4^{2-} + 16\,H^+ \qquad (2.29)$$

Eine Regeneration von Fe^{3+}, das durch Anwesenheit von Pyrit zu Fe^{2+} reduziert wird, bestimmt die Rate der laufenden Oxidation von sulfidischen Mineralisationen, wobei für diese Reaktion O_2 benötigt wird. Bei einem pH-Wert über 4 unterstützen sowohl chemische, z. B. O), als auch biologische, z. B. *Galnionella ferruginea*, Prozesse die Oxidation von Fe^{2+}. Unterhalb eines pH-Wertes von 4 ist die Oxidation von Fe^{2+} vernachlässigbar. Somit übernehmen acidophile, Fe-oxidierende Mikroorganismen eine führende Rolle bei der Entstehung von AMD (Hallberg 2009).

(h) Laugungsmittel

Neben dem Einsatz von H_2SO_4 zur Biolaugung liegen offensichtlich weitere, durch Mikroorganismen bereitgestellte Laugungsmittel vor. Hinsichtlich einer Bioveredelung von mineralischen Grundstoffen betont u. a. Groudev (2001) die Rolle der Laugungsmittel sowie Art der Mineralisationen. Betreffs einer Biolaugung von Fe aus diversen Fe-führenden Mineralisationen sind über den Einsatz von organischen Säuren, z. B. Oxalsäure ($H_2C_2O_4$), zufriedenstellende Austragungsraten erreichbar. Als effektivste Mikroorganismen kommen *Aspergillus* sowie *Penicillium* in Betracht.

Einschränkend stehen einige Stämme von *Bacillus*, *Clostridium* sowie *Pseudomonas* zur Verfügung. Weiterhin deuten sich für die Biolaugung eindeutige Abhängigkeiten von dem betreffenden Fe-Mineral an. Den besten Austrag erhält man aus Goethit (FeO(OH)), gefolgt von Limonit (FeO(OH) · $n\,H_2O$) und Hämatit (Fe_2O_3) (Groudev 2001), Tab. 2.21. Im Zusammenhang mit einer Biolaugung von Fe^{3+} aus Kaolin erwies sich $H_2C_2O_4$ im Vergleich mit u. a. Essigsäure ($C_2H_4O_2$) sowie Salicylsäure ($C_7H_6O_3$) als am wirkungsvollsten (He et al. 2011). In Verbindung mit der Biolaugung von Fe durch $H_2C_2O_4$ wurde eine Aktivierungsenergie von $46{,}32\,kJ\,mol^{-1}$ ermittelt (Martínez-Luévanos et al. 2011).

(i) Fe-Oxidase und Sulfit-Reduktase

Neben dem Einsatz von Mikroorganismen kann der Einsatz technischer Proteine/ Enzyme für die Synthese in Betracht gezogen werden. Hierbei ist zu klären, inwie-

Tab. 2.21: Lösung von Fe aus FeO(O) · n H$_2$O, (FeO(OH)) sowie Fe$_2$O$_3$ durch diverse Mikroorganismen (Groudev 2001).

Mikroorganismus	Gelöstes Fe innerhalb 14 d (%)		
	Limonit FeO(OH) · n H$_2$O	Goethit FeO(OH)	Hämatit Fe$_2$O$_3$
Aspergillus niger	5,1	8,6	1,4
Penicillium sp.	2,1	4,4	1,0
Mucor pyriformis	2,0	4,1	0,9
Pseudomonas sp.	1,9	3,7	0,8
Bacillus sp.	1,2	1,7	0,6
Bacillus polymyxa	1,0	1,7	0,5
Micrococcus lactilyticus	1.0	1,5	0,5
Enterobacter aerogenes	0,5	0,9	0,1
Escherichia coli	0,3	0,7	0,1

weit die Leistung der ausgewählten Proteine/Enzyme gegenüber den Aktivitäten von Mikroorganismen gleichwertig oder vorteilhafter ist. Denn im Gegensatz zu den Mikroorganismen, die aufgrund ihres spezifischen Metabolismus stark säurehaltige Lösungen benötigen, sind Proteine/Enzyme wasserlöslich. Isolation und Charakterisierung eines *Acidithiobacillus ferrooxidans D3-2*, einbezogen in die Biolaugung am Beispiel einer Cu-Mine in Chile, präsentieren Sugio et al. (2008). In Verbindung mit dem biologischen Abbau bzw. der Aufbereitung von Cu-Armerzen unterzogen die o. a. Autoren *A. ferrooxidans D3-2* experimentellen Studien, um die Lösungsaktivitäten dieses Mikroorganismenvertreters zu ermitteln. Aufgezogen in einem Chalkopyrit (FeCuS$_2$) führenden Medium zeigt der o. a. Stamm gegenüber anderen Stämmen einen wesentlich intensiveren Lösungseffekt. Als Ursache für die gesteigerte Aktivität erachten die o. a. Autoren die spezifische Resistenz des *A. ferrooxidans Stamms D3-2* gegenüber Sulfiten (SO$_3^{2-}$), einem im Verlauf der S-Oxidation entstehenden toxischen Intermediär. SO$_3^{2-}$ behindert die Aktivität der Fe-Oxidase, eines essenziellen bakteriellen Enzyms, dessen Funktion in der Oxidation von Fe besteht, wobei dieser Prozess wiederum Fe^{3+}-Ionen liefert, erforderlich für eine Lösung der S^{2-}. Die Mehrheit der Organismen, so auch *A. ferrooxidans D3-2*, verfügt über eine Sulfit-Oxidase mit der Aufgabe einer Umwandlung von SO$_3^{2-}$ zu SO$_4^{2-}$. Voraussetzung scheint allerdings ein geringer Gehalt an SO$_3^{2-}$ zu sein. Zu hohe Anteile an SO$_3^{2-}$ unterbinden allem Anschein nach diese Vorgänge (Sugio et al. 2008).

Demgegenüber verfügt die Sulfit-Reduktase (Abschn. 3.3.1 (h)/Bd. 1) des o. a. Stamm, d. h. *D3-2*, gegenüber SO$_3^{2-}$ über eine ausgeprägtere Resistenz und ist daher in der Lage, rascher eine Oxidation zu implementieren, mit dem Ergebnis einer Verminderung der SO$_3^{2-}$-Gehalte. Infolgedessen kommt es zu keinerlei Behinderung im Pfad der Fe-Oxidation (Sugio et al. 2008).

(j) Cu-Resistenz

Zu den Mechanismen einer Cu-Resistenz bei Bakterien sowie *Archaea*, eingesetzt beim industriellen *biomining* von Mineralen, äußern sich Orell et al. (2010), Abschn. 2.3.2 (l)/Bd. 1. Industrielle Prozesse zur Extraktion von Cu, Au und anderen Metallen setzen auf extremophile Formen wie z. B. das acidophile Bakterium *Acidithiobacillus ferrooxidans*, *Sulfolobus metallicus* als thermoacidophilen Vertreter der *Archeae*. Zusammen mit anderen Extremophilen existieren sie in Habitaten, wo sie Cu-Konzentrationen > 100 mM ausgesetzt sind. Nach vorliegenden Informationen stützen sie sich gegenüber hohen Cu-Gehalten simultan auf – alle oder mehrheitlich – folgende Schlüsselelemente:

(1) ein großes Inventar an Determinanten zur Cu-Resistenz,

(2) Duplikation der unter (1) aufgeführten Determinanten,

(3) Vorhandensein von speziellen Chaperonen sowie

(4) eines besonderen Systems zur Cu-Resistenz (Orell et al. 2010).

(k) Wertschöpfungskette

Die Metallgehalte einer Cu-Schlacke, umgerechnet in $kg\,t^{-1}$, offerieren den Beginn einer profitablen Wertschöpfungskette. So sind aus Schlacken, in Verbindung mit der Produktion von Cu, durch chemische Analysen mindestens sieben weitere metallische Phasen angezeigt, d. h. Fe, Mo, Ni, Sb, Sn, W sowie Zn, Tab. 2.22. Biogen extrahiert sowie aufkonzentriert ergeben sich verkaufsfähige Wirtschaftsgüter in Form von z. B. Basischemikalien. Auch der Wert der Mo-Gehalte von Haldenmaterial, d. h. Cu-Au-Typ, umgerechnet in $kg\,t^{-1}$, verweist auf eine weitere Wertschöpfungskette, generiert aus kostenaufwändigen Reststoffen, Tab. 2.23.

Tab. 2.22: Metallgehalte einer Cu-Schlacke umgerechnet in $kg\,t^{-1}$.

	Fe	Ni	Cu	Zn	Mo	Sn	Sb	W
Fraktion				(kg)				
ungesiebt	164,55	22,54	194,37	29,91	1,02	33,33	1,97	3,17
8 mm	13,11	6,19	567,92	7,46	0,15	10,26	0,85	0,76
4 mm	16,16	10,34	578,24	5,21	0,35	11,43	1,01	1,75
2 mm	35,12	11,94	429,33	10,9	0,98	16,49	0,85	3,8
1 mm	71,92	17,15	260,96	22,23	1,6	26,52	0,96	4,72
500 µm	72,58	21,09	224,22	37,33	1,95	31,31	1,21	5,18
250 µm	89,5	25,45	147,95	37,33	1,29	37,38	1,43	3,97
125 µm	91,1	29,18	176,02	38,35	1,65	43,73	1,88	4,34
63 µm	95,87	31,63	172,07	39,93	1,37	45,41	1,95	4,04
<63 µm	92,22	30,37	224,55	35,7	1,29	42,81	1,96	3,26

Tab. 2.23: Wert der Mo-Gehalte von Haldenmaterial, d. h. Cu-Au-Typ, umgerechnet in kg t^{-1}.

Molybdän Mine/Lokalität	1	2	3	4	5	6	7	8	9
Gehalt (%)	0,2	0,174	0,17	0,041	0,021	0,015	0,017	0,01	0,021
Masse (kg t^{-1})	2	1,74	1,7	0,41	0,21	0,15	0,17	0,1	0,21
Wert* (USD)	43,33	37,7	36,83	8,88	4,55	3,25	3,68	2,16	4,55

1 Knaben Mine/Norwegen,   4 Bingham Mine/USA,   7 Schaft Creek Mine/Kanada,
2 Hendersen Mine/USA,   5 Pebble Mine/USA,   8 Gibraltar Mine/Kanada,
3 Climax Mine/USA,   6 Constancia Mine/Peru,   9 Antamina Mine/Peru

* = 9,75 USD/lb, http://www.infomine.com/investment/\penalty\exhyphenpenaltymetal-prices/

(l) Aufbereitungsrückstände

Während der Aufbereitung und Veredelung mineralischer Rohstoffe fallen insbesondere bei der Flotation von sulfidischen Erzen wirtschaftlich interessante Konzentrationen von feindispers verteilten Erzpartikeln an. Vom technischen Standpunkt aus betrachtet, besteht ein großes wirtschaftliches Interesse an einer verbesserten/erhöhten Selektivität des Prozesses unter gleichzeitiger Verringerung der Kostenaufwendungen für Flotationschemikalien. In diesem Zusammenhang stellen Curtis et al. (2009) den anwendungsorientierten Ansatz eines *biomining* von erzführendem Schlamm unter biotechnologischer Einbeziehung von Bakteriophagen vor. Hierzu wurde eine Zufallsheptapeptidbibliothek auf Peptidsequenzen gescreent, die über die Fähigkeit verfügen, ZnS und CuFeS$_2$ selektiv zu binden. Nach entsprechender Vorbereitung war der geklonte Phage, ausgestattet mit den Peptidschleifen *KPLLMGS* und *QPKGPKQ*, in der Lage, speziell ZnS zu fixieren. Phagen, die den Peptidabschnitt *TPTTYKV* enthalten, gehen sowohl mit ZnS als auch CuFeS$_2$ eine Bindung ein. Durch den Einsatz eines mit einem Enzym verbundenen Immunisorbantenassays (*enzyme-linked immunosorbent assay* = ELISA) lässt sich im Vergleich mit dem Wildtyp die Phage als starker Anbindungstypus beschreiben. Die Spezifität der Bindung kann durch eine immunochemische Visualisierung des Phagen bestätigt werden, der an die mineralischen Partikel, aber nicht das Silikat, d. h. als Abfallprodukt, oder Pyrit (FeS$_2$) gebunden ist.

Somit scheint sich dieser ZnS-spezifische Phage zur Abtrennung von ZnS von Silikaten zu eignen. Bei Abwesenheit von CuFeS$_2$ dient diese Technologie zur Anreicherung von ZnS und könnte im Bereich Aufbereitung praktisch anwendbar sein. Liegen hingegen beide o. a. Mineralisationen vor, lässt sich diese Technik nicht anwenden bzw. müsste ein mehr spezifischer Phage entdeckt/entwickelt werden (Curtis et al. 2009).

(m) Abraum

Eine mikrobielle Laugung von U und anderen Spurenelementen aus Abraummaterialien eines Abbaus auf Schiefer kann bei Kalinowski et al. (2004) nachgelesen werden. Signifikante Gehalte an Metallen, d. h. Cr, Mn, Th, U, V und Zn, im Umfeld einer geschlossenen U-Mine, lassen sich nicht durch abiotische Vorgänge erklären, sondern erlauben Überlegungen über die Einbeziehung biologischer Prozesse bei der Mobilisierung von Metallen im unmittelbaren Umfeld des ehemaligen Bergbaus. In diesem Zusammenhang sei an die Fähigkeit von Bakterien erinnert, dass Bakterien kurzkettige organische Säuren und elementspezifische Liganden, d. h. Siderophore, bereitstellen, die den pH-Wert ändern und den Grad der Chelatierung erhöhen, die die Mobilisierung einer Vielzahl von Spurenelementen/-metallen, z. B. U, ermöglichen. Hinweise auf dieses Phänomen liefert eine Studie von Kalinowski et al. (2004). Hierzu wurden drei zur Synthese von Siderophoren befähigte bakterielle Arten, d. h. *Pseudomonas fluorescens*, *Shewanella putrefaciens* und *Pseudomonas stutzeri*, in ein Medium eingegeben, das Abgänge des Bergbaus mit einer U-Konzentration von 0,0013 wt % enthielt. Das U-haltige Material war einer mehr als 30-jährigen Verwitterung ausgesetzt. Zu Vergleichszwecken erfolgte eine Inkubation von nicht gelaugtem U-Erz mit einem Gehalt von 0,61 wt % an U mit *P. fluorescens* und *S. putrefaciens*. Eingetragen auf U-Erz verursachte während seines Wachstums *P. fluorescens* einen deutlichen Anstieg des pH-Wertes von 4,7 auf 9,3, wohingegen bei *S. putrefaciens* und *P. stutzeri* mit einem Wert von 5,2 kaum ein Einfluss auf den pH-Wert erkennbar ist. Insgesamt repräsentiert *P. fluorescens* die einzige Art, die auf U-haltigem Erz gedeiht und messbare Gehalte an U mobilisiert, d. h. 0,001–0,005 % vom Gesamtgehalt Kalinowski et al. (2004).

Eine Freisetzung von U scheint mit der Bereitstellung/dem Angebot von Chelatoren aus Pyoverdin, d. h. floureszierender Siderophor, seitens *P. fluorescens* verbunden zu sein. Bei den beiden anderen Arten ließ sich kein U nachweisen. Dahingegen verursachten *S. putrefaciens* und *P. stutzeri* einen deutlichen Anstieg, d. h. um das Fünf- bis Sechsfache, der Cr-Konzentration in der Lösung, *P. fluorescens* verdoppelte die Cr-Konzentration. Für die Metalle Co, Mn, Tl, V und Zn ließ sich nach Ablauf von 48 h eine Abnahme ihrer ursprünglichen Konzentration beobachten. Aufgrund dieser Schwankungen im Gehalt bzw. unterschiedlichen Laugungsverhalten der eingesetzten Mikroorganismen leiten Kalinowski et al. (2004) die Annahme ab, dass aller Wahrscheinlichkeit nach die Bereitstellung geeigneter Chelatoren und nicht der pH-Wert für die Mobilisierung der Metall(-komplexierungen) verantwortlich ist. Eine Modellierung der Biosorption von Cd-Ionen durch die thermophilen Bakterien *Geobacillus stearothermophilus* und *G. thermocatenulatus* stellen Hetzer et al. (2006) vor. Mithilfe eines Oberflächenkomplexierungsmodells quantifizieren sie die Adsorption von Cd-Ionen in Form von $CdCl_2$. In vergleichenden Bewertungen postulieren die o. a. Autoren für die beiden Mikroorganismen unterschiedliche Typen funktionaler Gruppen. Abraum aus dem Kupferschiefer ist gemäß Matlakowska et al. (2010) zur Gewinnung von Cu und anderen Metallen via u. a. Biotransformation verwertungsfähig, Abschn. 2.3.3 (e).

Aus lateritischen Tailings lassen sich, nach bislang vorliegenden Kenntnissen, durch den Gebrauch eines Konsortiums von *Acidithiobacillus ferroooxidans* sowie *A. thiooxidans* unter aeroben Bedingungen sowohl Ni als auch Co durch biogene Reduktion in Lösung überführen (Marrero et al. 2015). Nach Ablauf von sechs Tagen ist für die Extraktion von Ni ein Wert von > 50 % und für Co nahezu 60 % angegeben. Als technische Ausstattung wurde ein Bioreaktor gewählt. Der erforderliche pH-Wert bewegt sich um ca. 2. Das in Lateriten üblicherweise auftretende Fe bedarf einer speziellen Behandlung. Die vorgeschlagene Methode zeichnet sich gemäß Marrero et al. (2015) durch günstige Bilanzen in der operativen Phase aus.

(n) Erzkonzentrate
Erzkonzentrate können eine Reihe wichtiger Neben-/Spurenelemente enthalten, z. B. Ga, Ge, In. Über die bakterielle Oxidation eines Konzentrats von natürlich auftretendem Ga-haltigen Chalkopyrit ($CuFeS_2$) sowie synthetisch erzeugtem Ga^{3+}-Sulfid durch eine Kultur *Thiobacillus ferrooxidans*, bei einem pH von 1,8 und einer Temperatur von 35 °C, berichtet Torma (1978). Als höchste Konzentration in Lösung sind für Ga ungefähr $2\,g\,l^{-1}$ und für Cu ca. $40\,g\,l^{-1}$ angegeben. Entsprechend der Rate für die O_2-Aufnahme ergibt sich folgende Reihenfolge betreffs des mikrobiellen Eingriffs: $CuFeS_2 \geq Ga\text{-}CuFeS_2 > FeS_2 > CuS_2 > Ga_2S_3$ (Torma 1978).

(o) Germanium (Ge)
Einen weiteren kommerziell interessanten Aspekt stellt die Extraktion von Ge aus ZnS-haltigen Bergbaumaterialien dar. Die Ge-haltigen Erzkonzentrate sind meist sulfidisch und werden über Röstprozesse, d. h. O_2-Zufuhr, zu Oxiden umgewandelt:

$$GeS_2 + 3\,O_2 \longrightarrow GeO_2 + 2\,SO_2 \tag{2.30}$$

Ein Teil des Ge geht als Emission in Form von Staub verloren. Der Rest unterliegt einer Umwandlung in Germanate ($M_x GeO_y$) und wird zusammen mit Zn durch den Einsatz von Schwefelsäure aus der Schlacke gelaugt. Nach der Neutralisierung verbleibt das Zn in Lösung und die Präzipitate führen neben anderen möglichen Metallgehalten die gewünschten Ge-Anteile. Über einen anschließenden *Waelz*-Prozess wird das verbleibende Zn reduziert und die verbleibenden *Waelz*-Oxide werden ein weiteres Mal gelaugt. Das über Ausfällung erhaltene GeO_2 lässt sich entweder mit HCl:

$$GeO_2 + 4\,HCl \longrightarrow GeCl_4 + 2\,H_2O \tag{2.31}$$

oder mit Cl_2-Gas behandeln und erhält auf diese Weise ein Ge-Tetrachlorid ($GeCl_4$), das sich aufgrund seines niedrigen Siedepunkts aus dem Stoffgemenge abdestillieren lässt:

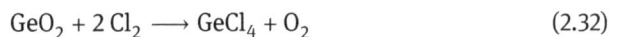

$$GeO_2 + 2\,Cl_2 \longrightarrow GeCl_4 + O_2 \tag{2.32}$$

Das auf diese Weise erzeugte $GeCl_4$ ist über Hydrolysierung oder durch fraktionierte Destillation mit angeschlossener Hydrolyse in hochreines GeO_2 überführbar. Um ein für die z. B. optische Industrie verwertbares Ge zu erhalten, muss es noch reduziert werden, z. B. mit H_2:

$$GeO_2 + 2\,H_2 \longrightarrow Ge + 2\,H_2O \tag{2.33}$$

Für den Einsatz von Ge u. a. in der Stahlproduktion muss das GeO_2 unter Einsatz von C reduziert werden:

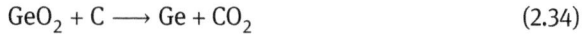

$$GeO_2 + C \longrightarrow Ge + CO_2 \tag{2.34}$$

Allerdings sind die o. a. Vorgänge nur unter erheblichem Einsatz von thermischer Energie sowie problematischen Stoffströmen zu realisieren. Hier bieten sich Lösungen aus der Geomikrobiologie an, Abschn. 2.4.3 (c)/Bd. 1, Abschn. 5.3.3 (e)/Bd. 1. So ist mittels Mikroorganismen ein Nanokomposit aus Si-Ge-Oxid synthetisierbar ([2]Liu et al. 2005), Abschn. 5.3.3 (e)/Bd. 1. Die Substitution von Si durch Ge mittels biologischer Prozesse könnte den Einsatz von Cl-Gas überflüssig machen (Murnane & Stallard 1988), Abschn. 2.4.3 (c)/Bd. 1.

(p) Gold (Au)

Anhand von *Cupriavidus metallidurans* erörtern [2]Reith et al. (2007) das Potential von Mikroorganismen für den Gebrauch bei der Aufbereitung von Au. Als Bestandteil von Au-führenden Böden sowie Regolithen trägt der genannte Mikroorganismus durch Akkumulation von Au zur Entfernung dieses Edelmetalls aus den entsprechenden Lösungen bei. Zur Aufbereitung von FeAsS-haltigen Au-Konzentraten durch partielle Biooxidation mit sukzessiver Bioreduktion veröffentlichen Hol et al. (2011) die Ergebnisse ihrer Arbeiten. Au ist mittels chemischer und biologischer Oxidation aus Sulfiden extrahierbar. Allerdings fallen große Mengen an säurehaltigen Reststoffen an und die ansonsten erfolgreiche Technik erweist sich als kostenaufwändig.

Die von Hol et al. (2011) vorgestellten Strategien bieten technische Lösungsansätze für Bergbau und Sanierung. Unter Umgehung mineralogischer Barrieren lässt sich eine Entnahme von S über eine Bioreduktion realisieren, wobei allerdings H_2S entsteht. Um den in Mineralen gebundenen S einer Biodektion zur Verfügung zu stellen, ist als vorbereitende Maßnahme die partielle Biooxidation von Sulfiden (S^{2-}) zu elementarem S in geeigneter Reaktionsumgebung erforderlich. In bei 35 °C durchgeführten Experimenten mit einem Refraktärkonzentrat zeigt sich, bei einem pH-Wert von 2, eine gegenüber FeS_2 bevorzugte Oxidation von FeAsS und es kommt bei einem pH-Wert von 5, unter Zufuhr von H_2-Gas über bioreduktive Prozesse, zu einer sukzessiven Umwandlung elementaren Schwefels zu H_2S (Hol et al. 2011). Somit gelingt über die Behandlung mit partieller Biooxidation/-reduktion eine Steigerung der Gewinnung von Au, d. h. von 6 % bis nahezu 40 %. Um eine höhere Ausbringungsrate von bis zu 90 % zu erzielen, muss zuvor der elementare S entfernt werden, da er die Mineraloberflächen überdeckt und eine weitere Aufoxidation verhindert (Hol et al. 2011).

Eine Präzipitation von Wertmetallen durch Lösungen zur Biolaugung von biogenen S^{2-} ist bei Cao et al. (2009) nachzulesen. Eine Reduktion von Sulfaten (SO_4^{2-}) durch SRB bedient sich des folgenden Mechanismus:

$$(C, H, O) + SO_4^{2-} \longrightarrow HS^- + HCO_3^- \qquad (2.35)$$

folgend:

$$Me^{2+} + HS^- \longrightarrow MeS + H^+ \qquad (2.36)$$

(C,H,O): organische Materie, Me^{2+}: Metall-Kation, MeS: Metall-Sulfid.

(q) Zink (Zn)

Ein *bioleaching* von Zn aus Au-führenden Erzen unter Einsatz von *Acidithiobacillus ferrooxidans* (*ATCC 14859*) beschreiben Kaewkannetra et al. (2009). Das Probenmaterial führt ca. 13 wt % Zn und stammt au einer Au-Mine. Die Versuchsanordnung sieht zur Behandlung der Erzproben unter Einsatz eines Orbitalschüttlers mit einer Geschwindigkeit von 250 r min^{-1} eine Temperatur von 30 °C und einem Zeitraum von 16 d vor. Als Einflussgrößen treten u. a. das Kulturmedium, die Größe der Erzpartikel, Erzdichte und der pH-Wert des Mediums auf, Abschn. 1.4.1 (g). Im Experiment ergibt sich bei Anwesenheit von *Acidithiobacillus ferrooxidans* gegenüber zellfreien Kontrollexperimenten eine wesentliche höhere Ausbeute an Zn, d. h. bis zu sechsmal. Führt das Medium Fe, beläuft sich die Ausbringung von Zn auf > 90 % (Kaewkannetra et al. 2009).

(r) Experimentelle Arbeiten

335 Stämme von heterotrophen Mikroorganismen, isoliert aus diversen erzführenden Gesteinen, wurden in Submerskulturen auf ihr Laugungsvermögen von Cu und Sb aus Tetraedrit-(($Cu, Fe)_{12}Sb_4S_{13}$-)führenden dolomithaltigen Vererzungen, d. h. Partikelgröße < 0,1 mm, hin untersucht (Strasser et al. 1990). Die Experimente zeigen nach einer Inkubation von acht Tagen, dass es möglich war, zwischen aktiven und passiven Stämmen zu unterscheiden. Mittels *Pseudomonas sp.* stellte sich nach Ablauf eines Zeitraums von acht Tagen für Cu ein maximaler Extraktionswert von 1 % und für Sb von 1,6 % ein. Unter sterilen Bedingungen lag der endgültige pH-Wert bei 6,8 und stieg auf leicht alkaline Werte von 8,3 in den eingeimpften Kolben. Als erprobte C- und N-Quellen, erforderlich für das Wachstum, kamen Stärke und Glutamin, d. h. ein C-N-Verhältnis von 50 : 1, zum Einsatz. Variationen in der C-/N-Quelle verursachten einen kaum merklichen Anstieg in den Extraktionsraten für Cu und Sb. Auch eine vorausgehende Inkubation von 24 h, d. h. Eingabe des Erzes nach Ablauf der angeführten Vorlaufzeit, führte zu keiner Erhöhung der Metallextraktion (Strasser et al. 1990).

In Kombination mit einem moderat thermophilen Fe-oxidierenden Mikroorganismus, d. h. *Sulfobacillus thermosulfidooxidans*, erforschten Dopson & Lindström (1999) das Potential dreier Stämme von *Thiobacillus caldus*, d. h. *KU*, *BC13* sowie *C-SH12*, zur Biolaugung von Arsenopyrit (FeAsS). Ihre Versuche stützen sich auf Rein- sowie auf exakt definierte Mischkulturen von *T. caldus* und *S. thermosulfidooxidans*. Durch Messungen der freigesetzten Fe-, Tetrathionat- ($S_4O_6^{2-}$)- und S-Konzentrationen ist ersichtlich, dass sich bei Gegenwart von *T. caldus KU* und *BC13*, d. h. als Mischkultur, die Gehalte von S erniedrigen. Im Vergleich mit Kulturen, die *S. thermosulfidooxidans* enthalten, verbleiben die Gehalte für $S_4O_6^{2-}$ ähnlich oder fallen geringer aus. Die Beobachtung lässt den Schluss eines Wachstums von *T. caldus* auf im Verlauf der Laugung entstandene S-Komponenten zu. Durch den durch Dopson & Lindström (1999) o. a. vermuteten Vorgang kommt es ihrer Bewertung zufolge zu einer merklichen Erhöhung in der Wirksamkeit der Laugung von FeAsS. Reinkulturen von *S. thermosulfidooxidans*, kombiniert mit Hefeextrakten, liefern ähnliche Ergebnisse für die Laugung von FeAsS. Dopson & Lindström (1999) zufolge scheint *T. caldus* hypothetisch drei Funktionen im Umfeld der Laugung zu übernehmen:

(1) Entfernen von Ansammlungen an festem S, die eine schützende Schicht auf der Oberfläche des Minerals bilden und somit eine weitere Laugung unterbinden können,

(2) Unterstützung beim heterotrophen sowie mixotrophen Wachstum durch die Freisetzung von organischen Chemikalien,

(3) Lösung von festem S durch die Erzeugung von oberflächenaktiven Reagenzien.

Die von Dopson & Lindström (1999) vorgelegten Resultate zeigen auf, dass sich *T. caldus KU* am effektivsten bei der Laugung von FeAsS verhält. Es folgen *BC13* und letztendlich *C-SH12*. Eine bakteriell unterstützte Haufenlaugung (engl. *heap leaching*) stellt eine wirtschaftlich lauffähige Technologie zur Behandlung von Gesteinen mit niedrigen Gehalten an Cu-Sulfiden, z. B. Chalkopyrit ($CuFeS_2$), dar. In diesem Zusammenhang führen Lotfalian et al. (2012) mithilfe gemäßigter thermophiler Bakterien eine säulengestützte Biolaugung durch. Das zu untersuchende Material besteht zu 1 % aus $CuFeS_2$ sowie zu 3 % aus FeS_2 und zeigt eine geringe Löslichkeit in sauren Lösungen, d. h. ca. 5 %. In ihren Experimenten, ausgeführt in Säulenreaktoren, sollten der Effekt der Partikelgröße, d. h. –12 mm bis 25 mm, sowie die externe Zufuhr von CO_2, d. h. 10 % (v/v), zum zuvor eingeführten Luftgemisch untersucht werden. Gemäß Lotfalian et al. (2012) lassen sich unter optimalen Bedingungen, d. h. Partikelgrößen von < 12 mm und 10 % (v/v) CO_2, knapp 70 % des Cu extrahieren.

Alternative experimentelle Ansätze, d. h. *bottom-up* und *top-down*, zur u. a. Evaluation mikrobieller Konsortien zum Zwecke einer Biolaugung evaluieren Rawlings & Johnson (2007), Abb. 2.35. Unter der Voraussetzung der Stabilität und Effizienz dient der *Top-down*-Ansatz zur Inokulation des Testmaterials durch eine Mischung von Mikroorganismen unter sowohl Laborbedingungen als auch bezogen auf eine Pilotanlage. Einer der Vorteile der *Top-down*-Technik besteht gemäß Rawlings & Johnson (2007) in der Robustheit sowie Flexibiltät bei Störungen durch Einflussgrößen wie pH-Wert und Temperatur. Als Mikroorganismen sind u. a. *Acidithiobacillus ferro-*

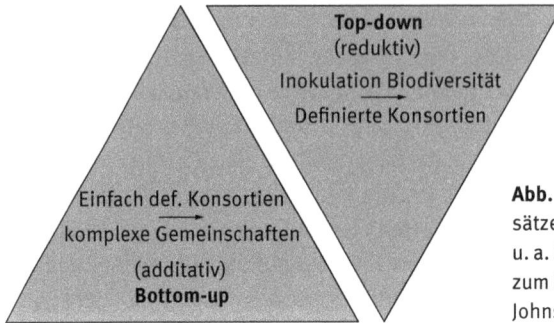

Abb. 2.35: Alternative experimentelle Ansätze, d. h. *bottom-up* und *top-down* zur u. a. Evaluation mikrobieller Konsortien zum Zwecke einer Biolaugung (Rawlings & Johnson 2007).

oxidans, Sulfobacillus thermosulfidooxidans genannt. Abweichend hiervon strebt die *Bottom-up*-Technik einen Entwurf des gegenüber Erzen, z. B. polymetallisch, oder Konzentraten optimalen mikrobiellen Konsortiums, verwendbar in geeigneten Bioreaktoren, an. Als determinierende Einflussgrößen treten im Wesentlichen der pH-Wert und die Temperatur auf. Das schließt Fe- sowie S-oxidierende Mikroorganismen ein, z. B. *Leptospirillum ferriphilum* (Abb. 2.5 (b)/Bd. 1), *Acidithiobacillus caldus* (Rawlings & Johnson 2007).

Die oxidative Lösung von Arsenopyrit (FeAsS) sowie Enargit (Cu_3AsS_4) durch *Leptospirillum ferrooxidans* erwähnen Corkhill et al. (2008). In Experimenten wurden sowohl Arsenopyrit (FeAsS) als auch Enargit (Cu_3AsS_4), unter einer N_2-Atmosphäre gebrochen, nach Behandlung einer sauren, oxidativen Auflösung (pH = 1,8) in der Anwesen- und Abwesenheit des acidiphilen Mikroorganismus *Leptospirillum ferrooxidans* beschrieben. Als Ergebnis steht die Beobachtung, dass sich die biologisch geförderte Oxidation im Vergleich mit einer nicht biologischen Vorgehensweise und die Oxidation des FeAsS gegenüber Cu_3AsS_4 als weitreichender erweisen. Aufgrund dieser Reaktionsabfolgen gelangen ca. 917 ppm FeAsS bzw. 180 ppm Cu_3AsS_4 in Lösung. Es kommt infolge der Zersetzung von Arsenopyrit zur Bildung von Fe^{3+}-Oxyhydrid, Fe^{2+}-Sulfat sowie Arsenat (AsO_4^{3-}), aus Cu_3AsS_4 entstehen Thiosulfat und ein bislang unbekanntes As-Oxid. Analysen zeigen eine ausgedehnte Beschichtung des FeAsS durch seitens *L. ferroxidans* bereitgestellten EPS (Abschn. 2.3.6) sowie kleinere Ausbuchtungen in der Oberfläche, von Corkhill et al. (2008) als Indikation einer Einbeziehung mikrobieller Tätigkeit/Oxidation interpretiert. Insgesamt weist *L. ferroxidans* gegenüber As^{3+} sowie As^{5+} eine hohe Widerstandskraft auf, d. h. mehrere 100 ppm (Corkhill et al. 2008). Als Analysetechnik setzten die Autoren u. a. ICP ein, Abschn. 1.3.5 (i).

Einen Vergleich in der Zusammensetzung und Aktivität einer mikrobiellen Gemeinschaft in SO_4^{2-}-reduzierenden Batchsystemen zur Sanierung von Minendrainagen schildern Pereyra et al. (2008). Fünf mikrobielle Inocula wurden einem Batchtest unterzogen, um ihre Fähigkeit einer Sanierung von Minendrainagen (MD) zu bewerten. Zu Versuchs- und Vergleichszwecken standen zwecks Entnahme von Sulfat (SO_4^{3-}) und Metall sowie Neutralisierung des pH-Werts diverse organische Abfallstoffe, z. B. Dung, zur Verfügung. Auf diese Weise sollte eine Quantifizierung aller Bakterienvertreter sowie speziell der Anteil von sulfatreduzierenden Bakterien (SRB) ermöglicht werden. Nach Ablauf verschiedener Versuchszeiträume, d. h. 0, 2, 4, 9 und 14 Wochen, wurden die mikrobiellen Gemeinschaften einer denaturierenden Gradienten-Gelelektrophorese (engl. *denaturing gradient gel electrophoresis = DGGE*) und einer quantitativen Polymerasekettenreaktion (engl. *polymerase chain reaction =* PCR) unterzogen, um diese zum einen zu beschreiben und zum anderen die Menge aller Bakterien und der SRB der Gattung *Desulfovibrio* zu bestimmen. Die mit den organischen Abfallstoffen beimpften Kulturen zeigten erheblich höhere Entnahmeraten für das SO_4^{3-} sowie die Metalle und schlossen gewünschte Funktionen wie die Degradation der Polysaccharide, Fermentation und SO_4^{3-}-Reduktion ein. Gleichzeitig ist ein höherer Anteil an *Desulfovibrio sp.* damit verbunden. Als Resultat dieser Versuche steht die Erkenntnis, dass das Inokulum die Leistungsfähigkeit, d. h. Remediationskapazität, dieser Methode beeinflusst. Darüber hinaus gewähren sie Einblicke in die Wechselwirkung/Abhängigkeit zwischen der Zusammensetzung von Inokulum und mikrobieller Gemeinschaft (Pereyra et al. 2008). Im Zusammenhang mit der Biolaugung von $CuFeS_2$-Konzentraten charakterisieren Zeng et al. (2010) EPS, angelagert auf dem $CuFeS_2$. Sie erzielten nach 24 Tagen eine Ausbeute von knapp 85 % Cu. Die Laugungsrate verstärkt sich durch Erhöhung der Konzentration von Fe-Ionen

Zu der bakteriell eingeleiteten Verwitterung von ultramafischen Gesteinen und den entsprechenden Rückschlüssen für die Phytoextraktion äußern sich Becerra-Castro et al. (2013). Die Bioverfügbarkeit von Metallen ist oftmals eine limitierende Einflussgröße bei Vorgängen wie der Phytoextraktion. Bakterielle Metabolite wie organische Säuren, Siderophore (Abschn. 4.5.2/Bd. 1) sowie Biosurfaktanten (Abschn. 2.3.6) erweisen sich als wichtige Hilfsmittel bei der Akquise, d. h. Extraktion von Metallen. Zwecks Mobilisierung von Ni und der Verwitterungskapazität durch bakterielle Stämme führten Becerra-Castro et al. (2013) diverse evaluierende Studien durch, wobei sie als Ergebnis eine deutlich erkennbare Ni-Anreicherung in speziellen, d. h. mit *Athrobacter*-Vertretern wie *LA44* beimpften Ni-hyperakkumulierenden Pflanzenpräparaten erhielten. Durch die o. a. Kombination, d. h. als eine Art Hybridtechnik, ergeben sich nach Becerra-Castro et al. (2013) technische Optionen zur Verbesserung einer Ni-Aufnahme durch hyperakkumulierendes Pflanzenmaterial.

(s) *Pourbaix*-Diagramm

Pourbaix-Diagramme für Ge, Pd sowie V offenbaren die Stabilitätsfelder für ihre entsprechenden Spezifikationen und gestatten somit Voraussagen über die Option einer Synthese nanoskaliger Ge-, Pd- und V-haltiger Biomineralisationen (Takeno 2005), Abb. 2.36. Um z. B. die Rahmenbedingungen für das Stabilitätsfeld für Pd abzuschätzen, vermittelt das *Pourbaix*-Diagramm einen ersten Überblick, z. B. Pd(s) verhält sich bei einem Eh-Wert von 0,4 bis zu einem pH-Wert von ca. 7 stabil.

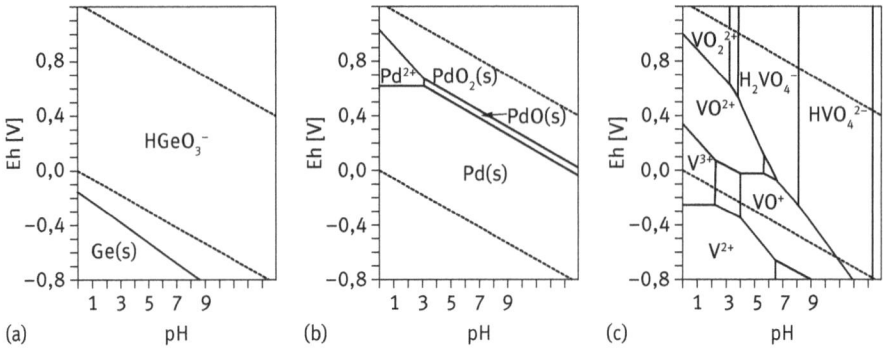

Abb. 2.36: *Pourbaix*-Diagramme für (a) Ge, (b) Pd sowie (c) V sowie deren Spezifikationen (Takeno 2005).

(t) Anlagenbau

Der Anlagenbau im Sinne einer biologischen Behandlung erzführender Matrizen stellt besondere Anforderungen an sowohl Material als auch betreffs der Materialströme dar. So sind bei Einsatz von Bioreaktoren besondere Schutzmaßnahmen gegenüber Korrosion durch biologische Aktivitäten, Gasentwicklung von z. B. H_2S und biologische Abfallströme zu berücksichtigen. Aktuelle Anlagen im Großmaßstab zur Bioxidation von refraktärem Au listet Acevedo (2000) auf, Tab. 2.24. So beläuft sich die Produktionsleistung einer Tanklaugung am Beispiel von Au-führenden Gesteinen auf z. B. 1000 t Au-Konzentrat d^{-1}. Auch sind Erze aus dem geologischen Grundgebirge mittels neuer Technologien extrahierbar (url: Python Group 2012), Abb. 2.37 (a). Bioreaktoren im Bergbau stellen aktuell eine gut untersuchte und etablierte Möglichkeit im Sinne der Biohydrometallugie dar (url: Mintek 2014), Abb. 2.37 (b).

Tab. 2.24: Großanlagen zur Biooxidation von Au-führenden Mineralisationen (Acevedo 2000).

Anlage	Beginn	Technologie	Leistung
Fairview, South Africa	1986	Tank-Laugung	35 t Au-Konzentrat d^{-1}
Sao Bento, Brazil	1990	Tank-Laugung	150 t Au-Konzentrat d^{-1}
Harbour Lights, Australia	1992	Tank-Laugung	40 t Au-Konzentrat d^{-1}
Wiluna, Australia	1993	Tank-Laugung	115 t Au-Konzentrat d^{-1}
Ashanti, Ghana	1994	Tank-Laugung	1000 t Au-Konzentrat d^{-1}
Youanmi, Australia	1994	Tank-Laugung	120 t Au-Konzentrat d^{-1}
Sansu, Ghana	1994	Tank-Laugung	1000 t Au-Konzentrat d^{-1}
Tamboraque, Peru	1999	Tank-Laugung	260 000 t Abgänge aus Zn-Flotation
Mount Leyshon, Australia	1992	Haufen-Laugung	1370 t Cu-Au-Erz d^{-1}
Newmont-Carlin, USA	1995	Haufen-Laugung	10 000 t Au-Erz d^{-1}

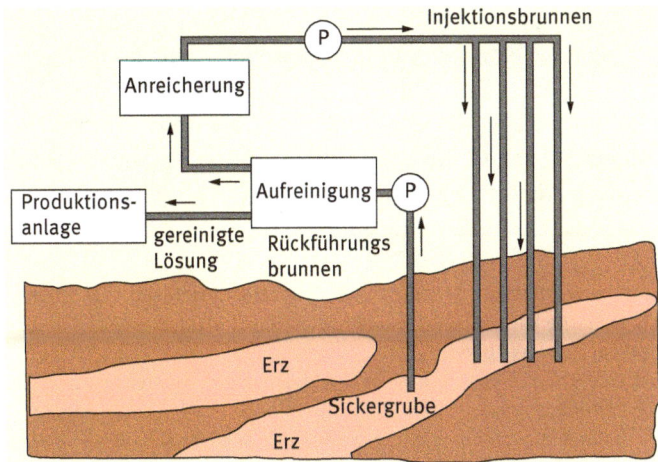

(a)

(b)

Abb. 2.37: (a) Schematische Darstellung eines Verfahrens zur biologischen Laugung von Erzen (Python Group 2012) sowie (b) Bioreaktoren zur Gewinnung von Au (url: Mintek 2014).

Am Beispiel der biogenen Aufbereitung von Cu-, Au- sowie Co-Erzen erläutern Norris et al. (2000) die Funktion von Acidophilen in kommerziell betriebenen Bioreaktoren. Im Vergleich erweist sich eine elektrochemische Biolaugung gegenüber der konventionellen Biolaugung als effizienter und sollte daher beim Anlagenbau berücksichtigt werden (Ahmadi et al. 2011).

(u) Energiequelle

Verschiedene Bakterienstämme, z. B. *Thiobacilli*, *Leptospirillum*, nutzen die Sulfid- und Halbleiterverbindungen $CuFeS_2$, FeS_2 und ZnS als Energiequelle (Tributsch & Rojas-Chapana 2000). Die Einwirkung von molekularem H_2 als wettbewerbsfähige Energiequelle auf die Biolaugung von $CuFeS_2$ durch den extremen thermoacidophilen Archeae-Vertreter *Metallosphaera sedula* erläutern Auernik & Kelly (2010).

Zusammenfassend

sind bei den Verfahren der Biohydrometallurgie, gegenüber herkömmlichen Techniken, z. B. Pyrometallurgie, d. h. Rösten durch thermische Energie oder Hochtemperaturelektrolyse, folgende Kriterien für den großtechnischen Einsatz ausschlaggebend:

- günstigere Energiebilanz, da die Verfahrensprozesse im Niedrigtemperaturbereich ablaufen und geringere Wassermengen benötigt werden,
- hohe Umweltfreundlichkeit durch Biokompatibilität, d. h. Entsorgung leicht abbaubarer Biomaterialien,
- Übertragung der Prinzipien einer nachhaltigen Entwicklung auf die Rohstoffgewinnung.

Im interdisziplinären Sinne verhelfen Umkehrprozesse in der Biohydrometallurgie und *biomining* zu Einblicken in die Behandlung von Metallen seitens aller Formen von Biomasse, d. h. Ganzzelle bzw. Biomoleküle (Rawlings & Johnson 2006). Insgesamt eignen sich die vorgeschlagenen Ansätze für ein *upgrading* von geringhaltigen Lagerstätten, Haldenmaterialien und kontaminierten Geosphären. Es sind allerdings hinsichtlich der mikrobiellen Verarbeitung von Metallen, wie z. B. Ga sowie In aus Sphalerit (ZnS) oder Hf aus Zirkon ($Zr[SiO_4]$) im Sinne einer Erhöhung der Bioverfügbarkeit, weiterführende Forschungsarbeiten im Sinne von Identifizierung und Selektivität der o. a. Metalle und somit Bioverfügbarkeit erforderlich.

2.5.2 *Urban mining*

Ein im Zusammenhang mit der Biohydrometallurgie verwandtes Arbeitsgebiet ergibt sich zunehmend in Form des *urban mining*. Unter *urban mining* werden die Aufnahme und Beschreibung von Anreicherungen mineralischer Rohstoffe, verursacht durch anthropogenen Eintrag, verstanden. Urbane Bereiche entwickeln sich infolge aktueller Marktumfelder zu Zentren mit hoher Akkumulation an Rohstoffbindungen, u. a. von metallführenden Kompenenten (z. B. Cossu et al. 2012). Je nach angestrebtem Lebenszyklus, d. h. lang- und kurzfristig, stehen nahezu alle wiedergewonnenen metallischen Wirtschaftsgüter eines *urban mining* mittels der vorgestellten Ansätze zur Verfügung. Auf die aktuell vorliegenden Kenntnisse auf dem Gebiet des geobiotechnologischen *urban mining* gehen Glombitza & Reichel (2014) ein. So sind z. B. rückgeführtes Mn und Co von großer wirtschaftlicher Bedeutung. Mn dient als Legierungskomponente und ist Bestandteil von Li-Akkus, Co wird in der Hochtechnologie, z. B. bei Magneten für Festplatten, Plasmabildschirmen, u. a. eingesetzt. Als Technik kommt insbesondere eine Biolaugung in Betracht. Diese gestattet im Sinne eines *urban mining* einen Metallkreislauf, der sich eng an biogeochemische Kreisläufe anlehnt und

als Ergebnis die Nachfrage nach Ressourcen wie Erz, Energie oder Raum zur Endlagerung von Reststoffen reduziert (Brandl 2001). Ein biotechnologisches *urban mining*, d. h. durch Mikroorganismen rezyklierte metallhaltige Abfälle, veranschaulicht
Brandl (2012). Krebs et al. (1997) berichten über die mikrobielle Wiedergewinnung
von Metallen aus Feststoffphasen. Zur biotechnologischen Rückführung von Metallen
aus Gründen ihrer kommerziellen Wiederverwertung, d. h. Recycling, aus sekundären
Quellen, können zahlreiche Mikroorganismen in Anspruch genommen werden (Hoque & Philip 2011). So extrahiert z. B. *Acidithiobacillus ferrooxidans* Cu, Fe sowie Zn,
das Bakterium *At. thiooxidans* kann Cr, Cu, Ni sowie Zn bearbeiten. Weiterhin erweist
sich *At. caldus* als sehr vielseitig bei der Extraktion von Metallen, z. B. Cr, Cu, Ni, Zn.
Fe ist durch eine Vielzahl an Mikroorganismen extrahierbar, so neben den o. a. Vertretern *Leptospirillum ferrooxidans, Acidimicrobium, Ferromicrobium, Sulfobacillus*. Zur
Entnahme von U eignen sich *Pseudomonas fluorescens, Shewanella putrefaciens, Pseudomonas stutzeri* (Hoque & Philip (2011), Tab. 2.25.

Tab. 2.25: Metalle, durch Mikroorganismen extrahiert, die somit einer Wiederverwertung zurückgeführt werden können (Hoque & Philip 2011).

Metalle	Mikroorganismus
Au	*Acidithiobacillus, Leptospirillum, Thiobacillus ferrooxidans*
Cr	*Acidithiobacillus ferrooxidans, At. thiooxidans, At. caldus*
Cu	*Acidithiobacillus ferrooxidans, At. thiooxidans, At. caldus*
Fe	*Acidithiobacillus ferrooxidans, At. caldus, Leptospirillum ferrooxidans, Acidimicrobium, Ferromicrobium, Sulfobacillus* etc.
Ni	*Citrobacter, Acidithiobacillus, At. thiooxidans, At. caldus*
U	*Pseudomonas fluorescens, Shewanella putrefaciens, Pseudomonas stutzeri*
Zn	*Acidithiobacillus ferrooxidans, At. thiooxidans, At. caldus*

(a) Dissimilatorische Sulfatreduktion

Unter einer dissimilatorischen Sulfatreduktion oder Desulfurikation wird die Reduktion von Sulfat (SO_4^{2-}) zu Sulfid (S^{2-}) bzw. Schwefelwasserstoff (H_2S) verstanden (url:
BioCyc):

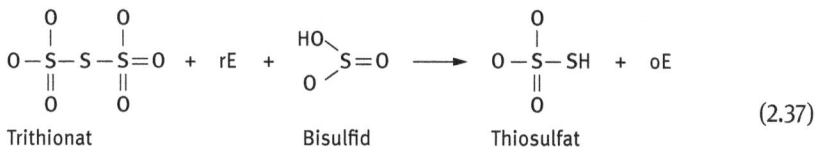

$$O-\overset{\overset{O}{\|}}{\underset{\underset{O}{\|}}{S}}-S-\overset{\overset{O}{\|}}{\underset{\underset{O}{\|}}{S}}=O \;+\; rE \;+\; \overset{HO}{\underset{O}{}}S=O \;\longrightarrow\; O-\overset{\overset{O}{\|}}{\underset{\underset{O}{\|}}{S}}-SH \;+\; oE$$

Trithionat   Bisulfid   Thiosulfat

$$(2.37)$$

oE = oxidierter Elektronenakzeptor   rE = reduzierter Elektronenakzeptor

sowie

$$\diagup\!\!\!\text{S}=\text{O} \;+\; 2\,\text{H}^+_{[out]} \;+\; 2\,\text{e} \longrightarrow \overset{\diagdown\;\diagup}{\text{S}} \;+\; 2\,\text{H}_2\text{O}_{[out]} \tag{2.38}$$

Dimethyl-S-oxid$_{[out]}$ ⟶ Dimethyl-Sulfid$_{[out]}$

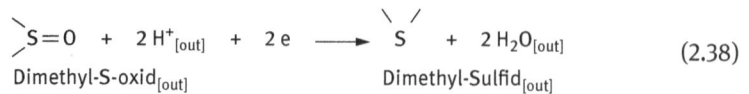

Die Vorgänge erfolgen hauptsächlich durch obligat anaerobe Bakerien, Abschn. 2.2 (b)/Bd. 1. Die Energieausbeute findet über die Oxidation von SO_4^{3-} statt. Der technisch verwertbare Aspekt dieser Vorgänge besteht in der Aufhebung passivierter Oberflächen, von Nachteil ist die Bildung von gasförmigen H_2S. Eine Steigerung der Reduktion von SO_4^{2-} ist über ein metabolisches Engineering möglich, Abschn. 2.3.1 (o)/Bd. 1.

(b) Selektive Separation

Hinsichtlich einer selektiven Separation und Rückführung von Cd, Cu, Ni und Zn aus sauren, poly-metallischen, wässrigen Lösungen steht über eine selektive S^{2-}-Präzipitation durch Thioacetamid (C_2H_5NS) eine weitere technische Option zur Diskussion (Gharabaghi et al. 2012). In Abhängigkeit von pH-Wert, Kontaktzeit sowie Temperatur führten die o. a. Autoren experimentelle Arbeiten zu einer selektiven Metall-S^{2-}-Präzipitation durch.

Über eine genaue Kontrolle von pH und Temperatur ist eine Abtrennung der diversen Metallkationen durchführbar, Abschn. 2.3.8/Bd. 1. Liegt der pH-Wert unter 2,5 kommt es zur völligen Ausfällung des Cu. Liegt der pH-Wert bei 4 präzipitiert Cd, steigt er auf 5,5 folgt Zn und Ni fällt bei einem Wert von 7,5 aus. Steigende Temperatur erhöht die Präzpitationsraten. Wie durch Analysen ermittelt, weisen die erzeugten sulfidischen Präzipitate einen hohen Reinheitsgrad auf. Als Messtechniken kommen zur Beschreibung der o. a. Mineralphasen RDA als auch SEM in Betracht (Gharabaghi et al. 2012), Abschn. 1.3.3 und 1.3.4.

(c) Cyanid-Komplexe

Zur Genese von wasserlöslichen Metallcyanid-Komplexen aus Mineralen durch *Pseudomonas plecoglossicida* machen Faramarzi & Brandl (2006) Angaben. Einige wenige *Pseudomonas*-Arten bilden, speziell unter an Glycin angereicherten Bedingungen, Cyanwasserstoff (HCN). Bei Anwesenheit von Metallen formen Cyanide (CN^-) wasserlösliche Metallkomplexe mit hoher Stabilität. Zu den Möglichkeiten einer Mobilisierung von Metallen als CN^--Komplexe unter Zuhilfenahme von HCN-generierenden Mikroorganismen führten Faramarzi & Brandl (2006) Untersuchungen durch. In Anwesenheit von Cu- sowie Ni-führenden Feststoffphasen unterzogen die o. a. Autoren *P. plecoglossicida* einer Kultivierung. Steht elementares Ni in Pulverform zur Verfügung, erfolgt innerhalb der ersten 12 h nach Inkubation die Bildung von HCN, begleitet von der Erzeugung von wasserlöslichem Tetracyanonickelate ($Ni(CN)_4$). Weiterhin unterziehen Faramarzi & Brandl (2006) Cuprit (CuO_2), Tenorit (CuO), Chrysokoll ($Cu_4H_4[(OH)_8|Si_4O_{10}] \cdot n\,H_2O$), Malachit ($Cu_2[(OH)_2|CO_3]$), Bornit ($Cu_5FeS_2$),

Türkis ($CuAl_6(PO_4)_4(OH)_8 \cdot 4\,H_2O$), Millerit (NiS), Pentlandit (($NiFe)_9S_8$) sowie geschredderten Elektronikschrott einer biologischen Behandlung.

Sie erhalten, unter Einsatz von *P. plecoglossicida*, aus CuO_2 maximal 42 % sowie aus CuO ca. 27 % eines in Lösung befindlichen Cu-Cyanid-Komplexes, Tab. 2.26. Auch aus dem Cu-Silikat $Cu_4H_4[(OH)_8|Si_4O_{10}] \cdot n\,H_2O$ sind mehr als 20 % an Mobilisierung nachgewiesen. Im Fall von Cu_5FeS_2 sowie $Cu_2[(OH)_2|CO_3]$ ergeben sich Austragsraten von < 10 %. Für Ni, entweder als natives Metall vorliegend oder eingebaut in NiS sowie ($NiFe)_9S_8$, beläuft sich der Grad an Ausbringung auf max. 5 % bzw. der extrahierte Gehalt ist vernachlässigbar. Aus manuell zerkleinerten Platinen ließen sich nach Angaben von Faramarzi & Brandl (2006) auf die o. a. Vorgehensweise mehr als 68 % des ursprünglich integrierten Au in Lösung überführen, d. h. Dicyanoaurat (C_2AuN_2). Ungeachtet dessen, dass das Kristallsystem, der Oxidationszustand der Metalle sowie die Hydrophobizität der Minerale einen erheblichen Einfluss auf eine Mobilisierung von Metallen ausüben, gelang es bislang nicht, die Mobilisierung von Metallen einer der o. a. Größen zuzuordnen (Faramarzi & Brandl 2006).

Tab. 2.26: Mobilisierung von Metallen als entsprechende Cyanid-Komplexe aus verschiedenen Cu- sowie Ni-haltigen Mineralen durch *Pseudomonas plecoglossicida* (Faramarzi & Brandl 2006).

Mineral	Chem. Formel	Ox*-Zustand Metall	Kristall-System	Mobilisierungs-grad Metall (%)
Cu				
Cuprit	CuO_2	+1	kubisch	42,0
Tenorit	CuO	+2	monoklin	27,2
Chrysokoll	$(Cu, Al)_2H_2Si_2(OH)_4 \cdot n\,(H_2O)$	+2	orthorhombisch	23,4
Malachit	$Cu(CO_3)(OH)_2$	+2	monoklin	8,9
Bornit	Cu_5FeS_4	+1	orthorhombisch	5,0
Türkis	$CuAl(PO_4)_4(OH)_8$	+1	triklin	k. A.
Ni				
Nickel	Ni	0	kubisch	5,5
Millerit	NiS	+2	trigonal	1,4
Pentlandit	$Fe_{4,5}Ni_{4,5}S_8$	+2	kubisch	0,14
Bunsenit	NiO	+2	kubisch	k. A.

* Ox: Oxidation

Wechselwirkungen zwischen Mikroben und Metallen zwecks biotechnologischer Behandlung von metallführenden Abfällen in fester Form schildern Brandl & Faramarzi (2006), Abschn. 2.4/Bd. 1. So gehen bei Verwendung von *Acidithiobacillus* Cd, Cu sowie Zn > 80 % in Lösung. Aber auch Cr sowie Ni sind, wenn auch mit geringeren Gehalten, mobilisierbar, d. h. Cr ca. 10 %, Ni ca. 30 %. Werden HCN-bildende Bakterien, z. B. *Chromobacterium violaceum*, *Pseudomonas fluorescens*, z. B. Cu-führenden Erzen, Elektronikschrott, Autokatalysatoren etc. ausgesetzt, so extrahiert *C. violaceum*

u. a. Au als Dicyanoaurat sowie Cu-Cyanokomplexe (CuCN) aus Elektronikschrott, Ni in Form von Tetracyanonickelat ($Ni(CN)_4^{2-}$) aus Ni-Pulver und wasserlösliches Pt-Cyanid ($Pt(CN)_2$) aus Autokatalysatoren (Brandl & Faramarzi 2006). Ein Überblick über die Behandlung cyanidhaltiger Abfälle durch u. a. Biodegradation ist in der Arbeit von Ntemi (2013) einsehbar. Es sind u. a. die Einflussmöglichkeiten auf die Optimierung und Modifikation der Leistungsfähigkeit mikrobieller Aktivitäten bezüglich Abbau von Cyaniden via genetische Eingriffe betont. Auch scheinen die Techniken zur Behandlung von SEE geeignet.

(d) Baustoffe

Eine biologische Behandlung von Baumaterialien zum Beispiel in Form von unter atmosphärischen Bedingungen ausgesetzten Klinkern aus Portlandzement erläutern Kondratyeva et al. (2006). Konventionelle Baumaterialien zeichnen sich durch eine hohe Komplexität in sowohl Chemismus als auch mineralogischer Zusammensetzung aus und stellen eine erhebliche Herausforderung bei der Auftrennung, Holz, Zement, Klinker, Metallen etc. dar. Weitere Ansätze sind z. B. bei Silva & Rosowsky (2008) zu finden. Generell besteht auf diesem Gebiet zwecks Wirtschaftlichkeit eines biogenen Austrags und Weiterverwendung bestimmter Komponenten wie z. B. Metalle noch Forschungsbedarf.

(e) Elektronikschrott

Eine weitere Möglichkeit besteht im gezielten, selektiven Extrahieren von Wertstoffen aus z. B. Elektronikschrott. Über die Rückgewinnung von Pd und Au aus edelmetallhaltigen Lösungen und Laugungsrückständen aus Elektronikschrott durch *Desulfovibrio desulfuricans* publizieren Creamer et al. (2006). Die Biomasse von *D. desulfuricans* eignet sich zur Rückgewinnung von Au^0, das in Test- bzw. in Laugungslösungen aus Elektronikschrott als Au^{3+} vorliegt, wobei Au^0 extrazellulär ausfällt, allerdings durch einen Mechanismus, der sich von der Biodeposition von Pd^0 unterscheidet. Die Anwesenheit von Cu^{2+}, d. h. ca. 2000 mg l^{-1}, in der Laugungslösung verhindert den mittels Hydrogenase gestützten Entzug von Pd^{2+}. Dahingegen ermöglicht eine vorausgehende Präpalladisierung der Zellen bei gleichzeitiger Abwesenheit von Cu^{2+} die autokatalytische Entnahme von nahezu 95 % an Pd^{2+} aus einer Cu^{2+}- und Pd^{2+}-führenden Testlösung. Die Versuchsanordnung stützt sich auf einen Gas-Lift-Elektrobioreaktor mit elektrochemisch generiertem H_2 inkl. nachfolgender gravitativer Ausfällung der gewonnenen Metallpartikel. Creamer et al. (2006) postulieren einen dreistufigen Bioseparationsprozess, erforderlich zur Wiedergewinnung von Au^{3+}, Pd^{2+} und Cu^{2+}. Durch Techniken wie z. B. metabolisches Engineering lässt sich die Extraktion von Au aus Elektronikschrott steigern (Tay et al. 2013), Abschn. 2.3.1 (o)/Bd. 1.

(f) Flugaschen

Eine Biolaugung von Metallen aus Flugaschen, generiert durch kommunale Verbrennungsanlagen, unter Verwendung gemischter Kulturen von S- und Fe-oxidierenden Bakterien (SOB bzw. IOB), beschreiben Ishigaki et al. (2005). Hierbei zeigt sich, dass die Defizite seitens S- sowie Fe-oxidierender Bakterien, d. h. geringes Toleranzverhalten gegenüber Aschen sowie geringe Laugungskapazität von metallhaltigen Medien, durch die Verwendung von gemischten Kulturen umgangen werden können. In einer 1-%-Aschenkultur kommt es durch gemischte Kulturen zu einer Kompensation der o. a. Nachteile und für Cu sind 67 %, für Zn 78 %, für Cr sowie Cd 100 % ermittelt. Steigt der Ascheanteil auf 3 %, sind betreffs Cu 42 % und hinsichtlich Zn 78 % gemessen.

Im Verlauf des gesamten Zeitraums der experimentellen Laugung von Metallen durch die gemischten Kulturen verbleiben sowohl die sauren als auch oxidierenden Konditionen konstant (Ishigaki et al. 2005). Fe^{3+} verharrt in der Mischkultur, die eigentliche Metalllaugung lässt sich durch eine Bindung der Redoxmechanismen an Sulfat (SO_4^{2-}) erhöhen und der Anstieg von Fe^{2+}-Ionen bedingt eine Steigerung der Laugung von Cr, Cr sowie As. Eine eventuelle Präsenz von Biomasse verursacht außer für Zn keinerlei Veränderungen im Laugungsverhalten. Daher kann ein Einsatz von SOB und IOB (engl. *iron oxidizing bacteria*) zur Rückführung von Metallen aus Flugaschen in Erwägung gezogen werden (Ishigaki et al. 2005).

Zum Laugungsverhalten von Schwermetallen aus kommunalen Flugaschen von Müllverbrennungsanlagen, eingebettet in Zement, veröffentlichen Shi & Kan (2009) ihre Ergebnisse. Um Flugaschen aus Müllverbrennungsanlagen verwerten zu können, sind neben Kenntnissen der chemischen Zusammensetzung u. a. Einblicke in die Toxizität der Oberflächenlaugung und die anschließende Konzentration von Schwermetallen in den aus den Flugaschen hergestellten, verfestigten Aschezementen erforderlich. Darüber hinaus sind Informationen über die Laugungskonzentrationen der Metalle und der Laugungszeit unerlässlich. Nach bislang vorliegenden Informationen kommt es auch bei Beschädigung der zementierten Pasten aus Flugaschen von Müllverbrennungsanlagen zu keiner Toxizität, die außerhalb der gängigen Sicherheitsstandards/ -werte liegt. Unter experimentellen Bedingungen verringert sich nach anfänglicher guter Laugungsrate im Verlauf der Zeit der mengenmäßige Anteil an gelösten Metallkomplexierungen. Zwischen der Laugungskonzentration der Schwermetalle und der Laugungszeit besteht ein positives Verhältnis. Allerdings verhält sich die Laugung in der Praxis zeitaufwändig. Generell scheint eine Verarbeitung der genannten Zemente, z. B. Integration in andere Zemente, gefahrlos möglich (Shi & Kan 2009).

(g) Galvanik

Innerhalb der Galvanik fallen große Mengen an schwermetallhaltigen Schlämmen an, die wiederum kostenaufwändig entsorgt werden müssen. Bislang erwiesen sich alle technischen Versuche zur Wiedergewinnung und anschließenden -verwertung dieser Sekundärrohstoffe als zu teuer, d. h. wirtschaftlich nicht machbar. Reststoffe aus der elektrochemischen Industrie, z. B. Galvanik, führen i. d. R. in den Schlämmen und Abwässern wirtschaftlich interessante Konzentrationen an Fe, Ni und Zn. Konventionelle Techniken sehen für die Nachbehandlung nach der Neutralisierung die Sedimentation der Feststoffphasen innerhalb der metallführenden Fluidphase. Zur Rückführung von Metallen aus Abwässern der Galvanikindustrie, unter Einsatz acidophiler, Fe-oxidierender Bakterien, führen Park et al. (2005) einen Test zur Lauffähigkeit einer Anlage im Pilotmaßstab durch. Die Abwässer aus der Galvanikindustrie führen i. d. R. zahlreiche Metallionen, z. B. Fe, Ni, Zn etc. Aus Kostengründen sowie der hohen Stabilität betreffs der behandelten Wasserqualität sehen konventionelle Strategien eine Neutralisierung gefolgt durch Sedimentation vor.

Allerdings kommt es auf diese Weise zur Erzeugung erheblicher Mengen an metallhaltigen Schlämmen mit entsprechenden Kostenaufwändungen und Umweltbeeinträchtigungen (Park et al. 2005). Techniken zur Behandlung dieser Art von Reststoffen müssen zum einen wirtschaftlich rentabel sein und zum anderen weitgehend Kriterien einer Umweltverträglichkeit erfüllen. Ein großes Problem stellt Fe in Form von Fe^{2+} dar. Es ist daher, zwecks einer wirtschaftlich vertretbaren Ausbringung der übrigen Metallionen, wie z. B. Ni und Zn, zunächst zu entfernen. Über eine biologische Oxidation von Fe^{2+} in Fe^{3+}, gefolgt von einer stufenweisen chemischen Präzipitation mit Hydroxidionen, ist das Fe aus dem Mehrkomponenten-System entfernbar. Wichtig ist eine präzise Einstellung des pH-Wertes, da bei einem Wert von ca. 4 zunächst Fe^{3+} ausfällt und für die Präzipitation von Fe^{3+} sowie Ni als auch Zn ein pH-Wert von 7 erforderlich ist. Zur Verbesserung der biologischen Oxidation eignet sich als unterstützendes Medium ein Schaum aus Polyurethan und der auf diese Weise hergestellte Bioreaktor zeichnet sich durch hohe Leistung und langfristige Stabilität aus (Park et al. 2005). Weitere praktische Anwendungsbereiche sind z. B. aus der Galvanik beschrieben (Schöps & Bergmann 2004). Aus Galvanikschlämmen gelang eine biogene Extraktion von Cu, Ni und Zn (Quednau 2009).

(h) Glasware

Die durch Methanobactin unterstützte Lösung von Cu-haltigen Borsilikatgläsern beschreiben Kulczycki et al. (2007). Methanobactin (*mb*) ist ein extrazelluläres Cu-bindendes Biomolekül, d. h. Chromopeptid, das für die Regulation der CH_4-Oxidation erforderlich ist und von Methanotrophen zwecks Cu-Akquise ausgeschieden wird, z. B. *Methylosinus trichosporium OB3b*. Bioverfügbares Cu reguliert die Expression und Aktivität von pMMO versus sMMO, d. h. partikuläre versus gelöste Methan-Monooxygenase, als Schlüsselenzyme verantwortlich für die bakterielle Oxidation von Methan (CH_4). Experimentelle Arbeiten unter Einsatz eines Batchreaktors, niedriger Temperatur und annähernd neutralem pH-Wert sollten klären, inwieweit *mb* Einfluss auf die Auflösung von mit Cu substituiertem Borsilikatglas nimmt. Methanobactin fördert die Auflösung des o. a. Spezialglases gegenüber entsprechenden Kontrollexperimenten mit einer höheren Geschwindigkeit. Bei Gläsern mit einer niedrigen Cu-Konzentration, d. h. 80 ppm oder Cu-frei, erfolgte, verglichen mit hohen Cu-Gehalten, d. h. 800 ppm, eine schnellere Auflösung. Innerhalb der ersten zwei Stunden Reaktionszeit verhindert die *mb*-Sorption an die Glasoberfläche den Stofftransfer von Cu in die Lösung. Höhere Konzentrationen (100 µmol) der Liganden stoppen jegliche Auflösung von Komponenten des Glases. Diese Ergebnisse deuten den Rückschluss an, dass sich sowohl die Konzentration an *mb* als auch die Feststoffphase von Cu an der Verwitterung von Silikaten beteiligen können (Kulczycki et al. 2007). So kann u. a. unter der Mitwirkung von Methanobactin Cu aus borhaltigen Gläsern herausgelöst werden (Kulczycki et al. 2007). Ähnlich wie Siderophore scheiden methanotrophe Formen Methanobactin aus, um das für Methanmonooxygenase erforderliche und somit bioverfügbare Cu zu akquirieren.

(i) Edelmetalle Ag, Au und Pd

Mittels Biogasen können Ag, Au und Pd aus wässrigen Lösungen, die durch das Wachstum von *Klebsiella pneumoniae* entstehen, wiedergewonnen werden. Hierbei wird von einer Effizienz von mehr als 90 % berichtet (Macaskie et al. 2007). Eine anschließende EDX-Analyse (Abschn. 1.3.2) weist allerdings neben den erwarteten Metallgehalten Anteile von S auf. Zusammenfassend beschreiben die Autoren ein Pd-haltiges, kristallines Amin und ein Ag-Sulfid, -oxid und -karbonat. Ein Au-haltiges Präzipitat tritt weitgehend zusammen mit S mit nur geringen Anteilen von Au auf.

Betreffs der enzymatisch unterstützten Wiedergewinnung von elementarem Pd durch SRB (Abschn. 2.2 (b)/Bd. 1) machen Lloyd et al. (1998) auf die komplexe Lösungschemie der PGE und die hieraus sich ergebenden Probleme bei der chemisch dominierten Rückführung aufmerksam.

(j) Hafnium (Hf)

Auch Hf^{4+} ist fähig, bei einem pH-Wert von 1,5 durch Bindung an auf pflanzlichen Geweben beruhenden Materialien sowohl elementares Hf als auch gebundenes Hf unlöslich zu machen. Es erhebt sich aus technischen Überlegungen die Frage, inwieweit sich diese Information auf Mikroorganismen durch gentechnische Eingriffe übertragen lässt bzw. ob sich die entsprechenden Liganden auf geeignete Biomoleküle anbringen lassen (Worley et al. 2002).

(k) Indium (In)

Eine Rückführung von In aus wässrigen Lösungen durch das gramnegative Bakterium *Shewanella algae* untersuchten Ogi et al. (2012). Bei Raumtemperatur und einem pH-Bereich von 2,4–3,9 lässt sich mittels des gramnegativen Bakteriums *Shewanella algae* eine Wiedegewinnung des löslichen In^{3+} erzielen. Ruhendes Zellmaterial nimmt innerhalb von 10 min ca. 0,1 mol m^{-3} (11,4 ppm) In^{3+}-Ionen auf. Als wesentliche beeinflussende Größen hinsichtlich der Rückführung von in wässriger Lösung befindlichen In^{3+} sind der pH-Wert sowie die Konzentration der bakteriellen Zellen zu nennen (Ogi et al. 2012). Nach Trocknung, d. h. 12 h bei 50 °C, des mit an In angereicherten Bakteriums enthält die getrocknete Biomasse ca. 5 % In. Sie lag damit um ein Vielfaches über der In-Konzentration der Ausgangslösung. Ein Erhitzen der bakteriellen Zellen für 2 h bei 800 °C ergab ein festes Kondensat, das ca. 40 % In führte (Ogi et al. 2012).

(l) Kupfer (Cu)

Via geeignete Sorbentien sind aus einer verdünnten Cu^{2+}-Zn^{2+}-führenden Lösung die selektive Anbindung und multiple Konzentration von Cu in Form ultradisperser Präzipitaten durchführbar (Kravchenko et al. 2009). Begleitend sind schwach basisch wirkende Anionenaustauscher, vertreten als freie basische Formen, im Einsatz. Über eine chemische Reduktion in der harzförmigen Phase sind eine Regeneration des Sorbenten sowie Konvertierung von Cu^{2+} zu CuO machbar. Danach stehen die auf diese Art behandelten Harze einer nachfolgenden Sorption von weiteren Cu-Ionen zur Verfügung. Nach mehrfachen Saturations-, Reduktionsprozessen kommt es zu einer Akkumulation von metallischem Cu auf sowohl der Oberfläche als auch den Poren des Sorbens. Das Auftreten von feindispersem metallischem Cu führt über synproportionale Redoxreaktionen zu einer zusätzlichen Sorption von Cu^{2+}-Ionen und übertrifft nach einigen Kreisläufen die Beträge der Anionenaustauschkapazität um ein Vielfaches (Kravchenko et al. 2009).

Die Ressourcenrückführung von mit Cu kontaminierten Schlämmen mittels eines auf Jarosit beruhenden Prozesses und selektiver Präzipitation präsentieren Hu et al. (2012). Als Ausgangsmaterial greifen Hu et al. (2012) auf Cu-haltige Schlämme in Verbindung mit PCB (= *printed circuit board*) zurück. In den Schlämmen befindliches Cu sowie andere Metalle lassen sich mittels H_2SO_4 in Lösung überführen, wobei im Laugungsrückstand zumeist Cu sowie Fe vorliegen. Zur Entfernung von Unreinheiten wie Fe und Ca setzen die o. a. Autoren den Jarosit-Prozess ($KFe_3^{3+}[(OH)_6|(SO_4)_2]$) ein. Die im Verlauf der Bildung von $KFe_3^{3+}[(OH)_6|(SO_4)_2]$ einsetzende Erhöhung des molaren Verhältnisses von K : Fe verstärkt den Austrag von Fe aus dem Laugungsrückstand. Beläuft sich das o. a. molare Verhältnis auf einen Wert von 1,4, verbleiben nur ca. 19 % des Fe im Laugungsrückstand, demgegenüber werden von Hu et al. (2012) ungefähr 92 % Cu im Rückstand ermittelt. Sukzessive ist das Filtrat über eine Sulfidpräzipitation weiterführend aufreinigbar.

Im Anschluss kommt es durch eine Präzipitation von Sulfiden (S^{2-}) mit einem molaren Verhältnis von S^{2-} zu Cu von 0,7. Der Widerstand seitens des Filters lässt sich herabsetzen mit dem Ergebnis einer höheren Ausbringungsrate von Cu. Insgesamt beläuft sich der Ausbringungsgrad von Cu gemäß der o. a. Vorgehensweise auf ca. 57 %. Als Produkt ist reines CuS erhältlich (Hu et al. 2012).

(m) SEE

Zur Entnahme der Lanthanidenvertreter La-, Eu- und Yb-Ionen aus wässrigen Lösungen durch immobilisierte *Pseudomonas aeruginosa* in einem Festbettreaktor sind experimentelle Daten und Modellierung einsehbar (Texier et al. 2002). Zum experimentellen Ablauf ist zum Entzug von SEE-Ionen, z. B. La, Eu u. a., aus wässrigen Lösungen in einem Festbettreaktor Zellmaterial von *Pseudomonas aeruginosa* in einem Polyacrylamidgel mit der Funktion zur Biosorption zu fixieren, d. h. zu immobilisieren. Zur Bewertung der Einflüsse auf die La-Plotmuster stehen Parameter wie die Auswirkungen der Geschwindigkeit auf die oberflächenbezogene Liquidphase, die Partikelgröße, die Konzentration des Zuflusses sowie die Bettiefe zur Verfügung (Texier et al. 2002).

Aus einer 6 mM La-haltigen Lösung entfernt eine immobilisierte Biomasse im Experiment La mit einem maximalen Adsorptionsvermögen von ca. 340 ± 10 mM. Ähnliche Werte sind aus vorausgegangenen Batchversuchen mit freiem bakteriellen Zellmaterial berichtet (Texier et al. 2002). Zur Bestimmung der für ein Prozessdesign erforderlichen charakteristischen Parameter verfügt das *Bohart-Adams*-Sorptionsmodell über geeignete Algorithmen. Die über jene Vorgehensweise erhaltenen Informationen demonstrieren die Fähigkeit der Adsorption von *P. aeruginosa*, sowohl La- als Eu- sowie Y-Ionen aus Abwässern zu entfernen, wobei es zur Einstellung einer sequentiellen Biosorption kommt: $Eu^{3+} = Yb^{3+} > La^{3+}$. Ungefähr 96 ± 4 % des gebundenen La werden von der Säule freigesetzt und durch Gebrauch einer 0,1 M EDTA-Lösung aufkonzentriert (Texier et al. 2002). Aufgrund der o. a. Beobachtungen wird die Möglichkeit einer Regeneration und Wiederverwendung der Biomasse durch drei Adsorptions-/Desorptionsabläufe vorgeschlagen. In ihre theoretischen Überlegungen beziehen Texier et al. (2002) u. a. neuronale Netze ein.

Aus wässrigen Lösungen ist eine selektive Biosorption von La^{3+}-, Eu^{3+}- sowie Yb^{3+}-Ionen durch *Pseudomonas aeruginosa* beschrieben (Texier et al. 1999). Da das Gleichgewicht der Lanthaniden-Biosorption dem *Brunauer-Emmett-Teller*-Isothermen-Modell folgt, nehmen die o. a. Autoren eine mehrschichtige Adsorption an. Als maximale Adsorption sind 397 µmol g^{-1} La, 290 µmol g^{-1} für Eu und 326 µmol g^{-1} (± 10 %) messtechnisch ermittelt. Die Ergebnisse deuten pro Gramm getrockneter Biomasse das Vorhandensein von mindestens 100 bevorzugten/ausgezeichneten Stellen zur La-Sorption an. Gemäß den Resultaten aus Experimenten an Lösungen mit diversen Lanthaniden-Kationen ergeben sich während der Biosorption Präferenzen in der Rangfolge: $Eu^{3+} = Yb^{3+} > La^{3+}$. Dieses selektive Verhalten geschieht ungeachtet dessen, ob es sich hierbei um getrocknete, d. h. Trocknung bei 37 °C und 70 °C, oder feuchte Biomasse handelt. Für experimentelle Zwecke erscheint bislang eine Trocknung bei 37 °C als die wirkungsvollste thermische Vorbehandlung. Die Anwesenheit von Ca^{2+}-, K^+-, Na^+-, Cl^--, SO_4^{2-}- sowie NO_3^--Ionen scheint die Aufnahme der Lanthaniden durch *P. aeruginosa* nicht zu beeinträchtigen. Dahingegen erweist sich Al als starker Inhibitor bei der Biosorption von Lanthanidenionen. Insgesamt lassen sich 87 % des gesamten Al^{3+} aus einer 3-mM-Lösung entfernen. Im Gegensatz hierzu werden nur ca. 8 % des La^{3+}, 20 % an Eu^{3+} sowie 3 % des Yb^{3+}

sorbiert. Die Ergebnisse gestatten die Annahme nach Texier et al. (1999), dass sich Zellen von *Pseudomonas aeruginosa* für praktische Anwendungen zur Aufnahme und Separierung von Lanthanidenionen aus wässrigen Abfallmedien eignen. Zur Charakterisierung von Lanthanidenionen-bindenden Sites in der Zellwand von *Pseudomonas aeruginosa* legen Texier et al. (2000) ihre Ergebnisse vor.

Untersuchungen zufolge ist *Pseudomonas aeruginosa* fähig, selektiv La^{3+}, Eu^{3+} und Yb^{3+} aus wässrigen Lösungen zu absorbieren. Aufgrund dessen gibt es Überlegungen, inwieweit die Entnahme und Separation von Lanthanidenionen bei der Sanierung/Reinigung durch Mikroorganismen technisch verwertbar sind. Als Analysetechniken zur Bestimmung der Bindungsseiten seitens der Biomasse stehen potenziometrische Titration und durch Laser induzierte Fluoreszenzspektroskopie zur Verfügung. Auf diese Weise sind auch Überlegungen zu den zugrunde liegenden Mechanismen, einbezogen in die Biosorption von Ionen der Lanthaniden, möglich (Texier et al. 2000). Mittels einer 0,1-M-EDTA-haltigen Lösung lassen sich ca. 90 ± 5 % des adsorbierten La wieder desorbieren. In den meisten Fällen scheinen sich die Lanthaniden extrazellulär anzusammeln. Die Vielfalt der in Frage kommenden metallbindenden Gruppen ist einer Aufzeichnung durch potenziometrische Titration der Biomasse zugänglich. Innerhalb der feuchten Biomasse treten mit einem geschätzten Anteil von 0,24 ± 0,04 die stärker bzw. mit einem Betrag von 0,86 ± 0,04 die schwächer wirkenden acidisch-funktionellen Gruppen auf. Innerhalb der Biomasse von *P. aeruginosa* enthüllt nach Texier et al. (2000) die Analyse, d. h. zeitauflösende laserinduzierte Fluoreszenzspektroskopie, eine Fixierung von Eu durch überwiegend Carboxyl- und Phosphatgruppen, Abschn. 2.3.7 (c)/Bd. 1.

Über die *In-vitro-* und *In-vivo*-Stabilität von Gd berichtet Mann (1993). Um die Toxizität von Gd^{3+} für den *In-vivo*-Gebrauch zu umgehen, müssen dessen Ionen in stabile, ionengebundene Komplexierungen mit organischen chelatierenden Agentien eingebunden werden. Ungeachtet dessen, dass Kontrastmittel auf der Basis einer Metallchelat für die Phasen I–III als sicher eingestuft werden, muss ihre Toxizität bei der Entwicklung neuer Kontrastmedien stets berücksichtigt werden. Denn es kann möglicherweise zu einer Dissoziation zwischen den Metallionen und den Liganden kommen. Die Freisetzung von Gd^{3+} von den Liganden kann durch endogene Metalle wie z. B. Zn^{2+} erfolgen, das mit Gd^{3+} um freie ligandenbindende Seiten konkurriert. Bezogen auf die Dissoziation hängt die *In-vivo*-Stabilität des Komplexes von den daran gekoppelten Merkmalen des Gleichgewichts zwischen Metall und Liganden ab, das die Unversehrtheit der Metallchelatierung während des Aufenthalts in einem Körper aufrechterhält. Um Designstrategien zur Verringerung einer *In-vivo*-Freisetzung von Gd^{3+} durch entsprechende Liganden zu erkunden, liegen zu ihrer Entwicklung folgende Überlegungen vor (Mann 1993), Abschn. 4.5/Bd. 1:

– die höhere thermodynamische Stabilitäten aufweisen,
– die über eine gezielte Bindungsselektivität für Gd^{3+} gegenüber endogenen Metallionen verfügen,
– die rigide zyklische Strukturen formen,

- die gegenüber ihren offenen, kettenhomologen Gd^{3+}-Komplexen größere kinetische Stabilitäten aufbauen, oder
- eine Inkorporation eines Überschusses an Liganden, die freie endogene Metallionen binden, die bei den betroffenen Liganden im „Wettbewerb" mit Gd^{3+} stehen.

Die Bindungsaffinität und Aufnahmefähigkeit von Y^{3+} und Hf^{4+} durch chemische Einheiten/Entitäten pflanzlicher Materialien waren Gegenstand von Arbeiten durch Worley et al. (2002). Zwecks Studienzwecken wurden ^{175}Yb und Yb ($YbCl_3$) 12 h bei einem pH-Wert von 5,5 einem Boratpuffer (BO_3^{3-}) ausgesetzt, um Yb an Liganden zu binden, deren Affinitätskonstanten für Yb gleich oder größer sind als jene der schwächeren BO_3^{3-}-Liganden (Yb ≥ BO_3^{3-}). Im Anschluss wurde die Fraktion von Yb ≥ BO_3^{3-} in Folge verschiedenen Chelatkomplexen ausgesetzt, z. B. Acetat- ($CH_3CO_2^-$), Citrat- ($C_4H_6O_7$), Nitrotriacetat- ($C_6H_9NO_6$, NTA) sowie EDTA-Ionen, um einen Austausch von Yb ≥ BO_3^{3-} mit Liganden versehen mit Affinitätskonstanten für Yb zu gestatten, mit der Voraussetzung, dass die Affinität gleich oder größer als $CH_3CO_2^-$ - (d. h. Yb ≥ $CH_3CO_2^-$), $C_4H_6O_7$- (Yb ≥ $C_4H_6O_7$), NTA- (Yb ≥ NTA) sowie EDTA-Ionen (Yb ≥ EDTA) ist.

Die Bindung von Yb ≥ BO_3^{3-} verweist auf die Existenz zweier Arten von Liganden, d. h. (1) Liganden mit einer Bindung von nahezu 100 % des zugeführten Yb, d. h. 1–1300 ppm (0,1 N ADF), sowie 1–7000 ppm (ARNDF) und (2) Liganden mit schwächer ausgebildeten Bindungsaffinitäten, d. h. 4–8 % des Y bei Zugaben über 1300 ppm sowie 7000 ppm (Worley et al. 2002). Insgesamt stellen sich, je nach Zusammensetzung der Edukte/Liganden, diverse Gleichgewichte bei der Anbindung bzw. dem Austausch von Yb ein, z. B. bei Yb ≥ BO_3^{3-} werden ca. 85 % Yb durch lösliche Liganden ersetzt oder bei Vorliegen von Yb ≥ EDTA > Yb ≥ NTA > Yb ≥ $C_4H_6O_7C$ > Yb ≥ $CH_3CO_2^-$ und einem pH-Wert von 1,5 steigt die Resistenz von Yb gegenüber einer Verdrängung durch Protonen (Worley et al. 2002).

Den Einfluss von pH, Ionenstärke und Metallkonzentrationen auf die Metalsorption an *Pseudomonas fluorescens* studieren Takenaka et al. (2007). Um die Einwirkungen von abgelagerten, hochradioaktiven Abfällen (*high-level radioactive waste* = HLW) in der Umwelt verstehen zu können, muss das Migrationsverhalten der betroffenen Radionuklide verstanden werden. Bakterien als eines der wichtigsten Sorptionsmittel in Feststoffphasen und wässriger Umgebung sind fähig, Actiniden und Lanthaniden an ihre Zelloberflächen zu binden und somit deren Verbleib in den genannten *environments* zu beeinflussen. Takenaka et al. (2007) führten in diesem Sinne Untersuchungen durch, d. h. die Sorption von Am^{3+}, Ca^{2+}, Cu^{2+} und Eu^{3+} durch *Pseudomonas fluorescens* unter diversen Bedingungen.

Es zeigt sich bei Abnahme des pH-Wertes und bei verhältnismäßig geringen Konzentrationen eine zunehmende Sorption von Eu^{3+} und Am^{3+}, wohingegen diese bei höheren Konzentrationen wieder abfällt. Cu folgt exakt dem entgegengesetzten Trend und eine Zunahme der Ca-Ionen geschieht entsprechend der Freisetzung aus den Zellen. Die vorliegenden Resultate lassen die Vermutung aufkommen, dass sich die Sorptionsmechanismen für niedrige Eu^{3+}- und Am^{3+}-Gehalte auf den Zellen von *P. fluores-*

cens von denjenigen unterscheiden, die für die Sorption von Cu^{2+}, Ca^{2+} und hohen Konzentrationen, d. h. $> 10^{-5}$ M, an Eu^{3+} zuständig sind (Takenaka et al. 2007).

Eine Entnahme von SEE und/oder Edelmetall-Spezifikationen ist durch diverse biologisch gesteuerte Vorgänge wie z. B. Biosorption, Bioakkumulation, Detoxifizierung bzw. direkten Gebrauch innerhalb des Stoffwechsels möglich. Infolge der hohen Marktnachfrage nach SEE und PGE gestatten die o. a. Optionen Überlegungen zur gezielten und steigenden Primärgewinnung aus Erzen und Recycling aus Abfallstoffen. Hinzu kommt eine steigende Freisetzung der Metalle an die Umwelt durch den Einsatz von Anwendungen, in die die genannten Metalle integriert sind.

Über den Entzug und die Rückführung von Li mithilfe diverser Mikroorganismen legt [2]Tsuruta (2005) Daten vor. So akkumulieren zahlreiche Bakterien, Actinomyceten, Fungi sowie Hefen teilweise er-hebliche Gehalte an Li, z. B. *Athrobacter nicotianae IAM12342* bis 125 µmol g^{-1} oder *Brevibacterium helovolum IAM1637* bis 98,1 µmol g^{-1}, Tab. 2.27. Es besteht eine enge Abhängigkeit vom pH-Wert. Eine maximale Aufnahme von Li geschieht bei einem pH von 6. Bei Immobilisierung des Zellmaterials durch ein Gel aus Acrylamid (C_3H_5NO) kommt es ebenfalls zur Adsorption von Li und es wird ein Betrag von 548 µmol Li g^{-1} Trockenmasse Zellmaterial erreicht. Das Zellmaterial ist mehrfach einsatzfähig und das adsorbierte Li lässt sich in einem Säulensystem unter Verwendung von 1 M Salzsäure quantitativ desorbieren ([2]Tsuruta 2005). Diese geologisch beeinflussten Vorgänge am Beispiel von Flusssedimenten sind bei Betrachtungen betreffs einer Einflussnahme seitens Mikroorganismen zu berücksichtigen.

Tab. 2.27: Akkumulation von Li durch Bakterien (Tsuruta 2005[b]).

Art und Stamm	Li akkumuliert (µmol g^{-1} Trockengew. Zellmaterial)
Acinetobacter calcoaceticus IAM12087	52,3
Athrobacter nicotianae IAM12342	125,8
Bacillus licheniformis IAM11054	56,5
B. megaterium IAM1166	82,7
B. subtilis IAM1026	74,6
B. megaterium IAM11060	65,8
B. subtilis IAM1633	66,3
Brevibacterium helovolum IAM1637	98,1
Pseudomonas aureofaciens IAM12353	24,3
P. putida IAM1506	26,1

In einer Studie wurde das aus einem Boden isolierte *Agrobacterium sp. HN1* eingesetzt, um La^{3+} und Ce^{3+} zu adsorbieren (Xu et al. 2011). Es ist hinsichtlich des Ablaufs der Adsorption von La^{3+} und Ce^{3+} ein Einfluss von pH-Wert, Temperatur, Zeit und dem Alter der Bakterien erkennbar.

Als optimale Adsorptionsbedingungen für *Agrobacterium sp. HN1* sind wie folgt beschrieben:

- 15 mg l^{-1} La^{3+} (anfängliche Konzentration),
- 10 mg l^{-1} Ce^{3+} (anfängliche Konzentration),
- 300 mg l^{-1} (Trockenmasse der Zelle),
- pH-Wert von 6,8,
- Temperatur von 30 °C,
- Rotationsgeschwindigkeit von 150 rpm,
- 2 h Adsorptionszeit,
- Alter der Kultur 28 h.

Die Adsorptionskinetik von La^{3+} und Ce^{3+} durch *Agrobacterium sp. HN1* folgt einer Ratengleichung der pseudo-zweiten Ordnung. Anhand der Ergebnisse ist ungeachtet der Vorbehandlung von *Agrobacterium sp. HN1* keine erhöhte Adsorption an La^{3+} bzw. Ce^{3+} erkennbar (Xu et al. 2011).

(n) Selen (Se)

Das Bodenbakterium *Cupriavidus metallidurans* ist ein typischer Bewohner von mit Metallen kontaminierten Biotopen. Eine SeO$_3^{2-}$-bezogene Resistenz bezieht die Aufnahme von SeO$_3^{2-}$ in das Cytoplasma mit anschließender Reduktion zu rotem Se durch den betreffenden Stamm ein (Avoscan et al. 2009). Im Zusammenhang mit der Behandlung von Se-kontaminierten Drainagen aus der Landwirtschaft bedienen sich Techniken der SeO$_4^{2-}$-reduzierenden Fähigkeit von *Thaurea selenatis* (Schröder et al. 1997), Abschn. 2.4.3 (f)/Bd. 1. Eine durch *Pseudomonas stutzeri KC* erzeugte Pyridin-2,6-bisthiocarboxylsäure (C$_7$H$_5$O$_2$S$_2$ = Pdtc) reduziert und präzipitiert Se- und Te-Oxyanionen ([1,2]Zawadzka et al. 2006). Der Siderophor Pdtc in *P. stutzeri* detoxifiziert Se- und Te-Oxyanionen in bakteriellen Kulturen. Mithilfe von MS und Röntgenspektrometrie lassen sich die chemischen Strukturen jener Komponenten identifizieren, die bei der Reaktion von Pdtc mit Selenit (SeO$_3^{2-}$) und Tellurit (TeO$_3^{2-}$) entstehen. Sowohl Pdtc als auch sein Hydrolyseprodukt H$_2$S reduzieren SeO$_3^{2-}$ und TeO$_3^{2-}$, die aus der Lösung als 0-valente Pdtc-Selenide (Se^{2-}) und -Telluride (Te^{2-}) präzipitieren. Im Anschluss hydrolysieren diese unlöslichen Komponenten, wobei sie Partikel aus elementarem Se oder Te in nm-Größe freisetzen. Die Analyse mit der EM zeigt sowohl eine intra- als auch extrazelluläre Ausfällung.

Es sind keine nennenswerten Unterschiede bei dem Gebrauch von synthetischem Pdtc und Pdtc-produzierenden *P.-stutzeri-KC*-Kulturen festzustellen. Kulturfiltrate aus *P. stutzeri KC*, die Pdtc enthalten, entziehen entsprechenden Lösungen SeO$_3^{2-}$ und produzieren elementares Se und Te. Im Vergleich mit dem Stamm der Pdtc-negativen Mutanten *CTN1* zeigt der Stamm *KC* des Wildtyps eine höhere Toleranz gegenüber der Toxizität von SeO$_3^{2-}$ und TeO$_3^{2-}$. Diese Beobachtungen unterstützen offensichtlich die Hypothese, dass Pdtc nicht nur als Siderophor auftritt, sondern auch an der Abwehr der toxischen Wirkung verschiedener Metalle beteiligt ist ([1,2]Zawadzka et al. 2006). Isolate von *Pseudomonas stutzeri* reduzieren SeO_3^{2-}- und SeO_4^{2-}-Ionen aus einer Se-Anionen haltigen Lösung, d. h. 48,1 mM, zu elementarem Se. Als optimale Reaktionsbedingungen erweisen sich ein Temperaturbereich von 25–35 °C und ein pH-Wert von 7,0–9,0. Der Reaktionsablauf geschieht auch bei Anwesenheit zahlreicher anderer Anionen. Dahingegen behindern Sulfit- (SO_3^{2-}-), Chromat- (CrO_4^{2-}-) und Wolframat-(z. B. WO_4^{2-}-)Ionen sowohl die o. a. Reduktion durch *P. stutzeri* als auch das Wachstum des genannten Mikroorganismus (Lortie et al. 1992).

(o) Tellur (Te)

Die Belüftung kontrolliert die Reduktion und Methylierung von Te durch die aerobe, TeO_3^{2-}-resistente marine Hefe *Rhodotorula mucilaginosa* (Ollivier et al. 2011). Wächst in Anwesenheit von TeO_3^{2-}-Oxyanionen ein mariner gegenüber TeO_3^{2-} resistenter Stamm der Hefe *R. mucilaginosa* auf, fällt dieser intrazellulär Te^0 aus und volatilisiert methylisierte Te-Komponenten. Um einen Einsatz von Mikroorganismen zur Herstellung von Te^0-führenden Nanostrukturen und als Sanierungstechnik von Abfällen mit Te-Oxyanionen in Erwägung zu ziehen, sind Einblicke zum Verständnis der genannten Prozesse unerlässlich. Hierzu angelegte Versuchsreihen, d. h. durch *R. mucilaginosa* katalysierte Präzipitation und Volatilisierung von Te, stützen sich auf kontinuierlich belüftete und versiegelte, d. h. niedrige Gehalte an O_2, Batchkulturen. Eine durchgängige Belüftung fördert die Volatilisierung von Te, während sie hingegen eine Präzipitation von Te^0 hemmt. Demgegenüber erfolgt in versiegelten Batchkulturen eine wirkungsvolle Reduktion von TeO_3^{2-} zu Te^0 (Ollivier et al. 2011). Volatile Te-Spezifikationen lassen sich durch biologische Aktivitäten rasch abbauen sowie Te^0-Präzipitate, produziert durch *R. mucilaginosa*, in volatile und gelöste Te-Spezifikationen umwandeln. Einschränkend muss darauf verwiesen werden, dass es bislang nicht bekannt ist, inwieweit Te^0 als Intermediär für die Volatilisierung von Te auftritt. Aufbauend auf diesen Resultaten, ziehen Ollivier et al. (2011) den Schluss, dass zur wirkungsvollen Produktion von Te^0-NP niedrige O_2-Konzentrationen erforderlich sind. Gleichzeitig kommt es zur Begrenzung von volatilen und toxischen Te-Spezifikationen, obgleich die Entstehung dieser unerwünschten Nebenprodukte nicht gänzlich ausgeschlossen werden kann.

(p) Vanadium (V)

V ist für zahlreiche Mikroorganismen behandelbar. Für die Rückgewinnung von V aus diversen Abfallstoffen durch eine biotechnologische Laugung, z. B. Ölaschen, nutzen Bredberg et al. (2004) die Reduktion von V^{5+} zu dem weniger toxischen, besser löslichen V^{4+} durch *Acidithiobacillus ferrooxidans* und *Acidithiobacillus thiooxidans*, Abschn. 2.4.2 (i)/Bd. 1. Wie die o. a. Autoren zeigen, reduziert *A. ferrooxidans* V^{5+} in Form eines V-Pentaoxid zu V^{4+}-Ionen, wobei sich der genannte Mikroorganimus sowohl gegenüber hohen V^{4+}- als auch V^{5+}-Ionen tolerant verhält. Sie betonen insbesondere unter vergleichender Einbeziehung von *A. thiooxidans* die Perspektive einer biotechnologisch wirtschaftlichen Rückführung von V in Wirtschaftskreisläufe. Aus gebrauchten Katalysatoren scheint via *bioleaching* angereichertes V extrahierbar zu sein. Als Mikroorganismen sind chemolithotrophe S oxidierende Bakterien erwähnt (Mishra et al. 2007). Generell scheint sich eine Biolaugung von V als technisch verwertbare Option anzubieten (Ueki 2015).

(q) Anlagenbau

Die Entwicklung einer Laugungsanlage im Labormaßstab (engl. *laboratory-scale leaching plant* = LSLP) zur Extraktion von Metallen aus Flugaschen durch *Thiobacillus*-Stämme schildern Brombacher et al. (1998). Die Anlage besteht aus drei seriell geschalteten Reaktionsbehältern mit je einem Volumen von $1\,dm^3$. Pulpe aus dem Behälter mit der Lösung aus der Flugasche ($100\,g\,l^{-1}$) und der Bakterienkultur (10^9 Zellen ml^{-1}) werden zu gleichen Teilen gemischt und alle 12 h in ein Gefäß gegeben, versehen mit einer peristaltischen Pumpe, ausgestattet mit einer Verdünnungsrate von $0{,}012\,h^{-1}$ oder $0{,}5\,d^{-1}$. Die Behälter werden über Überflussbuchsen verbunden, via eine peristaltische Pumpe mit der Pulpe versorgt, diese aufkonzentriert. Als Ergebnis sollte eine Konzentration von $50\,g\,l^{-1}$ Pulpe entstehen, mit einer Verweilzeit von sechs Tagen. Abschließend ist die Pulpe durch einen Filter zu leiten und die an Metallen angereicherte, an Partikeln freie Lösung zu sammeln. Sowohl der Behälter für die bakterielle Kultur als auch die eingesetzten Reaktionsgefäße sind ausreichend zu belüften (Brombacher et al. 1998), Abb. 2.38. Ein vereinfachtes Prozessschema für die Wiederverwertung von metallhaltigem, Cyanide führendem Galvanikschlamm setzt sich aus drei übergeordneten Modulen zusammen und sieht die selektive Rückführung diverser Metalle vor, Abb. 2.39.

(r) CleanTech

Aufgrund ihrer Arbeiten betonen Methé et al. (2003) das Potential von *Geobacter sulfurreducens* sowohl für die Sanierung mit durch radiogenen Metallen kontaminierter Medien als auch die Erzeugung von Elektrizität. Die vorgeschlagene Verfahrenstechnik erfüllt z. B. die Kriterien des *Dow Jones Sustainability Group Index* (url: Dow Jones Sustainability Group Index) sowie den normativen Ansatz einer Ökoeffizienz, ausgedrückt durch das Verhältnis von Wertschöpfung/Marktwert zu Umwelteinwirkung sowie Ressourcenverbrauch pro Einheit. Entsprechend den aktuellen umweltbezogenen Zielsetzungen kann von einer gesellschaftlichen Akzeptanz und Wettbewerbsfähigkeit der auf Profit ausgerichteten Techniken, z. B. Biolaugung, -sorption, -transformation, -mineralisation, ausgegangen werden. Die vorgestellten Techniken, d. h. Nanoproduktion, wissenschaftlichen Experimente, d. h. Nanobiotechnologie, und wirtschaftlichen Zielsetzungen, d. h. neue Werkstoffe oder *novel*

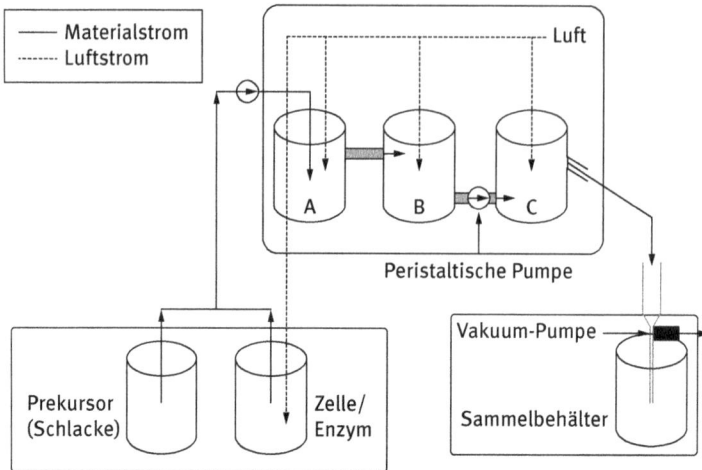

Abb. 2.38: Schematischer Aufbau einer Laugungsanlage im Labormaßstab (Brombacher et al. 1998).

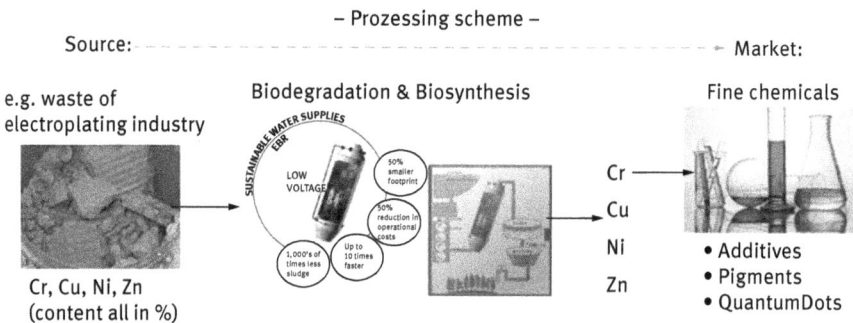

Abb. 2.39: Prozessschema für die Wiederverwertung von metallhaltigem, Cyanid-führendem Galvanikschlamm.

and smart hybrid materials, orientieren sich strikt an den Vorgaben und Absichten innovativer grüner Technologien (*cleantech* oder *green technologies*) und Strategien zum Umweltschutz und zur Nachhaltigkeit. So erörtert Johnson (2014) die Techniken des *biomining* als eine der zukünftigen Extraktionstechniken für metallhaltige Stoffströme aus dem Bergbau und der Abfallwirtschaft.

(s) Modellierung

Zu Zwecken einer Modellierung und Simulation bieten *Pourbaix*-Diagramme einführende Hinweise auf die Stabilität von z. B. Cu-, Pt- und Zn-Spezifikationen für einen bestimmten pH- sowie Eh-Bereich (Takeno 2005), Abb. 2.40. Wie aus den Diagrammen ersichtlich, liegen die Stabilitätsfelder für Cu^{2+}/Cu^{1+} sowie Zn^{2+} in ähnlicher Lage,

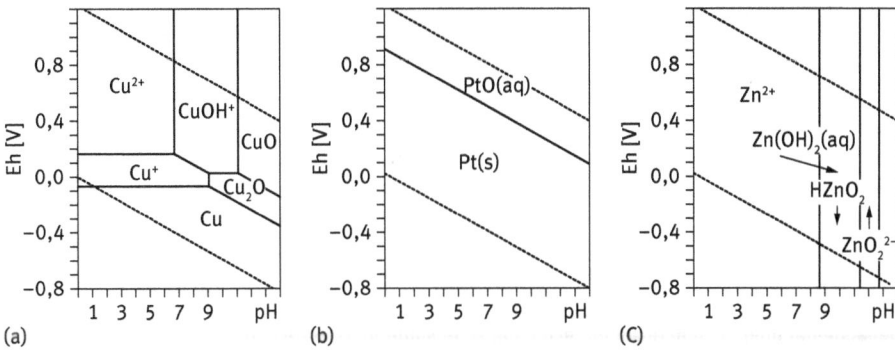

Abb. 2.40: *Pourbaix*-Diagramme für (a) Cu, (b) Pt und (c) Zn (Takeno 2005).

d. h. für den Eh ein Wertebereich von ca. > 0 bis ca. 10 sowie ein pH-Bereich von < 1 bis ca. 9. Im basisch betonten Bereich ist ein ähnliches Verhalten zu beobachten. Zur Prognose der Bioverfügbarkeit von Cu sowie Zn in Böden modellieren Impellitteri et al. (2003) durch Überführung von der Feststoff- in die gelöste Phase die Partionierung von Cu sowie Zn. Unter Einbeziehung von Techniken wie multipler linearer Regression (engl. *multiple linear regression* = MLR) wählen die o. a. Autoren als Methode semimechanistische Modelle. Im Zusammenhang mit den beprobten Böden steht das Ergebnis, dass die Partitionierung von Cu vom Anteil organischer Materie abhängig erscheint (Impellitteri et al. 2003). Pt^0 hingegen tritt bei einem Eh-Wert von 0,0 im nahezu gesamten pH-Wertebereich auf. Zur Lösung von gediegenem Pt als wasserlösliche Spezifikation durch natürlich auftretende komplexierende Reagenzien äußern sich Lustig et al. (1998). Bei den genannten Komponenten handelt es sich um u. a. Adenosin, ADP, ATP, Huminsäuren, Pyro- sowie Triphosphate. Azaroual et al. (2001) stützen sich bei ihren Untersuchungen zur Löslichkeit des Pt bei 25 °C sowie einem pH-Bereich von 4–10 auf thermodynamische Überlegungen sowie Modellierungen.

(t) Forschungsbedarf
Durch die Umkehrung technischer Präventivmaßnahmen, wie z. B. die Verhinderung der Korrosion durch Biofilmbildung, sind Vorgänge der biologischen Anreicherung und Fällung bestimmter Wertstoffe einzusetzen. Daher sollen auf der Basis nanoreaktiver Biomaterialien Stoffwechselprozesse verwendet werden, die sich genetisch optimieren lassen. Ansätze bieten sich u. a. über ein metabo-lisches Engineering (Abschn. 2.3.1 (o)/Bd. 1), Gerichtete Evolution (Abschn. 3.4.2/Bd. 1), *In-silico*-Design (Abschn. 2.3.11). Allerdings sind hierfür noch weiterführende Forschungen unerlässlich. Im Sinne einer Umkehrung und Verwertung sind auch Vorgänge mikrobieller Resistenzen (Abschn. 2.3.2/Bd. 1) gegenüber Metallen eingehender auf ihr Potential zur Biotransformation hin (Abschn. 2.3.3/Bd. 1) zu untersuchen, da sie i. d. R. zur Bildung metallischer Präzipitate führen können. Dies gilt insbesondere im Fall einer

von dem betreffenden Metall ausgehenden Toxizität oder wenn dieses im Überschuss vorhanden ist.

Zusammenfassend

kann sich das *urban mining* ähnlicher Methoden, biogener Materialien sowie Analysemethoden bedienen, wie sie bereits innerhalb der Biohydrometallurgie technisch etabliert sind. Im Zuge der Verknappung natürlich geogener Rohstoffressourcen wird dem *urban mining* ein zunehmend wirtschaftliches Potential beigemessen, da es u. a. zu deutlichen Entlastungen bei der Versorgung beitragen kann. Eine weitere Quelle für Präkursor im Sinne einer biogenen Produktion von Fein-/ Spezialchemikalien bieten sich in Form von mit (Schwer-)Metallen kontaminierten Geosphären an, behandelbar über geeignete geobiotechnologische Sanierungsstrategien.

2.5.3 Geobiotechnologische Sanierungsstrategien

Geobiotechnologische Sanierungsstrategien oder Bioremediation gewinnen im Zuge der Fortschritte auf den Gebieten wie Geomikrobiologie, Enzymtechnologien, Analytik etc. zunehmend an technischer Bedeutung. Unter Berücksichtigung der Synthese metallischer Nanopartikel/-cluster bieten biotechnologische Sanierungsstrategien verstärkt Optionen auf dem Gebiet der wirtschaftlich rentablen Produktion. So lassen sich z. B. über Biosorption nahezu alle metallischen Kontaminanten akquirieren und zur Erzeugung kommerziell veräußerbarer Wirtschaftsgüter verwenden. Die biotechnologische Rückführung von (Schwer-)Metallen aus Sekundärquellen mit Techniken, wie sie üblicherweise innerhalb der Biohydrometallurgie sowie *urban mining* erfolgreich implementiert werden, konvertieren eine vormals mit Kosten verbundene Entsorgung in kommerziell verwertbare Wirtschaftgüter, wie z. B. Feinchemikalien (Blank et al. 2010), Abschn. 4.7/Bd. 1.

Innerhalb aller natürlich auftretenden Habitate im obersten Krustenmilieu bzw. terrestrischer Oberflächen sind Mikroorganismen in die Verwitterung von Gesteinen, die Mobilisierung von Metallen aus Mineralen, deren Präzipitation sowie Ablagerung involviert, Abschn. 2.4/Bd. 1. Diese mikrobiologischen Prinzipien und Prozesse lassen sich, in einer Form der Reversibilität, zur Behandlung von metallhaltigen Restströmen verwenden. Wichtige Funktionen übernehmen Enzyme, z. B. Oxidoreduktasen (Riva 2006), Abschn. 2.2.1 (c)/Bd. 1. Mikroorganismen wie z. B. *Sacccharomyces cerevisiae*, reagieren gegenüber einer Vielzahl von Metallen, z. B. Ag, Al, Au, As, Cd, Ce, Co, Cu, Cr, Ni, Pb, Pd, Pt, Sb, Se, U, Zn (Wang & Chen 2006). Generell scheint insbesondere in der Wachstumsphase befindliches Zellmaterial eine Bioremediation zu fördern (Malik 2004).

Zur Behandlung von Abfällen und Abwässern bietet die Biotechnologie effiziente Strategien (u. a. Cheremisinoff 1996). Die biologische Behandlung von Abwässern und Abfällen ist eine der verbreitetsten Maßnahmen zum Entzug von Kontaminanten und der teilweisen bis kompletten Stabilisierung von biologisch abbaubaren Substanzen. Bei der überwiegenden Anzahl der biologischen Sanierungstechniken dienen Bakterien als Primärorganismen. Sie sind jedoch vielfältigen Einflüssen in Form von Temperatur, Licht, Bewegung, chemischen Parametern wie pH, Eh, Salinität, Metallen sowie den Wechselbeziehungen unter den jeweils anwesenden Organismen ausgesetzt. Ungeachtet dessen, dass eine optimale Leistung seitens von Mikroorganismen unter gleichmäßigen Bedingungen erfolgt, gestatten Umwelteinflüsse der Biomasse unter moderaten Raten eine geeignete Anpassung. An technischen Varianten steht eine Fülle an Techniken zur Verfügung, z. B. Methoden zu einer Aktivierung von Schlämmen (u. a. Cheremisinoff 1996, Jordening & Winter 2006, u. v. a.). Unterstützend kann die Molekulare Biotechnologie auftreten. Sie stellt zunehmend die erforderlichen Kenntnisse zur Verfügung, die zum Verständnis der Mechanismen auf molekularer Ebene führen und um Mikroorganismen, über z. B. gentechnische Eingriffe, mit einer höheren Biosorptionskapazität und Selektivität gegenüber Metallionen auszustatten.

Zu de Wechselwirkungen zwischen Mineral und Mikroben und daraus ableitbaren Rückschlüssen zur Bioremediation publizieren [2]Dong & Lu (2012) ihre Überlegungen. Minerale und Mikroben unter-liegen im Verlauf der Erdgeschichte zu Teilen einer Co-evolution. Ungeachtet dessen, dass sich die o. a. Vorgänge auf der mikroskopischen Ebene abspielen, sind ihre Auswirkungen bis in den makroskopischen Bereich nachweisbar. In wechselseitiger Beziehung stehend, unterstützen Minerale durch das Angebot an Nährstoffen das mikrobielle Wachstum und dieses wiederum modifiziert das Löslichkeitsverhalten des jeweils in Frage kommenden Minerals und somit den Oxidationszustand der betroffenen Komponenten, z. B. Fe, Mn etc. Mikrobiell unterstützte Auflösung, Präzipitation sowie Transformation der Minerale (Abschn. 2.3.3/Bd. 1) unterliegen entweder einer direkten Kontrolle seitens der Mikroorganismen oder werden durch biochemische Reaktionen außerhalb der Zelle eingeleitet und ausgeführt, Abschn. 2.5.5/Bd. 1. Alle die genannten Vorgänge verändern die Mobilität der Metalle mit dem Ergebnis einer Sequestrierung von Metallen sowie Radionukliden, mit sukzessiv technisch verwertbaren Optionen bei der Remediation kontaminerter Geosphären ([2]Dong & Lu 2012).

Zur Aufnahme diverser Metalle durch Zellwandfragmente von *Bacillus subtilis* sind Daten publiziert. So sind hohe Werte für Mg^{2+}, Fe^{2+} und Cu^{2+} beschrieben, aber auch Au^{3+}, K^+, Mn^{2+} sowie Zn^{2+} zeigen gegenüber dem Spektrum 13 weiterer Metalle eindeutige Indikationen (Beveridge & Murray 1980). Für Al^{3+}, Ba^{2+}, Co^{2+} und Li^+ sind keine Gehalte ermittelt worden. Techniken, die sich organischer Template (Havelcová et al. 2009) bedienen und die Biosorption von toxischen Metallen fördern (Zouboulis et al. 2004), sind bereits in den Bereichen Recycling und Umweltschutz erfolgreich im Einsatz. Eine Immobilisierung von Metall(-komplexierungen) wird bei der Sanierung kontaminierter Geosphären durch den Einsatz von organischen Komponenten, z. B. Huminsäuren (Arslan & Pehlivan 2008) oder Chelatkomplexen (Molinari et al. 2005), erreicht. Auf eine Fixierung von NP aus belasteten Abwässern machen Limbach et al. (2008) aufmerksam. Speziell zu den Wechselwirkungen toxischer Elemente As, Cd,

Th sowie U stehen umfangreiche Datenbestände zur Verfügung, Abschn. 2.4.3/Bd. 1, Abschn. 2.4.6/Bd. 1.

Über die Biolaugung als neuen Ansatz zur Bewertung von Abfällen reflektieren Simsek & Arisoy (2007). Einen Überblick über die biotechnologische Wiedergewinnung von Schwermetallen aus Sekundärquellen veröffentlichen Hoque & Philip (2011). Somit können kontaminierte Geosphären neben ihren Umweltbeeinträchtigungen ein wirtschaftliches Potential darstellen, d. h. mittels Kostenreduzierung durch optimierten Austrag und kommerzielle Verwertung toxischer Substanzen als Fein-/Spezialchemikalien, d. h. Umweltschutz als zukunftsorientierter Wirtschaftsfaktor.

(a) Lösung

In der Biosanierung bietet die Überführung immobiler Feststoffphasen in den gelösten Zustand eine Möglichkeit zum Entzug von unerwünschten Substanzen aus Matrizen wie z. B. Böden, Sedimenten, Halden und sonstigen industriellen Reststoffen an (Gadd 2001). Umgekehrt können Prozesse zur Immobilisierung *In-situ*-Metall (-spezifikationen) in unlösliche und chemisch inerte Formen über-führen, mit dem Ergebnis, diese aus mobilen wässrigen Phasen zu entfernen. Metalle bzw. ihre Spezifikationen lassen sich, als Ergebnis eines autotrophen Metabolismus, aus festen Matrizen herauslaugen. Eine autotrophe Laugung geschieht überwiegend durch chemolithotrophe, acidophile Bakterien. Endprodukte dieser stoffwechselbezogenen Prozesse sind u. a. Fe^{3+} sowie H_2SO_4. Als in die autotrophe Laugung einbezogene Mikroorganismen treten S-oxidierende Bakterien, z. B. *Thiobacillus thioxidans*, Fe- und S-oxidierende Bakterien, z. B. *Thiobacillus ferrooxidans*, sowie Fe-oxidierende Bakterien, wie z. B. *Leptospirillum ferrooxidans*, auf (Gadd 2001).

(b) Bioelektrochemische Systeme

Bioelektrochemische Systeme zur Sanierung von metallhaltigen Abwässern lassen sich zur Abscheidung von u. a. trivalentem Au^{3+} in Form von $AuCl_3^-$ einsetzen und folgen dem generellen Schema (Varia 2012):

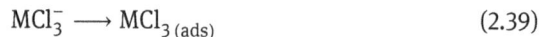

$$MCl_3^- \longrightarrow MCl_{3\,(ads)} \tag{2.39}$$

es folgt:

$$MCl_{3\,(ads)} + 2\,e^- \longrightarrow MCl_{(ads)} + 2\,Cl^- \tag{2.40}$$

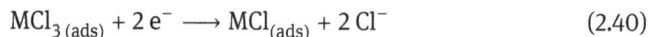

und abschließend:

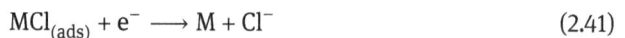

$$MCl_{(ads)} + e^- \longrightarrow M + Cl^- \tag{2.41}$$

Ähnlich verläuft der Ablauf für die divalenten Kationen Co^{2+} sowie Fe^{2+}. Eine (Elektro-)Ablagerung führt zur Elektronukleation mit anschließender (Elektro-)Auskristallisation der o. a. Metalle (Varia 2012):

$$M^+ + H_2O \longrightarrow MOH^+_{(ads)} + H^+ \tag{2.42}$$

und

$$MOH^+_{(ads)} + e^- \longrightarrow MOH_{(ads)} \tag{2.43}$$

und

$$MOH_{(ads)} + H^+ + e^- \longrightarrow M + H_2O \tag{2.44}$$

Die Zusammensetzung von Minenabgängen und Abwässern aus z. B. der elektrochemischen, metallverarbeitenden Industrie führen, je nach Prozess und Produkt, ein ausgedehntes Budget an anorganischen Anionen sowie Kationen. Diese bedingen wiederum, durch Herabsetzung des *Ohm*'schen Widerstandes und geringere Energieverluste, die elektrolytische Konduktivität sowie den Ladungstransfer. Daher bieten sich die kontaminierten Medien als ideale Kandidaten für elektrochemische Prozesse an.

Unterstützend tritt ein niedriger pH-Wert auf, insbesondere im Fall einer Elektrodeposition von Co^{2+}-/Co- sowie Fe^{3+}-/Fe-Ionen mit gekoppelter Entwicklung von H^+/H_2 und H_2O/H_2, die wiederum gegenüber lithotroph auftretenden Mikroorganismen bzw. ihren elektroaktiven Zellwänden als Elektronendonatoren wirken können. Daher ist die Konduktivität im Zuge u. a. von biotechnologischen Sanierungsstrategien, *urban mining* oder aber auch Experimenten sowie DOE zu berücksichtigen.

In Verbindung mit der Rückführung von Metallen und der Sanierung metallhaltiger Medien/Matrizen berichten Varia et al. (2013) über die Einflüsse des γ-Proteobakteriums *Shewanella putrefaciens CN32* auf die elektrochemischen Eigenschaften von Au^{3+}-, Co^{2+}- sowie Fe^{3+}-Ionen, gelöst in wässrigen Phasen mit niedrigem pH-Wert (Varia 2012). So ergibt sich bei einem pH-Wert von 1–3, $0,254 \cdot 10^{-3}$ M bis $1,523 \cdot 10^{-3}$ M $HAuCl_4$(aq) eine Ausbeute von 50–300 ppm an Au-Ionen, Tab. 2.28. Zur Evaluation der Wechsel in den Reaktionsabläufen zum Elektronentransfer eignen sich z. B. diverse Typen von Voltammetrie. Als messtechnische Bedingungen sind u. a. ein pH-Wert von 2 und Metallkonzentrationen von ca. 200 ppm erforderlich (Varia et al. 2013).

(c) Funktionelle Gruppen

Die wichtigsten metallbindenden Liganden mikrobieller Zellwände sind Carboxyl- und Phosphatgruppen, Abschn. 2.3.7/Bd. 1. Entsprechend den unterschiedlichen Organisationen der prokaryotischen Zellwände sind die o. a. zwei chemischen Gruppen in grampositiven/-negativen sowie *Archaea* von unterschiedlichen Biopolymeren umgeben, die wiederum erheblichen Einfluss auf Morphologie und Größe der gebildeten Biominerale nehmen (Selenska-Pobell & Merroun 2010). Unter natürlichen Umweltbedingungen und in Übereinstimmung mit den Aktivitäten der verschiedenen Vertreter prokaryotischer Organismen hinsichtlich der Oxidation und Reduktion dieses Elements an der Zelloberfläche oder Periplasma bilden sich Mischungen aus Fe^{2+}/Fe^{3+}.

Tab. 2.28: Zusammensetzung diverser Elektrolyte für ein Elektrobad (Varia 2012).

Spezies	Elektrolyt	Metall-Ion $[C_0]$ (ppm)	pH	K (mS cm^{-1})
Mikrobiologisch				
Au^{3+}	$0{,}254 \cdot 10^{-3}$ bis $1{,}523 \cdot 10^{-3}$ M HAuCl$_4$(aq)	50–300	1–3	≈ 30
Co^{2+}	$3{,}394 \cdot 10^{-3}$ M Co^{2+} + 0,9 % M NaCl(aq)	≈ 200	3	24,7
Fe^{3+}	$3{,}581 \cdot 10^{-3}$ M Fe^{3+} in 0,5 M HNO$_3$-Matrix	≈ 200	1–2	33,1
Bioelektrochemisch				
Au^{3+}	$1 \cdot 10^{-3}$ M AuCl$_4^-$ in 2 M HCl-Matrix	197	1,46	36
Co^{2+}	$5{,}080 \cdot 10^{-3}$ M Co^{2+} + 0,0246 M Na$_2$SO$_4$(aq)	300	3,77	4,73
Fe^{3+}	$3{,}574 \cdot 10^{-3}$ M Fe^{3+} + 0,0246 M Na$_2$SO$_4$(aq)	200	2,72	5,77
Au^{3+}	$1{,}015 \cdot 10^{-3}$ M AuCl$_4^-$ in 2 M HCl-Matrix	≈ 200	2	35,2
Co^{2+}	$3{,}394 \cdot 10^{-3}$ M Co^{2+} + 0,9 % M NaCl(aq)	≈ 200	2	24,7
Fe^{3+}	$3{,}581 \cdot 10^{-3}$ M Fe^{3+} + 0,9 % M NaCl(aq)	≈ 200	2	42,7

Unter den oligotrophen und sauren Bedingungen von Abfallstoffen im Zusammenhang mit dem Bergbau auf Uran kommt es in Abwesenheit geeigneter Elektronendonatoren zur Genese von Uranlyphosphaten (UO$_2$HPO$_4 \cdot 4$ H$_2$O). In Laborexperimenten, implementiert unter Bedingungen, die dem Umfeld von Halden aus dem Bergbau auf U entsprechen, binden Bakterien überwiegend über in der Zellwand eingebaute Phosphatgruppen lösliches U^{6+} und generieren Metaautunit (Ca(UO$_2$)$_2$(PO$_4$)$_2 \cdot 2$–6 (H$_2$O)). Sowohl Bakterien als auch *Archaea* sind fähig, über die Sekretion von Orthophosphatgruppen diverse Metallspezifikationen zu erfassen. Insgesamt lassen sich die Zellwände von grampositiven und -negativen Bakterien als Templat zur Herstellung von Pd-NP nutzen, die z. B. im Anschluss als Bionanokatalysatoren einsatzfähig sind (Selenska-Pobell & Merroun 2010).

(d) Biosorption
Über Biosorptionsmittel zur Entnahme von (Schwer-)Metallen und ihre Zukunft äußern sich Wang & Chen (2009)). Im Gegensatz zu monofunktionalen Ionenaustauscherharzen sind durch Mikroorganismen bereitgestellte Biosorbentien durch eine höhere Anzahl von funktionalen Sites charakterisiert, z. B. Amid-, Amino-, Carboxyl-, Hydroxyl-, Phenol-, Phosphat-, Sulfatgruppen, Abschn. 2.3.7/Bd. 1. Aufgrund ihrer Leistungsfähigkeit, niedrigen Kosten und uneingeschränkter Verfügbarkeit eignen sich, nach Wang & Chen (2009), biologische Materialien und insbesondere Mikroorganismen zur Entfernung und Gewinnung von Metallen.

Die Autoren machen Angaben zu zellularer Struktur, Biosorptionsleistung, Vorbehandlung, Modellierung der Biosorption über isothermische und kinetische Ansätze, Regeneration und wiederholten Einsatz, die Entwicklung neuer Biosorptionsmittel u. v. a. Das Motiv für die aktuelle Entwicklung von auf Biosorption beruhenden Applikationen zur Entfernung von Metallen in Form hybrider Materialien definiert sich aus der Entfernung von Kontaminanten sowie der Entwicklung von Biosensoren. Nach Einschätzung von Wang & Chen (2009) ähnelt der Ansatz einer Art Ionenaustauschharz, wobei sie allerdings auf die Herausforderungen betreffs der Wiederverwertung verweisen.

(e) Adsorption

Zur Adsorption von As^{5+}, Cd^{2+}, Cu^{2+}, Fe^{2+}, Ni^{2+}, Pb^{2+} sowie Zn^{2+} auf bakteriell produzierten Metallsulfiden (= BPMS) durch eine Schüttelmethode (engl. *batch equilibrium method*) äußern sich Jong & Parry (2004). Bezüglich diverser Metalle weisen auf Sulfiden (S^{2-}) beruhende Materialien ähnlich adsorptive Merkmale auf, wie sie bei anderen adsorptiven Medien berichtet sind. Mit ansteigendem pH-Wert und Dosierung erhöht sich der Prozentsatz der Adsorption, nimmt dann allerdings bei nachträglicher Aufstockung der Metallkonzentration wieder ab. Insgesamt offenbart sich für die Adsorption von As^{5+}, Cd^{2+}, Cu^{2+}, Fe^{2+}, Ni^{2+}, Pb^{2+} sowie Zn^{2+} durch bakteriell produzierte BPMS der pH-Wert der Lösung als entscheidende Kontrollgröße. Gemäß Jong & Parry (2004) zeigen experimentell ermittelte Daten zur Desorption nur eine geringe Tendenz zur Reversibiltät der Adsorption. Die o. a. Autoren erörten die Möglichkeit einer hochaffinen Adsorption durch Chemisorption, mit entsprechenden Konsequenzen für Sanierungsmaßnahmen.

(f) Extremozyme u. a.

in Folge der Einführung und Etablierung neuartiger Verfahrenstechniken und Anwendungsbereiche gewinnen Enzyme, neben den konventionellen Einsatzgebieten, wie z. B. Waschmitteln, Lebensmitteln, auf den Gebieten der mikro-/nanoskaligen Energieproduktion sowie Sanierung zunehmend an Bedeutung und sind Gegenstand zahlreicher Untersuchungen. Der deutliche Anstieg von neu isolierten extremophilen Mikroorganismen, die Analyse ihrer Genome sowie Enzyme verdeutlichen das Potential von extremophilen Formen (Abschn. 2.2.2/Bd. 1) für Industrieprozesse, d. h. Strategien einer Weißen Biotechnologie (Egorova & Antranikian 2005). Enzyme von Extremophilen, d. h. Extremozyme (Abschn. 3.3.3/Bd. 1), sind traditionellen Biokatalysatoren überlegen, da sie unter Bedingungen, z. B. Temperatur, pH-Wert, arbeiten, die zur vollständigen Denaturierung, d. h. Defunktionalisierung, von Nichtextremozymen führen. Speziell die Enzyme thermophiler sowie hyperthermophiler *Archaea* sind von großer industrieller Bedeutung (Egorova & Antranikian 2005). Überlegungen, Enzyme im Umweltbereich intensiver zu verwenden, können sich an zahlreiche Erfahrungen auf den Gebieten wie z. B. Erdölindustrie u. a. anlehnen. Eingesetzt im Abfallmanagement, tragen sie zu umweltschonenden Maßnahmen bei. Rekombinante DNS-Technologie, Proteinengineering sowie rationales Enzymdesign bieten Perspektiven u. a. in der Nanotechnologie zur Kontrolle von Schadstoffen (Ahuja et al.

2004). Zunehmend gewinnt eine durch Enzymaktivitäten durchgeführte Sanierung an Interesse. Gemäß Alcalde et al. (2006) lassen sich im Vergleich mit Ganzzellverfahren xenobiotische Komponenten durch Enzyme wirkungsvoller behandeln. Es kann somit die umweltbezogene Biokatalyse, d. h. das Enzym, als eine innovative grüne Prozesstechnik in Betracht kommen (Alcalde et al. 2006).

(g) Biofilm

Die Bestimmung des Erfolges einer *In-situ*-Biosanierung gestaltet sich als komplex. Unter kontrollierten Laborbedingungen lässt sich der Einfluss der diversen individuellen Variablen wie z. B. die Anwesenheit von U^{6+} und Cr^{6+} sowie Elektronendonatoren und -akzeptoren auf die Struktur, Dynamik und das metallreduzierende Potential einer mikrobiellen Gemeinschaft in Form eines Biofilms studieren (Mosher et al. 2012). Der eigentliche Versuchsablauf gestaltet sich als sehr zeitaufwändig. Um stabile, angereicherte mikrobielle Gemeinschaften zu erhalten, müssen zunächst in einem anaeroben Flussreaktor Cr^{6+}-führende Grundwässer inokuliert und unter Zugabe von Lactat ($C_3H_5O_3$) für 95 Tage inkubiert werden. Im Anschluss sind, unter gleichzeitiger Verabreichung von 30 mM $C_3H_5O_3$ und 0,05 nM SO_4^{2-} sowie einer Zeitspanne von 48 h, die Reaktorbedingungen mit N_2-Gas anaerob zu halten. Als Ergebnis steht eine deutliche Abnahme der Diversität, z. B. von 63 Gattungen innerhalb von elf Stämmen treten nur elf bakterielle und zwei Gattungen an *Archaea* auf. Insgesamt dominiert *Pelosinus sp.* die Gemeinschaften. Weniger zahlreich treten *Acetobacterium spp.* auf. Andere Mikroorganismen, so auch z. B. Methanogene, sind nur sehr untergeordnet anzutreffen. Von vier neu isolierten *Pelosinus*-Stämmen sind drei Stämme zur Reduktion von Cr^{6+} und darüber hinaus ein Stamm zur Reduktion von U^{6+} fähig. Die Abfolge/Reihenfolge einer mikrobiellen Gemeinschaft während einer Zugabe von $C_3H_5O_3$ und Begrenzung des Elektronenakzeptors offenbart die Vorherrschaft des metallreduzierenden Mikroorganismus *Pelosinus spp.* (Mosher et al. 2012).

Ein Biofilm aus *E. coli*, aufgetragen auf Kaolin, ist in der Lage, wässrigen Lösungen Cd^{2+}, Cr^{2+}, Fe^{3+} sowie Ni^{2+} zu entziehen (Quintelas et al. 2009). Für Fe ist eine Ausbringung von 100 %, für Cd von 70 %, für Ni von 40–70 % sowie für Cr von 20–100 % berichtet. Die Abfolge im Sinne von Aufnahmewerten durch den o. a. Biofilm aus *E. coli*, ermittelt durch die ICP (Abschn. 1.3.5 (i)), ist wie folgt gekennzeichnet: Fe > Cd > Ni > Cr. Die Präferenz eines Sorbenten für ein bestimmtes Metall könnte u. a. auf der Basis der Elektronegativität der Metallionen, Ionenradius u. a. beruhen (Quintelas et al. 2009).

Auch Labrenz & Banfield (2004) betonen die Effizienz von Biofilmen bei der Bildung von Biomineralisationen, gewonnen aus metallführenden Restströmen, Abschn. 5.3.3 (j)/Bd. 1.

(h) SRB

Sulfatreduzierende Bakterien (*engl.sulfate reducing bacteria* = SRB) können entweder direkt durch reduktive Transformation von Metallionen in ihre unlöslichen Formen oder indirekt über die Bildung von Metallsulfiden die Mobilität von Metallen beeinflussen (Sitte et al. 2010), Abschn. 2.5.3/Bd. 1. Zur Sanierung von AMD erweisen sich Vertreter von SRB als erfolgreich (Luptakova & Macingova 2012), Abschn. 2.2 (b)/Bd. 1. Bei eingeschränkten SO_4^{3-}-Gehalten scheint es, dass SRB, wie z. B. *Desulfovibrio spp.*, gegenüber anderen Mikroorganismen nicht mehr konkurrenzfähig sind. Als Ergebnis äußern Mosher et al. (2012) die Vermutung, dass in Zeiten einer Verknappung an *In-situ*-Elektronen-Akzeptoren *Pelosinus sp.* andere gut studierte Organismen verdrängt und die Rate sowie das Ausmaß der Metallreduktion aufrechterhält. Zur Kinetik der U^{6+}-Reduktion durch SRB äußern sich Spear et al. (2000), Abschn. 1.5.1 (i). Aufgrund der dissimilatorischen Reduktion von U^{6+} sowie Cr^{6+} gibt es Überlegungen einer Verwendung von SRB sowie, bedingt durch die spezifische Aktivität der Reduktase zur Rückführung von Edelmetallen wie z. B. Au, Pt sowie Pd (Barton & Fauque 2009).

(i) Nanomagnetite

Eine Optimierung der Cr^{6+}- sowie Tc^{7+}-Sanierung mittels der Konstruktion von nanoskaligen Biomineralen schildern Cutting et al. (2010). Ihrer Einschätzung nach scheint sich zur Reduktion bzw. Entfernung von in wässriger Lösung befindlichem Cr^{6+} ein via bakterielle Reduktion aus Schwertmannit-Pulver ($Fe_{16}^{3+}[O_{16}|(OH)_{10}|(SO_4)_3] \cdot 10\,H_2O$) hergestellter Nanomagnetit zu eignen. Im Gegensatz hierzu erbringt synthetisch erzeugter oder aus Ferrihydrid hervorgegangner nanoskaliger Fe_3O_4 geringere Leistungen. Aufgrund ihrer Arbeit äußern die o. a. Autoren die Option, die biogen bereitgestellten Biomagnetite für Sanierungszwecke in Erwägung zu ziehen. Gemäß Iwahori et al. (2014) eignet sich biogener Nanomagnetit zur Fixierung von Metallkationen durch Adsorption.

(j) Elektronendonatoren

Anhand der durch Säulenexperimente durchgeführten Untersuchung zur Abschätzung der Auswirkungen von Elektronendonatoren auf die *In-situ*-Präzipitation von Zn, Cd, Co und Ni aus kontaminiertem Grundwasser durch den Einsatz einer auf der Entnahme von Sulfat (SO_4^{3-}) beruhenden Technik erörtern Geets et al. (2006), inwieweit sich eine SO_4^{3-}-Reduktion mittels endogener Populationen von SRB (Abschn. 2.2. (b)/Bd. 1) durch zum einen diverse C-Quellen, z. B. Acetat (CH_3CO^{2-}), Lactat ($C_3H_5O_3$), Methanol (CH_3OH), Ethanol (C_2H_6O) u. a., sowie unterschiedliche Elektronendonatoren unterstützen lässt, Abschn. 4.6.2 (a)/Bd. 1. Da die Behandlung von SO_4^{3-}-führenden Abwässern aus der Industrie, z. B. Bergbau u. a., mittels biologischer SO_4^{3-}-Reduktion eine verbreitete Technik darstellt, gilt ein besonderes Augenmerk der Nachhaltigkeit der Metallpräzipitation unter einem wechselnden Verhältnis zwischen chemischem O_2-Bedarf (engl. *chemical oxygen demand* = COD) zum SO_4^{2-}-Gehalt oder unterbrochener Substratzufuhr (Geets et al. 2006).

(k) Genetische Aspekte

Im Zusammenhang mit der Sanierung von Kontaminationen durch (Schwer-)Metalle erörtern Valls & de Lorenzo (2002) die Verwertung der genetischen und biochemischen Kapazitäten von Bakterien. Ihre Behandlung im Sinne der Dekontamination einer belasteten Geosphäre ist nur über ihre Immobilisierung in eine nicht bioverfügbare Phase oder über eine Respezifikation in weniger toxische Formen machbar.

Während diese Ansätze nicht alle Probleme lösen können, helfen sie jedoch, betroffene Areale vor schädlichen Effekten zu beschützen, und isolieren die Kontaminanten als eingeschlossene und recyclingfähige Endstoffe. In der Verbindung genetischer Techniken mit bakteriellen Katalysatoren sehen Valls & de Lorenzo (2002) ein herausragendes Potential für zukünftige strategische Ansätze betreffs Bioremediation. Die genannten Autoren verweisen auf genetische und biochemische Datenbanken mit z. B. Hinweisen auf Katalysen im Zusammenhang mit Metallen, bakteriellen Phänotypen usw. Eine Bestimmung der bakteriellen Diversität in einer Pilotanlage zur Behandlung von Grubenwässern durch biologische Fe^{2+}-Oxidation, ermittelt durch die Analyse einer Klonbibliothek und berechnete statistische Parameter, findet sich bei Heinzel et al. (2009). Als wichtigsten Vertreter der mikrobiellen Gemeinschaft geben sie eine Gruppe von β-Proteobakterien unter Einbeziehung von *Ferribacter polymyxa* an.

(l) Abwasserbehandlung

Durch einen auf Kaolin befindlichen aus *E. coli* bestehenden Biofilm scheint, in Form einer Entfernung von Cd^{2+}, Cr^{6+}, Fe^{3+} sowie Ni^{2+} aus wässrigen Lösungen, eine Behandlung von Abwässern möglich zu sein (Quintelas et al. 2009). Diese Variante einer hybriden Matrix bedient sich der Kombination zweier in Wasser negativ geladener Oberflächen, d. h. von Kaolin sowie Bakterien. Somit stehen zwei Matrizen zur Sorption von Kationen zur Verfügung (Quintelas et al. 2009), Tab. 2.29. Neben dem Zustand der Valenzen beeinflussen Größen wie z. B. Elektronennegativität, Atomgewicht sowie Ionenradius die Stärke einer Biosorption. Als weitere Größe bei der Bindung von Metallionen treten Carboxylgruppen in Erscheinung (Quintelas et al. 2009), Abschn. 2.3.7 (c). Bei niedrigen pH-Werten behält diese Form von funktioneller Gruppe seine Protonen und reduziert somit die Möglichkeit einer Anbindung positiv geladener Ionen. Steigt der pH-Wert, unterliegen die Carboxylgruppen einer Deprotonierung mit der Konsequenz eines Wechsels der Ladung, d. h., sie weisen im Anschluss eine negative Ladung auf und infolge des Ladungswechsels sind anwesende positiv geladene Metallionen durch Carboxylgruppen fixierbar. Als wesentliche Größe zur Bin-

Tab. 2.29: Aufnahmewerte (mg g^{-1}) diverser Metalle, z. B. Cr^{6+}, Ni^{2+} etc. durch Biofilme, bestehend aus *E. coli* und auf Kaolin aufgetragen (Quintelas et al. 2009).

	c_0 (mg l^{-1})	Aufnahme (mg g^{-1})	R_P (%)
Cr^{6+}	8	1,2	100
	30	1,1	23,6
	62	2,1	22,9
	85	2,6	20,2
	97	3,4	23,2
	116	4,6	26,2
Fe^{3+}	7	1,0	100
	22	3,4	100
	53	7,9	98,7
	78	11,7	100
	110	16,5	100
Ni^{2+}	12	1,4	74,2
	29	3,1	71,0
	56	4,2	49,9
	76	4,6	40,6
	86	5,1	39,4
	101	6,9	45,3

dung wirken elektrostatische Wechselwirkungen zwischen Metallionen mit der Biomasse (Quintelas et al. 2009), Abschn. 4.3/Bd. 1. Mikrobielle, extrazelluläre Proteine scheinen die räumliche Ausbreitung von biogenen, metallführenden NP einzuschränken, d. h. als mögliche Option zur Abwasserbehandlung (Moreau et al. 2007), Abschn. 2.5.7 (k)/Bd. 1.

(m) Metallführende Kompostierungen

Ein weiteres Indiz für diese Vermutung liefert die Beobachtung, dass eine Reihe von Metall(-komplexierungen) bei neutralem bis basischem pH-Wert nur eine sehr geringe Löslichkeit aufzeigt. Die Laborstudien, d. h. Inkubation, verweisen auf die Möglichkeit, Uran (U) auch unter aeroben Bedingungen sowie bei neutralem bis alkalinem pH zu mobilisieren (Kalinowski et al. 2004). Eine kritische Bewertung/ein Überblick über die Bioverfügbarkeit und den Einfluss von Schwermetallen aus kommunalen Feststoffabfällen im Vergleich mit Klärschlämmen liefert Smith S. R. (2009). Der Inhalt, das Verhalten und dir Bedeutung von Schwermetallen in kompostierten Abfallmaterialien sind aus zwei entgegengesetzten Gründen im Sinne einer Umweltschutzgesetzgebung wichtig: (1) zum einen, um die Kriterien zur Endlagerung und den Grad an Recyclingfähigkeit zu identifizieren, (2) und zum anderen, um als Information für Schutzmaßnahmen von Böden gegenüber Kontaminationen zu dienen. Alle festen Abfallmaterialien aus dem städtischen Bereich enthalten Schwermetalle, die den durchschnittli-

chen Hintergrundwert von z. B. Böden überschreiten. Die Löslichkeit und Bioverfügbarkeit von Schwermetallen verringern sich aufgrund einer Komplexierung durch eine
organische Matrix von z. B. Böden. Pb weist die stärkste, Ni die schwächste und Cd,
Cu sowie Zn eine mittlere Sorption auf.

Diese effizienten unterschiedlichen Metallsorptionseigenschaften des Kompost,
hergestellt aus Klärschlämmen verschiedenartigster Herkunft, verfügen über eine
Reihe von Vorteilen bei der Sanierung von durch Metallen kontaminierten Böden aus
Industrie und urbanen Bereichen. Ein Eintrag von metallführendem Kompost und
Abwässern in landwirtschaftlich genutzte Böden erhöht zum einen die Bodengüte
und zum anderen stehen Metalle für einen Transfer zu Pflanzen zur Verfügung. Unter
natürlichen Bedingungen hängt die Verfügbarkeit bestimmter Metalle von folgenden
Kriterien ab:

- der chemischen Bindung der Metalle mit den organischen Komponenten und der
  Bodenmatrix,
- dem pH-Wert der Böden,
- der Konzentration des betroffenen Metalls in den Böden bzw. dem Kompost,
- der Fähigkeit der Regulierung bei der Aufnahme durch die Pflanze gegenüber
  einem bestimmten Metall.

Beim Abbau von organischer Materie in Böden und nach Beendigung der Kompostzu-
gabe liegen bislang keine Beweise über eine sukzessive erhöhte Freigabe in Form von
frei verfügbaren Metall(-komplexierungen) vor. Allem Anschein nach bieten kompostierte Biomaterialien im Vergleich mit Klärschlämmen den Vorteil einer reduzierteren
Bioverfügbarkeit von Metallen, d. h. Aufnahme durch die Biomasse.

Die Matrix des Komposts scheint das Angebot an zur Verfügung stehenden Metallen anzupassen, wobei das Sorptionsvermögen bei geringeren Metallgehalten höher
ausfällt. Smith (2009) zieht den Schluss, dass kompostierte Materialien gegenüber
anderen Biostabilisierungstechniken von Abfallstoffen insgesamt einen Beitrag zur
Verringerung der Bioverfügbarkeit von Metallen in Böden zur Verfügung stellen. So
wird z. B. von Zn, das in Böden durch Klärschlämme und kompostierte Materialien
eingebracht wird, ein erheblicher Einfluss auf die mikrobielle Aktivitäten und Frucht-
barkeit angenommen.

Gemäß den Arbeiten von Smith (2009) ließ sich jedoch keine nachteilige Einwirkung von (Schwer-)Metallen auf bodenbezogene mikrobielle Prozesse beobachten.
Ihrer Einschätzung nach verursachen, entsprechenden Langzeitversuchen zufolge,
speziell hohe Konzentrationen an Cd signifikante Einflüsse auf die Bodenmikroorga-
nismen. Die Metallgehalte von nach Herkunft getrennten kommunalen Abfallschläm-
men oder sog. „grünem" Abfall fallen im Vergleich zu mechanisch sortierten Abfällen
geringer aus.

Generell reduziert, gegenüber anderen Stabilisierungstechniken von organischen
Abfällen, eine Kompostierung die Verfügbarkeit von Metallen. Daher sind die Risiken gegenüber u. a. der Umwelt, z. B. Bodengüte, die von Schwermetallen in nach

Herkunft sortierten Abfallströmen und „grünem" Kompost ausgehen, als gering anzusetzen. Weiterhin enthalten Komposte, aus mechanisch getrennten kommunalen
Abwässern gewonnen, weniger Metalle als Klärschlämme, die unter kontrollierten
Bedingungen der Verbesserung von Böden dienen. Somit stellt der Metallgehalt von
mechanisch sortierten/abgetrennten kommunalen Klärschlämmen für den Endein-
satz als Bodenverbesserer kein Hindernis dar. Es sind allerdings geeignete Vorbehand-
lungsmaßnahmen für die genannten Abfallstoffe empfehlenswert, eine selektiv biogene Extraktion, um eine langfristige Akkumulation von Metallen zum Schutz des
Bodens zu verhindern.

(n) Arsen (As)

Bei hoher Konzentration verhält sich As extrem toxisch. Die Kontamination von
Böden, Wasser und Luft stellt ein erhebliches Problem dar, als Quellen kommen
geologische Körper, das Abbrennen fossiler Brennstoff, Bergbau u. a. in Betracht,
Abschn. 2.4.3 (a)/Bd. 1. Abweichend von organischen Kontaminanten, die sich zu
weniger toxischen Spezifikationen abbauen lassen, unterliegen Metalle keinem Abbau. Ein Mittel zur Überführung in weniger toxische Formen stellen Immobilisierung
und Transformation dar, Abschn. 2.3.3/Bd. 1. Das ubiquitäre Auftreten von As in
der Umwelt veranlasst die betroffenen Mikroorganismen, evolutionär initialisierte
Abwehrmechanismen gegenüber As bereitzustellen, Abschn. 2.3.2 (i)/Bd. 1. Der geläu-
figste Mechanismus basiert auf der Anwesenheit eines As-Resistenzoperators (*ars*),
der folgende Enzyme codiert (Mateos et al. 2006):

(1) ein regulatives Protein: *ArsR*,

(2) eine Arsenat-Perma: *ArsB*,

(3) ein in die Reduktion von Arsenat einbezogenes Enzym: *ArsC*.

Als Modellbakterium zur Biosanierung von As stellen Mateos et al. (2006) *Corynebacterium glutamicum* vor. Der gegenüber As hochresistente Mikroorganismus *C. glutamicum* weist gemäß Analysen in seinem Genom die Anwesenheit von zwei vollständigen mit der typischen 3-Gene-Struktur *arsRBC* versehene *ars*-Operone (*ars1*,
ars2) auf. Ihre Bedeutung für die As-Resistenz von *C. glutamicum* ist entweder nach
Störung bzw. Amplifikation der genannten Gene ersichtlich (Mateos et al. 2006).
C. glutamicum erweist sich gegenüber bis zu 60 mM Arsenit (AsO_3^{3-}) als resistent
und vertritt somit einen Mikroorganismus bzw. seine Mutanten, um als Kandidat
innerhalb von Sanierungsmaßnahmen As wirkungsvoll zu entfernen (Mateos et al.
2006), Abschn. 2.3.2 (b)/Bd. 1.

Zur Biochemie der As-Detoxifikation publiziert [1]Rosen (2002) seine Arbeiten. Alle
Lebewesen verfügen über Systeme zur As-Detoxifikation und es stehen u. a. folgende
Mechanismen zur Disposition:

- Aufnahme von As^{5+} in Form von Arsenat (AsO_4^{3-}) durch PO_4^{3-}-Transporter,
- Aufnahme von As^{3+} als Arsenit (AsO_3^{3-}) durch Aquaglyceroporin,
- Reduktion von As^{5+} zu As^{3+} via Arsenat-Reduktase,
- Extrusion oder Sequestrierung von As^{3+}.

Ungeachtet dessen, dass die o. a. Prozesse in u. a. Prokaryoten ähnlich definiert sind, kann es infolge einer evolutionbedingten Adaption/Optimierung zu individuellen Abweichungen spezifischer Proteine kommen. In diesem Zusammenhang verweisen Patel et al. (2007) auf die Detoxifikation von Arsenat (AsO_4^{3-}) in einem gegenüber As hypertoleranten *Pseudomonaden*-Vertreter. Der aus Abwässern der Galvanik-industrie gewonnene Mikroorganismus *Pseudomonas sp. As-1* wächst aerob in einem mit 65 mM AsO_4^{3-} versehenen Kulturmedium. Er überschreitet somit signifikant den As-Toleranzlevel anderer As-resistenter Bakterien. In der übersättigten Kulturlösung liegt As mehrheitlich als As^{3+} vor. Analysen lassen die Vermutung aufkommen, dass das mit der Zelle gebundene As in Form von As^{5+}, d. h. 30 %, vorliegt, As^{3+}, d. h. 65 %, sowie As, d. h. 5 %, in Verbindung mit S angetroffen wird. Eine auf PCR beruhende Analyse bestätigt das Auftreten von As-Resistenz-Operonen, d. h. *arsR*, *arsB* sowie *arsC*. Sie sind zur intrazellulären Reduktion von As^{5+} und einer Exkretion von As^{3+} befähigt (Patel et al. 2007), Abschn. 2.3.2/Bd. 1. In Ergänzung zu den klassischen Resistenzmechanismen gegenüber As, vermuten Patel et al. (2007) weitere bioche-mische Erwiderungen. So betonen die o. a. Autoren z. B. die Ähnlichkeiten zwischen PO_4^{3-}- sowie AsO_4^{3-}-Anionen bei der Aufreinigung von As-bindenden Proteinen aus Zellfraktionen und verweisen auf Analysen des Proteoms, die Hinweise auf eine Re-gulation ergänzender Proteine andeuten, ohne bislang erkennbare Verbindungen zu Bedürfnissen seitens des Metabolismus.

AsO_3^{3-}-oxidierende und AsO_4^{3-}-reduzierende Bakterien, assoziiert mit an As angereichertem Grundwasser, stellen Liao et al. (2011) vor. In ihren experimentellen Arbeiten identifizieren die o. a. Autoren elf isolierte As-transformierende Stämme, charakterisiert durch unterschiedliche Morphologien der Kolonien sowie abwei-chende Fähigkeiten einer Transformation von As. Die AsO_4^{3-}-reduzierenden Bakterien agieren überwiegend fakultativ anaerob. Alle Isolate zeigen, betreffs inhibitorischer Konzentration, innerhalb einer breiten Bandbreite an Gehalten, eine hohe Resis-tenz gegenüber As, d. h. 2–200 mM. Ein Stamm, d. h. *AR-11*, kommt hinsichtlich Oxidation von AsO_3^{3-} zu AsO_4^{3-} ohne die Zufuhr von Elektronendonatoren und -akzeptoren aus. Genetische Analysen, d. h. 16S-rRNS-Sequenzen, ordnen den Iso-laten die Gattungen *Pseudomonas*, *Psychrobacter*, *Vibrio*, *Citrobacter*, *Enterobacter* sowie *Bosea* zu. Liao et al. (2011) erörtern die Hypothese einer Koexistenz von sowohl AsO_3^{3-}-oxidierenden als auch AsO_4^{3-}-reduzierenden Mikroorganismen in mit As-kontaminierten Grundwässern. Über eine kontinuierliche Kristallisation von Biosko-rodit ($Fe^{3+}[AsO_4] \cdot 2\,H_2O$) gelingt offensichtlich der Entzug von As (González-Contreras et al. 2012), Abschn. 5.3/Bd. 1.

(o) Cadmium (Cd)

Zur Isolation und Quantifizierung von Mechanismen zur Cd-Entnahme in Batchreaktoren, beimpft durch sulfatreduzierende Bakterien (SRB), äußern sich Pagnanelli et al. (2010). Über die Ermittlung der Differenz zwischen dem durch Biopräzipitation ausgefällten und durch Biosorption fixierten Cd gelingt es, die Fähigkeit zur Biosorption von SRB gegenüber Cd zu bestimmen (Pagnanelli et al. 2010). Im Experiment gewonnenes Datenmaterial zur Abnahme von Cd in Batch bezogenen Wachstumstests, d. h. Tests zur Biopräzipitation, kann im Anschluss zum Vergleich mit vom Metabolismus abhängigen Bindungseigenschaften seitens der Zellwandoberflächen von SRB herangezogen werden, wobei sich die Tests zur Biosorption auf tote Biomasse stützen.

Wie mittels experimenteller Versuchsreihen aufgezeichnet, können auch in Gegenwart von Cd ($0\text{--}36\,\text{mmol}\,l^{-1}$) durch ein Inokulum aus SRB in 21 Tagen $60 \pm 5\,\%$ an Sulphaten entzogen werden (Pagnanelli et al. 2010). Bei ansteigender Cd-Konzentration sind in Folge keine monoton verlaufenden kinetischen Effekte zu beobachten. Ein Vergleich zwischen Tests zur Biopräzipitation und Sorption verweist für den Entzug von Cd auf eine Beteiligung seitens einer Biosorption von 77 %, d. h. $0,4 \pm 0,01\,\text{mmol}\,g^{-1}$. Die Charakterisierung der bakteriellen, auf die Oberfläche bezogenen Säure-Base-Eigenschaften, analytisch erfasst durch potenziometrische Titrationen sowie mechanistische Modellierung, deutet an, dass als hauptverantwortliche Mechanismen zur Metallentnahme durch Biosorption diverse Biomoleküle, wie z. B. Carboxyl-, Phosphat- und Aminogruppen, der Zellwände in Betracht kommen (Pagnanelli et al. 2010), Abschn. 2.3.7/Bd. 1.

(p) Quecksilber (Hg)

Zur Charakterisierung des metabolisch modifizierten, gegenüber Metallen resistenten *Cupriavidus metallidurans MSR33*, bereitgestellt zur Sanierung von mit Hg kontaminierten Medien, äußern sich Rojas et al. (2011). Zur Verbesserung der Resistenz eines Stamm von *C. metallidurans*, d. h. *CH34*, gegenüber anorganischem sowie organischem Hg wurden diesem via Plasmide die geeigneten genetischen Informationen, d. h. *C. metallidurans MSR33*, übertragen. Die Stabilität der Plasmide beläuft sich unter nicht selektiven Konditionen auf über 70 Generationen. In Anwesenheit von Hg^{2+} lassen sich eine Organo-Hg-Lyase (*MerB*) sowie Hg-Reduktase (*MerA*) des Stamms *MSR33* synthetisieren (Rojas et al. 2011). Als minimale inhibitorische Konzentration sind für den Stamm *MSR33* für Hg^{2+} ca. $0,12\,\text{mM}$ und für CH_3Hg^+ ungefähr $0,08\,\text{mM}$ angegeben. Bei Zugabe von $0,04\,\text{mM}\,Hg^{2+}$ kommt es während der exponentiellen Phase zu keinerlei Beeinträchtigung der Wachstumsrate von *MSR33*. Im Gegensatz hierzu zeigt der ursprüngliche Parentalstamm nach Verabreichung von Hg^{2+} eine sofortige Einstellung des Zellwachstums (Rojas et al. 2011). Auch stellen sich Unterschiede in der Morphologie ein. Nach erfolgter Hg^{2+}-Zugabe sind betreffs *MSR33*-Zellen keinerlei Symptome bemerkbar, der Parentalstamm *CH34* offenbart signifikante Veränderungen in der äußeren Membran. Im Verlauf von experimentellen Versuchsreihen aus Gründen eines möglichen Einsatzes von *MSR33* zur Bioremediation von Hg-kontaminierten Medien kommt es nach 2 h unter Verwendung von Thioglykolat ($C_2H_4O_2S$) zu einer vollständigen Volatilisierung der Hg-Spezifikation aus dem betroffenen Medium, d. h. kontaminierten Wässern (Rojas et al. 2011).

(q) SEE

Eine Phosphataufnahme und -freigabe durch *Acinetobacter johnsonii* in Kontinuumkulturen und die Anbindung der Phophatfreisetzung mit der Akkumulation von Schwermetallen beobachten Boswell et al. (2001). Zur Fixierung von La^{3+} aus einer Lösung über eine Ausfällung als zellgebundenes $LaPO_4$ dient *A. johnsonii*. Dieser Organismus produziert Polyphosphate und entlässt Phosphat (PO_4^{3-}). Er ist u. a. in Anlagen zur Abwasserbehandlung anzutreffen, wobei sein Einsatzgebiet auf dem Gebiet der biologischen PO_4^{3-}-Entnahme (engl. *enhanced biological phosphate removal* = EBPR) liegt. Der Effekt von wiederholten aeroben/anaeroben Zyklen auf C und PO_4^{3-} im Metabolismus der betroffenen Organismen in Hinsicht auf die Promotion eines erhöhten PO_4^{3-}-Flusses kann über einen Versuchsaufbau aufgezeichnet werden, der sich spezieller Bioreaktoren, d. h. dreistufig und kontinuierlicher Betrieb, ausgestattet mit aerob und anaerob konditionierten Behältern sowie Setzgefäßen, bedient. Der für die Versuche erforderliche Betriebsablauf nutzt zwei Verfahrenstechniken, d. h. Durchfluss- und Recyclingtyp, die aneinandergekoppelt sind.

Unter aeroben Bedingungen, mit Acetat ($CH_3CO_2^-$) als einziger C-Quelle nach dem sog. Durchflussprinzip, kommt es zur Unterstützung der Aufnahme eines Überschusses an PO_4^{3-}, d. h. bis zu 5,0 mmol l^{-1} = 3,0 mmol g^{-1} Protein, und zum anderen in einem Behälter unter anaeroben Konditionen zur Freisetzung des PO_4^{3-}, d. h. bis zu 1,0 mmol l^{-1} = 0,3 mmol g^{-1} Protein. Bei Zugabe von La^{3+} unter anaeroben Bedingungen kommt es im Recyclingmodus und unter anaeroben Konditionen sowie auf Kosten des biogenen PO_4^{3-} aus einer 0,1–0,3 mM La-führenden Lösung zur Entnahme von bis zu 95 % des La^{3+} (Boswell et al. 2001).

Gleichzeitig verweisen die o. a. Autoren auf die schnelle Anpassungsfähigkeit der Zellen an rasch wechselnde aerobe sowie anaerobe Umgebungsbedingungen bei gleichzeitiger Limitierung von aerob auftretendem C und einem Defizit an Energie. im Zusammenhang mit der Extraktion von SEE übernimmt PO_4^{3-} eine wichtige Rolle. Ungeachtet dessen, dass eine Vielzahl von Arbeiten zur Akkumulation und Entnahme von (Schwer-)Metallen, z. B. Ag, Cd, Cr, Hg u. a., aus wässrigen Lösungen und Industrieabwässern durch diverse Arten von Mikroorganismen zur Verfügung stehen, liegen so gut wie keine Daten zu den Wechselbeziehungen mit SEE-Ionen in wässrigen Lösungen vor.

Hierzu sollten Experimente z. B. Fragen zum Akkumulationspotential diverser Mikroorganismen oder inwieweit diverse Konzentrationen an SEE auf das bakterielle Wachstum in den Kulturen Einfluss nehmen, klären oder zu Überlegungen betreffs der Wechselwirkungen zwischen seltenen Erdmetallen und Mikroorganismen Stellung beziehen (Bullmann et al. 1987). Am Beispiel von La und Pr ist nach dem Kontakt eine rasche Akkumulation innerhalb weniger Minuten zu beobachten, wobei die Versuche über getrocknetes und gemischtes Zellmaterial, ausgesetzt diversen Modelllösungen, implementierbar sind. In beiden Fällen erfolgt die Aufnahme unabhängig von dem pH-Wert, der Temperatur sowie der Menge an SEE, d. h. max. 63 mg SEE pro g Biomasse. Eine aus industriellem Abwasser isolierte grampositive Bakterienart akkumuliert, in Abhängigkeit einer Vorbehandlung der Zellen, bedeutende Mengen an SEE, wobei die besagte Vorbehandlung aus ruhenden oder gefriergetrockneten Zellen mit bis zu 100 mg g^{-1} an Biomasse bzw. im Fall von durch Wärme getrockneten Zellen mit bis zu 40 mg l^{-1} besteht (Bullmann et al. 1987).

Studien zum mikrobiellen Rückhaltevermögen von (Schwer-)Metallen in Drainagewässern eines Bergbaus auf Uran (U) unter besonderer Berücksichtigung der SEE präsentieren Merten et al. (2004). Am Beispiel von Drainagewässern, die einem Einzugsgebiet eines ehemaligen Bergbaus auf Uran entstammen untersuchten Merten et al. (2004) das mikrobielle Rückhaltevermögen gegenüber Metallen. Die Abwässer sind durch einen niedrigen pH-Wert charakterisiert und führen hohe Gehalte an Uran, SEE und anderen Metallen. Über das Studium der SEE-Verteilungsmuster ist der mikrobielle Einfluss auf die Sorption und/oder aktive Aufnahme der (Schwer-)Metalle interpretierbar. So verursacht die Inkubation der Abwässer mit dem Bakterium *E. coli* eine Sorption von Metallen an die Biomasse. Eine Inkubation mit dem Fungus *Schizophyllum commune* verursacht einen deutlich hervortretenden Effekt, u. a. eine signifikante Fraktionierung der SEE. Als Ursache kann die Möglichkeit eines besonderen Aufnahmemechanismus vermutet werden (Merten et al. 2004).

Bezüglich einer SEE-Adsorption durch bakterielles Zellmaterial zeigen *Escherichia coli* und *Bacillus subtilis* im Vergleich abweichende Verteilungsmuster. In der Versuchsanordnung kommen u. a. diverse bakterielle Konzentrationen und pH-Werte zum Einsatz (Takahashi et al. 2005). Die K_d-Werte erhöhen sich mit steigender bakterieller Konzentration bei konstantem pH sowie bei ansteigendem pH-Wert bei gleichbleibender Konzentration an Bakterien. Die Beziehung zwischen K_d und pH lässt sich auch für andere Metallkationen und andere bakterielle Arten beobachten. Als Ursache für dieses Verhalten kommt bei der Besetzung der entsprechenden Bindungsabschnitte bei höherem pH-Wert vermutlich eine geringere Konkurrenz der Kationen untereinander in Betracht (Takahashi et al. 2005).

Weiterhin verweisen die o. a. Autoren auf den Effekt der Temperatur auf die Sorption der SEE. Der Verteilungskoeffizient K_d für SEE in *E. coli* liegt bei einem pH-Wert von 3,0 und 4,0, Abb. 2.41 (a). Der Gehalt von *E. coli* beträgt 0,20 g l^{-1} und die eingegebene SEE-Konzentration beläuft sich auf 100 µg l^{-1}. Zum Vergleich stellen Takahashi et al. (2005) die Verteilungskoeffizienten von *Bacillus subtilis* gegenüber, wobei sich die Konzentration von *B. subtilis* auf 0,13 g l^{-1} mit einem pH-Wert von 3,1 beläuft. Mikrobielle Matten hingegen weichen, im Vergleich mit den o. a. Mikroorganismen, ab dem Eu im Kurvenverlauf ab, Abb. 2.42. Die Anbindung der SEE-Komplexe dürfte nach

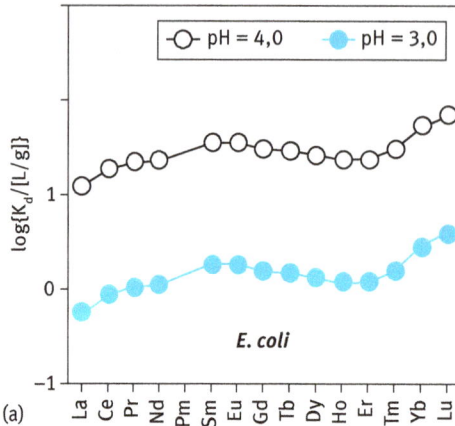

(a)

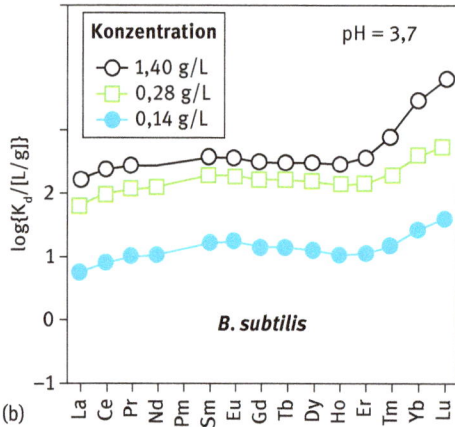

(b)

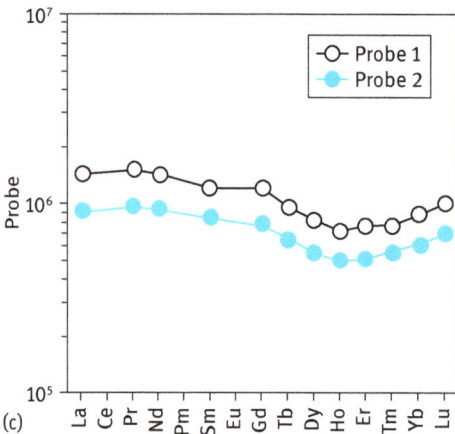

(c)

Abb. 2.41: Verteilungskoeffizient von SEE bedingt durch Adsorption via bakterieller Zellwände diverser Mikroorganismen, d. h. *E. coli*, *B. subtilis*, sowie einer mikrobiellen Matte (Takahashi et al. 2005).

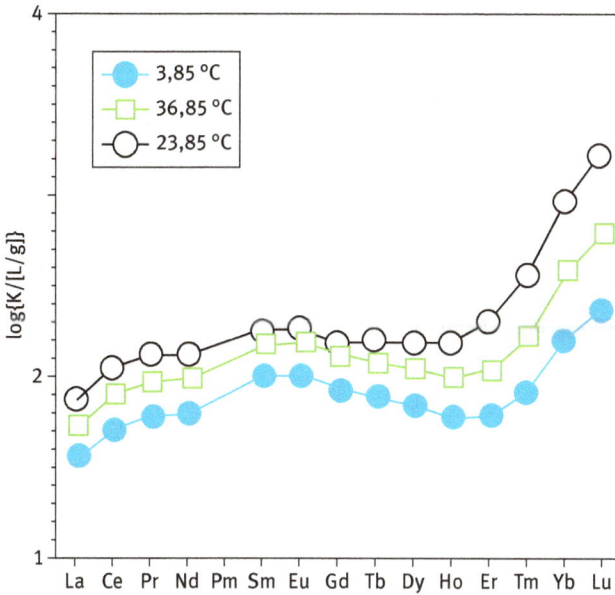

Abb. 2.42: Verteilungskoeffizient und Temperatur (Takahashi et al. 2005).

Takahashi et al. (2005) durch hierfür spezialisierte Sites erfolgen, Hinweise hierzu liefern die Stabilitätskonstanten.

Die La-Biosorption durch *Pseudomonas sp.* ist durch Studien zur chemischen Gleichgewichtseinstellung bei der Metallbeschickung, durch eine Modellanpassung, hinsichtlich kinetischer Aspekte, der Wirkung des pH-Wertes der betroffenen Lösung, der Wechselwirkungen von La mit Mikroorganismen sowie des Ausbringens durch Sorption untersucht (Kazy et al. 2006). Bei einem pH-Wert von 5 als Optimum kommt es zu einer raschen Sorption von La durch das Bakterium mit einer Gleichgewichtseinstellung bei der Metallbeschickung von $950 \, mg \, g^{-1}$ bezogen auf das Trockengewicht der Biomasse. Sowohl die Anwendung des *Scatchard*-Modells, d. h. Überprüfung der Kooperativität der Enzymaktivität, ausgedrückt via *Scatchard*-Diagramm, als auch die potenziometrische Titration gestatten die Vermutung, dass mindestens zwei Typen von Metalle bindenden Sites existieren, sowohl eine mit starker als auch eine mit schwächerer Bindungsaffinität.

Unter Zuhilfenahme einer FTIR-Spektroskopie, EDX und RDA (Abschn. 1.3.3) ist der chemische Charakter der Wechselwirkung von Mineral : Mikroorganismus erkennbar. Analysen durch die FTIR-Spektroskopie und RDA verweisen in Hinsicht einer La-Bindung auf die Einbeziehung von zellularen Carboxyl- und Phosphatgruppen durch die bakterielle Biomasse.

Auch stützen EDX (Abschn. 1.3.2) und Elementanalyse der Sorptionslösung die Einschätzung, dass der für das La verantwortliche Bindungsmechanismus seitens der

Biomasse auf einem Austausch von zellularem K und Ca zugunsten von La beruht. Analysen mit der TEM (Abschn. 1.3.4 (a)) zeigen innerhalb der Zelle durchgängig La-Akkumulationen, wobei es zu einigen granularen Anreicherungen in der Peripherie und im Cytoplasma der Zelle kommt. Eine messtechnische Erfassung durch die RDA bestätigt nach erfolgter La-Akkumulation eine langfristige Anwesenheit von $LaPO_4$-Kristallen auf der bakteriellen Biomasse.

Ein Mechanismus aus der Kombination von Ionenaustausch : Komplexierung : Mikropräzipitation könnte nach Einschätzung von Kazy et al. (2006) bei der Akkumulation von La durch die Biomasse beteiligt sein. Nahezu 98 % des durch die Biomasse gebundenen La lassen sich über den Gebrauch von $CaCO_3$ als desorbierendes Reagens ausbringen.

Zur Biosorption von u. a. La, Pr, Nd, Eu and Dy durch *Pseudomonas aeruginosa* äußern sich Philip et al. (2000). Kinetische Studien mit *P. aeruginosa* unter Verwendung von Aktiniden und Lanthaniden zeigen eine zweiphasige Metall-Aufnahme an.

(r) Uran (U)

Über die selektive Akkumulation von Metallen durch drei indigene Bakterienstämme, d. h. *Bacillus cereus*, *Bacillus megaterium* und *Bacillus sphaericus*, isoliert aus der Drainage von U-haltigem Haldenmaterial, liegt entsprechendes Datenmaterial vor (Selenska-Pobell et al. 1999). In diesem Zusammenhang wurde die Wechselwirkung von Isolaten der o. a. drei Bacillusstämme, gewonnen aus U-haltigen Halden, mit verschiedenen Metallionen, nachgewiesen im Grundwasser der darüberliegenden Halde, untersucht. Unter Benutzung einer durch 16S verstärkten ribosomalen DNS-Restriktion und erweiterten, zufallsbedingten polymorphen DNS-Analyse ließen sich die drei Stämme ansprechen, d. h. *B. cereus*, *B. megaterium* und *B. sphaericus*. Die Fähigkeit zur Akkumulation von Al, Ba, Cd, Co, Cr, Cs, Cu, Fe, Ga, Mn, Ni, Pb, Rb, Si, Sn, Sr, Ti, U und Zn konnte an o. a. Stämmen inkl. ihrer Sporen und vegetativen Zellen sowie an deren Referenzstämmen *B. cereus ATCC 4415*, *B. megaterium NRRL B5385* und *B. sphaericus NCTC 9602* nachgewiesen werden. Allerdings ergaben sich Unterschiede für die Höhe der Anreicherung. Während selektiv für Al, Cd, Cu, Pb und U verhältnismäßig hohe Akkumulationsraten für alle Stämme vorlagen, ließ sich für Co, Ga, Mn, Ni und Zn nur eine geringe Anreicherung feststellen. Die Anbindung von Ba, Ga, Mn, Ni und Zn hängt von der Spezies ab, in einigen Fällen verhält sie sich darüber hinaus stammspezifisch (Selenska-Pobell et al. 1999). Die Aufzählung und Charakterisierung von Fe^{3+}-reduzierenden mikrobiellen Gemeinschaften aus einem sauren oberflächennahen mit U^{6+} kontaminierten Sedimenten offerieren Petrie et al. (2003). Fe^{3+}-reduzierende Bakterien katalysieren die Reduktion und Immobilisierung von U^{6+} aus kontaminierten oberflächennahen Sedimenten. Somit scheinen sich diese Mikroorganismen zur Entwicklung von biologischen Sanierungsstrategien von U-Kontamination zu eignen, die insbesondere in sauren Sedimenten nahe der Oberflächen vorherrschen.

Zu Versuchszwecken wurden an Fe^{3+} reduzierende angereicherte Kulturen aus unberührten und kontaminierten Oberflächensedimenten bei einem pH-Wert von zum einen 7 und zum anderen zwischen 4 und 5 initialisiert (Petrie et al. 2003). Die untersuchten Sedimente sind durch hohe U- und NO_3^--Gehalte sowie niedrigen pH-Wert charakterisiert. Für die beiden genannten pH-Bereiche und verschiedenen C-Quellen, d. h. Glycerin ($C_3H_8O_3$), Acetat ($CH_3CO_2^-$), Lactat ($C_3H_5O_3$) sowie Glucose ($C_6H_{12}O_6$), ergaben sich bei der Auszählung der Fe^{3+}-reduzierenden-Zellen für sowohl kontaminierte als auch nicht beeinflusste Sedimente bis zu 240 Zellen ml^{-1}. Nach Auswaschung der NO_3^--Anteile aus dem Sediment und der Anwendung des Titerverfahrens zeigt sich für die o. a. Mikroorganismen (engl. *most probable number* = MPN) ein erheblicher Zuwachs. Bei Sedimenten mit niedrigem pH-Wert ergibt sich bei Zugabe von $C_3H_5O_3$ und $CH_3CO_2^-$ eine geringere Anzahl an Mikroorganismen, bei Anwesenheit von $C_6H_{12}O_6$ als Elektronendonator im sauren Milieu steigt die Anzahl an Counts, d. h. Mikroorganismen.

Phylogenetische Analysen von *16S*-rRNA-Gensequenzen, extrahiert aus den Verdünnungen mit den höchsten positiven Counts (MPN), deuten darauf hin, dass die vorherrschenden Mitglieder der Fe-reduzierenden Konsortien innerhalb der *Background*-Sedimente-Vertreter aus der Familie der *Geobacteraceae* stammen. Dahingegen dominieren in kontaminierten Sedimenten Fe-reduzierende Mikroorganismen wie z. B. *Anaeromyxobacter sp.*, *Paenibacillus* und *Brevibacillus sp.* Entsprechende Analysen (*terminal restriction fragmant length polymorphism* = T-RFLP) bestätigen die durch Klonierung und Sequenzierung erzeugten Ergebnisse. Die vorherrschenden Mitglieder der Fe-reduzierenden Konsortien verhalten sich gegenüber diversen Transfers als Bestandteil von angereicherten Kulturen stabil, bestätigt neben den o. a. Analysetechniken durch Messungen der Fe^{3+}-Reduktionsaktivität und des Verbrauchs an C-Substrat. Angereicherte Kulturen, entnommen von kontaminierten Stellen, reduzieren im Gegensatz zu abgetötetem Kontrollmaterial rasch die millimolaren Gehalte an U^{6+}.

Aus DNS-Probenmaterial, direkt oberflächennahen Sedimenten entnommen, ergab eine quantitative Analyse der *16S*-rRNA-Gensequenz mit der *MPN-PCR* (= *most probable number – polymerase chain reaction*), dass unter ursprünglichen Umweltbedingungen Sequenzen von *Geobacteraceae* vorherrschen, in kontaminierten Böden bzw. Sedimenten dahingegen überwiegend Sequenzen von *Anaeromyxobacter* anzutreffen sind. Petrie et al. (2003) deuten die Ergebnisse ihrer Versuche, d. h. einer Kombination von auf Kultivierung beruhenden und von einer Kultur unabhängigen Vorgehensweisen, dahingehend, dass die Häufigkeit und die Zusammensetzung der Gemeinschaft von Fe^{3+}-reduzierenden Konsortien in oberflächennahen Sedimenten zum einen von geochemischen Eckdaten wie pH-Wert, Nitratkonzentration u. a. abhängt sowie von der Fähigkeit der Mikroorganismen, in sauren oberflächennahen Milieus Sporen, d. h. grampositiv, oder sporenähnliche Körper, z. B. *Anaeromyxobacter*, bilden zu können.

Neue Ansätze zur Bioremediation von durch Radionuklide kontaminierten Geosphären beruhen auf der Fähigkeit von Mikroorganismen, wirkungsvoll die Oxidationszustände von Metallen und somit ihre Löslichkeit zu katalysieren. Ungeachtet dessen, dass die mikrobielle Metallreduktion als wirkungsvolles Mittel zur *In-situ*-Immobilisierung von hochlöslichen U^{6+}-Komplexen erkannt ist, verbleiben die auslösenden/verantwortlichen Mechanismen weitgehend unbekannt bzw. bislang unverständlich. Neueren Arbeiten zufolge scheint das c-Typ-Cytochrom eines dissimilatorischen, metallreduzierenden Bakteriums, d. h. *Shewanella oneidensis*, eine entscheidende Rolle bei der Reduktion von U^{6+} und der Bildung von extrazellulären U-NP zu übernehmen (Marshall et al. 2006). Es handelt sich offensichtlich um ein in der äußeren Membran anzutreffendes Dekahäm-Cytochrom *MtrC*, bislang für die Reduktion von Mn^{4+} und Fe^{3+} angenommen, das nach vorliegenden Beobachtungen den direkten Elektronentransport zum U^{6+} veranlasst.

Des Weiteren verursachen, verglichen mit dem Wildtyp *MR-1*, die Löschungen von *mtrC* und/oder *omcA* signifikante Veränderungen bei der Geschwindigkeit der *In-vivo*-Reduktion von U^{6+}. In Verbindung mit einem extrazellulären Polymer (EPS) akkumulieren die Mutanten, ähnlich dem Wildtyp, in hoher Dichte extrazelluläre UO_2-NP. Im Wildtyp weist diese UO_2-EPS dem Glycocalyx ähnliche Eigenschaften auf und enthält mehrere Elemente der OM, Polysaccharide und häme-führende Proteine. Durch eine neuartige Kombination von Analysetechniken wie z. B. unter Einbeziehung einer synchroton-basierten RFA und einer hochauflösenden Immun-EM lässt sich eine enge Verbindung zwischen extrazellulären UO_2-NP mit *MtrC* und *OmcA* (äußeres Membran-Cytochrom) anzeigen. Bemerkenswert ist in diesem Zusammenhang die Assoziation von in die EPS integrierten OM-Cytochromen. Unter natürlichen Umweltbedingungen üben offensichtlich UO_2-NP-führende Biopolymere (EPS) einen erheblichen Einfluss auf das Speicherungs- und Transportverhalten von U in Böden und anderen Sedimenten aus (Marshall et al. 2006).

Zur Metallreduktion bei niedrigem pH durch eine *Desulfosporosinus*-Art und Implikationen für die biologische Behandlung von Bergbaudrainagen liegen erste Informationen vor (Senko et al. 2009). Hierzu wurde ein säuretolerantes, sulfatreduzierendes Bakterium (SRB), d. h. *GBSRB4.2*, aus Sedimenten, überprägt durch saure Minendrainagen (*acidic mine drainage* = AMD), isoliert. Eine Sequenzanalyse eines Teils des *16S*-rRNA-Gens der o. a. Art weist eine Zugehörigkeit zum Genus *Desulfosporosinus* auf. *GBSRB4.2* ist in der Lage, SO_4^{2-}, Fe^{3+}-Hydroxid und Mn^{4+}-Oxid in sauren Lösungen mit einem pH-Wert von 4,2 zu reduzieren. In Verbindung mit den genannten Reduktionsprozessen, mit Ausnahme von U^{6+}, kommt es infolge der Bioreduktion zu einem Anstieg des pH-Wertes innerhalb der sauren Lösung und gleichzeitigen Hydrolyse und Ausfällung von gelöstem Al^{3+}. Liegen SO_4^{2-}-freie Lösungen vor, so soll für die aufgeführten Metallkomplexierungen, gemäß den o. a. Autoren, eine enzymatisch gesteuerte Reduktion seitens *GBSRB4.2* vorliegen, wobei die Reduktion von U^{6+} im Grundwasser, eines durch Radionuklide kontaminierten Aquifers bei einem pH-Wert von 4,4 verglichen mit einem Wert von 7,1, schneller erfolgte. Möglicherweise liegt die

Ursache für dieses Verhalten in der Bildung von schwach bioreduzierbaren Ca-U^{6+}-CO_3-Komplexen, definiert durch einen im Grundwasser ermittelten pH-Wert von 7,1 (Senko et al. 2009).

Zur Konstruktion von *Deinococcus geothermalis*, mit der Absicht einer Bioremediation von hochtemperierten radioaktiven Abfällen, stellen Brim et al. (2003) ihre Überlegungen vor. Der thermophile Mikroorganismus *D. geothermalis*, eng verwandt mit dem mesophilen *Deinococcus radiodurans*, verfügt über eine extrem hohe Resistenz gegenüber kontinuierlicher, radioaktiver/ionisierender Strahlung, wobei er bis Temperaturen über 50 °C beständig ist. Aktuell unterscheidet sich die Bioremediation von anderen industriellen Biotechnologien durch den Umstand, dass als hauptsächliche Zielsetzung in erster Linie gesetzliche Vorgaben hinsichtlich Umwelt erfüllt werden müssen. Ungeachtet dessen diskutieren Gillespie & Philp (2013), inwieweit die Bioremediation als umweltbezogene Sanierungstechnik im Sinne einer zukünftig angedachten Bioökonomie profitabel lauffähig ist und seitens der Legislative die ihr gebührende Akzeptanz findet. Eine durch *Shewanella oneidensis MR-1* erzeugte Struktur von biogenem Uraninit (UO_2) schildern Schofield et al. (2008). Die Stabilität von biogenem UO_2 gegenüber einer Aufoxidierung stellt eine grundlegende Anforderung bei der Sanierung von oberflächennahen Kontaminationen durch U^{6+} dar. Größe, Struktur und Komposition bestimmen die Eigenschaften und somit die Stabilität von UO_2. Beispiele für einen effizienten Stofftransport von mobilen Metallspezifikationen sind z. B. saure Wässer im Zusammenhang mit Minendrainagen, dem eine Lösung von Metallspezifikationen durch Mikroorganismen vorausgeht, Abb. 2.40/Bd. 1. Über Analysemethoden wie EXAFS, SR-basierende Pulverdiffraktion sowie TEM sind messtechnisch die lokalen, intermediären und langen Reichweiten der molekularen Struktur des nanoskaligen UO_2, erzeugt durch den *S. oneidensis MR-1*, ansprechbar.

Unter allen berücksichtigten Bedingungen treten die UO_2-Produkte strukturell homolog mit dem stöchiometrischen UO_2 auf. Gitterdeformationen sind in den biogenen UO_2-NP nicht nachweisbar. Die NP zeigen einen hochgeordneten internen Kern mit einem Durchmesser von ca. 1,3 nm und einer äußeren Mächtigkeit von ungefähr 0,6 nm mit lokalen Störungen. Gemäß Schofield et al. (2008) gestattet das Fehlen von NP-Verformungen und strukturellen Homologien mit der UO_2-Stöchiometrie Vermutungen, dass die etablierten thermodynamischen Parameter für das o. a. Material einen geeigneten Ausgangspunkt für die Modellierung von nanobiogenen UO_2 darstellen.

Zur auf Batch- sowie Säulenreaktoren beruhenden Biosorption von Eu^{3+} sowie La^{3+} durch eine protonierte Biomasse aus *Sargassum* generierten Diniz et al. (2008), Diniz & Volesky (2005) Daten. Durch eine proportionale Freisetzung von Protonen und der während der gesamten Reaktion gleichbleibenden Gesamtnormalität der Lösung ist der Mechanismus eines Ionenaustauschs angezeigt. Als Hilfsmittel zur Bestimmung diverser Zustandsgrößen stützen sich die o. a. Autoren auf u. a. die Darstellung des Gleichgewichts durch Isotherme für Binärsysteme, z. B. La/H bzw. Eu/H, mit dem Ergebnis eines Separationsfaktors, der Schätzung eines Koeffizienten für intrapartikulären Stofftransfer, gekoppelter partieller Differentialrechnungen. Bezogen auf die o. a. Versuchsreihen offenbart die eingesetzte Biomasse im Vergleich mit La^{3+} eine höhere Affinität gegenüber Eu^{3+} und sie verbleibt auch nach mehrmaligem Gebrauch und entsprechender Präparation in ihrer Funktion als Biosorbent zwecks Metallaufnahme einsatzfähig (Diniz et al. 2008, Diniz & Volesky 2005).

Eine Metallbindung durch Bakterien von U-haltigen Minenrückständen und seine technologische Anwendbarkeit studieren Pollmann et al. (2006). Zellisolate von *Bacillus sphaericus JG-A12*, gewonnen aus U-haltigen Halden, sind fähig, hohe Gehalte an Al, Cd, Cu, Pb und U zu akkumulieren. Aber auch Edelmetalle wie Au^{3+} Pd^{2+} sowie Pt^{2+} sind mittels der S-Layer des o. a. Mikroorganismus fixierbar, Abb. 2.45. Vom technischen Standpunkt aus gesehen, d. h. Bioremediation sowie Nanotechnologie, bieten sich Überlegungen und möglicherweise Optionen auf den Gebieten der Sanierung, der Rückführung und der Produktion von metallischen NP an (Pollmann et al. 2006). Aufgrund ihrer Größe bieten biogene UO_2-NP wichtige Voraussetzungen bei der Sanierung U-haltiger Medien wie z. B. Böden (Bargar et al. 2008). Gemäß Suvorova et al. (2008) können biogene NP zur Sanierung von Cr^{6+}- sowie U^{6+}-kontaminierten Grundwässern in Betracht gezogen werden.

(s) Additiva

Einen Rückblick zur Stabilisierung von As, Cr, Cu, Pb und Zn in Böden durch den Einsatz von Zusatzstoffen publizieren Kumpiene et al. (2008). Die Ausbreitung von Kontaminanten kann durch Bodenstabilisierungsmaßnahmen verzögert bzw. behindert werden. Als Techniken kommen z. B. die Adsorption an Mineraloberflächen, die Generierung stabiler Komplexe mit organischen Liganden, Oberflächenausfällung und Ionenaustausch in Betracht. Auf diese Weise lassen sich eine Biolaugung von Spurenelementen und ihre Bioverfügbarkeit wirkungsvoll vermindern. Eine weitere Option besteht in der Ausfällung als Salz oder in Form einer Kopräzipitation.

Die von Kumpiene et al. (2008) vorgestellte Technik gestattet sowohl in als auch ex situ Applikationen zur Wiederherstellung industriell und bergbaulich belasteter Flächen, trägt zur Verbesserung der Bodenqualität bei und reduziert die Mobilität von Kontaminanten durch stabilisierende Reagenzien und die vorteilhafte Nutzung industrieller Nebenprodukte. Aufgrund ihrer Untersuchungen schlagen sie zur Immobilisierung von Arsen diverse Fe-führende Komponenten vor. Eine Immobilisierung von As geschieht über die Adsorption von Fe-Oxiden, ermöglicht über die Verdrängung der oberflächenbezogenen Hydroxyl-Gruppen durch As-Ionen sowie mittels Bildung amorpher Fe^{3+}-Arsenate und/oder sekundären, unlöslichen Oxidationsmineralisationen (Kumpiene et al. 2008).

Eine Stabilisierung von Cr erfolgt in einem natürlichen Umfeld über eine Reduktion aus seiner toxischen und mobilen hexavalenten Spezifikation in eine beständige Cr^{3+}-Form. Der eigentliche Reduktionsvorgang lässt sich in Böden in Anwesenheit von organischer Materie und divalentem Fe beschleunigen. Tone, Karbonate, Phosphate und Fe-Oxide eignen sich zur Verbesserung bezüglich der Immobilisierung von Cu. Ausfällungen von Cu-Carbonaten, Oxyhydroxiden, Ionenaustausch und die Bildung ternärer Kationen-Anionen-Komplexe auf den Oberflächen von Fe- sowie Al-Oxyhydroxiden begünstigen die Rückhaltung von Cu. Pb lässt sich durch die Eingabe diverser P-führender Komponenten stabilisieren. Durch u. a. die Präzipitation von dem Pyromorphit ($Pb_5[Cl|(PO_4)_3]$) ähnlichen Mineralisationen ist die Mobilität von Pb reduzierbar. Eine Immobilisierung von Zn in Böden ist ebenfalls durch Zufuhr von P-haltigen Substanzen sowie Tonmineralen durchführbar (Kumpiene et al. 2008).

Ein Einsatz bakterieller Bindemittel im Sinne einer Biosorption eignet sich u. a. zur Entnahme von nicht biologisch abbaubaren Kontaminanten, z. B. Metallspezifikationen/-ionen. So erörtern z. B. Vijayaraghavan & Yun (2008) das Potential einer Aufnahme durch mit der Zellwand in Verbindung stehenden funktionalen Gruppen wie Carboxyl-, Amingruppen u. a., Abschn. 2.3.7/Bd. 1. Weiterhin betonen die o. a. Autoren in ihren Überlegungen isothermische sowie kinetische Modelle und die Bedeutung mechanistischer Aspekte sowie deren Modellierung, Abschn. 3.6/Bd. 1.

(t) Desorption

Gleichgewichtsdaten zur Aufnahme aller o. a. untersuchten Metalle lassen sich sowohl mit *Langmuir*- als auch *Freundlich*-Modellen zur Übereinstimmung bringen. *Scatchchard*-Plots deuten auf den Zellwänden von *Pseudomonas aeruginosa* auf zwei Typen von Rezeptor-Sites mit unterschiedlich ausgeprägten Affinitäten gegenüber Metallionen hin. EDAX-Studien zufolge verdrängen die sorbierten Metalle Ca- und Mg-Ionen aus der Biomasse (Philip et al. 2000). Ungefähr 85 % der adsorbierten Metalle können über den Gebrauch eines Citrat-Puffers, d. h. pH = 4 bei 0,2 M, freigesetzt werden. Mittels HCl lässt sich eine Desorption von Metallen von nahezu 95 % erzielen. Auf aktiviertem Aluminium (Al) immobilisierte *P. aeruginosa* zeigen in kontinuierlichen Flussstudien im Vergleich zu Kontrollsäulenversuchen eine Erhöhung in der Entnahmeeffizienz von Lanthan um ca. 80 %. Über eine Regeneration der Säule steht ein Betrag von ungefähr 80 % der ursprünglichen Kapazität für eine nachfolgende Behandlung zur Verfügung (Philip et al. 2000).

(u) *Cupriavidus metallidurans*

Von industriell genutzten Arealen zu umweltbezogenen Anwendungen mit *Cupriavidus metallidurans* berichten Diels et al. (2009). *Cupriavidus metallidurans CH 34* und verwandte Stämme zeigen im Fall kontaminierter Umweltbedingungen eine hohe Anpassung. Durch ihre ausgeprägte Resistenz gegenüber Stresseinflüssen aus der Umwelt überleben sie auch unter Konditionen, die zu einer Abnahme der Biodiversiät führen, bzw. lassen sich zur Erhöhung biogener Aktivitäten erfolgreich einsetzen, z. B. Bioremediation. Auch ohne die Präsenz von organischer Materie kann der chemolithoautotrophe Mikroorganimus *C. metallidurans* aus Gründen eines Wachstums auf H_2

sowie CO_2 zurückgreifen. In Biofilmen organisiert, ist *C. metallidurans* fähig, ungünstige Konditionen wie z. B. pH-Wert, Temperatur, Kontaminanten etc. zu überdauern. Zwei Megaplasmide, als Ausdruck der genomischen Kapazität, kodieren zahlreiche zur Metallresistenz fähige Operone und gestatten so ein Überleben in hochkontaminierten Habitaten (Diels et al. 2009).

Zusätzlich scheinen die spezifischen Siderophore neben ihrer Aufgabe eines Managements von bioverfügbarem Fe zusätzlich eine Funktion bei der Sequestrierung von Metallen zu übernehmen. Für den Ausfluss zuständige ATPasen sowie spezielle RND-Systeme (RND = spezielles Protein) pumpen Metallkationen zur Oberfläche der Membran, wo diese im Anschluss durch Polysaccharide angebunden werden bzw. die Sites zur Nukleation von Metallkarbonaten bereitstellen. Die genannten Polysaccharide beteiligen sich auch an einer Flotation in einer Suspension aus Bodenmetallen und Bakterien. Zur Entfernung von Metallen in Form einer Mischung von Biomasse mit Metallkarbonaten bedienen sich Diels et al. (2009) eines inokulierten speziellen Filters aus Sand. Auf diese Weise entsteht ein mit hoher Resistenz ausgestatteter Biosensor, der bei dem Kontakt mit z. B. kontaminierten Böden, Mineralen, Aschen etc. auf eine Vielzahl von bioverfügbaren Metallen reagiert, z. B. Cd, Co, Cr, Cu, Ni, Zn. Eine Möglichkeit, SEE an Mikroorganismen anzubinden, stellt die Fixierung über Phosphatgruppen dar, d. h., die Zelloberfläche muss zunächst mit Phosphatgruppen versehen werden, Abb. 2.43.

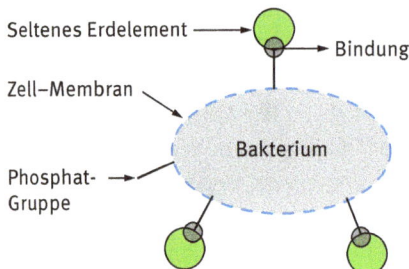

Abb. 2.43: Eine Möglichkeit, SEE an Mikroorganismen anzubinden, stellt die Fixierung über Phosphatgruppen dar, d. h., die Zelloberfläche muss zunächst mit Phosphatgruppen versehen werden.

(v) Experiment

Zu der Bioakkumulation von La, U sowie Th und dem Gebrauch eines Modellsystems zur Entwicklung einer Methode zur biologisch unterstützten Förderung von Pu aus der Lösung stehen Überlegungen zur Einsicht (Yong & Macaskie 1998). Ein Entzug von La^{3+}, UO_2^{2+} und Th^{4+} aus einer wässrigen Lösung durch *Citrobacter* hängt von der durch Phosphotase unterstützten Freisetzung des Phosphats und der Verweilzeit in einem Fließreaktor (*plug-flow reactor*), versehen mit durch ein Polyacrylamidgel immobilisierten Zellen, ab. In einem sog, Ideal- oder Batch-Reaktor (*stirred tank reactor* = STR) kommt es zu einer raschen Aukkumulation von La-haltigen Phosphaten auf der Biomasse, und es ist gegenüber Uran und Thorium eine Präferenz zu beobachten.

Ein Th-Entzug lässt sich in Anwesenheit von La durchführen, bei U versagt das Entfernen von Th. Analysen des akkumulierten polykristallinen Material mit RDA und protoneninduzierter Röntgenemission (*proton induced X-ray emission* = PIXE) legen die Annahme eines Mischkristalls aus La-Th-Phosphat nahe. La^{3+}, UO_2^{2+} und Th^{4+} treten als Analoga zu den korrespondierenden Spezifikationen von Pu^{3+}, PuO_2^{2+} und Pu^{4+} auf. Um die Effizienz und Probleme bei einer Sanierung von Pu-kontaminierten Geosphären auf biologischer Basis rechnerisch im Voraus zu ermitteln, steht ein La/U/Th-Modellsystem zur Verfügung (Yong & Macaskie 1998).

(w) Modellierung

Zwecks Modellierung der teilweise toxisch auftretenden Metalle wie As und U, aber auch betreffs SEE-Vertretern, wie z. B. La, bieten *Pourbaix*-Diagramme erste Hinweise über thermodynamisch stabile Spezifikationen. So verbleibt $H_2AsO_4^-$ bei einem pH-Wert von 2–6 und Eh-Wert > 0 stabil. Uraninit (UO_2) erweist sich bei niedrigem Eh-Wert, aber breitem pH-Bereich als bestandsfähig, Abb. 2.44. Zur Modellierung steht eine Fülle von Applikationen unterschiedlichster Qualität zur Verfügung.

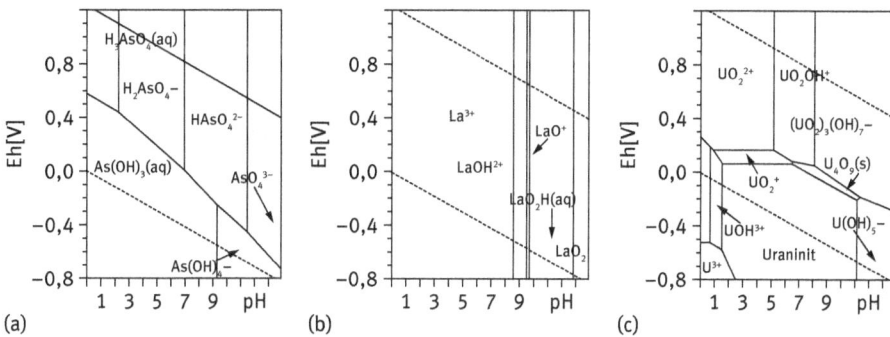

Abb. 2.44: *Pourbaix*-Diagramme für (a) As-, (b) La- und (c) U-Spezifikationen (Takeno 2005).

Zusammenfassend
ergeben sich im Rahmen der Thematik einer biogenen Synthese von metallischen NP technische Optionen im Sinne von z. B. Biohydrometallurgie, *urban mining*, geobiotechnologisch unterstützter Sanierung und somit möglicherweise eine Vielzahl von kommerziellen Perspektiven. So betont z. B. Gadd (2004) den mikrobiellen Einfluss auf die Mobilität von Metallen und die technischen Möglichkeiten einer Anwendung zur Biosanierung. Mikroorganismen sind in die Biogeochemie von Metallen durch eine große Anzahl von Prozessen zur Festlegung der Bioverfügbarkeit einbezogen. Eine Balance zwischen Mobilisierung und Immobilisierung hängt von dem Organismus und den physikochemischen Bedingungen seines Habitats ab. Durch sehr unterschiedliche Prozesse kann es zu einer Mobilisierung von Metallen kommen. Hierunter fallen Biolaugung, Komplexierung durch Metabolite sowie Siderophore, Methylierung mit angekoppelter Volatilisierung, Sorption durch Biomasse oder EPS, intrazelluläre Sequestrierung, Ausfällung als organische/anorganische Komponenten wie z. B. von

Oxalaten, Sulfiden, durch Reduktion der höheren Valenzspezifikationen, z. B. Mn^{4+} zu Mn^{2+} bzw. SO_4^{2-}-Reduktion (Gadd 2004). Im Kontext mit einer Biosanierung bietet die Lösung metallischer Kontaminanten eine wirkungsvolle Methode zum Entzug derselbigen aus Matrizen wie Böden, Sedimenten, Halden und anderer Industrieabfälle. Umgekehrt können Prozesse zur Immobilisierung zu einer *In-situ*-Transformation von Metallen führen, z. B. Entfernung von Metallen aus wässrigen Lösungen durch z. B. reduktiv dominierte Ausfällung, Präzipitation von Metallsulfiden (Gadd 2004). Es stehen somit Techniken zur Generierung von Präkursorn, erforderlich zur biogenen Synthese von metallischen NP, zur Verfügung. Daran anschließend sind Maßnahmen zur Produktion von z. B. metallischen Basischemikalien denkbar.

2.6 Interdisziplinär wissenschaftlicher Ansatz

Im Zuge der Forschung auf dem Gebiet der Biosynthese metallischer Nanopartikel/ -cluster ergeben sich vielseitige „Nebenprodukte", die den interdisziplinären Ansatz betonen. So bieten sich Daten aus Untersuchungen zu den Wechselwirkungen zwischen organischer Materie mit Metallen, z. B. Schwarzschiefern (engl. *black shales)*, für unterschiedliche Fragestellungen/Arbeitsgebiete an, z. B. Isotopengeochemie, Biofouling, mikrobielle Elektrolysezelle, evolutionsbasierte Enzymoptimierung sowie NanoGeoScience, z. B. extrazelluläre Präzipitationen von U und Pd auf Zellen von *Bacillus sphaericus JG-A12* (Pollmann et al. 2006), Abb. 2.45.

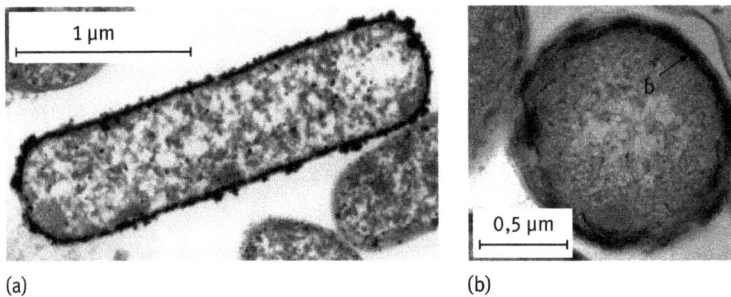

(a) (b)

Abb. 2.45: (a) Extrazelluläre Präzipitation von Uran und (b) Palladium auf Zellen von *Bacillus sphaericus JG-A12* (Pollmann et al. 2006).

2.6.1 Isotopengeochemie und Metallogenie

Zunehmend werden Beobachtungen publiziert, die auf eine organische Zusammensetzung in hydrothermalen Lösungen oder auf biomorphologische Spuren in Verbindung mit Mineralbildungen hinweisen (Giordano 2000, Greenwood et al. 2013, [2]Lengke et al. 2007, Leventhal & Giordano 2000, Phoenix et al. 2005, Pratt & Warner 2000, Reith et al. 2006, Roh et al. 2007 u. v. a.), und oftmals begünstigen enzymatisch gesteuerte Prozesse die Fraktionerung von Isotopen. Somit ergeben sich Schnittstellen zu den Zielsetzungen, u. a. Isotopengeochemie und Metallogenie.

An Isotopen stehen S-, Fe- sowie C-Isotope zur Verfügung. So gewähren z. B. S-Isotope Einblicke in die Wechselwirkungen zwischen Biomasse und anorganischen Feststoffphasen, reguliert durch metabolische Aktivitäten, und erweisen sich übergreifend hilfreich bei Interpretationen zur Metallogenie zahlreicher z. B. sulfidischer Vererzungen. In einer Studie bewerten Moreau et al. (2010) die metabolische Aktivität von SRB in Sedimenten von Salzmarschland, die seit ca. 100 Jahren sauren Minenabwässern ausgesetzt sind. Genanalysen (*dsrAB*-Sequenzen), kollektioniert entlang dem AMD-Fließpfad, offenbaren die Dominanz einer einzelnen *Desulfovibrio*-Spezies. Weiterhin sind untergeordnet *Desulfococcus*, *Desulfobulbus* u. a. ansprechbar. Die Anwesenheit von Metallsulfiden mit niedrigen δ^{34}S-Isotopen-Werten gegenüber den δ^{34}S-Werten von Porenwässern verweisen auf sedimentebezogene SRB-Populationen, die unter moderaten Umweltbedingungen und bei einem pH-Wert von 2 Schwefel (S) reduzieren (Moreau et al. 2010).

Weiterhin sind stabile Mo-Isotope in Diskussion (Liermann et al. 2005), Abschn. 2.5.7 (e). Auch Lehmann et al. (2007) stützen sich im Zusammenhang mit Untersuchungen von metallführenden sowie C-reichen Schiefern in ihrer Auswertung u. a. auf $\delta^{98/95}$- bzw. $\delta^{97/95}$-Mo-Isotope.

Ein durch Moreau et al. (2010) untersuchtes tidales Milieu weist wiederum für durch Überflutung von Marschsedimenten freigesetzte SO_4^{2-} gegenüber den aus den Porenwässern angezeigten Beträgen höhere δ^{34}S-Werte auf. Sequenzierungsdaten für *16S-rRNA*-Gene aus den Sedimenten sowie Daten zu S-Isotopen bestätigen als Antriebskraft für die Reoxidation biogener Sulfiden zu O_2 innerhalb von Stunden das Auftreten S-oxidierender Bakterien, d. h. Spezifikation und Mobilität chalkophiler Elemente/Metalle.

(a) Sulfiderz

Die Produktion von Sulfidkonzentrationen, die zu einer Genese von Erzen führen können, ist sowohl anorganisch als auch organisch möglich (Druschel et al. 2002). Eine nichtbiologische Anreicherung von Sulfiden benötigt einen Temperaturbereich von ca. 175–225 °C. Dahingegen reduzieren Mikroorganismen SO_4^{2-} zu S^{2-} bei Temperaturen < 120 °C. Mikroorganismen bewahren ihre Aktivitäten oftmals innerhalb mehrerer 10er-Grade auf der Celsiusskala, z. B. *Pyrococcus abyssi*, *Thermococcus sp.* DT1331 (Druschel et al. 2002), Tab. 2.30. Zur Klärung des Ursprungs, d. h. biogen oder nicht biogen, verhelfen S-Isotope.

(b) S-Isotope

Aus dem thermophilen, sulfatreduzierenden Bakterium (SRB, Abschn. 2.2 (b)/Bd. 1) *Desulfotomaculum putei* ist während der Aufrechterhaltung des Metabolismus eine

Tab. 2.30: Sulfatreduzierende Bakterien (SRB) und Temperaturintervall ihrer Wirksamkeit (Druschel et al. 2002).

Sulfatreduzierende Bakterien (SRB)	Temperaturintervall (°C)
Thermodesulfobacterium hveragendense	55–74
Thermodesulfovibrio islandicus	45–70
Thermodesulforhabdus norvegicus	44–74
Archaeoglobus veneficus	65–85
Thermococcus sp. DT1331	55–93
Pyrococcus abyssi	67–102

S-Isotopenanreicherung beschrieben (Davidson et al. 2009). Hierzu gewähren Untersuchungen zur Auswirkung von extrem niedrigen Raten einer SO_4^{2-}-Reduktion und die Limitierung des Elektronendonators auf die S-Isotopen-Fraktionierung durch Kultivierung eines thermophilen SRB, d. h. *D. putei*, in einem die Biomasse recycelnden Kulturgefäß (Retentostat) Einblicke. Die zellspezifische Rate für die SO_4^{2-}-Reduktion und die spezifische Wachstumsrate nahmen von der exponentiellen zur Erhaltungs-/Wartungsphase progressiv ab. Sie lieferten bis zum Ende der Experimente einen durchschnittlichen Erhaltungskoeffizienten von 10^{-16} bis zu 10^{-18} an SO_4 pro Zelle und Stunde. Der pauschale Betrag für die S-Masse und das Isotopengleichgewicht verblieben während des Versuchsablaufs unverändert. Allerdings hoben sich die ^{34}S-Werte gemessen im Retentostat-Reaktor, d. h. –20,9, deutlich von jenen ab, die in den Batchreaktoren, d. h. –9,7, ermittelt wurden (Davidson et al. 2009).

Anhand der Auswertung von Mikro-/Nanotexturen durch SEM und Untersuchungen von S-Isotopen diskutieren Kucha et al. (2010) die mikrobiell unterstützte Bildung von nanoskaligem Sphalerit (ZnS), mit filamentöser Struktur, akkumuliert als (Pb-)Zn-Vererzung in karbonatischen Gesteinen.

Die Autoren verweisen auf texturelle Ähnlichkeiten, die aus rezenten Biofilmformationen, z. B. aufgebaut durch *Desulfobacteriaceae*, beschrieben sind. S-Isotopen-Untersuchungen unterstützen die Interpretation einer aktiven Einflussnahme von sulfatreduzierenden Mikroorganismen (SRB) bei der Genese von ZnS. In den Pb-Zn-Vererzungen des *Bleiberg* sind offensichtlich fossile SRB konserviert (Kucha et al. 2005). Polierte Erzanschliffe der Pb-Zn-Lagerstätte des *Bleiberg* wurden mit einer bis zu 106-fachen Vergrößerung einer FESEM (engl. *field emission scanning electron microscopy*) unterzogen. Die betroffenen Zn-Erze zeigen nanodimensionierte Sphalerit-(ZnS-)Filamente und Kügelchen, die morphologisch jenen ähneln, die aus rezenten Biofilmen, zusammengesetzt aus SRB, beschrieben sind. Eine Einbeziehung von SRB wird aufgrund signifikanter Unterschiede von ^{34}S (ca. 40) zwischen Seewasser-SO_4^{2-} (+16) und dem sulfidisch gebundenen S der Vererzungen von *Bleiberg* angenommen. Sowohl ZnS-Peloide als auch Zn-führender Calcit ($CaCO_3$) sowie Pyrit (FeS_2) weisen die typischen Merkmale von bakteriellen Kolonien auf. In Verbindung mit geologischen und mineralogischen Indikationen ergibt sich somit die Vermutung, dass Bakterien einen wesentlichen Anteil an der Genese der *Bleiberg*-Erze übernahmen.

Eine mikrobielle Bildung von ZnS in karbonatischen Zn-Pb-Erzen, *Bleiberg* (Österreich), scheinen sich durch mikro- bis nanotexturelle sowie S-Isotope bezogene Hinweise anzudeuten (Kucha et al. 2010). Kugelförmiger Sphalerit (ZnS) mit einer Ausdehnung von 90–180 µm ist ein häufig auftretender Bestandteil der aufgegebenen, an triassische Karbonatgesteine gebundenen Pb-Zn-Vererzungen von *Bleiberg*/Österreich. Dieser ist in bestimmten Erzhorizonten anzutreffen, die ungefähr 0,5–3 mm mächtige und bis zu 5 cm lange, wellige, diskontinuierlich verlaufende ZnS-reiche Bänder enthalten, zusammengesetzt aus Agglomerationen von mikrokugeligem Sphalerit. Verglichen mit rezenten Bildungen erinnern die Texturen an Peloide und könnten fossilen mikrobiellen Matten entsprechen. Diese weisen Karbonat- und Markasit-reiche Zwischenlagen sowie feingebänderte ZnS-Lagen mit fibrosem Galenit (PbS) und Relikten von Oxysulfiden auf und bilden die typischen, rythmisch gebänderten Makrotexturen dieser von Zn beherrschten Erzbildungen, Abb. 2.46. Zur Beschreibung von rezenten mikrobiellen Nanotexturen, d. h. nanosphärischer ZnS, d. h. 10–90 nm, und bakteriellen Filamenten eignet sich, nach entsprechender Präparation, die FESEM (engl. *field emission scanning electron microscopy*). Die hierbei zu beobachtenden Nanosphären aus ZnS ähneln jenen aus gemischten $CaCO_3$-ZnS-Peloiden vom *Bleiberg* und von Nanotexturen, die in durch *Desulfobacteriaceae* aufgebauten rezenten Biofilmbildungen beschrieben sind (Kucha et al. 2010).

Diese werden als Produkte von *in situ* metabolisch ausgelösten Vorgängen SRB angenommen. Bei dem µm-großen kugelförmigen ZnS dürfte es sich, entsprechenden Analysen der Mikro- und Nanotexturen zufolge, um die Agglomeration von nanoskaligem ZnS handeln. Zusätzlich scheinen Peloide, die sich aus Zn-$CaCO_3$-Kernen mit gezackten ZnS-Rändern zusammensetzen, nach Ansicht von Kucha et al. (2010) die ursprünglichen bakteriellen Kolonien zu vertreten bzw. ersetzt zu haben. Für

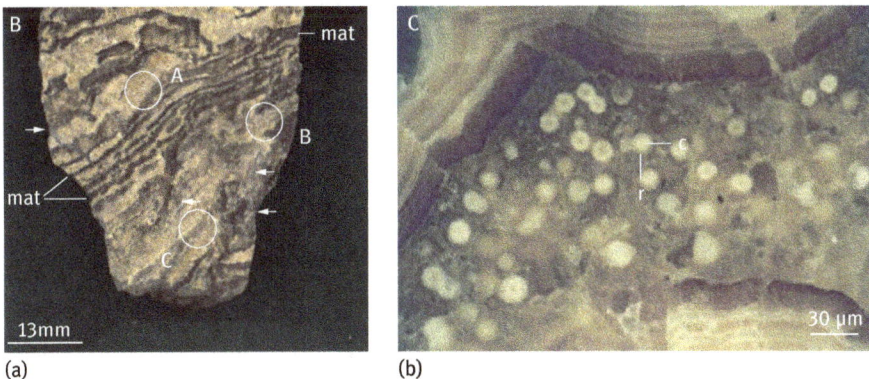

(a)　　　　　　　　　　　　(b)

Abb. 2.46: Vermutlich mikrobiell gebildeter Sphalerit (Kucha et al. 2010).

die überwiegende Anzahl der analysierten Proben wird eine Rekristallisation von ZnS vermutet, die zeitgleich mit der Bildung von Fluorit (CaF_2) geschah. Aktuelle S-Isotopen-Daten untersützen offensichtlich die Überlegung einer Einbeziehung von SRB in das Frühstadium der ZnS-Bildung. ZnS ist gewöhnlich durch ein Isotopenverhältnis für „leichten" S mit $\delta^{34}S$-‰-Werten zwischen –30,5‰ und –20,3‰ gekennzeichnet. Betreffs des ZnS am Beispiel *Bleiberg* ergibt sich eine Spannweite von –30,5‰ bis 30,2‰ und für PbS von –31,9‰ bis 31,8‰. Oxysulfide begleiten beide S_2^--Mineralisationen. Mikroglobularer ZnS mit erhaltenen Globula verfügt über $\delta^{34}S$-Werte zwischen –28,8‰ und –28,2‰ und kolloformer ZnS von –29,0‰ bis –25,0‰. Im Fall einer Assoziation mit feinkörnigem CaF_2 und durch Rekristallisationprozesse generierten euhedralen ZnS wird der Trend von weniger negativen Werten, d. h. –26,3‰ bis –22,2‰ sowie 22,9‰ bis –20,3‰, gezeigt.

Kucha et al. (2010) sehen in der Kombination von biogenen Nano- und Mikrotexturen mit S-Isotopendaten den Hinweis auf die Einbeziehung von Mikroorganismen bei der Genese alpiner karbonatischer Pb-Zn-Vererzungen. Ihre Deutung steht im Widerspruch mit dem bislang für die alpinen Pb-Zn-Anreicherungen angenommenen MVT-Modell, das von einer Mineralisation durch spätdiagentische Prozesse im ausgehenden Trias bis frühem Jura ausgeht.

Extreme ^{34}S–Abreicherungen in Sphalerit (ZnS) in einer Au-Lagerstätte (*Mike gold deposit*, *Carlin* Trend/Nevada) deuten auf bakteriogenen, supergenen ZnS hin (Bawden et al. 2003). Es konnte unter der Basis des supergenen Oxidationsbereichs framboidaler ZnS im Submikrometerbereich einer eozänen Au-Lagerstätte vom Typ *Carlin* angetroffen werden, wobei dieser framboidale ZnS-lagenförmige Körper mit > 400 000 t Zn bildet. Der im Miozän entstandene framboidale ZnS mit einer Größe < 0,1 µm weist für FeS eine Spannweite von < 0,1–0,35 mol % auf, und die ^{34}S-Werte bewegen sich zwischen –25‰ und –70‰ und stellen die niedrigsten Werte, die bislang im marinen oder terrestrischen Environment gemessen wurden, dar. Insbesondere die S-Isotopendaten verweisen auf die Einbeziehung von SRB (Abschn. 2.2 (b)/Bd. 1) bei der Genese der ZnS-Anreicherungen und liefern erstmals den Hinweis, dass ZnS bedeutende, an Sulfiden angereicherte Lagen im supergenen Milieu bilden kann (Bawden et al. 2003).

(c) Hg-Isotope

Zur Bestimmung der Fraktionierung stabiler Hg-Isotope während der Reduktion von dem Hg-Ion [Hg^{2+}] kamen zwei Hg-resistente Stämme zum Einsatz: *Bacillus cereus 5* und der thermophile *Anoxybacillus sp. FB9* sowie das Hg^{2+}-sensitive, anaerob metallreduzierende Bakterium (MRB) *Shewanella oneidensis MR-1* (Kritee et al. 2008). Letzteres ist in der Lage, Hg^{2+} auch aus untersättigten Lösungen zu reduzieren. In allen Fällen, abgesehen von der Unterdrückung der Fraktionierung und wahrscheinlich durch eine niedrige Bioverfügbarkeit an Hg^{2+} hervorgerufen, reichert sich das im Reaktor verbleibende Hg^{2+} im Verlauf der Zeit mit schweren Isotopen an und unterliegt einer massenabhängigen *Rayleigh*-Fraktionierung, d. h. $\alpha 202/198$-Werten von $1,0016 \pm 0,0004$ (1 SD). Aufbauend auf einem entsprechenden Modell (*multi-step framework for Hg^{2+} reduction pathways*) vermuten Kritee et al. (2008), dass bei den Hg^{2+}-resistenten Bakterienstämmen eine Hg-Reduktase in den ersten bzw. entscheidenden Schritt zur Fraktionierung einbezogen ist.

Das von Kritee et al. (2008) vorgestellte Modell hilft, die Schwankungen in der Fraktionierung der stabilen Hg-Isotopen während der mikrobiellen Reduktion von Hg^{2+} zu erklären. Ergänzend verweisen die o. a. Autoren auf die Möglichkeit, die Rolle von Hg-Isotopen-Verhältnissen als Mittel zur Bestimmung mikrobiell implementierter Transformationen von Hg in der Umwelt zu erörtern. Die Fraktionierung von stabilen Hg-Isotopen entwickelte sich zu einem bedeutendem Werkzeug/Hilfsmittel in der Biogeochemie. In diesem Zusammenhang stehen Arbeiten zur Fraktionierung von stabilen Hg-Isotopen während der Reduktion von Hg^{2+} durch verschiedene mikrobielle Pfade (Kritee et al. 2008).

(d) Fe-Isotope

Mittels u. a. Fe-Isotope ist die Evolution des Metabolismus erhellbar. Fe, als nach Nealson & Rye (2003) universeller Elektronentransporter, unterliegt in erster Linie Redoxprozessen. Eine Fraktionierung von Fe-Isotopen kann über unterschiedliche Prozesse erfolgen. So zählen Nealson & Rye (2003) Vorgänge wie Assimilation, Scavenging, Speicherung, Transfer, Oxidation sowie Dissmilation auf, Tab. 2.31. Eine Assimilation wiederum bedient sich unterschiedlicher Techniken, z. B. Aufnahme von Fe^{2+} sowie Fe^{3+}-, Reduktion von Fe^{3+}-Chelaten sowie einer Biosynthese von organischem Fe im Cytoplasma.

Tab. 2.31: Mögliche Prozesse zur Fraktionierung von Fe-Isotopen (Nealson & Rye 2003).

Prozess	Beschreibung	Lokation	Bedingungen
Assimilation	Fe^{2+}-Aufnahme	Zellmembran	anoxisch
	Fe^{3+}-Aufnahme	Zellmembran	oxisch
	Reduktion Fe^{3+}-Chelate	Cytoplasma	oxisch
	Biosynthese von organischem Fe	Cytoplasma	anoxisch, oxisch
Scavenging	Bindung an Siderophore	extrazellulär	oxisch
Speicherung	Ferritin	intrazellulär	anoxisch, oxisch
Transfer	Transferrine	intrazellulär	oxisch
Oxidation	lithotrophe Fe-Oxidation	Zellmembran	anoxisch, oxisch
	photosynthetische Fe-Oxidation	Zellmembran	anoxisch
Dissmilation	enzymatische Fe-Reduktion	Zellmembran	anoxisch
	Reduktion via Elektronenshuttle	extrazellulär	anoxisch

(e) C-Isotope

An der peripheralen Fazies zahlreicher känozoischer Cu-Mo Porphories in N-Chile treten außergewöhnliche Cu-Silikat sowie Oxid-Mineralisationen auf. Die extrem „leichten" C-Isotope, vorwiegend durch eine Laugung mit 10%iger EDTA-Lösung gewonnen, deuten auf die Einflussnahme von mikrobiellen Konsortien inklusive methanogener Mikroben hin (Nelson et al. 2007).

(f) Au-Metallogenie

Eine Reihe wirtschaftlich relevanter Au-Lagerstätten verdankt ihre Genese mikrobiologischen Aktivitäten/Wechselwirkungen (Abschn. 2.4/Bd. 1). Der Einfluss von organischer Materie bzw. Mikroorganismen bei der Entstehung von Anreicherungen an U gilt als nachgewiesen. Immer wieder ist die enge Verknüpfung von gut erhaltenen organischen Komponenten in Verbindung mit wirtschaftlich interessanten Gehalten diverser Metalle (Co, V u. a.), so z. B. im frühpermischen Kupferschiefer in Deutschland und Polen oder in paläoproterozoischen Bildungen des *McArthur* Basins in Australien, beschrieben (Greenwood et al. 2013). Es treten oftmals enge Verbindungen zwischen organischer Geochemie und Mineralisationsprozessen auf. Daher sollte nach Auffassung von Greenwood et al. (2013) bei geochemischen Studien, abweichend von Untersuchungen betreffs geogener Kohlenwasserstoffe, in hochmineralisierten Arealen die Einflussnahme von organischer Materie auf die Mobilisierung, den Transport sowie die Ablagerung von erzbildenden Metallen stärker in Betracht gezogen werden. Die Ansprache und nachfolgende thermodynamische Modellierung organischer Substanzen sowie Komplexierungen innerhalb metallführender hydrothermaler Systeme liefern Aufschlüsse über den Ursprung und die Funktion organisch-anorganisch zusammengesetzter Fluidphasen oder anderer organischer Bestandteile in erzführenden Systemen (Greenwood et al. 2013).

Auf authigen entstandenen Goldaggregaten sind bakterielle Biofilme beschrieben, Abschn. 2.2.3/Bd. 1 (Reith et al. 2006, Reith et al. 2010 u. a.). Interessant sind in diesem Zusammenhang die DNS-Spuren auf den Au-Präzipitaten. Der *16S*-Ribosomal-DNS-Klon der Gattung *Ralstonia*, der eine fast übereinstimmende Ähnlichkeit mit dem Bakterium *Ralstonia metallidurans* aufweist, das fähig ist, aus einer Au^{3+}-Tetrachloridlösung ($HAuCl_4$) Au^0 zu bilden, ließ sich gemäß der o. a. Veröffentlichungen auf allen Au-Präzipitaten mit positivem DNS-Befund nachweisen. Dahingegen fehlte in den Böden, die die Au-Minerale führten, eine entsprechende DNS-Indikation. Somit ist die Vermutung gestattet, dass für die authigene Bildung von sekundären Au-Präzipitaten eine bakterielle Einflussnahme angenommen werden kann. Den Einfluss von Biofilmen bei der Dispersion von Au und der Bildung von Au-Nuggets bzw. NP-Synthese skizzieren Reith et al. (2010). Auf Au-Präzipitaten angesiedelte Biofilme übernehmen eine wichtige Rolle beim biochemischen Kreislauf von Au. Sie fördern die Dispersion von Au sowohl durch die Synthese von Au-NP als auch durch die Erzeugung von sekundärem, biomorphem Au. Am Beispiel von Au-Körnern aus

Queensland (Australien) ließ sich eine polymorphe, organisch-anorganische Schicht mit einer Dicke bis zu 40 µm beschreiben. Sie besteht aus einem bakteriellen Biofilm, der Au-NP enthält, die extrazelluläre polymerische Substanzen und bakterioformes Au aufweisen (Reith et al. 2010). Auf FIB (= *focused ion beam*) gestützte Querschnitts-analysen des Biofilms zeigen Aggregate von Au-NP, die offene Räume unterhalb der aktiven Biofilmlage besetzen. Diese Aggregate, d. h. bakterioformer *Au-Typ 1*, sind das Ergebnis einer Wiederausfällung von gelöstem Au und ihre internen Wachstumsstruk-turen liefern unmittelbar den Nachweis für die Kornvergröberung der Au-Präzipitate (Reith et al. 2010). Am Kontakt zwischen der polymorphen Schicht und dem primären Au ist ein bakterioformer *Au-Typ 2* anzutreffen. Dieser besteht aus gerundeten (Korn-) Formen mit kristalliner Begrenzung zum unterlagernden primären Au. Er leitet das Auflösen der Legierung und die Abtrennung von Ag aus dem primären Au ein. Die von Reith et al. (2010) vorgestellte Studie deutet an, dass die mikrobiologisch angetriebene Auflösung, Präzipitation und Aggregation zum einen zur Bildung von bakterioformen Au sowie zum Wachstum von Au-Körnern unter supergenen Bedingungen beitragen. Zum anderen unterstützt die mikrobiell ausgelöste Mobilisierung von Au in Form von NP die Mobilität von Au in oberflächennahen Milieus. Die Freisetzung von nano-skaligem Au aus zerfallenden Biofilmen erhöht erheblich dessen umweltbezogene Mobilität, als dies einzig über Au-Komplexierungen möglich ist.

Im Zusammenhang mit Betrachtungen zu natürlich auftretenden Au-NP verwei-sen Hough et al. (2011) auf die Rolle nanopartikularer Au-Populationen. Hinsichtlich der Genese von wirtschaftlich bedeutenden Lagerstätten in Form von Refraktärkom-ponenten in Sulfiden, supergener Sekundärmineralisationen, der Bildung von auf die Oberfläche bezogenen geochemischen Anomalien sowie der Bildung von hochgradi-gen Akkumulationen vermuten sie eine wichtige Einflussgröße.

(g) BIF

Über eine Ablagerung von gebänderten Eisenformationen durch anoxygene photo-trophe Fe^{2+}-oxidierende Bakterien publizieren Kappler et al. (2005) ihre Überlegun-gen. Ungeachtet dessen, dass über die Mechanismen/Genese von gebänderten Fe-Formationen/Erzen (BIF) noch Unklarheiten bzw. kontroverse Diskussionen vorherr-schen, gehen klassische Vorstellungen von einer Entwicklung aus, die eine Oxidation von Fe^{2+} durch molekularen O_2 nach der Evolution von Cyanobakterien im terrest-rischen Umfeld annehmen. Beobachtungen zufolge vermögen anoxygene photoau-totrophe Bakterien Fe^{2+} auch unter anoxischen Konditionen aufzuoxidieren. Beglei-tende Kalkulationen, die auf experimentell ermittelten Fe^{2+}-Oxidationsraten dieser Organismen unter Lichtbedingungen, d. h. Wassertiefen bis zu wenigen 100 m, beru-hen, lassen Vermutungen aufkommen, dass auch in Gegenwart von Cyanobakterien anoxygene Phototrophe unter oberflächennahen, von Wind durchmischten Schich-ten existieren. Dieses Phänomen könnte eine Erklärung für die Ablagerung von BIFs in einer vormals geschichteten Wassersäule, auch in Abwesenheit von Fe, in proterozoischen Oberflächenwässern anbieten (Kappler et al. 2005). Fortrin & Langley (2005) schließen sich diesen Überlegungen an, Abschn. 2.2.1 (b)/Bd. 1.

(h) Sedex

Ebenfalls auf Erzlagerstätten vom *Sedex-Typ* sowie stratiforme Zn-Lagerstätten (*Mississippi-Valley-Typ* = MVT) Bezug nehmend, diskutieren Druschel et al. (2002) die Mitwirkung von mikrobiellen Prozessen und unterziehen diese thermodynamisch determinierten Modellierungen.

(i) Marines Habitat

Es handelt sich um intra- und extrazelluläre Mineralisationen einer mikrobiellen Gemeinschaft aus Hydrothermalfeldern im Tiefseemilieu (Peng et al. 2010). Mikrobielle Biomineralisationen in submarinen Hydrothermal-Habitaten liefern Informationen zur Entstehung ventbezogener Mikrofossilien und den Wechselwirkungen zwischen Mikroben, Elementen und Mineralen im Verlauf der geologischen Entwicklung. Auswertungen mittels SEM (Abschn. 1.3.4 (d)) enthüllen Inkrustationen der Mikroorganismen durch eine amorphe Silikat-Matrix mit untergeordneten Anteilen an Fe (Peng et al. 2010). Darüber hinaus zeigen TEM-Analysen (Abschn. 1.3.4 (a)) aciculare Fe-reiche Partikel und Aggregate, die weder intra- noch extrazellulär auftreten. Kulturunabhängige phyllogenetische Analysen auf molekularer Ebene ergeben innerhalb der mikrobiellen Matten ein großes Spektrum an Bakterien sowie *Archaea*, mehrheitlich dem S-Metabolismus zugeordnet. Sowohl Bakterien als auch *Archaea* unterlagen einer Silifizierung, ähnlich wie sie in einigen terrestrischen Heißen Quellen anzutreffen ist. Vermutlich leiten eine Übersättigung an Si sowie Polymerisation den Vorgang der Silifizierung ein (Peng et al. 2010).

(j) Biomarker

Kristallgröße und Verteilung der Formausbildung/-verteilung von Magnetit von unkultivierten MTB diskutieren Arato et al. (2005) als potenziellen Biomarker. Für S-Layer auf den Zellwänden von Cyanobakterien scheinen bestimmte Gittersymmetrien vorherrschend, d. h. *p6*.

Aufgrund dieser Merkmale scheint sich die spezifische Geometrie der Gitter für bestimmende unterstützende morphologische Marker zur Klassierung von Spezies zu eignen (Smarda et al. 2002). Alle hexagonalen Gittereinheiten besitzen eine übereinstimmende molekulare Architektur. Jede S-Layer-Einheit ähnelt sich im verkürzten Kern, umrahmt von einer axial angelegten Pore sowie der symmetrischen Platzierung von sechs Proteinuntereinheiten um deren Öffnung; angeschlossene Einheiten sind durch relativ feine Kanäle als Zwischenraum voneinander getrennt, Abschn. 5.4.2 (a)/ Bd. 1, Abb. 5.46/Bd. 1. Die Details der S-Layer gestalten sich für jeden individuellen

Stamm als einzigartig. Die Untereinheiten sind über Elektrophorese beschreibbar und eingebaut in die S-Layer gewähren sie der Zelloberfläche eine neutrale Ladung (Smarda et al. 2002). Aufgrund ihrer Arbeiten gelangen Phoenix et al. (2005) zu einem ähnlichen Vorschlag, Abschn. 2.4.2 (b)/Bd. 1. Übergeordnet vermitteln fossilisierte Mikroorganismen Einblicke in ehemalige Milieubedingungen (Ferris et al. 1988).

(k) Exobiologie

Die im Rahmen der vorliegenden Arbeit vorgestellten Daten gestatten Überlegungen von Querverbindungen zur Exobiologie, z. B. morphologische Charakteristika von intrazellulär gebildeten Magnetiten (Fe_3O_4) seitens MTB, d. h. Magnetosome, als Indikation. So beschreiben z. B. Vali et al. (2004) die Bildung der tafelförmigen Eindachdomäne Fe_3O_4, erzeugt durch *Geobacter metallireducens GS-15*. Unterscheidbare morphologische Merkmale des Fe_3O_4, intrazellulär gebildet durch die Magnetosome von MTB (Abschn. 3.4 (l)/Bd. 1), dienen als Hinweise auf biologische Aktivitäten in z. B. fossilen Sedimenten. Die durch diverse Mikroorganismen wie z. B. *G. metallireducens GS-15*, thermophile und psychrophile Bakterien extrazellulär gebildeten Fe_3O_4-Kristalle scheinen dahingegen keine unterscheidbaren Morphologien aufzuweisen. Denn Größe und Form des extrazellulären Fe_3O_4 hängen von den Kulturbedingungen und dem Typ der Bakterien ab. Unter CO_2-reichen Kulturbedingungen synthetisiert *GS-15* superparamagnetische Fe_3O_4 mit einem Kristalldurchmesser von ca. < 30 nm. Unter experimentellen Laborbedingungen sind einheitliche Einfachdomäne-Fe_3O_4 in Kulturen unter niedrigen CO_2-Bedingungen synthetisierbar. Der auf diese Weise entstehende Fe_3O_4 verfügt über einen abweichenden Kristallhabitus und magnetische Eigenschaften. Gemäß Vali et al. (2004) könnten die Fe_3O_4 als Biosignatur dienen, um z. B. ehemalige biologische Aktivitäten unter sowohl terrestrischen als auch extraterrestrischen Umweltbedingungen zu identifizieren. Darüber hinaus tragen sie offensichtlich zur Magnetisierung von Sedimenten bei. Im Zusammenhang mit der Fe_3O_4-Bildung durch MTB ist auf Fe_3O_4 aus extraterrestrischen Materialien verwiesen, z. B. *ALH84001*, bei dessen Genese anhand bestimmter Signaturen eine biogene Einflussnahme vermutet wird. So sind keine Unterschiede zwischen Fe_3O_4-biogenen, d. h. MTB-Stamm *MV-1*, und extraterrestrischen Ursprungs erkenntlich. Alle kristallchemischen Parameter sind offensichtlich identisch (u. a. Thomas-Keprta et al. 2001).

Zusammenfassend
ist ein Einfluss von Mikroorganismen bei der Genese bestimmter Erzlagerstätten angedeutet (Southam & Saunders 2005):

- Au: in Lateriten,
- Cu, Ni, Zn: in Schwarzschiefern,
- U: in Sedimenten (Rollfront).

Fragen zu Biomarkern und Exobiologie finden ebenfalls Berücksichtigung. Auch für Isotopenstudien ergeben sich interdisziplinär Querverbindungen. Durch die biogenen Indikationen im Zusammenhang mit Vererzungen ergeben sich Anhaltspunkte zur Exploration geo-(bio-)chemischer Anomalien.

2.6.2 Exploration geo(bio)chemischer Anomalien

Als weiteres übergreifendes Themengebiet bietet sich die Exploration geochemischer Anomalien mithilfe von Mikroorganismen an, z. B. unkultivierte MTB als Biomarker (Arato et al. 2005). Via eine *Enzyme Leach*[SM] genannte Technik lassen sich geochemische Anomalien erfassen (url: Actlabs). Es steht mit dieser Methode eine kostengünstige Technik zur Kartierung von Metallindikationen zur Verfügung.

(a) Gold

Bei Arbeiten in Verbindung mit einer Bodenbeprobung in Gebieten mit Au-Bergbau scheint sich nach Wang et al. (2003) ein Zusammenhang zwischen dem Auftreten bzw. der Verteilung von *Bacillus-cereus*-Sporen und einer unterlagernden Au-Mineralisation anzudeuten. Die Autoren erörtern anhand anormaler Indikationen von Sporen im Zusammenhang mit dem Auftreten von Au-Anomalien die Überlegungen einer geo-(bio-)chemisch orientierten Explorationsstrategie. Im Zusammenhang mit Studien an den Schnittstellen zwischen Böden und Au-führenden Arealen (*Sichuan Provinz/VR China*) wurden Hinweise auf anormale mikrobiologische Indikationen, d. h. Sporen des Bodenbakteriums *Bacillus cereus*, im Zusammenhang mit unterlagernden Au-Mineralisationen entdeckt (Wang et al. 2003). Auffallend ist nach Beobachtungen der o. a. Autoren eine deutliche Anreicherung von Sporen an den Flanken der oberflächennahen Erzkörper, wohingegen in Hangenden bzw. Ausbissen der Vererzungen nur untergeordnet Sporen auftreten. Allerdings nehmen nicht auf Mineralisationen bezogene Faktoren, wie z. B. der Bodentyp, einen Einfluss auf die Anzahl von Sporen, mit entsprechenden Auswirkungen auf den Hintergrundwert der verschiedenen bergbaulich verwertbaren Areale (engl. *background value*). Ungeachtet dessen schlagen Wang et al. (2003) vor, das Potential einer mikrobiell ausgerichteten, regional bezogenen Exploration auf Au-Erze auf mineralisierende und nicht mineralisierende Faktoren hin zu evaluieren.

Parduhn (1991) stellen am Beispiel einer Fallstudie am Beispiel der Lagerstätte *Mesquite/California* eine mikrobielle Methode zur Mineralexploration vor. Unter Zuhilfenahme des Bodenbakteriums *Bacillus cereus* in unterschiedlichen Terrains, d. h. Savanne bis borealer Wald, wurde bei einer Vielzahl von mineralischen Lagerstätten, z. B. Au, mit Erfolg eine Explorationskampagne auf ihre Einsatzfähigkeit hin getestet. Das mineralisierte Wirtsgestein beißt an der Oberfläche aus und reicht bis 100 m unter das Alluvium. Eine Analyse des Probenmaterials aus den Böden ergab in Verbindung mit der o. a. Örtlichkeit des im Liegenden befindlichen disseminierten Erzes eine Zunahme der Sporenpopulationen von *B. cereus*. Daher empfiehlt Parduhn (1991) bei Explorationsprogrammen auf Au in ariden Gebieten neben den konventionellen Methoden, z. B. geochemischer Beprobung, auch auf das Auftreten von bestimmten Mikroorganismen, z. B. *B. cereus*, zu achten, insbesondere wenn keine unmittelbaren Ausbisse vorhanden sind.

In Au- und (Bunt-)Metalle führenden Gebieten/Arealen, d. h. Argentinien, führten Melchior et al. (1996) eine geomikrobiologische Studie in Böden durch. Geomikrobiologische und geochemische Studien an Au und sulfidischen Buntmetallvorkommen ergaben z. T. eine deutliche Zuordnung von *Bacillus-L(+)*-Populationen mit Au-, As-, Cu-, Pb- und Zn-Sulfidmineralisationen. Allerdings verweisen im Fall von komplex mineralisierten Strukturen Melchior et al. (1996) auf Schwierigkeiten einer Interpretation bei dem räumlichen Auftreten bzw. der Beziehung von *Bacillus L(+)* und Metallen im A-Horizont, unterstützt u. a. durch Faktoranalysen, die nur eine partielle Zuordnung gestatten. Vom analytischen Standpunkt aus eignen sich daher mikrobiologische Methoden lediglich eingeschränkt als Technik zur Exploration, auch wenn z. B. *Bacillus L(+)* als mikrobiologischer Indikator Hinweise auf Au und andere polymetallische Vererzungen auf der Ebene einer regionalen Reconnaissance vermitteln kann.

Auf lokaler Ebene sollte daher eine Kombination mit klassischen Techniken gewählt werden, wie z. B. geochemische Bodenbeprobung unter besonderer Berücksichtigung der diversen Bodenhorizonte wie z. B. *B* oder *C* (Melchior et al. 1996). Geomikrobiologische Methoden zur Exploration mineralischer Rohstoffe, d. h. Buntmetallvererzungen sowie speziell auf Gold (Au), diskutieren Melchior et al. (1994) und präsentieren Daten von sechs unterschiedlichen Typen o. a. Mineralisationen. Sie entdecken in Böden ein räumliches Auftreten von *Bacillus cereus* in Verbindung mit anomalen Metallgehalten und vermuten einen Zusammenhang mit dem selektiven und/oder proportionalen Auftreten chalkophiler Elemente in oberflächennahen Abschnitten mineralisierter Böden und dem o. a. Mikroorganismus. Weiterhin beschreiben sie ein räumliches Intervall zwischen dem erhöhten Auftreten von *B. cereus* und anormalen Metallgehalten in den mineralisierten Böden. Als Ursache für diesen Versatz erwägen Melchior et al. (1994) lokale toxische Effekte, die die Adaptionskapazität der Bodenmikroflora überschreiten. Als Ergebnis steht eine reduzierte Bioverfügbarkeit, ausgelöst durch u. a. die Vorherrschaft chalkophiler Elemente innerhalb der Mn-Oxide/Hydroxide. Generell nimmt das Auftreten von *B. cereus* im Verlauf der Zeit ab. Ungeachtet dessen, dass die Anwesenheit von *B. cereus* eine geochemische Analyse offensichtlich nicht substituieren kann, ist die Option einer komplementären Technik zur Exploration von verborgenen polymetallischen Mineralisationen diskutierbar (Melchior et al. 1994).

(b) Molekulare Daten

Inwieweit molekulare Daten als Diagnostika für biochemische Quellen dienen können, diskutieren Greenwood et al. (2013). Die o. a. Autoren verweisen auf Hinweise, gewonnen bei geochemischen Untersuchungen in an Mineralen reichen Regionen, z. B. erhöhtes Auftreten von organischer Materie in mineralreichen Gebieten. Sie erörtern zudem die Idee über organogeochemische Daten aussagefähige Informationen hinsichtlich Art, Herkunft, Zusammensetzung, Temperatur und die Migrationspfade hydrothermaler Fluide zu erhalten und diese in genetische Modelle von Erzakkumulationen einfließen zu lassen, Abschn. 2.6.1.

Eine Verbindung von organischer Geochemie mit der Mineralogie, verbunden mit der Charakterisierung von organischer Materie, assoziiert mit Metalllagerstätten, ziehen Greenwood et al. (2013). Da sich die geochemische Bewertung von mineralisierten Regionen aus kommerziellen Gründen weiterentwickelt, gewinnt die im Zusammenhang mit u. a. hydrothermalen Schlöten auftretende organische Materie ein größeres Interessse und ihr Einfluss auf das Verhalten mineralisierender Fluide wird zunehmend diskutiert.

Die im Zusammenhang mit natürlich auftretenden Au-NP gewonnenen Kenntnisse verfügen nach Auffassung von Hough et al. (2011) u. a. über das Potential, als Explorationsmethode zur Entdeckung neuer Lagerstätten zu dienen. Im Zusammenhang mit Überlegungen zum geobiologischen Kreislauf von Au und dem Verständnis fundamentaler Prozesse sehen Reith et al. (2013) Lösungen zur Exploration. Über die Synthese von nichtmagnetischem Mackinawit, z. B. tetragonalem FeS, erfolgt, durch Neuordnung der Fe-Atome innerhalb eines Zeitraums von Tagen bis Wochen, die Umwandlung in Greigit (Fe_3S_4).

Es sind weder Pyrrhotin (Fe_7O_8) noch Pyrit (FeS_2) nachweisbar. Als Anwendungsmöglichkeit aus den o. a. Beobachtungen steht der Einsatz von Fe_3S_4 als Biomarker, s. a. Meteorit *ALH84001* (Pósfai et al. 1998). Generell befasst sich zunehmend die Rohstoffgeologie auf dem Gebiet der Exploration und metallogenetischen Deutung von Lagerstätten mineralisch-metallischer Rohstoffe mit der Einbeziehung von organischer Materie in die Genese von z. B. Au-Anreicherung, vom Typ *MSV* (Kettler 2000), *Black Shale*, *MVT* (Pratt & Warner 2000).

2.6.3 Biokorrosion/-fouling

Unter Biokorrosion oder -fouling wird die Korrosion von Materialien durch biologische Aktivitäten (engl. *microbially-influenced corrosion* = MIC) verstanden und sie fällt in die Kategorie elektro-chemische Prozesse. Wie in elektrochemischen Prozessen üblich, ist eine anodische Reaktion unter Einbeziehung einer Oxidation (Ionisierung) eines Metalls mit einer kathodischen Reaktion, d. h. Reduktion einer chemischen Spezies, verbunden. Der Ausdruck mikrobiell beeinflusste Korrosion oder Biokorrosion bezieht sich auf die beschleunigte Deterioration von Metallen, bedingt durch die Anwesenheit von Biofilmen. Neueren Untersuchungen zufolge nehmen auf den Metalloberflächen stattfindende Biomineralisationen sowie innerhalb einer Matrix aus einem Biofilm auftretende extrazelluläre Enzyme Einfluss auf

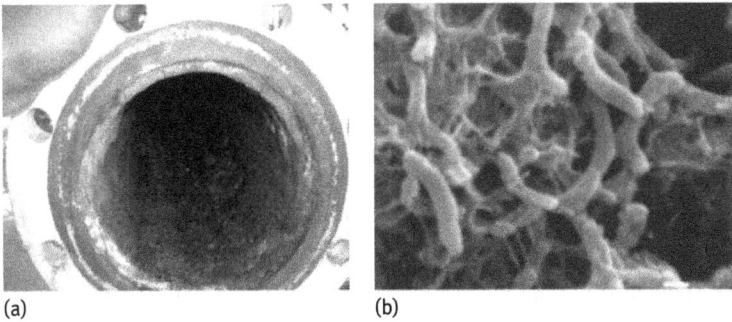

(a)   (b)

Abb. 2.47: (a) Biokorrosion/-fouling einer Wasserleitung infolge der Einwirkung von Biofilmen, (b) Besiedelung mineralischer Oberflächen durch Biofilme bildende Mikroorganismen (Beech & Gaylarde 1999).

elektrochemische Reaktionen an der Schnittstelle Biofilm : Metall. In natürlichen als auch durch anthropogene Aktivitäten überprägten Habitaten unterliegen metallführende Konstruktionsmaterialien, z. B. Legierungen, einer chemischen Umwandlung vom Grundzustand in eine ionisierte Spezies. Bei den Metallen handelt es sich überwiegend um Al-, Fe- und Cu-Legierungen, mit entsprechenden Beimengungen an u. a. Cr, Mn, Ni, W u. v. a., z. B. Wasserleitungen etc., Abb. 2.47.

Zu einem Verständnis der Wechselwirkungen zwischen Biofilmen und Metallen, d. h. Biokorrosion, trägt eine Arbeit von Beech & Sunner (2004) bei, Abb. 2.47. Mikroorganismen, speziell Biofilme, leiten beim Kontakt mit Metalloberflächen ganz wesentlich die o. a. Vorgänge ein (Beech & Gaylarde 1999). Als Haupttypen sind SO_4^{2-} - reduzierende, S-oxidierende, Fe-oxidierende/-reduzierende sowie Mn-oxidierende Bakterien verantwortlich, Abschn. 2.2 (a, b)/Bd. 1. Weiterhin wirken organische Säuren sowie EPS-sekretierende Mikroorganismen, Abschn. 2.3.6. Bedingt durch eine Organisierung in Biofilmen entstehen durch diese Art von Biokonsortien zusätzlich Synergieeffekte betreffs elektrochemischer Prozesse, meist durch kooperative Stoffwechselvorgänge ausgelöst und unterstützt. SRB stützen sich bei der Korrosion von u. a. metallhaltigen Konstruktionen auf eine Reihe von Mechanismen und Substanzen. Eine Strategie besteht in der anodischen/kathodischen Depolarisation durch Hydrogenasen. Eine andere Vorgehensweise stützt sich auf Sulfide (S^{2-}), volatile P-Komponenten, Fe-bindende EPS sowie H_2-induziertes Aufbrechen der metallischen Oberflächen (Beech & Gaylarde 1999).

Daneben verändern SRB durch die Erzeugung von Biosulfiden u. a. Zement, Baumaterialien etc. Weiterhin oxidieren sie anaerob Methan und aus diesem und o. a. Anlass besteht ein beträchtliches Interesse an einer Kontrolle der sulfidogenen Aktivitäten von SRB (Barton & Fauque 2009), Abschn. 2.2 (b)/Bd. 1. In Verbindung mit der Verhütung von Biokorrosion erörtern Nakayama et al. (1998) den Gebrauch von Elektroden aus Titannitrid (TiN), da diese offensichtlich eine elektrochemische Inaktivierung mariner Bakterien bewirken.

Zusammenfassend

stellt Biokorrosion/-fouling ein beachtliches technisches und letztendlich wirtschaftliches Problem dar. Die elektrochemischen Vorgänge, die bei der Biokorrosion vorherrschen, können jedoch in einer Art Umkehrfunktion zur Kenntnis biokatalytischer Enzymkinetiken beitragen. In Verbindung mit den o. a. bioelektrochemischen Abläufen steht die Erzeugung von Energie durch eine mikrobielle Elektrolysezelle.

2.6.4 Mikrobielle Elektrolysezelle

Vertiefende Kenntnisse in die Funktionsweise einer mikrobiellen Elektrolysezelle verhelfen zu einem wesentlichen Verständnis in jene mikrobiellen Synthesereaktionen, die für Biotransformation, Biomineralisation und Biolaugung verantwortlich sind, Abschn. 2.3.3 und 2.3.4/Bd. 1, Abschn. 2.5.1 (b)/Bd. 1. Wie bei den nicht biogenen elektrochemischen Vorgängen, d. h. galvanischem Element, kommt es zur Ausfällung an der Kathode. Eine mikrobielle Elektrolysezelle (engl. *microbial electrolysis cell* = MEC) lehnt sich in Funktionsweise und Aufbau eng an eine mikrobielle Brennstoffzelle (engl. *microbial fuel cell* = MFC) an und gestattet Überlegungen einer bioelektrochemisch mikrobiellen Elektrosynthese zur Metallabscheidung von u. a. Fe-, Mn-, Zn-NP.

(a) Aufbau

Die für eine MEC erforderlichen elektrogenen oder elektrochemisch aktiven Mikroorganismen (Abschn. 4.6.1/Bd. 1), deren Funktion im Abbau organischer Komponenten und Generierung von H_2 oder CH_4 besteht, werden an der Anode befestigt, Abschn. 2.4.3. Über geeignete elektrische Leiter fließt dann der elektrische Strom unter Zufuhr einer weiteren externen Stromquelle zur Kathode ab. Als Materialien für die Anode kommen diverse C-haltige Träger wie z. B. C-Papier, oder graphitführende Medien in Betracht (Holmes et al. 2004) und von der Art des eingesetzten Mikroorganimus hängt im Wesentlichen die Leistungsfähigkeit einer MEC ab. Unter Verbrauch adäquater Energiequellen, z. B. $C_2H_4O_2$, generieren sie Elektronen sowie Protonen mit dem Ergebnis eines elektrischen Potentials, d. h. 0,14–0,3 V. Als Bauweise für MEC bieten sich unterschiedliche Konstrukte an, die sich alle durch einen verhältnismäßig einfachen Aufbau auszeichnen. Eine mikrobielle Elektrolysezelle mit einer mikrobiellen Biokathode präsentieren Jeremiasse et al. (2010). Über eine mikrobielle Elektrolyse lassen sich, neben den o. a. gasförmigen Phasen wie z. B. H_2, darüber hinaus Elektronen aus organischer Materie produzieren. Aufgrund ihrer Fähigkeit, Elektronen zu unlöslichen Elektronenakzeptoren, z. B. Metalloxiden, oder den Anoden einer mikrobiellen Brennstoffzelle zu transportieren eignen sich exoelektrogene Bakterien für diverse Anwendungsmöglichkeiten, z. B. *Desulfobulbus propionicus* (Holmes et al. 2004). Überlegungen zur Verwertung der Energieproduktion für u. a. Synthesen

von metallischen Komponenten seitens biologischer Materialien sollten prinzipiell folgende technische Überlegungen/Anforderungen berücksichtigen:
- Kathodenraum – Anodenraum,
- ionenleitfähige Membran,
- direkten Elektronentransfer,
- Nährmedium für Biokatalysatoren,
- Energie durch mikrobielle Stoffwechselvorgänge,
- Reaktionsäquivalente,
- Elektronentransfer zur Anode,
- Erhöhung der Stromdichten,
- mediatorfreie Brennstoffzelle,
- Nährmedium für Biokatalysatoren,
- ionenleitfähige Membran.

Ein schematischer Aufbau einer mikrobiellen Elektrolysezelle unterscheidet sich nicht von einem galvanischen Element (Zuo et al. 2008), Abb. 2.48.

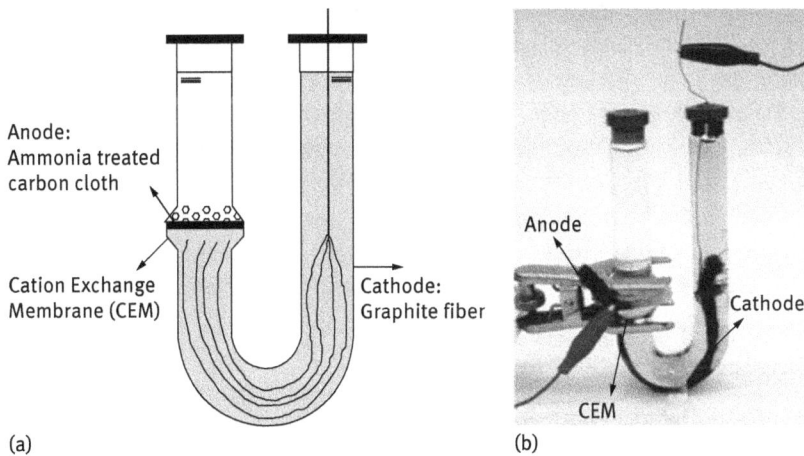

Anode:
Ammonia treated
carbon cloth

Cation Exchange
Membrane (CEM)

Cathode:
Graphite fiber

Anode

Cathode

CEM

(a) (b)

Abb. 2.48: Schematischer Aufbau einer mikrobiellen Elektrolysezelle (Zuo et al. 2008).

(b) Redoxproteine
Azurin repräsentiert eines der einfachsten Redoxproteine und führt mononukleares Cu vom Typ T1. Cu unterliegt einer Koordinierung durch Cystein, zwei Histidine und ein axiales Methionin. Als Wert für das Redoxpotential ist ein Bereich von 270–420 mV angegeben und es übernimmt den Transfer von Elektronen. Es verhält sich relativ stabil und lässt sich in einem heterologen System wie z. B. *E. coli* mit hoher Ausbringungsrate exprimieren (Ferapontova et al. 2005).

(c) Enzymelektroden

Eine der technischen Herausforderungen ist die Integration von geschichteten Redoxproteinen und leitenden Elementen für bioelektronische Anwendungen in Form photoaktivierbarer Enzymelektroden etc. (Willner & Katz 2000). Die Integration von lagig angeordneten Redoxproteinen mit einem leitfähigem Support und die Konstruktion eines elektrischen Kontaktes zwischen dem Biokatalysator und der Elektrode stellen für bioelektronische Anwendungen, wie z. B. Bioelektronik und Optobioelektronik, z. B. amperometrische Biosensoren, optische Speicher u. a., eine unabdingbare Grundvoraussetzung dar.

Mittels neuer technischer Ansätze wie der gezielten Immobilisierung der Redoxenzyme auf Elektroden, der kovalenten Verbindung von Proteinen, des Gebrauchs von supramolekularen Komplexen mit hoher Affinität und der Wiederherstellung von Apoenzymen zur nanoskaligen Konstruktion von Elektroden, beschichtet mit proteinführenden Mono- und Mehrfachlagen, stehen effiziente Hilfsmittel/Bausteine zur Verfügung. Durch Anwendung von zur Diffusion befähigten Elektronenmediatoren wie Derivaten von Ferrocen, Ferricyaniden, Chinonen und Bipyridinium-Salzen lässt sich ein elektrischer Kontakt in der geschichteten Enzymelektrode aufbauen. Zur Konstruktion von bioelektrokatalytischen Elektroden eignen sich die kovalente Anbindung eines Elektronenrelais an eine Enzymelektrode, das Crosslinking von Affinitätskomplexen, gebildet zwischen Redoxproteinen und Elektroden mit funktionalisierten Relais-Cofaktoren, oder die Oberflächenrekonstitution von Apoenzymen auf durch Relais-Cofaktoren funktionalisierten Elektroden (Willner & Katz 2000).

Die Organisation von Sensorarrays, selbstkalibrierten Biosensoren oder angebundenen bioelektronischen Bauteilen erfordert die Anordnung von Biomaterialien auf festen Unterflächen in Form geordneter Mikrostrukturen (Willner & Katz 2000). So sind z. B. lichtsensitive Schichten, zusammengesetzt aus Aziden (N_3^-), Benzophenonen ($C_{13}H_{10}O$) oder Diazinderivaten, aufgetragen auf feste Trägermedien, einer Behandlung durch Bestrahlung zugänglich. Durch den Gebrauch einer Maske sind strukturierte Muster zur kovalenten Anbindung von Biomaterialien auf Oberflächen machbar. Alternativ bieten sich, zur Anlage von Proteinmikrostrukturen auf geeigneten Trägermaterialien, Möglichkeiten durch nonkovalente Wechselwirkungen an, z. B. Affinitätskomplexe zwischen Avidin und photomarkiertem Biotin oder zwischen einem Antikörper und Schichten aus Antigenen u. a. Weiterhin und zum Zwecke eines selektiven Strukturierens von hydrophoben, nonkovalenten Wechselwirkungen ermöglicht der Einsatz von Photolithographie, Stanzen oder Zerspannungstechniken eine Matrix von gemusterten hydrophilen bzw. hydrophoben Domänen auf ausgewählten Oberflächen (Willner & Katz 2000).

Photoaktivierte geschichtete Enzymelektroden fungieren als schaltbare/-fähige (bezogen auf Licht) optoelektonische Systeme für die amperometrische Übertragung von aufgezeichneten photonischen Informationen. Als technische Anwendungen sind optische Speicher, biomolekulare Verstärker oder Logikgatter denkbar. Die mittels Photoschaltung bedienbaren Enzymelektroden lassen sich über Bindung an photoisomerierbare Gruppen eines Proteins, via Rekonstitution von Apoenzymen mit semisynthetischen Cofaktor-Einheiten oder photoisomerierbare Elektronenrelais erzeugen (Willner & Katz 2000). Weiterhin gibt es Überlegungen, elektrisch leitfähige Polymere sowie elektrokatalytisch aktive Materialien zu entwickeln.

Betreffs der Herstellung eines elektrischen Kontakts, innerhalb von Enzymelektroden, eignen sich – als diffundierende Elektronentransmitter – z. B. Ferricyanid, Ferrocenderivate, Chinon u. a. Unter dem Einsatz von u. a. biogenen Maskentechniken, z. B. von S-Layern (Abschn. 5.4.2/Bd. 1), lassen sich durch Auftragung geeigneter Edukte strukturierte Oberflächen generieren.

(d) Biosensor

Biosensoren setzen erfolgreich Enzymelektroden ein. So wurde z. B. eine bioelektrochemische Zelle im Filmstreifenformat (*strip format*), erzeugt durch Siebdruck (*screen-printing*) und geeignet zur potenziometrischen Messung organischer Moleküle, entwickelt (Tymecki et al. 2005). Sowohl Enzym- als auch Referenzelektrode lassen sich, auf der Basis von RuO_2, durch Siebdruck erzeugen. Die Anwendung der Dickschichttechnologie bietet eine gut reproduzierbare und kostengünstige Methode, die sich zu einer Massenproduktion eignet.

Mögliche Anwendungsbereiche für planar angeordnete Elektroden stellen u. a. Einweginstrumente für *Drop-on*-Messungen oder für einen mehrfachen Gebrauch von Injektionsfluss-Analysen dar. Auch eignet sich diese Form von Biosensor zur potenziometrischen Ermittlung von Schwermetallionen.

(e) Materialien

Zu Zwecken einer bioanalytischen Analyse sind Cu-haltige Proteine auf Au-Elektroden immobilisier-bar (Lisdat & Karube 2002). Um die Cu-Elektrochemie auf modifizierten Au-Elektroden zu studieren, stützt sich eine experimentelle Versuchsreihe auf zwei verschiedene Zuständen von Metallionen. zum einen gebunden an Azurin von *Pseudomonas aeruginosa* und zum anderen durch die Aufnahme seitens eines Metallothioneins (MT). Azurin selbst lässt sich durch eine selbstorganisierende Schicht aus Mercaptobernsteinsäure (MSA = $C_4H_6O_4S$) immobilisieren, die wiederum auf Gold fixierbar ist. Das Redoxverhalten im adsorbierten als auch durch einen kovalent immobilisierten Zustand ist gleichsam reversibel und zeigt gegenüber einer Ag/AgCl-Elektrode ein Potential von +198 mV. In Hinsicht eines wirksamen Flusses zwischen den Elektroden lassen die pH-Schwankungen einen optimalen pH-Bereich im neutralen Bereich vermuten. MT können über das zugängliche/verfügbare Cystein der Proteine auf elektrochemisch gereinigtem Au fixiert werden. Anschließend lässt sich Cu auf diese MT-modifizierte Au-Elektrode fixieren (Lisdat & Karube 2002). Die Beschreibung des elektrochemischen Verhaltens des auf diese Weise gebundenen Cu erfolgt in einer Cu-freien Lösung mit dem formalen Potential von +245 mV gegenüber Ag/AgCl.

Der Effekt einer Belüftung von *Shewanella oneidensis* in Bezug auf die potenziostatische Stromerzeugung, Fe^{3+}-Reduktion und H_2-Produktion innerhalb einer mikrobiellen Elektrolysezelle sowie die elektrische Stromausbeute in einer mikrobiellen Brennstoffzelle unterzogen Rosenbaum et al. (2010) einer eingehenden Studie. Verglichen mit anaerob aufgezogenen Kulturen erhöht sich erheblich die potenziostatische Leistung von belüfteter *S. oneidensis* mit einer maximalen Stromdichte von $0{,}45\,A\,m^{-2}$ oder $80{,}3\,A\,m^{-3}$ bzw. mittleren Werten von $0{,}34\,A\,m^{-2}$ sowie $57{,}2\,A\,m^{-3}$. Rosenbaum et al. (2010) unterzogen biokatalysierte H_2-Produktionsraten, erzeugt seitens belüfteter *S. oneidensis*, innerhalb des angewandten Potentials mit einer Spannweite von $0{,}3$–$0{,}9\,V$, untersuchenden Betrachtungen. Sie ermittelten Höchstwerte von $0{,}9$ für $0{,}3\,m^3\ H_2\,m^{-3}\,d^{-1}$, charakteristisch für Mischkulturen, dennoch ca. zehnfach erhöht gegenüber anaeroben Kulturen von *S. oneidensis*.

Belüftete mikrobielle Brennstoffzellen produzieren mit einem externen Widerstand von ca. $200\,Ohm$ eine maximale Leistung von $3{,}56\,W\,m^{-3}$. Als Hauptursachen für die erhöhte elektrochemische Leistung können unter aeroben Konditionen sowohl höhere Anteile von Biomassse als auch eine bessere Ausbeute des Substrats in Betracht gezogen werden. Rosenbaum et al. (2010) verweisen in diesem Zusammenhang jedoch auf den Rückgang der *Coulomb*-Effizienz, verursacht durch Verluste von reduzierenden Äquivalenten durch eine aerobe Respiration in der Anodenkammer. Eine nächste Herausforderung stellt eine Verbesserung der Belüftungsrate für die bakteriellen Kulturen dar, um ein Gleichgewicht zwischen maximaler bakterieller Aktivierung und Minimierung der aerobischen Respiration innerhalb der Kultur zu erreichen.

Mögliche Reaktionen der Generierung und des Verbrauchs von Elektronen, d. h. Redoxreaktionen:

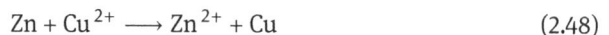

$$Me \longrightarrow Me^{z+} + z\,e \tag{2.45}$$

$$Zn \longrightarrow Zn^{2+} + 2\,e^- \tag{2.46}$$

$$Cu \longrightarrow Cu^{2+} + 2\,e^- \tag{2.47}$$

$$Zn + Cu^{2+} \longrightarrow Zn^{2+} + Cu \tag{2.48}$$

(f) Goldanode

Untersuchungen mit *Geobacter sulfurreducens* zeigen, dass dieser Mikroorganismus in Verbindung mit einer Goldanode eine nahezu identische Strommenge anbietet, wie sie im Falle einer Graphitanode nachgewiesen ist. Die Generierung von elektrischem Strom geschieht mithilfe eines Biofilms von *G. sulfurreducens* mit einer Dicke von ca. $40\,\mu m$. Es erfolgt keine Erzeugung von Elektrizität, wenn das hierfür verantwortliche Gen, d. h. *pilA*, entfernt wurde (Richter et al. 2008). Hinsichtlich des Baus einer mikrobiellen Elektrolysezelle erweitert die o. a. Entdeckung die technischen Möglichkeiten und bietet Einsicht in die Wechselwirkung zwischen Mikroorganismus und Elektrode.

(g) Bioanode

Die Leistung von Bioanoden in bioelektrischen Systemen, d. h. ihre Verbesserungen und Aussichten, beleuchten Pham et al. (2009). In einem bioelektrochemischen System (BES), ausgestattet/betrieben mit einer Bioanode, übernimmt die Effizienz der genannten Anode eine wichtige Funktion in der Gesamtleistung des Systems. Es stehen umfangreiche Datenbestände zu dem Wachstum, der Funktionskinetik und den Wechselwirkungen anodophiler Mikroorganismen zur Verfügung. Zahlreiche in jüngster Zeit vorgestellte Fortschritte führten zu einer deutlichen Verbesserung der Eigenschaften und Operationalität der Bioanoden und steigerten ihre Leistungsfähigkeit um das Zehnfache (Pham et al. 2009). Auf eine durch Proteine unterstützte Bioanode, zum Einsatz in einer mit Glucose versehenen Brennstoffzelle, machen Yu et al. (2010) aufmerksam. Insbesondere zum Zwecke bioelektrochemischer Systeme eignen sich speziell präparierte Bioanoden (Pham et al. 2009). Eine von Matsumoto et al. (2013) vorgestellte Bioanode bedient sich zur Funktionalität dreier unterschiedlicher immobilisierter Enzyme. Als maximale Leistung für die Enzymbioanode sind seitens der o. a. Autoren $10,51 \pm 1,72\,\mu W\,cm^{-2}$ verzeichnet.

(h) Biokathode

Eine Biokathode beruht auf biochemischen, mikrobiell gesteuerten Vorgängen. Unter Verwendung des Anodenabflusses zur Kompensierung der Alkalinisierung der Biokathode ist unter neutralen pH-Bedingungen eine operative Kontinuität machbar. Eine stabile Stromausbeute beläuft sich auf $23,2 \pm 2,5\,A\,m^{-3}$. Zwecks der Einsatzfähigkeit einer Biokathode im technisch-industriellen Sinne ist allerdings zur Erreichung einer Stromdichte von z. B. $1.000\,A\,m^{-3}$ die Verwendung von Kollektoren und elektrischen Schaltkreisen mit niedrigen *Ohm*'schen Zellwiderständen erforderlich (Clauwaert et al. 2009). Die Leistung scheint sich über ein offenes System verbessern zu lassen (Clauwaert et al. 2007). Von einer mikrobiellen Elektrolysezelle (= MEZ), versehen mit einer mikrobiellen Biokathode, wurde eine Betriebsdauer von $1.600\,h$ ermittelt (Jeremiasse et al. 2010), Abb. 2.49. Allerdings sind Wartungsarbeiten unerlässlich, denn im Fall der o. a. MEZ sind dünne, als Schicht die Membranen bedeckende Präzipitate ermittelt. Diese Vorgänge verursachen eine systematische Abnahme der Leistung. Bei den Präzipitaten auf der Biokathode handelt es um Ca. Als Leistung sind $1,4\,A\,m^{-2}$ angegeben.

(i) Biogene vs. Graphitelektrode

Über die Erzeugung von Energie durch *Geobacter sulfurreducens*, befestigt an Elektroden aus Au als Elektronenakzetor, berichten Richter et al. (2008). Die auf diese Weise konstruierte Elektrode erbringt eine vergleichbare Leistung, wie sie für Graphit-Elektroden ermittelt ist. *G. sulfurreducens* selbst organisiert sich in 40 µm dicken Biofilmen und bei Auslöschung eines bestimmten Gens kommt es zu keiner Erzeugung

Abb. 2.49: Mikrobielle Elektrolysezelle mit einer mikrobiellen Biokathode (Jeremiasse et al. 2010)

von Strom (Richter et al. 2008). Insgesamt verhält sich Au hochleitend und bietet vom technischen Standpunkt aus einige Vorteile, so lässt es sich verhältnismäßig auf eine Vielzahl von Trägermedien unter Bildung diverser Konfigurationen bis in den nm-Bereich auftragen. Weiterhin zeichnet es sich durch eine präzis definierte leitende Oberfläche aus, mit der Möglichkeit einer Evaluierung elektrochemischer Merkmale der auf ihr siedelnden Mikroorganismen (Richter et al. 2008). Eine Selektivität vs. Mobilität bzw. eine Separation von Anode und Kathode in mikrobiellen bioelektrochemischen Systemen schlagen Harnisch & Schröder (2009) vor.

(j) MFC

Eine der großen Herausforderungen vor dem wirtschaftlich lukrativen Gebrauch von mikrobiellen Brennstoffzellen (engl. *microbial fuel cells* = MFC) besteht in der Entwicklung geeigneter Materialien und Architekturen, befähigt zur ökonomischen Erzeugung von hohen Stromdichten. Hierzu unterziehen Zuo et al. (2008) betreffs MFC diverse Bauweisen und Materialien, z. B. zur Leitung von elektrischen Strömen befähigte, mit einer Ultrafiltrationskathode sowie mit Graphit beschichtete und mit Katalysatoren ausgestattete Anionen-Kationen-Austauschmembrane, vergleichenden Betrachtungen. Als maximale Leistung geben Zuo et al. (2008) einen Wert von $449\,\mathrm{mW\,m^{-2}}$ an, und die *Coulomb*'sche Wirksamkeit beläuft sich in einem 50-mM-Phosphat-(PO_4^{3-})Puffer unter Gebrauch von Acetat $(CH_3CO_2^-)$ auf ungefähr 70 %. Mithilfe weiterer technischer Zusätze, z. B. Stromkollektor, lässt sich die Leistung nochmals auf $728\,\mathrm{mW\,m^{-2}}$ erhöhen. Durch Absenkung der Materialkosten eignen sich die vorgeschlagene Materialien im Gegensatz z. B. zu einer C-Papier-Elektrode durch geringere Kosten für den Einsatz bei Sanierungsmaßnahmen (Zuo et al. 2008). Anstatt einer wiederholten mechanischen Beseitigung, Resuspension sowie elektrochemisch unterstützten Generierung der Biofilme erläutern Liu et al. (2008) Prozeduren, die mittels einer nachgeschalteten elektrochemischen, selektiven Prozedur sowie Akklimatisation des Biofilms zu einer deutlichen Leistungssteigerung der auf die Anode bezogenen bioelektrokatalytischen Aktivität/Leistung gemischter Biofilmkulturen, kultiviert in Abwässern, führen können.

Durch den Gebrauch der o. a. Methode erhöht sich die bioelektrokatalytische Stromdichte um ca. das Doppelte, d. h. von ungefähr $250\,\mu A\,cm^{-2}$ auf ca. $500\,\mu A\,cm^{-2}$. Bezogen auf die entsprechende mikrobielle Brennstoffzelle kommt es zu einer Steigerung der Stromstärke von $686\,mW\,m^{-2}$ auf $1487\,mW\,m^{-2}$. Eine elektrochemische Beschreibung der Biofilme ähnelt jenen, die durch *Geobacter sulfurreducens* dominiert werden (Liu et al. 2008). Die Eigenschaften von Brennstoffzellen, durch Stromdichte, Effizienz, Selektivität, Lebensdauer sowie Skalierbarkeit charakterisiert und auf unterschiedlichen Ansätzen beruhend, unterziehen Zulic & Minteer (2009) vergleichenden Betrachtungen. So erweist sich, dass die Stromdichte bei dem Einsatz von Enzymen, im Vergleich zu Mikroorganismen sowie Organellen, als hoch anzusetzen ist, wohingegen die Effizienz dieses Systems im Gegensatz zu Mikroorganismus und Organelle geringer ausfällt, Tab. 2.32. Beim Einsatz eines Mikroorganismus erweisen sich die Bilanzen für Skalierbarkeit und Effizienz als besonders günstig. Auch die Lebensdauer von Mikroorganismen übertrifft jene, wie sie von Enzymen sowie Organellen berichtet wird. MFC scheinen sich via S^{2-}-Bildung für den Entzug von SO_4^{2-} zu eignen (Rabaey et al. 2006).

Tab. 2.32: Eigenschaften von Brennstoffzellen, die auf Enzymen, Mikroorganismen sowie Organellen beruhen (Zulic & Minteer 2009).

Typ	Enzym	Mikroorganismus	Organelle
Stromdichte	hoch ($\mu W\,cm^{-2}$)	gering	zwischen Enzym u. Mikroorganismus
Effizienz	niedrig	vollständige Oxidation	vollständige Oxidation
Selektivität	hoch (enzymspezifisch)	niedrig	mittel
Lebensdauer	10 d–1 a	3–5 a	einige Tage
Skalierbarkeit	0,01–10 cm^2	In jeder Dimension	1–5 cm^2

(k) BES

Bioelektrochemische Systeme (BES), wie z. B. biologische Brennstoff- und mikrobielle Elektrolysezelle, bieten generell vielversprechende Möglichkeiten einer Energieerzeugung aus mit organischen Materialien befrachteten Abwässern. Die z. Zt. durch BES unter experimentellen Laborbedingungen erzeugten Stromdichten entsprechen annähernd den Anforderungen einer wirtschaftlich verwertbaren Anwendung (Rozendal et al. 2008). Aufgrund ihrer Kompatibilität mit elektrochemischen Biofilmen, ihres ausreichend niedrigen Überpotentials und der geringen Kosten sind Graphit und Kohlenstoff die am häufigsten eingesetzten Werkstoffe für Bioanoden und -kathoden. Allerdings ist der elektrische Widerstand von Graphit und Kohlenstoff sehr hoch, was zu erheblichen *Ohm*'schen Verlusten an der Elektrode führt. Einschränkend muss der Hinweis erfolgen, dass eine vollständige bioelektrochemische Behandlung von Abwässern noch nicht zufriedenstellend implementierbar ist, da zunächst eine Reihe mikrobiologischer, technischer und wirtschaftlicher Fragen sowie Herausforderungen gelöst werden müssen, z. B. Störanfälligkeit der biologischen Komponenten gegenüber externen Einflüssen, und in den konventionellen Maßnahmen nicht auftreten, z. B. Unverträglichkeit unterschiedlicher biologischer Abfallprodukte. Die maximal erreichbare Stromdichte eines an Abwässer gekoppelten, elektrochemisch aktiven Biofilmkonsortiums als Bestandteil einer mikrobiellen Elektrolysezelle hängt von der Materialbeschaffenheit der C-basierten Anode sowie der Prozesstemperatur ab. Neue Applikationen und die Leistung von bioelektrochemischen Systemen werden von Hamelers et al. (2010) vorgestellt.

Bioelektrochemische Systeme (BES) repräsentieren aufstrebende Technologien, die unter Einsatz von Mikroorganismen sowie Elektronendonatoren und -akzeptoren Reaktionen an der Anode und/oder Kathode katalysieren. Allerdings stehen hier die Arbeiten noch verhältnismäßig am Anfang und die Kombination von Anode mit Kathode sieht sich noch mit einer Reihe von Problemen konfrontiert. Hamelers et al. (2010) analysierten die Halbreaktionen von Anode und Kathode in Bezug auf ihre Standard- bzw. tatsächlichen Potentiale und erläutern deren Überpotentiale (engl. *overpotentials*) im Vergleich mit den berichteten und ihren theoretischen Potentialen. Allerdings gilt es, beim Einsatz von BES die internen Energieverluste zu vermindern und gleichzeitig die Produktivität zu erhöhen, erreichbar über geeignete Membrane, die wiederum die interne Resistenz von BES verstärken.

(I) Bioelektrochemische Zelle

Eine bioelektrochemische Zelle enthält entweder Glukoseoxidase (β-D-glucose:oxygen 1-oxido-reductase) oder Xanthinoxidase (engl. *xanthine:oxygen oxidoreductase*). Als Elektronenakzeptor kann in der einen Halbzelle z. B. Dichlorophenol-Indophenol und in der zweiten Halbzelle Chloroperoxidase (engl. *chloride:hydrogen-peroxide oxidoreductase*) eingesetzt werden. Entsprechend der Kombination von chemischen, bio- und elektrochemischen Reaktionen ist eine Produktion von Elektrizität und speziellen Chemikalien sowohl gleichzeitig als auch in beiden Kompartimenten der bioelektrochemischen Zelle möglich. Da die eingesetzten Oxidasen in den Zellen nicht durch H_2O_2 aktivierbar sind, erhöht sich die operationale Lebenszeit für die Oxidasen um ein Vielfaches. Genauere Angaben beim Einsatz einer bioelektrochemischen Zelle zur Synthese von Biochemikalien lassen sich bei Laane et al. (1984) einsehen.

Die Optimierung der biologischen Komponenten einer bioelektrochemischen Zelle schildern Cho & Ellington (2007). Die Effizienz eines Elektronentransports durch *Shewanella oneidensis MR-1* wurde mit aerob aufgezogenen Bakterien, inokuliert in einer nicht löslichen Suspension von FeOOH und definiert durch ein anaerobes Umfeld, sowohl in einem Batchreaktor als auch zweikammerigen elektrochemischen Zelle untersucht. Im Verlauf der Reduktion von Fe^{3+} zu Fe^{2+} ließ sich ein Farbwechsel von Rot nach Blauschwarz beobachten. Dieser einfache Farbwechsel erweist sich als zuverlässige Methode, um die elektrochemische Aktivität von *Shewanella oneidensis*

MR-1 zu ermitteln. Um die Elektrizitätsproduktion durch *S. oneidensis MR-1* im Experiment zu verbessern, wurde zunächst die Leistungsfähigkeit der mit Lactat ($C_3H_5O_3$) als Brennstoff ausgestatteten elektrochemischen Zelle durch Aufrechterhaltung des Potentialgleichgewichts und der Brennstoffkonzentration verbessert (Cho & Ellington 2007).

Betreffs Erzeugung von Elektrizität steht als Ergebnis die Beobachtung einer Proportionalität zwischen Potentialgleichgewicht und Brennstoffangebot. Insbesondere kommt es bei einem höheren Potentialgleichgewicht zur Steigerung der Stromproduktion. Daneben sind Maßnahmen zur Optimierung der Mikroorganismen in Erwägung zu ziehen, so z. B. verbesserte Weitergabe/Überleitung reduzierter Kohlenstoffquellen in Elektrizität. Die Batchkultur war einer Reihe von diversen Verdünnungseffekten ausgesetzt, wobei nach der vierten Verdünnung die Mikrobenpopulation einen Anstieg der Ladungsproduktion von ca. 30 % aufwies. Cho & Ellington (2007) stellen Überlegungen an, inwieweit dieser Anstieg mit auf den Metabolismus bezogenen Adaptionen oder genetischen Mutationen assoziiert ist, und überprüfen zusätzliche Wege zur Entwicklung von elektrogenen Organismen. Die Leistung einer mikrobiellen Brennstoffzelle lässt sich unter identischen Bedingungen und im Vergleich mit anderen Typen durch eine speziell präparierte Kathodenkammer erheblich steigern, d. h. > 60 % (Fornero et al. 2008).

(m) Elektronentransfer

Eine wichtige Voraussetzung für bioelektrochemische Vorgänge besteht im reibungslosen Transfer von Elektronen. Die elektrochemische Messung der Kinetik des Elektronentransfers erfolgt durch *Shewanella oneidensis MR-1* (Baron et al. 2009). *Shewanella oneidensis MR-1* ist in der Lage, C-Elektroden zur Respiration und Metalloxyhydroxide als Elektronenakzeptor einzusetzen. Allerdings benötigt es hierzu Transfermechanismen, die die Elektronen vom Zellinneren zur Oberfläche der Zelle transportieren. Obwohl aufgereinigtes Cytochrom der äußeren Zellmembran sowohl Elektrode als auch Metall reduziert, scheidet *S. oneidensis* Flavine aus, die den Elektronentransfer zu Metall und Elektrode beschleunigen.

Durch voltametrische Techniken lässt sich dieser Elektronenfluss innerhalb der intakten Zelle unmittelbar messen. In An- und Abwesenheit der Flavine erzeugen stoffwechselaktive Zellen, an Graphitelektroden fixiert, Filme, die als Submonolage ausgebildet sowohl katalytische Aktivität als auch reversiblen Elektronenfluss zeigen. In Abwesenheit von löslichem Flavin ereignet sich der Elektronentransfer in einem breiten Potentialfenster, zentriert bei ungefähr 0 V, d. h. gegenüber der Standardwasserstoffelektrode. Eine Änderung erfährt das System durch einfache (*DeltaomcA, DeltaamtrC*) und doppelte Auslöschung (*DeltaomcA/DeltaamtrC*) von Mutanten der äußeren Membran-Cytochrome.

Durch Zugabe von löslichen Flavinen mit physiologischer Konzentration setzte ein erheblich beschleunigter Elektronentransfer ein und gestattete einen katalytischen E-Transport bei niedrigem angewandten Potential, d. h. −0,2 V (Baron et al. 2009). Eine Abtastratenanalyse deutete an, dass die Ratenkonstanten für den direkten Elektronentransfer im Vergleich zu unveränderten Cytochromen langsamer verliefen (ca. $1\,s^{-1}$). Diese Beobachtung deuten Baron et al. (2009) dahingehend, dass der anodische Strom im höheren Fenster (< 0 V) infolge der Aktivierung eines direkten Transfermechanismus erfolgt, wohingegen bei niedrigerem Potential der Elektronenfluss durch Flavine ermöglicht wird. Die erwähnte elektrochemische Zerlegung dieser Aktivitäten in lebenden Zellen in zwei charakteristische Mittelpunktpotentiale und kinetisches Verhalten verhilft dazu, vorausgegangene Beobachtungen zu erklären, und verweist auf den komplementären Charakter der Strategien für den Elektronentransfer von *S. oneidensis* (Baron et al. 2009).

(n) Graphitfolie

Auf Graphit und polykristallinen C-Röhrchen ist gemäß Beschreibung von [1]Liu et al. (2010) bei 30 °C eine katalytisch erzeugte Stromdichte von ca. $500\,\mu m\,cm^{-2}$ erreichbar. In Materialien, basierend auf z. B. C-beschichtetem Papier mit einer für Mikroorganismen großen zugänglichen Oberfläche, steigt, gemäß Berechnung, die Stromdichte um ca. 40 %. Dahingegen sinkt die Stromerzeugung auf einer Graphitfolie. Bei einer Temperaturerhöhung um 10 °C, d. h. auf 40 °C, erfolgt mittels einer anodischen Graphitrohr-Anode eine Steigerung der Stromdichte um 80 % ([1]Liu et al. 2010).

Es wurde eine Studie von elektrochemisch aktiven mikrobiellen Biofilmen auf verschiedenen C-basierten Anodenmaterialien in mikrobiellen Brennstoffzellen durchgeführt ([1]Liu et al. 2010). Mit C-Fibern beschichtete ultradünne Folien oder auf C-Papier basierende Materialien verfügen über eine große mikrobiell zugängliche Oberfläche und liefern hochgerechnet eine ca. 40 % höhere Stromdichte als reine Graphitstäbe. Im Gegensatz hierzu kommt es auf einer Graphitfolie zu keiner Bildung eines Biofilms. Bei einer Erhöhung der Temperatur von 30 °C auf 40 °C steigt auf einer Graphitstabanode die Stromdichte auf ungefähr 80 % an. Das auf die o. a. Weise generierte formale Potential der aktiven Site ähnelt allen elektrokatalytisch aktiven mikrobiellen Biofilmen, z. B. *Geobacter sulfurreducens* ([1]Liu et al. 2010).

(o) Verbindungselemente

C-Nanoröhrchensysteme zur Kommunikation mit Enzymen stellen Gooding & Shapter (2005) vor. Die Einsicht in den Transfer von Elektronen zwischen Enzym und Elektrode ist zum Verständnis der intrinsischen Redoxeigenschaften sowie zur Entwicklung von auf Proteinen beruhenden bioelektronischen Bauteilen unerlässlich. Eine Möglichkeit, um einen wirkungsvollen Elektronentransfer zu Proteinen zu verwirklichen, besteht darin, die Elektrode innerhalb des Proteins anzubringen, so dass diese in der Nähe des redoxaktiven Zentrums des Proteins liegt. Hierzu sind allerdings sehr kleine Bemaßungen der Elektroden erforderlich. C-Nanotubes mit einem Durchmesser von

1 nm verfügen über die gewünschten Maße bzw. das Potential, um ihren Einsatz als Elektrodenmaterial in Erwägung zu ziehen. Denn die Selbstassemblierung von vertikal ausgerichteten, einfachwandigen C-Nanotubes auf den Elektrodenoberflächen, gefolgt von einer nachfolgenden Bindung von Proteinen an den Enden der C-Nanotubes verspricht einen vielversprechenden technischen Ansatz (Gooding & Shapter 2005).

Die Verbindung/Verkappelung/Verdrahtung eines Redoxenzyms durch metallisierte Peptide auf nanoskaliger Ebene beschreiben Yeh et al. (2005). Ein molekularer Verband aus Redoxenzymen, NADH-Peroxidase, einem metallisierten doppelt helikalen Peptid und einem Au-NP, immobilisiert auf einem mit einer Benzenedithiol-Komponente derivatisierten Au-Draht, initiierte und leitete in Anwesenheit von H_2O_2 und NADH-Redoxsignale. Eine Übertragung des mithilfe einer Anbindung von NADH als Elektronendonator erzeugten Stroms in die Lösung geschieht über einen molekularen Bausatz. Bei der Signalübertragung treten nur geringe Verluste auf. Innerhalb jedes Bausatzes korreliert der gemessene Strom mit der Transferrate für die Elektronen in der Größenordnung von konstant $3000\,s^{-1}$ (Yeh et al. 2005). Damit tritt die Elektronentransferrate mit etwa zweifach höherer Größenordnung auf, als diese bei der endogenen Transferrate von NADH zum nativen Enzym zu beobachten ist, d. h. $27\,s^{-1}$. Offensichtlich verfügt das metallisierte Peptid über eine zur Übertragung des Elektronentransfers vorteilhafte Konformation. In Verbindung mit Redoxenzymen ist möglicherweise auf diese Weise die Assemblierung wirkungsvoller Leiter zur Weiterleitung von elektrischen Signalen durchsetzungsfähig. Als Anwendungsbeispiel verweisen Yeh et al. (2005) zum Beispiel auf die Konstruktion von Biosensoren. Über die strukturelle Optimierung der Kontaktelektroden in mikrobiellen Brennstoffzellen zur Erhöhung der Stromdichte stellen Inoue et al. (2012) ihre Überlegungen vor.

(p) Elektroaktiver Biofilm

Die Anwendung eines elektroaktiven Biofilms skizzieren Erable et al. (2010). Die Konzeption/der Entwurf eines elektroaktiven Biofilms (EAB) beruht auf der Entdeckung, dass bestimmte zum Aufbau eines Biofilms befähigte Bakterien, auf leitende Materialien aufgetragen, fähig sind, eine direkte elektrochemische Verbindung mit einer Elektrodenoberfläche als Elektronenaustauscher aufzubauen, ohne die Hilfe von Mediatoren in Anspruch zu nehmen. Die Anwesenheit von speziellen Stämmen, z. B. *Geobacter sulfurreducens*, *Rhodoferax ferrireducens*, die in der Lage sind, mit festen Substraten Elektronen auszutauschen, bedingt die elektrokatalystische Eigenschaft von Biofilmen. EAB lassen sich prinzipiell von natürlichen Umfeldern wie Böden, marinen Wässern und Sedimenten aus dem Frischwassermilieu, aber auch aus Klärschlämmen, Abwässern aus Industrie und Haushalt gewinnen. Die Fähigkeit einiger Mikroorganismen, ihren Stoffwechsel direkt an eine externe Energiequelle anzubinden, lässt sich, bezogen auf mögliche Anwendungen in Form von mikrobiellen Brennstoffzellen, d. h. die Überführung von Biomasse in elektrische Energie, ausnutzen. Weiterhin eignen sich EAB, wenn auf Elektroden aufgetragen, für diverse Biosyntheseprozesse, die biogene Herstellung von H_2, das Design von Biosensoren u. a. (Erable et al. 2010).

Rezente Verbesserungen und Aussichten für die Arbeitsleistung von Bioanoden in bioelektrischen Systemen evaluieren Pham et al. (2009). In einem mit einer Bioanode ausgestatteten bioelektrochemischen System übernimmt, im Sinne einer ausgelasteten Arbeitsleistung, die Güte der Anode eine wichtige Funktion, d. h. Wachstum, Kinetik, Funktionalität sowie die Wechselwirkungen zwischen den anodophilen Mikroorganismen. Durch diverse technische Fortschritte konnten eine Reihe von Merkmalen verbessert werden, so ließ sich die Leistung der Bioanode auf das bis zu Zehnfache steigern (Pham et al. 2009).

Eine weitere Optimierung des Leistungsertrags benötigt, wie vorab erwähnt, sukzessive Forschungsaktivitäten. Energieausstoß und *Coulomb*'sche Effizienz von Biofilmen, überwiegend aus *Geobacter sulfurreducens* bestehend, sind mit gemischten Konsortien aus MFC vergleichbar (Nevin et al. 2008).

(q) Immobilisierung

Durch die interne räumliche Anordnung von Redoxcenter und leitender Oberfläche innerhalb eines Redoxenzyms fehlt diesem, beim Einsatz als bioelektronisches Bauelement, ein direkter Kontakt mit den Elektroden. Mit Cofaktoren funktionalisierte Nanostrukturen mit z. B. adhäsiv gebundenen Apoenzymen bieten die Möglichkeit, Biokatalysatoren auf einer leitenden Oberfläche räumlich zu strukturieren/auszurichten und die entsprechenden Redoxenzyme mit Elektroden zu verbinden. Eine Konstruktion, bestehend aus Apoenzymen, immobilisiert via funktionalisierte Au-NP oder *CarbonNanoTubes-CNT*, kommt der technischen Anforderung nach elektrischer Leitfähigkeit zwischen Redoxenzym und Elektrode entgegen ([2]Willner et al. 2006).

Eine weitere Option besteht darin, Enzyme auf molekularen „Drähten" zu fixieren, die einen Elektronenstrom via *tunneling* oder den dynamischen Ladungstransport über supramolekulare biokatalytisch aktive Nanostrukturen ermöglichen. Als praktische Anwendung dieser bioelektrolytisch aktiven Enyzme mit entsprechender elektrischer „Vernetzung" steht die Entwicklung von ampero-metrischen Biosensoren und biologischen Brennstoffzellen. Es eröffnen sich somit Möglichkeiten einer geeigneten Energieversorgung, die z. B. bei Bedarf die enzymatisch gesteuerte Synthese von metallischen Nanoclustern antreibt.

(r) Palladium (Pd) und Platin (Pt)

Eine Biomanufaktur von Pt- und Pd-Nanokristalliten für die Katalysatorelektroden in Brennstoffzellen ziehen Yong et al. (2007) in Erwägung. Über die enzymatisch herbeigeführte Ablagerung von Metallionen aus einer Lösung ist die Biosynthese von Pt- und Pd-Nanopartikeln durchführbar. Nach Trocknung der biologisch akkumulierten Pt^0- sowie Pd^0-Kristalle werden diese auf C-Papier aufgetragen und eingebettet in ein Elektrolyt-Membran-Polymer auf ihr Potential zur Stromerzeugung, auf ihre Leistungsfähigkeit, hin getestet.

Verglichen mit kommerziell erhältlichen Brennstoffzellen mit synthetisch hergestelltem Pt ausgestattet, weist die maximale Energieproduktion von mit biogenem Pt versehenen Katalysatoren einen Wert von 100 % auf, der Betrag für den Katalysator, versehen mit biogen synthetisiertem Pd, beläuft sich auf 81 % (Yong et al. 2007). Für die o. a. Autoren besteht somit, zunächst theoretisch, die Möglichkeit, aus Pt-/Pd-führenden Reststoffen die zuvor extrahierten Edelmetalle im Anschluss in katalytisch aktive Bionanomaterialien zu überführen.

Für eine sukzessive Exploitation in der Brennstoffzellen-Technologie lassen sich mittels Biosorption auf Pt beruhende, elektrokatalytische Materialien synthetisieren (Dimitriadis et al. 2007). Biomasse, gewonnen aus Hefen und durch ein Cryogel aus Polyvinylalkohol (engl. *polyvinyl alcohol* = PVA) immobilisiert, dient als biologischer Sorbant zur Gewinnung von $PtCl_6^{2-}$ aus wässrigen Lösungen. Im Anschluss ist die aus dem o. a. Anlass hervorgehende biologische Pt-Matrix innerhalb der Konfiguration einer Brennstoffzelle als elektrokatalytische Anode einsatzfähig, als Ausgangsstoffe zur Erzeugung von Elektrizität eignen sich Glucose ($C_6H_{12}O_6$) sowie Ethanol (C_2H_6O).

Ullrich (2008) schildert die Herstellung von Pt-Katalysatoren unter Verwendung von Biotemplaten in Form von S-Layern. Als Produzenten für die S-Layer wählt er *Bacillus sphaericus*, deren freie Aminogruppen von Thiolgruppen besetzt werden. Mithilfe dieser Vorgehensweise gelingt ihm die Herstellung eines 2-D-, mit Au versehenen Gitters mit einer Clustergröße von 4–5 nm.

(s) Exploitation

Generell lassen sich Elektroden für eine Fülle von Redoxenzymen als oxidative oder reduktive Energiequelle einsetzen. Ungeachtet dessen, dass eine direkte Wechselwirkung zwischen den Elektroden und Enzymen selten zu beobachten ist, vermag eine Oxidoreduktase relativ leicht mit der Oberfläche einer Elektrode über einen geeigneten Mediator bzw. Intermediär zu interagieren. Insgesamt liegen diverse Vorschläge zwecks eines präparativen Einsatzes von Redoxenzymen via elektrochemische Regeneration vor, die sich entsprechend den jeweiligen Anforderungen an den präparativen Prozess unterscheiden.

Zulic & Minteer (2009) schlagen bioelektrochemische Systeme, d. h. vom extrazellulären Elektronentransfer zur biotechnologischen Anwendung, als integrierte Umwelttechnologie vor. So scheinen sich z. B. MFC (engl. *microbial fuel cell*) zur Entnahme von Sulfiden zu eignen (Rabaey et al. 2006). Mithilfe von Hexacyanoferrat als kathotischem Elektrolyten ist, in Verbindung mit einer MFC, gelöstes S^{2-} zu elementarem S konvertierbar. Dieser Vorgang ist geotechnisch zu Zwecken einer Entnahme von SO_4^{2-}-führenden Komponenten durch MFC verwertbar. MFC zeichnen sich dadurch aus, dass sie eine Sulfat-Reduktion mit einer S^{2-}-Oxidation koppeln können (Rabaey et al. 2006).

Im Rahmen einer Erzeugung von H_2 durch eine *Geobacter sp.* und ein gemischtes Konsortium in einer MFC erläutern Call et al. (2009) die Technik der Elektrohydrogenese, einer Form der Elektrolyse. Darüber hinaus scheint, im Zusammenhang mit einer Bioraffination bzw. einem Recycling, mittels MFC eine kontrollierte Akkumulation von Inhibitoren möglich zu sein (Borole et al. 2009). Den Einsatz einer mikrobiellen Brennstoffzelle zur Entfernung von Sulfiden erwägen Rabaey et al. (2006). Zur Beobachtung von Kontaminanten schlägt Hu (2001) die Verwendung elektrochemischer Vorgänge unter Einbeziehung von Redoxproteinen oder Enzymen, aufgetragen auf diversen Film-Elektroden, vor.

Zusammenfassend

bieten sich, im Bedarfsfall, als flankierende Technk und *Bottom-up*-Strategie zur biogenen Synthese metallischer Nanopartikel/-cluster geeignete energieproduzierende Systeme an, z. B. biolektro-chemische Abscheidung/Ausfällung von Metallen. Im Sinne eines interdisziplinären Ansatzes ergibt die evolutionsbasierte Enzymoptimierung eine wichtige Informationsquelle hinsichtlich der Möglichkeiten einer Synthese von biogen bereitgestellten metallischen Nanopartikeln/-clustern.

2.6.5 Evolutionsbasierte Enzymoptimierung

Die evolutionsbasierte Enzymoptimierung liefert Hinweise auf das Potential an veränderbaren Größen, z. B. Spezifität, die Techniken bei der Umsetzung und kann somit eine Art Modellcharakter übernehmen, mit Hinweisen auf Optimierungsmöglichkeiten enzymatisch katalysierter Synthesen inkl. Verhalten gegenüber Metallen bzw. deren Spezifikationen/Kationen. In der historischen Geologie sowie Paläontologie ist für das erste Auftreten mikrobieller Matten ein Alter von 2,9 Ga angegeben, *Mozaan Group/South Africa* (Noffke et al. 2003). Eine Rekonstruktion funktionaler präkambrischer Enzyme von Vorfahren der *Bacillus sp.* erwägen Hobbs et al. (2012). Thermophilie, möglicherweise charakteristisch für frühe Lebensformen und evolutionär zurückgebildet, lässt sich am Modellorganismus der Art *Bacillus* studieren, da es sich um ein in der Erdgeschichte früh auftretendes Taxon handelt und seine zeitgenössischen Arten eine Vielzahl von rekonstruierten, ehemaligen (engl. *ancestral*) Proteinen nutzen (Hobbs et al. 2012). Als Proxy einer vormals stattgefundenen thermischen Adaption nutzen die o. a. Autoren die Thermostabilität. Als großer Vorteil dieser Vorgehensweise erweist sich eine vorführfähige Aktivität, da sie als Form einer internen Kontrolle in Hinsicht einer präzisen Beeinflussung z. B. Einblicke in die Entwicklung einer enzymgesteuerten Katalyse gewährt. Zur Umsetzung des o. a. Vorhabens setzen die o. a. Autoren neben der Rekonstruktion einer Dehydrogenase (d. h. 3-isopropylmalate dehydrogenase, E. C. 1.1.1.85 = *LeuB*) eines ehemaligen Bacillus (d. h. *last common ancestor* = LCA) u. a. die *Bayes*'sche Interferenz (Abschn. 1.4.4) sowie maximale Wahrscheinlichkeit (engl. *maximum likelihood* = ML) ein. Ungeachtet dessen, dass das durch Hobbs et al. (2012) implementierte Methode, d. h. ML, erzeugte Konstrukt, d. h. LeuB des LCA, eine nur unvollständige Identität der Sequenz mit dem am nahesten stehenden rezenten Homolog aufweist, verfügt es über alle funktionalen sowie thermophilen Merkmale und liefert hohe Werte für u. a. K_{cat}, K_{cat}/K_m u. a. Dahingegen zeigt die *Bayes*'sche Version (Abschn. 1.4.4) dieses Enzyms und ungeachtet seines thermophilen Verhaltens eine abweichende katalytische Kinetik. Insgesamt gestatten u. a. die Arbeiten von Hobbs et al. (2012) zur Evolution der thermischen Adaption eine Rekonstruktion komplexer funktionaler proterozoischer Enzyme. Weiterhin sind Aussagen zur Evolution von u. a. des Metabolismus möglich. Einen interessanten Aspekt erörtert Hilvert (2001). Hierbei geht es um die Überlegung, inwieweit aus Bruchstücken (engl. *scratch*) von ehemaligen Enzymen neue aktive Enzyme konstruierbar sind. Denn bereits existierende Gerüststrukturen sind durch rekombinante Techniken, über eine Site-selektive chemische Modifikation bzw. chemische (Semi-)Synthese veränderbar. Hilvert (2001) betont die Wichtigkeit einer Site-bezogenen Mutagenese für das Studium von Enzymmechanismen sowie einer Modifikation der Enzymselektivität. Bei *Ralstonia solanacearum* scheint die Adaption an extreme, durch anthropogene Einflüsse hervorgerufene Umweltbedingungen evolutionär erfolgt zu sein (Mergeay et al. 2003), Abschn. 3.4 (i)/Bd. 1. Eine wirkungsvolle Vorgehensweise, um neue Enzyme zu entwickeln, stellt die *In-vitro*-Evolution dar. Durch Nachahmung der entscheidenden Prozesse im Sinne der *Darwin*'schen Evolutionstheorie lassen sich im Reagenzglas die Funktionen von Enzymen ohne Beeinflussung seitens der Beschränkungen innerhalb lebender Systeme erforschen. Für die Konstruktion neuer Enyzme stehen mehrfache Zufallsmutagenese und rekombinate Techniken verbunden mit geeignetem Screening als effiziente Strategien zur Verfügung. Das in Zusammenhang mit der gerichteten Evolution produzierte Datenmaterial gestattet Überlegungen im Sinne eines Entwurfs von Biokatalysatoren für die Zukunft (Arnold 1996). So beschreibt z. B. Imanaka (2011) die Evolution von Polymerase-Enzymen in Thermophilen, erzielt durch eine Amplifikation der DNS. In ihren Untersuchungen zur Diversität sowie zu evolutionären Beziehungen der *aoXB*-Gene in aeroben AsO_3^{3-}-oxidierenden Bakterien erörtern Quéméneur et al. (2008) aufgrund ihrer Merkmale die Option einer Verwertbarkeit der o. a. Gene als molekulare Marker, da sie u. a. bislang in allen bekannten As^{3+}-oxidierenden Bakterien angetroffen worden.

2.6.6 *NanoGeoScience*

Innerhalb der Geowissenschaften wird zunehmend der Einfluss von NP zur Einleitung und Unterstützung geochemischer Reaktionen, als wesentliche Komponente im Verlauf einer Verwitterung, als Basis für eine Nukleation mit anschließender Mineralisation sowie Migration von Elementen, z. B. Metallen, wahrgenommen (Hough et al. 2011).

Neben der Geomikrobiologie liefert die *NanoGeoScience* Hinweise auf Vorgänge im nanoskaligen Bereich. Es ist darunter das Studium von nanoskaligen Phänomenen, die in Bezug zu den Geosphären stehen, zu verstehen, und dies bezieht alle ausschließlich anorganisch ablaufenden Prozesse und Wechselwirkungen ein (Hochella Jr. 2008). Der Größenbereich bewegt sich zwischen 1 nm und 100 nm. Somit werden z. B. Vorgänge wie Elektronen- und Protonentransfer erfasst, wie sie z. B. beim Kontakt von Mikroorganismus und anorganischer Feststoffphase geschehen bzw. beschrieben sind. Die Zielsetzungen und das kontinuierlich anwachsende Datenmaterial innerhalb der *NanoGeoScience* können zu praktischen Anwendungen im Bergbau und in den Umweltwissenschaften führen. NP sind aus allen Geosphären beschrieben (Hochella Jr. 2008). Es sind Bildungen von Monolagen aus sog. ultradünnen Filmen, der Transfer von Elektronen, Protonen sowie z. B. Grenzflächen zwischen organischen und mineralischen Phasen erfass- und beschreibbar. Aus einem Sandstein sind Nanoaggregate aus amorphem Zn-Sulfid aus einem reduzierenden Milieu und Feldspat mit nanoskaligem amorphem Reaktionssaum beschrieben (Hochella Jr. 2008), Abb. 5.56/Bd. 1.

Auf wichtige Parameter zum Einstellen/Justieren (*tune*) der Reaktionen von monolagigen Enzymelektroden, hergestellt durch selbstassemblierende Monolagen von Alkanthiolen, machen Gooding et al. (2000) aufmerksam. Generell verfügen Enzymelektroden über eine breite dynamische Spannweite (*range*), hohe Sensitivität und ausgezeichnete Reproduzierbarkeit. Eine theoretisch prognostizierte *Response*, d. h. Ansprechverhalten, Leistungsfähigkeit, seitens monolagiger Enzymelektroden stimmt weitgehend mit jener überein, die durch diverse Experimente unter unterschiedlichen Bedingungen ermittelt wurde. Einschränkend auf die Response wirkt sich die Rate des Enzymumsatzes der unterstützenden Spezies aus und weniger ein Massentransport. Als Konsequenz aus der Begrenzung verhält sich eine *response* sehr empfindlich gegenüber dem Beladen von Enzymen und der Konzentration des Mediators in Probenlösung. Dahingegen zeigt die Response gegenüber Variablen des Massentransports, wie z. B. Rühren der Lösung oder Diffussionskoeffizienten des Substrats oder Cosubstrats, keinerlei Sensitivität (Gooding et al. 2000).

Zu den Nanogeowissenschaften in der Erforschung von erzführenden Systemen machen Reich et al. (2011) auf deren Prinzipien, Methoden und Anwendungen aufmerksam. Geologische Prozesse beginnen u. a. auf der nanoskaligen Ebene und beziehen sich auf Nukleation (Abschn. 5.2/Bd. 1), Auflösung (Abschn. 2.5/Bd. 1), Phasentransformation (Abschn. 2.3.3/Bd. 1), Oberflächenreaktivität (Abschn. 2.3.6/Bd. 1) sowie die Interaktion von Mineral und Mikroorganismus (Abschn. 2.4/Bd. 1). In allen geologischen Bereichen sind mineralische NP nachgewiesen, z. B. Atmosphäre, Ozeane, Böden, Oberflächenwässer. Daneben existieren Mineralisationen wie z. B. Ferrihydrit ($Fe_{10}^{3+}O_{14}(OH)_2$), die nur in der Nanodimension auftreten. NP unterstützen in allen oberflächennahen Habitaten den Transfer von u. a. Metallen wie z. B. As, Au, Cu, Fe, Mn, Ni, Se, Sb, U, Zn. Weiterhin sind NP aus den Bereichen, definiert durch hohe Temperaturen und Druck, beschrieben, wie z. B. aus metamorphen Gesteinen, vulkanischen Aschen u. a. Es sind Auswirkungen bis in den terrestrischen Makro-bereich sowie in u. a. auf Minerale bezogene Kinetiken zu erwarten (Reich et al. 2011). Zusammenfassend ergeben sich neben den vorgestellten Möglichkeiten insbesondere auch unter Berücksichtigung wirtschaftlicher Kriterien eine Vielzahl neuer Themen-komplexe sowie vor allem weiterführender Fragestellungen.

2.7 Weiterführende Fragestellungen und Perspektiven

Erwartungsgemäß ergeben sich aufgrund der stetig anwachsenen Datenbestände zur biogenen Synthese metallischer Nanocluster mit Vorbildern aus der Geomikro-biologie eine Reihe weiterführender Fragestellungen sowie Perspektiven. So besteht mit den rasch wachsenden Änderungen auf den Verbauchermärkten ein adäquater Forschungsbedarf und es sind z. B. noch umfangreiche Studien zur z. B. Konduktivi-tät, Stabilität, zum Umwelteinfluss hochgeordneter metallischer Nanocluster, zur Erweiterung sowie Optimierung der Bioverfügbarkeit u. a. erforderlich. Die Ziel-setzung zukünftiger Forschungsarbeiten sollte darin liegen, Daten über Art und Funktionsweise jener Enzyme zu generieren, die sich, als *Bottom-up*-Ansatz, zur gezielten nanoskaligen Präzipitation von Metallspezifikationen von As, Cr, Cu, Ni und Zn eignen. Daneben sind aber auch Möglichkeiten der Gewinnung und Verarbei-tung von Ga-, Ge,- Hf-, In-, Se- und Ta-haltigen Materialien zu bewerten. Übergreifend ist eine Verfahrenstechnik zu entwerfen und zu entwickeln, die ein *upscaling and upgrading* der Laborergebnisse gestattet. Die Produkte sollten sich für den großtech-nisch-industriellen Einsatz im Bereich der Mikrosystem- und Nanotechnologie sowie der Fein- und Spezialchemie eignen. Eine der wichtigsten Herausforderungen stellt das industrielle *scale-up* dar, d. h. vom Labormaßstab zu einem technisch-wirtschaft-lich funktionstüchtigen Prototyp. Hinsichtlich umweltbezogener Aspekte gilt es für eine durch den Einsatz von Enzymen unterstützte industrielle Produktion weitere Studien durchzuführen (Jegannatahn & Nielson 2013).

(a) Materialien
Infolge der Verbesserung der Techniken sowie Anfragen seitens des Marktes erheben sich hinsichtlich der Materialien zahlreiche Fragen:
- Es sollten Untersuchungen, die den Einsatz von Lanthaniden, Hf, In, Se und Ta, z. B. als Präkursor für die Optoelektronik, vorsehen, durchgeführt werden.
- Zusätzliche Nanostrukturen müssen entworfen und einer Verwertung zugänglich gemacht werden, z. B. TEM-Grids zur Verbindung/Vernetzung.
- Weiterhin ist zu klären, inwieweit es technisch möglich ist, Extraktionsvermögen/ -kapazität zu verbessern, z. B. eine Metallextraktion durch funktionalisierte Ober-flächen von S-Layern.

- Neben dem eigentlichen Produktionsprozess gilt es, Fragen wie z. B. zur Verpackung, zu untersuchen.
- Eine Qualitätskontrolle sollte auch zu Fragen bzw. Vorgängen wie z. B. kinetische Abläufe und Elektronentransfer, als wesentliche Antriebskräfte, Stellung nehmen sowie Möglichkeiten der Kontrolle erkennen und bestimmen.
- Inwieweit gestaltet sich die Morphologie bei bestimmten Anwendungsfeldern als ausschlaggebend?
- Die Entwicklung einer eng begrenzten Verteilung der Partikelgrößen ist unabdingbar.
- Um den Kriterien einer wettbewerbsfähigen Haltbarkeit zu entsprechen, sind lauffähige Test-/Prüfverfahren und Untersuchungen zur Defunktionalisierung von NP durch entsprechende Stresseinwirkungen unablässig.

Zu Problemen einer Reihe weiterer kostenaufwändiger Probleme gilt es, im Sinne einer Rentabilität weitere Fragen zu klären:
- Schwierigkeiten im nachträglichen Manipulieren der räumlichen Anordnung von Nanoclustern,
- Trennung der NP von den entsprechenden Reaktionsmedien/Materialien.

Forschungsbedarf gibt es für einige inerte Metalle, die in technischer Hinsicht interessant sind. Für Niob (Nb) sind, nach zum aktuellen Zeitpunkt vorliegenden Informationen, keine Beziehungen zu biogenen Prozessen erkannt. Bis dato ist kein Auftreten von metallischem Nb aufgezeichnet. Im geologischen Ambiente ist Nb als gediegenes Metall nicht anzutreffen. Es ist aus diversen Mineralen beschrieben, wie z. B. Niobit/Columbit $((Fe, Mn)(Nb, Ta)_2O_6)$, Niobit-Tantalit $((Fe, Mn)(Ta, Nb)_2O_6)$, Pyrochlor $(NaCaNb_2O_6F)$, Euxenit $((Y, Ca, Ce, U, Th)(Nb, Ta, Ti)_2O_6)$. Auf 17 ppm wird der Krustenwert für Nb geschätzt. Wismut (Bi) scheint, nach aktuellem Stand der Kenntnisse, in keine biologi-schen Aktivitäten lebender Organismen einbezogen zu sein. Als eines der wenigen Metalle kann Bi gediegen auftreten. Häufig sind u. a. Sulfide (S^{2-}) von Ag, Co, Ni, Sn u. a. paragenetisch assoziiert. Auch findet es sich in Mineralen wie Bismuthinit $(Bi_2[S_3])$, Bismutit $(Bi_2[O_2|CO_3])$ u. a. Weiterhin kann es als Beiprodukt bei der Cu- und Pb-Verhüttung anfallen. Es ist für Bi ein Krustenwert von 25 ppb evaluiert.

(b) Fertigung
Innerhalb eines Fertigungsprozesses gibt es zu diversen einzelnen Teilprozessen Unsicherheiten:
- Inwieweit lässt sich das biogene Umfeld einer gewünschten Reaktion definieren/kontrollieren?
- Was sind die Anforderungen beim Design des Kulturmediums und wie lässt sich der Prozess zur Maximierung von Nanopartikeln optimieren?

Zur Umsetzung einer enzymatischen Synthese von metallischen Nanoclustern besteht hinsichtlich folgender Items zum Teil ein erheblicher Klärungsbedarf:

– Welcher Art sind die beteiligten Proteine/Enzyme und sind diese als rekombinante Formen einsatzfähig?
– Es sind Fragen nach Zeitaufwand, Art der Metall(-komplexierungen), Metallkonzentration, Temperatur und pH-Wert zu beantworten.
– Wie ist die Art der Bindungsmechanismen?
– Inwieweit sind Biokatalysen erkennbar und im Sinne des angestrebten Vorhabens kontrollierbar?
– Wie lässt sich die chemische, d. h. molekularbiologische Reaktionskinetik beschreiben?
– Wie sieht eine Bilanzierung von Materialströmen und Energiebedarf aus?
– Gibt es Bedarf an gentechnischen Eingriffen?
– Sind Arbeiten unter nichtsterilen Bedingungen durchführbar?
– Wie sieht die Widerstandsfähigkeit der Nanocluster/-partikel gegenüber physikalischem Stress aus?
– Inwieweit lassen die Laborergebnisse ein *upscaling and upgrading* zu?
– Erfüllen die angestrebten verfahrenstechnischen Ansätze die Kriterien Umweltverträglichkeit und Arbeitsschutz?

Auch bei der Produktion von isolierten Enzymen bestehen erhebliche Defizite. So sind Cofaktoren/Coenzyme zum Ablauf der angestrebten biokatalytischen Verfahrenstechniken erforderlich bzw. können Modellenzyme unter Einschränkung der Abhängigkeit von Cofaktoren gefunden werden.

Die für ein industrielles *scale-up* geeigneten Verfahrenslösungen müssen folgende Kriterien/Ansprüche berücksichtigen:
– einfache Handhabung der angestrebten Techniken,
– Kosteneffizienz betreffs Energie und Materialströmen,
– Sicherheitsmaßnahmen und Arbeitsschutz,
– Umweltkompatibilität.

Ziel ist die Anbindung bzw. Integration in bereits bestehende Produktionsschienen im Bereich Mikro- und Nanotechnologie. Gemäß ersten Versuchsreihen ergibt eine Kombination von unterschiedlichen technischen Ansätzen wie z. B. Sol-Gel-Prozess mit selbstassemblierenden Biotemplaten, mit Alkanthiolen sowie mit Thiol versehenen NP vielversprechende Ansätze auf dem Gebiet neuartiger außenstromloser Beschichtungstechniken (Quednau 2008).

Eine Eingliederung eines Verfahrens zur Funktionalisierung von S-Layern durch z. B. *rSbpA*-Lam A kann in andere Prozessabläufe zur Synthese metallischer Nanocluster folgende Items einbringen (Quednau 2008):

- operationale Stabilität auch nach wiederholter Exposition gegenüber dem Analyten,
- Lagerung bei 25 °C für ca. drei Wochen möglich,
- Recycling von angebundenem (engl. *cross-linked*) r*SbpA*-Lam A.

Entscheidende Nachteile sind:
- noch verhältnismäßig kostenaufwändige Produktionsschritte,
- teilweise schwache Bindung und Verluste bei Reinigung.

Bezüglich einer industriellen Relevanz sollte die Integration von selbstassemblierenden Prozessen in andere Verfahrenslösungen auf dem Gebiet der Oberflächenbeschichtung, z. B. Galvanik, stehen und/oder inwieweit innovative Ansätze zur Herstellung von Basismaterialien, z. B. für die Fein- und Spezialchemie, technisch machbar sind. Denn mithilfe der genannten Techniken, wie z. B. molekularer Nanotechnologie unter Einbeziehung von S-Layern, besteht die Möglichkeit, konventionelle Vorgehensweisen zur Herstellung von funktionalen Materialien oder Kompositen zu ergänzen oder teilweise zu substituieren. Alle Zielsetzungen müssen dahingehend konzipiert werden, dass sie für Maßnahmen zur Ermittlung z. B. der physikalischen Belastbarkeitheit der nanoskaligen Materialien für Messungen zu tribologischen Charakteristika erfassbar sind. So sind die metallischen Nanocluster diversen Belastungen von verschiedenartigen Stresseinwirkungen, z. B. Temperatur etc., auszusetzen und obere Belastungsgrenzen zu identifizieren. Hilfsmittel, wie z. B. ein rechnergestütztes Nanodesign (engl. *computer aided nano design* = CAN), bieten ein wirkungsvolles Instrumentarium z. B. zum *In-silico*-Design, Abschn. 2.3.11.

Zusammenfassend sind für folgende technische Anwendungen im Zusammenhang mit metallischen Nanopartikeln/-clustern denkbar:
- Beschichtung von Niedrigtemperaturpolymeren für Anwendungen in Halbleitertechnologien,
- nanokatalytisch aktive Oberflächen,
- lithographische Masken,
- photonische Kristalle,
- Grundstoffe für photovoltaische Zellen,
- Passivierung von Oberflächen,
- Konstruktion von Nanokatalysatoren,
- materialienbindende Peptide,
- Herstellung von temperaturempfindlichen Werkstoffen.

Möglichkeiten zur Umsetzung bieten sich z. B. über Mechanismen einer Metallresistenz (Abschn. 2.3.2/Bd. 1), gentechnische Eingriffe (Abschn. 2.10.3), intrazelluläre Signalverarbeitung (Abschn. 1.5.3), Simulation von Biomineralisationen (Abschn. 1.5).

(c) Perspektiven

Auf dem Gebiet der Angewandten Geomikrobiologie oder Geobiotechnologie ergeben sich ungeachtet der noch anstehenden und zu erwartenden Probleme eine bislang noch nicht absehbare Menge an Perspektiven in sowohl wissenschaftlicher als auch technischer Hinsicht. *Biomining*, Biohydrometallurgie, *urban mining*, Reduktion von Abfallströmen, Einsparungen auf dem Energiesektor u. a. nehmen aufgrund der daran gekoppelten wirtschaftlichen Potentiale in ihrer Bedeutung zu.

So bieten, neben der kontrollierbaren Synthese von diskreten metallischen NP, Biotemplate und diverse Metalllegierungen Anwendungsmöglichkeiten von Halbleitermetallen und deren Derivate (Quednau 2008), Tab. 2.33.

Als Maske offerieren S-Layer die Option der Beschichtung mit ZnO, GaAs, FeCo u. a., wobei die genannten Verbindungen als Halbleiter, Binärspeicher u. a. vermarktungsfähig sind. Aber auch virale Capside, DNS sowie Sporen bieten Möglichkeiten der geometrischen Anordnung metallischer Nanocluster. Aber auch virale Capside sowie DNS sowie Sporen bieten Möglichkeiten der geometrischen Anordnung metallischer Nanocluster.

Tab. 2.33: Biotemplate und diverse Metalllegierungen, Anwendungsmöglichkeiten von Halbleitermetallen und deren Derivate (Quednau 2008).

Biotemplate	Metall/Legierung	Effekt	Markt
S-Layer	ZnO	Lichtemission	Bildschirme
S-layer	GaAs, Ge	Dotierung	Halbleiter
S-Layer	FeCo	Magnetismus	Binär-Speicher
S-Layer	Si	Energieumwandlung	Photovoltaik
Sporen	Mo, C	Schmiermittel	Metallverarbeitende Industrie
S-Layer	Zn, Ni	Passivierung von Oberflächen	Metallverarbeitende Industrie

Die aktuellen Fortschritte in einer durch hydrophile Polymere kontrollierten Morphogenese sowie bioinspirierten Mineralisation diverser technisch wichtiger anorganischer Kristalle in Hinblick auf ungewöhnliche Strukturmerkmale und Komplexität durch verdoppelte hydrophile Blockkopolymere (engl. *double hydrophilic block copolymer* = DHBC) erörtern Yu & Cölfen (2004).

SEM-Aufnahmen enthüllen die stabilisierende Wirkung von Kristallite umhüllenden phosphorisierten Polymeren, die die hexagonale Morphologie von $PbCO_3$ aufrechterhalten (Yu & Cölfen 2004), Abb. 2.50. Somit können biogene Vorgänge, wie z. B. eine die Morphologie kontrollierende Größe, als Vorbilder für analoge, nicht biogene Verfahren dienen. Als Anwendungsbereich ist u. a. ein Enzymcoating von Fein- sowie Spezialchemikalien denkbar.

Bezüglich eines angestrebten technischen Einsatzes von z. B. S-Layern kann zusammenfassend u. a. aufgelistet werden:

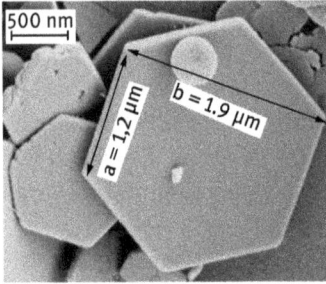

Abb. 2.50: SEM-Aufnahme von Partikeln aus $PbCO_3$ mit einer Dicke von 90 nm auf einer Unterlage aus Glas, generiert innerhalb von 14 Tagen durch die Anwesenheit hydrophiler Polymere, die wiederum als Saum eine Langzeit-Stabilität der hexagonalen, plättchenförmigen Kristallite unterstützen (Yu & Cölfen 2004).

- Die Bildung von „Unreinheiten" in den Porenräumen von S-Layern, als „Dopingmittel" dienend, erscheint vielversprechend.
- Es lässt sich eine Adhäsion von S-Layern auf verschiedenen Substraten, z. B. Tetracen, Pentacen (organischem Halbleiter-Polymer) usw., umsetzen, allerdings kann es aufgrund unterschiedlicher Adhäsionskapazitäten zu Störungen in der Architektur der S-Layer kommen.
- Der Gebrauch der Porenräume von S-Layern kann, auf einem geeigneten Substrat aufgetragen, als Matrix zur Konstruktion von gleichmäßig strukturierten metallischen Nanoclustern dienen.
- Die Kombination von Graphen und Metallothionein wird vorgeschlagen.
- Mittels S-Layer-Templaten bietet sich die Möglichkeit, Cluster aus Ferrit auf einem keramischen Substrat zu geometrischen Strukturen anzuordnen.
- Hochgeordnete Ferrit-/FeCo-Cluster, deren räumliche Anordnung durch die Verwendung von S-Layern realisierbar sein könnte, eignen sich möglicherweise als Material zur Datenspeicherung.

Die technische Bedeutung von Biotemplaten, z. B. von S-Layern liegt u. a. in chemischen und physikalischen Merkmalen sowie technischen Parametern inkl. Möglichkeiten der Substitution von Techniken mit ungünstigen Stoff- und Energiebilanzen:

(1) Technik:
   - *Bottom-up*-Technik,
   - außenstromlose Metallabscheidung,
   - hohe Packungsdichte mit räumlichem Arrangement geometrischer Architekturen.
(2) Physikalische Eigenschaften:
   - Lumineszenz/Fluoreszenz,
   - Magnetismus.
(3) Chemische Eigenschaften:
   - Katalyse.

(4) Anwendungen:
- – Katalysator,
- – Halbleitermaterialien,
- – integrierte Schaltkreise.

(5) Substitution:
- – Ätztechnik,
- – Micromoulding,
- – Stempeltechnik,
- – Epitaxie,
- – Sputtering.

Ein wichtiges physikalisches Charakteristikum ist die Farbgebung von NP, die technisch verwertbar ist. SEM-Analysen von Halbleitermaterialien präsentieren Weaver et al. (2010). So vergleichen die o. a. Autoren die Wellenlängen der Emission, d. h. vom ultravioletten über den sichtbaren bis infraroten Bereich, unterschiedlicher Minerale mit Halbleitereigenschaften, wie z. B. Wurtzit (317 nm), Sphalerit (350 nm), Pyrit (1305 nm), Galenit (3100 nm) u. a., Abb. 2.51.

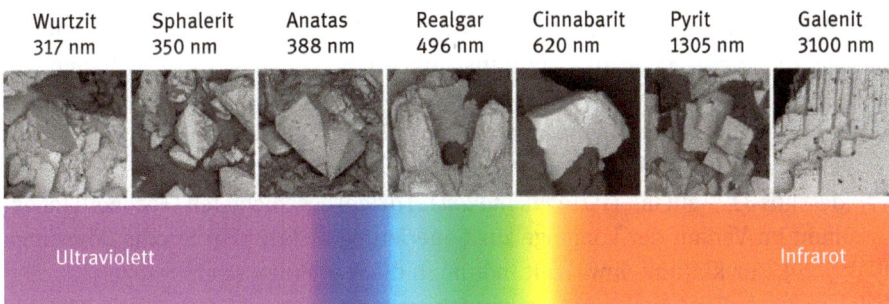

Wurtzit	Sphalerit	Anatas	Realgar	Cinnabarit	Pyrit	Galenit
317 nm	350 nm	388 nm	496 nm	620 nm	1305 nm	3100 nm

Ultraviolett · Infrarot

Abb. 2.51: Wellenlänge der Emission unterschiedlicher Minerale mit Halbleitereigenschaften im Vergleich, d. h. vom ultravioletten über den sichtbaren bis infraroten Bereich (Weaver et al. 2010). Ein Teil der vorgestellten Mineralisationen ist über eine Biosynthese erzeugbar, z. B. Sphalerit, Wurtzit, Abschn. 5.3/Bd. 1, Tab. 5.2/Bd. 1.

Einige Beispiele für optisch aktive Minerale sind z. B. Cassiterit (SnO_2), Cuprit (Cu_2O), Manganosit (MnO), Rutil (TiO_2), Scheelit ($CaWO_4$), Wollastonit ($CaSiO_3$) u. a. An Metallen stehen Informationen z. B. zu Se und Te zur Verfügung, Abschn. 5.3/Bd. 1, Tab. 5.2/Bd. 1, Tab. 2.34.

Eine umfangreiche Auswahl von Mineralen bzw. Metallen mit optisch verwertbaren Eigenschaften ist bei Weber (2002) einsehbar. Es sind zu nichtlinearen, elastooptischen u. a. Merkmalen entsprechende Daten kompiliert. An Metallen sind Au, Ge, Mo, Ni, Pt, Ta, W, Zn u. a. sowie deren Spektren aufgelistet.

Tab. 2.34: Einige Beispiele für optisch aktive Minerale bzw. Metalle, teilweise durch Mikrorganismen synthetisierbar (Weber 2002), z. B. Se, Te.

Mineral/Metall	Formel	Kristallsystem
Anhydrit	$CaSO_4$	orthorhombisch
Cassiterit	SnO_2	tetragonal
Coelestin	$SrSO_4$	orthorhombisch
Cuprit	Cu_2O	kubisch
Elbait (Tourmalin)	$Na(LiAl)_3Al_6(BO_3)_3Si_6O_{18}(OH)$	trigonal
Forsterit	Mg_2SiO_4	orthorhombisch
Halit	$NaCl$	kubisch
Manganosit	MnO	kubisch
Rutil	TiO_2	tetragonal
Scheelit	$CaWO_4$	tetragonal
Selen	Se	trigonal
Sphen	$CaTiSiO_5$	monoklin
Tellur	Te	trigonal
Wollastonit	$CaSiO_3$	triklin

(d) ITO

Über Messungen zum Ladungstransfer während einer *In-situ*-Adhäsion von *Staphylococcus epidermitis 3399* auf einer transparenten, mit Halbleiter-Eigenschaften versehenen ITO (engl. *indium tin oxide*) beschichteten Glasoberfläche, eingebaut in eine parallel geschaltete Fluss-Kammer, berichten Poortinga et al. (1999).

Bemerkenswert sind Arbeiten im Zusammenhang mit einer *In-situ*-Adhäsion von *S. epidermitis 3399* auf mit ITO (engl. *indium tin oxide*) beschichteten Glasoberflächen. Es kommt im Verlauf der Vorgänge zur Generierung elektrischer Ströme (Poortinga et al. 1999). Zur Klärung, inwieweit Indium in die o. a. Prozesse einbezogen ist, sind weiterführende Forschungsarbeiten empfehlenswert.

(e) *Upconverting* NP

Zur Konstruktion von Nanokristallen, verwendbar zur Bildgebung diskreter Biomoleküle (z. B. Enzyme) im Sinne eines *upconverting* (engl. *upconverting nanoparticles* = UCNPs), ohne deren Aktivität zu beeinträchtigen, stützen sich Gargas et al. (2014) auf Materialien wie z. B. Natrium-Yttrium-Fluorid ($NaYF_4$). Neben der biogenen Zersetzung stellt die Photodekomposition von Sulfiden am Beispiel von Cd-Sulfid einen wirkungsvollen Mechanismus dar, der technisch verwertet werden kann (Gilbert & Banfield 2005):

$$CdS(s) + SO_3^{2-} + H_2O \longrightarrow Cd^0 + SO_4^{2-} + SH^- + H^+ \tag{2.49}$$

(f) Neue Materialien

Im Rahmen der Einsatzmöglichkeit metallischer Nanopartikel, generiert durch bionspirierte Prozesse, bieten sich zahlreiche neue Verbindungen an, die allerdings bislang nur auf synthetischem Weg erzeugt werden können (Weber 2002). Es handelt sich hierbei z. B. um Ga-Molybdat ($Ga_2(MoO_4)_3$), La-Niobat ($LaNbO_4$), Li-Ga-Germanat ($LiGaGe_2O_6$), Tab. 2.35. Eine der herausragenden Eigenschaften von z. B. Ag-Nanoplättchen besteht u. a. in ihrem optischen Verhalten gegenüber IR-Bestrahlung. So ist in Abhängigkeit von der Größe der Nanoplättchen die optische Resonanz einstellbar und bewegt sich zwischen 550 nm und 1300 nm. Sie eignen sich daher für Anwendungen auf dem Gebiet der Photovoltaik, molekularer Erkennung, photothermaler Krebstherapie etc. (url: Nano-Composix), Abb. 5.55/Bd. 1. Eine biokatalytisch eingeleitete Synthese von NP aus $Cu-([Fe(CN)_6]^{4-})$, geeignet für u. a. elektrochemische und Arbeiten, schildern Wang & Arribas (2006).

Tab. 2.35: Einige Beispiele für neuartige Verbundstoffe (Weber 2002).

Metall	Verbindung	Formel	Kristallsystem
Ga	Gallium-Molybdat	$Ga_2(MoO_4)_3$	monoklin
In	Indium-Gallat	$InGaO_3$	monoklin
La	Lanthan-Niobat	$LaNbO_4$	monoklin
Li	Lthium-Gallium-Germanat	$LiGaGe_2O_6$	monoklin
Nd	Neodym-Gallat	$NbGaO_3$	orthorhombisch
Sb	Antimon-Tantalat	$SbTaO_4$	orthorhombisch
Ta	Tantal-Oxyphosphat	$TaOPO_4$	tetragonal

(g) Genetische Aspekte

Die Exprimierung eines minimalen Sets an Genen aus dem magnetotakten Bakterium *Magnetospirillum gryphiswaldense* innerhalb des photosynthetischen Modellorganismus *Rhodospirillum rubrum* führt zu einer Biosynthese von Magnetosomen.

Anhand ihres Datenmaterials schlagen Kolinko et al. (2014) die Produktion von maßgeschneiderten magnetischen Nanostrukturen in biotechnologisch relevanten Wirtsorganismen vor und stellen einen wichtigen Schritt zur endogenen Magnetisierung diverser Mikroorganismen durch die synthetische Biologie dar.

(h) Bestärkendes Lernen

Bestärkendes Lernen (engl. *reeinforcement learning*) könnte sich als Mittel zur Optimierung von Menge sowie Qualität mikrobieller Stoffwechselprozesse erweisen, z. B. metallische Präzipitate. Das aus dem Bereich des maschinellen Lernens stammende Arbeitsgebiet verfügt über Methoden, die möglicherweise auf die Beeinflussung stoffwechselbezogener Aktivitäten in Form von Redoxtransformationen übertragbar sind (Westerhoff et al. 2014).

(i) Transferleistungen

Eine Biosynthese von magnetischen Nanostrukturen in einem fremden Organismus via Transfer bakterieller, auf das Magnetosom relativierter Gencluster schildern Kolinko et al. (2014). Da sich der Umgang mit MTB zur Synthese magnetischer Partikel als schwierig erweist, gibt es Überlegungen einer Exprimierung des zugrundeliegenden Reaktionspfades in andere Organismen. Schwierigkeiten bereiten die Unkenntnis der strukturellen sowie genetischen Komplexität der Magnetosomorganelle sowie die Details zum Reaktionsvorgang. Kolinko et al. (2014) beschreiben die Übertragung der Fähigkeit, durch Biomineralisation angeordnete magnetische Nanostrukturen in einen fremden Empfänger zu transferieren.

(j) Markt

Aktuellen Marktbedürfnissen betreffs metallischer Nanopartikel/-cluster und deren möglichem Einsatz ist zunächst über die Produktion zu begegnen. An Produkten steht eine stetig anwachsende Zahl neuartiger Werkstoffe, Halbzeuge etc. für Anwendungen wie Ionentriebwerke, Quantencomputer, photonische Kristalle, Quantenpunkte etc. zur Verfügung. Die hierfür erforderlichen Produktionstechniken zeichnen sich durch *CleanTech*-Ansätze, Wettbewerbsfähigkeit, Schnittstellen mit bereits bestehenden und zukünftgen Techniken etc. aus, Tab. 2.36. Ein zunehmend wichtiges Kriterium besteht in der sozioethischen Akzeptanz biogen erzeugter Wirtschaftsgüter.

Tab. 2.36: Aktuelle Anforderungen an die Produktion metallischer Nanocluster/-partikel und deren möglicher Einsatz.

Produktion	Produkt
– Automatisierung der Herstellung	– Photonische Kristalle
– CleanTech-Ansatz	– Leiterplatten (engl. *printed circuit boards*)
– Wettbewerbsfähigkeit	– Halbleiter-Nanoarrays (engl. *semiconductor*)
– Sozialethische Akzeptanz	– Quantenpunkte (engl. *quantum dots*)
– Risikobewertung	– Lithographische Masken
– Integration in konventionelle Nanoproduktion	– Multifunktionale Schichten

(k) Geomedizin

Geomedizin, im Angelsächsichen unter *Medical Geology* eingeführt, ein aktuell aufkommendes, interdisziplinär positioniertes wissenschaftliches Arbeitsfeld, kann in vierlei Hinsicht von den Arbeiten auf dem Gebiet der Geomikrobiologie profitieren und umgekehrt. Hier könnten sich in Zukunft neue Schnittstellen und gemeinsame Aktivitäten ergeben. Auf Zusammenhänge zwischen dem Langzeitgedächtnis und durch an das Cerebrum assoziierte Magnetite Fe_3O_4 machen Banaclocha et al. (2010) aufmerksam. Neben der magnetisch wirkenden Biomineralisation wie Fe_3O_4 (Kirschvink et al. 1992) sind an Fe-Mineralen Hämatit (Fe_2O_3) (Quintana et al. 2004) sowie Maghemit (γ-Fe_2O_3) (Collingwood et al. 2008) nachgewiesen, (Abb. 2.52(a)). Nanoskalige Fe_3O_4-Cluster mit Raumordnung im Neuron einer Taube (Abb. 2.52(b)) weisen in ihrer räumlichen Anordnung Ähnlichkeiten auf, wie sie aus MTB aufgezeichnet sind (Posfai & Dunin-Borkowski 2009), Abb. 5.4/Bd. 1. Somit ergeben sich interdisziplinäre Schnittstellen zwischen der Geomikrobiologie sowie u. a. mit Arbeiten aus der Humanmedizin.

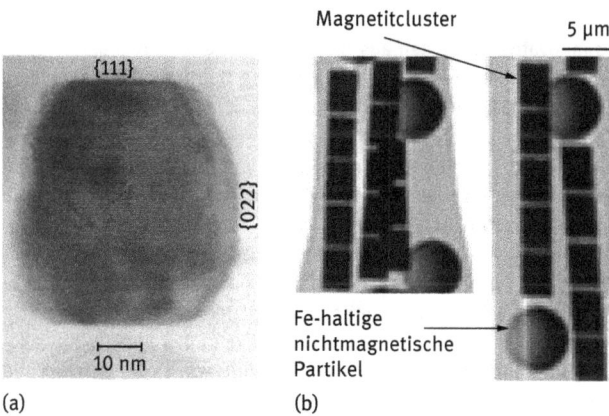

Abb. 2.52: (a) Magnetische Biomineralisationen im menschlichen Cerebrum (Kirschvink et al. 1992) sowie (b) im Neuron einer Taube (Posfai & Dunin-Borkowski 2009).

Zusammenfassend

ergibt sich aus den vorgestellten technisch-industriellen Optionen eine Vielzahl weiterführender Fragen, wie z. B., inwieweit sind Materialien, die der Stoffgruppe der Lantheniden entstammen, unter industrietechnischen Konditionen durch mikrobielle Prozesse synthetisierbar, oder inwiefern lassen sich hochkomplexe, streng geometrisch arrangierte Nanostrukturen, erforderlich in der Hochtechnologie, generieren. Ebenso existiert Klärungsbedarf bei Aspekten betreffs Qualitätskontrolle, Extraktion von Metallen via aktive Biomatrixen wie z. B. S-Layer etc. Weiterhin gilt es, innerhalb der produktionstechnischen Fertigung diverse Fragestellungen einer Klärung zu unterziehen, z. B. Design des Kulturmediums.

Alle Fragen haben Arbeitsschutz, Umweltkompatibilität u. a. zu berücksichtigen. Hierbei sind die Komplexität des biogenen Umfelds mit entsprechend aufkommenden Fragestellungen im Sinne der wirtschaftlichen Rentabilität und die hierfür erforderlichen Prozesse, z. B. Art der Bindungsmechanismen, Metallkomplexierungen, *upscaling* der Laborarbeiten auf Industriemaßstab mittels kontinuierlich anwachsender Datenbestände aus der Geomikrobiologie, Enzymforschung, Supramolekulare Geobiochemie, Einblicke in Kristallographie sowie 3-D-Raumordnung, Analytik, Modellierung, Umwelttechnik etc., partiell quantifizierbar und regulativen Eingriffen zugänglich.

Die Fortschritte der letzten Dekaden auf dem Gebiet der Genomik, Protemik, Gerichteten Evolution, intrazellulären Signalverarbeitung, genetischen Veränderung von Sensoren, Transporter u. a. eröffnen eine Vielzahl von Optionen zur Herstellung maßgeschneiderter Mikroorganismen für industrielle Zwecke und bieten wiederum in einer Art Synergieeffekt weitere Möglichkeiten für Biokatalysen bezogen auf die Erzeugung metallischer Nanopartikel/-cluster im Sinne biogener *Bottom-up*-Techniken, z. B. Ganzzellverfahren, Zellextrakte, Exoenzyme etc.

Durch den Gebrauch von Ganzzellverfahren oder *smart biofactory* und/oder mit geeigneten Informationen versehene Biomoleküle wie Enzyme resultiert eine Reihe von Perspektiven auf dem Gebiet der bioinspirierten Produktion metallischer Nanopartikel/-cluster. Als Vorbild eignen sich die Prozesse zur Synthese thermodynamischer stabiler Biomineralisationen u. a. durch Beobachtungen, die sich in auf dem Gebiet der Geomikrobiologie, Biohydrometallurgie, Biokorrosion u. a., ergeben. Auch vermittelt die evolutionsgesteuerte Enzymoptimierung Eindrücke von der Flexibilität des genetischen Datenpools.

Zeitgleich treten zunehmend innovative Techniken aus Bio- und Nanotechnologie als Komplementär oder Substitution von konventionellen Methoden, z. B. Epitaxie, Sputtering, Ätztechniken, auf. Jedoch liegen, ungeachtet ihrer Stabilität, biologische NP oftmals nicht monodispers vor und die Synthese verläuft verhältnismäßig langsam. Um diese Probleme zu bewältigen, sollten Einflussgrößen wie mikrobielle Kultivierungsmethoden, Extraktionstechniken u. a. einer Optimierung unterzogen werden. Eine der zentralen Herausforderungen stellen die Möglichkeiten regulativer Eingriffe in die Abläufe und das Ausmaß ihrer Einflussgrößen dar.

Insgesamt steht für eine kontrollierte, enzymatisch gesteuerte Synthese metallischer Nanopartikel/-cluster, als Variante mikrobieller Stoffwechselprodukte, eine Reihe mess- und beeinflussbarer Größen zur Verfügung, z. B. Reaktionsgeschwindigkeit, Quantität, Qualität. Jedoch sind, unter Berücksichtigung der Kriterien (1) Kontrolle, (2) Qualität sowie (3) Wirtschaftlichkeit unter Einbeziehung sozioökologischer Aspekte, die bislang identifizierten sowie vermuteten zellulären, biochemischen und molekularen Mechanismen, z. B. Redoxtransformation, einer biogenen Synthese metallischer Nanopartikel/-cluster sowie deren Optimierung und/oder Veränderung der NP-Eigenschaften, eingehender zu untersuchen.

Interdisziplinäre Vorgehensweisen und Konzeptionen sind aus diesem Anlass nahezu unentbehrlich, bieten aber in Verbindung mit den stetig anwachsenden Datenbeständen aus den vorgestellten Arbeitsgebieten verfahrenstechnisch-wirtschaftlich zukunftsfähige Ansätze, z. B. im Sinne eines *smart/urban mining*.

Von der gleichbleibenden Qualität der Metall- und Metalloxid-NP hängt ihre industrielle Verwendung ab, d. h. Größe, Gestalt und chemisch-kristallographische Reinheit müssen für einen Einsatz homogen auftreten, um als integrierter Bauteil eine reibungslose Funktionstüchtigkeit zu gewährleisten. Gewöhnlich gestaltet sich die Synthese von einheitlichen NP als aufwändig, da i. d. R. hohe Druck- und Temperaturbedingungen sowie wenig umweltverträgliche Chemikalien zum Einsatz kommen. Verbunden damit ist ein entsprechender Kostenfaktor. Im Gegensatz hierzu entstehen durch die vorgestellten biogenen Ansätze hochreine, durch biogene Vorgänge initialisierte sowie kontrollierte nanoskalige Biomineralisationen unter Raumbedingungen, d. h. sowohl auf Temperatur als auch Druck bezogen.

Literatur

Acevedo F. (2000): „The use of reactors in biomining processes." – Electronic Jour. Biotechnol. 3(3): 184–194.

Ahmad G., Dickerson M. B., Cai Y., Jones S. E., Ernst E. M., Vernon J. P., Haluska M. S., Fang Y., Wang J., Subramanyam G., Naik R. R. & Sandhage K. H. (2008): „Rapid bioenabled formation of ferro-electric BaTiO$_3$ at room temperature from an aqueous salt solution at near neutral pH." – Jour. Am. Chem. Soc. 130(1): 4–5.

Ahmadi A., Schaffie M., Petersen J., Schippers A. & Ranjbar M. (2011): „Conventional and electro-chemical bioleaching of chalcopyrite concentrates by moderately thermophilic bacteria at high pulp density." – Hydrometall. 106(1–2): 84–92.

Ahuja S. K., Ferreira G. M. & Moreira A. R. (2004): „Utilization of enzymes for environmental applica-tions." – Crit. Rev. Biotechnol. 24(2–3): 125–154.

Aichmayer B. (2005): „Biological and biomimetic formation of inorganic nanoparticles." – Diss. Montan-Universität Leoben, Department Materialphysik: 112 Seiten.

Aizenberg J. (2004): „Crystallization in patterns: a bio-inspired approach." – Adv. Materials 16(15): 1295–1302.

Albrecht M., Janke V., Sievers S., Siegner U., Schüler D. & Heyen U. (2005): „Scanning force microspy study of biogenic nanoparticles for medical applications." – Jour. Magnetism Magnetic Materi-als 290–291(1): 269–271.

Alcalde M., Ferrer M., Plou F. J. & Ballesteros A. (2006): „Environmental biocatalysis: from remedia-tion with enzymes to novel green processes." – Trends Biotechnol. 24: 281–287.

Alemani D., Buffle J., Zhang Z., Galceran J. & Chopard B: (2008): „Metal flux and dynamic speciation at (bio)interfaces. Part III: MHEDYN, a general code for metal flux computation; application to simple and fulvic complexants." – Environ. Sci. Technol. 42(6): 2021–2027.

Alphandery E., Ding Y., Ngo A. T., Wang Z. L., Wu L. F. & Pileni M. P. (2009): „Assemblies of aligned magnetotactic bacteria and extracted magnetosomes: what is the main factor responsible for the magnetic anisotropy?" – ACS Nano: 9 Seiten.

Alpkvist E. & Klapper I. (2007): „Description of mechanical response including detachment using a novel particle model of biofilm/flow interaction." – Wat. Sci.Technol. 55(8–9): 265–273.

Amine E. M. H. (2008): „Visualization of local biocatalytic activity using scanning electrochemical mi-croscopy." – Diss. Fakultät für Chemie und Biochemie d. Ruhr-Universität Bochum: 135 Seiten.

Anderson M. J. & Whitcomb P. J. (2000): „DOE simplified: practical tools for effective experimenta-tion." – Productivity Press: 236 Seiten.

Andrade, L. H. & Nakamura K. (2010): „Bioreduction by microorganisms." – In Andrade L. H. & Naka-mura K. (Hrsg.): „Handbook of green chemistry." – Wiley Bd. 3: 151–169.

Andreazza R., Okeke B. C., Pieniz S., Bento F. M., Flávio A. O. & Camargo F. A. O. (2013): „Biosorption and bioreduction of copper from different copper compounds in aqueous solution." – Biol. Trace Element Res. 152(3): 411–416.

Andreazza R., Okeke B. C., Pieniz S., Brandelli A., Mácio R. Lambais M. R. & Camargo F. A. O. (2011): „Bioreduction of Cu(II) by cell-free copper reductase from a copper resistant *Pseudomonas* sp. NA." – Biol. Trace Element Res. 143(2): 1182–1192.

[1]Andreini C., Bertini I., Cavallaro G., Holliday G. L. & Thornton J. M. (2009): „Metal-MACiE: a database of metals involved in biological catalysis." – Bioinformatics 25(16): 2088–2089.

[2]Andreini C., Bertini I. & Rosato A. (2009): „Metalloproteomes: a bioinformatic approach." – Acc. Chem. Res. 42(10): 1471–1479.

DOI 10.1515/9783110422870-004

Antoniou D., Basner J., Núñez S. & Schwartz S. D. (2006): „Computational and theoretical methods to explore the relation between enzyme dynamics and catalysis." – Chem. Rev. 106(8): 3170–3187.

Antony J. (2003): „Design of experiments for engineers and scientists." – Butterworth-Heinemann: 152 Seiten.

Antranikian G., Hrsg. (2005): „Angewandte Mikrobiologie." – Springer, Berlin. 1. Aufl.: 536 Seiten.

Arakaki A., Nakazawa H., Nemoto M., Mori T. & Matsunaga T. (2008): „Formation of magnetite by bacteria and its application." – Jour. R. Soc. Interface 5(26): 977–999.

Arato B., Szanyi Z., Flies C., Schüler D., Frankel R. B., Buseck P. R. & Posfai M. (2005): „Crystal-size and shape distributions of magnetite from uncultered magnetotactic bacteria as a potential biomarker." – Am. Min. 90: 1233–1241.

Arnold F. H. (1996): „Directed evolution: Creating biocatalysts for the future." – Chem. Engineer. Sci. 51(23): 5091–5102.

Arslan G. & Pehlivan E. (2008): „Uptake of Cr^{3+} from aqueous solution by lignite-based humic acids." – Bioresource Techn. 99: 7597–7605.

Ash P. A. & Vincent K. A. (2012): „Spectroscopic analysis of immobilised redox enzymes under direct electrochemical control." Chem. Commun. 48(10): 1400–1409.

Aswegen P. C. van. Niekerk J. van & Olivier W. (2006): „The BIOX[TM] process fort he treatment of refractory gold concentrates." – In Rawlings D. E. & Johnson D. B., (Hrsg): „Biomining." – Springer Verl. Berlin. 1. Aufl.: 333 Seiten.

Ataíde F. & Hitzmann B. (2009): „When is optimal experimental design advantageous for the analysis of Michaelis–Menten kinetics?" – Chemometrics Intel. Lab. Syst. 99(1): 9–18.

Atlas R. M. (2004): „Handbook of microbiological media." – CRC. 3. Aufl.: 2056 Seiten.

Auernik K. S. & Kelly R. M. (2010): „Impact of molecular hydrogen on chalcopyrite bioleaching by the extremely thermoacidophilic archaeon *Metallosphaera sedula*." – Appl. Environ. Microbiol. 76(8): 2668–2672.

Auernik K. S. & Kelly R. M. (2008): „Identification of components of electron transport chains in the extremely thermoacidophilic crenarchaeon *Metallosphaera sedula* through iron and sulfur compound oxidation transcriptomes." – Appl. Environ. Microbiol. 74(24): 7723–7732.

Avery K. N., Schaak J. E. & Schaak R. E. (2009): „M13 bacteriophage as a biological scaffold for magnetically-recoverable metal nanowire catalysts: combining specific and nonspecific interactions to design multifunctional nanocomposites." – Chem. Mater. 21(11): 2176–2178.

Avoscan L., Carriere M., Proux O., Sarret G., Degrouard J., Covès J. & Gouget B. (2009): „Enhanced selenate accumulation in *Cupriavidus metallidurans CH34* does not trigger a detoxification pathway." – Appl. Environ. Microbiol. 75(7): 2250–2252.

Azaroual M., Romand B., Freyyyinet P. & Disnar J.-R. (2001): „Solubility of platinum solutions at 25 °C and pHs 4 to 10 under oxidizing conditions." – Geochim. Cosmochim. Acta 65(24): 4453–4466.

Bae S. & Lee W. (2013): „Biotransformation of lepidocrocite in the presence of quinones and flavins." – Geochim. Cosmoch. Acta 114: 144–155.

[1]Bai H. J., Zhang Z. M., Guo Y. & Yang G. E. (2009): „Biosynthesis of cadmium sulfide nanoparticles by photosynthetic bacteria *Rhodopseudomonas palustris*." – Colloids Surfaces B: Biointerfaces 70(1): 142–146.

Baio J. E., Schach D., Fuchs A. V., Schmüser L., Billecke N., Bubeck C., Landfester K., Bonn M., Bruns M., Weiss C. K. & Weidner T. (2015): „Reversible activation of pH-sensitive cell penetrating peptides attached to gold surfaces." – Chem. Commun. (Camb). 51(2): 273–275.

Baker B. J. & Banfield J. F. (2003): „Microbial communities in acid mine drainage." – FEMS Microbiol. Ecol. 44: 139–152.

Baker M. G., Lakonde S. V., Konhauser K. O. & Foght J. M. (2010): „Role of extracellular polymeric substances in the surface chemical reactivity of *Hymenobacter aerophilus*, a psychrotolerant bacterium." – Appl. Environ. Microbiol. 76(1): 102–109.

Bally M., Wilberg E., Kuhni M. & Egli T. (1994): „Growth and regulation of enzyme synthesis in the nitrilotriacetic acid (NTA)-degrading bacterium *Chelatobacter heintzii ATCC 29600*." – Microbiol. 140: 1927–1936.

Banaclocha M. A. M., Bókkon I. & Banaclocha H. M. (2010): „Long-term memory in brain magnetite." – Med. Hypothesis 74(2): 254–257.

Banat I. M., Franzetti A., Gandolfi I., Bestetti G., Martinotti M. G., Fracchia L., Smyth T. J. & Marchant R. (2010): „Microbial biosurfactants production, applications and future potential." – Appl. Microbiol. Biotechnol. 87(2): 427–444.

Banat I. M., Makkar R. S., Cameotra S. S. (2000): „Potential commercial applications of microbial surfactants." – Appl. Microbiol. Biotechnol. 53(5): 495–508.

Banin E., Lozinski A., Brady K. M., Berenshtein E., Butterfield P. W., Moshe M., Chevion M., Greenberg E. P. & Banin E. (2008): „The potential of desferrioxamine-gallium as an anti-*Pseudomonas* therapeutic agent." – PNAS 105(43): 16761–16766.

Bansal V., Rautaray D., Ahmad A. & Sastry M. (2004): „Biosysnthesis of zirconia nanoparticles using the fungus *Fusarium oxysporum*." – Jour. Mater. Chem. 14: 3303–3305.

Bargar J. R., Bernier-Latmani R., Giammar D. E. & Tebo B. M. (2008): „Biogenic uraninite nanoparticles and their importance for uranium remediation." – Elements 4(6): 407–412.

Barkouki T., Martinez B., Mortensen B., Weathers T., DeJong J., Spycher N., Ginn T., Fujita Y. & Smith R. (2009): „Forward and inverse biogeochemical modeling of microbially induced precipitation in 0,5 M columnar experiments." Proceedings TOUGH Symposium 2009, Lawrence Berkeley National Lab., Berkeley: 1–7.

Bärlocher F. (2008): „Biostatistik: Praktische Einführung in Konzepte und Methoden." – Thieme Verl. Stuttgart. 2. Aufl.: 206 Seiten.

Baron D., LaBelle E., Coursolle D., Gralnick J. A. & Bond D. R. (2009): „Electrochemical measurement of electron transfer kinetics by *Shewanella oneidensis MR-1*." – Jour. Biol. Chem. 284(42): 28865–28873.

Baron R., Lioubashevski O., Katz E., Niazov T. & Willner I. (2006): „Elementary arithmetic operations by enzymes: A model for metabolic pathway based computing." – Angew. Chem. 45(10): 1572–1576.

[1]Bartlett P. N. & Whitaker R. G. (1987): „Electrochemical immobilisation of enzymes: Part I. Theory." – Jour. Electroanalyt. Chem. 224(1–2): 27–35.

[2]Bartlett P. N. & Whitaker R. G. (1987): „Electrochemical immobilisation of enzymes : Part II. Glucose oxidase immobilised in poly-N-methylpyrrole." – Jour. Electroanalytic. Chem. 224(1–2): 37–48.

Barton L. L. & Fauque G. D. (2009): „Biochemistry, physiology and biotechnology of sulfate-reducing bacteria." – Adv. Appl. Microbiol. 68: 41–98.

Baruch A., Jeffery D. A. & Bogyo M. (2004): „Enzyme activity – it's all about image." – Trends Cell. Biol. 14(1): 29–35.

Baskaran G., Masdor N. A., Syed M. A. & Shukor M. Y. (2013): „An inhibitive enzyme assay to detect mercury and zinc using protease from *Coriandrum sativum*." Sci. World Jour.: 7 Seiten.

Basnar B., Xu J., Li D. & Willner I. (2007): „Encoded and enzyme-activated nanolithography of gold and magnetic nanoparticles on silicon." – Langmuir 23(5): 2293–2296.

Bates M. K. & Wernerspach D. (2011): „Cell culture contamination. – Understanding the causes and managing the risks." – Lab Manager Magazine YSG Group: 4 Seiten.

Bawden T. M., Einaudi M. T., Bostick B. C., Meibom A., Wooden J., Norby J. W., Orobona M. J. T. & Chamberlain C. P. (2003): „Extreme ^{34}S depletions in ZnS at the Mike gold deposit, Carlin Trend, Nevada: evidence for bacteriogenic supergene sphalerite." – Geology 31(10): 913–916.

Becerra-Castro C., Kidd P., Kuffner M., Prieto-Fernández Á., Hann S., Monterroso C., Sessitsch A., Wenzel W. & Puschenreiter M. (2013): „Bacterially induced weathering of ultramafic rock and its implications for phytoextraction." – Appl. Environ. Microbiol. 79(17): 5094–5103.

Beech I. B. & Gaylarde C. C. (1999): „Recent advances in the study of biocorrosion – an overview." – Revista Microbiologia 30: 177–190.

Beech I. B. & Sunner J. (2004): „Biocorrosion: towards understanding interactions between biofilms and metals." – Curr. Opin. Biotechn. 15: 181–186.

Benenson Y. (2013): „Recombinatorial logic." – Science 340(6132): 554–555.

Ben-Knaz R. & Avnir D. (2009): „Bioactive enzyme–metal composites: the entrapment of acid phosphatase within gold and silver." – Biomaterials 30(7): 1263–1267.

Benzerara K., Barakat M., Menguy N., Guyot F., de Luca G., Audrain C. & Heulin T. (2004): „Experimental colonization and alteration of orthopyroxene by the pleomorphic bacteria *Ramlibacter tataouinensis* ." – Geomicrobiol. Jour. 21(5): 341–349.

Bernardo P. H. & Tong J. C. (2012): „In silico design of small molecules." – Methods Mol. Biol. 800: 25–31.

Berry V. & Saraf R. (2005): „Self-assembly of nanoparticles on live bacterium: an avenue to fabricate electronic devices." – Papers in Nanotechnology University of Nebraska – Lincoln: http://digitalcommons.unl.edu/chemeng_nanotechnology/8: 19 Seiten.

Bet S. & Kar A. (2006): „Laser forming of silicon films using nanoparticle precursor." – Jour. Electronic Mat. 35(5): 993–1004.

Beveridge T. J. (2005): „Bacterial cell wall structure and implications for interactions with metal ions and minerals." – Jour. Nuc. Radiochem. Sci. 6(1): 7–10.

Beveridge T. J. & Murray R. G. E. (1980): Sites of metal deposition in the cell wall of *Bacillus subtilis*." – Jour. Bacteriol. 141(2): 876–887.

Bhakta P. & Arthur B. (2002): Heap bio-oxidation and gold recovery at newmont mining: First-year results." – JOM 54(10): 31–34.

Bhandari R., Coppage R. & Marc R. Knecht M. R. (2012): „Mimicking nature's strategies for the design of nanocatalysts." – Catal. Sci. Technol. 2: 256–266.

Bhattacharya D. & Gupta R. K. (2005): „Nanotechnology and potential of microorganisms." – Crit. Rev. Biotechnol. 25(4): 199–204.

Bhushan B. & Marti O. (2007): „Scanning probe microscopy." – In Bushan B. (Hrsg.): „Handbook of nanotechnology." – Springer Verl. 2. Aufl.: 591–635.

Blank L. M., Ebert B. E., Buehler K. & Bühler B. (2010): „Redox biocatalysis and metabolism: molecular mechanisms and metabolic network analysis." – Antioxid. Redox Signal. 13(3): 349–394.

Blank L. M., Ebert B. E., Bühler B. & Schmid A. (2008): „Metabolic capacity estimation of Escherichia coli as a platform for redox biocatalysis: constraint-based modeling and experimental verification." – Biotechnol. Bioeng. 100(6): 1050–1065.

Bogacka B., Patan M., Johnson P. J., Youdim K. & Atkinson A. C. (2011): „Optimum design of experiments for enzyme inhibition kinetic models." – Jour. Biopharm. Stat. 21(3): 555–572.

Bókkon I. & Sahari V. (2010): „Information storing by biomagnetites." – Jour. Biol. Phys. 36: 109–120.

Bonnet J., Yin P., Ortiz M. E., Subsoontorn P. & Endy D. (2013): „Amplifying Genetic Logic Gates." – Science 340(6132): 599–603.

Boon M. (1996): „Theoretical and experimental methods in the modelling of bio-oxidation kinetics of sulphide minerals." – Diss. Technische Universiteit Delft: 453 Seiten.

Borger S., Uhlendorf J., Helbig A. & Liebermeister W. (2007): „Integration of enzyme kinetic data from various sources." – In silico Biol. 7(2): 73–79.

Bornscheuer U. T. (2004): „Finding enzymatic gold on silver surfaces." – Nature Biotechn. 22(9): 1098–1099.

Borole A. P., Mielenz J. R., Vishnivetskaya T. A. & Hamilton C. Y. (2009): „Controlling accumulation of fermentation inhibitors in biorefinery recycle water using mircobial fuel cells." – Biotechn. Biofuels 2(7): 14 p.

Borro L. C., Oliveira S. R., Yamagishi M. E., Mancini A. L., Jardine J. G., Mazoni I., Santos E. H., Higa R. H., Kuser P. R. & Neshich G. (2006): „Predicting enzyme class from protein structure using Bayesian classification." – Genet. Mol. Res. 5(1): 193–202.

Borrok D., Turner B. F. & Fein J. B. (2005): „A universal surface complexation framework for modeling proton binding onto bacterial surfaces in geologic settings." – Am. Jour. Sci. 305: 826–853.

[1]Borrok D., Fein J. B. & Kulpa C. F. (2004): „Proton and Cd adsorption onto natural bacterial consortia: Testing universal adsorption behavior." – Geochim. Cosmochim. Acta 68(15): 3231–3238.

Bose S., Hochella M. F., Gorby Y., Kennedy D., McCready D., Madden A. & Lower B. (2009): „Bioreduction of hematite nanoparticles by the dissimilatory iron reducing bacterium *Shewanella oneidensis MR-1*."

Boswell C. D., Dick R. E., Eccles H. & Macaskie L. E. (2001): „Phosphate uptake and release by *Acinetobacter johnsonii* in continuous culture and coupling of phosphate release to heavy metal accumulation." – Jour. Indus. Microbiol. Biotechnol. 26(6): 333–340.

Bovenkamp G. L., Zanzen U., Krishna K. S., Hormes J. & Prange A. (2013): „X-ray adsorption near-edge structure (XANES) spectroscopy study of the interaction of silver ions with *Staphylococcus aureus*, Listeria monocytogenes, and Escherichia coli." – Appl. Environ. Microbiol. 79(20): 6385–6390.

Boztas A. O. & Guiseppi-Elie A. (2009): „Immobilization and release of the redox mediator ferrocene monocarboxylic acid from within cross-linked p(HEMA-co-PEGMA-co-HMMA) hydrogels." – Biomacromolecules 10(8): 2135–2143.

Brandl H. (2012): „Biotechnologisches ‚Urban Mining' – Mikroben rezyklieren metallhaltige Abfälle." – Umwelt Perspektiven 4: 18–21.

Brandl H. (2001): „Microbial leaching of metals." – In: Rehm H. J. (ed.) Biotechnology Vol. 10., Wiley-VCH Weinheim: 191–224.

Brandl H. & Faramarzi M. A. (2006): „Microbe-metal-interactions for the biotechnological treatment of metal-containing solid waste." – China Particuology 4(2): 93–97.

Braun R., Mehmet S. & Schulten K. (2002): „Genetically engineered gold-binding polypeptides: structure prediction and molecular dynamics." – Jour. Biomat. Sci. Polymer Ed. 13(7): 747–757.

Bray D. (1995): „Protein molecules as computational elements in living cells." – Nature 376: 307–312.

Bredberg K., Karlsson H. T. & Holst O. (2004): „Reduction of vanadium(V) with *Acidithiobacillus ferrooxidans* and *Acidithiobacillus thiooxidans*." – Bioresource Technol. 92(1): 93–96.

Brim H., Venkateswaran A., Kostandarithes H. M., Fredrickson J. K. & Daly M. J. (2003): „Engineering *Deinococcus geothermalis* for bioremediation of high-temperature radioactive waste environments." – Appl. Environ. Microbiol. 69(8): 4575–4582.

Brombacher C., Bachofen R. & Brandl H. (1998): „Development of a laboratory-scale leaching plant for metal extraction from fly ash by thiobacillus strains." – Applied Environ. Microbiol. 64(4): 1237–1241.

Brooks H. B., Geeganage S., Kahl S. D., Montrose C., Sittampalam C., Smith M. C. & Weidner J. R. (2012): „Basics of enzymatic assays for HTS." – Eli Lilly & Company, Indianapolis, IN: 13 Seiten.

Brutchey R. L. & Morse D. E. (2006): „Template-free, low-temperature synthesis of crystalline barium titanate nanoparticles under bio-inspired conditions ." – Angew. Chem. Int. Ed. 45: 6564–6566. pdf

Buffle J., Startchev K. & Galceran J. (2007): „Computing steady-state metal flux at microorganism and bioanalogical sensor interfaces in multiligand systems. A reaction layer approximation and its comparison with the rigorous solution." – Phys. Chem Chem Phys. 9(22): 2844–2855.

Bühler K. & Schmid A. (2011): „Neue mikrobiologische Wege in der Chemie." – Biospektrum 17(5): 528–530.

Bullmann M., Iske U., Glombitza F., Dittrich B. (1987): „Wechselwirkungen zwischen seltenen Erdmetallen und Mikroorganismen." – Acta Biotechnol. 7(5): 409–412.

Bunge M., Søbjerg L. S., Rotaru A-.E., Gauthier D., Lindhardt A. T., Hause G., Finster K., Kingshott P., Skrydstrupn T. & Meyer R. L. (2010): „Formation of palladium(0) nanoparticles at microbial surfaces." – Biotechnol. Bioeng. 107(2): 206–215.

[2]Burns J. L., Ginn B. R., Bates D. J., Dublin S. N., Taylor J. V., Apkarian R. P., Amaro-Garcia S., Neal A. L. & Dichristina T. J. (2010): „Outer membrane-associated serine protease involved in adhesion of *Shewanella oneidensis* to Fe(III) oxides." – Environ. Sci. Technol. 44(1) : 68–73.

Busschaert P., Geeraerd A. H., Uyttendaele M. & Van Impe J. F. (2011): „Hierarchical Bayesian analysis of censored microbiological contamination data for use in risk assessment and mitigation." – Food Microbiol. 28(4): 712–719.

Byrne J. M., Coker V. S., Moise S., Wincott P. L., Vaughan D. J., Tuna F., Arenholz E., van der Laan G., Pattrick R. A. D., Lloyd J. R. & Telling N. D. (2013): „Controlled cobalt doping in biogenic magnetite nanoparticles." Jour. Roy. Soc. Interface 10(83): 12 Seiten.

Call D. F., Wagner R. C. & Logan B. E. (2009): „Hydrogen production by *Geobacter* species and a mixed consortium in a microbial electrolysis cell." – Appl. Environ. Microbiol. 75(24): 7579–7587.

Cameotra S. S. & Makkar R. S. (1998): „Synthesis of biosurfactants in extreme conditions." – Appl. Microbiol. Biotechnol. 50(5): 520–529.

Cameotra S. S. & Makkar R. S., Kaur J. & Metha S. K. (2010): „Synthesis of biosurfactants and their advantages to microorganisms and mankind." – Adv. Exp. Med. Biol. 672: 261–280.

Canstein H. von, Ogawa J., Shimizu S. & Lloyd J. R. (2008): „Secretion of flavins by *Shewanella* species and their role as extracellular redox mediators." – Appl. Environ. Microbiol. 74: 615–623.

Cao J., Zhang G., Mao Z., Fang Z. & Yang C. (2009): „Precipitation of valuable metals from bioleaching solution of biogenic sulfides." – Min. Engineering 22: 289–295.

[2]Carballeira J. D., Quezada M. A., Hoyos P., Simeó Y., Hernaiz M. J., Alcantara A. R., Sinisterra J. V. (2009): „Microbial cells as catalysts for stereoselective red-ox reactions." – Biotechnol. Adv. 27(6): 686–714.

Carpentier W., Sandra K., de Smet L., Brigé A. de Smet L. & van Beeumen J. (2003): „Microbial reduction and precipitation of vanadium by *Shewanella oneidensis*." – Appl. Environ. Microbiol. 69(6): 3636–3639.

Carvallo C., Sainctavit P., Arrio M.-A., Menguy N., Wang Y., Ona-Nguema G. & Brice-Profeta S. (2008): „Biogenic vs. abiogenic magnetite nanoparticles: a XMCD study." – Am. Min. 93: 880–885.

Chan C. S., Fakra S. C., Emerson D., Fleming E. J. & Edwards K. J. (2011): „Lithotrophic iron-oxidizing bacteria produce organic stalks to control mineral growth: implications for biosignature formation." – ISME Jour. 5: 717–727.

Chen C.-C, Lewis R. J., Harris R., Yudkin M. D. & Delumeau O. (2003): „A supramolecular complex in the environmental stress signalling pathway of Bacillus subtilis." – Mol. Microbiol. 49(6): 1657–1669.

Cheng D., Qi H. & Li Z. (2010): „Analysis and control of Boolean networks: a semi-tensor product approach (communications and control engineering)." – Springer Verl. 1. Aufl.: 470 Seiten.

Cheremisinoff N. P. (1996): „Biotechnology for waste and wastewater treatment." – Noyes Publ. Westwood N. J.: 244 Seiten.

Chiu C.-Y., Li Y., Ruan L., Ye X., Murray C. B. & Huang Y. (2011): „Platinum nanocrystals selectively shaped using facet-specific peptide sequences." – Nature Chemistry 3: 393–399.

Cho E. J. & Ellington A. D. (2007): „Optimization of the biological component of a bioelectrochemical cell." – Bioelectrochem. 70(1): 165–172.

Choe W.-S., Sastry M. S. R., Thai C. K., Dai H., Schwartz D. T. & Baneyx F. (2007): „Conformational control of inorganic adhesion in a designer protein engineered for cuprous oxide binding." – Langmuir 23(23): 11347–11350.

Choudhary S. & Sar P. (2009): „Characterization of a metal resistant Pseudomonas sp. isolated from uranium mine for its potential in heavy metal (Ni^{2+}, Co^{2+}, Cu^{2+}, and Cd^{2+}) sequestration." – Bioresour. Technol. 100(9): 2482–2492.

Chung J., Nerenberg R. & Rittmann B. E. (2006): „Bio-reduction of soluble chromate using a hydrogen-based membrane biofilm reactor." – Wat. Res. 40(8): 1634–1642.

Clark M. E., Batty J. D., van Buuren C. B., Dew D. W. & Eamon M. A. (2006): „Biotechnology in minerals processing: Technological breakthroughs creating value." – Hydrometallurgy 83: 3–9.

Clauwaert P., Mulenga S., Aelterman P. & Verstraete W. (2009): „Litre-scale microbial fuel cells operated in a complete loop." – Appl. Microbiol. Biotechnol. 83: 241–247.

Clauwaert P., van der Ha D., Boon N., Verbeken K., Verhaege M., Rabaey K. & Verstraete W. (2007): „Open air biocathode enables effective electricity generation with microbial fuel cells." – Environ. Sci. Technol. 41 (21): 7564–7569.

Clerc F., Lengliz M., Farrusseng D. & Mirodatos C. (2005): „Library design using genetic algorithms for catalyst discovery and optimization." – Rev. Sci. Instrum. 76(6): 13 Seiten.

Coker V. S., Bennett J. A., Telling N. D., Henkel T., Charnock J. M., van der Laan G., Pattrick R. A. D., Pearce C. I., Cutting R. S., Shannon I. J., Wood J., Arenholz E., Lyon I. C. & Lloyd J. R. (2010): „Microbial engineering of nano-heterostructures; biological synthesis of a magnetically-recoverable palladium nanocatalyst." – ACS Nano 4 (5): 2577–2584.

Coker V. S., Telling N. D., van der Laan G., Pattrick R. A. D., Pearce C. I., Arenholz E., Tuna F., Winpenny R. & Lloyd J. R. (2009): „Harnessing the extracellular bacterial production of nanoscale cobalt ferrite with exploitable magnetic properties." – ACS Nano 3(7): 1922–1928.

Coker V. S., Pearce C. I., Pattrick R. A. D. P., van der Laan G., Telling N., Charnock J. M., Arenholz E. & Lloyd J. R. (2008): „Probing the site occupancies of Co-, Ni-, and Mn-substituted biogenic magnetite using XAS and XMCD." – American Mineralogist 93: 1119–1132.

Coker V. S., Pearce C. I., Pattrick R. A. D., van der Laan G., Telling N. D., Charnock J. M., Arenholz E. & Lloyd J. R. (2007): „Solid-state biotechnology: Nanospinel synthesis from waste materials by Fe(III)-reducing bacteria." – Ext. Abstr. ACS National Meeting, ACS Div. Environ. Chem. 47(1): 515–518.

Collingwood J. F., Chong R. K., Kasama T-, Cervera-Gontard L., Dunin-Borkowski R. E., Perry G., Pósfai M., Siedlak S. L., Simpson E. T., Smith M. A., Dobson J. (2008): „Three-dimensional tomographic imaging and characterization of iron compounds within Alzheimer's plaque core material." – Jour. Alzheimer Dis. 14: 235–245.

Cook A. M. (1998): „Sulfonated surfactants and related compounds: facets of their desulfonation by aerobic and anaerobic bacteria." – Tenside, Surfactants, Detergents 35(1): 52–56.

Cook A. M., Laue H. & Junker F. (1999): „Microbial desulfonation." – Fems Microbiol. Rev. 22(5): 399–419.

Corkhill C. L., Wincott, P. L. Lloyd, J. R. &Vaughan D. J. (2008) „The oxidative dissolution of arsenopyrite (FeAsS) and enargite (Cu_3AsS_4) by Leptospirillum ferrooxidans." – Geochim. Cosmochim. Acta 72: 5616–5633.

Cossu R., Salieri V. & Bisinella V. – Hrsg. (2012): „Urban mining: A global cycle approach to resource recovery from solid waste." CISA Publisher: 440 Seiten.

Covert M. W, Schilling C. H., Famili I., Edwards J. S., Goryanin I. I., Selkov E. & Palsson B. O. (2001): „Metabolic modeling of microbial strains in silico." – Trends Biochem. Sci.26(3): 179–186.

Cowan D. A. & Fernandez-Lafuente R. (2011): „Enhancing the functional properties of thermophilic enzymes by chemical modification and immobilization." – Enzym. Microb. Technol. 49(4): 326–346.

Creamer N. J., Baxter-Plant V. S., Henderson J., Potter M. & Macaskie L. E. (2006): „Palladium and gold removal and recovery from precious metal solutions and electronic scrap leachates by *Desulfovibrio desulfuricans*." – Biotechnol. Lett. 28(18): 1475–1484.

Crespilho F. N., Ghica M. E., Florescu M., Nart F. C., Oliveira Jr. O. N. & Brett C. M. A.(2006): „A strategy for enzyme immobilization on layer-by-layer dendrimer–gold nanoparticle electrocatalytic membrane incorporating redox mediator." – Electrochemistry Comm. 8: 1665–1670.

Curtis S. B., Hewitt J., MacGillivray R. T. A. & Dunbar W. S. (2009): „Biomining with bacteriophage: selectivity of displayed peptides for naturally occurring sphalerite and chalcopyrite." – Biotechnol. Bioeng. 102(2): 644–650.

Cutting R. S., Coker V. S., Telling N. D., Kimber R. L., Pearce C. I., Ellis B. L., Lawson R. S., van der Laan G., Pattrick R. A. D., Vaughan D. J., Arenholz E. & Lloyd J. R. (2010): „Optimizing Cr(VI) and Tc(VII) remediation through nanoscale biomineral engineering." – Environ. Sci. Techn. 44: 2577–2584.

Daniel M.-Ch. & Astruc D. (2004): „Gold nanoparticles: assembly, supramolecular chemistry, quantum-size-related properties, and applications toward biology, catalysis, and nanotechnology." – Chem. Rev. 104: 293–346.

Das A. P., Sukla L. B., Pradhan N. & Nayak S. (2011): „Manganese biomining: A review." – Bioresour. Technol. 102(): 7381–7387.

Davalos R., Huang Y. & Rubinsky B. (2000): „Electroporation: bio-electrochemical mass transfer at the nano scale." Nanoscale Microscale Thermophys. Eng. 4(3): 147–159.

Davidson M. M., Bisher M. E., Pratt L. M., Fong J., Southam G., Pfiffner S. M., Reches Z. & Onstott T. C. (2009): „Sulfur isotope enrichment during maintenance metabolism in the thermophilic sulfate-reducing bacterium *Desulfotomaculum putei*." – Appl. Environ. Microbiol. 75(17): 5621–5630.

Davis K. J. & Lüttge A. (2005): „Quantifying the relationship between microbial attachment and mineral surface dynamics using vertical scanning interferometry (FSI)." – Am. Jour. Sci. 305: 727–751.

Debabov V. G. (2004): „Bacterial and archaeal S-Layers as a subject of nanobiotechnology." – Molecul. Biol. 38(4): 482–493.

Deepak V., Kalishwaralal K., Pandian S. R. K. & Gurunathan S. (2011): „An insight into the bacterial biogenesis of silver nanoparticles, industrial production and scale-up." – In Rai M. & Duran N. (Hrsg.): „Metal nanoparticles in microbiology." – Springer Heidelberg: 17–35.

Deng Q., Yang B., Wang J., Whiteley C. & Wang X. (2009): „Biological synthesis of platinum nanoparticles with apoferritin." – Biotechnol Lett. 31(10): 1505–1509.

Deplanche K., Caldelari I., Mikheenko I. P., Sargent F. & Macaskie L. E. (2010): „Involvement of hydrogenases in the formation of highly catalytic Pd(0) nanoparticles by bioreduction of Pd(II) using *Escherichia coli* mutant strains." – Microbiol. 156: 2630–2640.

Devouard B., Posfai M., Hua X., Bazylinski D. A., Frankel R. B. & Buseck P. R. (1998): „Magnetite from magnetotactic bacteria: size distributions and twinning." – Am. Mineral. 83: 1387–1399.

Dey A., Lenders J. J. M. & Sommerdijk N. A. J. M. (2015): „Bioinspired magnetite formation from a disordered ferrihydrite-derived precursor." – Farraday Diss. 179: 215–225.

DiChristina T. J., Fredrickson J. K. & Zachara J. M. (2005): „Enzymology of electron transport: energy generation with geochemical consequences." – In Banfield et al. (eds): „Molecular Geomicrobiology." – Rev. Min. Geochem. 59: 27–52.

Dickerson M. B., Sandhage K. H. & Naik R. R. (2008): „Protein- and peptide-directed synthesis of inorganic materials." – Chem. Rev. 108: 4935–4978.

Diels L., van Roy S., Taghavi S & van Houdt R. (2009): „From industrial sites to environmental applications with *Cupriavidus metallidurans*." – Antonie Van Leeuwenhoek 96(2): 247–258.

DiMasi E. & Gower L. B. (2014): „Biomineralization sourcebook: characterization of biominerals and biomimetic materials." – CRC Press, Taylor & Francis Group: 420 Seiten

DiMasi E., Kwak S.-Y., Pichon B. P. & Sommerdijk N. A. J. M. (2007): „Structural adaptability in an organic template for CaCO$_3$ mineralization." – CrysEngComm. 9: 1192–1204.

Dimitriadis S., Nomikou N., McHale A. P. (2007): „Pt-based electro-catalytic materials derived from biosorption processes and their exploitation in fuel cell technology." – Biotechnol. Lett. 29(4): 545–551.

Ding Y., Li J., Liu J., Yang J., Jiang W., Tian J., Li Y., Pan Y. & Li J. (2010): „Deletion of the ftsZ-like gene results in the production of superparamagnetic magnetite magnetosomes in *Magnetospirillum gryphiswaldense*." – Jour. Bacteriol. 192(4): 1097–1105.

Diniz V., Weber M. E., Volesky B. & Naja G. (2008): „Column biosorption of lanthanum and europium by *Sargassum*." – Water Res. 42(1–2): 363–371.

Diniz V. & Volesky B. (2005): „Biosorption of La, Eu and Yb using *Sargassum* biomass." – Water Res. 39(1): 239–247.

[1]Domingos R. F., Baalousha M. A., Ju-Nam Y., Reid M. M., Tufenkji N., Lead J. R., Leppard G. G. & Wilkinson K. J. (2009): „Characterizing manufactured nanoparticles in the environment: multimethod determination of particle sizes." – Environ. Sci. Technol. 43: 7277–7284.

Donati E. R. & Sand W., Hrsg. (2007): „Microbial processing of metal sulphides." – Springer: 317 Seiten.

[2]Dong H. & Lu A. (2012): „Mineral-microbe interactions and implications for remediation." – Min. Soc. Am. 8(2): 95–100.

Dopson M. & Lindström E. B. (1999): „Potential role of *Thiobacillus caldus* in arsenopyrite bioleaching." – Appl. Environ. Microbiol. 65(1): 36–40.

Drexler H. G. & Uphoff C. C. (2002): „Mycoplasma contamination of cell cultures: Incidence, sources, effects, detection, elimination, prevention." – Cytotechnology 39: 75–90.

Druschel G. K., Labrenz M., Thomsen-Ebert T., Fowle D. A. & Banfield J. F. (2002): „Geochemical modeling of ZnS in biofilms: an example of ore depositional processes." – Econ. Geol. 97: 1319–1329.

Dua L., Jianga H., Liua X. & Wang E. (2007): „Biosynthesis of gold nanoparticles assisted by *Escherichia coli DH5α* and its application on direct electrochemistry of hemoglobin." – Electrochem. Comm. 9(5): 1165–1170.

Dunin-Borkowski R. E., McCartney M. R., Pósfai M., Frankel R. B., Bazylinski D. A. & Buseck P. R. (2001): „Off-axis electron holography of magnetoteactic bacteria: magnetic microstructure of *strains MV-1* and *MS-1*." – Eur. Jour. Mineral. 13: 671–684.

Dunin-Borkowski R. E., McCartney M. R., Frankel R. B., Bazylinski D. A., Pósfai M. & Buseck P. R. (1998): „Magnetotactic bacteria by electron holography." – Science: 1868–1870.

Durán N., Marcato P. D., Durán M., Yadav A., Gade A & Rai M. (2011): „Mechanistic aspects in the biogenic synthesis of extracellular metal nanoparticles by peptides, bacteria, fungi, and plants." – Appl. Microbiol. Biotechnol. 90(5): 1609–1624.

Durrant M. C. (2001): „Controlled protonation of iron–molybdenum cofactor by nitrogenase: a structural and theoretical analysis." – Biochem. Jour. 355: 569–576.

Dwyer R., Bruckard W. J., Rea S. & Holmes R. J. (2012): „Bioflotation and Bioflocculation review: microorganisms relevant für mineral beneficiation." – Min- Process. Extract. Metall. (Trans. Inst. Min. Metall.) 121(2): 65–71.

Egorova K. & Antranikian G. (2005): „Industrial relevance of thermophilic *Archaea*." – Curr. Opin. Microbiol. 8(6): 649–655.

Ehrlich H. L. (2002): „Geomicrobiology." – Marcel Dekker Inc. New York, Basel. 4. Aufl.: 748 Seiten.

Ehrlich H. L. & Newman D. K. (2008): „Geomicrobiology." – CRC Press. 5. Aufl.: 628 Seiten.

Elhanafi D. & Carey J. (2009): „The application of statistical design of experiments for mathematical modeling of a bacterial cell culture process." – Bioprocess. Process Develop. Symp., Oral Presentation.

End N. & Schöning K.-U. (2004): „Immobilized Biocatalysts in industrial research and production." – Topics Curr. Chem. 242: 273–317.

Engelhardt B. E., Jordan M. I., Muratore K. E. & Brenner S. E. (2005): „Protein molecular function prediction by Bayesian phylogenomics." – PLoS Comp. Biol. 1(5): 432–445.

Erable B., Duțeanu N. M., Ghangrekar M. M., Dumas C. & Scott K. (2010): „Application of electro-active biofilms." – Biofouling 26(1): 57–71.

Estephan E., Saab M. B., Larroque C., Martin M., Olsson F., Lourdudoss S. & Gergely C. (2009): „Peptides for functionalization of InP semiconductors." – Jour. Colloid Interface Sci. 337(2): 358–363.

Estephan E., Larroque C., Cuisinier F. J., Bálint Z. & Gergely C. (2008): „Tailoring GaN semiconductor surfaces with biomolecules." – Jour. Phys. Chem. B. 112(29): 8799–8805.

Fahidy T. Z. (2011): „Some applications of Bayes' rule in probability theory to electrocatalytic reaction engineering." – Int. Jour. Electrochem. 2011: 5 Seiten.

Faivre D. (2010): „Von der bio- zur anorganischen Mineralisation von Magnetit." – Tätigkeitsbericht Max-Planck-Gesellschaft: 6 Seiten.

Fan T.-X., Chow S.-K. & Zhang D. (2009): „Biomorphic mineralization: from biology to materials." – Progress Mat. Sci. 54(5): 542–659.

Fang Y., Wilkins M. J., Yabusaki S. B., Lipton M. S. & Long P. E. (2012): „Evaluation of a genome-scale insilico metabolic model for *Geobacter metallireducens* by using proteomic data from a field biostimulation experiment." – Appl. Environ. Microbiol. 78(24): 8735–8742.

Faramarzi M. A. & Brandl H. (2006): „Formation of water-soluble metal cyanide complexes from solid minerals by *Pseudomonas plecoglossicida*." – FEMS Microbiol. Lett. 259: 47–52.

Farooqui A. & Bajpai U. (2003): „Biogenic arsenopyrite in holocene peat sediment, India." – Ecotoxicology Environmental Safety 55(2): 157–161.

Febrianto J., Kosasih A. N., Sunarso J., Ju Y. H., Indraswati N. & Ismadji S. (2009): „Equilibrium and kinetic studies in adsorption of heavy metals using biosorbent: a summary of recent studies." – Jour. Hazard. Mater. 162(2–3): 616–645.

Fein J. B. (2006): „Thermodynamic modeling of metal adsorption onto bacterial cell walls: current challenges." – Adv. Agro. 90: 179–202.

Fein J. B., Boily J. F., Yee N., Gorman-Lewis D. & Turner B. (2005): „Potentiometric titrations of *Bacillus subtilis* cells and a comparison of modeling approaches." – Geochim. Cosmochim. Acta. 69(5): 1123–1132.

Fein J. B., Martin A. M. & Wightman P. G. (2001): „Metal adsorption onto bacterial surfaces: Development of a predictive approach." – Geochim. Cosmochim. Acta 65(23): 4267–4273.

Feldheim D. L. & Eaton B. E. (2007): „Selection of biomolecules capable of mediating the formation of nanocrystals." – ACS Nano 1(3): 154–159.

Ferapontova E. E., Shleev S., Ruzgas T., Stoica L., Christenson A., Tkac J., Yaropolov A. I. & Gorton L. (2005): „Direct electrochemistry of proteins and enzymes." – In Paleček E., Scheller F. & Wang J. (Hrsg.): „Electrochemistry of nucleic acids and proteins." – Elesvier B. V.: 517–598

Ferris F. G., Fyfe W. S. & Beveridge T. J. (1988): „Metallic ion binding by *Bacillus subtilis*: implications for the fossilization of microorganisms." – Geology 16: 149–152.

Findrik Z., Šimunović Đ. & Vasić-Rački (2008): „Coenzyme regeneration catalyzed by NADH oxidase from Lactobacillus brevis in the reaction of L-amino acid oxidation." – Biochem. Eng. Jour.: 319–327.

Fisher R. A. (1971): „The design of experiments." Macmillan Pub Co. 9. Aufl.: 250 Seiten.

Fleet-Stalder V. van, Chasteen T. G., Pickering I. J., George G. N. & Prince R. C. (2000): „Fate of se-
    lenate and selenite metabolized by *Rhodobacter sphaeroides*." – Appl. Environ. Microbiol.
    66(11): 4849–4853.
[1]Flynn C. E., Mao C., Hayhurst A., Williams J. L., Georgiou G., Iverson B. & Belcher A. M. (2003):
    „Synthesis and organization of nanoscale II-VI semiconductor materials using evolved pep-
    tide specificity and viral capsid assembly." – Jour. Mater. Chem. 13: 2414–2421.
[2]Flynn H. C., Meharg A. A., Bowyer P. K.& Paton G.I (2003): „Antimony bioavailability in mine
    soils." – Environ. Pol. 124(1): 93–100.
Focardi S., Pepi M., Landi G., Gasperini S., Ruta M., Di Biasio P., & Focard S. E. (2012): „Hexavalent
    chromium reduction by whole cells and cell free extract of the moderate halophilic bacterial
    strain Halomonas sp. TA-04." – Int. Biodeter.& Biodegrad. 66(1): 63–70.
Fornero J. J., Rosenbaum M., Cotta M. A. & Angenent L. T. (2008): „Microbial fuel cell performance
    with a pressurized cathode chamber." – Environ. Sci. Technol. 42(22): 8578–8584.
Forrez I., Carballa M., Fink G., Wick A., Hennebel T., Vanhaecke L., Ternes T., Boon N. & Verstraete W.
    (2011): „Biogenic metals for the oxidative and reductive removal of pharmaceuticals, biocides
    and iodinated contrast media in a polishing membrane bioreactor." – Wat. Res. 45: 1763–1773.
Fortin D. & Langley S. (2005): „Formation and occurrence of biogenic iron-rich minerals ." – Earth-
    Sci. Rev. 72(1–2): 1–19.
Fowle D. A. & Kulczycki E. (2004): „Linking bacteria-metal interactions to mineral attachment: a role
    for outer sphere complexations of cations?" – In Wanty R. B. & Seal, R. R. (Hrsg.): „Water-Rock
    Interaction." Proceedings of the Eleventh International Symposium on Water-Rock Interaction
    WRI-11, Saratoga Springs, NY, USA 27 June – 2 July, 2: 1113–1117.
Freeman C. L. Harding J. H., Cooke D. J., Elliott J. A., Lardge J. S. & Duffy D. M. (2007): „New forcefields
    for modeling biomineralization processes." – Jour. Phys. Chem. C 111 (32): 11943–11951.
Fu M., Li Q., Sun D. Lu Y., He N. Deng X., Wang H. & Huang J. (2006): „Rapid preparation process of
    silver nanoparticles by bioreduction and their characterizations." – Chin. Jour Chem. Eng. 14(1):
    114–117.
Gaboriaud F., Bailet S., Dague E. & Jorand F. (2005): „Surface structure and nanomechanical proper-
    ties of *Shewanella putrefaciens* bacteria at two pH values (4 and 10) determined by atomic force
    microscopy." – Jour. Bacteriol. 187(11): 3864–3868.
Gadd G. M. (2004): „Microbial influence on metal mobility and application for bioremediation." –
    Geoderma 122(2–4): 109–119.
Gadd G. M. (2001): „Microbial metal transformations." – Jour. Microbiol. 39(2): 83–88.
Galarneau A., Mureseanu M., Atger S., Renard G. & Fajula F. (2006): „Immobilization of lipase on
    silicas. Relevance of textural and interfacial properties on activity and selectivity." – New Jour.
    Chem. 30: 562–571.
Galloway J. M. (2012): „Biotemplating arrays of nanomagnets using the biomineralisation protein
    Mms6." – Diss. University of Leeds, School of Physics and Astronomy: 269 Seiten.
Gao G., Falconer R. A. & Lin B. (2011): „Numerical modelling sediment-bacteria interaction processes
    in the Severn Estuary." – Jour. Wat. Res. Protect. 3: 22–31.
Gargas D. L., Chan E. M., Ostrowski A. D., Aloni S., Altoe M. V. P., Barnard E.S, Sanii B., Urban J. J.,
    Milliron D. J., Cohen B. E. & Schuck P. J. (2014): „Engineering bright sub-10-nm upconverting
    nanocrystals for single-molecule imaging." – Nature Nanotechn. Lett. 9(4): 300–305.
Geets J., Vanbroekhoven K., Borremans B., Vangronsveld J., Diels L. & van der Lelie D. (2006):
    „Column experiments to assess the effects of electron donors on the efficiency of in situ pre-
    cipitation of Zn, Cd, Co and Ni in contaminated groundwater applying the biological sulfate
    removal technology." – Environ. Sci. Pollut. Res. Int. 13(6): 362–378.
Geng B., Zhou X., Hung Y. S. & Wong S. (2008): „Comparison of Bayesian and regression models in
    missing enzyme identification." – Int. Jour Bioinform. Res. Appl. 4(4): 363–374.

Gerasopoulos K., Chen X., Culver J., Wang C. & Ghodssi R. (2010): „Self-assembled Ni/TiO$_2$ nanocomposite anodes synthesized via electroless plating and atomic layer deposition on biological scaffolds." – Roy. Soc. Chem.: 3 Seiten.

[1]Gericke M. & Pinches A. (2006): „Biological synthesis of metal nanoparticles." – Hydrometallurgy 83(1–4): 132–140.

[2]Gericke M. & Pinches A. (2006): „Microbial production of gold nanoparticles." – Gold Bul. 39(1): 22–28.

Gharabaghi M., Irannajad M. & Azadmehr A. R. (2012): „Selective sulphide precipitation of heavy metals from acidic polymetallic aqueous solution by thioacetamide." – Ind. Eng. Chem. Res. 51 (2): 954–963.

Ghodake G., Eom C.-Y., Kim S. W. & Jin E. (2010): „Biogenic nano-synthesis; towards the efficient production of the biocompatible gold nanoparticles." – Bull. Korean Chem. Soc. 31(10): 2771–2775.

Gilbert B. & Banfield J. F. (2005): „Molecular-scale processes involving nanoparticulate minerals in biogeochemical systems." – In Banfield J. F., Cervini-Silva J. & Nealson K. M. (Hrsg.):" Molecular Geomicrobiology." – Rev. Mineral. Geochem. 59: 109–155.

Gilbert P. U. P. A., Abrecht M. & Frazer B. H. (2005): „The organic-mineral interface in biominerals." – In Banfield J. F., Cervini-Silva J. & Nealson K. M. (Hrsg.):" Molecular Geomicrobiology." – Rev. Min. Geochem. 59: 157–185.

Gillespie I. M. M. & Philp J. C. (2013): „Bioremediation, an environmental remediation technology for the bioeconomy." – Trends. Biotechn. 31(6): 329–332.

Giordano T. H. (2000): „Organic matter as a transport agent in ore-forming systems." – In Giordano T. H., Kettler R. M. & Wood S. A. (Hrsg.): „Ore genesis and exploration: the roles of organic matter." – Soc. Econ. Geol. 9: 133–155.

Glombitza F. & Reichel S. (2014): „Metal-containing residues from industry and in th environment: geobiotechnological urban mining." – In Schippers A., Glombitza F. & Sand W. (Hrsg.): „Geobiotechnology I. Metal-related issues." – Adv. Biochem. Biotechnol. 141: 49–107.

Goh G. K. M., Dunker A. K. & Uversky V. N. (2008): „A comparative analysis of viral matrix proteins using disorder predictors." – Virol. Jour. 5: 126.

Gopinath S. & Sugunan S. (2004): „Leaching studies over immobilized α-amylase. Importance of the nature of enzyme attachment." – React. Kin. Cat. Lett. 83(1): 79–83.

González-Contreras P., Weijma J. & Buisman C. J. (2012): „Continuous bioscorodite crystallization in CSTRs for arsenic removal and disposal." – Water Res. 46(18): 5883–5892.

Gooding J. J. & Shapter J. G. (2005): „Carbon nanotube systems to communicate with enzymes." – Methods Mol. Biol. 300: 225–241.

Gooding J. J., Erokhin P. & Hibbert D. B. (2000): „Parameters important in tuning the response of monolayer enzyme electrodes fabricated using self-assembled monolayers of alkanethiols." – Biosensors & Bioelectronics 15: 229–239.

Goshe A. J., Steele I. M., Ceccarelli Ch., Rheingold A. L. & Bosnich B. (2002): „Supramolecular recognition: On the kinetic lability of thermodynamically stable host–guest association complexes." – Proc. Natl. Acad. Sci. U S A. 99(8): 4823–4829.

Govender Y., Riddin T. L., Gericke M. & Whiteley C. G. (2010): „On the enzymatic formation of platinum nanoparticles." – Jour. Nanopart. Res. 12(1): 261–271.

Gray E. P., Coleman J. G., Bednar A. J., Kennedy A. J., Ranville J. F. & Higgins C. P. (2013): „Extraction and analysis of silver and gold nanoparticles from biological tissues using single particle inductively coupled plasma mass spectrometry." – Environ. Sci. Technol. 47(24): 14315–14323.

Green M. L. & Karp P. D. (2004): „A Bayesian method for identifying missing enzymes in predicted metabolic pathway databases." – BMC Bioinformatics 5: 16 Seiten.

Greenwood P. F., Brocks J. J., Grice K., Schwark L., Jaraula C. M. B., Dick J. M. & Evans K. A. (2013): „Organic geochemistry and mineralogy. I. Characterisation of organic matter associated with metal deposits." – Ore Geology Rev.: 1–27

Gross R., Schmid A. & Bühler K. (2012): „Catalytic biofilms: a powerful concept for future bioprocesses." – In Lear G. & Lewis G. (Hrsg.): "Microbial biofilms." Caister Academic Press Norfolk: 193–222.

Gross R., Lang K., Bühler K. & Schmid A. (2010): „Characterization of a biofilm membrane reactor and its prospects for fine chemical synthesis." – Biotechnol. Bioeng. 105(4): 705–717.

Gross R., Hauer B., Otto K. & Schmid A. (2007): „Microbial biofilms: new catalysts for maximizing productivity of long-term biotransformations." – Biotechnol. Bioeng. 986): 1123–1134.

Groudev S. N. (2001): „Biobeneficiation of mineral raw materials." – In Kawatra S. K. & Natarajan K. A. (Hrsg.): Mineral Biotechnology – Microbial aspects of mineral beneficiation, metal extraction, and environmental control." SME: 37–54.

Guan X. (2009): „Kinetics studies of reactions at solid-liquid interface: simulation of biomineralization." – VDM Verl.: 132 Seiten.

Gupta A. & Khare S. K. (2009): „Enzymes from solvent-tolerant microbes: useful biocatalysts for non-aqueous enzymology." – Crit. Rev. Biotechnol. 29(1): 44–54.

Gustafsson J. P., Kleja D. B., Tiberg C., Baken S., Kumpiene J. & Persson I. (2013): „EXAFS and XANES studies on natural systems." – MAX IV Lab. Reports 2013 Synchroton Radiation: 2 Seiten.

Györvary E., Schroedter A., Talapin D. V., Weller H., Pum D. & Sleytr U. B. (2004): „Formation of nanoparticle arrays on S-layer protein lattices." – Jour. Nanosci. Nanotechnol. 4(1–2): 115–120.

Halan B., Schmid A. & Buehler K. (2010): „Maximizing the productivity of catalytic biofilms on solid supports in membrane aerated reactors." – Biotechnol. Bioeng. 106(4): 516–527.

Hallberg K. B. (2009): „New perspectives in mine water microbiology." – Adv. Mat. Res. 71–73: 29–36.

Hambor J. E. (2012): „Bioreactor design and bioprocess controls fpr industrialized cell processing." – BioProcess Int. 10(6): 22–33.

Hamelers H. V. M., Heijne A. T., Sleutels T. H. J. A., Jeremiasse A. W., Strik D. P. B. T. B. & Buisman C. J. N. (2010): „New applications and performance of bioelectrochemical systems.". Appl. Microbiol, Biotechnol. 85(6): 1673–1685.

Hammes G. G. (2000): „Thermodynamics and kinetics for the biological sciences." – Wiley-Intersci.: 192 Seiten.

Hanefeld U., Gardossi L. & Magner E. (2009): „Understanding enzyme immobilisation." – Chem. Soc. Rev. 38: 453–468.

Harding J. H., Sushko L., Rodger P. M., Quigley D. & Elliott J. A. (2008): „Computational techniques at the organic–inorganic interface in biomineralization." – Chem. Rev. 108 (11): 4823–4854.

Harneit K., Göksel A., Kock D., Klock J.-H., Gehrke T. & Sand W. (2006): „Adhesion to metal sulfide surfaces by cells of Acidithiobacillus ferrooxidans, Acidithiobacillus thiooxidans and Leptospirillum ferrooxidans." – Hydrometallurgy 83(1–4): 245–254.

Harnisch F. & Schröder U. (2009): „Selectivity versus mobility: separation of anode and cathode in microbial bioelectrochemical systems." – Chem. Sus. Chem. 2(10): 921–926.

Havelcová M., Mizera J., Sýkorová I. & Pekav M. (2009): „Sorption of metal ions on lignite and the derived humic substances." – Jour. Haz. Materials: 559–564.

Hayashi T., Sano K.-I., Shiba K., Iwahori K., Yamashita I. & Hara M. (2009): „Critical amino acid residues for the specific binding of the Ti-recognizing recombinant ferritin with oxide surfaces of titanium and silicon." – Langmuir 25(18): 10901–10906.

He Q., Huang X. & Chen Z. (2011): „Influence of organic acids, complexing agents and heavy metals on the bioleaching of iron from kaolin using Fe(III)-reducing bacteria." – Appl. Clay Sci. 51(4): 473–477.

He S., Guo Z., Zhang Y., Zhang S., Wang J. & Gu N. (2007): „Biosynthesis of gold nanoparticles using bacteria *Rhodopseudomonas capsulata*." – Mat. Lett. 61: 3984–3987.

He Z., Yang Y., Zhou S., Zhong H. & Sun W. (2013): „The effect of culture condition and ionic strength on proton adsorption at the surface of the extreme thermophile *Acidianus manzaensis*." – Coll. Sur. B: Biointerfaces 102: 667–673.

Heinz H. (2010): "Computational screening of biomolecular adsorption and self-assembly on nanoscale surfaces." – Jour. Comp. Chem. 31(17): 1564–1568.

Heinz H., Farmer B. L., Pandey R. B., Slocik J. M., Patnaik S. S., Pachter R. & Naik R. R. (2009): „Nature of molecular interactions of peptides with gold, palladium, and Pd-Au bimetal surfaces in aqueous solution." – Jour. Am. Chem Soc. 131(28): 9704–9714.

Heinzel E., Hedrich S., Janneck E, Glombitza F. & Seifert J. (2009): „Bacterial diversity in a mine water treatment plant." – Appl. Environ. Microbial 75: 858–861.

Heller C. & Schippers A. (2015): „Geobiotechnical recovery of metals from manganese nodules: first experiments." – Adv. Mat. Res. 1130: 201–204.

Herrmannsdörfer T., Bianchi A. D., Papageorgiou T. P., Pobell F., Wosnitza J., Pollmann K., Merroun M., Raff J. & Selenska-Pobell S.(2007): „Magnetic properties of transition-metal nanoclusters on a biological substrate." – Jour. Magnetism Magnetic Mat. 310(2/3): 821–823.

Hetzer A., Daughney C. J. & Morgan H. W. (2006): „Cadmium ion biosorption by the thermophilic bacteria *Geobacillus stearothermophilus* and G. *thermocatenulatus*." – Appl Environ Microbiol. 72(6): 4020–4027.

Hildebrand M., Doktycz M. J. & Allison D. P. (2008): „Application of AFM in understanding biomineral formation in diatoms." – Euro. Jour. Physiol. 456: 127–137.

Hilvert D. (2001): „Enzyme Engineering." – Chimia 55: 867–869.

Hobbs J. K., Shepherd C., Saul D. J., Demetras N. J., Haaning S., Monk C. R., Daniel R. M. & Arcus V. L. (2012): „On the origin and evolution of thermophily: reconstruction of functional Precambrian enzymes from ancestors of Bacillus." – Mol. Biol. Evol. 29(2): 825–835.

Hochella Jr. M. F. (2008): „Nanogeoscience: from origins to cutting-edge applications." – Elements 4(6): 373–379.

Hogeweg P. (2011): „The roots of bioinformatics in theoretical biology." – PloS Comput Biol. 7(3): e1002021 (5 Seiten).

Hol A., van der Weijden R. D., van Weert G., Kondos P., Cees J. N. Buisman C. J.N (2012): „Bioreduction of elemental sulfur to increase the gold recovery from enargite." – Hydrometall. 115–116: 93–97.

Hol A., van der Weijden R.D, van Weert G., Kondos P. & Buisman C. J. N. (2011): „Processing of arsenopyritic gold concentrates by partial bio-oxidation followed by bioreduction." – Environ. Sci. Technol. 45 (15): 6316–6321.

Holmes D. E., Mester T., O'Neil R. A., Perpetua L. A., Larrahondo M. J., Glaven R., Sharma M. L., Ward J. E., Nevin K. P. & Lovley D. R. (2008): „Genes for two multicopper proteins required for Fe(III) oxide reduction in Geobacter sulfurreducens have different expression patterns both in the subsurface and on energy-harvesting electrodes." – Microbiology 154(5): 1422–1435.

Holmes D. E., Bond D. R. & Lovley D. R. (2004): „Electron transfer by *Desulfobulbus propionicus* to Fe(III) and graphite electrodes." – Appl. Environ. Microbiol. 70(2): 1234–1237.

[1]Hong J., Gong P., Xu D., Dong L. & Yao S. (2007): „Stabilization of α-chymotrypsin by covalent immobilization on amine-functionalized superparamagnetic nanogel." – Jour. Biotechnol. 128(3): 597–605.

[2]Hong J., Xu D., Gong P., Ma H., Dong L. & Yao S. (2007): „Conjugation of enzyme on superparamagnetic nanogels covered with carboxyl groups." – Jour. Chromatogr. B Analyt. Technol. Biomed. Life Sci. 850(1–2): 499–506.

[3]Hong J., Xu D., Gong P., Sun H., Dong L. & Yao S. (2007): „Covalent binding of α-chymotrypsin on the magnetic nanogels covered by amino groups." – Jour. Molecul. Catalys. 45: 84–90.

Hoppe A., Hoffmann S., Holzhütter H. G. (2007): „Including metabolite concentrations into flux balance analysis: thermodynamic realizability as a constraint on flux distributions in metabolic networks." – BMC Syst. Biol. 1–23: 12 Seiten.

Hoppenheidt K., Mücke W., Peche R., Tronecker D., Roth U., Würdinger E., Hottenroth S. & Rommel W. (2005): „Entlastungseffekte für die Umwelt durch Substitution konventioneller chemisch-technischer Prozesse und Produkte durch biotechnische Verfahren." – Forschungsbericht 202 66 326, UBA-FB 000778: 494 Seiten.

Hoque Md. E. & Philip O. J. (2011): „Biotechnological recovery of heavy metals from secondary sources – An overview." – Mat. Sci. Eng. C 31: 57–66.

Horikoshi K. (1999): „Alkaliphiles: some applications of their products for biotechnology." – Microbiol. Molecul. Biol. Rev. 63(4): 735–750.

Hough R. M., Noble R. R. P. & Reich M. (2011): „Natural gold nanoparticles." – Ore Geol. Rev. 42(1): 55–61.

Hu N. (2001): „Direct electrochemistry of redox proteins or enzymes at various film electrodes and their possible applications in monitoring some pollutants." Pure Appl. Chem. 73(12): 1979–1991.

Hu S.-H, Hu S.-C. & Fu Y.-P. (2012): „Resource recovery of copper-contaminated sludge with jarosite process and selective precipitation." – Environ. Prog. & Sus. Energy 31(3): 379–385.

Huber C., Egelseer E. M., Ilk N., Sleytr U. B. & Sára M. (2006): „S-layer-streptavidin fusion proteins and S-layer-specific heteropolysaccharides as part of a biomolecular construction kit for application in nanobiotechnology." – Microelectr. Engineer. 83(4–9): 1589–1593.

Hunter R. C. & Beveridge T. J. (2005): „High-resolution visualization of *Pseudomonas aeruginosa* PAO1 biofilms by freeze-substitution transmission electron microscopy." – Jour. Bacteriol. 187(22): 7619–7630.

Ibarra-Sánchez J.J, Fuentes-Ramírez R., Roca A. G., Puerto Morales M. del & Cabrera-Lara L. I. (2013): „Key parameters for scaling up the synthesis of magnetite nanoparticles in organic media: stirring rate and growth kinetic." – Ind. Eng. Chem. Res. 52 (50): 17841–17847.

Idée J. M., Port M., Robic C., Medina C., Sabatou M. & Corot C. (2009): „Role of thermodynamic and kinetic parameters in gadolinium chelate stability." – Jour. Magn. Reson. Imaging 30(6): 1249–1258.

Ilk N., Egelseer E. M., Ferner-Ortner J., Küpcü S., Pum D., Schuster B. & Sleytr U. B. (2008): „Surfaces functionalized with self-assembling S-layer fusion proteins for nanobiotechnological applications." – Colloids and Surfaces A: Physicochem. Engineer. Aspects 321(1–3): 163–167.

Illanes A., Wilson L. & Vera C. (2014): „Problem solving in enzyme biocatalysis." Wiley: 318 Seiten.

Imanaka T. (2011): „Enzymes involved in DNA amplification (e.g. polymerase) from thermophiles: evolution of PCR enzymes." – In Horikoshi K., Antranikian G., Bull, A. T., Robb, F. T. & Stetter K. O. (Hrsg.): „Extremophiles handbook": 477–495.

Impellitteri C. A., Saxe J. K., Cochran M., Janssen G. M., Allen H. E. (2003): „Predicting the bioavailability of copper and zinc in soils: modeling the partitioning of potentially bioavailable copper and zinc from soil solid to soil solution." – Environ. Toxicol. Chem. 22(6): 1380–1386.

Inoue S., Parra E. A., Higa A., Jiang Y., Wang P., Buie C. R., Coates J. D. & Lin L. (2012): „Structural optimization of contact electrodes in microbial fuel cells for current density enhancements." – Sensors Actuators A 177: 30–36.

Isambert A., Menguy N., Larquet E., Guyot F. & Valet J.-P. (2007): „Transmission electron microscopy study of magnetites in a freshwater population of magnetotactic bacteria." – Am. Mineral. 92(4): 621–630.

Ishigaki T., Nakanishi A., Tateda M., Ike M. & Fujita M. (2005): „Bioleaching of metal from municipal waste incineration fly ash using a mixed culture of sulfur-oxidizing and iron-oxidizing bacteria." – Chemosphere 60(8): 1087–1094.

Ishige T., Honda K. & Shimizu S. (2005): „Whole organism biocatalysis." – Curr. Opin. Chem. Biol. 9(2): 174–180.

Iswantini D., Kano K. & Ikeda T. (2000): „Kinetics and thermodynamics of activation of quinoprotein glucose dehydrogenase apoenzyme in vivo and catalytic activity of the activated enzyme in *Escherichia coli* cells." – Biochem. Jour. 350(3): 917–923.

Ivanova E. V., Sergeeva V.S, Oni J., Kurzawa C., Ryabov A. D. & Schuhmann W. (2003): „Evaluation of redox mediators for amperometric biosensors: Ru-complex modified carbon-paste/enzyme electrodes." – Bioelectrochem. 60(1–2): 65–71.

Iwahori K., Watanabe J., Tani Y., Seyama H. & Miyata N. (2014): „Removal of heavy metal cations by biogenic magnetite nanoparticles produced in Fe(III)-reducing microbial enrichment cultures." – Jour. Biosci. Bioeng. 117(3): 333–335.

IZT & Fraunhofer (2009): „Rohstoffe für Zukunftstechnologien." – Fraunhofer ISI und IZT gGmbH: 15 Seiten.

Jarvis R. M., Law N., Shadi I. T., O'Brien P., Llloyd J. R. & Goodacre R. (2008): „Surface-enhanced Raman scattering from intracellular and extracellular bacterial locations." – Anal. Chem 80: 6741–6746.

Jegannatahn K. R. & Nielson P. H. (2013): „Environmental assessment of enzyme use in industrial production – a literature review." – Jour. Clean. Product. 42: 228–240.

Jeng S.-L., Lu J.-C. & Wang K. (2007): „A review of reliability research on nanotechnology." – IEEE Transact. Reliability 56(3): 401–410.

Jeremiasse A. W., Hamelers H. V. M. & Buisman C. J. N. (2010): „Microbial electrolysis cell with a microbial biocathode." – Bioelectrochem. 78(1): 39–43.

[1]Jha A. K., Prasad K. & Kulkarni A. R. (2009): „Synthesis of TiO_2 nanoparticles using microorganisms." – Colloids Surfaces B: Biointerfaces 71(2): 226–229.

[2]Jha A. K., Prasad K. & Prasad K. (2009): „A green low-cost biosynthesis of Sb_2O_3 nanoparticles." – Biochem. Eng. Jour. 43: 303–306.

Jiang S., Lee J. H., Kim M. G., Myung N. V., Fredrickson J. K., Sadowsky M. J. & Hur H. G. (2009): „Biogenic formation of As-S nanotubes by diverse *Shewanella* strains." – Appl. Environ. Microbiol. 75(21): 6896–6899.

Johnson A. K., Zawadzka A. M., Deobald L. A., Crawford R. L. & Paszczynski A. J. (2008): „Novel method for immobilization of enzymes to magnetic nanoparticles." – Jour. Nanopart. Res. 10: 1009–1025.

Johnson D. B. (2014): „Biomining-biotechnologies for extracting and recovering metals from ores and waste materials." – Curr. Opin. Biotechnol. 30: 24–31.

Johnson K. J. (2006): „Bacterial adsorption of aqueous heavy metals: molecular simulations and surface compexation models." – Diss. University of Notre Dame, Indiana: 112 Seiten.

Jong T. & Parry D. L. (2004): „Adsorption of Pb(II), Cu(II), Cd(II), Zn(II), Ni(II), Fe(II), and As(V) on bacterially produced metal sulphides." – Jour. Coll. Interf. Sci. 275(1): 61–71.

Jordening H.-J. & Winter J., Hrsg. (2006): „Environmental biotechnology: concepts and applications." – Wiley-VCH Verlag Weinheim: 488 Seiten.

Kacar T., Zin M. T., So C., Wilson B., Ma H., Gul-Karaguler N., Jen A. K.-Y., Sarikaya M. & Tamerler C. (2009): „Directed self-immobilization of alkaline phosphatase on micro-patterned substrates via genetically fused metal-binding peptide." – Biotechnol. Bioeng. 103(4): 696–705.

Kade A., Kummer K., Vyalikh D. V., Danzenbächer S., Blüher A., Mertig M., Lanzara A., Scholl A., Doran A. & Molodtsov S. L. (2010): „X-ray damage in protein–metal hybrid structures: A photoemission electron microscopy study." – Jour. Phys. Chem. B 114 (24): 8284–8289.

Kaewkannetra P., Garcia-Garcia F. J. & Chiu T. Y. (2009): „Bioleaching of zinc from gold ores using Acidithiobacillus ferrooxidans." – Int. Jour. Min. Metall. Mat. 16(4): 368–374.

Kalinowski B. E., Oskarsson A., Albinsson Y., Arlinger J., Ödegaard-Jensen A., Andlid T. & Pedersen K. (2004): „Microbial leaching of uranium and other trace elements from shale mine tailings at Ranstad." – Geoderma 122(2–4): 177–194.

Kamerlin S. C. L., Haranczyk M. & Warshel A. (2009): „Progress in ab initio QM/MM free-energy simulations of electrostatic energies in proteins: accelerated QM/MM studies of pKa, redox reactions and solvation free energie." – J. Phys. Chem. B 113(5): 1253–1272.

Kaneko Y., Thoendel M., Olakanmi O., Britigan B. E. & Singh P. K. (2007): „The transition metal gallium disrupts *Pseudomonas aeruginosa* iron metabolism and has antimicrobial and antibiofilm activity." – Jour. Clin. Invest. 117(4): 877–888.

Kappler A., Pasquero C., Konhauser K.O & Newman D. K. (2005): „Deposition of banded iron formations by anoxygenic phototrophic Fe(II)-oxidizing bacteria." – Geol. 33(11): 865–868.

Karbasian M., Atyabi S. M., Siadat S. D., Momen S. B. & Norouzian D. (2008): „Optimizing nano-silver formation by *Fusarium oxysporum PTCC 5115* employing response surface methodology." – Am. Jour. Agri. Biol. Sci. 3(1): 433–437.

Kästner J., Senn H. M., Thiel S., Otte N., & Thiel W. (2006): „QM/MM free-energy perturbation compared to thermodynamic integration and umbrella sampling: application to an enzymatic reaction." – Jour. Chem. Theory Comput. 2(2): 452–461.

Katz E. & Minko S. (2015): „Enzyme-based logic systems interfaced with signal-responsive materials and electrodes." – Chem. Commun. 51: 3493–3500.

Kazy S. K., Das S. K. & Sar P. (2006): „Lanthanum biosorption by a *Pseudomonas sp.*: equilibrium studies and chemical characterization." – Jour. Indus. Microbiol. Biotechnol. 33(9): 773–783.

Keim C. N. & Farina M. (2005): „Gold and silver trapping by uncultured magnetotactic Cocci." – Geomicrobiol. Jour. 22(1&2): 55–63.

Kelson A. B., Carnevali M. & Truong-Le V. (2013): „Gallium-based anti-infectives: targeting microbial iron-uptake mechanisms." – Curr. Opin. Pharmacol. 13(5): 707–716.

Kenney J.P & Fein J. B. (2011): „Cell wall reactivity of acidophilic and alkaliphilic bacteria determined by potentiometric titrations and Cd adsorption experiments." – Environ. Sci. Technol. 45(10): 4446–4452.

Kettler R. M. (2000): „The interaction of organic matter and fluids during the genesis of some precious metal and volcanogenic massive sulphides." – Giardona T. H., Kettler R. M. & Wood S. A. (Hrsg.): „Ore genesis and exploration: the roles of organic matter." – SEG Rev. Econ. Geol.9: 301–313.

Khan M. M., Kalathil S., Han T. H., Lee J. & Cho M. H. (2013): „Positively charged gold nanoparticles synthesized by electrochemically active biofilm-a biogenic approach." – Jour. Nanosci. Nanotechn. 13(9): 6079–6085.

Kim J., Grate J. W. & Wang P. (2006): „Nanostructures for enzyme stabilization." – Chem. Engineer. Sci. 61(3): 1017–1026

Kim J. & Grate J. W. (2003): „Single-enzyme nanoparticles armored by a nanometer-scale organic/inorganic network." – Nano Lett. 3 (9): 1219–1222.

[2]Kim S. U., Cheong Y. H., Seo D. C., Hur J. S., Heo J. S., Cho J. S. (2007): „Characterisation of heavy metal tolerance and biosorption capacity of bacterium *strain CPB4 (Bacillus spp.)*." – Water. Sci. Technol. 55(1–2): 105–111.

King E. L., Tuncay K., Ortoleva P. & Meile C. (2009): „In silico *Geobacter sulfurreducens* metabolism and its representation in reactive transport models." – Appl. Environ. Microbiol. 75(1): 83–92.

Kinzler K., Gehrke T., Telegdi J. & Sand W. (2003): „Bioleaching – a result of interfacial processes caused by extracellular polymeric substances (EPS)." – Hydrometallurgy 71(1–2): 83–88.

Kiran G. S., Selvin J., Manilal A. & Sujith S. (2011): „Biosurfactants as green stabilizers for the biological synthesis of nanoparticles." – Crit. Rev. Biotechnol. 31(4): 354–364.

Kirchner A. (2005): „Synthese von Edelmetallclustern auf S-Layern und deren katalytische Eigenschaften." – Diss. Fak. Maschinenwesen TU Dresden: 113 Seiten.

Kirschvink J. L., Kobayashi-Kirschvink A. & Woodford B. J. (1992): „Magnetite biomineralization in the human brain." – Proc. Natl. Acad. Sci. USA 89(16): 7683–7687.

Klaus-Joerger A., Joerger R., Olsson E. & Granqvist C.-G. (2001): „Bacteria as workers in the living factory: metal-accumulating bacteria and their potential for materials science." – Trends Biotechn. 19(1): 15–20.

Klaus T., Joerger R., Olsson E. & Granquist C.-G. (1999): „Silver-based crystalline nanoparticles, microbially fabricated." – PNAS 96(24): 13611–13614.

Klein B. (2007): „Versuchsplanung – DoE." – Oldenbourg Wissenschaftsverl. GmbH. 2. Aufl.: 341 Seiten.

Klibanov A. M. (2003): „Asymmetric enzymatic oxidoreductions in organic solvents." – Curr. Opin. Biotechnol. 14(4): 427–431.

Klibanov A. M. (2001): „Improving enzymes by using them in organic solvents." – Nature 409(6817): 241–246.

Knez M., Bittner A. M., Boes F., Wege C., Jeske H., Maiß E. & Kern K. (2003): „Biotemplate synthesis of 3-nm nickel and cobalt nanowires." Nano Lett. 3(8): 1079–1082.

Köhler W., Schachtel G. & Voleske P. (2007): „Biostatistik: Eine Einführung für Biologen und Agrarwissenschaftler." Springer Verl. Berlin. 4. Aufl.: 329 p.

Kolinko I., Lohße A., Borg S., Raschdorf O., Jogler C., Tu Q., Pósfai M., Tompa É, Plitzko J. M., Brachmann A., Wanner G., Müller R., Zhang Y. & Schüler D. (2014): „Biosynthesis of magnetic nanostructures in a foreign organism by transfer of bacterial magnetosome gene clusters." Nature Nanotechn. Lett. 9: 183–197.

Kondratyeva I. A., Gorbushina A. A. & Boikova A. I. (2006): „Biodeterioration of construction materials." – Glass Phys. Chem. 32: 254–256.

Konhauser K. O. (2007): „Introduction to geomicrobiology." Wiley-Blackwell. 1. Aufl.: 440 Seiten.

[1]Konishi Y., Ohno K., Saitoh N., Nomura T., Nagamine S., Hishada H., Takahashi Y. & Uruga T. (2007): „Bioreductive deposition of platinum nanoparticles on the bacterium *Shewanella algae*." – Jour. Biotechn. 128(3): 648–653.

[2]Konishi Y., Tsukiyama T., Saitoh N., Nomura T., Nagamine S., Takahashi Y. & Uruga T. (2007): „Direct determination of oxidation state of gold deposits in metal-reducing bacterium *Shewanella algae* using X-ray absorption near-edge structure spectroscopy (XANES)." – Jour. of Biosci. Bioeng. 103(6): 568–571.

Kostal J., Yang R., Wu C. H., Mulchandani A. & Chen W. (2004): „Enhanced arsenic accumulation in engineered bacterial cells expressing ArsR." – Appl. Environ. Microbiol. 70(8): 4582–4587.

Kravchenko T. A., Polyanskiy L. L., Krysanov V. A., Zelensky E. S., Kalinitchev A. I. & Hoell W. H. (2009): „Chemical precipitation of copper from copper–zinc solutions onto selective sorbents." – Hydrometall. 95(1–2): 141–144.

Kraynov A. & Müller T. E. (2011): „Concepts for the stabilization of metal nanoparticles in ionic liquids." – In Handy S. (Hrsg.): „Applications of ionic liquids in science and technology." – INTECH Open Access Publisher: 235–260.

Krebs W., Brombacher C., Bosshard P. P., Bachofen R. & Brandl H. (1997): „Microbial recovery of metals from solids." – FEMS Microbiol. Rev. 20(3–4): 605–617.

Kritee K., Blum J. D. & Barkay T. (2008): „Mercury stable isotope fractionation during reduction of Hg(II) by different microbial pathways." – Environ. Sci. Technol. 42 (24): 9171–9177.

Krumov N., Perner-Nochta I., Oder S., Gotcheva V., Angelov A. & Posten C. (2009): „Production of inorganic nanoparticles by microorganisms." – Chem. Eng. & Techn. 32(7): 1026–1035.

Kucha H., Schroll E., Raith J. G. & Halas S. (2010): „Microbial sphalerite formation in carbonate-hosted Zn-Pb ores, Bleiberg, Austria: micro- to nanotextural and sulfur isotope evidence:" – Econ. Geol. 105(5): 1005–1023.

Kucha H., Schroll E. & Stumpfl E. F. (2005): „Fossil sulphate-reducing bacteria in the Bleiberg lead-zinc deposit, Austria." – Mineral. Deposita 40(1): 123–126.

Kukkadapu R. K., Qafoku N. P., Arey B. W., Resch C. T. & Long P. E. (2010): „Effect of extent of natural subsurface bioreduction on Fe-mineralogy of subsurface sediments." – Jour. Phys.: Conf. Ser. 217: 8 Seiten.

Kulczycki E., Fowle D. A., Knapp C., Graham D. W. & Roberts J. A. (2007): „Methanobactin-promoted dissolution of Cu-substituted borosilicate glass." – Geobiol. 5(3): 251–263.

Kumpiene J, Lagerkvist A . & Maurice C. (2008): „Stabilization of As, Cr, Cu, Pb and Zn in soil using amendments-a review." – Waste Manag. 28(1): 215–225.

Kurata H., Zhao Q., Okuda R. & Shimizu K. (2007): „Integration of enzyme activities into metabolic flux distributions by elementary mode analysis." – BMC Syst. Biol.: 1:31.

Laane C., Pronk W., Franssen M. & Veeger C. (1984): „Use of a bioelectrochemical cell for the synthesis of (bio)chemicals." – Enzyme Microbial Technol. 6(4): 165–168.

Labrenz M. & Banfield J. F. (2004): „Sulfate-reducing bacteria-dominated biofilms that precipitate ZnS in a subsurface circumneutral-pH mine drainage system." – Microbial. Ecol. 47(3): 205–217.

Labrenz M., Druschel G. K., Thomsen-Ebert T., Gilbert B., Welch S. A., Kemner K. M., Logan G. A., Summons R. E., De Stasio G., Bond P. L., Lai B., Kelly S. D. & Banfield J. F. (2000): „Formation of sphalerite (ZnS) deposits in natural biofilms of sulfate-reducing bacteria." – Science 290(5497): 1744–1747.

Lack J. G., Chaudhuri S. K., Chakraborty R., Achenbach L. A. & Coates J. D. (2002): „Anaerobic biooxidation of Fe(II) by *Dechlorosoma siullum*." – Microb. Ecol. 43: 424–431.

Lall R. & Mitchell J. (2007): „Metal reduction kinetics in *Shewanella*." – Bioinformatics 23(20): 2754–2759.

Lang C. (2009): „Magnetosome-specific expression of chimeric proteins in *Magnetospirillium gryphiswaldense* for applications in cell biology and biotechnology." – Diss. Ludwig-Maximilians-Universität München, Fakultät für Biologie: 284 Seiten.

Lang C., Schüler D. & Faivre D. (2007): „Synthesis of magnetite nanoparticles for bio- and nanotechnology: genetic engineering and biomimetics of bacterial magnetosomes." – Macromolecul. Biosci. 7(2): 144–151.

Law N., Ansari S., Livens F. R., Renshaw J. C. & Lloyd J. R. (2008): „Formation of nanoscale silver particles via enzymatic reduction by *Geobacter sulfurreducens*." – Appl. Environ. Microbiol. 74(22): 7090–7093.

Lee J. H., Roh Y. & Hur H. G. (2008): „Microbial production and characterization of superparamagnetic magnetite nanoparticles by *Shewanella sp. HN-41*." – Jour. Microbiol. Biotechnol. 18(9): 1572–1577.

Lee K. M. & Gilmore D. F. (2006): „Statistical experimental design for bioprocess modeling and optimization analysis: repeated-measures method for dynamic biotechnology process." – Appl. Biochem. Biotechnol. 135(2): 101–116.

Lefèvre C. T., Song T., Yonnet J.-P. & Wu L.-F. (2009): „Characterization of bacterial magnetotactic behaviors by using a magnetospectrophotometry assay." – Appl. Environ. Microbiol. 75(12): 3835–3841.

Léger Ch. (2012): „Direct electrochemistry of proteins and enzymes: an introduction." – Vorlesungsskript Laboratoire de Bioénergétique et Ingénierie des Protéines, Institut de Microbiologie de la Méditerranée, CRNS, AMU Marseille : 42 Seiten.

Léger Ch. & Bertrand P. (2008): „Direct electrochemistry of redox enzymes as a tool for mechanistic studies." – Chem. Rev. 108: 2379–2438.

Lehmann B., Nägler T. F., Holland H. D., Wille M., Mao J., Pan J., Ma D. & Dulski P. (2007): „Highly metalliferous carbonaceous shale and Early Cambrian seawater." – Geol. Soc. Am. 35(5): 403–406.

[1]Lengke M. F., Fleet M. E. & Southam G. (2007): „Biosynthesis of silver nanoparticles by filamentous cyanobacteria from a silver(I) nitrate complex." – Langmuir 23(5): 2694–2699.

[2]Lengke M. F. & Southam G. (2007): „The deposition of elemental gold from gold(I)-thiosulfate complexes mediated by sulfate-reducing bacterial conditions." – Econ. Geol. 102(1): 109–126.

[2]Lengke M., Ravel B, Fleet M. E., Wanger G., Gordon R. A. & Southam G (2006): „Mechanisms of gold bioaccumulation by filamentous cyanobacteria from gold(III)-chloride complex." – Environ. Sci. Technol. 40: 6304–6309.

Leonard N., Blancheton J. P. & Guiraud J. P. (2000): „Populations of heterotrophic bacteria in an experimental recirculating aquaculture system." – Aquacult. Eng. 22: 109–120.

Leventhal J. S. & Giordano T. H. (2000): „The nature and roles of organic matter associated with ores and ore-forming systems: an introduction." – In Giordano T. H., Kettler R. M. & Wood S. A. (Hrsg.): „Ore genesis and exploration: the roles of organic matter." – Soc. Econ. Geol. 9: 1–26.

Li J. & Pan Y. (2012): „Environmental factors affect magnetite magnetosome synthesis in *Magnetospirillum magneticum AMB-1*: implications for biologically controlled mineralization." – Geomicrobiol. Jour. 29: 362–373.

[1]Li J., Pan Y., Chen G., Liu Q., Tian L. & Lin W. (2009): „Magnetite magnetosome and fragmental chain formation of Magnetospirillum magneticum AMB-1; transmission electron microscopy and magnetic observations." – Geophys. Jour. Int. 177: 33–42.

[2]Li J. H., Pan Y. X., Liu Q. S., Qin H. F., Deng C. L., Che R. C. & Yang X. A. (2009): „A comparative study of magnetic properties between whole cells and isolated magnetosomes of *Magnetospirillum magneticum AMB-1*." – Chin. Sci. Bull: 7 Seiten.

Liao V. H.-C, Chu Y.-J., Su Y.-C., Hsiao S.-Y., Wei C.-C., Liu C.-W., Liao C.-M., Shen W.-C & Chang F.-J. (2011): „Arsenite-oxidizing and arsenate-reducing bacteria associated with arsenic-rich groundwater in Taiwan." – Jour. Contam. Hydrol. 123(1–2): 20–29.

Liermann L. J., Guynn R. L., Anbar A. & Brantley S. L. (2005): „Production of a molybdophore during metal-targeted dissolution of silicates by soil bacteria." – Chem. Geol. 220(3–4): 285–302.

[1]Lim J.-S., Kim S.-M, Lee S.-Y., Stach E. A., Culver J. N. & Harris M. T. (2010): „Formation of Au/Pd alloy nanoparticles on TMV." – Jour. Nanomat.: 6 Seiten.

Lim M., Ye H., Panoskaltsis N., Drakakis E. M., Yue X., Cass A. E., Radomska A. & Mantalaris A. (2007): „Intelligent bioprocessing for haemotopoietic cell cultures using monitoring and design of experiments." – Biotechnol. Adv. 25(4): 353–368.

[2]Lim S. Y., Lee J. S., Park C. B. (2010): „In situ growth of gold nanoparticles by enzymatic glucose oxidation within alginate gel matrix." – Biotechnol. Bioengineer. 1051: 210–214.

Limbach L. K., Bereiter R., Müller E., Krebs R., Gälli R. & Strack W. (2008): „Removal of oxide nanoparticles in a model wastewater treatment plant: influence of agglomeration and surfactants on clearing efficiency." – Environ. Sci. Technol. 42: 5828–5833.

Lindner P. F. O. & Hitzmann B. (2006): „Experimental design for optimal parameter estimation of an enzyme kinetic process based on the analysis of the Fisher information matrix." – Jour. Theo. Biol. 238(1): 111–123.

Lins U., McCartney M. R., Parina M., Frankel R. B. & Buseck P. R. (2006): „Crystal habits and magnetic microstructures of magnetosomes in coccoid magnetotactic bacteria." – Anais da Academia Brasileira de Ciencias 78(3): 463–474.

Lipowsky P. (2007): „Abscheidung von Metalloxid-Dünnschichten aus Lösungen, die organische Hilfsstoffe enthalten." – Diss. Universität Stuttgart, Institut für Nichtmetallische Anorganische Materialien, Fakultät Chemie: 167 Seiten.

Lisdat F. & Karube I. (2002): „Copper proteins immobilised on gold electrodes for (bio)analytical studies." – Biosens. Bioelectron. 17(11–12): 1051–1057.

[1]Liu C., Zachara J. M., Zhong L., Kukkadapu R. K., Szecsody J. & Kennedy D (2005): „Influence of sediment bioreduction and reoxidation on uranium sorption." – Environ. Sci. Technol. 39: 4125–4133.

[2]Liu S., Jeffryes C., Rorrer G. L., Chang C.-H., Jiao J. & Gutu T. (2005): „Blue luminescent biogenic silicon-germanium oxide nanocomposites." – MRS Proceedings 873, K1.4.

Liu W., Tkatchenko A. & Scheffler M. (2014): „Modeling adsorption and reactions of organic molecules at metal surfaces." – ACS 47(11): 3369–3377.

Liu W. & Wang P. (2007): „Cofactor regeneration for sustainable enzymatic biosynthesis." – Biotechnol Adv. 25(4): 369–384.

Liu X. & Malapragada S. K. (2011): „Bioinspired synthesis of organic/inorganic nanocompsite materials mediated by biomolecules." – In Pramatarova L. (Hrsg.): „On Biomimetics", Tech. Rijeka Croatia: 229–250.

Liu X. Y. & Diao Y. Y. (2012): „Modeling of biomineralization and structural color biomimetics by controlled colloidal assembly." – In Liu X. Y. (Hrsg.): „Bioinspiration", Springer New York: 221–274

[1]Liu Y., Harnisch F., Fricke K., Schröder U., Climent V. & Feliu J. M. (2010): „The study of electrochemically active microbial biofilms on different carbon-based anode materials in microbial fuel cells." – Biosensors Bioelectronics 25(9): 2167–2171.

Liu Y., Harnisch F., Fricke K., Sietmann R. & Schröder U. (2008): „Improvement of the anodic bioelectrocatalytic activity of mixed culture biofilms by a simple consecutive electrochemical selection procedure." – Biosensors Bioelectronics 24(4): 1006–1011.

[2]Liu Y., Li G. R., Guo F. F., Jiang W., Li Y. & Li L. J. (2010): „Large-scale production of magnetosomes by chemostat culture of *Magnetospirillum gryphiswaldense* at high cell density." – Microbial Cell Factories: 8 Seiten.

Lloyd J. R., Beveridge T. J., Morris K., Polya D. A. & Vaughan D. J. (2007): „Techniques for studying microbial transformations of metals and radionuclides." – Man. Environ. Microbiol. Am. Soc. Microbiol. Washington DC: 1195–1213.

Lloyd J. R., Yong P. & Macaskie L. E. (1998): „Enzymatic recovery of elemental palladium by using sulfate-reducing bacteria." – Appl. Environ. Microbiol. 64(11): 4607–4609.

Lortie L., Gould W. D., Rajan S., McCready R. G. L. & Cheng K.-J. (1992): „Reduction of selenate and selenite to elemental selenium by a *Pseudomonas stutzeri* isolate." – Appl. Environ. Microbiol. 58: 4042–4044.

Lotfalian M., Schaffie M., Darezereshki E., Manafi Z. & Ranjbar M. (2012): „Column bioleaching of low-grade chalcopyritic ore using moderate thermophile bacteria." – Geomicrobiol. Jour. 29(8): 697–703.

Lovley D. R. & Nevin K. P. (2008): „Chapter 23: Electricity production with electricigens." – In J. Wall et al. (ed.), Bioenergy, ASM Press, Washington, DC.: 295–306.

Luptakova A. & Macingova E. (2012): „Alternative substrates of bacterial sulphate reduction suitable for the biological-chemical treatment of mine acid mine drainage." Acta Montan. Slovaca 17(1): 74–80.

Lustig S., Zang S., Beck W. & Schramel P. (1998): „Dissolution of metallic platinum as water soluble species by naturally occurring complexing agents." – Microchim. Acta 129(3–4): 189–194.

Ma R., McLeod C. W., Tomlinson K. & Poole R. K. (2004): „Speciation of protein-bound trace elements by gel electrophoresis and atomic spectrometry." – Electrophoresis 25(15): 2469–2477.

Macaskie L. E., Creamer N. J., Essa A. M. M. & Brown N. L. (2007): „A new approach for the recovery of precious metals from solution and from leachates derived from electronic scrap." – Biotechnol. Bioeng. 964: 631–639.

Madigan M. T. & Martinko J. M. (2009): „Brock Mikrobiologie." – Pearson Studium: 1203 Seiten.

Maeda Y., Yoshino T. & Matsunaga T. (2010): „In vivo biotinylation of bacterial magnetic particles by a truncated form of *Escherichia coli* biotin ligase and biotin acceptor peptide." – Appl. Environ. Microbiol. 76: 5785–5790.

Malik A. (2004): „Metal bioremediation through growing cells." – Environ. Int. 30: 261–278.

Maliszewska I. (2011): „Microbial synthesis of metal nanoparticles." – In Rai M. & Duran N. (Hrsg.): „Metal nanoparticles in microbiology", Springer Heidelberg : 153–175.

Mandal D., Bolander M. E., Mukhopadhyay D., Sarkar G. & Mukherjee P. (2006): „The use of microorganisms for the formation of metal nanoparticles and their application." – Appl. Microbiol. Biotechnol. 69: 485–492.

Mandenius C. F. & Brundin A. (2008): „Bioprocess optimization using design-of-experiments methodology." – Biotechnol. Prog. 24(6): 1191–1203.

Mann S. (1993): „Molecular tectonics in biomineralization and biomimetic materials chemistry." – Nature 365: 499–505.

[1]Manocchi A. K., Horelik N. E., Lee B. & Yi H. (2010): „Simple, readily controllable palladium nanoparticle formation on surface-assembled viral nanotemplates." – Langmuir 26(5): 3670–3677.

[2]Manocchi A. K., Seifert S., Lee B. & Yi H. (2010): „On the thermal stability of surface-assembled viral-metal nanoparticle complexes." – Langmuir 26(10): 7516–7522.

Marler R. T. & Arora J. S. (2004): „Survey of multi-objective optimization methods for engineering." – Struct. Multidisc. Optim. 26: 369–395.

Mark S. S., Bergkvist M., Yang X., Teixeira L. M., Bhatnagar P., Angert E. R. & Batt C. A. (2006): „Bionanofabrication of metallic and semiconductor nanoparticle arrays using S-Layer protein lattices with different lateral spacings and geometries." – Langmuir 22 (8): 3763–3774.

Marrero J., Coto O., Goldmann S., Graupner T. & Schippers A. (2015): „Recovery of nickel and cobalt from laterite tailings by reductive dissolution under aerobic conditions using *Acidithiobacillus* species." – Environ. Sci. Technol. 49: 6674–6682.

Marshall M. J., Beliaev A. S., Dohnalkova A. C., Kennedy D. W., Shi L., Wang Z. M., Boyanov M. I., Lai B., Kemner K. M., McLean J. S., Reed S. B., Culley D. E., Bailey V. L., Simonson C. J., Saffarini D. A., Romine M. F., Zachara J. M. & Fredrickson J. K. (2006): „c-Type cytochrome-dependent formation of U(IV) nanoparticles by *Shewanella oneidensis*." – PloS Biol. 4(8): 1324–1333.

Marsili E., Rollefson J. B., Baron D. B., Hozalski R. M. & Bond D. R. (2008): „Microbial biofilm voltammetry: direct electrochemical characterization of catalytic electrode-attached biofilms." – Appl. Environ. Microbiol. 74(23): 7329–7337.

Martínez-Luévanos A., Rodríguez-Delgado M. G., Uribe-Salas A., Carrillo-Pedroz F. R. & Osuna-Alarcón J. G. (2011): „Leaching kinetics of iron from low grade kaolin by oxalic acid solutions." – Appl. Clay Sci. 51(4): 473–477.

Mateo C., Palomo J. M., Fernandez-Lorente G., Guisan J. M. & Fernandez-Lafuente R. (2007): „Improvement of enzyme activity, stability and selectivity via immobilization techniques." – Enzyme Microbial Technol. 6(2): 1451–1463.

Mateos L. M., Ordonez E., Letek M. & Gil J. A. (2006): „*Corynebacterium glutamicum* as a model bacterium for the bioremediation of arsenic." – International Michrobiol. 9: 207–215.

Matias V. R. F., Al-Amoudi A., Dubochet J. & Beveridge T. J. (2003): „Cyro-transmission electron microscopy of frozen-hydrated sections of *Escherichia coli* and *Pseudomonas aeruginosa*." – Jour. Bact. 185(20): 6112–6118.

Matlakowska R., Wlodarczyk A., Slominska B. & Skiodowska A. (2014): „Extracellular elements-mobilizing compounds produces by consortium of indigenous bacteria isolated from

Kupferschiefer black shale – Implication for metals biorecovery from neutral and alkaline poly-metallic ores." – Physicochem. Probl. Miner. Process 50(1): 87–96.

Matsumoto T., Shimada S., Yamamoto K., Tanaka T. & A. Kondo A. (2013): „Two-stage oxidation of glucose by an enzymatic bioanode." – Fuel Cells 13(6): 960–964.

Matsunaga T. & Kamiya S. (1987): „Use of magnetic particles isolated from magnetotactic bacteria for enzyme immobilization." – Appl. Microbiol. Biotechn. 26: 328–332.

Matthews J. M., Loughlin F. E. & Mackay J. P. (2008): „Designed metal-binding sites in biomolecular and bioinorganic interactions." – Curr. Opin. Struc. Biol. 18(4): 484–490.

Maurer S. C., Schulze H., Schmid R. D. & Urlacher V. (2003): „Immobilisation of P450 BM-3 and an NADP+ cofactor recycling system: Towards a technical application of heme-containing monooxygenases in fine chemical synthesis." – Stuttgart, Universitätsbibliothek Uni. Stuttgart: 30 Seiten.

Mayr H., Breugst M. & Ofial A. R. (2011): „Farewell to the HSAB treatment of ambient reactivity." – Angw. Chemie Int. Ed. 50(29): 6470–6505.

McIntosh J. M., Silver M. & Groat L. A. (1997): „Bacteria and the breakdown of sulfide minerals." – In McIntosh J. M. & Groat L. A. (Hrsg): „Biological-mineralogical interactions." – Min. Assoc. Can., Shout Course Series 25: 63–92.

Meijnen J.-P., de Winde J. H. & Ruijssenaa H. J. (2011): „Sustainable production of fine chemicals by the solvent-tolerant *Pseudomonas putida S12* using lignocellulosic feedstock." – Int. Sug. Jour. 113(1345): 24–30.

Melchior A., Cardenas J. & Hughes G. (1996): „A geomicrobiological study of soils collected from auriferous areas of Argentina." – Jour. Geochem. Explor. 56(3): 219–227.

Melchior A., Cardenas J. & Dejonghe L. (1994): „Geomicrobiology applied to mineral exploration in Mexico." – Jour. Geochem. Explor. 51(2): 193–212.

[1]Mendes P., Hoops S., Sahle S., Gauges R., Dada J. & Kummer U. (2009): „Computational modeling of biochemical networks using COPASI." – In Maly I. V. (Hrsg.): „Methods in molecular biology." – Syst. Biol. 500, Humana Press: 17–59.

[2]Mendes P., Messiha H., Malys N. & Hoops S. (2009): „Enzyme kinetics and computational modeling for systems biology." – Methods Enzymol. 467: 583–599

Mendez E. (2008): „Biochemical thermodynamics under near physiological conditions." – Biochem. Molecul. Biol. Edu. 36(2): 116–119.

Mergeay M., Monchy S., Vallaeys T., Auquier V., Benotmane A., Bertin P., Taghavi S., Dunn J., van der Lelie D. & Wattiez R. (2003): „*Ralstonia metallidurans*, a bacterium specifically adapted to toxic metals: towards a catalogue of metal-responsive genes." FEMS Microbiol. Rev. 27(2–3): 385–410.

Merroun M. L., Rossberg A., Hennig C., Scheinost A. C. & Selenska-Pobell S. (2007): „Spectroscopic characterization of gold nanoparticles formed by cells and S-layer protein of *Bacillus sphaericus JG-A12*." – Materials Sci. Engineer. C 27(1): 188–192.

Merroun M. L., Ben Chekroun K., Arias J. M., González-Muñoz M. T. (2003): „Lanthanum fixation by *Myxococcus xanthus*: cellular location and extracellular polysaccharide observation." – Chemosphere 52(1): 113–120.

Merroun M. L., Ben Omar N., Alonso E., Arias J. M. & Gonzalez-Munoz M. T. (2001): „Silver sorption to *Myxococcus xanthus* biomass." – Geomicrobiol. Jour. 18(2): 183–192.

Merten D., Kothe E. & Büchel G. (2004): „Studies on microbial heavy metal retention from uranium mine drainage water with special emphasis on rare earth elements." – Mine Water Environ. 23: 43–43.

Mertig M., Wahl R., Lehmann M., Simon P. & Pompe W. (2001): „Formation and manipulation of regular metallic nanoparticle arrays on bacterial surface layers: an advanced TEM study." Eur. Phys. Jour. D 16: 317–320.

Methé B. A., Nelson K. E., Eisen J. A., I. T. Paulsen I. T., Nelson W., Heidelberg J. F., Wu D., Wu M., Ward N., Beanan M. J., Dodson R. J., Madupu R., Brinkac L. M., Daugherty S. C., DeBoy R. T., Durkin A. S., Gwinn M., Kolonay J. F., Sullivan S. A., Haft D. H., Selengut J., Davidsen T. M., Zafar N., White O., Tran B., Romero C., Forberger H. A., Weidman J., Khouri H., Feldblyum T. V., Utterback T. R., Van Aken S. E., Lovley D. R. & Fraser C. M. (2003): „Genome of *Geobacter sulfurreducens*: metal reduction in subsurface environments." – Science 302(5652): 1967–1969.

Mi J.-L., Lock N., Sun T., Christensen M., Søndergaard M., Hald P., Hng H. H., Ma J. & Iversen B. B. (2010): „Biomolecule-assisted hydrothermal synthesis and self-assembly of Bi_2Te_3 nanostring-cluster hierarchical structure." – ACS Nano 4 (5): 2523–2530.

Miranda O. R., Li X., Garcia-Gonzalez L., Zhu Z.-J., Yan B., Bunz U. H. F. & Rotello V. M. (2011): „Colorimetric bacteria sensing using a supramolecular enzyme-nanoparticle biosensor." – Jour. Am. Chem. Soc. 133(25): 9650–9653.

Mirkin C. A. & Niemeyer C. M. – Hrsg. (2007): „Nanobiotechnology II: more concepts and applications." – Wiley-VCH. 1. Aufl.: 459 Seiten.

Mishra D., Kim D. J., Ralph D. E., Ahn J. G. & Rhee Y. H. (2007): „Bioleaching of vanadium rich spent refinery catalysts using sulfur oxidizing lithotrophs." – Hydrometallurgy 88

MMSD (2002): „Breaking new ground. Mining, minerals, and sustainable development." Earthscan Publ. Ltd. London: 455 Seiten.

Mobili P., Serradell M.d.l.A., Mayer C., Arluison V. & Gomze-Zavaglia A. (2013): „Biophysical methods for the elucidation of the S-layer proteins/metal interaction." – Int. Jour. Biochem. Red. & Rev. 3(1): 39–62.

Moghaddam K. M. (2010): „An introduction to microbial metal nanoparticle preparation method." – Jour. Young Investigators 19: 7 Seiten.

Mohanpuria P., Rana N. K. Yadav S. K. (2008): „Biosynthesis of nanoparticles: technological concepts and future applications." – J. Nanopart. Res. 10: 507–517.

Molinari R., Poerio T. & Argurio P. (2005): „Polymer assisted ultrafiltration for copper-citric acid chelate removal from wash solutions of contaminated soil." – Jour. Appl. Electrochem. 35: 375–380.

Moll D., Huber C., Schlegel B., Pum D., Uwe B. Sleytr, and Margit Sára (2002): „S-layer-streptavidin fusion proteins as template for nanopatterned molecular arrays." – PNAS 99(23): 14646–14651.

Möller R., Powell R. D., Hainfeld J. F., & Fritzsche W. (2005): „Enzymatic control of metal deposition as key step for a low-background electrical detection for DNA chips." Nano Lett. 5(7): 1475–1482.

Montgomery D. C. (2012): „Design and analysis of experiments." – Wiley. 8. Aufl.: 680 Seiten.

Moon J.-W., Roh Y., Yeary L. W., Lauf R. J., Rawn C. J., Love L. J. & Phelps T. J. (2007): „Microbial formation of lanthanide-substituted magnetites by *Thermoanaerobacter sp. TOR-39*." – Extremophiles 11(6): 859–867.

Moore B. A., Mack C., Duncan J. R. & Burgess J. E. (2009): „Metal-biomass interactions: a comparison of visualisation techniques available in South Africa." – S. Afr. Jour. Sci. 105: 115–119.

Moore B., Stevenson L., Watt A., Flitsch S., Turner N. J., Cassidy C. & Graham D. (2004): „Rapid and ultra-sensitive determination of enzyme activities using surface-enhanced resonance Raman scattering." – Nature Biotechn. 22(9): 1133–1137.

Moreau J. W., Weber P. K., Martin M. C., Gilbert B., Hutcheon I. D. & Banfield J. F. (2007): „Extracellular proteins limit the dispersal of biogenic nanoparticles." – Science 316(5831): 1600–1603.

Moreau J. W., Zierenberg R. A. & Banfield J. F. (2010): „Diversity of dissimilatory sulfite reductase genes (dsrAB) in a salt marsh impacted by long-term acid mine drainage." – Appl. Environ. Microbiol. 76(14): 4819–4828.

Mosher J. J., Phelps T. J., Podar M., Hurt Jr. R. A., Campbell J. H., Drake M. M., Moberly J. G., Schadt C. W., Brown S. D., Hazen T. C., Arkin A. P., Palumbo A. V., Faybishenko B. A. & Elias D. A. (2012): „Microbial community succession during lactate amendment and electron acceptor limitation reveals a predominance of metal-reducing *Pelosinus spp.*" – Appl. Environ. Microbiol. 78(7): 2082–2091.

Mulani M. S. & Majumder D. R. (2013): „Reviews S-Layer protein: tailor made nanoparticles." – Int. Jour. Inno. Res. Sci., Engi.Techn. 2(9): 4693–4706.

Müller D. J., Sapra K. T., Scheuring S., Kedrov A., Frederix P. L., Fotiadis D. & Engel A. (2006): „Single-molecule studies of membrane proteins." – Curr. Op. Struct. Biol. 16: 489–495.

Müller E., Hilty L. M., Widmer R., Schluep M. & Faulstich M. (2014): „Modeling metal stocks and flows: a review of dynamic material flow analysis methods." – Environ. Sci. Technol. 48(4): 2102–2113.

Müller M. M., Kügler J. H., Henkel M., Gerlitzki M., Hörmann B., Pöhnlein M., Syldatk C. & Hausmann R. (2012): „Rhamnolipids next generation surfactants?" – Jour. Biotechnol. 162(4): 366–380.

Mullins S. J. (2012): „Ultrasonic concentration of microorganisms." – Diss. Uni. Kentucky – Biosys. Agricult. Eng.: 80 Seiten.

Murphy E. F., Gilmour S. G. & Crabbe M. J. (2004): „Efficient and cost-effective experimental determination of kinetic constants and data: the success of a Bayesian systematic approach to drug transport, receptor binding, continuous culture and cell transport kinetics." – FEBS Lett. 556: 193–198.

Murphy E. F., Gilmour S. G. & Crabbe M. J. C. (2003): „Efficient and accurate experimental design for enzyme kinetics: Bayesian studies reveal a systematic approach." – Jour. Biochem. Biophys. Meth. 55(2): 155–178.

Murugavelh S. & Mohanty K. (2013): „Bioreduction of Cr(VI) using live and immobilized Phanerochaete chrysosporium." – Desal. Water Treat. 51(16–18): 8482–8488.

Murugavelh S. & Mohanty K. (2012): „Bioreduction of hexavalent chromium by free cells and cell free extracts of Halomonas sp." – Chem. Eng. 203: 415–422.

Myszka D. G., Abdiche Y. N., Arisaka F., Byron O., Eisenstein E., Hensley P., Thomson J. A., Lombardo C. R., Schwarz F., Stafford W. & Doyle M. L. (2003): „The ABRF-MIRG'02 Study: assembly state, thermodynamic, and kinetic analysis of an enzyme/inhibitor interaction." – Jour. Biomol. Tech. 14(4): 247–269.

Nair B. & Pradeep T. (2002): „Coalescence of nanoclusters and formation of submicron crystallites assisted by *Lactobacillus* strains." – Crystal Growth Design 2(4): 293–298.

Nakayama T., Wake H., Ozawa K., Kodama H., Nakamura N. & Matsunaga T. (1998): „Use of a titanium nitride for electrochemical inactivation of marine bacteria." – Environ. Sci. Technol. 32 (6): 798–801.

Nancharaiah Y. V., Dodge C., Venugopalan V. P., Narasimhan S. V. & Francis A. J. (2010): „Immobilization of Cr(VI) and its reduction to Cr(III) phosphate by granular biofilms comprising a mixture of microbes." – Appl. Environ. Microbiol. 76(8): 2433–2438.

Nangia Y., Wangoo N., Goyal N., Shekhawat G. & Suri C. R. (2009): „A novel bacterial isolate *Stenotrophomonas maltophilia* as living factory for synthesis of gold nanoparticles." – Microbial Cell Factories 8: 7 Seiten.

Narayanan K. B. & Sakthivel N. (2010): „Biological synthesis of metal nanoparticles by microbes." – Adv. Colloid Interface Sci. 156(1–2): 1–13.

Navarro C. A., von Bernath D. & Jerez C. A. (2013): „Heavy metal resistance strategies of acidophilic bacteria and their acquisition: importance for biomining and bioremediation." – Biol. Res. 46(4): 363–371.

Navrotsky A., Mazeina L. & Majzlan J. (2008): „Size-driven structural and thermodynamic complexity in iron oxides." – Science 319(5870): 1635–1638.

Neal A. L., Dublin S. N., Taylor J., Bates D. J., Burns L., Apkarian R. & DiChristina T. J. (2007) : „Terminal electron acceptors influence the quantity and chemical composition of capsular exopolymers produced by anaerobically growing *Shewanella spp.*" – Biomacromolecules 8: 166–174.

Nealson K. H. & Rye R. (2003): „Evolution of metabolism." – In Holland H. D. & Turekian K. K. (Hrsg.): „Treatise on Geochemistry." – Elsevier Bd. 8.02: 41–61.

Nelson M., Kyser K. & Clark A. (2007): „Carbon isotope evidence for microbial involvement in exotic copper silicate mineralization, Huinquintipa and Mina Sur, Northern Chile." – Econ. Geol. 102(7): 1311–1320.

Nevin K. P., Kim B.-C., Glaven R. H., Johnson J. P., Woodard T. L., Methé B. A., DiDonato Jr. R. J., Covalla S. F., Franks A. E., Liu A., Lovley D. R. (2009): „Anode biofilm transcriptomics reveals outer surface components essential for high density current production in Geobacter sulfurreducens fuel cells." – *PLoS ONE* 4: e5628-e5628.

Nevin K.P, Richter H., Covalla S. F., Johnson J. P., Woodard T. L., Orloff A. L., Jia H., Zhang M., Lovley D. R. (2008): „Power output and columbic efficiencies from biofilms of *Geobacter sulfurreducens* comparable to mixed community microbial fuel cells." – Environ. Microbiol. 10(10): 2505–2514.

Nguyen M. T. (2006): „The effect of temperature on the growth of the bacteria *Escherichia coli DH5α.*" – St. Martin's Univ. Biol. Jour. 1: 87–94.

Niemeyer C. M. (2001): „Nanoparticles, proteins, and nucleic acids: biotechnology meets materials science." – Angew. Chemie Int. Ed. 40: 4128–4158.

Niemeyer C. M. & Mirkin C. A. – Hrsg. (2004): „Nanobiotechnology: concepts, applications and perspectives." – Wiley-VCH. 1. Aufl.: 491 Seiten.

Noack S., Wahl A., Qeli E. & Wiechert W. (2007): „Visualizing regulatory interactions in metabolic networks." – BMC Biol.: 17 Seiten.

Noffke N., Hazen, R. & Nhleko N. (2003): „Earth's earliest microbial mats in a siliciclastic marine environment (2.9 Ga Mozaan Group, South Africa)." – Geology 31: 673–676.

Norris P. R., Burton N. P. & Foulis N. A. M. (2000): „Acidophiles in bioreactor mineral processing." – Extremophiles 4: 71–76.

Ntemi A. M. (2013): „An evaluation of the current situation of cyanide waste disposal and treatment methods." – Diss. FU Berlin, FB Geowissenschaften: 207 Seiten.

Nyirő-Kósa I., Nagy D. C. & Pósfai M. (2009): „Size and shape control of precipitated magnetite nanoparticles." – Eur. Jour. Min. 21(2): 293–302.

Ogi T., Tamaoki K., Saitoh N., Higashi A. & Konishi Y. (2012): „Recovery of indium from aqueous solutions by the Gram-negative bacterium *Shewanella algae.*" – Biochem. Eng. Jour. (63): 129–133.

Ogi T., Saitoh N., Nomura T. & Konishi Y. (2010): „Room-temperature synthesis of gold nanoparticles and nanoplates using *Shewanella algae* cell extract." – Jour. Nanopart. Res. 12(7): 2531–2539.

Okuda M., Iwahori K., Yamashita I. & Yoshimura H. (2003): „Fabrication of nickel and chromium nanoparticles using the protein cage of apoferritin." – Biotechnol. Bioeng. 84 (2): 187–194.

Ollivier P. R., Bahrou A. S., Church T. M. & Hanson T. E. (2011): „Aeration controls the reduction and methylation of tellurium by the aerobic, tellurite-resistant marine yeast *Rhodotorula mucilaginosa.*" – Appl. Environ. Microbiol. 77(13): 4610–4617.

Olson G. J., Brierley C. L., Briggs A. P. & Calmet E. (2006): „Biooxidation of thiocyanate-containing refractory gold tailings from Minacalpa, Peru." – Hydrometall. 81: 159–166.

Olson G. J., Brierley J. A. & Brierly C. L. (2003): „Bioleaching review part B: progress in bioleaching: applications of microbial processes by the minerals industries." – Appl. Microbiol. Biotechnol. 63: 249–257.

Orell A., Navarro C. A., Arancibia R., Mobarec J. C. & Jerez C. A. (2010): „Life in blue: copper resistance mechanisms of bacteria and archaea used in industrial biomining of minerals." – Biotech. Adv. 28: 839–848.

Oren A. (1999): „Bioenergetic aspects of halophilism." – Microbiol. Mol. Biol. Rev. 63: 334–348.

Pages D., Rose J., Conrod S., Cuine S., Carrier P., Heulin T. & Achouak W. (2008): „Heavy metal toler-ance in *Stenotrophommonas maltophilia*." – PloS ONE 2: 6 Seiten.

Pagnanelli F., Cruz Viggi C. & Toro L. (2010): „Isolation and quantification of cadmium removal mechanisms in batch reactors inoculated by sulphate reducing bacteria: biosorption versus bioprecipitation." – Bioresour. Technol. 101(9): 2981–2987.

Pal D. & Eisenberg D. (2005): „Interference of protein function from protein structure." – Structure 13(1): 121–130.

Pal S. & Gauri S. K. (2010): „Multi-Response Optimization Using Multiple Regression–Based Weighted Signal-to-Noise Ratio (MRWSN." – Qual. Engi. 22(4): 336–350.

Pandey A., Selvakumar P., Soccol C. R. & Nigam P. (1999): „Solid state fermentation for the produc-tion of industrial enzymes." Curr. Sci. 77: 149–162.

Papapostolou D. & Howorka S. (2009): „Engineering and exploiting protein assemblies in synthetic biology." – Mol. BioSyst. (5): 723–732.

Papp S., Patakfalvi R. & Dékany I. (2007): „Formation and stabilization of noble metal nanoparti-cles." – Croatica Chemica Acta 80(3/4): 483–502.

Paquete C. M., Saraiva I. H., Calçada E. & Louro R. O. (2010): „Molecular basis for directional electron transfer." – Jour. Biol. Chem. 285: 10370–10375.

Parduhn N. L. (1991): „A microbial method of mineral exploration; a case history at the Mesquite Deposit." – Geochem. Explor. 1989, Teil II, Int. Elsevier 41(1–2): 137–149.

Park D., Lee D. S., Park J. M., Chun H. D., Park S. K., Jitsuhara I., Miki O.m& Kato T. (2005): „Metal recovery from electroplating wastewater using acidophilic iron oxidizing bacteria: pilot-scale feasibility test." – Ind. Eng. Chem. Res. 44 (6): 1854–1859.

Park T. J., Lee S. Y., Heo N. S. & Seo T. S. (2010): „In vivo synthesis of diverse metal nanoparticles by recombinant Escherichia coli." – Angew. Chemie Int. Ed. 49(39): 7019–7024.

Patel P. C., Goulhen F., Boothman C., Gault A. G., Kalia K. & Lloyd J. R. (2007): „Arsenate detoxifica-tion in a *Pseudomonad* hypertolerant to arsenic." – Archive Microbiol. 187: 171–183.

Patil A. J., L M. & Mann S. (2013): „Integrative self-assembly of functional hybrid nanoconstructs by inorganic wrapping of single biomolecules, biomolecule arrays and organic supramolecular assemblies." – Nanoscale 5(16): 7161–7174.

Pearce C. I., Coker V. S., Charnock J. M., Pattrick R. A. D., Mosselmans J. F. W., Law N., Beveridge T. J. & Jonathan R Lloyd J. R. (2008): „Microbial manufacture of chalcogenide-based nanoparticles via the reduction of selenite using *Veillonella atypica*: an in situ EXAFS study." – Nanotechnol. 19 (15): 13 Seiten.

Pearson R. G. (1963): „Hard and soft acids." – Jour. Chem. Soc. 85(22): 3533–3539.

Peng X., Zhou H., Li J., Li J., Chen S., Yao H. & Wu Z. (2010): „Intracellular and extracellular mineral-ization of a microbial community in the Edmond deep-sea vent field environment." – Sed. Geol. 229(4): 193–206.

Peng L., Yi L., Zhexue L., Juncheng Z., Jiaxin D., Daiwen P., Ping S. & Songsheng Q. (2004): „Study on biological effect of La^{3+} on Escherichia coli by atomic force microscopy." – Jour. Inorganic Biochem. 98(1): 68–72.

Pereyra L. P., Hiibel S. R., Pruden A. & Reardon K. F. (2008): „Comparison of microbial community composition and activity in sulfate-reducing batch systems remediating mine drainage." – Biotechnol. Bioeng. 101(4): 702–713.

Perry C. C., Patwardhan S. V. & Deschaume O. (2009): „From biominerals to biomaterials: the role of biomolecule–mineral interactions." Biochem. Soc. Transact. 37: 687–691.

Perozzo R., Folkers G. & Scapozza L. (2004): „Thermodynamics of protein-ligand interactions: his-tory, presence, and future aspects." – Jour. Recept. Signal. Transduct. Res. 24(1–2): 1–52.

Petrie L., North N. N., Dollhopf S. L., Balkwill D. L. & Kostka J. E. (2003): „Enumeration and characterization of iron(III)-reducing microbial communities from acidic subsurface sediments contaminated with uranium(VI)." – Appl. Environ. Microbiol. 69(12): 7467–7479.

Pham T. H., Aelterman P. & Verstraete W. (2009): „Bioanode performance in bioelectrochemical systems: recent improvements and prospects." – Trends Biotechnol. 27(3): 168–178.

Pham H. T., Boon N., Aelterman P., Clauwaert P., de Schamphelaire L., van Oostveldt P., Verbeken K., Rabaey K. & Verstraete W. (2008): „High shear enrichment improves the performance of the anodophilic microbial consortium in a microbial fuel cell." – Microbial Biotechn. 1(6): 487–496.

Philip L., Iyengar L. & Venkobachar C. (2000): „Biosorption of U, La, Pr, Nd, Eu and Dy by *Pseudomonas aeruginosa*." – Jour. Indus. Microbiol. Biotechnol. 25: 1–7.

Phoenix V. R., Renaut R. W., Jones B. & Ferris P. G. (2005): „Bacterial S-layer preservation and rare arsenic-antimony-sulphide bioimmobilization in silieous sediments from Champagne Pool hot spring, Waiotapu, New Zealand." – Jour. Geol. Soc. 162: 323–331.

Pita M., Minko S. & Katz E. (2009): „Enzyme-based logic systems and their applications for novel multi-signal-responsive materials." – Jour. Mat. Sci.: Materials in Medicine 20(2): 457–462.

Pokrovsky O. S., Martinez R. E., Kompantseva E. I. & Shirokova L. S. (2013): „Interaction of metals and protons with anoxygenic phototrophic bacteria *Rhodobacter blasticus*." – Chem. Geol. 335: 75–86.

Pokrovsky O. S., Shirokova L. S., Bénézeth P., Schott J. & Golubev S. V. (2009): „Effect of organic ligands and heterotrophic bacteria on wollastonite dissolution kinetics." – Amer. Jour. Sci., 309: 731–772.

Pokroy B., Epstein A. K., Persson-Gulda M. C. M. & Aizenberg J. (2009): „Fabrication of bioinspired actuated nanostructures with arbitrary geometry and stiffness." – Adv. Materials 21: 463–469.

Pollmann K., Raff J., Merroun M., Fahmy K. & Selenska-Pobella S. (2006): „Metal binding by bacteria from uranium mining waste piles and its technological applications." – Biotechnol. Adv. 24(1): 58–68.

Poortinga A. T., Bos R. & Busscher H. J. (1999): „Measurement of charge transfer during bacterial adhesion to an indium tin oxide surface in a parallel plate flow chamber." – Jour. Microbiol. Methods 38(3): 183–189.

Popescu M., Velea A. & Lörinczi A. (2010): „Biogenic production of nanoparticles." – Dig. Jour. Nanomat. Biostruct. 5(4): 1035–1040.

Pósfai M., Buseck P. R., Bazylinski D. A. & Frankel R. B. (1998): „Reaction sequence of iron sulfide minerals in bacteria and their use as biomarkers." – Science 280(5365): 880–883.

Pósfai M. & Dunin-Borkowski R. E. (2009): „Magnetic nanocrystals in organisms." – Elements 5: 235–240.

Pósfai M. & Dunin-Borkowski R. E. (2006): „Sulfides in biosystems." – Rev. Min. Geochem. 61(1): 679–714.

Posfai M., Kasama T. & Dunin-Borkowski R.E (2013): „Biominerals at the nanoscale: transmission electron microscopy methods for studying the special properties of biominerals." – EMU Notes in Min. 14: 375–433.

Prakash A., Sharma S., Ahmad N., Ghosh A. & Sinha P. (2010): „Bacteria mediated extracellular synthesis of metallic nanoparticles." – Int. Res. Jour. Biotechn. 1(5): 71–79.

Prather K. L. J. & Martin C. H. (2008): „De novo biosynthetic pathways: rational design of microbial chemical factories." – Gen. Opin. Biotechn. 19: 468–478.

Pratt L. M. & Warner M. C. (2000): „Roles of organic matter in shale- and carbonate-hosted base metal deposits." – In Giordano T. H., Kettler R. M. & Wood S. A. (Hrsg.): „Ore genesis and exploration: the roles of organic matter." – Soc. Econ. Geol. 9: 281–300.

[2]Prozorov T., Palo P., Wang L., Nilsen-Hamilton M., Jones D., Orr D., Mallapragada S. K., Narasimhan B., Canfield P. C. & Prozorov R. (2007): „Cobalt ferrite nanocrystals: out-performing magnetotactic bacteria." – ACS Nano, 1(3): 228–233.

Pugh R. S. & McCave I. N. (2011): „Particle size measurement of diatoms with inference of their properties: comparison of three techniques." – Jour. Sed. Res. 81(8): 600–610.

Pum D., Toca-Herrera J. L. & Sleytr U. B. (2013): „S-layer protein self-assemby." – Int. Jour. Mol. Sci. 14: 2484–2501.

Quatrini R., Valdès J., Jedlicki E. & Holmes D. S. (2007): „The use of bioinformatics and genome biology to advance our understanding of bioleaching microorganisms." – In Donati E. R. & Sand W. (Hrsg.): „Microbial processing of metal sulphides." – Springer: 221–239.

Quednau M. (2009): „Biogene Extraktion von Cu, Ni und Zn aus Galvanikschlämmen." – Technischer Report UNIGEA Invest, Wien: 58 Seiten.

Quednau M. (2008): „NanoMining: novel nanobiotechnological approaches for the mining industry". – Final Report NASSAP, 6th Framework Program EC, London: 9 Seiten.

Queitsch U., Mohn E., Schäffel F., Schultz L., Rellinghaus B., Blüher A. & Mertig M. (2007): „Regular arrangement of nanoparticles from the gas phase on bacterial surface-protein layers." – Appl. Phys. Lett. 90: 3 Seiten.

Quéméneur M., Heinrich-Salmeron A., Muller D., Lièvremont D., Jauzein M., Bertin P. N., Garrido F., Joulian C. (2008): „Diversity surveys and evolutionary relationships of *aoxB* genes in aerobic arsenite-oxidizing bacteria." – Appl. Environ. Microbiol. 74(14): 4567–4573.

Quintana C., Cowley J. M. & Marhic C. (2004): „Electron nanodiffraction and high-resolution electron microscopy studies of the structure and composition of physiological and pathological Ferritin." – Jour. Struct. Biol. 147: 166–178.

Quintero E. J., Langille S. E. & Weiner R. M. (2001): „The polar polysaccharide capsule of Hyphomonas adhaerens MHS-3 has a strong affinity for gold." – Jour. Indust. Microbiol. Biotech. 27: 1–4.

Quintelas C., Rocha Z., Silva B., Fonseca B., Figueiredo H. & Tavares T. (2009): „Removal of Cd(II), Cr(VI), Fe(III) and Ni(II) from aqueous solutions by an *E. coli* biofilm supported on kaolin." – Chem. Eng. Jour. 149: 319–324.

Rabaey K., van de Sompel K., Maignien L., Boon N., Aelterman P., Clauwaert P., de Schamphelaire L., Pham H. T., Vermeulen J., Verhaege M., Lens P. & Verstraete W. (2006): „Microbial fuel cells for sulfide removal." – Environ. Sci. Technol. 40(17): 5218–5224.

Raiteri P., Demichelis R. & Gale J. D. (2013): „Chapter one – Development of accurate force fields for the simulation of biomineralization." – In de Yoreo J. J. (Hrsg.): „Research methods in biomineralization science." – Meth. Enzymol. Vol 532: 3–23.

Rashamuse K. J. & Whiteley C. G. (2007): „Bioreduction of Pt (IV) from aqueous solution using sulphate-reducing bacteria." – Appl. Microbiol. Biotechnol. 75(6): 1429–1435.

Rawlings D. E. & Johnson D. B., Hrsg. (2006): „Biomining." – Springer Verl. Berlin. 1. Aufl.: 333 Seiten.

Rawlings D. E. (2005): „Characteristics and adaptability of iron- and sulfur-oxidizing microorganisms used for the recovery of metals from minerals and their concentrates." – Microbial Cell Factories : 1–15

Rawlings D. E. & Johnson D. B. (2007): The microbiology of biomining: development and optimization of mineral-oxidizing microbial consortia." Microbiol. 153: 315–324.

Rawlings D. E., Dew D. & du Plessis C. (2003): „Biomineralization of metal-containing ores and concentrates." – Trends Biotechnol. 21(1): 38–44.

Rawlings D. E., Tributsch H. & Hansford G. S. (1999): „Reasons why '*Leptospirillum*'-like species rather than *Thiobacillus ferrooxidans* are the dominant iron-oxidizing bacteria in many commercial processes for the biooxidation of pyrite and related ores." – Microbiol. 145: 5–13.

Reich M., Hough R. M., Deditius A., Utsunomiya S., Ciobanu C. L. & Cook N. J. (2011): „Nanogeoscience in ore systems research: Principles, methods, and applications: Introduction and preface to the special issue." – Ore Geol. Rev. 42(1): 1–5.

Reiss B. D., Mao C., Solis D. J., Ryan K. S., Thomson T. & Belcher A. M. (2004): „Biological routes to metal alloy ferromagnetic nanostructures." – Nano Lett. 4(6): 1127–1132.

Reith F., Brugger J., Zammit C. M., Nies D. H. & Southam G. (2013): „Geobiological cycling of gold: from fundamental process understanding to exploration solutions." – Minerals 3: 367–394.

[1]Reith F., Lengke M. F., Falconer D., Craw D. & Southam G. (2007): „The geomicrobiology of gold." – ISME Jour. 1: 567–584.

[2]Reith F., Rogers S. L., McPhail D. C. & Brugger J. (2007): „Potential for the utilisation of microorganisms in gold processing." – World Gold Conference 22–24 Oct. 2007, Cairns QLD: 8 Seiten.

Reith F., Rogers S. L., McPhail D. C. & Webb D. (2006): „Biomineralization of gold: biofilms on bacterioform gold." – Science 313(5784): 233–236.

Ressine A., Vaz-Domínguez C., Fernandez V. M., De Lacey A. L., Laurell T., Ruzgas T. & Shleev S. (2010): „Bioelectrochemical studies of azurin and laccase confined in three-dimensional chips based on gold-modified nano-/microstructured silicon." – Biosens. Bioelectron. 25(5): 1001–1007.

Revilla-López G., Casanovas J., Bertran O., Turon P., Puiggalí J. & Alemán C. (2013): „Modeling biominerals formed by apatites and DNA." – Biointerfaces 8: 15 Seiten.

Richter H., McKarthy K., Nevin K. P., Johnson J. P., Rotello V. M. & Lovley D. R. (2008): „Electricity generation by *Geobacter sulfurreducens* attached to gold electrodes." – Langmuir 24: 4376–4379.

Riddin T., Gericke M. & Whiteley C. G. (2010): „Biological synthesis of platinum nanoparticles: effect of initial metal concentration." – Enzyme Microbial Technol. 46(6): 501–505.

Rios G. M., Belleville M. P., Paolucci D. & Sanchez J. (2004): „Progress in enzymatic membrane reactors – a review." – Jour. Mem. Sci. 242: 189–196.

Rioux J.-B., Philippe N., Pereira S., Pignol D., Wu L.-F. & Ginet N. (2010): „A second actin-like MamK protein in *Magnetospirillum magneticum AMB-1* encoded outside the genomic magnetosome island." – PNAS 5(2): 12 Seiten.

Riva S. (2006): „Laccases: blue enzymes for green chemistry." – Trends Biotechnol. 24: 219–226.

Roberge D. M., Ducry L., Bieler N., Cretton Ph. & Zimmermann B. (2005): „Microreactor technology: a revolution for the fine chemical and pharmaceutical industries?" – Chem. Eng. Technol. 28(3): 318–323.

Roberts J. A., Fowle D. A., Hughes B. T. & Kulczycki E. (2006): „Attachment behavior of *Shewanella putrefaciens* to magnetite under aerobic and anaerobic conditions." – Geomicrobiol. Jour. 23: 631–640.

Robertson D. E., Lai M.-C., Gunsalus R. P. & Roberts M. F. (1992): „Composition, variation, and dynamics of major osmotic solutes in *Methanohalophilus Strain FDF1*." – Appl. Environ. Microbiol. 58(8): 2438–2443.

Roh Y., Chon C.-M. & Moon J.-W. (2007): „Metal reduction and biomineralization by an alkaliphilic metal-reducing bacterium, *Alkaliphilus metalliredigens* (QYMF)." – Geosci. Jour. 11(4): 415–423.

Rojas L. A., Yáñez C., González M., Lobos S., Smalla K. & Seeger M. (2011): „Characterization of the metabolically modified heavy metal-resistant *Cupriavidus metallidurans* strain MSR33 generated for mercury bioremediation." – PLoS ONE 6(3): e17555.

Romero P. A. Krause A. & Arnold F. H. (2013): „Navigating the protein fitness landscape with Gaussian processes." – Proc. Natl. Acad. Sc.i U.S.A 110(3): 193–201.

Ron E. Z. & Rosenberg E. (2001): „Natural roles of biosurfactants." – Environ. Microbiol. 3(4): 229–236.

Rosenbaum M., Cotta M. A. & Angenent L. T. (2010): „Aerated *Shewanella oneidensis* in continuously fed bioelectrochemical systems for power and hydrogen production." – Biotechnol. Bioengineering 105(5): 880–888.

Rozendal R. A., Hamelers H. V. M., Rabaey K., Keller J. & Buisman C. J. N. (2008): „Towards practical implementation of bioelectrochemical wastewater treatment." – Trends Biotechnol. 26(8): 450–459.

Ruan L., Chiu C. Y., Li Y. & Huang Y. (2011): „Synthesis of platinum single-twinned right bipyramid and {111}-bipyramid through targeted control over both nucleation and growth using specific peptides." – Nano Lett. 11(7): 3040–3046.

Rudolf M. & Kuhlisch W. (2008): „Biostatistik: Eine Einführung für Biowissenschaftler." – Pearson Studium 423 Seiten.

Ryan J. (2012): „Understanding and managing cell culture contamination." – Corning Incorp.: 24 Seiten.

Sadowski Z., Maliszewska I. H., Gruchowalska B., Polowczyk I. & Koźlrcki T. (2008): „Synthesis of silver nanoparticles using microrganisms." Mat. Sci.-Poland 26(2): 419–424.

Saifuddin N., Wong C. W. & Nur Yasumira A. A. (2009): „Rapid biosynthesis of silver nanoparticles using culture supernatant of bacteria with microwave irradiation." – E-Journal of Chemistry 6(1): 61–70.

Salis H. & Kaznessis Y. N. (2006): „Computer-aided design of modular protein devices: Boolean AND gene activation." – Phys. Biol. 3: 295–310.

Salleh A. B., Basri M., Taib M., Jasmani H., Rahman R. N., Rahman A. B. & Razak C. N. (2002): „Modified enzymes for reactions in organic solvents." – Appl. Biochem. Biotechnol. 102–103(1–6): 349–357.

Sand W. & Gehrke T. (2006): „Extracellular polymeric substances mediate bioleaching/biocorrosion via interfacial processes involving iron(III) ions and acidophilic bacteria." – Res. Microbiol. 157(1): 49–56.

Sandhage K. H. & Lewis J. A. (2005): „Biomineralized 3-D nanoparticle assemblies with micro-to-nano features and tailored chemistries." – AFOSR Final Performance Report Air Force Sci. Res. Arlington-VA: 30 Seiten.

Sano K.-I., Sasaki H. & Shiba K. (2005): „Specificity and biomineralization activities of Ti-binding peptide-1 (*TBP-1*)." – Langmuir 21(7): 3090–3095.

Sarikaya M., Tamerler C., Schwartz D. T. & Baneyx F. 2004): „Materials assembly and formation using engineered polypeptides." – Ann. Rev. Mat. Res. 34: 373–408.

Sarikaya M., Tamerler C., Jen A. K.-Y & Baneyx F. (2003): „Molecular biomimetics: nanotechnology through biology." Nature Materials 2: 577–585.

Sarmidi M. R. & El Enshasy H. A. (2012): „Biotechnology for wellness industry: concepts and biofactories." – Int. Jour. Biiotechnol. Welln. Industr. 1: 3–28.

Schepers T. (2006): „Toward an efficient simulation of biomineralization: a computational study of the apatite/Collagen system." – Diss. TU Darmstadt, FB Chemie: 113 Seiten.

Schippers A. (2007): „Microorganisms involved in bioleaching and nucleic acid-based molecular methods for their identification and quantification." – In Donati E. R. & Sand W. (Hrsg.): „Microbial processing of metal sulfides." – Springer Netherlands: 314 Seiten.

Schippers A., Breuker A., Blazejak A., Bosecker K., Kock D. & Wright T. L. (2010): „The biogeochemistry and microbiology of sulfidic mine waste and bioleaching dumps and heaps, and novel Fe(II)-oxidizing bacteria." – Hydrometall. 104: 342–350.

Schippers A., Hedrich S., Vasters J., Drobe M., Sand W. & Willscher S. (2014): „Biomining: Metal recovery from ores with microorganisms." – In Schippers A., Glombitza F. & Sand W. (Hrsg.): „Geobiotechnology I. Metal-related issues." – Adv. Biochem. Biotechnol. 141: 49–107.

Schippers A., Sand W., Glombitza F. & Willscher S., Hrsg. (2008): „17th International Biohydrometallurgy Symposium, IBS2007." Frankfurt a.M., Germany, 2–5 September 2007. Spec. Issue
Hydrometallurgy 94.

Schippers A., Sand W., Glombitza F. & Willscher S., Hrsg. (2007): „Biohydrometallurgy: from the
single cell to the environment." – Adv. Mat. Res. 20(21): 457–460.

Schmid R. D. & Urlacher V., Hrsg. (2007): „Modern biooxidation enzymes. Reactions and applications." – Wiley-VCH, Weinheim: 300 Seiten.

Schmidt H.-L., Gutberlet F. & Schuhmann W. (1993): „New principles of amperometric enzyme electrodes and of reagentless oxidoreductase biosensors." – Sensors and Actuators B: Chemical
13(1–3): 366–371.

Schofield E. J., Veeramani H., Sharp J. O., Suvorova E., Bernier-Latmani R, Mehta A., Stahlman J.,
Webb S. M., Clark D. L., Conradson S. D., Ilton E. S. & Bargar J. R. (2008): „Structure of biogenic
uraninite produced by *Shewanella oneidensis strain MR-1*." – Environ. Sci. Technol. 42(21):
7898–7904.

Schöps K. & Bergmann H. (2004): „Metallentfernung und Mikrobiologie." – Galvanotechnik 2:
314–323.

Schröder I., Rech S. Krafft T. & Macy J. M. (1997): „Purification and characterization of the selenate
reductase from *Thauera selenatis*." – Jour. Biol.Chem. 272(38): 23765–23768.

Schuleit M. & Luisi P. L. (2001): „Enzyme immobilization in silica-hardened organogels." – Biotechnol. Bioeng. 72(2): 249–253.

Schultheiss D., Handrick R., Jendrossek D., Hanzlik M. & Schüler D. (2005): „The presumptive
magnetosome protein Mms16 is a poly(3-hydroxybutyrate) granule-bound protein (phasin) *in
Magnetospirillum gryphiswaldense*." – Jour. Bacteriol. 187(7): 2416–2425.

Schultze-Lam S., Harauz G. & Beveridge T. J. (1992): „Participation of a cyanobacterial S Layer in
fine-grain mineral formation." – Jour. Bact. 174(24): 7971–7981.

Schütze E., Weist A., Klose M., Wach T., Schumann M., Nietzsche S., Merten D., Baumert J., Majzlan
J. & Kothe E. (2013): „Taking nature into lab: biomineralization by heavy metal-resistant *Strepto-
mycetes* in soil." – Biogeosciences 10: 3605–3614.

Score A. J., Palfreyman J. W. & White N. A. (1997): „Extracellular phenoloxidase and peroxidase enzyme production during interspecific fungal interactions." – International Biodeterioration &
Biodegradation 39(2–3): 225–233.

Seker U. O. S. & Demir H. V. (2011): „Material binding peptides for nanotechnology." – Molecules
16(2): 1426–1451.

Selenska-Pobell S., Reitz T., Schönemann R., Herrmannsdörfer T., Merroun M., Geißler A., Bartolomé
J., Bartolomé F., García L. M., Wilhelm F. & Rogalev A. (2011): „Magnetic Au nanoparticles on
archaeal S-layer ghosts as templates." – Nanomater. Nanotechnol. 1(2): 8–16.

Selenska-Pobell S. & Merroun M. (2010): „Accumulation of heavy metals by micro-organisms:
biomineralization and nanocluster formation." – In König H., Claus H. & Varma A. (Hrsg):
„Prokaryotic Cell Wall Compounds, Structure and Biochemistry Part 6", Springer: 483–500.

Selenska-Pobell S., Panak P., Miteva V., Boudakov I., Bernhard G. & Nitsche H. (1999): „Selective
accumulation of heavy metals by three indigenous *Bacillus strains*, *B. cereus*, *B. megaterium*
and *B. sphaericus*, from drain waters of a uranium waste pile." – FEMS Microbiol. Ecol. 29(1):
59–67.

Seminara A., Angelini T. E., Wilkimg J. N., Vlamakis H., Ebrahim S., Kolter R., Weitz D. & Brenner M. P.
(2012): „Osmotic spreading of Bacillus subtilis biofilms driven by an extracellular matrix." –
PNAS 24: 1116–1121.

Senko J., Zhang G., McDonough J., Bruns M. A. & Burgos W. (2009): „Metal reduction at low pH
by a *Desulfosporosinus* species: implications for the biological treatment of acidic mine
drainage." – Geomicrobiol. Jour. 26(2): 71–82.

Sezer M., Millo D., Weidinger I. M., Zebger I. & Hildebrandt P. (2012): „Analyzing the catalytic processes of immobilized redox enzymes by vibrational spectroscopies." – IUBMB Life 64(6): 455–464.

Serefoglou E., Litina K., Gournis D., Kalogeris E., Tzialla A. A., Pavlidis I. V., Stamatis H., Maccallini E., Lubomska M. & Rudolf P. (2008): „Smectite clays as solid supports for immobilization of β-Glucosidase: synthesis, characterization, and biochemical properties." – Chem. Mater. 20: 4106–4115.

Shaligram N. S., Bule M., Bhambure R., Singhal R. S., Singh S. K., Szakacs G. & Pandey A. (2009): „Biosynthesis of silver nanoparticles using aqueous extract from the compactin producing fungal strain." – Process Biochem. 44: 939–843.

Shchipunov Y. A., Burtseva Y. V., Karpenko T. Y., Shevchenko N. M. & Zvyagintseva T. N. (2006): „Highly efficient immobilization of endo-1,3-β-D-glucanases (laminarinases) from marine mollusks in novel hybrid polysaccharide-silica nanocomposites with regulated composition." – Jour. Molecul. Catalys. 40(1–2): 16–23.

Sheldon R. A. (2007): „Enzyme immobilization: the quest for optimum performance." – Adv. Sythn. Catal. 349: 1289–1307.

Shen X.-F. & Yan X.-P. (2007): „Facile shape-controlled synthesis of well-aligned nanowire architectures in binary aqueous solution." Angew. Chem. Inter. Ed. 46(40): 7659–7663.

Shi H.S & Kan L. L. (2009): „Leaching behavior of heavy metals from municipal solid wastes incineration (MSWI) fly ash used in concrete." – Jour. Hazard. Mater. 164(2–3): 750–754.

Shiba K. (2010): „Exploitation of peptide motif sequences and their use in nanobiotechnology." – Curr. Opin. Biotechnol. 21(4): 412–425.

Shindel M. M., Mumm D. R. & Wang S.-W. (2010): Biotemplating of metallic nanoparticle arrays through site-specific electrostatic adsorption on streptavidin crystals." – Langmuir 26(13): 11103–11112.

Shukor M. Y. & Syed M. A. (2010): „Microbial reduction of hexavalent molybdenum to molybdenum blue." – In Mendez-Vilas A. (Hrsg.): „Current research and education topics in applied microbiology and microbial biotechnology." – Bd. 2: 1304–1310.

Sierra-Sastre Y., Dayeh S. A., Picraux S. T. & Batt C. A. (2010): „Epitaxy of Ge nanowires grown from biotemplated Au nanoparticle catalysts." – ACS Nano 4(2): 1209–1217.

Silva K. T., Leão P. E., Abreu F., López J. A., Gutarra M. L., Farina M., Bazylinski D. A., Freire D. M. G. & Lins U. (2013): „Optimization of magnetosome production and growth by the magnetotactic Vibrio Magnetovibrio blakemorei strain MV-1 through a statistics-based experimental design." – Appl. Environ. Microbiol. 79(8): 2823–2827.

Silva M.& Rosowsky D. V. (2008): „Biodeterioration of construction materials: state of the art and future challenges." – Jour. Mat. Civil Eng. 20: 352–365.

Simon P., Lichte H., Wahl R., Mertig M. & Pompe W. (2004): „Electron holography of non-stained bacterial surface layer proteins." – Biochim. Biophys. Acta (BBA) – Biomembr. 1663(1–2): 178–187.

Simpson C. A., Farrow C. L., Tian P., Billinge S. J. L., Huffman B. L., Harkness K. M. & Cliffel D. E. (2010): „Tiopronin gold nanoparticle precursor forms aurophilic ring tetramer." – Inorg. Chem. 49 (23): 10858–10866.

Simsek Ö. & Arisoy M. (2007): „A new appraoch für evaluating wastes: bioleaching." – Hacettepe Jour. Biol. Chem. 35(1): 17–24.

Singh A., Van Hamme J. D. & Ward O. P. (2007): „Surfactants in microbiology and biotechnology: Part 2. Application aspects." – Biotechnol. Adv. 25(1): 99–121.

Sintubin L., Verstraete W. & Boon N. (2012): „Biologically produced nanosilver: current state and future perspectives." – Biotechnol. Bioeng. 109(10): 2422–2436.

Sitte J., Akob D. M., Kaufmann C., Finster K., Banerjee D., Burkhardt E.-M., Kostka J. E., Scheinost A. C., Büchel G. & Küsel K. (2010): „Microbial links between sulfate reduction and metal retention in uranium- and heavy metal-contaminated soil." – Appl. Environ. Microbiol. 76(10): 3143–3152.

Sitte J., Pollok K., Falko Langenhorst & Kirsten Küsel (2013): „Nanocrystalline nickel and cobalt sulfides formed by a heavy metal-tolerant, sulfate-reducing enrichment culture." – Geomicro. Jour. 30(1): 36–47.

Sleytr U. B. & Messner P. (2009): „Crystalline Cell Surface Layers (S Layers)." – Encycl. Microbiol. (Third Edition): 89–98.

Slobodkin A. I. (2005): „Thermophilic microbial metal reduction." – Microbiol. 74(5): 501–514.

Slocik J. M. & Wright D. W. (2003): „Biomimetic mineralization of noble metal nanoclusters." – Biomacromolecules 4(5): 1135–1141.

Smarda J., Smajs D., Komrska J. & Krzyzánek V. (2002): „S-layers on cell walls of cyanobacteria." – Micron 33(3): 257–277.

Smith S. R. (2009): „A critical review of the bioavailability and impacts of heavy metals in municipal solid waste composts compared to sewage sludge." – Environ Int. 35(1): 142–156.

Smith B. E., Durrant M. C., Fairhurst S. A., Gormal C. A., Grönberg K. L. C., Henderson R. A., Ibrahim S. K., Le Gall T. & Pickett C. J. (1999): „Exploring the reactivity of the isolated iron-molybdenum cofactor of nitrogenase." – Coord. Chem. Rev. 185–186: 669–687.

Somers W. A. C., van Hartingsveldt W., Stigter E. C. A. & van der Lugt J. P. (1997): „Electrochemical regeneration of redox enzymes for continuous use in preparative processes." – Trends Biotechnol. 15(12): 495–500.

Song J. Y. & Kim B. S. (2009): „Biological synthesis of metal nanoparticles." – In Hou C. T. & Shaw J.-F. (Hrsg.): „Biocatalysis and agricultural biotechnology." CRC Press: 399–407.

Southam G. & Saunders J. A. (2005): „The geomicrobiology of ore deposits." – Econ. Geol. 100(6): 1067–1084.

Spear J. R., Figueroa L. A. & Honeyman B. D. (2000): „Modeling reduction of uranium U(VI) under variable sulfate concentrations by sulfate-reducing bacteria." – Appl. Environ. Microbiol. 66(9): 3711–3721.

Speers A. E. & Cravett B. F. (2004): „Profiling enzyme activities in vivo using click chemistry methods." – Chem. & Biol. 11: 235–446.

Srivastava S. K. & Constanti M. (2012): „Room temperature biogenic synthesis of multiple nanoparticles (Ag, Pd, Fe, Rh, Ni, Ru, Pt, Co, and Li) by Pseudomonas aeruginosa SM1." – Jour. Nanoparticle Res. 14: 831.

Staniland S., Williams W., Telling N., van der Laan G., Harrison A. & Ward B. (2008): „Controlled cobalt doping of magnetosomes in vivo." – Nature Nanotechnol. 3: 158–162.

Staniland S., Ward B., Harrison A., van der Laan G. & Telling N. (2007): „Rapid magnetosome formation shown by real-time x-ray magnetic circular dichroism." – PNAS 104(49): 19524–19528.

Strasser H., Burgstaller W. & Schinner F. (1990): „Copper and antimony extraction from tetrahedrite-containing dolomite heterotrophic bacteria." – Geomicrobiol. Jour. 8(2): 109–117.

Studart A. R., Amstad E. & Gauckler L. J. (2007): „Colloidal stabilization of nanoparticles in concentrated suspensions." – Langmuir 23(3): 1081–1090.

Sugio T., Wakabayashi M., Kanao T. & Takeuchi F. (2008): „Isolation and characterization of Acidithiobacillus ferrooxidans strain D3-2 active in copper bioleaching from a copper Mine in Chile." – Biosci. Biotechnol. Biochem. 72(4): 998–1004.

Suplatov D., Voevodin V. & Švedas V. (2015): „Robust enzyme design: bioinformatic tools for improved protein stability." – Biotechnol. Jour. 10(3): 344–355.

Suvorova E. I., Buffat P. A., Veeramani H., Sharp J., Schofield E., Bargar J. & Bernier-Latmani R. (2008): „TEM characterization of biogenic metal nanoparticles." – Richter S. & Schwedt A. (Hrsg.): EMC 2008, 14ᵗʰ European Microscopy Congress 1–5 September 2008, Aachen, Germany, Vol. 2 Mat. Sci.: 315–316.

Takahashi H., Li B., Sasaki T., Miyazaki C., Kajino T. & Inagaki S. (2001): „Immobilized enzymes in ordered mesoporous silica materials and improvement of their stability and catalytic activity in an organic solvent." – Micropor. Mesopor. Mat. 44–45: 755–762.

Takahashi Y., Châtellier X., Hattori K. H., Kato K. & Fortin D. (2005): „Adsorption of rare earth elements onto bacterial cell walls and its implication for REE sorption onto natural microbial mats." – Chem. Geol. 219: 53–67.

Takenaka Y., Saito T., Nagasaki S., Tanaka S., Kozai N. & Ohnuki T. (2007): „Metal sorption to *Pseudomonas fluorescens*: influence of pH, ionic strength and metal concentrations." – Geomicrobiol. Jour. 24 (3–4): 205–210.

Takeno N. (2005): „Atlas of Eh-pH diagrams. Intercomparison of thermodynamic databases." – Geol. Surv. Japan, Open File Report 419: 285 Seiten.

[1]Tamerler C. & Sarikaya M. (2009): „Genetically designed peptide-based molecular materials." – ACS Nano 3(7): 1606–1615.

[2]Tamerler C. & Sarikaya M. (2009): „Molecular biomimetics: nanotechnology and bionanotechnology using genetically engineered peptides." – Phil. Trans. R. Soc. A 367(1894): 1705–1726.

Tan W. & Yeung E. S. (1997): „Monitoring the reactions of single enzyme molecules and single metals ions." – Anal. Chem. 69: 4242–4248.

Tang J., Ebner A., Badelt-Lichtblau H., Vllenkle C., Rankl C., Kraxberger B., Leitner M., Wildling L., Gruber H. J., Sleytr U. B., Ilk N. & Hinterdorfer P. (2008): „Recognition imaging and highly ordered molecular templating of bacterial S-Layer nanoarrays containing affinity-tags." Nano Lett. 8 (12): 4312–4319.

Tazaki K. (1997): „Biomineralization of layer silicates and hydrated Fe/Mn oxides in microbial mats: an electron microscopical study." Clays Clay Minerals 45(2): 203–212.

Tay S. B., Natarajan G., Rahim M. N. bin A., Tan H. T., Chung M. C. M. C. & Ting Y. P. & Yew W. S. (2013): „Enhancing gold recovery from electronic waste via lixiviant metabolic engineering in *Chromobacterium violaceum*." – Sci Rep.: 7 Seiten.

Templeton A. & Knowles E. (2009): „Microbial transformations of minerals and metals: recent advances in geomicrobiology derived from synchrotron-based X-ray spectroscopy and X-ray microscopy." – Ann. Rev. Earth Planet. Sci. 37: 367–391.

Texier A.-C., Andrès Y., Faur-Brasquet C. & Le Cloirec P. (2002): „Fixed-bed study for lanthanide (La, Eu, Yb) ions removal from aqueous solutions by immobilized *Pseudomonas aeruginosa*: experimental data and modelization." – Chemosphere 47: 333–342.

Texier A.-C., Andrès Y., Illemassene M. & Le Cloirec P. (2000): „Characterization of lanthanide ions binding sites in the cell wall of *Pseudomonas aeruginosa*." – Environ. Sci. Technol. 34(4): 610–615.

Texier A.-C., Andrès Y. & Le Cloirec P. (1999): „Selective biosorption of lanthanide (La, Eu, Yb) ions by *Pseudomonas aeruginosa*." – Environ. Sci. Technol. 33 (3): 489–495.

Thakkar K. N., Mhatre S. S. & Parikh R. Y. (2010): „Biological synthesis of metallic nanoparticles." – Nanomed.: Nanotechnol., Biol. Med. 6(2): 257–262.

Thomas-Keprta K. L., Clemett S. J., Bazylinski D. A., Kirschvink J. L., McKay D. S., Wentworth S. J., Vali H., Gibson E. K. Jr, McKay M. F. & Romanek C. S. (2001): „Truncated hexa-octahedral magnetite crystals in ALH84001: presumptive biosignatures." – Proc. Natl. Acad. Sci. U. S. A. 98(5) : 2164–2169.

Tikariha S., Singh S., Banerjee S. & Vidyarthi A. S. (2012): „Biosynthesis of gold nanoparticles, scope and application: a review." – Int. Jour. Pharm. Sci. Res. 3(6): 1603–1615.

Torma A. E. (1978): „Oxidation of gallium sulfides by *Thiobacillus ferrooxidans*." – Can. Jour. Microbiol. 24(7): 888–891.

Torres C. I., Marcus A. K., Lee H. S., Parameswaran P., Krajmalnik-Brown R., Rittmann B. E. (2010): „A kinetic perspective on extracellular electron transfer by anode-respiring bacteria." – FEMS Microbiol Rev. 34(1): 3–17.

Torres C. I., Marcus A. K. & Rittmann B. E. (2008): „Proton transport inside the biofilm limits electrical current generation by anode-respiring bacteria." – Biotechnol. Bioengineering 100(5): 872–881.

Torres-Chavolla E., Ranasinghe R. J. & Alocilja E. C. (2010): „Characterization and functionalization of biogenic gold nanoparticles for biosensing enhancement." – Nanotechnol. IEEE Transact. 9(5): 533–538.

Tributsch H. & Rojas-Chapana J. A. (2000): „Metal sulfide semiconductor electrochemical mechanisms induced by bacterial activity." – Electrochim. Acta 45(28): 4705–4716.

Tschiggerl H., Breitwieser A., de Roo G., Verwoerd T., Schäffer C. & Sleytr U. B. (2008): „Exploitation of the S-layer self-assembly system for site directed immobilization of enzymes demonstrated for an extremophilic laminarinase from *Pyrococcus furiosus*." – Jour. Biotechnol. 133(3): 403–411.

[2]Tsuruta T. (2005): „Removal and recovery of lithium using various microorganisms." – Jour. Biosci. Bioeng. 100(5): 562–566.

Tymecki L., Zwierkowska E. & Koncki R. (2005): „Strip bioelectrochemical cell for potentiometric measurements fabricated by screen-printing." – Analytica Chim. Acta 538 (1–2): 251–256.

Ueki T. (2015): „Vanadium in the environment and its bioremediation." – In Öztürk M, Ashraf M., Aksoy A., Ahmad M. S. A., & Hakeem K. R. (Hrsg.): „Plants, pollutants and remediation." Springer Netherlands: 13–26.

Ullrich F. (2008): „Untersuchungen von neuartigen Platinkatalysatoren, präpariert unter Nutzung des Biotemplating, mit miniaturisierten kalorimetrischen Anordnungen." – Diss. TU Bergakademie Freiberg, Fakultät Chemie und Physik: 102 Seiten.

Valdés J., Pedroso I., Quatrini R., Dodson R. J., Tettelin H., Blake II R., Eisen J. A. & Holmes D. S. (2008): „*Acidothiobacillus ferrooxidans* metabolism: from genome sequence to industrial applications." – BMC Genomics 9: 597, http://www.biomedcentral.com/1471-2164/9/597

Vali H., Weiss B., Li Y. L., Sears S. K., Kim S. S., Kirschvink J. L. & Zhang C. L. (2004): „Formation of tabular single-domain magnetite induced by *Geobacter metallireducens GS-15*." – Proc. Natl. Acad. Sci. U. S. A. 101(46): 16121–16126.

Valls M. & de Lorenzo V. (2002): „Exploiting the genetic and biochemical capacities of bacteria for the remediation of heavy metal pollution." – FEMS Microbiol. Rev. 26: 327–338.

Varia J. (2012): „Bio-electrochemical systems for the remediation of metal-ion effluents." Diss. School of Chemical Engineering and Advanced Materials, University of Newcastle upon Tyne: 207 Seiten.

Varia J., Martínez S. S., Orta S. V., Bull S., Roy S. (2013): „Bioelectrochemical metal remediation and recovery of Au^{3+}, Co^{2+} and Fe^{3+} metal ions." – Electrochim. Acta 95: 125–131.

Vastarella W. & Nicastri R. (2005): „Enzyme/semiconductor nanoclusters combined systems for novel amperometric biosensors." – Talanta 66(3): 627–633.

Viera M., Pogliani C. & Donati E. (2007): „Recovery of zinc, nickel, cobalt, and other metals by bioleaching." – In Donati E. R. & Sand W. (Hrsg.): "Microbial processing of metal sulphides." – Springer: 103–119.

Vijayaraghavan K. & Yun Y. S. (2008): „Bacterial biosorbents and biosorption." – Biotechnol. Adv. 26(3): 266–291.

Vilinska A. & Rao K. H. (2008): „*Leptospirillum ferrooxidans*-sulfide interactions with reference to bioflotation and bioflocculation." – Trans. Nonferrous Met. Soc. China 18: 1403–1409.

Virkutyte J. & Varma R. S.(2012): „Toxicology of designer/engineered metallic nanoparticles." – In Luque R. & Varma R. S. (Hrsg.): „Sustainable preparation of metal nanoparticles: methods and applications." – Roy. Soc. Chem.: 7–33.

Vuorilehto K. Lütz S. & Wandrey C. (2004): „Indirect electrochemical reduction of nicotinamide coenzymes." – Bioelectrochem. 65(1): 1–7.

Walden H. (2010): „Selenium incorporation using recombinant techniques." – Acta Cryst. D66: 352–357.

[1]Wang A., Sun D., Ren N., Liu C., Liu W., Logan B. & Wu W.-M. (2010): „A rapid selection strategy for an anodophilic consortium for microbial fuel cells." – Bioresource Techn. 101: 5733–5735.

Wang H., Yang F., Zhou X., Zhang J. & Yao S. (2003): „Evaluation of the potential of microbial exploration for gold ores: mineralization and non-mineralization factors." – Sci. China Ser. D: Erath Sci. 46(5): 508–515.

Wang J. & Arribas A. S. (2006): „Biocatalytically induced formation of cupric ferrocyanide nanoparticles and their application for electrochemical and optical biosensing of glucose." – Small 2(1): 129–134.

Wang J. & Chen C. (2009): „Biosorbents for heavy metals removal and their future." – Biotechnol. Adv. 27(2): 195–226.

[1]Wang J., He S., Xie S., Xu L. & Gu N. (2007): „Probing nanomechanical properties of nickel coated bacteria by nanoindention." – Materials Lett. 61: 917–920.

[2]Wang J., He S. Y., Xu L. & Gu N. (2007): „Transmission electron microscopy and atomic force microscopy characterization of nickel deposition on bacterial cells." – Chin. Sci. Bull. 52(21): 2919–2924.

Wang R.-S. & Albert R. (2011): „Elementary signaling modes predict the essentiality of signal transduction network components." – BMC Systems Biology 5:44.

Wang S., Huang Y., Zheng M., Wei Y., Huang S. & Gu Y. (2011): „Synthesis of MS (M = Zn, Cd, and Pb)–chitosan nanocomposite film via a simulating biomineralization method." – Adv. Polymer Technol. Volume 30 (4): 269–275.

Wang X. & Müller W. E. G. (2009): „Marine biominerals: perspectives and challenges for polymetallic nodules and crusts." – Trends Biotechnl. 27(6): 375–383.

Wang X., Zhou J., Tam T. K., Katz E. & Pita M. (2009): „Switchable electrode controlled by Boolean logic gates using enzymes as input signals." – Bioelectrochemistry 77(1): 69–73

Weaver J. C., Mershon W., Zadrazil M., Kooser M. & Kisailus D. (2010): „Wide-field SEM of semiconducting minerals." – Mat. Today- 13(10): 46–53.

Weber M. J. (2002): „Handbook of optical materials." – CRC Series Laser & Optical Science & Technology: 536 Seiten.

Weckbecker A., Gröger H. & Hummel W. (2010): „Regeneration of nicotinamide coenzymes: principles and applications for the synthesis of chiral compounds." – Adv. Biochem. Eng. Biotechnol. 120: 195–242.

Welch S. A., Barker W. W. & Banfield J. F. (1999): „Microbial extracellular polysaccharides and plagioclase dissolution." – Geochim. Cosmochim. Acta 63(9): 1405–1419.

Wen L., Lin Z., Gu P., Zhou J., Yao B., Chen G. & Fu J. (2008): „Extracellular biosynthesis of monodispersed gold nanoparticles by a SAM capping route." – Jour. Nanopart. Res. 11(2): 279–288.

Westerhoff H. V., Brooks A. N., Simeonidis E., Garcia-Contreras R., He F., Boogerd F. C., Jackson V. J., Gancharuk V. & Kolodkin A. (2014): „Macromolecular networks and intelligence in microorganisms." – Fron. Microbiol. 5(Article 379): 17 Seiten.

Whaley S. R., English D. S., Hu E. L., Barbara P. F. & Belcher A. M. (2000): „Selection of peptides with semiconductor binding specificity for directed nanocrystal assembly." – Nature 405(6787): 665–668.

Wichmann R. & Vasic-Racki D. (2005): „Cofactor regeneration at the lab scale." – Adv. Biochem. Eng. Biotechnol. 92: 225–260.

Wightman P. G., Fein J. B., Wesolowski D. J., Phelps T. J., Bénézeth P. & Palmer D. A. (2001): „Measurement of bacterial surface protonation constants for two species at elevated temperatures." – Geochim. Cosmochim. Acta 65(21): 3657–3669.

Williams D. N., Ehrman S. H. & Holoman T. R. P. (2006): „Evaluation of the microbial growth response to inorganic nanoparticles." – Jour. Nanobiotechnol. http://www.jnanobiotechnology.com/content/4/1/3

Willner I., Willner B. & Katz E. (2007): „Biomolecule–nanoparticle hybrid systems for bioelectronic applications." – Bioelectrochem. 70(1): 2–11.

[1]Willner I., Baron R. & Willner B. (2006): „Growing metal nanoparticles by enzymes." – Adv. Mat. 18(9): 1109–1120.

[2]Willner B., Katz E. & Willner I. (2006): „Electrical contacting of redox proteins by nanotechnological means." – Curr. Opin. Biotechnol. 17(6): 589–596.

Willner I. & Katz E. (2000): „Integration of layered redox proteins and conductive supports for bioelectronic applications." – Angew. Chem. Int. Ed. Engl. 39(7):.1180–1218.

Woodyer R. D., Johannes T. W. & Zhao H. (2006): „Regeneration of cofactors for enzyme biocatalysis." – In Pandey A., Webb C., Soccol C. R. & Larroche C. (Hrsg.): „Enzyme technology." – Springer Verl.: 86–103.

Worley R., Clearfield A. & Ellis W. C. (2002): „Binding affinity and capacities for ytterbium(3+) and hafinum(4+) by chemical entities of plant tissue fragments." – Jour. Anim. Sci. (12): 3307–3314.

Xie J., Chen K. & Chen X. (2009): „Production, modification and bio-applications of magnetic nanoparticles gestated by magnetotactic bacteria." – Nano. Res. 2(4): 261–278.

Xie J., Liu X., Liu W. & Qiu G. (2005): „Extraction of magnetosomes from *Acidthiobacillus ferrooxidans*." – Electr. Jour. Biol. 1–3: 6–38.

Xiao Z., Lv C., Gao C., Qin C., Liu Z., Liu P., Li L. & Xu P. (2010): „A novel whole-cell biocatalyst with NAD^+ regeneration for production of chiral chemicals." – Plos one/www.plosone.org 5(1): 6 Seiten.

Xu S., Zhang S., Chen K., Han J., Liu H. & Wu K. (2011): „Biosorption of La^{3+} and Ce^{3+} by *Agrobacterium sp. HN1*." – Jour. Rare Earths 29(3): 265–270.

Xue Y., Li X., Li H. & Zhang W. (2014): „Quantifying thiol–gold interactions towards the efficient strength control." – Nature Comm.: 9 Seiten.

Yamamoto D., Taoka A., Uchihashi T., Sasaki H., Watanabe H., Ando T. & Fukumori Y.(2010): „Visualization and structural analysis of the bacterial magnetic organelle magnetosome using atomic force microscopy." – PNAS 107(20): 9382–9387.

Yan L., Yue X., Zhang S., Chen P. Xu Z. Li Y. & Li H. (2012): „Biocompatibility evaluation of magnetosomes formed by *Acidithiobacillus ferrooxidans*." – Mat. Sci. Eng. C. 32(7): 1802–1807.

[1]Yee N., Benning L. G., Phoenix V. R. & Ferris F. G. (2004): „Characterization of metal – cyanobacteria sorption reactions: a combined macroscopic and infrared spectroscopic investigation." – Environ. Sci. Technol. 38: 775–782.

[2]Yee N., Fowle D.A & Ferris F. G. (2004): „A Donnan potential model for metal sorption onto Bacillus subtilis." – Geochim. Cosmochim. Acta 68: 3657–3664.

Yeh J. I., Zimmt M. B. & Zimmerman A. L. (2005): „Nanowiring of a redox enzyme by metallized peptides." – Biosensors & Bioelectronics 21(6): 973–978.

Yong P., Paterson-Beedle M., Mikheenko I. P. & Macaskie L. E. (2007): „From bio-mineralisation to fuel cells: biomanufacture of Pt and Pd nanocrystals for fuel cell electrode catalyst." – Biotechnol. Lett. 29(4): 539–544.

Yong P., Farr J. P. G., Harris I. R. & Macaskie L. E. (2002): „Palladium recovery by immobilized cells of *Desulfovibrio desulfuricans* using hydrogen as the electron donor in a novel electrobioreactor." – Biotechnol. Lett. 24: 205–212.

Yong P. & Macaskie L. E. (1998): „Bioaccumulation of lanthanum, uranium and thorium, and use of a model system to develop a method for the biologically-mediated removal of plutonium from solution." – Jour. Chem. Technol. Biotechnol. 71(1): 15–26.

Yoshino T., Hirabe H., Takahashi M., Kuhara M., Takeyama H. & Matsunaga T. (2008): „Magnetic cell separation using nano-sized bacterial magnetic particles with reconstructed magnetosome membrane." – Biotechnol. Bioeng. 101(3): 470–477.

Yoshino T. & Matsunaga T. (2006): „Efficient and stable display of functional proteins on bacterial magnetic particles using Mms13 as a novel anchor molecule." – Appl. Environ. Microbiol. 72(1): 465–471.

Yu C.-M., Yen M.-J. & Chen L.-C. (2010): „A bioanode based on MWCNT/protein-assisted co-immobilization of glucose oxidase and 2,5-dihydroxybenzaldehyde for glucose fuel cells." – Biosensors Bioelectronics 25(11): 2515–2521.

Yu S.-H. & Cölfen H. (2004): „Bio-inspired crystal morphogenesis by hydrophilic polymers." – Jour. Mater. Chem. 14: 2124–2147.

Zachara J. M., Kukkadapu R. K., Fredrickson J. K., Gorby Y. A. & Smith S. C. (2002): „Biomineralization of poorly crystalline Fe(III) oxides by dissimilatory metal reducing bacteria (DMRB)." – Geomicrobiol. Jour. 19(2): 179–207.

Zanghellini A., Jiang L., Wollacott A. M., Cheng G., Meiler J., Althoff E. A., Röthlisberger D. & Baker D. (2006): „New algorithms and an in silico benchmark for computational enzyme design." – Protein Sci. 15(12): 2785–2794.

[1]Zawadzka A. M., Crawford R. L. & Paszczynski A. J. (2006): „Pyridine-2,6-bis(thiocarboxylic acid) produced by *Pseudomonas stutzeri KC* reduces and precipitates selenium and tellurium oxyanions." – Appl. Environ. Microbiol. 72(5): 3119–3129.

[2]Zawadzka A. M., Vandecasteele F. J. P., Crawford R. L. & Paszczynski A. J. (2006): „Identification of siderophores of *Pseudomonas stutzeri*." – Can. Jour. Microbiol. 52: 1164–1176.

Zeng W., Qiu G., Zhou H., Liu X., Chen M., Chao W., Zhang C. & Peng J. (2010): „Characterization of extracellular polymeric substances extracted during the bioleaching of chalcopyrite concentrate." – Hydrometall. 100(3–4): 177–180.

Zhang K., Xu Y. & Chen G. (2008): „PECB: prediction of enzyme catalytic residues based on Naive Bayes classification." – Int. Jour. Bioinform. Res. Appl. 4(3): 295–305.

[2]Zhang L., Borror C. M. & Sandrin T. R. (2014): „A designed experiments approach to optimization of automated data acquisition during characterization of bacteria with MALDI-TOF mass spectrometry." – PLOS ONE 9(3): 11 Seiten.

[1]Zhang Y., Cherney M. M., Solomonson M., Liu J., James M. N. & Weiner J. H. (2009): „Preliminary X-ray crystallographic analysis of sulfide:quinone oxidoreductase from *Acidithiobacillus ferrooxidans*." – Acta Crystallogr Sect. F Struct. Biol. Cryst. Commun. 65(8): 839–842.

[2]Zhang Y. B., Monchy S., Greenberg B., Mergeay M., Gang O., Taghavi S. & van der Lelie D. (2009): „ArsR arsenic-resistance regulatory protein from *Cupriavidus metallidurans CH34*." – Antonie Van Leeuwenhoek 96(2): 161–170.

Zhao L., Wu D., Wu L.-F. & Song T. (2007): „A simple and accurate method for quantification of magnetosomes in magnetotactic bacteria by common spectrophotometer." – Jour. Biochem. Biophys. Methods 70(3): 377–383.

[2]Zhou W., Schwartz D. T. & Baneyx F. (2010): „Single-pot biofabrication of zinc sulfide immuno-quantum dots." – Jour. Am. Chem. Soc. 132(13): 4731–4738.

Zhmodik S. M., Kalinin Y. A., Roslyakov N. A., Mironov A. G., Mikhlin Y. L., Belyanin D. K., Ne-
    mirovskaya N. A., Spiridonov A. M., Nesterenko G. V., Airiyants E. V., Moroz T. N. & Bul'bak T. A.
    (2012): Nanoparticles of noble metals in the supergene zone." – Geo. Ore Dep. 54(2): 141–154.
Zouboulis A. I., Loukidou M. X. & Matis K. A. (2004): „Biosorption of toxic metals from aqueous solu-
    tions by bacteria strains isolated from metal-poluted soils." – Process. Biochem. 39: 909–916.
Zlokarnik M. (2010): „Scale-up of chemical and biotechnological processes." – Encycl. Ind. Biotech-
    nol. : 1–24.
Zulic Z. & Minteer S. D. (2009): „Enzymatic fuel cells and their complementarities relative to
    BES/MFC." – In Rabaey K., Angenent L., Schröder U. & Keller J. (Hrsg.): „Bioelectrochemical
    systems: From extracellular electron transfer to biotechnological application (integrated envi-
    ronmental technology)." – Iwa Publishing: 524 Seiten.
Zuo Y., Cheng S. & Logan B. E. (2008): „Ion exchange membrane cathodes for scalable microbial fuel
    cells." – Environ. Sci. Technol. 42 (18): 6967–6972.

URLs (Stand März 2016)

Actlabs – http://www.actlabs.com/page.aspx?menu=71&app=252&cat1=656&tp=2&lk=no
Aiche (2008) – https://aiche.confex.com/aiche/2008/techprogram/P128123.HTM
AskNature – http://www.asknature.org/strategy/b69bbb0712cb36b2bae46ed20a352d2a
BioCarta – http://www.biocarta.com/Default.aspx
Chemicals Matthey – http://www.chemicals.matthey.com/userfiles/images/Lab1.jpg
China Mining 2013 – http://www.chinamining.org
Coldeco/BioSigma – http://www.biosigma.cl/en
Deutscher Ethikrat – http://www.ethikrat.org/
Dow Jones Sustainability Group Index – http://www.sustainability-index.com
Ferrit-Info 2014 – http://www.ferrite-info.com/ferrite_magnets_made.aspx
GeologicMining – http://geologicmining.com/index.html
NRCan's Green Mining Initiative(GMI) – http://www.nrcan.gc.ca/mms-smm/nmw-smc/gmi-gmi-
    eng.htm
Green Mining – Enterprise Strategies – http://www.greenminingprocess.cl/
International Union of Practical and Applied Chemistry (IUPAC) – http://www.iupac.org/
Metal MACiE – http://www.ebi.ac.uk/thornton-srv/databases/Metal_MACiE/home.html
Malvern Instruments – http://www.malvern.com/en/products/product-range/nanosight-range/
    nanosight-lm10/default.aspx
Mikrostrukturzentrum, Universität Magdeburg – http://www.msz.ovgu.de/
Minitab – https://www.minitab.com/de-de/
Mintek – http://www.pythongroup.ca/about
NanoComposix 2014 – http://nanocomposix.com/products/silver/plates
Nanoscale Simulation Lab- University of Acron (NSLUA) – http://www2.uakron.edu/cpspe/dpe/web/
    nsl/Images/nsl-image5.jpg
NedbanK – Nedbank Capital Green Mining Awards https://www.nedbank.co.za/content/nedbank/
    desktop/gt/en/news/nedbankstories/nedbankupdates/2009/nedbank-capital-green-mining-
    awards.html
NRCan's Green Mining Initiative – http://www.nrcan.gc.ca/mining-materials/green-mining/8178
PMS GmbH – http://www.veroliberator.de/
Python Group – http://www.pythongroup.ca/about
RJL MicroAnalytik – http://www.rjl-microanalytic.de/html/sem-edx-partikelanalyse.html
Sigma Aldrich – http://www.sigmaaldrich.com

Skelleftea.se – http://wiki.biomine.skelleftea.se/wiki/index.php/Microbially-mediated_metal_
    transformations
Statistiklabor: http://www.statistiklabor.de/de/ExploreTheLab/Funktionen/index.html
yflow – http://www.yflow.com/

Subkapitel

Mikroorganismen

www.ingramcontent.com/pod-product-compliance
Lightning Source LLC
Chambersburg PA
CBHW082104220326
41598CB00066BA/5230